现代数学基础丛书 183

模形式初步

李文威 著

科 学 出 版 社

北 京

内 容 简 介

本书主要探讨模形式的经典面向,包括 Hecke 算子和 L-函数的相关理论. 最后两章简介模曲线和模形式的联系. 附录提供了所需的分析、几何和数论知识.

本书可作为高等学校数学专业的高年级本科生或研究生教材,也可作为自学之用.

图书在版编目 (CIP) 数据

模形式初步/李文威著. —北京:科学出版社,2020.6
(现代数学基础丛书; 183)
ISBN 978-7-03-064531-9

Ⅰ. ①模… Ⅱ. ①李… Ⅲ. ①模表示… Ⅳ. ①O152.6

中国版本图书馆 CIP 数据核字(2020) 第 033997 号

责任编辑: 胡庆家　贾晓瑞/责任校对: 邹慧卿
责任印制: 赵　博/封面设计: 陈　敬

科学出版社 出版
北京东黄城根北街 16 号
邮政编码: 100717
http://www.sciencep.com

北京科印技术咨询服务有限公司数码印刷分部印刷
科学出版社发行　各地新华书店经销
*
2020 年 6 月第 一 版　开本: 720×1000　B5
2024 年 9 月第五次印刷　印张: 26
字数: 520 000
定价: 178.00 元
(如有印装质量问题, 我社负责调换)

《现代数学基础丛书》序

对于数学研究与培养青年数学人才而言，书籍与期刊起着特殊重要的作用．许多成就卓越的数学家在青年时代都曾钻研或参考过一些优秀书籍，从中汲取营养，获得教益．

20 世纪 70 年代后期，我国的数学研究与数学书刊的出版由于"文化大革命"的浩劫已经破坏与中断了 10 余年，而在这期间国际上数学研究却在迅猛地发展着．1978 年以后，我国青年学子重新获得了学习、钻研与深造的机会．当时他们的参考书籍大多还是 50 年代甚至更早期的著述．据此，科学出版社陆续推出了多套数学丛书，其中《纯粹数学与应用数学专著》丛书与《现代数学基础丛书》更为突出，前者出版约 40 卷，后者则逾 80 卷．它们质量甚高，影响颇大，对我国数学研究、交流与人才培养发挥了显著效用．

《现代数学基础丛书》的宗旨是面向大学数学专业的高年级学生、研究生以及青年学者，针对一些重要的数学领域与研究方向，作较系统的介绍．既注意该领域的基础知识，又反映其新发展，力求深入浅出，简明扼要，注重创新．

近年来，数学在各门科学、高新技术、经济、管理等方面取得了更加广泛与深入的应用，还形成了一些交叉学科．我们希望这套丛书的内容由基础数学拓展到应用数学、计算数学以及数学交叉学科的各个领域．

这套丛书得到了许多数学家长期的大力支持，编辑人员也为其付出了艰辛的劳动．它获得了广大读者的喜爱．我们诚挚地希望大家更加关心与支持它的发展，使它越办越好，为我国数学研究与教育水平的进一步提高做出贡献．

杨　乐
2003 年 8 月

导言

模形式是一类具备特定对称性和增长条件的复变函数. 据传, 数学家 M. Eichler 曾在一次访谈中说过: 数学有五种基本运算——加、减、乘、除、模形式. 此说或出于杜撰, 以讹传讹, 但不妨借作这份导言的引子, 简单谈谈模形式的由来和地位.

简史

模形式的研究始于 19 世纪, 严肃的史论参见相关专著如 [45]. 以下仅论其大要, 涉及的数学将在后续章节详细讨论. 也请读者参酌相关的综述或专著.

前传　本书所探讨的模形式也称为椭圆模形式, 以区别于更广义的版本. 它起源于求椭圆周长的经典问题, 相应的积分也称为椭圆积分, 可以化作

$$\int \frac{1 - e^2 x^2}{\sqrt{(1 - x^2)(1 - e^2 x^2)}} \, \mathrm{d}x \quad (e := \text{椭圆的离心率})$$

的形式. 当 $e \neq 1$ 时, 这类不定积分无法以初等函数表达. N. H. Abel 和 C. G. J. Jacobi 等先驱的洞见在于视此为复平面上的道路积分, 则其反函数将呈现丰富的数学内涵: 它们是复平面上对某个格 $\Lambda = \mathbb{Z}u \oplus \mathbb{Z}v$ 具有周期性的亚纯函数, 其中 u, v 是 $\mathbb{C}$ 作为 $\mathbb{R}$-向量空间的基; Λ 依赖于参数 e. 这样的函数称为以 Λ 为周期格的椭圆函数, 换言之, 它们是复环面 $\mathbb{C}/\Lambda$ (作为紧 Riemann 曲面) 上的亚纯函数. 非常值椭圆函数的构造并非显然. 为此, K. Weierstrass 以收敛无穷级数定义了

$$\wp(z) = \frac{1}{z^2} + \sum_{\substack{\omega \in \Lambda \\ \omega \neq 0}} \left(\frac{1}{(z - \omega)^2} - \frac{1}{\omega^2} \right).$$

可以证明这确是椭圆函数, 在 $z = 0$ 处有 2 阶极点. 除了参数 $z \in \mathbb{C}$, 它还隐含一个指向复环面的参数 Λ. 我们自然要问: 复环面如何参数化?

有充分的理由定义复环面之间的同构 $\mathbb{C}/\Lambda \xrightarrow{\sim} \mathbb{C}/\Lambda'$ 为形如 $z + \Lambda \mapsto \alpha z + \Lambda'$ 的全纯映射, 其中 $\alpha \in \mathbb{C}^\times$ 需满足 $\alpha\Lambda = \Lambda'$. 精确到同构, 复环面都能表作 $E_\tau := \mathbb{C}/(\mathbb{Z}\tau \oplus \mathbb{Z})$, 其

中 τ 属于上半平面 $\mathscr{H}$. 现在记 $\mathrm{SL}(2,\mathbb{R})$ 是行列式为 1 的 2×2 实矩阵对乘法构成的群,它透过线性分式变换 $\begin{pmatrix} a & b \\ c & d \end{pmatrix} : \tau \mapsto \dfrac{a\tau+b}{c\tau+d}$ 左作用在 $\mathscr{H}$ 上. 命 $\mathrm{SL}(2,\mathbb{Z})$ 为 $\mathrm{SL}(2,\mathbb{R})$ 中由整系数矩阵构成的离散子群, 称为模群. 可以证明

$$E_\tau \simeq E_\eta \iff \exists \gamma \in \mathrm{SL}(2,\mathbb{Z}), \quad \eta = \gamma\tau.$$

这表明商空间 $\mathrm{SL}(2,\mathbb{Z})\backslash\mathscr{H}$ 完全分类了所有复环面. 我们称 $\mathrm{SL}(2,\mathbb{Z})\backslash\mathscr{H}$ 是复环面的粗模空间. "模" 字在此作 "参数" 解[①]. 除了椭圆函数, 至此还出现了两类饶富兴味的数学对象:

◇ 上半平面 $\mathscr{H}$ 对 Riemann 度量 $\dfrac{\mathrm{d}x^2+\mathrm{d}y^2}{y^2}$ 构成平面双曲几何的模型, 而 $\mathrm{SL}(2,\mathbb{R})$ 在其上的作用是保距的.

◇ 复环面可以通过 $\wp$ 和 $\wp'$ 嵌入为复射影空间 $\mathbb{P}^2$ 中的三次代数曲线, 这一观点通过代数几何推广到一般域上, 称为椭圆曲线.

现在可以给出模形式最初步的定义: 全纯函数 $f : \mathscr{H} \to \mathbb{C}$ 称为级为 $\mathrm{SL}(2,\mathbb{Z})$, 权为 $k \in \mathbb{Z}$ 的模形式, 如果

◇ 它具备对称性 $(c\tau+d)^{-k} f\left(\dfrac{a\tau+b}{c\tau+d}\right) = f(\tau)$, 其中 $\begin{pmatrix} a & b \\ c & d \end{pmatrix} \in \mathrm{SL}(2,\mathbb{Z})$ 任取.

◇ 当 $\mathrm{Im}(\tau) \to +\infty$ 时 $|f(\tau)|$ 有界. 极限 $\mathrm{Im}(\tau) \to +\infty$ 视作商空间 $\mathrm{SL}(2,\mathbb{Z})\backslash\mathscr{H}$ 在无穷远处的 "尖点", 条件相当于说 f 在尖点处也全纯.

在这些条件下, f 对尖点 ∞ 具有称为 Fourier 展开的表达式 $f(\tau) = \sum_{n\geq 0} a_n(f)q^n$, 其中 $q := e^{2\pi i\tau}$.

椭圆函数的研究自然地引出模形式. 举例明之, $\wp(z)$ 在 $z=0$ 处的 Laurent 展开可以写作

$$\wp(z) = \frac{1}{z^2} + \sum_{n\in 2\mathbb{Z}_{\geq 1}} (n+1)G_{n+2}(\Lambda)z^n.$$

取 $\Lambda = \mathbb{Z}\tau \oplus \mathbb{Z}$, 则函数 $G_k(\Lambda)$ 对 $\tau \in \mathscr{H}$ 全纯, 给出了一类称为 Eisenstein 级数的模形式, 其级为 $\mathrm{SL}(2,\mathbb{Z})$ 而权为 k.

C. F. Gauss 在对算术–几何平均数的研究中很可能已经有了椭圆函数的概念, 见 [45, Chapter 2]. L. Euler 的五边形数定理

$$\sum_{n\in\mathbb{Z}} (-1)^n q^{(3n^2+n)/2} = \prod_{n\geq 1}(1-q^n)$$

也暗藏着与模形式密切相关的 Dedekind η 函数. Jacobi 处理平方和问题的方法依赖于

[①] 模的原文是拉丁文阳性名词 modulus, 复数形式为 moduli. 本意是微小的度量.

θ 级数 $\sum_{n \in \mathbb{Z}} q^{n^2}$ 的解析性质和函数方程, 这是因为无穷级数的乘法给出

$$\theta^m = \sum_{n \geqslant 0} r_m(n) q^n, \quad r_m(n) := \left| \left\{ (x_i)_{i=1}^m \in \mathbb{Z}^m : \sum_{i=1}^m x_i^2 = n \right\} \right|,$$

这同样导向一类特殊的模形式. 不出所料, 模形式还蕴藏于 L. Kronecker, G. Eisenstein, K. Weierstrass 等大家关于椭圆函数的深刻工作中.

模形式的正式赋名要等到 F. Klein 和 R. Fricke 的著作 [32]. 他们以模形式为工具研究形如 $\Gamma \backslash \mathcal{H}$ 的 Riemann 曲面及其射影嵌入, 其中 Γ 是 $\mathrm{SL}(2, \mathbb{R})$ 的离散子群, 一并探讨了 Γ 的代数性质. 这类商空间在复变函数论中是自然的对象, 关系到 Riemann 曲面的均一化问题. 典型例子如下: 给定 $N \in \mathbb{Z}_{\geqslant 1}$, 定义子群

$$\Gamma_0(N) := \left\{ \gamma \in \mathrm{SL}(2, \mathbb{Z}) : \gamma \equiv \begin{pmatrix} * & * \\ & * \end{pmatrix} \pmod{N} \right\},$$

$$\Gamma_1(N) := \left\{ \gamma \in \mathrm{SL}(2, \mathbb{Z}) : \gamma \equiv \begin{pmatrix} 1 & * \\ & 1 \end{pmatrix} \pmod{N} \right\},$$

$$\Gamma(N) := \left\{ \gamma \in \mathrm{SL}(2, \mathbb{Z}) : \gamma \equiv \begin{pmatrix} 1 & \\ & 1 \end{pmatrix} \pmod{N} \right\},$$

矩阵的空白部分代表 0. 设 $\Gamma \in \{\Gamma_0(N), \Gamma_1(N), \Gamma(N)\}$, 则商空间 $\Gamma \backslash \mathcal{H}$ 等分类了带相应的级结构的复环面. 这些商空间具有自然的紧化, 给出称为模曲线的一类复代数曲线 (复 1 维, 实 2 维). 如果 $\mathrm{SL}(2, \mathbb{Z})$ 的子群 Γ 包含某个 $\Gamma(N)$, 则称 Γ 为同余子群.

模形式的对称性条件可以放宽到 $\mathrm{SL}(2, \mathbb{R})$ 的离散子群 Γ, 前提是 $\mathrm{vol}(\Gamma \backslash \mathcal{H})$ 有限, 这涵摄所有同余子群; 但模形式在无穷远或所谓 "尖点" 处的条件将变得复杂, 涉及 $\Gamma \backslash \mathcal{H}$ 的几何. 所有级 Γ, 权 k 的模形式构成有限维 $\mathbb{C}$-向量空间 $M_k(\Gamma)$. 粗略地说, 在所有尖点附近趋近于 0 的模形式称为尖点形式, 构成子空间 $S_k(\Gamma)$. 最容易写下的尖点形式当属模判别式

$$\Delta(\tau) = q \prod_{n=1}^{\infty} (1 - q^n)^{24} \in S_{12}(\mathrm{SL}(2, \mathbb{Z})), \quad q := e^{2\pi i \tau}.$$

令 $E_k := (2\zeta(k))^{-1} G_k$, 其中 $k > 2$ 为偶数. 模不变量或 j-不变量定义为 $\mathrm{SL}(2, \mathbb{Z}) \backslash \mathcal{H}$ 上的亚纯函数

$$j(\tau) := \frac{E_4(\tau)^3}{\Delta(\tau)} = 1728 \cdot \frac{E_4(\tau)^3}{E_4(\tau)^3 - E_6(\tau)^2},$$

它给出全纯同构 $\mathrm{SL}(2,\mathbb{Z})\backslash\mathscr{H} \overset{j}{\rightrightarrows} \mathbb{C}$，映尖点为 ∞，这就回答了一开始的复环面分类问题——我们说 $\mathbb{C}$ 是复环面的粗模空间. 之所以粗, 是因为我们只论同构类, 不管复环面的自同构.

大约在同一时期, J. H. Poincaré 始于其博士论文的研究对 Klein 学派形成了有力的竞争. 他对 $\mathrm{SL}(2,\mathbb{R})$ 的离散子群展开了自守形式的研究, 并将这些子群 (或它们在 $\mathrm{PSL}(2,\mathbb{R}) := \mathrm{SL}(2,\mathbb{R})/\{\pm 1\}$ 中的像) 称为 Fuchs 群. 这些工作为双曲几何与离散群作用的后续研究奠定了基础.

Hecke 的工作和 L-函数   模形式真正成为一门自为的学科, 有待 E. Hecke 在 20 世纪初的工作. 他的成就之一是对于一大类的同余子群 Γ 定义了 $M_k(\Gamma)$ 上的一族平均化算子, 现称 Hecke 算子, 它们保持子空间 $S_k(\Gamma)$. 简单起见取 $\Gamma_0(N)$ 为例. Hecke 定义了一族相交换的算子 $(T_n)_{n=1}^\infty$. 任何模形式 $f \in M_k(\Gamma_0(N))$ 皆有所谓的 Fourier 展开

$$f(\tau) = \sum_{n=0}^\infty a_n(f)q^n, \quad q := e^{2\pi i\tau}.$$

Hecke 说明了一旦 f 是所有 T_n 共同的特征向量, 并且 $a_1(f) = 1$, 那么 $T_nf = a_n(f) \cdot f$. 这样的 f 称为正规化 Hecke 特征形式.

且先岔题来回顾 Dirichlet 级数. 这是形如 $s \mapsto \sum_{n=1}^\infty a_n n^{-s}$ 的复变函数, 其中 $(a_n)_{n=1}^\infty$ 是一列复数, 要求 $|a_n|$ 至多按 n 的多项式增长, 以确保 $\mathrm{Re}(s) \gg 0$ 时级数收敛并且对 s 全纯. 熟知的 Riemann ζ 函数 (对应到 $a_n = 1$) 是最初步的例子, 它所具备的亚纯延拓, Euler 乘积

$$\zeta(s) = \prod_{p:\text{素数}} \left(1 - p^{-s}\right)^{-1}, \quad \mathrm{Re}(s) > 1,$$

函数方程

$$\zeta(s) = 2^s \pi^{s-1} \sin\left(\frac{s\pi}{2}\right) \Gamma(1-s)\zeta(1-s),$$

特殊值公式, 以及零点分布 (Riemann 假设!) 等性质对解析数论至关重要.

回到模形式. Hecke 定义 $f \in M_k(\Gamma_0(N))$ 的 L-函数为以下 Dirichlet 级数

$$L(s, f) := \sum_{n=1}^\infty a_n(f)n^{-s}, \quad \mathrm{Re}(s) \gg 0.$$

他估计了 $|a_n(f)|$ 的增长速度, 证明 $L(s, f)$ 亚纯延拓到整个复平面, 对 $s \leftrightarrow k - s$ 具有函数方程, 并且在 f 是正规化 Hecke 特征形式时具有 Euler 乘积

$$L(s, f) = \prod_{p:\text{素数}} \left(1 - a_p(f)p^{-s} + p^{k-1-2s}\right)^{-1}.$$

Euler 乘积折射算术函数 $n \mapsto a_n(f)$ 的某种 "乘性", 根本上反映 Hecke 算子之间的乘法性质. 另一方面, 函数方程和亚纯延拓是模形式对称性的深刻体现, 单就 Dirichlet 级数观点看是毫不显然的; Hecke 的证明是将 $L(s,f)$ 表达成函数 $f(it) - a_0(f)$ 的 Mellin 变换 $(t \in \mathbb{R}_{>0})$, 几何上来说则是考虑 f 沿着适当 $\begin{pmatrix} * \\ & * \end{pmatrix}$-轨道的周期积分.

正规化 Hecke 特征形式蕴藏深刻的算术信息, 往往呈露于 Fourier 系数 $a_n(f)$ 的性状, 或 $L(s,f)$ 及其高阶导数的特殊值. 以 Δ 为例, 其 Fourier 展开写作 $\sum_{n \geq 1} \tau(n)q^n$. Ramanujuan 猜想 $\tau(p) \leqslant 2p^{11/2}$, 其中 p 是任意素数. 这一猜想的完整证明归功于 P. Deligne 的工作, 几乎用上了算术代数几何迄 20 世纪 80 年代为止的泰半家当. 此外, 关于 L-函数的各种估计占据了解析数论的半壁江山.

自然地, 一个问题是如何在 $S_k(\Gamma_0(N))$ (或者更大的 $S_k(\Gamma_1(N))$) 或其适当的子空间中找出一组由正规化 Hecke 特征形式构成的基. Atkin-Lehner 理论提供了一个答案, 对应之基的元素称为新形式, 这已是 1970 年的事了.

沉寂与复兴　在两次世界大战的间隙, 现今熟悉的代数学、代数拓扑等开始席卷学界. 模形式和椭圆函数的地位一度跌入低谷. 其间仅有 M. Eichler, H. Maass, R. A. Rankin, C. L. Siegel 等持灯前行. Maass 放宽了模形式的全纯条件. Siegel 以辛群取代 SL(2), 探讨了现称 Siegel 模形式的多变元推广, 根本动机仍是数论中经典的二次型表整数问题. 华罗庚在相关的矩阵论和多复变函数论问题上也有所创发.

短暂低潮后, 模形式在战后的晨光熹微中复生. 这时期的视角切换到一般的约化 Lie 群 G (例如, $n \times n$ 可逆矩阵群 GL$(n, \mathbb{R})$) 及其离散子群 Γ, 对之可以定义自守形式 $f : \Gamma \backslash G \to \mathbb{C}$ 的概念, 这包含前述的所有模形式作为特例, 包括非全纯的 Maass 形式. 自守形式生成自守表示, 后者乃是无穷维表示理论的胜场. 现代观点更倾向于用 $\mathbb{Q}$ 的有限扩域 (称为数域) 上的约化代数群 (如 GL(n)) 及其 adèle 点来表述自守形式, 并且以拓扑群上的调和分析来诠释 Hecke 算子, 此一视角宜另待专著介绍.

这一发展阶段的主角有苏联的 I. M. Gelfand 学派、法国的 R. Godement 和美国的 Harish-Chandra. 新一代学者如谷山丰、志村五郎等也逐渐崭露头角. 后两位的工作标志着相关研究逐渐与模形式、模曲线和椭圆曲线的算术性质接轨, 这点当然离不开战后算术代数几何学的发展, A. Weil 亦功不可没. 志村五郎在这一时期的名作 [49] 至今锋芒不减. 没有这一切铺垫, 下面要讨论的 Langlands 纲领便无从问世.

Langlands 纲领　记 $\mathbb{Q}$ 的绝对 Galois 群为 $G_{\mathbb{Q}}$, 这是代数数论关注的终极对象之一. 假如只看它的交换化 $G_{\mathbb{Q},ab}$, 则其结构反映 $\mathbb{Q}$ 的所有交换扩张, 这一情形是代数数论中称为类域论的一系列结果, 归功于 D. Hilbert, P. Furtwängler, 高木贞治, H. Hasse 和 E. Artin 等在 20 世纪初的工作. 为了从 $G_{\mathbb{Q},ab}$ 往前一步, 群表示理论提示我们考虑 $G_{\mathbb{Q}}$ 的一切有限维连续表示, 简称 Galois 表示, 系数取在合适的域上.

R. P. Langlands 在一封 1967 年写给 Weil 的信中猜测 GL(n) 的自守表示 π 和 $G_{\mathbb{Q}}$ 的 n 维 Galois 表示 σ 之间应该存在对应. 如何思考这一对应? 对两边都能赋予解析

不变量, 一边是自守表示的 Godement-Jacquet L-函数 $L(s, \pi)$, 另一边则是 Galois 表示的 Artin L-函数 $L(s, \sigma)$, 两者都有 Euler 乘积分解. Langlands 断言当 π 对应到 σ 时, $L(s, \pi)$ 和 $L(s, \sigma)$ 的 Euler 乘积能够逐项对应, 至多有限个素数 p 除外, 特别地, $L(s, \pi)$ 和 $L(s, \sigma)$ 至多差一些 "无害" 的项. 一旦得证, 这将蕴涵关于 $L(s, \sigma)$ 的 Artin 猜想.

暂且不深究这些 L-函数的定义. 此外, 实践表明猜想的 Galois 则需要比 $G_{\mathbb{Q}}$ 大得多的群, 但现阶段只论 $G_{\mathbb{Q}}$.

猜想在 $n = 1$ 的情形简化为类域论. 对于 $n = 2$ 情形, 第一道证据来自模形式: 从权 $\geqslant 2$, 级 $\Gamma_1(N)$ 的 Hecke 特征尖点形式 f 出发 (不妨假定为新形式), Deligne 说明了如何构造相应的 2 维 Galois 表示. 事实上 f 自然地给出 GL(2) 的自守表示[①], 而 $L(s, f)$ 正是其 L-函数. 构造工序分三步.

(i) 在模曲线 $Y_1(N) := \Gamma_1(N) \backslash \mathcal{H}$ 取适当系数的上同调里实现模形式及其复共轭, 这称作 Eichler-志村同构;

(ii) Hecke 算子生成的代数 $\mathbb{T}$ 不仅作用于模形式, 同样能作用于上同调, 我们从上同调截下和 f 按相同方式变换的部分, 这给出 Galois 表示;

(iii) 为了将两种 L-函数的 Euler 乘积逐项等同, 必须对几乎所有素数 p 比较 Hecke 算子 T_p 和 Frobenius 自同构 Fr_p 对上同调的作用, 最后这步基于 Eichler-志村同余关系.

拓扑学中寻常的上同调理论还不足以实现 (iii), 因为它涉及有限域上的代数几何. 这自然将我们引向模曲线的算术理论和 Grothendieck 的 ℓ-进平展上同调, 其中 ℓ 是选定的素数, $p \nmid N\ell$. 相应地, Galois 表示的系数取在 ℓ-进数域 $\mathbb{Q}_\ell$ 上, 或者在其有限扩张上.

从以上讨论已能瞥见算术 (Galois 表示)、分析 (模形式) 与几何 (模曲线) 的紧密勾连, 这正是 Langlands 纲领的本色. Langlands 纲领在考虑一般的约化群时显现最大的威力, 这点是 Langlands 函子性猜想的内涵. 相关陈述需要较多的理论准备, 按下不表.

基于此, 我们可以谈论一个 2 维 ℓ-进 Galois 表示的模性, 换言之, 探讨它是否来自模形式. 模性最著名的应用当属 Taylor-Wiles 及后继合作者对谷山–志村猜想的证明: 对于 $\mathbb{Q}$ 上所有的椭圆曲线 E, 其 Tate 模 $T_\ell E$ 给出的 Galois 表示都来自权为 2、级为 $\Gamma_1(N_E)$ 的模形式, 此处 $N_E \in \mathbb{Z}_{\geqslant 1}$ 是 E 的 "导子". 证明关键之一在于 Hecke 代数 $\mathbb{T}$ 的环论性质. 由此可以导出 Fermat 大定理: 当 $n \geqslant 3$ 时, 方程 $X^n + Y^n = Z^n$ 无满足 $XYZ \neq 0$ 的整数解. 这是算术–几何–模形式交融的又一个例子.

展望　从 19 世纪发展迄今, 模形式或自守形式的相关理论从几何、算术等方面汲取了源源不绝的动能, 终在 20 世纪后半叶汇为 Langlands 纲领. 从 20 世纪末以来, 这方面涌现的新势头包括但不限于

⋄ 几何 Langlands 纲领: 将数域 (如 $\mathbb{Q}$) 代换为代数曲线的函数域, 曲线定义在 $\mathbb{C}$ 或有限域 $\mathbb{F}_q$ 上, 并将自守形式代换为某类 $\mathscr{D}$-模或 ℓ-进反常层;

[①] 严格来说, 模形式首先给出 SL(2) 的自守形式, 或者从实 Lie 群角度看是 GL(2, $\mathbb{R}$)$^+$ 的自守形式, 然后再适当地扩展到 GL(2) 以得到自守表示, 细节留给自守形式的专著说明.

◇ 和高能物理的联系, 譬如散射振幅与模形式的关联, 参见 [24], 以及量子场论所催生的量子 Langlands 纲领;

◇ 渊源于同伦论的拓扑模形式, 一样关乎理论物理, 同时还是 J. Lurie 发展导出代数几何学的动机之一.

本书无法细谈这些主题, 还请感兴趣的读者自行搜寻相关资源, 或访问 MathOverflow 等专业网站.

要而言之, Langlands 纲领基于其深刻、广博和开放, 充分展现了作为数学中一门大一统理论的威力, 左右逢源, 其道大光. 所谓 "第五种运算", 良有以也.

学习模形式

广博是模形式理论的突出特征, 需要学者凭精湛的识力来统合. 从背景知识衡量, 除了大学本科的基础, 特别是复变函数论, 模形式还要求对拓扑与几何工具能运用自如, 尤其是代数几何. 这些事实自然引向了一个问题: 如何学习模形式? 为此, 又不能不先处理另一个问题: 为何要学习模形式?

之前约略介绍过模形式的内禀美感与意义, 从应用角度看, 它对解析数论、代数数论、算术代数几何等领域又是绕不过的基本功, 差别仅在横看成岭侧成峰. 但审美毕竟是主观选择, 对于一门理论的鉴赏贵在自得, 否则外人目为前沿者, 于己终是苦役. 另一方面, 应用的需求又因人而异. 本书的适用对象包括本科中高年级的读者, 对数学的兴趣未必定型, 也没必要过早定型. 面对铺天盖地的背景知识、指数增长的书单, 是否值得投入精力来学习模形式及相关理论? 基于两个理由, 笔者的建议是肯定的.

▷ **承接本科基础** 许多有志学术的学生在完成必修课程后, 往往拔剑四顾心茫然, 不知路在何方. 在这一关口的走向如何, 关系到学校师资和同侪砥砺, 这两点条件并非处处能够达标. 机遇一旦错失, 或者陷入消极, 或者沦入基础数学研究, 实则近似于工厂流水线的重复劳动. 笔者参与研究生面试工作多年, 对此不无感触.

选题是这一节点的决定性因素. 模形式由于四通八达, 案例具体, 又能从相对低的起点切入, 进而攻退可守, 当然是自修或组织读书会的上选.

▷ **活化既有知识** 通过浸淫于一门彻上彻下、勾连四方的学问, 能有效组织被本科课程分割承包的知识, 进而将数学还原到浑然一体的面貌. 眼界决定品味, 所关非小, 即便只为强化记忆, 这也是最好最自然的途径.

那么如何学习模形式? 初步定义只需复变函数论和线性代数, 不超出大二或大三的知识范围, 而且由此已经能进行许多有趣的计算. 于是从经典理论起步, 步步为营的学习是一种合理的选择. 但战术要服从于战略, 一旦画地自限, 前述学习理由便沦为虚文. 在此建议初学的读者, 无须畏惧模形式背后的巨大理论, 应当以此为契机, 敢于登堂入室, 敢于纵浪江湖. 这是学习过程中的一大乐事.

如果对模形式只求宏观的了解, 并接触最富代表性的一些例子, 宜先参阅相关综述或短小精悍的教科书, 例如, J. P. Serre 颇受推崇的讲义 [48]. 本书虽名 "初步", 总归要寻求一定的条贯, 当然不如短文痛快. 大小精粗之间有分寸存焉, 本书拿捏如何, 还要由读者评价. 以下便来介绍本书的大致精神.

本书的旨趣、风格和限度

本书目的是在本科中高年级或研究生低年级的知识范围内铺陈模形式的基础, 进而勾画相关的数论和几何面向. 起点是复变函数论的经典视角. 如此安排, 是希望在表述必要的定义和性质之外, 还能兼顾解析数论和算术几何方向的学习需求. 背景知识虽以本科阶段的数学专业课程为主, 偶尔超纲势不可免, 这是因为我们面对的是一门难以划界的数学, 称之为学科或领域都不准确, 更能达意的比喻兴许是一片浩瀚的星云.

由于背景知识和篇幅的双重约束, 本书基本避开了自守表示论的视角和算术几何, 后者只在末尾的第十章有惊鸿一瞥. 职是之故, 对 Langlands 纲领仅是点到为止. 同理, 本书也不讨论半整权模形式 (例如 θ 级数) 或迹公式. 本科课程较少触及的一些基础知识另置于附录.

虽然遗珠不少, 本书依然谋求完整性, 期望读者一旦通达主要内容, 便能顺利承接模形式/自守形式的进阶教材或论文. 正文将会穿插对这些材料的引用或推荐. 所以本书并不是为国际上其他入门教材准备的辅导书, 更不是学前班. 此一定位导致的特色包括:

- ◇ 在模形式的定义中容许一般的级, 包括非同余子群, 乃至非算术子群;
- ◇ 严肃对待经典理论所涉及的双曲几何学;
- ◇ 对双陪集和 Hecke 算子给出较细致的梳理;
- ◇ 对尖点形式的 Fourier 系数和 L-函数收敛范围给出比一般教材更佳的估计;
- ◇ 在探讨 Eichler-志村同构和构造 Galois 表示时, 容许所有 ≥ 2 的权.

如此一来自然要求广泛的知识面, 而且无法完整证明所有断言, 这大概是进阶教材的共性.

撰写模形式教材一直是笔者心愿, 直接动力则是 2016 年秋季学期在中国科学院大学雁栖湖校区开设的本科选修课 "模形式导论", 60 学时. 全书近半内容脱胎自课堂讲义, 然后又经反复改写扩充, 层累痕迹显然. 从开始备课到全书定稿, 费时不超过三年, 讲授仅止一轮, 草草急就四百余页. 锤炼太少而错讹太多, 料不能免于前辈们的责难. 不知我者, 谓我何求, 望读者理解于万一.

不讳言, 本书的明显缺陷还包括实例偏少、练习偏少、数论面向讨论不足、延伸主题意犹未尽, 以及缺少算法或数学软件的讨论等, 关于最后一点, 谨推荐开源软件 SageMath、相关文档和以此为基础的教科书 [51] (可在作者 W. Stein 的主页 wstein.org 浏览). 笔者当初在组织相关内容时颇觉棘手, 固然是篇幅和野心之间的张力使然, 另一方面也是学识所限, 但学者从不能以 "超纲" 来自我开脱, 只好勉力前行. 倘若读者诸君能在文字间隙里读出当时的踟蹰, 则可谓知音矣.

本书在许多方面借鉴于既有的教材如 [10, 21, 41,49] 等等, 不及备载. 编撰过程中吸取了黎景辉和 Arno Kret 的宝贵建议, 并且承蒙熊锐、周潇翔、朱子阳等人斧正, 谨向他们和当年 "模形式导论" 的全体听众致谢. 在此也一并感谢科学出版社胡庆家编辑对原稿的审阅和指点.

李文威

2018 年 11 月于镜春园

阅读指南

本书出现的数学名词一律汉译, 名词索引中将附上英文. 人名以拉丁字母转写为主, 但中、日、韩、越人名则使用汉字.

练习穿插于正文间, 目的是希望读者随读随做, 或者查阅相关材料. 少部分练习的结果为后续段落所需, 这类习题或者是平凡的, 或者附有充分的提示.

各章开头有简短介绍, 目的仅仅是帮助读者获取全局的理解, 远非该章的要点总目. 附录部分集中介绍了全书需要的一些技术、语言或者符号, 各附录或可独立阅读, 但绝不能替代扎实的学习. 以下简介各章纲要.

第一章: 基本定义 开宗明义, 此章目的是介绍模形式的初步定义, 只需要复变函数、群论和简单的微分几何常识; 考虑的级仅限于同余子群, 相应的基本区域和尖点集能够有相对简单的处理. 我们也连带介绍双曲平面几何的初步知识, 这不仅必要, 而且有趣. 最后的 §1.6 介绍构造基本区域的一般手法, 称为 Dirichlet 区域, 所需论证比较曲折, 但终究是基于几何直观, 相关内容将在第三章用上.

第二章: 案例研究 此章转趋复变函数的经典风格. 主角是级为 $\mathrm{SL}(2, \mathbb{Z})$ 的模形式. 我们先回顾 Γ 函数和 Riemann ζ 函数的基本性质, 再显式构造著名的全纯 Eisenstein 级数 E_k, G_k 和 Δ, η, j 等函数. 由此可见即便在 $\mathrm{SL}(2, \mathbb{Z})$ 情形, 模形式已经具有极丰富的内涵. 进一步, 我们显式计算主同余子群 $\Gamma(N)$ 的 Eisenstein 级数, 由此就能抽象地将同余子群的模形式空间分解成尖点部分和 Eisenstein 部分的直和. 类似分解可推及更广的级, 但本书未予讨论.

第三章: 模曲线的解析理论 解析与算术相对, 后者是第十章的主题. 此章前半部分说明如何对一般的离散子群 $\Gamma \subset \mathrm{SL}(2, \mathbb{R})$ 赋予 $Y(\Gamma) := \Gamma \backslash \mathcal{H}$ 复结构, 接着说明如何向 $Y(\Gamma)$ 加入 "尖点" 以得到 Riemann 曲面 $X(\Gamma)$, 本书称之为模曲线. 当 $\Gamma \backslash \mathcal{H}$ 的双曲测度有限时 $X(\Gamma)$ 为紧, 这种 Γ 称为余有限 Fuchs 群. 相应性质在 Γ 是同余子群时有简单的证明, 一般情形则是 Siegel 的定理, 需要基于双曲几何的较长论证. 若级 Γ 不够

"深", 群作用下的椭圆点将对一切论证带来额外的麻烦, 这时 $Y(\Gamma)$ 其实是个 "叠" 而不是 Riemann 曲面.

一旦万事俱备, 便可以对余有限 Fuchs 群 Γ 定义相应的模形式、尖点形式及其上的 Petersson 内积. 最常见的 Γ 是 $SL(2,\mathbb{R})$ 的算术子群, 例如, 来自四元数代数的子群, 在 §3.5 将有简略讨论. 本章部分相关内容是第一章的重新搬演, 但深度和广度皆异. 最后的 §3.8 探讨当 $\Gamma \in \{\Gamma_1(N), \Gamma_0(N), \Gamma(N)\}$ 时, 开模曲线 $Y(\Gamma)$ 如何分类带级结构的复环面. 这一节是连接模形式和椭圆曲线的枢纽, 篇幅也更长.

第四章: 维数公式与应用 通过将偶数权模形式理解为 $X(\Gamma)$ 上某些全纯线丛的截面, 可以在许多情形下计算模形式和尖点形式空间的维数, 其中一个特别有用的结论是权 $k < 0$ 的模形式必为零. 虽和第九章的立足点类似, 但侧重不同, 此章更强调公式与实例的计算, 主要依靠紧 Riemann 曲面的 Riemann-Roch 定理. 奇数权情形的论证比较迂回, 但维数公式能表示成相似的形式. 相关应用包括级为 $SL(2,\mathbb{Z})$ 的模形式空间的精确描述、E_4 和 E_6 的零点、Ramanujan 同余等, 部分结论将在后续章节用上.

第五章: Hecke 算子通论 论模形式不论 Hecke 算子则不备. 按群论视角, 这些算子可以从双陪集运算来理解. 此章前半部分从可公度性出发, 定义了一般的双陪集代数. 后半部分说明如何应用于模形式. 在级为 $SL(2,\mathbb{Z})$ 的情形, 双陪集代数有基于线性代数的描述, 称为 Hall 代数. 基于反对合的技巧表明 Hecke 算子在许多场景下相交换, 这时可以考虑模形式空间在 Hecke 算子作用下的共同特征向量, 称为 Hecke 特征形式, §5.6 的相关讨论仅只是下一章的预热.

第六章: 同余子群的 Hecke 算子 此章对于级为 $\Gamma_0(N), \Gamma_1(N)$ 的情形进一步考察 Hecke 算子. 关键是在模形式空间上为每个素数 p 定义 Hecke 算子 T_p, 并且对每个与 N 互素的 d 定义所谓的菱形算子 $\langle d \rangle$ (非互素时命 $\langle d \rangle := 0$). 同样运用线性代数的语言, 对应的双陪集和代数结构能明确写下. 最关键的结果是模形式 f 的 Fourier 系数 $a_n(f)$ 在 T_p 作用下的变换公式, 由此推出 Hecke 算子的特征值和 $a_n(f)$ 之间的联系.

必须说明的是 Hecke 算子有比本章进路更简单的定义方式. 本书之所以取道双陪集, 目的是将 Hecke 算子理解为某种卷积运算. 这有益于承接自守表示的理论.

Hecke 算子的同步对角化问题催生了 §6.4 和 §6.5 讨论的旧形式/新形式理论. 这部分需要精密的论证, 所涉及的 Fricke 对合还会在第七章用上.

第七章: L-函数 与 L-函数相关的内容是写不尽的. 此章的主角仅限于模形式的 L-函数, 主要结果限于 L-函数的四个基本性质——收敛范围、Euler 乘积、函数方程和在竖带上的界, 其中 Euler 乘积仅适用 Hecke 特征形式. 相关应用仅举 ϑ 级数与平方和问题的联系, 譬如, 借助对 $M_4(\Gamma_0(4))$ 的知识 (维数公式!), 可以用解析方法证明 Lagrange 的四平方和定理, 八平方和问题亦可如法炮制. 在 §7.6 谈及的凸性界是解析数论的基本概念, 遗憾的是本书无法进一步发挥.

第八章: 椭圆函数和复椭圆曲线 既然本书所谓的模形式又称椭圆模形式, 当然与椭圆曲线有内在的联系, 此章目的便是介绍椭圆曲线的基本概念. 从 Riemann 曲面论的视角, 复椭圆曲线无非是第三章涉及的复环面, 它们本质上是代数几何的对象, 其群结构也同样有代数几何的刻画; 假如承认代数几何的基本知识, 那么椭圆曲线便能定义在一般的域, 乃至于一般的概形上, 这是从算术几何视角研究模形式的第一步. 我们还会介绍椭圆函数与椭圆积分的联系, 以及复乘的初步理论, 后者可用以证明 j 函数在复乘点取值为代数数.

第九章: 上同调观模形式 第一步是说明在余有限 Fuchs 群 Γ 充分小的假设下, 如何将权 k 的模形式实现为线丛 $\omega^{\otimes k}$ 的截面. 第二步也是相对困难的一步, 则是用尖点形式空间 $S_{k+2}(\Gamma)$ 及其共轭来分解 $Y(\Gamma)$ 上某个局部系统 (本书记为 $^k V_\Gamma$) 的抛物上同调 $\widetilde{\mathrm{H}}^1$, 称为 Eichler-志村同构. 从几何的角度, 这相当于赋予 $\widetilde{\mathrm{H}}^1\left(Y(\Gamma), {}^k V_\Gamma\right)$ 一个权为 $k+1$ 的纯 Hodge 结构, 当 $k = 0$ 时这就是 $\mathrm{H}^1(X(\Gamma); \mathbb{C})$ 的 Hodge 分解. Hecke 算子自然地反映在 $\widetilde{\mathrm{H}}^1$ 上. Eichler-志村同构是沟通模形式和模曲线算术/几何性质的津梁之一. 本章需要一些层论和同调代数知识.

第十章: 模形式与模空间 此章主题最深, 涉及的知识也最多. 我们首先给出模形式的几何定义, 这需要对定义在一般环上的椭圆曲线有所了解, 而模形式的 Fourier 展开则通过 Tate 曲线来诠释, 后者给出模空间在尖点附近的 "形式坐标". 其次, 级为 $\Gamma_1(N)$ 的 Hecke 算子同样有基于模空间的诠释, 它们作用于抛物上同调, 从而反映于 $S_{k+2}(\Gamma_1(N))$ 及其共轭. 通过代数几何中的 ℓ 进平展上同调理论, 这些构造给出称为 Eichler-志村关系的分解, 当 $p \nmid N\ell$ 时, 它将 T_p 分解为两种 mod p 世界的运算 —— Frobenius 自同态及其转置, 或者差一个菱形算子. 我们用 Eicher-志村关系说明如何从 Hecke 特征形式 $f \in S_{k+2}(\Gamma_1(N))$ 构造 2 维 Galois 表示, 然后简略地介绍模性的概念. 本章不给出 Eichler-志村关系的关键证明, 因为那需要对模曲线的 mod p 约化有较深的理解.

附录 A: 分析学背景 前半部分涉及拓扑群及其作用, 特别是介绍了基本区域和商空间的关系. 后半部分偏于分析学, 介绍收敛性、无穷乘积与 Fourier 变换的基本结果, 以及复变函数论中 Phragmén-Lindelöf 原理的一个较广形式.

附录 B: Riemann 曲面背景 此附录集中收集了关于 Riemann 曲面的基本语汇, 采取拓扑和复变函数论视角, 并以 Riemann-Roch 定理的陈述作结, 但一些关键定理未予证明.

附录 C: 算术背景 这部分较为简短, 内容包括群的上同调、$\mathbb{Q}_p$ 的基本性质、Galois 表示和概形平展上同调. 旨在确立符号, 几乎不含证明.

章节不尽是按直线编排, 但前后总有逻辑联系, 其中第四章和第八章与其他部分的连接相对弱. 跳跃式阅读是可行的, 但宜有师长或配套材料指路. 考虑到教学和阅读的体验, 少部分内容有所重复. 具体制订讲授、讨论或自学方案时, 有几种可能的取舍方案如下, 供读者参考.

(1) 若只谈级为 $\mathrm{SL}(2, \mathbb{Z})$ 的模形式, 则第一章略去 §1.6, 双曲几何仅择必要部分. 第二章略去 §§2.5—2.6. 第三章只讲 ∞ 附近的复结构, 以及 §3.3 与 §3.8 的 $N = 1$ 情形.

第四章只讲 §4.4 和所需背景. 第五章只讲 §§5.5—5.6 和所需背景. 第六章全部略过. 第七章处处假设 $N = 1$. 第八章随意. 第九章和第十章略过.

(2) 若只谈同余子群的模形式, 则第一章略去 §1.6, 双曲几何仅择必要部分. 第三章略去 §§3.4—3.6. 第四—七章自行取舍, 但建议初学略过 §§6.4—6.5, 而且关于 Hecke 算子部分可只讲 T_p, $\langle d \rangle$ 的定义和交换性. 第八章随意. 对算术几何感兴趣者宜留意第九章和第十章, 特别是 §10.5 收录的一些应用.

(3) 若要谈任意级的模形式, 但侧重解析面向, 则第一—五章全讲, 第六章和第七章视情形斟酌, 但 §§6.4—6.5 同样可先略过. 第八章至少介绍 §8.1 和 §8.7. 第九章和第十章且先略过.

(4) 对于以模形式、模曲线和 Galois 表示为主攻方向的受众, 建议全讲.

至于附录部分, 请读者按需求定制阅读方式.

在从讲稿向书籍转化的过程中, 对一些内容不可避免地进行了精炼与抽象化. 课堂讲授时宜对相关部分进行反向的解码.

惯例

对章节以符号 § 和阿拉伯数字进行参照, 例如, §1.1 代表第一章 1.1 节, 依此类推. 证明结尾以 □ 标记.

基本符号 本书采取标准的逻辑符号, 如等价 $\iff$, 蕴涵 $\implies$, 等等; 符号 ∃! 表示 "存在唯一的 ……", 符号 $A := B$ 意谓 "A 定义为 B", 依此类推. 若一个数学对象由某些表达式或一系列操作无歧义地确定, 无关一切辅助资料的选取, 则称之为良定义的, 简称良定.

集合 E 的基数记为 $|E|$. 一族集合 $\{E_i\}_{i \in I}$ 的无交并记为 $\bigsqcup_{i \in I} E_i$, 以与普通的并 $\cup$ 区隔; 有限无交并也记为 $E_1 \bigsqcup \cdots \bigsqcup E_n$; 等等. 差集记为 $A \smallsetminus B := \{a \in A : a \notin B\}$, 留意到这与稍后将定义的陪集空间 $A \backslash B$ 是两回事.

我们经常对映射、同态乃至于一般范畴中的态射谈论交换图表, 例如

$$
\begin{CD}
A @>f>> B \\
@VhVV @VVgV \\
C @>>k> D
\end{CD}
$$

交换意谓 $gf = kh$. 范畴以无衬线字体 (sans-serif) 标记.

集合之间的映射以箭头 → 代表: $A \hookrightarrow B$ 表单射, $A \twoheadrightarrow B$ 表满射. 双射常记为 $\overset{1:1}{\longleftrightarrow}$. 集合 A 到自身的恒等映射记为 $\mathrm{id} = \mathrm{id}_A$. 符号 $A \overset{\sim}{\to} B$ 则表示结构之间的同构 (譬如群、环、拓扑空间或 Riemann 曲面等). 映射 $f : A \to B$ 的像记为 $\mathrm{im}(f)$, 任意子集 $B' \subset B$ 对 f 的原像则记为 $f^{-1} B' \subset A$. 对于给定的映射 $A \to B$, 符号 $a \mapsto b$ 意谓 $a \in A$ 被映

为 b, 习称 $f^{-1}(a) \subset B$ 为 $a \in A$ 上的 "纤维".

谈论角度时一律采取弧度制. 对数函数 $\log$ 一律以 e 为底. 选定 -1 的平方根 i. 常见的数系记法如下.

$$\mathbb{Z} \quad \subset \quad \mathbb{Q} \quad \subset \quad \mathbb{R} \quad \subset \quad \mathbb{C}$$
$$\text{整数} \qquad \text{有理数} \qquad \text{实数} \qquad \text{复数}$$

代数 如果群的运算写作乘法, 则本书一般将其单位元记为 1, 如有混淆, 将另外标注. 子群 $H \subset G$ 的指数记为 $(G : H)$. 相应的陪集空间记为 $G/H = \{gH : g \in G\}$ 和 $H \backslash G = \{Hg : g \in G\}$. 群 G 中由元素 $g, g', \cdots$ 生成的子群记为 $\langle g, g', \cdots \rangle$. 若群运算写作乘法, 则 $g \in G$ 生成的子群也记为 $g^{\mathbb{Z}}$. 若交换群 G 的运算写作加法, 则 $g, g', \cdots$ 生成的子群也记为 $\mathbb{Z}g + \mathbb{Z}g' + \cdots$. 群同态 φ 的核、余核分别记为 $\ker \varphi, \operatorname{coker} \varphi$.

若群 Γ 左作用在集合 X 上, 则记 $x \in X$ 的轨道为 Γx, 记稳定化子群 $\{\gamma \in \Gamma : \gamma \tau = \tau\}$ 为 $\operatorname{Stab}_\Gamma(\tau)$ 或 Γ_τ; 右作用亦同. 保持群作用的映射称为等变映射.

Lie 群以大写拉丁字母表示, 对应的 Lie 代数以小写 𝔣𝔯𝔞𝔨𝔱𝔲𝔯 字体表示.

如无另外说明, 本书考虑的环皆含乘法幺元. 环 R 的所有可逆元对乘法成群, 记为 $R^\times$; 若 R 是零环则规定 $R^\times$ 为平凡群 $\{1\}$.

对于任意交换环 R 和正整数 N, 定义 $R^\times$ 的子群 $\mu_N(R) := \{r \in R^\times : r^N = 1\}$. 习惯记 $\mu_N := \mu_N(\mathbb{C})$. 于是 μ_N 中的 N 阶元无非是 N 次本原单位根.

若 V 是域 $\Bbbk$ 上的向量空间, 其对偶空间记为 $V^\vee := \operatorname{Hom}_\Bbbk(V, \Bbbk)$.

本书将域扩张 $K \hookrightarrow L$ 写作 $L|K$ 的形式. Galois 扩张 $L|K$ 的 Galois 群记为 $\operatorname{Gal}(L|K)$. 恰有 q 个元素的有限域记为 $\mathbb{F}_q$.

记以 q 为变元、系数在交换环 R 上的多项式环为 $R[q]$, 形式幂级数环为 $R[\![q]\!]$, Laurent 级数环为 $R(\!(q)\!) := R[\![q]\!] \left[\dfrac{1}{q}\right]$.

整数 整数 a, b 的最大公因数记为 $\gcd(a, b) \in \mathbb{Z}_{\geqslant 0}$, 它按环论观点由 $a\mathbb{Z} + b\mathbb{Z} = \gcd(a, b)\mathbb{Z}$ 刻画, 特别地, $\gcd(n, 0) = |n|$ 对所有 n 成立. 同余式 $a \equiv b \pmod{N}$ 意谓 $N \mid (a - b)$. 实数 x 的向下取整记为 $\lfloor x \rfloor$, 向上取整记为 $\lceil x \rceil$.

射影空间 设 F 为域, n 维射影空间 $\mathbb{P}^n(F)$ 按定义由 F^{n+1} 的所有一维子空间构成, 其中由非零向量 $(x_0, \cdots, x_n) \in F^{n+1}$ 张出的直线记为 $(x_0 : \cdots : x_n) \in \mathbb{P}^n(F)$, 这种表示法称为 $\mathbb{P}^n(F)$ 的齐次坐标. 不致混淆时简记 $\mathbb{P}^n := \mathbb{P}^n(F)$. 我们也称 $\mathbb{P}^1$ 为射影直线, $\mathbb{P}^2$ 为射影平面. 关于射影几何的基本概念可以参看 [58, §5.3].

拓扑空间 对于拓扑空间 X 的子集 D, 记其内点集为 D°, 边界为 $\partial D := \bar{D} \smallsetminus D^\circ$. 度量空间上的距离函数一般记为 $d(\cdot, \cdot)$. 测度空间 E 的体积记为 $\operatorname{vol}(E)$. 设 $f : X \to Y$ 为连续映射, 若对所有紧子集 $C \subset Y$, 逆像 $f^{-1}C$ 仍然紧, 则称 f 为逆紧映射.

矩阵　按惯例, $n \times m$ 矩阵皆以横行竖列表示:

$$(a_{ij})_{\substack{1 \leqslant i \leqslant n \\ 1 \leqslant j \leqslant m}} = \begin{pmatrix} & \vdots & \\ \cdots & a_{ij} & \cdots \\ & \vdots & \end{pmatrix} \quad \text{第 } i \text{ 行.}$$

第 j 列

本书惯例是将矩阵的零元经常略去, 并且用通配符 $*$ 表示不重要的矩阵元, 譬如固定列向量 $\begin{pmatrix} 1 \end{pmatrix} = \begin{pmatrix} 1 \\ 0 \end{pmatrix}$, 不动的 2 阶方阵形如 $\begin{pmatrix} 1 & * \\ & * \end{pmatrix}$.

对任意交换环 R 及正整数 n, 定义 $\mathrm{M}_n(R)$ 为全体 $n \times n$ 矩阵构成的 R-代数. 行列式记为 det, 单位矩阵记为 1. 以下集合对矩阵乘法成群.

$$\mathrm{GL}(n, R) := \left\{ \gamma \in \mathrm{M}_n(R) : \det \gamma \in R^{\times} \right\},$$
$$\mathrm{SL}(n, R) := \left\{ \gamma \in \mathrm{M}_n(R) : \det \gamma = 1 \right\},$$

它们按矩阵乘法在 $\mathbb{R}^n$ 上左作用 (视为列向量) 或右作用 (视为行向量). 按 $t \mapsto \begin{pmatrix} t & & \\ & \ddots & \\ & & t \end{pmatrix}$ 将 $R^{\times}$ 嵌入 $\mathrm{GL}(n, R)$, 其像正是群 $\mathrm{GL}(n, R)$ 的中心. 故可定义

$$\mathrm{PGL}(n, R) := \mathrm{GL}(n, R)/R^{\times},$$
$$\mathrm{PSL}(n, R) := \mathrm{SL}(n, R)/(R^{\times} \cap \mathrm{SL}(n, R)) = \mathrm{SL}(n, R)/\mu_n(R)$$
$$\simeq \mathrm{im}\left[\mathrm{SL}(n, R) \to \mathrm{PGL}(n, R)\right].$$

本书惯用以下记法: 若 Γ 是 $\mathrm{SL}(n, R)$ 的子群, 则它在 $\mathrm{PSL}(n, R)$ 中的像记为 $\overline{\Gamma}$.

任何环同态 $\varphi : R \to R'$ 都自然地诱导环同态 $\mathrm{M}_n(R) \to \mathrm{M}_n(R')$、群同态 $\mathrm{GL}(n, R) \to \mathrm{GL}(n, R')$ 和 $\mathrm{SL}(n, R) \to \mathrm{SL}(n, R')$ 等等, 方式是映矩阵 $(a_{ij})_{i,j}$ 为 $(\varphi(a_{ij}))_{i,j}$.

设 $\gamma = (a_{ij})_{i,j}$ 和 $\gamma' = (a'_{ij})_{i,j}$ 是 $\mathrm{M}_n(\mathbb{Z})$ 的元素, 则符号 $\gamma \equiv \gamma' \pmod{N}$ 意谓 $a_{ij} = a'_{ij} \pmod{N}$ 对所有 $1 \leqslant i, j \leqslant N$ 成立. 推而广之, 以一般的环 R 及其理想 I 代替 $\mathbb{Z}$ 和 $N\mathbb{Z}$, 则矩阵同余的定义类似.

以 $\gamma \mapsto {}^t\gamma$ 表矩阵转置. 在实数域上有正交群

$$\mathrm{O}(n, \mathbb{R}) := \left\{ \gamma \in \mathrm{GL}(n, \mathbb{R}) : \gamma \cdot {}^t\gamma = 1 \right\},$$
$$\mathrm{SO}(n, \mathbb{R}) := \mathrm{O}(n, \mathbb{R}) \cap \mathrm{SL}(n, \mathbb{R}).$$

此外, 定义

$$\mathrm{GL}(n,\mathbb{R})^+ := \{\gamma \in \mathrm{GL}(n,\mathbb{R}) : \det\gamma > 0\}, \quad \mathrm{GL}(n,\mathbb{Q})^+ := \mathrm{GL}(n,\mathbb{Q}) \cap \mathrm{GL}(n,\mathbb{R})^+.$$

阶的估计 以下符号是标准的. 我们探讨定义在某拓扑空间上的复数值函数 $g(x)$ 在 $x \to a$ 时的增长, 其中 a 是给定的极限点.

(1) 设 $f(x)$ 为正值函数, 符号 $g \ll f$ 或 $g = O(f)$ 表示存在常数 $C \geqslant 0$ 使得当 x 足够接近 a 时有 $|g| \leqslant Cf$.

(2) 符号 $g = o(f)$ 表示 $\lim_{x\to a} \frac{g}{f} = 0$.

(3) 符号 $g \sim f$ 表示 $\lim_{x\to a} \frac{g}{f} = 1$.

估计中的常数 C 等往往依赖于其他给定的资料, 必须另外说明. 此诸定义也适用于 f, g 为数列的情形, 此时 $x \in \mathbb{Z}_{\geqslant 1}$ 而 $a := \infty$.

复分析 复数 z 的实部记为 $\mathrm{Re}(z)$, 虚部记为 $\mathrm{Im}(z)$. 复平面上的**竖带**定为形如

$$\{s \in \mathbb{C} : a \leqslant \mathrm{Re}(s) \leqslant b\}$$

的集合, 通常默认竖带的宽度有限, 亦即 $-\infty < a \leqslant b < +\infty$, 更多相关定义见 §A.6.

按惯例, 我们向 $\mathbb{C}$ 添入无穷远点以得到 $\mathbb{C} \sqcup \{\infty\}$, 它透过球极投影和单位球面 $\mathbb{S}^2$ 等同, 故亦称为 Riemann 球面, 这也赋予 $\mathbb{C} \sqcup \{\infty\}$ 自明的拓扑结构.

复平面里的上半平面和单位开圆盘分别记为

$$\mathscr{H} := \{\tau \in \mathbb{C} : \mathrm{Im}(\tau) > 0\},$$

$$\mathscr{D} := \{z \in \mathbb{C} : |z| < 1\}.$$

读者理应熟悉单变量全纯函数 (即复解析函数) 和亚纯函数的概念, 例如, [63] 的前半部分内容. 设 U 为 $\mathbb{C}$ 的开子集, f 是 U 上的亚纯函数, 在 $x \in U$ 附近不恒为零, 那么 f 在 x 处的消没次数记为 $\mathrm{ord}_x(f)$: 按定义, $(z-x)^{-\mathrm{ord}_x(f)} f(z)$ 在 x 的一个开邻域上全纯而且处处非零. 若 f 在 x 附近恒为零, 则定义 $\mathrm{ord}_x(f)$ 为无穷大.

由于消没次数的定义是局部的, 并且在局部坐标变换下不变, 它可以推广到任意 Riemann 曲面上.

目录

第一章 基本定义

对上半平面 $\mathscr{H}$ 赋予 Riemann 度量 $\dfrac{\mathrm{d}x^2 + \mathrm{d}y^2}{y^2}$,其曲率为常数 -1,这是双曲几何常见的模型. 具有整数权 k 和级 $\mathrm{SL}(2, \mathbb{Z})$ 的模形式是定义在 $\mathscr{H}$ 上的一类全纯函数,按定义,这样一个函数 f 必须

(a) 满足 $(c\tau + d)^{-k} f\left(\dfrac{a\tau + b}{c\tau + d}\right) = f(\tau)$,其中 $\begin{pmatrix} a & b \\ c & d \end{pmatrix}$ 取遍 $\mathrm{SL}(2, \mathbb{Z})$.

(b) 具有 Fourier 展开 $f(\tau) = \sum_{n \geq 0} a_n(f) q^n$,其中 $q := e^{2\pi i \tau}$; Fourier 系数 $a_n(f)$ 往往蕴藏微妙的算术信息.

这里的作用 $\left(\begin{pmatrix} a & b \\ c & d \end{pmatrix}, \tau\right) \mapsto \dfrac{a\tau + b}{c\tau + d}$ 是复变函数论中熟知的线性分式变换. 实用中需要比 $\mathrm{SL}(2, \mathbb{Z})$-作用更宽松的对称性,或谓更深的 "级",并研究模形式在所谓 "尖点" 附近的性状. 上半平面在离散子群作用下的基本区域扮演举足轻重的角色,相关定义见 §A.2. 复变函数论、群论与双曲几何在此熔于一炉.

千头万绪,本章且先从上半平面的几何性质入手,然后确定 $\mathrm{SL}(2, \mathbb{Z})$ 的基本区域,定义同余子群及其尖点. 掌握这些概念便能定义以任意同余子群 Γ 为级的整权模形式.

对于基本区域,§1.6 将给出称为 Dirichlet 区域的一般构造及其性质,在 §3.4 将有进一步探讨. 这部分内容需要专门的课程来细说,本书浅尝辄止.

以非同余子群为级的模形式留待 §3.6 探讨. 我们也需要关于拓扑群和微分形式的一些基本知识,参见 §A.1 和 §B.2.

1.1　线性分式变换

对任意 $n \in \mathbb{Z}_{\geqslant 1}$, 群 $\mathrm{GL}(n, \mathbb{C})$ 透过方阵对列向量的乘法左作用在 $\mathbb{C}^n$ 上, 它保持 $\mathbb{C}^n \smallsetminus \{0\}$ 不变, 而子群 $\mathbb{C}^\times \subset \mathrm{GL}(n, \mathbb{C})$ 的作用无非是伸缩.

我们主要关注 $n = 2$ 情形. 以齐次坐标表达 $\mathbb{P}^1(\mathbb{C})$ 的元素. 从 $\mathrm{GL}(2, \mathbb{C})$ 在 $\mathbb{C}^2 \smallsetminus \{0\}$ 上的左作用自然导出 $\mathrm{PGL}(2, \mathbb{C})$ 在复射影直线 $\mathbb{P}^1(\mathbb{C})$ 上的左作用

$$\begin{pmatrix} a & b \\ c & d \end{pmatrix} \cdot (x : y) = (ax + by : cx + dy).$$

任何 $\gamma \in \mathrm{PGL}(2, \mathbb{C}) \smallsetminus \{1\}$ 在 $\mathbb{P}^1(\mathbb{C})$ 上至多只有两个不动点, 这是因为若取 $\tilde\gamma \in \mathrm{GL}(2, \mathbb{C}) \smallsetminus \mathbb{C}^\times$ 为 γ 的代表元, 那么不动点——对应于 γ 的特征子空间, 根据线性代数至多仅两个.

若以 $(x : y) \mapsto \dfrac{x}{y}$ 将 $\mathbb{P}^1(\mathbb{C})$ 视同 $\mathbb{C} \sqcup \{\infty\}$, 此作用化为

$$\begin{pmatrix} a & b \\ c & d \end{pmatrix} \cdot \tau = \frac{a\tau + b}{c\tau + d},$$

当 $\tau = \infty$ 时右式诠释作 $\dfrac{a}{c}$, 当 $c\tau + d = 0$ 时右式诠释作 ∞, 从极限观点看这是合理的. 基于显见的理由, 从 $\mathbb{C} \sqcup \{\infty\}$ 到自身的这类变换也叫做 **线性分式变换**.

相异四点 $z_0, z_1, z_2, z_3 \in \mathbb{C} \sqcup \{\infty\}$ (计顺序) 的 **交比** 定为

$$(z_0, z_1; z_2, z_3) := \frac{z_0 - z_2}{z_0 - z_3} \cdot \left(\frac{z_1 - z_2}{z_1 - z_3} \right)^{-1} \in \mathbb{C},$$

当其中一点为 ∞ 时, 此式按极限来定义, 特例是 $(z, 1; 0, \infty) = z$. 完整的介绍见任一本复变教材, 如 [63, §2.6 定义 2]. 交比也可以从经典射影几何学来说明, 见 [58, 定义 5.42].

读者们在复分析中应当学过, 或者至少愿意接受以下性质:

⋄ 任何线性分式变换都是 Riemann 球面 $\mathbb{C} \sqcup \{\infty\}$ 的全纯自同构, 因而也保角;

⋄ 线性分式变换保持交比: $(\gamma z_0, \gamma z_1; \gamma z_2, \gamma z_3) = (z_0, z_1; z_2, z_3)$, 其中 $\gamma \in \mathrm{PGL}(2, \mathbb{C})$ 而 $z_0, \cdots, z_3 \in \mathbb{C} \sqcup \{\infty\}$ 相异;

⋄ 对相异任三点 $z_1, z_2, z_3 \in \mathbb{C} \sqcup \{\infty\}$, 存在唯一的 $\gamma \in \mathrm{PGL}(2, \mathbb{C})$ 使得

$$\gamma z_1 = 1, \quad \gamma z_2 = 0, \quad \gamma z_3 = \infty.$$

实际上, 交比的不变性必导致 $(z, z_1; z_2, z_3) = (\gamma z, 1; 0, \infty)$, 故唯一的选法是

$$\gamma z = (z, z_1; z_2, z_3) = \frac{z - z_2}{z - z_3} \cdot \left(\frac{z_1 - z_2}{z_1 - z_3} \right)^{-1}. \tag{1.1.1}$$

⋄ 线性分式变换将 $\mathbb{C} \sqcup \{\infty\}$ 中的圆映为圆, 这里的 "圆" 容许有无穷大的半径, 相应的图形无非是包含 ∞ 的直线.

⋄ 在 $\mathbb{C} \sqcup \{\infty\}$ 中, 相异任三点 z_1, z_2, z_3 确定唯一圆: 变换 (1.1.1) 将之映到过 $1, 0, \infty$ 的唯一圆, 即实轴.

⋄ 相异四点 $z_0, \cdots, z_3$ 共圆的充要条件是 $(z_0, z_1; z_2, z_3) \in \mathbb{R}$. 论证是容易的: 根据以上讨论, 适当的线性分式变换可将问题化约到 $(z_1, z_2, z_3) = (1, 0, \infty)$ 情形, 这三点决定圆 $\mathbb{R} \sqcup \{\infty\}$, 而 $(z_0, 1; 0, \infty) = z_0$.

按惯例记 $z = x + iy \in \mathbb{C}$, 并回忆微分形式的语言. 将 $\mathbb{C}$ 视同二维空间 $\mathbb{R}^2$, 在其上有复值微分形式 $dz = dx + i\,dy$, 其共轭为 $\overline{dz} = d\bar{z} = dx - i\,dy$, 相乘得 $|dz|^2 := dz \cdot \overline{dz} = (dx)^2 + (dy)^2$, 正是 $\mathbb{C}$ 上标准的平坦度量.[①]

引理 1.1.1　设 $\gamma = \begin{pmatrix} a & b \\ c & d \end{pmatrix} \in \mathrm{GL}(2, \mathbb{C})$, 则有微分形式的等式 $d(\gamma z) = \det \gamma \cdot (cz + d)^{-2}\,dz$.

证明　运用 (B.2.1) 直接对 $\dfrac{az + b}{cz + d}$ 求导即可. □

引理 1.1.2　设 $\gamma = \begin{pmatrix} a & b \\ c & d \end{pmatrix} \in \mathrm{GL}(2, \mathbb{R})$, 则 $\mathrm{Im}(\gamma z) = \det \gamma \cdot |cz + d|^{-2}\,\mathrm{Im}(z)$.

证明　直接计算

$$\frac{az + b}{cz + d} - \frac{a\bar{z} + b}{c\bar{z} + d} = \frac{(az + b)(c\bar{z} + d) - (a\bar{z} + b)(cz + d)}{|cz + d|^2}$$

$$= |cz + d|^{-2}(ad - bc)(z - \bar{z}) = 2i \det \gamma \cdot |cz + d|^{-2}\,\mathrm{Im}(z),$$

而左式无非是 $\gamma z - \overline{\gamma z} = 2i\,\mathrm{Im}(\gamma z)$. □

现在引入 Poincaré 上半平面

$$\mathscr{H} := \{\tau \in \mathbb{C} : \mathrm{Im}(\tau) > 0\},$$

---

① 按微分几何的规矩, 确切地说需先复化 $\mathbb{C}$ 的余切空间, 然后在其对称代数里作乘法, 详见 [59, §7.6].

它对**双曲度量**

$$\frac{|\,\mathrm{d}\tau|^2}{y^2} = \frac{\mathrm{d}x^2 + \mathrm{d}y^2}{y^2}, \quad \tau = x + iy \in \mathscr{H}$$

构成二维 Riemann 流形, 相应的测度由体积形式 $\dfrac{\mathrm{d}x\,\mathrm{d}y}{y^2}$ 确定.

在 Riemann 流形任一点的切空间上, 透过度量可以谈论任两个非零切向量的夹角. 包含映射 $\left(\mathscr{H}, y^{-2}(\mathrm{d}x^2 + \mathrm{d}y^2)\right) \to \left(\mathbb{C}, \mathrm{d}x^2 + \mathrm{d}y^2\right)$ 保角, 所以 $\mathscr{H}$ 上的双曲夹角和复平面上的夹角是一回事.

练习 1.1.3　对 Lie 代数验证直和分解 $\mathfrak{sl}(2,\mathbb{R}) = \mathfrak{so}(2,\mathbb{R}) \oplus \left\{ \begin{pmatrix} Y & X \\ 0 & -Y \end{pmatrix} : X, Y \in \mathbb{R} \right\}$.

命题 1.1.4　*透过线性分式变换, 群* $\mathrm{GL}(2,\mathbb{R})$ *保持* $\mathbb{R} \sqcup \{\infty\}$, *其子群* $\mathrm{GL}(2,\mathbb{R})^+$ *以全纯自同构作用在* $\mathscr{H}$ *上.*

证明　易见任意 $\gamma \in \mathrm{GL}(2,\mathbb{R})$ 保持直线 $\mathbb{R} \sqcup \{\infty\}$. 在 Riemann 球面上观之, $\mathbb{R} \sqcup \{\infty\}$ 将 $\mathbb{C} \sqcup \{\infty\}$ 隔成两个连通子集, 分别由 $\mathrm{Im} \lessgtr 0$ 给出. 当 $\det \gamma > 0$ 时, 由引理 1.1.2 可知 γ 保持每个连通子集, 特别地, 它给出 $\mathscr{H}$ 的全纯自同构. □

其实 $\mathrm{GL}(2,\mathbb{R})^+$ 和 $\mathrm{SL}(2,\mathbb{R})$ 相去不远, 因为 $\mathrm{GL}(2,\mathbb{R})^+ = \mathbb{R}_{>0}^\times \cdot \mathrm{SL}(2,\mathbb{R})$, 而 $\mathbb{R}_{>0}^\times$ 在 $\mathscr{H}$ 上的作用平凡.

命题 1.1.5　*透过线性分式变换, 群* $\mathrm{GL}(2,\mathbb{R})^+$ *诱导出* $\mathscr{H}$ *的全纯保距自同构,* $\gamma \in \mathrm{GL}(2,\mathbb{R})^+$ *的作用平凡当且仅当它在* $\mathrm{PGL}(2,\mathbb{R})$ *中的像平凡; 对于* $\gamma \in \mathrm{SL}(2,\mathbb{R})$, *这又等价于* $\gamma = \pm 1$.

群 $\mathrm{SL}(2,\mathbb{R})$ 在 $\mathscr{H}$ 上的作用光滑而且可递, 此外 $\mathrm{Stab}_{\mathrm{SL}(2,\mathbb{R})}(i) = \mathrm{SO}(2,\mathbb{R})$.

证明　命题 1.1.4 已说明 $\mathrm{GL}(2,\mathbb{R})^+$ 诱导 $\mathscr{H}$ 的全纯自同构. 如果 γ 在 $\mathscr{H}$ 上作用平凡, 那么它有无穷多个不动点, 本节第二段的讨论遂导致 γ 在 $\mathrm{PGL}(2,\mathbb{C})$ 中的像平凡, 这也等价于它在 $\mathrm{PGL}(2,\mathbb{R})$ 中的像平凡; 关于 $\gamma \in \mathrm{SL}(2,\mathbb{R})$ 的论断是自明的.

下面验证 γ 保持度量 $y^{-2}|\mathrm{d}z|^2$. 置 $z' = x' + iy' = \gamma z$. 并由引理 1.1.1 和引理 1.1.2 可知

$$\frac{\mathrm{d}z'}{y'} = \frac{\mathrm{d}z}{y} \cdot \det\gamma \cdot (cz+d)^{-2} = \frac{\mathrm{d}z}{y} \cdot \frac{|cz+d|^2}{(cz+d)^2}.$$

注意到 $\left|\dfrac{|cz+d|}{cz+d}\right| = 1$, 将两边的微分形式各自乘上其共轭, 便有 $(y')^{-2}|\mathrm{d}z'|^2 = y^{-2}|\mathrm{d}z|^2$.

显然 $\mathrm{SL}(2,\mathbb{R}) \times \mathscr{H} \to \mathscr{H}$ 是光滑映射. 直截了当的计算给出 i 的稳定化子群. 至于

可递性, 仅需观察到对任何 $x + iy \in \mathscr{H}$,

$$\begin{pmatrix} y^{1/2} & xy^{-1/2} \\ & y^{-1/2} \end{pmatrix} \in \mathrm{SL}(2, \mathbb{R})$$

映 i 为 $x + iy$. $\square$

我们经常需以 $\mathrm{PGL}(2, \mathbb{R})$ 或 $\mathrm{PSL}(2, \mathbb{R})$ 搬动 $\mathbb{R} \sqcup \{\infty\}$ 的点, 并计算稳定化子群. 以下是一则基本观察.

引理 1.1.6   任何 $t \in \mathbb{R} \sqcup \{\infty\}$ 皆可表作 $t = \alpha \infty$, 其中 $\alpha \in \mathrm{PSL}(2, \mathbb{R})$, 而且

$$\mathrm{Stab}_{\mathrm{PGL}(2, \mathbb{R})}(\alpha \infty) = \alpha \begin{pmatrix} * & * \\ & * \end{pmatrix} \alpha^{-1}.$$

特别地, $\mathrm{Stab}_{\mathrm{PGL}(2, \mathbb{R})}(\infty) = \begin{pmatrix} * & * \\ & * \end{pmatrix}$.

证明   表 t 为 $\dfrac{a}{c}$, 其中 $(a, c) \in \mathbb{R}^2 \smallsetminus \{(0, 0)\}$. 总存在 $(b, d) \in \mathbb{R}^2$ 使得 $ad - bc = 1$, 然而 $\dfrac{a\infty + b}{c\infty + d} = \dfrac{a}{c}$. 故取 $\alpha = \begin{pmatrix} a & b \\ c & d \end{pmatrix} \in \mathrm{SL}(2, \mathbb{R})$ 便有 $t = \alpha \infty$.

稳定化子容易化约到 $\alpha = 1$ 的情形来确定. 观察到 $\dfrac{a\infty + b}{c\infty + d} = \infty$ 当且仅当 $c = 0$. $\square$

由于 $\mathscr{H}$ 具有一族可递的保距自同构, 基于对称性, 曲率必为常数. 根据拓扑群理论的标准结果 (定理 A.1.4), 在 i 点处的轨道映射给出同胚

$$\mathrm{orb}_i : \mathrm{SL}(2, \mathbb{R}) \big/ \mathrm{SO}(2, \mathbb{R}) \xrightarrow{\sim} \mathscr{H}$$
$$\gamma \longmapsto \gamma(i), \tag{1.1.2}$$

其中左式赋予商拓扑. 进一步, 两边都有自然的 C^∞-流形结构, 而 orb_i 给出流形间的同构. 事实上 $\mathscr{H}$ 是所谓 **Riemann 对称空间**的一个例子.

练习 1.1.7   对于学过微分几何的读者, 请验证 $\mathscr{H}$ 的 Gauss 曲率为 -1.

练习 1.1.8   运用同构

$$\{z \in \mathbb{C} : |z| = 1\} \xrightarrow{\sim} \mathrm{SO}(2, \mathbb{R})$$

$$e^{i\theta} \longmapsto \begin{pmatrix} \cos\theta & -\sin\theta \\ \sin\theta & \cos\theta \end{pmatrix}$$

来描述 $\mathrm{SO}(2, \mathbb{R})$ 在切空间 $T_i \mathscr{H} = \mathbb{C}$ 上的作用, 证明它由 $v \mapsto e^{-2i\theta} v$ 给出. 因此 $\mathrm{SO}(2, \mathbb{R})$ 在 $\{v \in T_i \mathscr{H} : \|v\| = 1\}$ 上作用可递.

> 提示〉借由线性分式变换将 $\gamma = \begin{pmatrix} \cos\theta & -\sin\theta \\ \sin\theta & \cos\theta \end{pmatrix}$ 视作 $\mathbb{C}$ 上的亚纯函数, 因此可考虑 $\dfrac{\mathrm{d}\gamma}{\mathrm{d}z}$, 用引理 1.1.1 计算 $\dfrac{\mathrm{d}\gamma}{\mathrm{d}z}(i) = (z\sin\theta + \cos\theta)^{-2}\big|_{z=i} = e^{-2i\theta}$.

命题 1.1.9　Riemann 流形 $\mathscr{H}$ 上的测地线皆是 $\mathscr{H} \subset \mathbb{C} \sqcup \{\infty\}$ 中与实轴正交的圆弧, 反之亦然. 每条测地线皆可以无穷延伸.

根据熟知的 Hopf-Rinow 定理 [64, 第八章, 定理 7.2], 这表明 Riemann 流形 $\mathscr{H}$ 完备, 故 $\mathscr{H}$ 上的双曲距离可由最短测地线的长度来计算. 回忆到形如 $\{\tau \in \mathscr{H} : \operatorname{Re}(\tau) = x\}$ 的直线也算是圆弧, 它与 $\mathbb{R} \sqcup \{\infty\}$ 正交于 $\{x, \infty\}$, 这点可借由球极投影在 $\mathbb{S}^2$ 上观照.

证明　置

$$a(t) := \begin{pmatrix} e^{t/2} & \\ & e^{-t/2} \end{pmatrix} = \exp\left(t \begin{pmatrix} 1/2 & \\ & -1/2 \end{pmatrix} \right), \quad t \in \mathbb{R}.$$

我们断言 $t \mapsto a(t)i = e^t i$ 扫出一条过 i 的无穷延伸的测地线. 这点既可以从测地线的微分方程计算, 也可运用以下技巧: 容易验证此曲线在每一点的切向量长度皆为 1. 今考虑对虚数轴的镜射 $r : \tau \mapsto -\bar\tau$, 易见 r 保持 Riemann 度量, 因此从 i 出发, 初始切向量落在虚轴上且长度为 1 的测地线必全程落在 $\mathscr{H}^r := \{\tau \in \mathscr{H} : r(\tau) = \tau\} = i\mathbb{R}_{>0}$ 上, 根据先前讨论, 这只能是 $t \mapsto e^t i$.

由于 $\mathrm{SL}(2, \mathbb{R})$ 在 $\mathscr{H}$ 上可递而且保角 (因其全纯), 保持实轴, 映圆为圆, 而根据练习 1.1.8, $\mathrm{SO}(2, \mathbb{R})$ 在切空间 $T_i \mathscr{H} \simeq \mathbb{C}$ 的单位向量上也可递, 故所有测地线都由前述情形搬运而来, 如下图所示.

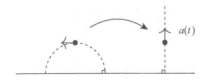

如此就描述了 $\mathscr{H}$ 中所有的测地线.　　　　　　　　　　　　　　　　□

注意到所有和虚数轴平行的测地线都趋近 ∞ 点. 两点的测地距离有明晰的公式如下.

命题 1.1.10 任两点 $\tau_1, \tau_2 \in \mathscr{H}$ 可用唯一的测地线段连接, 其间距离用反双曲函数表为

$$\cosh^{-1}\left(1 + \frac{|\tau_1 - \tau_2|^2}{2\operatorname{Im}(\tau_1)\operatorname{Im}(\tau_2)}\right).$$

证明 不妨设 $\tau_1 \neq \tau_2$. 根据命题 1.1.9 的描述和平面几何学, 连接 τ_1 和 τ_2 的测地线段是唯一的: 过这两点存在唯一一个与实轴正交的半圆 (当 $\operatorname{Re}(\tau_1) = \operatorname{Re}(\tau_2)$ 时退化为直线), 从中截取端点为 τ_1, τ_2 的弧, 其双曲长度即 $d(\tau_1, \tau_2)$.

为了计算距离, 先假设 $\operatorname{Re}(\tau_1) = \operatorname{Re}(\tau_2)$. 不妨令 $y_i := \operatorname{Im}(\tau_i)$, $y_2 \geqslant y_1$, 这时的距离是

$$\int_{y_1}^{y_2} y^{-1}\,\mathrm{d}y = \log(y_2/y_1).$$

接着假设 $\operatorname{Re}(\tau_1) < \operatorname{Re}(\tau_2)$, 过 τ_1, τ_2 并与实轴正交的半圆的半径记为 $r > 0$, 而 τ_1, τ_2 两点的幅角分别是 $0 < \theta_1 < \theta_2 < \pi$, 用角度参数计算距离得到

$$\int_{\theta_1}^{\theta_2} \frac{r\,\mathrm{d}\theta}{r\sin\theta} = \int_{\theta_1}^{\theta_2} \csc\theta\,\mathrm{d}\theta = \log\left|\frac{\csc\theta_1 + \cot\theta_1}{\csc\theta_2 + \cot\theta_2}\right|.$$

两种情形都契合原式, 细节留予读者. $\qquad\square$

约定 1.1.11 连接 $\mathscr{H}$ 中两点 x, y 的唯一测地线段记为 $[x, y]$.

本节最后探讨任意离散子群 $\Gamma \subset \operatorname{SL}(2, \mathbb{R})$ 在 $\mathscr{H}$ 上作用的 "正常性", 见定义 A.1.6.

命题 1.1.12 设 $\Gamma \subset \operatorname{SL}(2, \mathbb{R})$ 为离散子群, 则 Γ 在 $\mathscr{H}$ 上的作用正常; 换言之, 对任何紧子集 $K_1, K_2 \subset \mathscr{H}$, 集合 $\{\gamma \in \Gamma : \gamma K_1 \cap K_2 \neq \varnothing\}$ 有限.

证明 由 (1.1.2) 已知 $\mathscr{H}$ 等同于 $\operatorname{SL}(2, \mathbb{R})/\operatorname{SO}(2, \mathbb{R})$, 而 Γ 在其上的作用等同于对陪集作左乘, 一切归结为命题 A.1.11. $\qquad\square$

约定 1.1.13 称 $\operatorname{SL}(2, \mathbb{R})$ 的离散子群或它在 $\operatorname{PSL}(2, \mathbb{R})$ 中的像为 **Fuchs 群**.

1.2 圆盘模型

Bolyai-Lobachevsky 双曲几何至少有两种常用模型, 都实现在 $\mathbb{C}$ 的开子集上.

	空间	Riemann 度量
Poincaré 上半平面	$\mathscr{H} := \{\tau \in \mathbb{C} : \operatorname{Im}(\tau) > 0\}$	$\dfrac{|\mathrm{d}\tau|^2}{y^2}$
Poincaré 圆盘	$\mathscr{D} := \{z \in \mathbb{C} : |z| < 1\}$	$\dfrac{4|\mathrm{d}z|^2}{(1-|z|^2)^2}$

留意到包含映射 $(\mathscr{D}, 4(1-|z|^2)^{-2}|\mathrm{d}z|^2) \to (\mathbb{C}^2, |\mathrm{d}z|^2)$ 是保角的, 理由和上半平面情形相同.

命题 1.2.1 线性分式变换 $C : z \mapsto \tau = \dfrac{z+i}{iz+1}$ 给出保距全纯同构 $\mathscr{D} \xrightarrow{\sim} \mathscr{H}$, 此外 $C(0) = i, C(i) = \infty$.

证明 容易验证 $C(1) = 1, C(i) = \infty, C(-i) = 0$. 由于 C 保圆, 而三点定一圆, 故 C 限制为 $\{z : |z| = 1\} \xrightarrow{\sim} \mathbb{R} \sqcup \{\infty\}$. 注意到同构两边分别将 $\mathbb{C} \sqcup \{\infty\}$ 划分为内外及上下两块, 故由 $C(0) = i$ 可知 C 限制为 $\mathscr{D} \xrightarrow{\sim} \mathscr{H}$.

下面证明 C 保距. 记 $y = \operatorname{Im}(\tau)$. 由寻常的计算可得

$$y = \frac{\tau - \bar{\tau}}{2i} = \frac{1}{2i}\left(\frac{z+i}{iz+1} - \frac{\bar{z}-i}{-i\bar{z}+1}\right)$$
$$= |1+iz|^{-2}(1-|z|^2).$$

引理 1.1.1 应用于 $\begin{pmatrix} 1 & i \\ i & 1 \end{pmatrix}$ 给出 $\mathrm{d}\tau = 2(iz+1)^{-2}\mathrm{d}z$. 综之,

$$\frac{\mathrm{d}\tau}{y} = 2 \cdot \frac{|1+iz|^2}{(1+iz)^2} \cdot (1-|z|^2)^{-1}\mathrm{d}z.$$

由于 $\left|\dfrac{|1+iz|^2}{(1+iz)^2}\right| = 1$, 两边各自乘以共轭便给出 $\dfrac{|\mathrm{d}\tau|^2}{y^2} = \dfrac{4|\mathrm{d}z|^2}{(1-|z|^2)^2}$. □

Killing-Hopf 定理断言任何常曲率 -1 的连通完备二维 Riemann 流形都是 $\mathscr{H}$ 对某个离散子群 $\Gamma \subset \operatorname{Isom}(\mathscr{H})$ 的商, 以 $\mathscr{D}$ 代 $\mathscr{H}$ 亦同. 两种模型在几何中各有长处. 在模形式的研究中更习惯考虑上半平面.

练习 1.2.2 应用命题 1.2.1, 将关于 $\mathscr{H}$ 的测地线等几何性质移植到 $\mathscr{D}$ 上.

练习 1.2.3 将 C 等同于 $\begin{pmatrix} 1 & i \\ i & 1 \end{pmatrix} \in \mathrm{PGL}(2,\mathbb{C})$, 在 $\mathrm{GL}(2,\mathbb{C})$ 中验证

$$C^{-1}\,\mathrm{SL}(2,\mathbb{R})\,C = \mathrm{SU}(1,1) := \left\{ \gamma \in \mathrm{SL}(2,\mathbb{C}) : {}^t\bar{\gamma} \begin{pmatrix} 1 & \\ & -1 \end{pmatrix} \gamma = \begin{pmatrix} 1 & \\ & -1 \end{pmatrix} \right\}$$

$$= \left\{ \begin{pmatrix} \alpha & \beta \\ \bar{\beta} & \bar{\alpha} \end{pmatrix} : |\alpha|^2 - |\beta|^2 = 1 \right\},$$

$$C^{-1}\,\mathrm{SO}(2,\mathbb{R})\,C = \left\{ \begin{pmatrix} \alpha & \\ & \alpha^{-1} \end{pmatrix} : \alpha \in \mathbb{C}^\times,\ |\alpha| = 1 \right\}.$$

对任意 Riemann 曲面 X, 记 $\mathrm{Hol}(X)$ 为 X 作为 Riemann 曲面的自同构群. 透过线性分式变换, $\mathrm{PSL}(2,\mathbb{R})$ 嵌入为 $\mathrm{Hol}(\mathscr{H})$ 的子群.

引理 1.2.4 设 $\varphi \in \mathrm{Hol}(\mathscr{H})$, $\varphi(i) = i$, 则 φ 来自 $\mathrm{SO}(2,\mathbb{R})$ 的某个元素. 相应地, 若 $\psi \in \mathrm{Hol}(\mathscr{D})$ 固定 0 点, 则 $\psi: z \mapsto uz$, 其中 $u \in \mathbb{C}$, $|u| = 1$.

证明 用命题 1.2.1 将 φ 转译为 $\psi \in \mathrm{Hol}(\mathscr{D})$: 此时 $\psi : \mathscr{D} \to \mathscr{D}$ 满足 $\psi(0) = 0$; 复变函数论中的 Schwarz 引理 [63, §3.7, 定理 1] 蕴涵 $|\psi(z)| \leqslant |z|$ 对所有 $z \in \mathscr{D}$ 成立; 续以 ψ^{-1} 代 ψ 可得 $|\psi(z)| = |z|$. 再次应用 Schwarz 引理可知存在 $u \in \mathbb{C}$ 使得 $|u| = 1$, $\psi(z) = uz$. 直接计算可知这般映射拉回 $\mathscr{H}$ 上可以由 $\mathrm{SO}(2,\mathbb{R})$ 的元素实现, 见练习 1.2.3. $\qquad\square$

全体保持双曲度量的光滑映射 $\sigma : \mathscr{H} \to \mathscr{H}$ 构成群 $\mathrm{Isom}(\mathscr{H})$. 其中保定向的映射构成子群 $\mathrm{Isom}^+(\mathscr{H})$. 据命题 1.1.5 可知 $\mathrm{SL}(2,\mathbb{R})$ 的作用保距, 由于全纯映射保定向, $\mathrm{PSL}(2,\mathbb{R})$ 也嵌入 $\mathrm{Isom}^+(\mathscr{H})$.

定理 1.2.5 群 $\mathrm{Isom}^+(\mathscr{H})$, $\mathrm{PSL}(2,\mathbb{R})$ 和 $\mathrm{Hol}(\mathscr{H})$ 三者相等.

证明 先说明 $\mathrm{Hol}(\mathscr{H}) \subset \mathrm{PSL}(2,\mathbb{R})$. 设 $\varphi \in \mathrm{Hol}(\mathscr{H})$, 由于 $\mathrm{PSL}(2,\mathbb{R})$ 在 $\mathscr{H}$ 上可递, 不妨设 $\varphi(i) = i$, 再应用引理 1.2.4 即可得 $\varphi \in \mathrm{PSL}(2,\mathbb{R})$.

因为 $\mathscr{H}$ 上的双曲度量和标准度量 $|\mathrm{d}z|^2$ 共形等价, 而 $\mathrm{Isom}^+(\mathscr{H})$ 的作用保角, 故由复变函数论可知 $\mathrm{Isom}^+(\mathscr{H}) \subset \mathrm{Hol}(\mathscr{H})$. 综之

$$\mathrm{PSL}(2,\mathbb{R}) \subset \mathrm{Isom}^+(\mathscr{H}) \subset \mathrm{Hol}(\mathscr{H}) \subset \mathrm{PSL}(2,\mathbb{R}),$$

故等号处处成立. $\qquad\square$

除了命题 1.1.9 描述的测地线之外, $\mathscr{H}$ 上另一类饶富兴味的曲线是**极限圆**, 它们是

和 $\mathbb{R} \sqcup \{\infty\}$ 相切于某点 x 的圆, 但除掉切点 x, 图示如下.

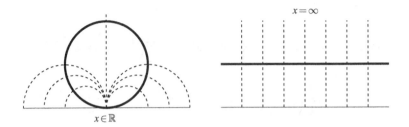

可以看出切点在 x 的极限圆与全体过 x 点的测地线族正交, 上图标为虚线. 从圆盘模型看得更清楚: 在 $\mathscr{D}$ 内部, 测地线无非是和 $\partial\mathscr{D} = \{z : |z| = 1\}$ 正交的圆弧, 而极限圆正是内切 $\mathscr{D}$ 于一点的圆 (除掉切点), 不必分开处理 $x = \infty$ 的情形.

定义 1.2.6　　上半平面 $\mathscr{H}$ 或圆盘模型 $\mathscr{D}$ 中的**测地多边形**意指一个单连通的闭子集 D, 使得 ∂D 由有限多条头尾相接的测地线段所围出, 依此可以谈论测地多边形的顶点 (即两边的接点) 及其内角. 这里容许顶点为**尖点**, 也就是两条测地线在 $\mathbb{R} \sqcup \{\infty\}$ (上半平面) 或 $\{z : |z| = 1\}$ (圆盘模型) 中的交点.

由于测地线总和边界正交, 尖点处的内角可以合理地定义为 0.

回忆到双曲度量下的角度与标准度量 $|d\tau|^2$ 下无异. 圆盘模型中的尖点图像如下.

(1.2.1)

兹举 $\mathscr{H}$ 中一则反例, 下图不是测地多边形: 它由两条测地线围出, 但它们的头尾并未相接, 该区域朝边界 $\mathbb{R} \sqcup \{\infty\}$ 方向是 "开" 的.

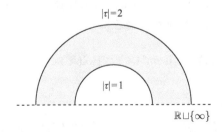

定理 1.2.7 (Gauss-Bonnet 公式) 设 D 是测地多边形, 顶点为 $x_1, \cdots, x_n$ (容许尖点), 相应的内角为 $\alpha_1, \cdots, \alpha_n$ (容许 $\alpha_i = \pi$), 则相对于双曲度量的面积为

$$\mathrm{vol}(D) = (n-2)\pi - \sum_{i=1}^{n} \alpha_i.$$

证明 双曲度量的曲率为 -1. 因为 D 单连通, 其 Euler 示性数是 $\chi = 1$. 如果 ∂D 不含尖点, 则 D 显然紧, 相应的结果无非是 Gauss-Bonnet 定理 [64,附录一,§6].

含尖点的情形可以严谨地化约到上述情形, 想法是用截断来逼近. 我们逐一处理每个尖点附近的性状. 不失一般性可设 $D \subset \mathscr{H}$, 而该尖点为 ∞, 夹住尖点的两条测地线是 $\mathrm{Re}(\tau) = \pm\dfrac{1}{2}$, 引入截断参数 $M > 0$ 计算如下:

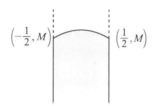

其中顶部曲线是测地线. 截断后 D 的顶点数 $+1$. 另一方面, 当 $M \to +\infty$ 时, 顶部测地线趋于水平, 新添的顶点其内角和趋近于 $\dfrac{\pi}{2} + \dfrac{\pi}{2} = \pi$; 代入不含尖点的 Gauss-Bonnet 公式并取极限, 便出断言的答案. □

推论 1.2.8 任何测地三角形 Δ 的内角 α, β, γ 都满足 $\alpha + \beta = \pi - \gamma - \mathrm{vol}(\Delta)$.

1.3 变换的分类和不动点

我们在 §1.1 已经看到, $\gamma = \begin{pmatrix} a & b \\ c & d \end{pmatrix} \in \mathrm{GL}(2, \mathbb{R})$ 在 $\mathbb{C} \sqcup \{\infty\}$ 上的作用相当于它在 $\mathbb{P}^1(\mathbb{C}) := \{$直线 $\subset \mathbb{C}^2\}$ 上的自然作用. 解不动点相当于解特征向量, 第一步则是解特征方程式 $\lambda^2 - \mathrm{Tr}(\gamma)\lambda + \det\gamma = 0$, 其判别式为 $\mathrm{Tr}(\gamma)^2 - 4\det\gamma$. 实根给出 $\mathbb{R}^2$ 中的特征向量, 相异根给出线性无关的特征向量, 重根情形下, 有一对线性无关的特征向量当且仅当 γ 是纯量矩阵.

定义 1.3.1 称非纯量矩阵 $\gamma \in \mathrm{GL}(2, \mathbb{R})^+$ 是

◇ **椭圆**的, 如果 $\mathrm{Tr}(\gamma)^2 < 4\det\gamma$, 这时它在 $\mathscr{H}$ 中恰有一个不动点, 另一个不动点则为其复共轭, 属于 $-\mathscr{H}$;

◇ **抛物**的, 如果 $\mathrm{Tr}(\gamma)^2 = 4\det\gamma$, 这时它恰有一个不动点, 落在 $\mathbb{R} \sqcup \{\infty\}$ 上;

◇ **双曲**的, 如果 $\mathrm{Tr}(\gamma)^2 > 4\det\gamma$, 这时它在 $\mathbb{R}\sqcup\{\infty\}$ 上有两个相异不动点.

这些性质只和 γ 在 $\mathrm{PGL}(2,\mathbb{R})\smallsetminus\{1\}$ 中的像有关.

我们主要着眼于 $\gamma\in\mathrm{SL}(2,\mathbb{R})$ 的情况. 因为 $\mathrm{SL}(2,\mathbb{R})$ 在 $\mathscr{H}$ 上可递, 在椭圆情形下取 γ 的适当共轭, 可假设不动点就是 $i\in\mathscr{H}$, 那么必有 $\gamma\in\mathrm{SO}(2,\mathbb{R})$, 从圆盘模型观照, γ 无非是旋转. 在抛物情形下, 线性代数告诉我们 γ 共轭于某个 $\pm\begin{pmatrix}1&h\\&1\end{pmatrix}, h\in\mathbb{R}^\times$, 相应的变换是平移. 同样由线性代数知双曲情形下 γ 共轭于某个 $\begin{pmatrix}a&\\&a^{-1}\end{pmatrix}, a\neq\pm1$, 相应的变换是 $\tau\mapsto a^2\tau$.

留意到若 γ 是抛物元, 那么当 $n\neq0$ 时, γ^n 仍是抛物元.

练习 1.3.2 严格来说, 线性代数只告诉我们在群 $\mathrm{GL}(2,\mathbb{R})$ 里能对抛物和双曲变换取如是共轭, 请说明如何将之细化到 $\mathrm{SL}(2,\mathbb{R})$ 中的共轭.

> 提示 对任意 $\lambda\in\mathbb{R}^\times$ 取 $g:=\begin{pmatrix}1&\\&\lambda\end{pmatrix}$, 那么 $g\begin{pmatrix}1&h\\&1\end{pmatrix}g^{-1}=\begin{pmatrix}1&h/\lambda\\&1\end{pmatrix}$ 而 $g\begin{pmatrix}a&\\&a^{-1}\end{pmatrix}g^{-1}=\begin{pmatrix}a&\\&a^{-1}\end{pmatrix}$. 以此 g 将所求的共轭改进到 $\mathrm{SL}(2,\mathbb{R})$.

例 1.3.3(双曲变换, 轴和不动点) 若 $\gamma\in\mathrm{PSL}(2,\mathbb{R})$ 是双曲元, 令 $\mathscr{A}$ 为连接它两个不动点的测地线, 称为 γ 的轴, 则 γ 共轭 $\mathscr{A}$ 到 $\mathscr{A}$ 的等距变换. 如将 γ 对角化为 $\begin{pmatrix}a&\\&a^{-1}\end{pmatrix}$, 立见它诱导 $\mathscr{A}=[0,\infty]$ 上的平移.

以下则逆向考察保持测地线的变换. 设 $\mathscr{A}$ 为测地线, 以 x,y 为无穷远处的两端. 若 $\gamma\in\mathrm{PGL}(2,\mathbb{R})$ 在 $\mathscr{A}$ 上诱导等距变换, 则按照 $\mathscr{A}\simeq\mathbb{R}$ 上等距变换熟知的分类, 有两种可能.

◇ 或者 $\gamma|_{\mathscr{A}}$ 是平移, 这时 $\gamma x=x$ 而 $\gamma y=y$, 特别地, γ 或者是 id, 或者是双曲元.

◇ 或者 $\gamma|_{\mathscr{A}}$ 是对某一点 η 的反射, 这时 γ 交换 x,y 而 $\gamma^2|_{\mathscr{A}}=\mathrm{id}$; 因 γ 是 $\mathscr{H}$ 上的全纯变换, 这蕴涵 $\gamma^2=1$, 从而 γ 是二阶椭圆元. 如果将 η 搬运到圆盘模型的原点, γ 便化为角度 π 的旋转.

在双曲情形下, 不失一般性可设 $x=0$ 而 $y=\infty$. 取 $a>0$ 使得 $2\log a$ 为 $\gamma|_{\mathscr{A}}$ 的平移步长, 那么 γ 映三元组 $(0,i,\infty)$ 为 $(0,a^2i,\infty)$. 交比理论说明这样的 γ 唯一, 显式取法无非是

$$\gamma=\begin{pmatrix}a&\\&a^{-1}\end{pmatrix}.$$

我们顺带导出 $\gamma|_{\mathscr{A}} = \mathrm{id}_{\mathscr{A}}$ 蕴涵 $\gamma = 1$.

如下图所示, 当 y 趋近于 x, 测地线 $\mathscr{A}$ 退化为切 x 的极限圆. 映极限圆为自身的 $\gamma \in \mathrm{PGL}(2, \mathbb{R})$ 或者平凡, 或者是以 x 为唯一不动点的抛物元. 反之, 以 x 为唯一不动点的抛物元也保持所有切 x 的极限圆不变, 请读者动手验证 (不妨设 $x = \infty$).

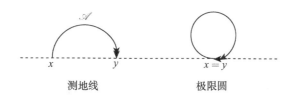

测地线　　　　　　极限圆

接着将焦点转向椭圆元素.

例 1.3.4　设 $\gamma \in \mathrm{SL}(2, \mathbb{Z})$ 满足 $\gamma \equiv \begin{pmatrix} 1 & * \\ & 1 \end{pmatrix} \pmod{N}$, 其中 $N \in \mathbb{Z}_{\geqslant 1}$. 我们断言 当 $N \geqslant 4$ 时 γ 不可能是椭圆元素. 诚然, 将 γ 写作 $\begin{pmatrix} 1 + uN & * \\ * & 1 + vN \end{pmatrix}$, 那么椭圆的定义相当于 $(2 + (u+v)N)^2 < 4$, 仅当 $2 + (u+v)N \in \{0, 1, -1\}$ 时方有可能, 这就导致 N 必须整除 $2, 1, 3$ 其中之一.

练习 1.3.5　如果 $N = 2, 3$, 那么上述论证中 $u + v = -1$. 以此证明若 $\gamma \in \mathrm{SL}(2, \mathbb{Z})$ 满足 $\gamma \equiv \begin{pmatrix} 1 & \\ & 1 \end{pmatrix} \pmod{N}$, 那么 $N \geqslant 2$ 时 γ 不可能是椭圆元素.

定义 1.3.6 (椭圆点)　设 Γ 是 $\mathrm{SL}(2, \mathbb{R})$ 的离散子群. 若 $\overline{\Gamma}_\tau \neq \{1\}$, 则称 $\tau \in \mathscr{H}$ 是 $\overline{\Gamma}$ 或 Γ 的椭圆点.

由定义立见 τ 是 Γ 的椭圆点当且仅当存在 Γ 中的椭圆元素 γ, 使得 τ 是 γ 在 $\mathscr{H}$ 上的唯一不动点. 此性质只和 τ 的 $\overline{\Gamma}$ 轨道相关.

引理 1.3.7　对于任何离散子群 Γ, 其椭圆点都构成 $\mathscr{H}$ 的离散子集.

证明　离散子群 Γ 在 $\mathscr{H}$ 上的作用总是正常 (命题 1.1.12) 的, 因此 $\mathscr{H}$ 有一组开覆盖, 使得其中每个开集 U 皆有紧闭包 $\bar{U}$, 并且 $\Xi_U := \{\gamma \in \overline{\Gamma} : \gamma \bar{U} \cap \bar{U} \neq \varnothing\}$ 有限. 这样的开集 U 仅含有限个椭圆点, 这是因为 $\tau \in U$ 和 $\gamma\tau = \tau$ 蕴涵 $\gamma \in \Xi_U$, 而每个 $\gamma \in \Xi_U \smallsetminus \{1\}$ 在 $\mathscr{H}$ 上至多仅有一个不动点. $\qquad\square$

我们需要一个广为人知的初等代数结果.

命题 1.3.8　加法群 $\mathbb{R}$ 的非平凡离散子群都 $\simeq \mathbb{Z}$. 设 A 是 $\mathbb{R}/\mathbb{Z}$ 的离散子群, 则 A 是有限循环群, 它形如 $\frac{1}{h}\mathbb{Z}/\mathbb{Z}$, $h \in \mathbb{Z}_{\geqslant 1}$.

注意到 $\mathbb{R}/\mathbb{Z} \xrightarrow{\sim} \{z \in \mathbb{C}^{\times} : |z| = 1\}$, 办法是 $a \mapsto e^{2\pi i a}$. 由此推知后者的离散子群皆形如 $\mu_h = \{z \in \mathbb{C}^{\times} : z^h = 1\}$.

证明　设 $\tilde{A}$ 是 $\mathbb{R}$ 的非平凡离散子群. 存在正数 $\tilde{a} \in \tilde{A} \smallsetminus \{0\}$ 使 $\tilde{a}$ 极小, 那么熟知的带余除法技巧给出 $\tilde{A} = \mathbb{Z}\tilde{a}$.

设 $A \subset \mathbb{R}/\mathbb{Z}$ 为离散子群, $\mathbb{R}/\mathbb{Z}$ 紧蕴涵 A 有限. 其逆像 $\tilde{A} \subset \mathbb{R}$ 也离散, 故形如 $\mathbb{Z}\tilde{a}$. 从 $|A|\tilde{a} \subset \mathbb{Z}$ 可知 $\tilde{a}$ 是有理数, 表作既约分式 k/h. 因为存在 m 使得 $mk \equiv 1 \pmod h$, 故 $\frac{1}{h} \bmod \mathbb{Z}$ 也是 A 的生成元. □

命题 1.3.9　对任意离散子群 $\Gamma \subset \mathrm{SL}(2,\mathbb{R})$ 和 $\gamma \in \overline{\Gamma} \smallsetminus \{1\}$, 以下陈述等价:

(i) γ 在 $\mathscr{H}$ 上有不动点;

(ii) γ 是有限阶的;

(iii) γ 是椭圆的.

此外, 对任意 $\tau \in \mathscr{H}$, 群 Γ_τ 总是有限循环群.

证明　(i) $\implies$ (ii): 子群 $K := \mathrm{Stab}_{\mathrm{SL}(2,\mathbb{R})}(\tau)$ 在 $\tau = i$ 时等于 $\mathrm{SO}(2,\mathbb{R})$, 因而对任意 $\tau \in \mathscr{H}$ 皆有 $K \simeq \mathrm{SO}(2,\mathbb{R}) \simeq \{z \in \mathbb{C}^{\times} : |z| = 1\}$. 从命题 1.3.8 可知 K 的离散子群必为有限循环群, 其元素 γ 当然有限阶. 这一并证明了 (ii) 和最后部分的断言.

(ii) $\implies$ (iii): 有限阶元素 γ 总能在 $\mathrm{GL}(2,\mathbb{C})$ 中对角化为 $\begin{pmatrix} z & \\ & z^{-1} \end{pmatrix}$ 之形, 其中 z 是单位根. 如 $\gamma \neq \pm 1$, 则 $|\mathrm{Tr}(\gamma)| = |z + z^{-1}| = |z^2 + 1| < 2$.

(iii) $\implies$ (i): 已在定义 1.3.1 中说明. □

下述简单结果将在 §4.6 用到.

命题 1.3.10　设元素 $\gamma \in \Gamma$ 的阶数为偶数, 那么 $-1 \in \Gamma$.

作为推论, 若 $-1 \notin \Gamma$, 则对所有 $\tau \in \mathscr{H}$, 群 $\overline{\Gamma}_\tau = \Gamma_\tau$ 的阶必为奇数.

证明　设 γ 阶数为 $2a$. 在 $\mathrm{GL}(2,\mathbb{C})$ 中把 γ 对角化为 $\begin{pmatrix} z & \\ & z^{-1} \end{pmatrix}$, 其中 $z \in \mathbb{C}^{\times}$ 是 $2a$ 次本原单位根, $a \in \mathbb{Z}_{\geqslant 1}$. 因此 $\gamma^a = -1 \in \Gamma$. 这就证明了第一个断言.

对于第二个断言, 条件蕴涵 $\Gamma = \overline{\Gamma}$. 我们知道 Γ_τ 是有限循环群. 其阶数若为偶数, 则与第一个断言矛盾. □

1.4　同余子群、尖点、基本区域

定义 1.4.1　称 $\mathrm{SL}(2,\mathbb{Z})$ 为**模群**, 它自然地左作用于 $\mathcal{H}$ 上. 对于任意 $N \in \mathbb{Z}_{\geqslant 1}$, 定义

$$
\begin{aligned}
\Gamma(N) &:= \left\{ \gamma \in \mathrm{SL}(2,\mathbb{Z}) : \gamma \equiv \begin{pmatrix} 1 & \\ & 1 \end{pmatrix} \pmod N \right\} \\
&\cap \\
\Gamma_1(N) &:= \left\{ \gamma \in \mathrm{SL}(2,\mathbb{Z}) : \gamma \equiv \begin{pmatrix} 1 & * \\ & 1 \end{pmatrix} \pmod N \right\} \\
&\cap \\
\Gamma_0(N) &:= \left\{ \gamma \in \mathrm{SL}(2,\mathbb{Z}) : \gamma \equiv \begin{pmatrix} * & * \\ & * \end{pmatrix} \pmod N \right\}.
\end{aligned}
$$

称 $\Gamma(N)$ 为 N 级的**主同余子群**.

留意到 $\Gamma(1) = \mathrm{SL}(2,\mathbb{Z})$, 此外 $\Gamma(N) = \ker\left[\mathrm{SL}(2,\mathbb{Z}) \xrightarrow{\bmod N} \mathrm{SL}(2,\mathbb{Z}/N\mathbb{Z}) \right]$, 而 $N'|N$ 蕴涵 $\Gamma(N) \triangleleft \Gamma(N')$.

练习 1.4.2　证明 $\Gamma_1(N) \triangleleft \Gamma_0(N)$, 而 $\begin{pmatrix} a & b \\ c & d \end{pmatrix} \mapsto d \bmod N$ 给出同构

$$
\Gamma_0(N)/\Gamma_1(N) \simeq (\mathbb{Z}/N\mathbb{Z})^{\times}.
$$

定义 1.4.3　设 Γ 为 $\mathrm{SL}(2,\mathbb{Z})$ 的子群. 若存在 N 使得 $\Gamma \supset \Gamma(N)$, 则称 Γ 为 $\mathrm{SL}(2,\mathbb{Z})$ 的**同余子群**.

观察到同余子群总是 $\mathrm{SL}(2,\mathbb{R})$ 的离散子群, 证明 $\mathrm{SL}(2,\mathbb{Z})$ 是离散子群即可: 这是因为 $\mathrm{SL}(2,\mathbb{R})$ 的拓扑来自嵌入 $\mathrm{SL}(2,\mathbb{R}) \hookrightarrow \mathrm{M}_2(\mathbb{R})$. 显然 $\mathrm{M}_2(\mathbb{Z})$ 在 $\mathrm{M}_2(\mathbb{R})$ 中离散, 而 $\mathrm{M}_2(\mathbb{Z}) \cap \mathrm{SL}(2,\mathbb{R}) = \mathrm{SL}(2,\mathbb{Z})$.

此外, 同余子群 Γ 必满足 $(\mathrm{SL}(2,\mathbb{Z}) : \Gamma)$ 有限. 这是因为 $\Gamma \supset \Gamma(N)$ 导致

$$
(\mathrm{SL}(2,\mathbb{Z}) : \Gamma) \text{ 整除 } (\mathrm{SL}(2,\mathbb{Z}) : \Gamma(N)) = \left| \mathrm{im}\left[\mathrm{SL}(2,\mathbb{Z}) \xrightarrow{\bmod N} \mathrm{SL}(2,\mathbb{Z}/N\mathbb{Z}) \right] \right|,
$$

末项当然有限. 以下说明 $\bmod N$ 实际还是满射, 此性质将反复应用.

命题 1.4.4　对任意 N, 由 $\mathbb{Z} \twoheadrightarrow \mathbb{Z}/N\mathbb{Z}$ 诱导的同态 $\mathrm{SL}(2,\mathbb{Z}) \xrightarrow{\bmod N} \mathrm{SL}(2,\mathbb{Z}/N\mathbb{Z})$

是满的. 作为推论, $(\mathrm{SL}(2,\mathbb{Z}) : \Gamma(N)) = |\mathrm{SL}(2,\mathbb{Z}/N\mathbb{Z})|$.

证明 设 $\bar{a},\bar{b},\bar{c},\bar{d} \in \mathbb{Z}/N\mathbb{Z}$ 满足 $\bar{a}\bar{d} - \bar{b}\bar{c} = 1$. 今求代表元 $a,b,c,d \in \mathbb{Z}$ 使得 $ad - bc = 1$. 从任取之代表元 a,b,c,d 出发, 依序论证

$\diamond$ $\gcd(a,b)$ 和 $\gcd(c,d)$ 皆与 N 互素.

$\diamond$ 可修改 a, b 使之互素: 先考虑 $a \neq 0$ 情形, 以 $b + tN$ 代 b, 其中

$$t \equiv \begin{cases} 1 \pmod{p}, & \forall \text{ 素数 } p \mid \gcd(a,b), \\ 0 \pmod{p}, & \forall \text{ 素数 } p \nmid \gcd(a,b), \ p \mid a, \end{cases}$$

继而对任意素数 p 验证 $p \mid a \implies p \nmid b + tN$; 如果 $b \neq 0$, 在论证中对调 a, b 即可.

$\diamond$ 取定互素之 a, b, 存在 $u, v \in \mathbb{Z}$ 满足

$$av - bu = \frac{1 - (ad - bc)}{N},$$

以 $c + uN$ 和 $d + vN$ 取代 c 和 d, 即可确保 $ad - bc = 1$.

这些论证无非是初等数论. $\square$

行将定义的模形式与商空间 $\Gamma\backslash\mathscr{H}$ 的几何有极密切的联系. 几何工具在非紧空间上不易施展, 是以此处的关键在于向 $\Gamma\backslash\mathscr{H}$ 添入一些**尖点**予以紧化. 本节先就同余子群情形探讨尖点的群论面向, 稍后的 §1.6 则探究双曲几何面向, 两者当然是关联的.

先前已说明 $\mathrm{SL}(2,\mathbb{R})$ 在 $\mathbb{C} \sqcup \{\infty\}$ 上的作用保持 $\mathscr{H}$ 及其边界 $\partial\mathscr{H} = \mathbb{R} \sqcup \{\infty\}$. 探讨同余子群的尖点时, 考虑子集 $\mathbb{Q}^* := \mathbb{Q} \sqcup \{\infty\}$ 便已足够. 群 $\mathrm{SL}(2,\mathbb{Q})$ 保持 $\mathbb{Q}^*$, 因而 $\mathrm{SL}(2,\mathbb{Z})$ 亦然. 将 $\mathbb{Q}^* \simeq \mathbb{P}^1(\mathbb{Q})$ 的元素以齐次坐标表作 $(x : y)$ 之形. 那么 $\mathrm{SL}(2,\mathbb{Z})$ 的作用无非是

$$\begin{pmatrix} a & b \\ c & d \end{pmatrix}(x : y) = (ax + by : cx + dy), \quad (x,y) \in \mathbb{Z}^2 \smallsetminus \{(0,0)\}.$$

通分后不妨设以上 $x, y \in \mathbb{Z}$ 互素.

定义 1.4.5 一个同余子群 Γ 的**尖点**定为 $\mathbb{Q}^*$ 在 Γ 作用下的等价类.

命题 1.4.6 模群 $\mathrm{SL}(2,\mathbb{Z})$ 恰有一个尖点 ∞. 任意同余子群 Γ 都只有有限多个尖点.

证明 先处理 $\mathrm{SL}(2,\mathbb{Z})$. 仅需说明对所有互素的 $a, c \in \mathbb{Z}$, 皆存在 $\gamma \in \mathrm{SL}(2,\mathbb{Z})$ 使

得 $\gamma(1:0) = (a:c)$. 诚然, 存在 $b, d \in \mathbb{Z}$ 使得 $ad - bc = 1$, 取 $\gamma = \begin{pmatrix} a & b \\ c & d \end{pmatrix}$ 即是.

给定同余子群 Γ, 存在 $k \in \mathbb{Z}_{\geqslant 1}$ 和 $g_1, \cdots, g_k$ 使得 $\mathrm{SL}(2, \mathbb{Z}) = \bigsqcup_{i=1}^{k} \Gamma g_i$, 因此 $\mathbb{Q}^* = \mathrm{SL}(2, \mathbb{Z})\infty = \bigcup_{i=1}^{k} \Gamma g_i \infty$. $\quad\square$

引理 1.1.6 的立即推论是 $\mathrm{Stab}_{\mathrm{PSL}(2,\mathbb{Z})}(\infty) = \begin{pmatrix} 1 & * \\ & 1 \end{pmatrix}$, 因为 $\mathrm{SL}(2, \mathbb{Z})$ 中的上三角矩阵其对角元必为 ± 1.

今后的论证中经常需要控制某个 $\tau \in \mathscr{H}$ 在同余子群作用下的轨道, 以下引理是一个有效工具.

引理 1.4.7 设 $K \subset \mathscr{H}$ 是紧子集, 则对于任何 $t \in \mathbb{R}_{>0}$, 集合

$$\left\{ (c, d) \in \mathbb{R}^2 : \exists \gamma = \begin{pmatrix} a & b \\ c & d \end{pmatrix} \in \mathrm{SL}(2, \mathbb{R}), \ \tau \in K, \ \mathrm{Im}(\gamma\tau) \geqslant t \right\}$$

在 $\mathbb{R}^2$ 中有界.

证明 当 $\tau \in \mathscr{H}$ 固定时, 函数 $(c, d) \mapsto |c\tau + d|^2$ 是 $\mathbb{R}^2$ 上的正定二次型, 它对 τ 连续地变化, 因之可选取 τ 的连续函数 $m(\tau) > 0$ 使得

$$m(\tau) \leqslant \frac{|c\tau + d|^2}{\max\{|c|, |d|\}^2}, \quad (c, d) \in \mathbb{R}^2.$$

根据引理 1.1.2, 若 $\gamma = \begin{pmatrix} a & b \\ c & d \end{pmatrix}$, 则

$$\mathrm{Im}(\gamma\tau) = |c\tau + d|^{-2} \, \mathrm{Im}(\tau) \leqslant m(\tau)^{-1} \, \mathrm{Im}(\tau) \max\{|c|, |d|\}^{-2}.$$

既然 K 紧, 条件 $\mathrm{Im}(\gamma\tau) \geqslant t$ 和 $\tau \in K$ 遂给出上界

$$\max\{|c|, |d|\}^2 \leqslant t^{-1} \underbrace{\max_{\tau \in K} \left(m(\tau)^{-1} \, \mathrm{Im}(\tau) \right)}_{\in \mathbb{R}_{>0}}.$$

明所欲证. $\quad\square$

练习 1.4.8 试以引理 1.4.7 直接证明 $\mathrm{SL}(2, \mathbb{Z})$ 在 $\mathscr{H}$ 上的作用是正常的 (参看命题 1.1.12), 不依赖命题 A.1.11.

命题 1.1.12 已经说明 $\mathrm{SL}(2,\mathbb{R})$ 的离散子群在 $\mathscr{H}$ 上正常地作用, 这就启发我们探究同余子群 Γ 或 $\overline{\Gamma}$ 的基本区域, 见定义 A.2.1. 且先从 $\Gamma = \mathrm{SL}(2,\mathbb{Z})$ 起步. 定义闭集

$$\mathscr{F} := \left\{ \tau \in \mathscr{H} : -\frac{1}{2} \leqslant \mathrm{Re}(\tau) \leqslant \frac{1}{2},\ |\tau| \geqslant 1 \right\}. \tag{1.4.1}$$

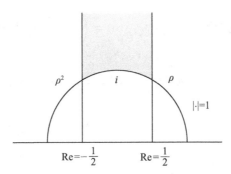

很显然, $\mathscr{F}$ 的右左两角分别是

$$\rho := \frac{1}{2} + \frac{\sqrt{-3}}{2} = e^{2\pi i/6}, \quad \rho^2 = \frac{-1}{2} + \frac{\sqrt{-3}}{2}.$$

应该理解 $\mathscr{F}$ 为三条测地线围出的一个**测地三角形** (定义 1.2.6), 以 ρ, ρ^2, ∞ 为顶点, 两条垂直测地线相切于 ∞, 而 ∞ 也是 $\mathrm{SL}(2,\mathbb{Z})$ 的唯一尖点之代表元.

引理 1.4.9 设 $\tau_1, \tau_2 \in \mathscr{F}$, 存在 $\gamma \in \mathrm{SL}(2,\mathbb{Z})$ 使得 $\gamma\tau_1 = \tau_2$ 当且仅当以下任一条件成立:
  ⋄ $\tau_1 = \tau_2$, 或
  ⋄ $\mathrm{Re}(\tau_1) = \pm\frac{1}{2}$, $\tau_2 = \tau_1 \mp 1$, 或
  ⋄ $|\tau_1| = 1$, $\tau_2 = -1/\tau_1$.
若 τ_1 或 τ_2 属于 $\mathscr{F}°$, 则 $\gamma\tau_1 = \tau_2$ 成立当且仅当 γ 在 $\mathrm{PSL}(2,\mathbb{Z})$ 中的像平凡.

证明 记下一个平凡的观察: 令 $\mathscr{C} := \{z \in \mathbb{C} : |z| \leqslant 1\}$. 端详图形可知对于 $h \in \mathbb{Z}$,

$$\mathscr{F} \cap (h + \mathscr{C}) = \begin{cases} \left\{\tau \in \mathscr{H} : |\tau| = 1,\ \frac{1}{2} \leqslant \mathrm{Re}(\tau) \leqslant \frac{1}{2}\right\}, & h = 0, \\ \{\rho\}, & h = 1, \\ \{\rho^2\}, & h = -1, \\ \varnothing, & |h| > 1. \end{cases}$$

继而设 $\tau_1 = x + iy \in \mathscr{F}$, $\tau_2 = \gamma\tau_1 \in \mathscr{F}$, 其中 $\gamma = \begin{pmatrix} a & b \\ c & d \end{pmatrix} \in \mathrm{SL}(2,\mathbb{Z})$. 不妨设

$\mathrm{Im}(\tau_1) \le \mathrm{Im}(\tau_2)$. 引理 1.1.2 蕴涵 $|c\tau_1 + d|^2 = (cx + d)^2 + (cy^2) \le 1$. 观察到 $y \ge \dfrac{\sqrt{3}}{2}$, 故必然有 $c = -1, 0, 1$.

A. 当 $c = 0$ 时, $\gamma = \pm\begin{pmatrix} 1 & k \\ & 1 \end{pmatrix}$, 其中 $|k| \le 1$, 此时或者 $\mathrm{Re}(\tau_1) = \pm\dfrac{1}{2}$ 而 $k = \mp 1$, 或者 $\tau_1 = \tau_2$ 而 $k = 0$.

B. 当 $c = 1$ 时我们得到 $|\tau_1 + d|^2 \le 1$, 或者说 $\tau_1 \in \mathscr{F} \cap (-d + \mathscr{C})$. 于是 $|d| \le 1$, 而且 $d = \pm 1 \implies \tau_1 \in \{\rho, \rho^2\}$. 继续细分如下.

◇ 当 $d = 0$ 时 $|\tau_1| = 1$, $\gamma = \begin{pmatrix} a & -1 \\ 1 & 0 \end{pmatrix}$ 的作用为 $\tau \mapsto a - \dfrac{1}{\tau}$. 这表明 $\tau_2 \in \mathscr{F} \cap (a + \mathscr{C})$, 故 $|a| \le 1$. 若 $a = 0$, 则 $\tau_2 = -1/\tau_1$; 若 $a = \pm 1$, 则 $\tau_2 \in \{\rho, \rho^2\}$, 这时从 $-1/\tau_1 = \tau_2 \mp 1 \in \mathscr{F}$ 可算出唯二可能是

$$\tau_2 = \rho = \tau_1, \ a = +1 \quad 或 \quad \tau_2 = \rho^2 = \tau_1, \ a = -1.$$

◇ 当 $d = 1$ 时, $|\tau_1 + 1| \le 1$ 和 $\tau_1 \in \{\rho, \rho^2\}$ 蕴涵 $\tau_1 = \rho^2$, 此时 $|\tau_1 + 1| = |\rho^2 + 1| = 1$ 导致 $\mathrm{Im}(\tau_2) = \mathrm{Im}(\tau_1)$ (引理 1.1.2), 故 $\tau_2 \in \{\rho, \rho^2\}$.

◇ 对于 $d = -1$ 可以类似地分析: 此时 $\tau_1 = \rho$ 而 $\tau_2 \in \{\rho, \rho^2\}$.

C. 当 $c = -1$ 时, 以 $-\gamma$ 代 γ 化约到情形 B.

留意到当 τ_1 或 τ_2 属于 $\mathscr{F}^\circ$ 时, 仅情形 A 的 $k = 0$ 情形可能发生, 即 $\gamma = \pm 1$. □

上半平面的自同构 $\tau \mapsto -\dfrac{1}{\tau}$ 和 $\tau \mapsto \tau + 1$ 分别由 $\mathrm{SL}(2, \mathbb{Z})$ 的下述元素给出

$$S := \begin{pmatrix} & -1 \\ 1 & \end{pmatrix}, \quad T := \begin{pmatrix} 1 & 1 \\ & 1 \end{pmatrix}; \quad S^2 = (ST)^3 = -1. \tag{1.4.2}$$

观察到 S 的作用无非是先反演, 再对虚轴镜射, 如下图所示.

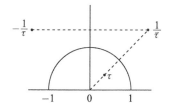

定理 1.4.10　定义于 (1.4.1) 的测地三角形 $\mathscr{F}$ 是 $\mathrm{PSL}(2, \mathbb{Z})$ 在 $\mathscr{H}$ 上作用的一个基本区域, 而 S, T 生成 $\mathrm{SL}(2, \mathbb{Z})$.

证明   显然 $\mathscr{F}$ 是 $\mathscr{F}^\circ$ 的闭包, 故定义 A.2.1 的 F.1 成立. 现在验证 F.2 所要求的 $\gamma, \gamma' \in \mathrm{SL}(2,\mathbb{Z})$ 而 $\gamma \neq \pm\gamma'$ 蕴涵 $\gamma\mathscr{F}^\circ \cap \gamma'\mathscr{F}^\circ = \varnothing$: 不失一般性, 设 $\gamma' = 1$, 再应用引理 1.4.9 即可.

接着论证 $\bigcup_\gamma \gamma\mathscr{F}$ 局部有限. 给定 τ, 取开邻域 $U \ni \tau$ 使闭包 $K := \bar{U}$ 为紧. 若 $\gamma^{-1} K \cap \mathscr{F} \neq \varnothing$, 则存在 $\tau \in K$ 使得 $\mathrm{Im}(\gamma^{-1}\tau) \geq \sqrt{3}/2$, 故根据引理 1.4.7, γ^{-1} 的第二行被控制在 $\mathbb{Z}^2$ 的一个有界子集中, 因而仅有有限种选取. 因为 K 紧, 引理 1.1.2 对这样的 γ 控制了 $\{\mathrm{Im}(\gamma^{-1}\tau) : \tau \in K\}$: 它有一致的上界 B. 置 $\mathscr{F}' := \mathscr{F} \cap \{\mathrm{Im} \leq B\}$, 原条件化为 $\gamma^{-1}K \cap \mathscr{F}' \neq \varnothing$. 然而 $\mathscr{F}'$ 和 K 皆紧, 命题 1.1.12 遂蕴涵 γ 的选取有限.

下面证明 $\mathscr{H} = \bigcup_\gamma \gamma\mathscr{F}$. 老方法: 对取定的 $\tau \in \mathscr{H}$ 和任意 $t > 0$, 由引理 1.4.7 (取 $K = \{\tau\}$) 可知满足 $\mathrm{Im}(\gamma\tau) \geq t$ 的 $\gamma \in \mathrm{SL}(2,\mathbb{Z})$ 的第二行 (c,d) 被控制在 $\mathbb{Z}^2$ 的有界子集中, 故选择有限. 结合引理 1.1.2 遂推得

$$\{\mathrm{Im}(\gamma\tau) : \gamma \in \mathrm{SL}(2,\mathbb{Z}),\ \mathrm{Im}(\gamma\tau) \geq t\} \text{ 是有限集.}$$

定义 $\Gamma^\flat$ 为 S, T 在 $\mathrm{SL}(2,\mathbb{Z})$ 中生成的子群. 以上观察确保在轨道 $\Gamma^\flat\tau$ 中可取 η 使得 $\mathrm{Im}(\eta)$ 极大. 用 T 左右平移来确保 $-\frac{1}{2} \leq \mathrm{Re}(\eta) \leq \frac{1}{2}$. 如果 $|\eta| \geq 1$ 则 $\eta \in \mathscr{F}$, 否则根据 S 的直观性质将有 $\mathrm{Im}(S\eta) > \mathrm{Im}(\eta)$, 这与 η 的选取矛盾. 由此确立 F.3.

最后证明 $\Gamma^\flat = \mathrm{SL}(2,\mathbb{Z})$, 对任意 $\gamma \in \mathrm{SL}(2,\mathbb{Z})$, 取 $\tau \in (\gamma\mathscr{F})^\circ = \gamma\mathscr{F}^\circ$. 上段已论证存在 $\gamma^\flat \in \Gamma^\flat$ 使得 $\tau \in \gamma^\flat\mathscr{F}$, 从 $\gamma\mathscr{F}^\circ \cap \gamma^\flat\mathscr{F} \neq \varnothing$ 和内点的定义导出 $\gamma\mathscr{F}^\circ \cap \gamma^\flat\mathscr{F}^\circ \neq \varnothing$, 继而有 $\gamma = \pm\gamma^\flat$, 然而 $\pm 1 \in \Gamma^\flat$. □

上述结果蕴涵 $\mathrm{SL}(2,\mathbb{Z})$ 的元素都可以表作 $T^{a_n}ST^{a_{n-1}} \cdots ST^{a_1}$, 其中 $a_1, \cdots, a_n \in \mathbb{Z}$. 从 S, T 的作用方式立见

$$T^{a_n} \cdots ST^{a_1}(\tau) = a_n - \cfrac{1}{a_{n-1} - \cfrac{1}{a_{n-2} - \cdots \cfrac{1}{a_3 - \cfrac{1}{a_2 - \cfrac{1}{a_1 + \tau}}}}}$$

其中 $\tau \in \mathbb{C} \sqcup \{\infty\}$. 这也可以按经典的连分数理论来理解.

命题 1.4.11   相对于双曲度量, $\mathrm{vol}(\mathscr{F}) = \dfrac{\pi}{3}$.

证明   易见顶点 ρ, ρ^2, ∞ 的内角分别是 $\frac{\pi}{3}, \frac{\pi}{3}$ 和 0, 应用定理 1.2.7 即可. □

命题 1.4.12 精确到 SL(2, ℤ)-轨道, 模群 SL(2, ℤ) 的椭圆点仅有 i 和 $\rho := e^{2\pi i/6}$, 稳定化子群分别是

$$\mathrm{Stab}_{\mathrm{SL}(2,\mathbb{Z})}(i) = \left\langle \begin{pmatrix} & -1 \\ 1 & \end{pmatrix} \right\rangle, \quad \mathrm{Stab}_{\mathrm{SL}(2,\mathbb{Z})}(\rho) = \left\langle \begin{pmatrix} & 1 \\ 1 & -1 \end{pmatrix} \right\rangle,$$

它们在 PSL(2, ℤ) 中的阶数分别是 2 和 3. 对于一般的同余子群 $\Gamma \subset \mathrm{SL}(2,\mathbb{Z})$, 相应的椭圆点集是有限个 Γ-轨道的并.

证明 在 $\mathscr{F}$ 中考虑即可. 相关计算已在引理 1.4.9 的情形 B 中完成 (取 $\tau_1 = \tau_2$), 关于阶数的计算则是直截了当的, 留给读者作为练习.

对于同余子群 Γ, 其椭圆点必然也是 SL(2, ℤ) 的椭圆点, 而每一条 SL(2, ℤ)-轨道都分解为有限多个 Γ-轨道. □

对于一般的同余子群 Γ, 取定陪集分解 $\mathrm{PSL}(2,\mathbb{Z}) = \bigsqcup_{i=1}^{k} \overline{\Gamma} g_i$. 在命题 A.2.2 中代入 $\mathscr{F}$, PSL(2, ℤ) 及其子群 $\overline{\Gamma}$ 就能得到其基本区域 $\mathscr{F}_\Gamma = \bigcup_{i=1}^{k} g_i \mathscr{F}$, 它的面积为 $k\pi/3$. 此构造还蕴涵 $\mathscr{F}_\Gamma$ 的 "无穷远点", 亦即它在 $\mathbb{R} \sqcup \{\infty\}$ 上的极限点组成了集合 $\{g_i \infty : 1 \leqslant i \leqslant k\}$. 基于引理 1.4.6, Γ 的每个尖点都有形如 $g_i \infty$ 的代表元; 由于 $\mathscr{F}_\Gamma$ 在 $g_i \infty$ 附近的样貌正好是直观意义的 "尖点", 由此不难对定义 1.4.5 的内涵有最初步的领略.

基本区域的一般构造方式将在 §1.6 介绍.

基本区域的取法并不唯一. 取 $\Gamma = \mathrm{SL}(2,\mathbb{Z})$ 和如上的 $\mathscr{F}$ 为例, 可进行如下操作.

(1) 将 $\mathscr{F}$ 沿虚数轴切成两个测地三角形, 左右两半分别标为灰白

(2) 因为 $\mathscr{F}$ 是基本区域, 这两半在 Γ 作用下的所有像铺满 $\mathscr{H}$, 仍按灰白着色, 一般称之为 Dedekind 镶嵌. 譬如 $\mathscr{F}$ 对 S 的像形如

(3) 在 Dedekind 镶嵌中任取一个灰区并上一个白区, 皆是 Γ 的基本区域. 例如

例 1.4.13　　当 Γ 为同余子群时, 已有算法能从 Dedekind 镶嵌中萃取 Γ 的连通基本区域, 以下是软件求得 $\Gamma = \Gamma(7)$ 的结果, 算法给出一个宽度为 7 的基本区域, 无椭圆点, 计有 24 个尖点 (图 1.4.1)

$$0, \frac{2}{7}, \frac{1}{3}, \frac{3}{7}, \frac{1}{2}, \frac{2}{3}, 1, \frac{4}{3}, \frac{3}{2}, \frac{5}{3}, 2, \frac{7}{3}, \frac{5}{2}, 3, \frac{10}{3}, \frac{7}{2}, 4, \frac{13}{3}, \frac{9}{2}, 5, \frac{11}{2}, 6, \frac{13}{2}, \infty.$$

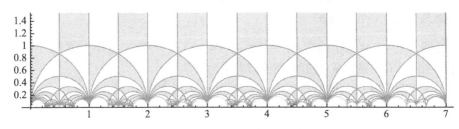

图 1.4.1　$\Gamma(7)$ 的一个基本区域

添入这些尖点后得到一个耐人寻味的紧 Riemann 曲面, 亏格为 3 (例 4.2.2), 一旦充分掌握了模形式的知识, 可以证明它同构于所谓的 Klein 四次复射影曲线 (见 [32, III.6])

$$C_4 = \left\{ (x : y : z) \in \mathbb{P}^2(\mathbb{C}) : x^3 z + y z^3 + x y^3 = 0 \right\},$$

现代视角的讨论见 [23, §4]. 这种**紧化**的程序在 §3.2 将有进一步的讨论.

最后, 观察到以上构造的 $\mathscr{F}_\Gamma$ 其边界总是零测集. 关于基本区域的一个简单性质 (注记 A.2.6) 表明测度 $\mathrm{vol}(\Gamma \backslash \mathscr{H})$ 无关 $\mathscr{F}_\Gamma$ 的选取, 它是 Γ 的不变量.

练习 1.4.14　　对所有正整数 N, 证明

$$(\mathrm{SL}(2, \mathbb{Z}) : \Gamma(N)) = N^3 \prod_{\substack{p:\text{素数} \\ p \mid N}} \left(1 - \frac{1}{p^2}\right),$$

$$(\mathrm{SL}(2, \mathbb{Z}) : \Gamma_1(N)) = N^2 \prod_{\substack{p:\text{素数} \\ p \mid N}} \left(1 - \frac{1}{p^2}\right),$$

$$(\mathrm{SL}(2, \mathbb{Z}) : \Gamma_0(N)) = \left| (\mathbb{Z}/N\mathbb{Z})^\times \right|^{-1} \cdot (\mathrm{SL}(2, \mathbb{Z}) : \Gamma_1(N))$$

$$= N \prod_{p \mid N} \left(1 + \frac{1}{p}\right).$$

提示〉中国剩余定理将 $(\mathrm{SL}(2, \mathbb{Z}) : \Gamma(N)) = |\mathrm{SL}(2, \mathbb{Z}/N\mathbb{Z})|$ 的计算化到 $N = p^e$ 情形; 利用 $|\mathrm{GL}(2, \mathbb{Z}/p\mathbb{Z})| = (p^2 - 1)(p^2 - p)$ 和 $\ker\left[\mathrm{GL}(2, \mathbb{Z}/p^e\mathbb{Z}) \twoheadrightarrow \mathrm{GL}(2, \mathbb{Z}/p\mathbb{Z})\right] =$

$1 + p\, \mathrm{M}_2(\mathbb{Z}/p^e\mathbb{Z})$ (当 $e > 1$) 予以计算.

至于 $\Gamma_1(N)$ 情形, 由

$$\left(\mathrm{SL}(2,\mathbb{Z}) : \Gamma_1(N)\right) = \left(\mathrm{SL}(2,\mathbb{Z}) : \Gamma(N)\right) \cdot \left(\Gamma_1(N) : \Gamma(N)\right)^{-1},$$

$$\left(\Gamma_1(N) : \Gamma(N)\right) = \left| \left\{ \begin{pmatrix} 1 & b \\ & 1 \end{pmatrix} : b \in \mathbb{Z}/N\mathbb{Z} \right\} \right| = N$$

可见 $\left(\mathrm{SL}(2,\mathbb{Z}) : \Gamma_1(N)\right) = N^2 \prod_{p|N} \left(1 - p^{-2}\right)$. 最后 $\Gamma_0(N)$ 情形是容易的.

1.5 　整权模形式初探

为了定义模形式, 需要自守因子 $j(\gamma, \tau)$ 和 $\mathrm{GL}(2,\mathbb{R})^+$ 在函数空间上的右作用.

定义 1.5.1(自守因子) 　对任意 $\gamma = \begin{pmatrix} a & b \\ c & d \end{pmatrix} \in \mathrm{GL}(2,\mathbb{C})$, 定义其**自守因子**为

$$j(\gamma, \tau) := c\tau + d, \quad \tau \in \mathscr{H}.$$

引理 1.5.2 　自守因子满足

$$j(\gamma\gamma', \tau) = j(\gamma, \gamma'\tau)j(\gamma', \tau), \quad \gamma, \gamma' \in \mathrm{GL}(2,\mathbb{R})^+,$$

$$j\left(\begin{pmatrix} \cos\theta & -\sin\theta \\ \sin\theta & \cos\theta \end{pmatrix}, i \right) = e^{i\theta}, \quad \theta \in \mathbb{R}.$$

证明 　请观察下式

$$\begin{pmatrix} a & b \\ c & d \end{pmatrix} \begin{pmatrix} \tau \\ 1 \end{pmatrix} = j(\gamma, \tau) \begin{pmatrix} \gamma\tau \\ 1 \end{pmatrix}, \quad \tau \in \mathscr{H},$$

由此引出第一式. 直接计算可得第二式. 　　　　　　　　　　　　　　　　□

定义 1.5.3 　对于 $k \in \mathbb{Z}, \gamma \in \mathrm{GL}(2,\mathbb{R})^+$ 和任意函数 $f : \mathscr{H} \to \mathbb{C}$, 定义

$$f \big|_k \gamma : \tau \longmapsto (\det\gamma)^{\frac{k}{2}} j(\gamma, \tau)^{-k} f(\gamma\tau), \quad \tau \in \mathscr{H}.$$

如果 $\lambda \in \mathbb{R}_{>0}^{\times}$, 那么显然有 $f\mid_k \begin{pmatrix} \lambda & \\ & \lambda \end{pmatrix} = f$. 另一方面, $f\mid_k \begin{pmatrix} -1 & \\ & -1 \end{pmatrix} = (-1)^k f$, 这是极其关键的观察.

引理 1.5.4　定义 1.5.3 给出 $\mathrm{GL}(2,\mathbb{R})^+$ 的右作用: $f\mid_k (\gamma\gamma') = (f\mid_k \gamma)\mid_k \gamma'$. 若 $\gamma = \begin{pmatrix} 1 & t \\ & 1 \end{pmatrix}$, 则 $(f\mid_k \gamma)(\tau) = f(\tau + t)$.

证明　引理 1.5.2 表明

$$f\mid_k (\gamma\gamma') : \tau \longmapsto (\det \gamma\gamma')^{\frac{k}{2}} j(\gamma\gamma', \tau)^{-k} f(\gamma\gamma'\tau)$$
$$= (\det\gamma)^{\frac{k}{2}} j(\gamma, \gamma'\tau)^{-k} (\det\gamma')^{\frac{k}{2}} j(\gamma', \tau)^{-k} f(\gamma\gamma'\tau).$$

另一方面 $(f\mid_k \gamma)\mid_k \gamma'$ 映 τ 为 $(\det\gamma')^{\frac{k}{2}} j(\gamma', \tau)^{-k}(f\mid_k \gamma)(\gamma'\tau)$, 展开亦等于上式. 当 $\gamma = \begin{pmatrix} 1 & t \\ & 1 \end{pmatrix}$ 时, $j(\gamma, \tau) = 1$ 而 $\gamma\tau = \tau + t$. $\square$

设 $N \in \mathbb{Z}_{\geqslant 1}$. 定义
$$q_N(\tau) := e^{2\pi i \tau/N},$$
则 q_N 是从 $\mathscr{H}$ 到 $\mathscr{D}' := \{z \in \mathbb{C} : 0 < |z| < 1\}$ 的全纯满射, 化 $\mathscr{H}$ 上加法为 $\mathscr{D}'$ 上乘法; 此外,
$$\frac{2\pi i}{N} \cdot \mathrm{d}\tau = \frac{\mathrm{d}q_N}{q_N},$$
$$q_N(\tau) = q_N(\tau') \iff \tau - \tau' \in N\mathbb{Z}.$$
若全纯函数 $f : \mathscr{H} \to \mathbb{C}$ 满足 $f(\tau + N) = f(\tau)$, 则 f 是 $\mathscr{D}'$ 上某个全纯函数通过 $\tau \mapsto q_N$ 的拉回, 因而具有唯一的 Laurent 展开式

$$f(\tau) = \sum_{n=-\infty}^{\infty} a_n q_N^n, \quad a_n \in \mathbb{C}. \tag{1.5.1}$$

对于 $N = 1$ 情形, 我们简记 q_1 为 q.

注记 1.5.5　固定 $y > 0$ 并考虑 $\tau = x + iy, x \in \mathbb{R}$. 这时

$$\sum_n a_n q_N^n = \sum_n a_n e^{-2\pi ny/N} e^{2\pi inx/N}$$

化作周期 N 实变函数 $x \mapsto f(x + iy)$ 的 Fourier 展开. 因此我们也说 a_n 是 f 的 **Fourier**

系数. 应用环面 $\mathbb{R}/N\mathbb{Z}$ 上的 Fourier 理论, a_n 可表为

$$a_n = e^{2\pi ny/N} \int_{\mathbb{R}/N\mathbb{Z}} f(x+iy)e^{-2\pi inx/N}\,\mathrm{d}x,$$

这里采用满足 $\mathrm{vol}(\mathbb{R}/N\mathbb{Z}) = 1$ 的不变测度来定义积分, $y > 0$ 任取. 积分区域亦可视为极限圆 $\{\tau : \mathrm{Im}(\tau) = y\}$ 的商.

当 τ 的虚部 $\to +\infty$ 时, q_N 一致地趋近于 0, 以下定义因而是合理的.

定义 1.5.6 若 Laurent 展开式 (1.5.1) 仅含 $n \geqslant 0$ 的项, 则称 f 在 ∞ 处全纯; 若仅含 $n > 0$ 的项, 则称 f 在 ∞ 处消没. 若 (1.5.1) 中仅有有限多个 $n < 0$ 的项, 则称 f 在 ∞ 处亚纯.

注记 1.5.7 这些概念不依赖周期 N 的选取. 设 $d \in \mathbb{Z}_{\geqslant 1}$, $M = dN$, 则 $q_N = q_M^d$, 故

$$f(\tau) = \sum_{n \in \mathbb{Z}} a_n q_N^n = \sum_{n \in \mathbb{Z}} a_n q_M^{dn}.$$

所以 f 对 q_N 的展开在 ∞ 处全纯 (或消没, 亚纯) 当且仅当对 q_M 亦然.

根据复变函数论的常识 [63,§4.2,定理1], 考虑 Laurent 级数 $F : q \mapsto \sum_n a_n q^n$, 则 f 在 ∞ 处

◇ 全纯等价于 $q = 0$ 是 F 的可去奇点, 这又等价于 F 在 $q = 0$ 的某个邻域上有界;
◇ 消没等价于 $\lim_{q \to 0} F(q) = 0$;
◇ 亚纯等价于存在 $M \in \mathbb{Z}_{\geqslant 1}$ 使得 $q^M F(q)$ 在 $q = 0$ 的某个邻域上有界.

今考虑同余子群 $\Gamma \supset \Gamma(N)$. 考虑 Γ 的尖点的代表元 $\alpha\infty \in \mathbb{Q}^*$ (定义 1.4.5), 这里取 $\alpha \in \mathrm{SL}(2,\mathbb{Z})$. 由于 $\alpha\Gamma(N)\alpha^{-1} = \Gamma(N) \subset \Gamma$, 引理 1.1.6 遂给出

$$\alpha \begin{pmatrix} 1 & N \\ & 1 \end{pmatrix} \alpha^{-1} \in \Gamma_{\alpha\infty}, \tag{1.5.2}$$

因此, 若 $f : \mathscr{H} \to \mathbb{C}$ 满足 $\gamma \in \Gamma \implies f|_k \gamma = f$, 那么

$$f\big|_k \alpha \begin{pmatrix} 1 & N \\ & 1 \end{pmatrix}\alpha^{-1} = f, \quad \text{亦即} \quad (f|_k \alpha)\big|_k \begin{pmatrix} 1 & N \\ & 1 \end{pmatrix} = f|_k \alpha,$$

所以可以引入 q_N, 讨论 $f|_k \alpha$ 在 ∞ 处的 Fourier 系数等等.

下面定义同余子群的模形式, 更广泛的版本将在定义 3.6.4 引入.

定义 1.5.8(同余子群的模形式)　设 Γ 为同余子群, $k \in \mathbb{Z}$ 而 $f : \mathscr{H} \to \mathbb{C}$ 为全纯函数. 若

(i) 对所有 $\gamma = \begin{pmatrix} a & b \\ c & d \end{pmatrix} \in \Gamma$ 皆有 $f \big|_k \gamma = f$, 或等价地说 $f(\gamma\tau) = (c\tau + d)^k f(\tau)$;

(ii) 对 Γ 的每个尖点的代表元 $\alpha\infty$ 如上, $f \big|_k \alpha$ 在 ∞ 处全纯,

则称 f 是权为 k, 级为 Γ 的**模形式**[①]. 若进一步在 (ii) 中要求 $f \big|_k \alpha$ 在 ∞ 处消没, 则称 f 是**尖点形式**[②]. 这些模形式构成的 $\mathbb{C}$-向量空间记为 $M_k(\Gamma)$, 尖点形式构成的子空间记为 $S_k(\Gamma)$.

若再将 f 在 $\mathscr{H}$ 上及在条件 (ii) 中的全纯条件放宽为亚纯, 相应地便得到**亚纯模形式**的概念.

条件 (i) 要求 f 在 Γ 右作用下不变, 这点只需对 Γ 的一组生成元检验; 条件 (ii) 应该理解为 f 在每个尖点处的全纯或消没性, 以下说明 (ii) 只关乎 $\alpha\infty$ 代表的尖点, 独立于 α 的选取. 首先假设 $\alpha\infty = \beta\infty$, 则 $\gamma := \alpha^{-1}\beta \in \mathrm{Stab}_{\mathrm{SL}(2,\mathbb{Z})}(\infty)$ 按引理 1.1.6 可表示为 $\pm \begin{pmatrix} 1 & t \\ 0 & 1 \end{pmatrix}$ 之形. 于是

$$(f \big|_k \beta)(\tau) = \left(f \big|_k \alpha \big|_k \gamma \right)(\tau) = (\pm 1)^k (f \big|_k \alpha)(\tau + t).$$

从 $q_N(\tau + t) = q_N(t)q_N(\tau)$ 可知 $f \big|_k \alpha$ 和 $f \big|_k \beta$ 在 ∞ 处的全纯 (或消没) 性相互等价. 另一方面, 如果将 α 在 $\mathbb{Q}^*$ 的一个 Γ-轨道里变动, 也就是左乘以某个 $\gamma \in \Gamma$, 那么 (i) 蕴涵 $f \big|_k (\gamma\alpha) = f \big|_k \gamma \big|_k \alpha = f \big|_k \alpha$, 故条件 (ii) 仍不变.

于是根据命题 1.4.6, 条件 (ii) 只需对有限多个 α 来检验.

将以上关于 Fourier 展开的观察应用于常数项 a_0, 可以总结出以下性质.

定义–命题 1.5.9　对 $\alpha \in \mathrm{SL}(2, \mathbb{Z})$, 定义 $f \in M_k(\Gamma)$ 的常数项为

$$\mathrm{Const}_\alpha(f) := f \big|_k \alpha \text{ 的 Fourier 展开的常数项},$$

它满足以下性质:

⋄ 设 $\alpha, \beta \in \mathrm{SL}(2, \mathbb{Z})$, 则 $\mathrm{Const}_{\alpha\beta}(f) = \mathrm{Const}_\beta \left(f \big|_k \alpha \right)$;

⋄ $\mathrm{Const}_\alpha(f)$ 只依赖于陪集 $\Gamma\alpha$;

---

① 德文 Modulform.
② 德文 Spitzenform, 法文 forme parabolique.

⋄ 当 $k \notin 2\mathbb{Z}$ 时 $\mathrm{Const}_\alpha(f)$ 未必由尖点 $\Gamma\alpha\infty$ 确定, 一般仅精确到 ± 1:

$$\alpha\infty = \alpha'\infty \iff \alpha = \alpha' \begin{pmatrix} \pm 1 & * \\ & \pm 1 \end{pmatrix} \implies \mathrm{Const}_\alpha(f) = (\pm 1)^k \mathrm{Const}_{\alpha'}(f).$$

注记 1.5.10 常值函数总是权 0 的模形式. 权为 0 的亚纯模形式又称**模函数**, 它们无非是 $\Gamma\backslash\mathscr{H}$ 上的亚纯函数, 并要求在尖点处也亚纯.

对于 $\Gamma \neq \mathrm{SL}(2, \mathbb{Z})$ 的情形, 尖点一般不止一个, 验证模形式在每个尖点处的全纯性会变得十分琐碎. 因而, 以下结果是十分方便的.

命题 1.5.11 设函数 $f : \mathscr{H} \to \mathbb{C}$ 满足

⋄ 定义 1.5.8 中的 Γ-不变条件 (i);

⋄ 在 ∞ 处有 Fourier 展开 $f(\tau) = \sum_{n \geq 0} a_n q_N^n$, 其系数服从于 $|a_n| \ll n^M$, 其中 $M \geq 0$ 为依赖于 f 的常数.

那么 $f \in M_k(\Gamma)$.

证明不算太难, 我们将在命题 3.6.7 一并证明稍广的版本.

在琢磨具体例子前, 我们先探讨对模形式的若干抽象操作.

(1) 若 $\Gamma' \subset \Gamma$, 则 $M_k(\Gamma') \supset M_k(\Gamma)$ 而且 $S_k(\Gamma') \supset S_k(\Gamma)$.

(2) 模形式可以相乘: 设 $f \in M_k(\Gamma)$, $g \in M_h(\Gamma)$, 则容易看出 $fg \in M_{k+h}(\Gamma)$. 如果其中一者是尖点形式, 那么 $fg \in S_{k+h}(\Gamma)$. 所需性质容易对每个尖点来验证.

(3) 置 $M(\Gamma) := \bigoplus_{k \in \mathbb{Z}} M_k(\Gamma)$. 上述观察指出 $M(\Gamma)$ 成环, 其乘法单位元无非是常数函数 $1 \in M_0(\Gamma)$. 用代数的语言说, 这使得 $M(\Gamma)$ 成为分次 $\mathbb{C}$-代数, 而 $S(\Gamma) := \bigoplus_k S_k(\Gamma)$ 则是它的分次理想. 请参阅 [59, §7.4].

注记 1.5.12 最为人熟知的情形是所谓的满级模形式 $\Gamma = \Gamma(1) = \mathrm{SL}(2, \mathbb{Z})$. 这时 Fourier 展开里的变元取为 $q = e^{2\pi i \tau}$. 定义 1.5.8 的条件 (ii) 简化为 f 在 ∞ 处全纯或消没. 根据定理 1.4.10, 条件 (i) 则简化为

$$f\left(\frac{-1}{\tau}\right) = \tau^k f(\tau), \quad f(\tau + 1) = f(\tau).$$

对于一般情形, 需要进一步的几何工具来描述空间 $M_k(\Gamma)$ 和 $S_k(\Gamma)$, 但现阶段不妨做些初步的讨论.

命题 1.5.13 若 $\Gamma \ni -1$ (例如, 当 $\Gamma \supset \Gamma(2)$ 时), 则仅对 $k \in 2\mathbb{Z}$ 才存在权为 k、级为 Γ 的非零亚纯模形式.

证明 从 $f \big|_k (-1) = (-1)^k f$ 可知 $k \notin 2\mathbb{Z} \implies f = 0$. □

偶数权模形式相对容易处理, 这是基于一个简单的观察: 以 $d\tau^{\otimes h}$ 表微分形式 $d\tau$ 的 h-重张量积, 设 k 是偶数, $f: \mathscr{H} \to \mathbb{C}$ 全纯, 由之定义 $\mathscr{H}$ 上的全纯张量场 $f\, d\tau^{\otimes k/2}$, 它在每一点 τ 指派一维空间 $(T^*_{\tau,\mathrm{hol}}\mathscr{H})^{\otimes k/2}$ 的一个元素. 任何 $\alpha \in \mathrm{GL}(2,\mathbb{R})^+$ 都给出 $\mathscr{H}$ 的全纯自同构, 从而以微分形式的拉回作用在 $f\, d\tau^{\otimes k/2}$ 上, 拉回运算记作 α^*. 根据引理 1.1.1, 有

$$\alpha^* \left(f\, d\tau^{\otimes k/2} \right) = (f \circ \alpha)(d\alpha\tau)^{\otimes k/2} = (f \mid_k \alpha)(d\tau)^{\otimes k/2}.$$

这也连带解释了 $f \mid_k \alpha$ 中因子 $(\det \alpha)^{k/2}$ 的角色. 作为推论,

$$\left[\forall \gamma \in \Gamma,\ f \mid_k \gamma = f \right] \iff \left[\forall \gamma \in \Gamma,\ f\, d\tau^{\otimes k/2} \text{ 在 } \gamma \text{ 作用下不变.} \right] \tag{1.5.3}$$

当 k 为偶数时, 关系 (1.5.3) 归结了定义 1.5.8 之 (i). 如果要以微分形式的语言料理 (ii), 并将整套定义用 $\Gamma\backslash\mathscr{H}$ 的几何来改写, 则需添入 Γ 的尖点, 考虑紧化 $\Gamma\backslash\mathscr{H} \hookrightarrow \Gamma\backslash(\mathscr{H} \sqcup \mathbb{Q}^*)$ 并赋予两者合适的 Riemann 曲面结构, 这是 §4.3 的任务. 在此之前, 我们打算先在第二章考察模形式的若干实例.

1.6 Dirichlet 区域

本节取定 $\mathrm{PSL}(2,\mathbb{R})$ 的离散子群 $\overline{\Gamma}$. 它在 $\mathscr{H}$ 上的作用正常 (命题 1.1.12) 而且保距 (定理 1.2.5). 本节旨在对 $\overline{\Gamma}$ 给出一个称为 Dirichlet 区域的基本区域, 并推导若干几何性质. 相关结果可以推广到高维度的双曲空间 (常负曲率) 或仿射空间 (零曲率), 参见 [6, 29]. 本书仅论二维情形. 只关心同余子群的读者可以暂时略过本节.

定义 1.6.1 设 $x_0 \in \mathscr{H}$ 而 $\gamma \in \overline{\Gamma} \smallsetminus \{1\}$, $\gamma x_0 \neq x_0$, 定义 $\mathscr{H}$ 的闭子集

$$H_\gamma^- := \left\{ x \in \mathscr{H} : d(x, x_0) \leqslant d(x, \gamma x_0) \right\},$$
$$H_\gamma := \left\{ x : d(x, x_0) = d(x, \gamma x_0) \right\}.$$

取 $[x_0, \gamma x_0]$ 的中点 y. 直观上, H_γ 应当是过 y 点的**中垂线**, 它截 $\mathscr{H}$ 为两个**半空间**, 其一为 $H_\gamma^- \ni x_0$. 大致图像如下.

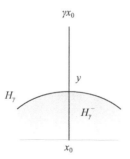

一旦接受这些性质, 则 x_0 连同 H_γ 唯一确定 γx_0: 它是 x_0 对 H_γ 的镜像, 而且

$$d(x_0, \gamma x_0) = 2d(x_0, y) = 2d(x_0, H_\gamma). \tag{1.6.1}$$

下面证明 H_γ 确实是中垂线.

引理 1.6.2 沿用以上符号, 则 H_γ 是经过 y 点, 并在 y 点与 $[x_0, \gamma x_0]$ 正交的唯一测地线.

证明 照搬命题 1.1.9 的论证, 可以用 $\mathrm{SL}(2, \mathbb{R})$ 的元素将 x_0 和 γx_0 都搬到虚数轴上, 故无妨设

$$x_0 = is, \quad \gamma x_0 = it, \quad 0 < s < t.$$

代入命题 1.1.10 的距离公式, 得到

$$\tau \in H_\gamma \iff \frac{|\tau - is|^2}{s} = \frac{|\tau - it|^2}{t} \iff |\tau - is| = \sqrt{\frac{s}{t}} \cdot |\tau - it|.$$

平面几何学的 Apollonius 圆定理或暴力计算说明这些 τ 的轨迹是圆 $\{\tau : |\tau| = \sqrt{st}\}$ 和 $\mathscr{H}$ 之交. 代入命题 1.1.9 知此为与 $[x, y]$ 正交的测地线. $\square$

定义 1.6.3 设 x_0 非 $\overline{\Gamma}$ 的椭圆点. 以 $x_0 \in \mathscr{H}$ 为中心的 **Dirichlet 区域**定义为 $\mathscr{H}$ 的闭子集

$$D(x_0) := \bigcap_{\gamma \in \overline{\Gamma} \smallsetminus \{1\}} H_\gamma^- = \left\{ x \in \mathscr{H} : \forall \gamma \in \overline{\Gamma}, \, d(x, x_0) \leqslant d(x, \gamma x_0) \right\}.$$

基于对称性, 对任意 $\gamma \in \overline{\Gamma}$ 皆有 $\gamma D(x_0) = D(\gamma x_0)$.

称 $\mathscr{H}$ 的子集 D 是**测地凸**的, 如果对任意 $x, y \in D$, 测地线段 $[x, y]$ 全落在 D 中. 显然测地凸子集都是道路连通的, 而任一族测地凸子集之交仍为测地凸.

命题 1.6.4 对任意非椭圆点 $x_0 \in \mathscr{H}$ 和 $\gamma \in \overline{\Gamma} \smallsetminus \{1\}$, 子集 H_γ^- 和 $D(x_0) \subset \mathscr{H}$ 皆为

测地凸.

证明　仅需证明 H_γ^- 情形. 设 $x, y \in H_\gamma^-$, 若 $[x, y]$ 在 x_1 处穿出 H_γ^-, 则其后必在某点 x_2 返回; 然而 $x_1, x_2 \in \partial H_\gamma^- = H_\gamma$, 而引理 1.6.2 说明 H_γ 是测地线, 故必有 $[x_1, x_2] \subset H_\gamma$, 矛盾. □

命题 1.6.5　若 x_0 非椭圆点, 则 $D(x_0)$ 是 $\overline{\Gamma}$ 的连通基本区域, $\partial D(x_0)$ 为零测集.

引理 1.3.7 说明几乎所有 x_0 皆非椭圆点.

证明　令 $x \in \mathscr{H}$. 因为 $\overline{\Gamma}$ 的作用正常, 在 §A.1 已说明 $\overline{\Gamma} x_0$ 是 $\mathscr{H}$ 的离散子集, 故存在 $\gamma \in \overline{\Gamma}$ 使得 $d(x, \gamma x_0) = d(x, \overline{\Gamma} x_0)$. 按定义立见 $\gamma^{-1} x \in D(x_0)$. 于是 $\mathscr{H} = \bigcup_\gamma \gamma D(x_0)$.

另外, $\overline{\Gamma} x_0$ 离散及 (1.6.1) 导致对任意 $r > 0$, 测地球 $B_r := d(x_0, \cdot) < r$ 仅交有限多个 H_γ. 由于 $\mathscr{H} = \bigcup_{r > 0} B_r$, 这说明围出 $D(x_0)$ 的测地线族 $\{H_\gamma : \gamma \in \overline{\Gamma}\}$ 是 "局部有限" 的. 由此循直观推得

$$\begin{aligned} D(x_0)^\circ &= \left\{ x \in \mathscr{H} : \forall \gamma \in \overline{\Gamma} \smallsetminus \{1\},\ d(x, x_0) < d(x, \gamma x_0) \right\}, \\ D(x_0) &= \overline{D(x_0)^\circ}, \quad \operatorname{vol}(\partial D(x_0)) = 0. \end{aligned} \tag{1.6.2}$$

同时 (1.6.2) 亦表明

$$\gamma = \gamma' \iff \gamma D(x_0)^\circ \cap \gamma' D(x_0)^\circ = D(\gamma x_0)^\circ \cap D(\gamma' x_0)^\circ \neq \varnothing,$$

细节有请读者琢磨.

最后来说明 $\{\gamma D(x_0) : \gamma \in \overline{\Gamma}\}$ 局部有限. 设若不然, 存在紧集 K 和一列相异的 $\delta_1, \delta_2, \cdots \in \overline{\Gamma}$, 使得对每个 $i \in \mathbb{Z}_{\geq 1}$ 都存在 $y_i \in K \cap \delta_i D(x_0)$, 命 $z_i := \delta_i^{-1} y_i$. 于是

$$\begin{aligned} d(x_0, \delta_i x_0) &\leqslant d(x_0, y_i) + d(y_i, \delta_i x_0) \\ &= d(x_0, y_i) + d(z_i, x_0) \leqslant d(x_0, y_i) + d(y_i, x_0) \quad \text{(因为 } z_i \in D(x_0)) \\ &\leqslant 2 \sup_{y \in K} d(x_0, y) =: r, \end{aligned}$$

因为 K 紧故 r 有限. 无穷集 $\{\delta_i x_0\}_{i=1}^\infty$ 包含于紧集 $d(x_0, \cdot) \leqslant r$, 但这与 $\overline{\Gamma} x_0$ 离散矛盾.□

综上, $D(x_0)$ 是由一族测地线段围出的闭集. 具体确定 $D(x_0)$ 的样貌并非易事, 以下是最初步的例子.

例 1.6.6　取 $\overline{\Gamma} = \mathrm{PSL}(2, \mathbb{Z})$ 和 $x_0 = it$, 其中 $t \in \mathbb{R}_{>1}$. 今将说明 $D(x_0)$ 无非是 (1.4.1)

定义之 $\mathscr{F}$. 在 H_γ^- 的定义中分别取 γ 为 (1.4.2) 中的 S, T, T^{-1}, 用引理 1.6.2 直接计算

$$H_S^- = \{\tau : |\tau| \geqslant 1\}, \quad H_T^- = \left\{\tau : \operatorname{Re}(\tau) \leqslant \frac{1}{2}\right\}, \quad H_{T^{-1}}^- = \left\{\tau : \operatorname{Re}(\tau) \geqslant -\frac{1}{2}\right\}.$$

因而 $D(x_0) \subset H_S^- \cap H_T^- \cap H_{T^{-1}}^- = \mathscr{F}$.

一般来说, 对任意 x_0, 上半平面里对应于平移 $\gamma = \begin{pmatrix} 1 & t \\ & 1 \end{pmatrix}$ 的中垂线 H_γ 必然是垂直线, 这点留给读者练手.

假若 $D(x_0) \subsetneqq \mathscr{F}$, 则因为 $D(x_0)$ 和 $\mathscr{F}$ 皆闭, $\mathscr{F} \smallsetminus D(x_0)$ 包含某个内点 $\tau \in \mathscr{F}^\circ$. 由于 $D(x_0)$ 是基本区域, 存在 $\gamma \in \overline{\Gamma} \smallsetminus \{1\}$ 使得 $\gamma\tau \in D(x_0) \subset \mathscr{F}$. 这与引理 1.4.9 矛盾.

今后取定非椭圆点 x_0. 我们必须对 Dirichlet 区域 $D(x_0)$ 定义边的概念.

定义 1.6.7(边、顶点、尖点)　我们规定:
⬦ $D(x_0)$ 的**边**为形如 $\delta D(x_0) \cap D(x_0)$ 而长度非零的测地线段 (容许无穷长), 其中 $\delta \in \overline{\Gamma} \smallsetminus \{1\}$;
⬦ 设 $\xi \in D(x_0)$, 若存在相异元 $\delta, \delta' \in \overline{\Gamma} \smallsetminus \{1\}$ 使得 $D(x_0) \cap \delta D(x_0) \cap \delta' D(x_0) = \{\xi\}$, 则称 ξ 是 $D(x_0)$ 的**顶点**;
⬦ 将 $\partial D(x_0)$ 中所有极大测地线段的无穷远点添入 $D(x_0)$ (或 $\partial D(x_0)$), 得到的集合记为 $D(x_0)^*$ (或 $\partial D(x_0)^*$). 若 $c \in D(x_0)^*$ 是两边的共同端点, 则称 c 为 $D(x_0)^*$ 的**尖点**, 我们也称尖点为 $D(x_0)$ 或 $D(x_0)^*$ 的无穷远顶点.

在边的定义中, $\delta D(x_0) \cap D(x_0)$ 必然是 $\partial D(x_0)$ 的测地凸子集, 所以我们知道任一个边都包含于 $\partial D(x_0)$ 中的一个极大测地线段 (容许无穷长), 这种线段都是由某个 H_γ 截出的. 显然, $\partial D(x_0)$ 中的极大测地线段无非是 $D(x_0)$ 直观意义上的边, 而定义 1.6.7 的边则与 $\{\delta D(x_0)\}_{\delta \in \overline{\Gamma}}$ 的铺砌方式有关. 稍加思索下图的 "砌砖" 现象, 就能明白 $\partial D(x_0)$ 的极大测地线段一般需加以细分, 才能给出 $D(x_0)$ 的边, 相应地也必须插入内角为 π 的顶点.

需格外留意的是一条极大测地线段可能包含无穷多条边, 例子见 [6, Example 10.1.1], 鉴于基本区域的局部有限性, 此种情形仅可能对无穷长的极大测地线段发生.

直观上不难想见: $D(x_0)^*$ 的边和顶点至多可数, $\partial D(x_0)$ 是所有边之并, 两边至多交于一点 (必为顶点); 每个顶点正好是两边之交. 这些陈述都有严谨的论证, 读者可看 [6, §9.3].

注意到 $D(x_0)^*$ 的无穷远点可以是开口之一端, 或者是尖点, 上半平面中图示如下.

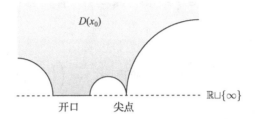

按定义 1.6.7, 任何尖点 ξ 必为平行两边在无穷远处之交, 故 ξ 处的内角为 0.

以下介绍边配对. 显见若 S 为 $D(x_0)$ 的边, 那么使 $\delta D(x_0) \cap D(x_0) = S$ 的 $\delta \in \overline{\Gamma} \smallsetminus \{1\}$ 是唯一确定的, 又记为 δ_S. 另一方面 $D(x_0) \cap \delta^{-1} D(x_0) = \delta^{-1} S$ 导致 $S' := \delta^{-1} S$ 也是 $D(x_0)$ 的边. 我们立刻看出

$$(S')' = S, \quad \delta_{S'} = \delta_S^{-1}.$$

定义-命题 1.6.8 (边配对)   以上操作 $S \leftrightarrow S'$ 给出从 $D(x_0)$ 的边之间的配对. 使 $S' = \delta^{-1} S$ 之 $\delta \in \overline{\Gamma} \smallsetminus \{1\}$ 由 S 唯一确定, 称其为 S 对应的配边元.

考虑到未来对商空间的研究, 例如命题 A.2.3, 我们在 $\partial D(x_0)^*$ 上引进如下等价关系: 记 $x \sim y$, 如果存在 $\delta \in \overline{\Gamma}$ 使得 $x = \delta y$. 以下说明关系 $\sim$ 完全由边配对决定.

命题 1.6.9   设相异元 $x, y \in \partial D(x_0)$ 满足 $x \sim y$, 那么存在配边元 $\delta_1, \cdots, \delta_n \in \overline{\Gamma}$ 使得 $x = \delta_1 \cdots \delta_n y$.

证明   取 $\delta \in \overline{\Gamma} \smallsetminus \{1\}$ 使得 $x = \delta y$, 那么 $x \in \delta D(x_0) \cap D(x_0)$. 设 x 属于 $D(x_0)$ 的某边 S. 下图将边 S 加粗显示, x 标作 o, 描绘在 x 附近典型的几何图像:

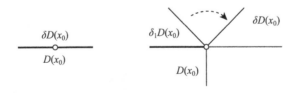

左图 x 不是顶点, 这时 δ 是 S 确定的配边元, $x = \delta y$ 给出所需表达式. 在右图情形下, 按箭头所示从 $D(x_0)$ 过渡到 $\delta_1 D(x_0), \cdots, \delta D(x_0)$, 每次都翻过一个含顶点 x 之边, 并且对通过的边数 n 作递归, 细述如下: δ_1 是 S 确定的配边元. 如果 $\delta = \delta_1$ (即 $n = 1$), 则和先前一样得出断言, 否则取

$$x_0' := \delta_1 x_0, \quad y' := \delta_1 y \in \partial D(x_0'), \quad \delta' := \delta \delta_1^{-1} \in \overline{\Gamma} \smallsetminus \{1\}.$$

于是 $x = \delta y = \delta' y'$, 而从 $\delta_1 D(x_0) = D(x_0')$ 按上图过渡到 $\delta D(x_0) = \delta' D(x_0')$, 通过 $n-1$ 条边. 按递归假设, 存在 $D(x_0')$ 的配边元 $\delta_2', \cdots, \delta_n'$ 使得

$$x = \delta_2' \cdots \delta_n' y' = \delta_2' \cdots \delta_n' \delta_1 y.$$

但是 δ_i' 是 $D(x_0') = \delta_1 D(x_0)$ 的配边元蕴涵 $\delta_i := \delta_1^{-1} \delta_i' \delta_1$ 是 $D(x_0)$ 的配边元 $(i = 2, \cdots, n)$. 因此

$$x = (\delta_1 \delta_2 \delta_1^{-1}) \cdots (\delta_1 \delta_n \delta_1^{-1}) \delta_1 y = \delta_1 \cdots \delta_n y,$$

明所欲证. $\qquad\qquad\square$

练习 1.6.10 证明所有配边元生成 $\overline{\Gamma}$.

提示〉类似命题 1.6.9 的论证, 从 $D(x_0)$ 一路穿墙到 $\delta D(x_0)$, 途经的边给出所需表达式.

注记 1.6.11 定义–命题 1.6.8 容许边和自身配对, 这就导致边还能够作如下细分, 以确保边配对 $S \leftrightarrow S'$ 无不动点. 以下设 $S' = S$, 记 $\gamma := \delta_S^{-1} \in \overline{\Gamma} \smallsetminus \{1\}$, 于是 $\gamma S = S$.

(1) 假设 S 有限长, 则 γ 固定 S 的中点 η. 例 1.3.3 表明 $\gamma|_S$ 必是对 η 的反射. 将 η 添入为顶点, 分 S 为被 γ 对调的两半.

(2) 若 $S' = S$ 无穷长, 则分两种情形考察 γ 在 S 上的作用.

◇ 设 S 两端无穷延伸, 因此 S 是一整条测地线. 例 1.3.3 表明 γ 或者在 S 上诱导平移, 这时它让 $D(x_0)$ 顺着 S 滑动, 不可能给出边定义要求的 $D(x_0) \cap \gamma^{-1} D(x_0) = S$; 或者 γ 是对某点 η 的镜射, 这时仍向 S 添入顶点 η, 分 S 为被 γ 对调的两半.

◇ 设 S 仅有一端无穷延伸, 等距地等同于射线 $\mathbb{R}_{\geqslant 0}$. 那么 γ 映包含 S 的测地线为其自身, 并且保持 S 两端不动. 依然应用例 1.3.3 来导出 $\gamma = 1$, 此无可能.

以上两步新添的顶点 η 都是椭圆点. 反之 $\partial D(x_0)$ 上的任何椭圆点 η 也都是细分意义下的顶点: 设 η 落在边 S 上, 对任何 $\gamma \in \overline{\Gamma}_\eta \smallsetminus \{1\}$ (有限阶),

◇ 或有 $\gamma S \neq S$, 直观可见 η 已是顶点;

◇ 或有 $\gamma S = S$, 之前已论证 $\gamma|_S$ 此时将是镜射, 并且 S 可被前述手续对半分割, 但镜射中点显然就是 η, 故 η 是新添顶点.

由于每条边至多细分为二, 若 $D(x_0)$ 边数有限, 细分后亦然, 这时边配对 $S \leftrightarrow S'$ 无不动点蕴涵细分后的边数为偶数.

练习 1.6.12 对例 1.6.6 的 Dirichlet 区域描述边的配对, 并按注记 1.6.11 予以细分.

记任意 $\xi \in \partial D(x_0)$ 处的内角为 $\theta(\xi)$, 容许 $\theta(\xi) = \pi$. 以下是双曲几何的一个基础结果, 也是尔后研究模曲线的必要工具.

命题 1.6.13 设 $\eta \in \partial D(x_0)$. 命 $e(\eta) := |\overline{\Gamma}_\eta|$, 如是则 $e(\eta) \in \mathbb{Z}_{\geqslant 1}$; 相对于命题 1.6.9

前的等价关系 $\sim$, 集合 $\{\xi \in \partial D(x_0) : \xi \sim \eta\}$ 有限, 而且

$$\sum_{\substack{\xi \in \partial D(x_0) \\ \xi \sim \eta}} \theta(\xi) = \frac{2\pi}{e(\eta)}.$$

证明　命题 1.3.9 说明 $\overline{\Gamma}_\eta$ 有限. 我们有双射

$$\overline{\Gamma}_\eta \backslash \{\delta \in \overline{\Gamma} : \eta \in \delta D(x_0)\} \xrightarrow{1:1} \{\xi \in \partial D(x_0) : \xi \sim \eta\}, \tag{1.6.3}$$

$$\overline{\Gamma}_\eta \delta \longmapsto \xi := \delta^{-1}\eta.$$

由于基本区域的局部有限性, $\{\delta \in \overline{\Gamma} : \eta \in \delta D(x_0)\}$ 是有限集, 示意图如下.

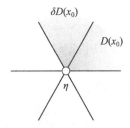

由此得出 $\{\xi \in \partial D(x_0) : \xi \sim \eta\}$ 有限.

记 $\delta D(x_0)$ 在 η 处的内角为 $\Theta_\eta(\delta D(x_0))$, 因为 $\overline{\Gamma}$ 作用保角, 若 $\xi = \delta^{-1}\eta$ 则 $\theta(\xi) = \Theta_\xi(D(x_0)) = \Theta_\eta(\delta D(x_0))$. 鉴于 (1.6.3), 在 η 处的内角和遂写作

$$2\pi = \sum_{\delta D(x_0) \ni \eta} \Theta_\eta(\delta D(x_0)) = \sum_{\xi \sim \eta} e(\eta)\theta(\xi).$$

明所欲证.　　　　　　　　　　　　　　　　　　　　　　　　　　　　　□

根据命题 1.6.9, 按边配对折叠 $D(x_0)$ 给出对 $\overline{\Gamma}$ 作用的商空间. 记 y 为 $\eta \in \partial D(x_0)$ 在商空间中的像, 命题 1.6.13 的左式可以理解为 y 周遭的角度和, 对折进 y 的所有点 ξ 作加总, 当 $e(\eta) > 1$ 时结果小于 2π. 这就表明将椭圆点附近的双曲度量降到商空间上会遇到一些麻烦, 就度量几何的观点, 也可以设想商空间在 y 处有个锥奇点. 关于椭圆点造成的种种困难, 我们以后还会碰上.

第二章 案例研究

我们在第一章大致铺陈了模形式的基本定义和形式操作, 却还没给出任何具体例子. 这当然是一大缺憾. 本章有三重目的:

  ⬦ 具体地构造一些非平凡的模形式, 赋理论以血肉;
  ⬦ 指出一些有趣的函数其实是模形式, 当然, 要由此萃取进一步信息就必须对模形式有更深的掌握, 从而要求更多的理论铺垫;
  ⬦ 介绍同余子群的 Eisenstein 级数.

三者相互为用, 阐明这点将是后续章节的任务. 本章亦将浏览 Γ 函数与 ζ 函数的基本性质. 相关计算往往极富巧思, 工具则全然是经典的.

除了 §2.5 和 §2.6, 本章以级为 SL(2, ℤ) 的模形式为主. 收录于 §§2.1—2.2 的内容可以视为背景知识, 相关证明主要参考了 [62], 读者也可以参照 [36, 第 6 章].

2.1 经典分析: Γ 函数

模形式理论中处处出现 Γ 函数, 其解析理论属于经典分析学, 见 [62].

定义 2.1.1 Euler 的 Γ 函数定义为

$$\Gamma(s) := \int_0^\infty t^{s-1} e^{-t} \, \mathrm{d}t, \quad s \in \mathbb{C}, \quad \mathrm{Re}(s) > 0.$$

令 $\sigma > 0$. 当参数 s 限制在区域 $\mathrm{Re}(s) \geqslant \sigma$ 上时,

  ⬦ 被积函数对 (s, t) 连续;
  ⬦ $|t^{s-1} e^{-t}| \leqslant t^{\sigma-1} e^{-t}$ 而且右式在 $\mathbb{R}_{>0}$ 上可积,

故 $\Gamma(s)$ 是右半平面上的全纯函数, 根据分析学常识 (命题 A.3.3) 可在积分号下求导. 此外, $\Gamma(1) = \int_0^\infty e^{-t} \, \mathrm{d}t = 1.$

约定 2.1.2   我们常将 $t^{s-1}\,\mathrm{d}t$ 写作 $t^s\,\mathrm{d}^{\times}t$, 其中 $\mathrm{d}^{\times}t := t^{-1}\,\mathrm{d}t$, 好处在于 $\mathbb{R}_{>0}$ 上的测度 $\mathrm{d}^{\times}t$ 对任意伸缩变换 $t \mapsto at$ 不变.

命题 2.1.3   当 $\mathrm{Re}(s) > 0$ 时有 $\Gamma(s+1) = s\Gamma(s)$. 特别地, 对所有 $n \in \mathbb{Z}_{\geqslant 0}$ 皆有 $\Gamma(n+1) = n!$.

证明   运用 $t^s e^{-t}\,\mathrm{d}t = -t^s\,\mathrm{d}e^{-t}$ 作分部积分, 收敛不成问题. $\square$

命题 2.1.3 迭代给出

$$\Gamma(s) = \frac{\Gamma(s+m)}{(s+m-1)\cdots(s+1)s}, \quad m \in \mathbb{Z}_{\geqslant 0}. \tag{2.1.1}$$

左式本定义在 $\mathrm{Re}(s) > 0$ 上, 然而右式定出 $\mathrm{Re}(s) > -m$ 上的亚纯函数. 取 $m = 1, 2, \cdots$ 便给出 Γ 在整个 $\mathbb{C}$ 上的亚纯延拓. 等式 $\Gamma(s+1) = s\Gamma(s)$ 随之自动延拓.

推论 2.1.4   函数 Γ 可以延拓为 $\mathbb{C}$ 上的亚纯函数, 满足 $\Gamma(s+1) = s\Gamma(s)$.

延拓过程引出的极点只能是 $s = 0, -1, -2, \cdots, -n, \cdots$, 因为 $\Gamma(1) = 1$, 在 (2.1.1) 中取 $m = n+1$ 可知 $s = -n$ 是留数为 $\dfrac{(-1)^n}{n!}$ 的一阶极点.

引理 2.1.5   当 $\mathrm{Re}(s) > 0$ 时, $\Gamma(s)$ 是下式在 $n \to +\infty$ 时的极限

$$P_n(s) := \int_0^n \left(1 - \frac{t}{n}\right)^n t^{s-1}\,\mathrm{d}t$$

$$= \frac{n^s n!}{s(s+1)\cdots(s+n)} = \frac{n^s}{s} \cdot \prod_{k=1}^n \frac{1}{1 + \dfrac{s}{k}}.$$

证明   置 $\sigma := \mathrm{Re}(s) > 0$. 从常识 $1 - \dfrac{t}{n} \leqslant e^{-t/n}$ 可得

$$\left| \left(1 - \frac{t}{n}\right)^n t^{s-1} \right| \leqslant \left(1 - \frac{t}{n}\right)^n t^{\sigma-1} \leqslant e^{-t} t^{\sigma-1}, \quad 0 < t \leqslant n.$$

右式在 $t \in \mathbb{R}_{>0}$ 上可积, 于是 Lebesgue 控制收敛定理给出 $\lim_{n \to \infty} P_n(s) = \Gamma(s)$. 接着改写 $P_n(s)$ 为 $n^s \displaystyle\int_0^1 (1-x)^n x^{s-1}\,\mathrm{d}x$, 连续分部积分 n 次以消去 $1-x$ 的幂次, 过程中边界项恒为 0, 得到

$$P_n(s) = n^s n! \cdot (s(s+1)\cdots(s+n))^{-1} = \frac{n^s}{s} \cdot \prod_{k=1}^n \frac{1}{1 + \dfrac{s}{k}}.$$

此即第二式. $\square$

定理 2.1.6 (K. Weierstrass) 对任意 $s \in \mathbb{C}$, 有

$$\Gamma(s)^{-1} = s e^{\gamma s} \prod_{k \geq 1} \left(1 + \frac{s}{k}\right) e^{-s/k},$$

其中 γ 是 Euler 常数. 右式是从 $\mathbb{C}$ 映到 $\mathbb{C} \setminus \{0\}$ 的全纯函数.

证明 先确立无穷乘积的收敛性. 固定 $r > 0$ 并且设 $|s| \leq r$ 而 $k \geq 2r$. 这时

$$\left| g_k(s) := \log\left(1 + \frac{s}{k}\right) - \frac{s}{k} \right| = \left| \sum_{m \geq 1} (-1)^m \frac{(s/k)^{m+1}}{m+1} \right| \leq \sum_{m \geq 2} \left| \frac{s}{k} \right|^m$$

$$= \frac{|s|^2}{k^2} \cdot \sum_{m \geq 0} \left| \frac{s}{k} \right|^m \leq \frac{r^2}{k^2} \cdot \left(1 + \frac{1}{2} + \frac{1}{2^2} + \cdots\right) = \frac{2r^2}{k^2}.$$

因为 $\sum_k \frac{1}{k^2}$ 收敛, 这就说明了在紧子集 $\{s \in \mathbb{C} : |s| \leq r\}$ 上 $\sum_{k \geq 2r} g_k(s)$ 正规收敛. 此外 $\exp(g_k) = \left(1 + \frac{s}{k}\right) e^{-s/k}$. 根据一般理论 (命题 A.4.5), 收敛无穷乘积 $\prod_{k \geq 1} \left(1 + \frac{s}{k}\right) e^{-s/k}$ 遂给出 $\mathbb{C}$ 上的全纯函数, 在负整数处有一阶零点.

以下设 $\mathrm{Re}(s) > 0$. 改写引理 2.1.5 中的 $P_n(s)$ 为

$$P_n(s) = \frac{n^s}{s} \cdot \prod_{k=1}^{n} \frac{1}{1 + \dfrac{s}{k}}$$

$$= \frac{\exp\left(s\left(\log n - \sum_{k=1}^{n} k^{-1}\right)\right)}{s} \cdot \prod_{k=1}^{n} \frac{e^{s/k}}{1 + \dfrac{s}{k}}.$$

回忆到当 $n \to \infty$ 时 $\sum_{k=1}^{n} \frac{1}{k} = \log n + \gamma + o(1)$. 现对上式两边取倒数. 取极限 $n \to \infty$, 再应用 Γ 的亚纯延拓便能完成证明. □

推论 2.1.7 亚纯函数 Γ 在 $\mathbb{C}$ 上无零点, 极点则在 $s = 0, -1, -2, \cdots$. 每个 $-n \in \mathbb{Z}_{\leq 0}$ 都是单极点, 留数为 $\dfrac{(-1)^n}{n!}$.

证明 由定理 2.1.6 立知 Γ 无零点. 其余是 (2.1.1) 之下的观察. □

推论 2.1.8 我们有以下等式

$$\Gamma(s)\Gamma(-s) = \frac{-\pi}{s \sin(\pi s)},$$

$$\Gamma(s)\Gamma(1-s) = \frac{\pi}{\sin(\pi s)}.$$

证明　由定理 2.1.6 及无穷乘积的操作可得 $\Gamma(s)\Gamma(-s) = -s^{-2}\prod_{n=1}^{\infty}\left(1 - \dfrac{s^2}{n^2}\right)^{-1}$.
一个经典的结果 [62,§1.7(3)] 是 $\prod_{n=1}^{\infty}\left(1 - \dfrac{s^2}{n^2}\right) = \dfrac{\sin(\pi s)}{\pi s}$, 于是得到第一条断言. 命题
2.1.3 给出 $\Gamma(1 - s) = -s\Gamma(-s)$, 于是得到第二条断言.　□

练习 2.1.9　推导 $\Gamma\left(\dfrac{1}{2}\right) = \sqrt{\pi}$. 由此确定 Γ 在半整数上的取值.

定理 2.1.10 (乘积公式)　对任意正整数 m, 我们有

$$\prod_{k=0}^{m-1}\Gamma\left(s + \frac{k}{m}\right) = (2\pi)^{\frac{m-1}{2}}m^{\frac{1}{2}-ms}\Gamma(ms).$$

证明　兹考察

$$C(s) := m^{ms-1}\Gamma(ms)^{-1}\prod_{k=0}^{m-1}\Gamma\left(s + \frac{k}{m}\right).$$

在适当的收敛范围内以引理 2.1.5 中的 $P_n\left(s + \dfrac{k}{m}\right)$ 代替 $\Gamma\left(s + \dfrac{k}{m}\right)$, 并以 $P_{mn+m-1}(ms)$
代替 $\Gamma(ms)$, 如是则有

$$\prod_{k=0}^{m-1}P_n\left(s + \frac{k}{m}\right) = \prod_{k=0}^{m-1}\frac{n^{s+\frac{k}{m}}n!}{\left(s + \dfrac{k}{m}\right)\cdots\left(s + \dfrac{k}{m} + n\right)} = \frac{n^{ms}n^{\frac{m-1}{2}}(n!)^m}{\prod_{\substack{0\leqslant t<n+1\\mt\in\mathbb{Z}}}(s+t)},$$

$$P_{mn+m-1}(ms) = \frac{(mn+m-1)^{ms}(mn+m-1)!}{ms(ms+1)\cdots(ms+mn+m-1)}$$
$$= \frac{(nm)^{ms}(mn+m-1)!}{m^{mn+m}\prod_{\substack{0\leqslant t<n+1\\mt\in\mathbb{Z}}}(s+t)}\cdot\left(1 + \frac{1}{n} - \frac{1}{mn}\right)^{ms}.$$

记 $C_n(s) := m^{ms-1}P_{nm+m-1}(ms)^{-1}\prod_{k=0}^{m-1}P_n\left(s + \dfrac{k}{m}\right)$. 于是 $\lim_{n\to\infty}C_n(s) = C(s)$, 而且细
察以上公式可见 $C(s)$ 与 s 无关. 代入 $s = \dfrac{1}{m}$ 得

$$C(s) = C\left(\frac{1}{m}\right) = \prod_{k=1}^{m-1}\Gamma\left(\frac{k}{m}\right) = \prod_{k=1}^{m-1}\Gamma\left(1 - \frac{k}{m}\right) > 0.$$

应用推论 2.1.8 可知 $C(s)^2 = \pi^{m-1}\prod_{k=1}^{m-1}\sin(k\pi/m)^{-1}$. 读者应该知悉这类连乘积如何求
值: 其正平方根是 $C(s) = \sqrt{(2\pi)^{m-1}/m}$. 这和原断言相等价.　□

2.2 Riemann ζ 函数初探

定义 2.2.1　Riemann ζ 函数定义为

$$\zeta(s) = \sum_{n=1}^{\infty} \frac{1}{n^s}, \quad \mathrm{Re}(s) > 1.$$

由于 $|n^{-s}| = n^{-\mathrm{Re}(s)}$, 只要 $\sigma > 1$, 则级数在子集 $\{s \in \mathbb{C} : \mathrm{Re}(s) \geqslant \sigma\}$ 上正规收敛, 因而它给出 $\{s \in \mathbb{C} : \mathrm{Re}(s) > 1\}$ 上的全纯函数 (见命题 A.3.4). 此外 $\zeta(s)$ 在收敛区域里有称为 **Euler 乘积**的无穷乘积展开, 参照定理 A.4.6:

$$\zeta(s) = \prod_{p: 素数} (1 - p^{-s})^{-1}. \tag{2.2.1}$$

收敛无穷乘积非零, 故 $\mathrm{Re}(s) > 1 \implies \zeta(s) \neq 0$.

下面着手导出 ζ 的亚纯延拓. 此处追随 Riemann 的第一种证明, 其优点之一在于方便求出 ζ 在负整数的取值. 我们在 §7.2 还会从 Meillin 变换的角度理解 ζ 函数.

设 $\mathrm{Re}(s) > 1$. 沿用 §2.1 的符号, 在 $\Gamma(s) = \int_0^\infty e^{-t} t^s \, \mathrm{d}^\times t$ 中作伸缩 $t \rightsquigarrow nt$, 可得

$$\Gamma(s) n^{-s} = \int_0^\infty e^{-nt} t^s \, \mathrm{d}^\times t.$$

对 $n = 1, 2, \cdots$ 求和, 得到

$$\Gamma(s)\zeta(s) = \sum_{n=1}^{\infty} \int_0^\infty e^{-nt} t^s \, \mathrm{d}^\times t = \int_0^\infty \frac{e^{-t} t^s}{1 - e^{-t}} \, \mathrm{d}^\times t = \int_0^\infty \frac{t^{s-1}}{e^t - 1} \, \mathrm{d}t,$$

请读者检查这里确实能交换 $\sum$ 与 $\int$. 以下在 $\mathbb{C} \smallsetminus \mathbb{R}_{\leqslant 0}$ 上取值在 $[-\pi, \pi]$ 的辐角函数, 取定充分小的 $\epsilon > 0$, 并考察

$$\frac{(-t)^{s-1}}{e^t - 1} \, \mathrm{d}t$$

在复平面上沿以下围道的积分, 记为 $I(s)$.

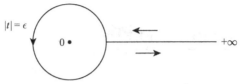

两条平行线应理解为 "无穷接近于实轴", 而 $t \mapsto (-t)^{s-1} = \exp\left((s-1)(\log|t| + i\arg(-t))\right)$ 在围道及其外部有一致的定义; 更干净的说法则是在 $\mathbb{C}^\times$ 的泛复叠空间 $\widetilde{\mathbb{C}^\times}$ 上作道路积分, 这是一个 Riemann 曲面, 沿实轴的两段积分道路放在 $\widetilde{\mathbb{C}^\times}$ 上是错开的. 此围道称为 Hankel 围道.

接着探讨 $I(s)$ 和 ϵ 的关系: 设 $0 < \epsilon' < \epsilon$, 应用 Cauchy 积分公式于以下区域

　　　　　　　　　　　　　　　　工　开口"无穷小", 或在 $\widetilde{\mathbb{C}^\times}$ 中错开

或者说应用于泛复叠空间 $\widetilde{\mathbb{C}^\times}$ 中的适当区域, 可见 $I(s)$ 与 ϵ 无关.

引理 2.2.2　　当 s 限制在 $\mathbb{C}$ 的紧子集上时, 围道积分 $I(s)$ 正规收敛, 而且被积函数对 (t, s) 连续, 对 s 全纯; $s \mapsto I(s)$ 是 $\mathbb{C}$ 上的全纯函数.

证明　　设 K 为 $\mathbb{C}$ 的紧子集. 对于 $s \in K$, 将围道积分分解为

$$I(s) = \int_{1 \leftarrow \infty} + \int_{\epsilon \leftarrow 1} + \oint_{|z| = \epsilon} + \int_{\epsilon \to 1} + \int_{1 \to \infty}.$$

被积函数 $\dfrac{(-t)^{s-1}}{e^t - 1}$ 在围道上显然对 (t, s) 连续, 并且对 s 全纯. 于是积分 $\oint_{|z| = \epsilon}$, $\int_{\epsilon \to 1}$ 和 $\int_{\epsilon \leftarrow 1}$ 正规收敛: 诚然, 被积函数对 $s \in K$ 一致有界, 而积分区域紧致. 对于 $[1, \infty]$ 上的两个积分, 取 $\sigma \in \mathbb{R}$ 使得 $K \subset \{s : \mathrm{Re}(s) \leqslant \sigma\}$, 则有

$$\left| \frac{(-t)^{s-1}}{e^t - 1} \right| \leqslant \frac{|t|^{\sigma-1}}{e^t - 1},$$

右式在 $[1, \infty]$ 上可积, 故 $\int_{1 \to \infty}$ 和 $\int_{1 \leftarrow \infty}$ 也正规收敛.

根据一般理论 (命题 A.3.3 配合引理 A.3.2), 被积函数的连续性和正规收敛性确保 $I(s)$ 是 s 的全纯函数. $\qquad\square$

随着 t 从正实轴上某点出发, 再沿圆弧绕回原处, $-t$ 的幅角从 $-\pi$ 变到 π, 故 $(-t)^{s-1}$ 从 $e^{-i\pi(s-1)}t^{s-1}$ 变为 $e^{i\pi(s-1)}t^{s-1}$. 于是

$$I(s) = \int_{|t|=\epsilon} \frac{(-t)^{s-1}}{e^t-1}\, dt + \left(e^{\pi i(s-1)} - e^{-\pi i(s-1)}\right)\int_\epsilon^\infty \frac{t^{s-1}}{e^t-1}\, dt.$$
$$= \int_{|t|=\epsilon} \frac{(-t)^{s-1}}{e^t-1}\, dt - 2i\sin(\pi s)\int_\epsilon^\infty \frac{t^{s-1}}{e^t-1}\, dt.$$

因为 $e^t = 1 + t + o(t)$, 容易验证在 $|t| = \epsilon$ 上有 $\left|\dfrac{(-t)^{s-1}}{e^t-1}\right| \ll \epsilon^{\mathrm{Re}(s)-2}$. 当 $\mathrm{Re}(s) > 1$ 时, 由此知 $\lim\limits_{\epsilon\to 0}\int_{|t|=\epsilon} \cdots = 0$. 综之,

$$I(s) = -2i\sin(\pi s)\int_0^\infty \frac{t^{s-1}}{e^t-1}\, dt = -2i\sin(\pi s)\Gamma(s)\zeta(s),$$

或者用推论 2.1.8 进一步改写

$$\zeta(s) = \frac{\Gamma(s)^{-1}I(s)}{-2i\sin(\pi s)} = \frac{-1}{2\pi i}\cdot \Gamma(1-s)I(s), \quad \mathrm{Re}(s) > 1. \tag{2.2.2}$$

定理 2.2.3 函数 ζ 可以延拓为 $\mathbb{C}$ 上的亚纯函数. 它唯一的极点在 $s = 1$, 为留数 1 的单极点.

证明 引理 2.2.2 蕴涵 $I(s)$ 全纯, 故推论 2.1.7 蕴涵 (2.2.2) 右式有亚纯延拓, 其极点只能在 $s = 1, 2, \cdots$, 然而 $\mathrm{Re}(s) > 1$ 时 $\zeta(s)$ 全纯, 唯一可能极点是 $s = 1$. 定义 $I(1)$ 的围道积分简化为

$$I(1) = \int_{|t|=\epsilon} (e^t-1)^{-1}\, dt = 2\pi i \cdot \mathrm{Res}_{t=0} \frac{1}{e^t-1} = 2\pi i,$$

而 $\mathrm{Res}_{s=1} \Gamma(1-s) = -1$, 故 $\mathrm{Res}_{s=1} \zeta(s) = 1$. $\qquad\square$

定义 2.2.4 (Bernoulli 多项式) $B_n(X) \in \mathbb{Q}[X]$ 由生成函数

$$\frac{te^{tX}}{e^t-1} = \sum_{n\geq 0} B_n(X)\cdot \frac{t^n}{n!} \quad \in \mathbb{Q}[X][\![t]\!]$$

确定. 称 $B_n := B_n(0)$ 为第 n 个 **Bernoulli 数**.

利用 $te^{tX} = (e^t - 1) \sum_n B_n(X) \dfrac{t^n}{n!}$ 容易递归地计算 $B_n(X)$, 例如, $B_0(X) = 1$, $B_1(X) = X - \dfrac{1}{2}$. 下表是前几个 Bernoulli 数.

$$
\begin{array}{c|ccccccc}
n & 0 & 1 & 2 & 4 & 6 & 8 & 10 & 12 \\
\hline
B_n & 1 & -\dfrac{1}{2} & \dfrac{1}{6} & -\dfrac{1}{30} & \dfrac{1}{42} & -\dfrac{1}{30} & \dfrac{5}{66} & \dfrac{-691}{2730}
\end{array}
\tag{2.2.3}
$$

练习 2.2.5　证明 $B_1 = -\dfrac{1}{2}$, 而 $B_3 = B_5 = \cdots = 0$. 证明当 $n > 1$ 时 $B_n(0) = B_n(1)$.

提示〉 $\dfrac{t}{2} + \dfrac{t}{e^t - 1}$ 是偶函数.

推论 2.2.6　对所有 $n \in \mathbb{Z}_{\geq 0}$ 都有 $\zeta(-n) = (-1)^n \dfrac{B_{n+1}}{n+1}$.

证明　取 $\epsilon \ll 1$. 展开 $(e^t - 1)^{-1}$ 为 $\sum_m B_m t^{m-1}/m!$, 代入

$$
I(-n) = \oint_{|t|=\epsilon} (-t)^{-n-1}(e^t - 1)^{-1} \, \mathrm{d}t = (-1)^{n+1} \sum_{m \geq 0} \frac{B_m}{m!} \oint_{|t|=\epsilon} t^{m-n-2} \, \mathrm{d}t.
$$

被积函数现在是 $\mathbb{C}$ 上的亚纯函数, 用 Cauchy 积分公式计算可知仅有第 $m = n + 1$ 项非零, 给出 $(-1)^{n+1} 2\pi i \cdot \dfrac{B_{n+1}}{(n+1)!}$. 再代入 (2.2.2) 并回忆到 $\Gamma(1 + n) = n!$ 即可.　　□

定理 2.2.7(函数方程)　我们有

$$
\zeta(s) = 2^s \pi^{s-1} \sin\left(\frac{s\pi}{2}\right) \Gamma(1 - s)\zeta(1 - s),
$$

定义 $\Lambda(s) := \pi^{-s/2} \Gamma\left(\dfrac{s}{2}\right) \zeta(s)$, 则 $\Lambda(s) = \Lambda(1 - s)$,

证明　首先扩大先前的 Hankel 围道, 确切地说将圆弧部分半径从 $0 < \epsilon < 1$ 扩为 $(2k + 1)\pi$, $k \in \mathbb{Z}_{\geq 0}$, 相应的围道积分记为 $I_k(s)$, 图示如下 (外圈定义 $I_k(s)$, 内圈定义 $I(s)$).

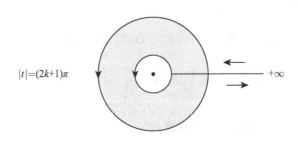

那么 $(e^t-1)^{-1}(-t)^{s-1}\,\mathrm{d}t$ 在新旧两条围道之间的极点是 $\{2\pi i n : n \in \mathbb{Z}, 0 < |n| \leqslant k\}$, 当 $n \geqslant 1$ 时与 $t = \pm 2\pi i n$ 相应的留数记为 $R_{\pm n}$. 不难计算

$$R_{\pm n} := (2n\pi)^{s-1} e^{\mp \frac{\pi i}{2}(s-1)}, \quad R_n + R_{-n} = (2n\pi)^{s-1} 2\sin\left(\frac{s\pi}{2}\right).$$

今起固定 $\mathrm{Re}(s) < 0$. 容易看出当 $k \to +\infty$ 时 $I_k(s) \to 0$. 应用留数定理推出

$$I(s) = \lim_{k\to\infty}\left(I(s) - I_k(s)\right) = 2\pi i \sum_{n \neq 0} R_n$$

$$= 2\pi i \cdot 2\sin\left(\frac{s\pi}{2}\right) \sum_{n=1}^{\infty} (2n\pi)^{s-1} = (2\pi)^s 2i \sin\left(\frac{s\pi}{2}\right) \zeta(1-s).$$

左式也等于 $-2\pi i \Gamma(1-s)^{-1}\zeta(s)$. 这就得出第一部分. 应用定理 2.1.10 可得第二部分. □

推论 2.2.8 函数 $\zeta(s)$ 当 $\mathrm{Re}(s) > 1$ 时无零点, 当 $\mathrm{Re}(s) < 0$ 时的零点是 $s = -2, -4, -6, \cdots$, 称为 ζ 的平凡零点.

证明 从 (2.2.1) 立得第一部分, 由推论 2.1.7 搭配定理 2.2.7 立得第二部分. □

著名的 **Riemann 假设**断言 ζ 的非平凡零点全位于对称轴 $\mathrm{Re}(s) = \dfrac{1}{2}$ 上.

推论 2.2.9 对一切正整数 n 皆有 $\zeta(2n) = (-1)^{n-1} B_{2n} \cdot \dfrac{(2\pi)^{2n}}{2(2n)!}$.

证明 推论 2.2.6 给出 $\zeta(1-2n) = -\dfrac{B_{2n}}{2n}$. 代入函数方程来计算 $\zeta(2n)$: 易见 $\Gamma(1-s)$ 在 $s = 2n$ 处有留数为 $1/(2n-1)!$ 的单极点 (推论 2.1.7), 而 $\sin\left(\dfrac{\pi s}{2}\right)$ 在 $s = 2n$ 处为零, 其导数值为 $\dfrac{\pi}{2}\cos(n\pi) = (-1)^n \dfrac{\pi}{2}$. 综之,

$$\zeta(2n) = 2^{2n}\pi^{2n-1} \cdot (-1)^n \cdot \frac{\pi}{2} \cdot \frac{1}{(2n-1)!} \cdot \frac{-B_{2n}}{2n},$$

整理后即欲证公式. □

因为 π 是超越数, 由推论 2.2.9 知 $\zeta(2), \zeta(4), \cdots$ 也是超越数. 迄今对 ζ 在正奇数的取值所知尚少, 一个经典的结果 (Apéry, 1978) 是 $\zeta(3)$ 是无理数; 现在我们知道 $\zeta(2n+1)$ 中包含无穷多个无理数 (Rivol, 2000), 而 $\zeta(5), \zeta(7), \zeta(9), \zeta(11)$ 中必有一个无理数 (Zudilin, 2001); 超越性仍属未知.

注记 2.2.10　可以进一步定义 Hurwitz ζ 函数 (参看 [62, §3.15]) 为

$$\zeta(s,a) := \sum_{n=0}^{\infty} \frac{1}{(n+a)^s}, \quad \operatorname{Re}(s) > 0,\ a > 0.$$

基于和 ζ 相同的论证, 上式定义了 $\operatorname{Re}(s) > 1$ 上的全纯函数, 并且 $\zeta(s) = \zeta(s,1)$. 照搬之前证明亚纯延拓的技巧, 可得

$$\Gamma(s)\zeta(s,a) = \sum_{n=0}^{\infty} \int_0^{\infty} e^{-(n+a)t} t^s\, \mathrm{d}^{\times}t = \int_0^{\infty} \frac{t^{s-1} e^{-at}}{1 - e^{-t}}\, \mathrm{d}t.$$

在同样的 Hankel 围道上考虑 $\dfrac{(-t)^{s-1} e^{-at}}{1 - e^{-t}}\, \mathrm{d}t$, 便能将 $\zeta(s,a)$ 延拓到所有 $s \in \mathbb{C}$ 上. 定理 2.2.7 的技巧能用以证明 Hurwitz 函数方程

$$\zeta(s,a) = \Gamma(1-s) \sum_{\substack{n \in \mathbb{Z} \\ n \neq 0}} \frac{e^{2\pi i n a}}{(2\pi i n)^{1-s}}, \quad \operatorname{Re}(s) < 0.$$

回忆到这里需取 $(2\pi i n)^{1-s} = \exp\left((1-s)\log(2\pi i n)\right)$, 其中 $\log$ 的幅角取值在 $[-\pi, \pi]$. 推论 2.2.6 中的技巧给出

$$\zeta(-n,a) = -\frac{B_{n+1}(a)}{n+1}, \quad n \in \mathbb{Z}_{\geq 0}.$$

此处 $B_{n+1}(X)$ 是定义 2.2.4 中的 Bernoulli 多项式. 详细论证留给有兴致的读者, 或见前述文献.

练习 2.2.11　直接验证 $\zeta(-n,a)$ 的公式在 $a = 1$ 时给出推论 2.2.6.

2.3　Eisenstein 级数: $\Gamma = \operatorname{SL}(2, \mathbb{Z})$ 情形

目光转回定义 1.5.8 的模形式. 为了构造满足 $j(\gamma, \tau)^{-k} f(\gamma\tau) = f(\tau)$ 的全纯函数, 我们先换个角度看自守因子 $j(\gamma, \tau) = c\tau + d$. 它只涉及 γ 的第二行. 为得到内禀的描述, 以下将 $\mathbb{R}^2$ 的元素视同行向量. 我们有

⋄ $\operatorname{GL}(2, \mathbb{R})$ 在 $\mathbb{R}^2 \smallsetminus \{(0,0)\}$ 上的矩阵右乘作用, 显然可递;

⋄ $\mathbb{R}^{\times}$ 在 $\mathbb{R}^2 \smallsetminus \{(0,0)\}$ 上的伸缩作用, 今后写作左乘.

如固定

$$v := (0,1) \in \mathbb{Z}^2,$$

则 $v\gamma$ 恰是 γ 的第二行 (c, d), 而

$$\mathrm{Stab}_{\mathrm{GL}(2)}(v) = \begin{pmatrix} * & * \\ & 1 \end{pmatrix} =: M, \quad \mathrm{SL}(2) \cap M = \begin{pmatrix} 1 & * \\ & 1 \end{pmatrix}.$$

因此 $M \backslash \mathrm{GL}(2, \mathbb{R}) \xrightarrow{\sim} \mathbb{R}^2 \smallsetminus \{(0,0)\}$. 群 M 称为 GL(2) 的奇迹子群, 顾名思义它在 GL(2) 的表示论中妙用无穷. 定义

$$J(\cdot; \tau) : \mathbb{R}^2 \smallsetminus \{(0,0)\} \longrightarrow \mathbb{C},$$
$$J(c, d; \tau) = c\tau + d,$$

于是 $j(\gamma, \tau) = J(v\gamma, \tau)$. 此外对所有 $t \in \mathbb{R}^\times$ 皆有 $J(tx, \tau) = tJ(x, \tau)$.

模群 $\mathrm{SL}(2, \mathbb{Z})$ 相应地在 $\mathbb{Z}^2 \smallsetminus \{(0,0)\}$ 上右作用, 其轨道也容易描述.

引理 2.3.1 设 $(x, y), (x', y') \in \mathbb{Z}^2 \smallsetminus \{(0,0)\}$, 则它们属于相同 $\mathrm{SL}(2, \mathbb{Z})$ 轨道的充要条件是 $\gcd(x, y) = \gcd(x', y')$.

证明 必要性说明如下. 设存在 $\begin{pmatrix} a & b \\ c & d \end{pmatrix} \in \mathrm{SL}(2, \mathbb{Z})$ 使得 $x' = ax + cy$, $y' = bx + dy$, 显然有 $\mathbb{Z}x' + \mathbb{Z}y' \subset \mathbb{Z}x + \mathbb{Z}y$, 故 $\gcd(x, y) \mid \gcd(x', y')$. 对称性导致反向也整除, 故 $\gcd(x, y) = \gcd(x', y')$.

至于充分性, 不失一般性假设 x, y 互素, 证 (x, y) 和 $(0, 1)$ 在同一轨道即可. 取 $a, b \in \mathbb{Z}$ 使得 $ay - bx = 1$, 再取 $\gamma = \begin{pmatrix} a & b \\ x & y \end{pmatrix} \in \mathrm{SL}(2, \mathbb{Z})$. $\qquad \square$

选定同余子群 Γ 和 $x = v\gamma \in \mathbb{R}^2 \smallsetminus \{(0,0)\}$. 虽然 $\tau \mapsto J(x; \tau)^{-k}$ 并非模形式, 但从 $j(\gamma\gamma', \tau) = j(\gamma, \gamma'\tau)j(\gamma', \tau)$ 可以推出

$$J(x; \gamma'\tau)^{-k} = j(\gamma, \gamma'\tau)^{-k} = j(\gamma\gamma', \tau)^{-k} j(\gamma', \tau)^k$$
$$= J(x\gamma'; \tau)^{-k} j(\gamma', \tau)^k.$$

除了 x 被代为 $x\gamma'$, 其余都满足对 $\gamma' \in \mathrm{SL}(2, \mathbb{Z})$ 作用的不变性. 这就启发我们对 $J(x; \tau)^{-k}$ 在 x 的右 Γ-轨道上求和来获取不变性. 如果 $x = v := (0, 1)$, 轨道可等同于 $\Gamma \cap M \backslash \Gamma$ 而 $J(v\gamma; \tau) = j(\gamma, \tau)$. 困难在于这些轨道总是无穷集.

本节先考察 $\Gamma = \mathrm{SL}(2, \mathbb{Z})$ 的情形. 定义

$$\mathbb{Z}^2_{\mathrm{prim}} := \left\{ (x, y) \in \mathbb{Z}^2 \smallsetminus \{(0,0)\} : \gcd(x, y) = 1 \right\}. \tag{2.3.1}$$

引理 2.3.1 表明 $\mathrm{SL}(2,\mathbb{Z})$ 按矩阵右乘在 $\mathbb{Z}^2_{\mathrm{prim}}$ 上可递地右作用, 而且 $\gamma \mapsto \upsilon\gamma$ 给出双射

$$\mathrm{SL}(2,\mathbb{Z}) \cap M\backslash\mathrm{SL}(2,\mathbb{Z}) \xrightarrow{1:1} \mathbb{Z}^2_{\mathrm{prim}}.$$

取定权 $k \in 2\mathbb{Z}$. 按以上思路定义 **Eisenstein 级数**

$$E_k(\tau) := \frac{1}{2} \sum_{\gamma \in \mathrm{SL}(2,\mathbb{Z}) \cap M\backslash\mathrm{SL}(2,\mathbb{Z})} j(\gamma, \tau)^{-k} = \frac{1}{2} \sum_{(c,d) \in \mathbb{Z}^2_{\mathrm{prim}}} (c\tau + d)^{-k}.$$

显然的问题是

⋄ 证明级数在紧集上正规收敛, 而 $E_k(\tau)$ 全纯, 相关概念可见 §A.3;

⋄ 证明对每个 $\gamma \in \mathrm{SL}(2,\mathbb{Z})$ 都有 $E_k\big|_k \gamma = E_k$;

⋄ 计算其在 ∞ 处的 Fourier 系数并说明 $E_k \in M_k(\mathrm{SL}(2,\mathbb{Z}))$.

为了便利于今后的论证, 兹引进另一种 Eisenstein 级数

$$G_k(\tau) := \sideset{}{'}\sum_{(c,d) \in \mathbb{Z}^2} (c\tau + d)^{-k},$$

此处以 $\sum'$ 表示求和中略去 $(c,d) = (0,0)$. 且从收敛性入手. 先将 τ 限制在 $\mathscr{H}$ 的一个紧子集 K 中, 当 $(c,d) \to \infty$ 时 $|c\tau + d| \sim \sqrt{c^2 + d^2}$, 相关的估计仅依赖 K. 根据积分审敛法, $\sum'_{(c,d)}(c^2 + d^2)^{-k/2}$ 收敛当且仅当 $\displaystyle\int_{\substack{x \in \mathbb{R}^2 \\ |x| \geqslant 1}} |x|^{-k}\,\mathrm{d}x$ 收敛, 后者用极坐标化为 $2\pi \displaystyle\int_1^\infty r^{-k+1}\,\mathrm{d}r$. 综之, 对 $\tau \in K$ 的正规收敛性等价于 $k > 2$. 这时根据分析学的常识, 定义 E_k, G_k 的级数可以任意重排, 它们是 $\tau \in \mathscr{H}$ 的全纯函数, 而且可在求和号下对 τ 求导 (见命题 A.3.4). 其次, 观察到

$$G_k(\tau) = \sum_{n=1}^\infty n^{-k} \sum_{(c,d) \in \mathbb{Z}^2_{\mathrm{prim}}} (c\tau + d)^{-k}$$

$$= 2\zeta(k) E_k(\tau).$$

所以 $\mathrm{SL}(2,\mathbb{Z})$-不变性与 Fourier 展开可以在 G_k 和 E_k 中择一验证. 以下说明 E_k 的不变性. 设 $\gamma, \gamma' \in \mathrm{SL}(2,\mathbb{Z})$, 引理 1.5.2 表明

$$j(\gamma, \gamma'\tau)^{-k} = j(\gamma\gamma', \tau)^{-k} j(\gamma', \tau)^k.$$

因为 $\gamma \mapsto \gamma\gamma'$ 给出 $\mathrm{SL}(2,\mathbb{Z}) \cap M\backslash\mathrm{SL}(2,\mathbb{Z})$ 到自身的双射, 或者说 $(c,d) \mapsto (c,d)\gamma'$ 是

$\mathbb{Z}^2_{\mathrm{prim}}$ 的重排, 我们于是确认了

$$(E_k \big|_k \gamma')(\tau) = j(\gamma',\tau)^{-k} E_k(\gamma'\tau) = E_k(\tau), \quad \gamma' \in \mathrm{SL}(2,\mathbb{Z}),\ \tau \in \mathscr{H}.$$

可以用初等方法检验 E_k 在 ∞ 处全纯, 见稍后定理 2.5.8 的证明, 但这里直接切换到 G_k 作 Fourier 展开更为方便. 将 $\sum'_{(c,d)\in\mathbb{Z}^2}$ 按 c 分组. 满足 $c = 0$ 的项贡献出

$$\sum_{d\neq 0} d^{-k} = 2\zeta(k).$$

当 $c \neq 0$ 时, 因为 k 是偶数, $\pm c$ 的贡献相同 (若 k 为奇数则相消), 无妨设 $c \geqslant 1$, 其贡献为

$$\sum_{d\in\mathbb{Z}} (c\tau + d)^{-k},$$

我们需要以下引理来处理这个和.

引理 2.3.2　设 $\tau \in \mathscr{H}$ 而 $k \in \mathbb{Z}_{\geqslant 2}$, 置 $q := e^{2\pi i\tau}$, 则

$$\sum_{n\in\mathbb{Z}} \frac{1}{(n-\tau)^k} = \frac{(2\pi i)^k}{(k-1)!} \sum_{n=1}^{\infty} n^{k-1} q^n.$$

证明　考虑定义在 $\mathbb{R}$ 上的复值函数 $f(x) = (x - \tau)^{-k}$. 其 Fourier (逆) 变换为

$$\check{f}(\xi) = \int_{\mathbb{R}} f(x) e^{2\pi i x\xi} \, \mathrm{d}x, \quad \xi \in \mathbb{R}.$$

被积函数显然地延拓为 $x \in \mathbb{C}$ 的亚纯函数, 它唯一的极点是 $x = \tau$, 并且满足于

$$\left| f(x) e^{2\pi i x\xi} \right| = e^{-2\pi \operatorname{Im}(x)\xi} |x - \tau|^{-k}.$$

分两种情形讨论.

(1) 若 $\xi > 0$, 将积分路径在复平面上往上平移. 易见当 $y \to +\infty$ 时, 在 $iy + \mathbb{R}$ 上的积分收敛且趋近于 0. 平移途中碰到的唯一极点在 $x = \tau$ 处, 而 $e^{2\pi i x\xi}$ 在该处的 Taylor 展式第 $k-1$ 次项系数是 $(2\pi i\xi)^{k-1} e^{2\pi i\xi\tau}/(k-1)!$.

(2) 若 $\xi < 0$, 改将积分路径下移, 同理, 当 $y \to -\infty$ 时积分趋近于 0, 途中无极点.

留数定理遂给出

$$\check{f}(\xi) = \begin{cases} \dfrac{(2\pi i)^k}{(k-1)!} \xi^{k-1} e^{2\pi i\xi\tau}, & \xi > 0, \\ 0, & \xi < 0. \end{cases}$$

然而 $f \in L^1(\mathbb{R})$ 蕴涵 $\check{f}$ 连续 (引理 A.5.1), 故 $\check{f}(0) = 0$. 观察到 $\check{f}$ 按指数衰减, Poisson 求和公式 $\sum_{\xi \in \mathbb{Z}} f(\xi) = \sum_{\xi \in \mathbb{Z}} \check{f}(\xi)$ (定理 A.5.4) 对之成立, 由之即刻导出欲证的断言. □

继续关于 G_k 的讨论. 根据引理 2.3.2, 给定的 $c \geqslant 1$ 连同 $-c$ 贡献了

$$2 \cdot \frac{(2\pi i)^k}{(k-1)!} \sum_{m=1}^{\infty} m^{k-1} q^{mc}.$$

为了整理上式对所有 $c \geqslant 1$ 的和, 引入除数和如下.

定义 2.3.3　对任意 $n \in \mathbb{Z}_{\geqslant 1}$ 和 $r \geqslant 0$, 置

$$\sigma_r(n) := \sum_{d|n} d^r.$$

极粗糙的估计是 $\sigma_r(n) \leqslant n^{r+1}$. 另一方面, $k \in 2\mathbb{Z}_{\geqslant 1}$, 故推论 2.2.9 给出

$$\zeta(k) = i^{k-2} B_k \cdot \frac{(2\pi)^k}{2 \cdot k!} = \frac{-B_k}{2k} \cdot \frac{(2\pi i)^k}{(k-1)!}.$$

我们总结出当 $k \in 2\mathbb{Z}_{\geqslant 1}$ 时, G_k 的 Fourier 展开为

$$\begin{aligned}
G_k(\tau) &= 2\zeta(k) + 2 \cdot \frac{(2\pi i)^k}{(k-1)!} \sum_{n=1}^{\infty} \sigma_{k-1}(n) q^n \\
&= \frac{2(2\pi i)^k}{(k-1)!} \left(-\frac{B_k}{2k} + \sum_{n=1}^{\infty} \sigma_{k-1}(n) q^n \right).
\end{aligned} \tag{2.3.2}$$

由于 $|q| < 1$ 而 $\sigma_{k-1}(n)$ 对 n 至多呈多项式增长, $\sum_{n=1}^{\infty} \sigma_{k-1}(n) q^n$ 收敛无虞. 又因为 $G_k = 2\zeta(k) E_k$, 从 (2.3.2) 亦见

$$E_k(\tau) = 1 + \frac{2k}{-B_k} \sum_{n=1}^{\infty} \sigma_{k-1}(n) q^n. \tag{2.3.3}$$

若在以上推导中取 k 为奇数, 那么 G_k 和 E_k 的级数皆消为零. 一切总结如下.

定理 2.3.4　设 $k > 2$ 为偶数. 函数 E_k 和 $G_k = 2\zeta(k) E_k$ 都是 $M_k(\mathrm{SL}(2, \mathbb{Z}))$ 的非零元, 它们在 ∞ 处的 Fourier 展开分别由 (2.3.3) 和 (2.3.2) 给出. 特别地, E_k 的常数项 $\mathrm{Const}_\infty(E_k) = 1$ (回忆定义–命题 1.5.9).

注记 2.3.5　在计算 $\sum_{c \in \mathbb{Z}} \sum_{d \neq 0} (c\tau + d)^{-k}$ 的 Fourier 展开时, 实际只需要 $k \geqslant 2$, 并且视作迭代级数 $\sum_{c \in \mathbb{Z}} \left(\sum_{d \neq 0} (c\tau + d)^{-k} \right)$ 来处理. 我们探讨 G_2 时将回到这点观察.

约定 2.3.6　对于某些应用, 更方便的版本将是

$$\mathscr{G}_k(\tau) := \frac{(k-1)!}{2(2\pi i)^k} G_k(\tau),$$

它的第 $n \geqslant 1$ 项系数恰是 $\sigma_{k-1}(n)$.

2.4　E_2, η, Δ 与 j 函数

仍考虑模群 $\mathrm{SL}(2, \mathbb{Z})$ 的情形. 先前均要求偶数 $k > 2$ 以确保级数收敛性, 之后的定理 4.4.2 将说明 $k < 0$ 或 $k = 2$ 时 $M_k(\mathrm{SL}(2, \mathbb{Z})) = \{0\}$. 对于 $k = 2$ 的情形, 类似的构造将给出一些不完全符合模形式定义, 但依然是有趣而且有用的函数.

我们从一条著名的公式起步.

引理 2.4.1　对所有 $s \in \mathbb{C} \smallsetminus \mathbb{Z}$ 都有

$$\frac{1}{s} + \sum_{n=1}^{\infty} \left(\frac{1}{s-n} + \frac{1}{s+n} \right) = \pi \cot(\pi s).$$

当 s 限制在紧子集上时, 该级数正规收敛.

证明　回忆先前引用过的公式 [62,§1.7(3)]: $\dfrac{\sin(\pi s)}{\pi s} = \prod_{n=1}^{\infty} \left(1 - \dfrac{s^2}{n^2} \right)$. 两边同取对数导数 $\dfrac{\mathrm{d}}{\mathrm{d}s} \log$ 即可. 收敛性留给读者琢磨.　　　　□

练习 2.4.2　用上一结果重新导出引理 2.3.2.

定义 2.4.3　用迭代级数定义

$$G_2(\tau) := \sum_{c \in \mathbb{Z}} \left({\sum_{d \in \mathbb{Z}}}' (c\tau + d)^{-2} \right), \quad \tau \in \mathscr{H},$$
$$E_2 := (2\zeta(2))^{-1} G_2,$$

其中 $\sum'$ 代表求和时略过 $c = d = 0$ 的项.

迭代级数的收敛性涵于以下命题. 首先观察到 G_2 中 $c = 0$ 的项贡献 $\sum_{d \neq 0} d^{-2} = 2\zeta(2)$.

命题 2.4.4　对所有 $\tau \in \mathscr{H}$, 迭代级数 $G_2(\tau)$ 收敛并定义 τ 的全纯函数. 命

$q := e^{2\pi i \tau}$, 则

$$G_2(\tau) = 2\zeta(2)\left(1 - 24\sum_{n=1}^{\infty}\sigma_1(n)q^n\right),$$

$$\tau^{-2}G_2\left(\frac{-1}{\tau}\right) = \sum_{d \in \mathbb{Z}}\left(\sum_{c \in \mathbb{Z}}{}'(c\tau + d)^{-2}\right) \quad \text{(作为迭代级数收敛)},$$

$$\tau^{-2}G_2\left(\frac{-1}{\tau}\right) = G_2(\tau) - \frac{2\pi i}{\tau}.$$

证明   根据注记 2.3.5, 照搬 §2.3 的计算以获得第一式, 一并导出迭代级数的收敛性; 一旦有如是展开, 它对 $\tau \in \mathscr{H}$ (或 $|q| < 1$) 当然是全纯的. 命 $\tau' := -1/\tau$, 则由 $(c\tau + d)^{-2} = \tau^{-2}(d\tau' - c)^{-2}$ 证得第二式.

重点在第三式. 我们在 G_2 中插入一项

$$a_{c,d}(\tau) := \frac{1}{c\tau + d - 1} - \frac{1}{c\tau + d} = \frac{1}{(c\tau + d - 1)(c\tau + d)}, \quad c \neq 0, \ d \in \mathbb{Z},$$

显然有估计 $a_{c,d}(\tau) \ll \|(c,d)\|^{-2}$, 其中 $\|\cdot\|$ 是 $\mathbb{R}^2$ 的标准范数, 由此知 $\sum_{d \in \mathbb{Z}} a_{c,d}(\tau)$ 收敛到 0, 故

$$G_2(\tau) = 2\zeta(2) + \sum_{c \neq 0}\sum_d \left((c\tau + d)^{-2} - a_{c,d}(\tau)\right)$$

$$= 2\zeta(2) + \sum_{c \neq 0}\sum_d \left(\frac{-1}{(c\tau + d)^2(c\tau + d - 1)}\right).$$

最后一式的二重级数绝对收敛, 因为其通项 $\ll \|(c,d)\|^{-3}$. 对之交换求和顺序后重新摊开, 得到迭代级数

$$2\zeta(2) + \sum_d\sum_{c \neq 0}\left(\frac{1}{(c\tau + d)^2} - a_{c,d}(\tau)\right).$$

估计 $a_{c,d}(\tau) \ll \|(c,d)\|^{-2}$ 蕴涵 $\sum_{c \neq 0} a_{c,d}(\tau)$ 对每个 d 都收敛. 又由已证的第二式知迭代级数 $\sum_d\sum_{c \neq 0}(c\tau + d)^{-2}$ 收敛于 $\tau^{-2}G_2(-1/\tau)$, 故迭代级数 $A(\tau) := \sum_d\sum_{c \neq 0}a_{c,d}(\tau)$ 亦收敛, 而且

$$G_2(\tau) = \tau^{-2}G_2(-1/\tau) - A(\tau).$$

问题归结为证 $A(\tau) = -2\pi i/\tau$. 我们取 $N \gg 0$, 用以下级数逼近 $A(\tau)$:

$$A_N(\tau) := \sum_{d=-N+1}^{N}\sum_{c \neq 0}a_{c,d}(\tau) = \sum_{c \neq 0}\sum_{d=-N+1}^{N}\left(\frac{1}{c\tau + d - 1} - \frac{1}{c\tau + d}\right).$$

此级数前后相消化为 $\sum_{c \neq 0} \left(\dfrac{1}{c\tau - N} - \dfrac{1}{c\tau + N} \right)$, 继而变作

$$A_N(\tau) = 2\tau^{-1} \cdot \sum_{c \geqslant 1} \left(\frac{1}{\dfrac{-N}{\tau} + c} + \frac{1}{\dfrac{-N}{\tau} - c} \right).$$

代入引理 2.4.1 将上式写为 $2\tau^{-1} \left(\pi \cot \left(\dfrac{-\pi N}{\tau} \right) + \dfrac{\tau}{N} \right)$. 由于 $\mathrm{Im}(\tau) > 0$,

$$\cot \left(\frac{-\pi N}{\tau} \right) = i \cdot \frac{e^{-i\pi N/\tau} + e^{i\pi N/\tau}}{e^{-i\pi N/\tau} - e^{i\pi N/\tau}} \to -i, \quad N \to +\infty.$$

由此得到 $A(\tau) = \lim_{N \to +\infty} A_N(\tau) = -2\pi i/\tau$. 明所欲证. $\qquad\square$

众所周知 $\zeta(2) = \pi^2/6$ (推论 2.2.9), 命题 2.4.4 遂蕴涵

$$\tau^{-2} E_2 \left(\frac{-1}{\tau} \right) = E_2(\tau) - \frac{2\pi i}{2\zeta(2)\tau} = E_2(\tau) + \frac{12}{2\pi i \tau}. \tag{2.4.1}$$

此外, 由命题 2.4.4 第一式可见 (2.3.3) 也适用于 E_2.

练习 2.4.5 由上列函数方程看出 G_2, E_2 不是权 2 模形式. 另一方面, 请证明 $G_2^* := G_2 - \dfrac{\pi}{\mathrm{Im}(\tau)}$ 对所有 $\gamma \in \mathrm{SL}(2, \mathbb{Z})$ 满足 $G_2^* \big|_2 \gamma = G_2^*$. 此函数满足不变性, 在 $\mathrm{Im}(\tau) \to +\infty$ 处的极限和 G_2 相同, 然而它只是 $\mathscr{H}$ 上的实解析函数. 这种函数也叫**殆全纯模形式**.

回忆定义 2.3.3 中的 σ_r. 一如 G_k $(k > 2)$ 的情形, 以后应用中也需要

$$\mathscr{G}_2(\tau) := \frac{E_2(\tau)}{-24} = -\frac{1}{24} + \sum_{n=1}^{\infty} \sigma_1(n) q^n.$$

定义 2.4.6 按例记 $q := e^{2\pi i \tau}$. **Dedekind η 函数**定义为无穷乘积

$$\eta(\tau) := e^{2\pi i \tau/24} \prod_{n=1}^{\infty} (1 - q^n), \quad \tau \in \mathscr{H}.$$

由分析学常识易见此无穷乘积绝对收敛 (命题 A.4.4). 进一步, η 在 $\mathscr{H}$ 上全纯无零点; 此外 η 的对数导数为

$$\frac{\mathrm{d}}{\mathrm{d}\tau} \log \eta(\tau) := \frac{\eta'(\tau)}{\eta(\tau)} = \frac{\pi i}{12} - 2\pi i \sum_{n=1}^{\infty} \frac{n q^n}{1 - q^n},$$

见命题 A.4.5.

命题 2.4.7　在右半复平面上定义 $\sqrt{z} := \exp\left(\dfrac{\log|z| + i\arg(z)}{2}\right)$，其中幅角取 $\arg(z) \in \left[-\dfrac{\pi}{2}, \dfrac{\pi}{2}\right]$，则

$$\eta\left(\frac{-1}{\tau}\right) = \sqrt{-i\tau} \cdot \eta(\tau), \quad \tau \in \mathscr{H}.$$

证明　应用命题 2.4.4，将对数导数 $\dfrac{\mathrm{d}}{\mathrm{d}\tau}\log\eta(\tau)$ 整理为

$$\frac{\pi i}{12} - 2\pi i \sum_{d \geqslant 1} \frac{dq^d}{1 - q^d} = \frac{\pi i}{12} - 2\pi i \sum_{d \geqslant 1}\sum_{k \geqslant 1} dq^{dk}$$

$$\xrightarrow{n := dk} \frac{\pi i}{12} - 2\pi i \sum_{n \geqslant 1} \sigma_1(n)q^n = \frac{\pi i}{12} \cdot E_2(\tau),$$

若改为对 $\tau \mapsto \eta\left(\dfrac{-1}{\tau}\right)$ 求对数导数，再应用 E_2 的函数方程 (2.4.1)，产物则是

$$\tau^{-2} \cdot \frac{\pi i}{12} \cdot E_2\left(\frac{-1}{\tau}\right) = \frac{\pi i}{12}\left(E_2(\tau) + \frac{12}{2\pi i \tau}\right).$$

对 $\sqrt{-i\tau}$ 求对数导数给出 $\dfrac{1}{2}\dfrac{\mathrm{d}}{\mathrm{d}\tau}\log(-i\tau) = \dfrac{1}{2\tau} = \dfrac{\pi i}{12} \cdot \dfrac{12}{2\pi i\tau}$. 与上式对比即见

$$\frac{\mathrm{d}}{\mathrm{d}\tau}\log\eta\left(\frac{-1}{\tau}\right) = \frac{\mathrm{d}}{\mathrm{d}\tau}\log\sqrt{-i\tau} + \frac{\mathrm{d}}{\mathrm{d}\tau}\log\eta(\tau)$$

$$= \frac{\mathrm{d}}{\mathrm{d}\tau}\log\left(\sqrt{-i\tau} \cdot \eta(\tau)\right).$$

故存在 $c \in \mathbb{C}^\times$ 使得 $\eta\left(\dfrac{-1}{\tau}\right) = c\sqrt{-i\tau} \cdot \eta(\tau)$. 因为 $\eta(i) \neq 0$，代入 $\tau = i$ 可知 $c = 1$.　　□

著名的 Euler 五边形数定理写作

$$\sum_{n \in \mathbb{Z}} (-1)^n q^{(3n^2 + n)/2} = \prod_{n \geqslant 1}(1 - q^n), \tag{2.4.2}$$

留意到 $3n^2 + n \equiv 0 \pmod 2$ 恒成立. 将 $\dfrac{3n^2 + n}{2} = \dfrac{(6n+1)^2 - 1}{24}$ 代入 (2.4.2)，即可导出 η 的 Fourier 展开

$$\eta(\tau) = \sum_{n \in \mathbb{Z}} (-1)^n q^{\frac{1}{24} \cdot (6n+1)^2}, \quad q^{1/24} := e^{2\pi i \tau/24}. \tag{2.4.3}$$

练习 8.1.9 将勾勒如何用椭圆函数的基本理论来推导 (2.4.2). 注意到 Dedekind η

函数并不是模形式: 它对 $\tau \mapsto -1/\tau$ 的函数方程涉及了开方运算, 整权模形式的框架无法解释. 为此必须引入**半整权模形式**: 取同余子群 Γ 足够小, 则 η 将是权为 $\frac{1}{2}$ 的模形式, 这里先按下不表.

练习 2.4.8 设 $n \in \mathbb{Z}_{\geqslant 1}$, 称形如 $n = n_1 + \cdots + n_r$ 的表法为 n 的分拆, 其中要求 $n_1 \geqslant \cdots \geqslant n_r$ 皆属于 $\mathbb{Z}_{\geqslant 1}$. 若不限制项数 r 和 $n_1, n_2, \cdots$, 则称为无限制整数分拆, 记 n 的无限制分拆个数为 $p(n)$. 函数 $p(n)$ 的研究是数论的一大课题. 试明确 $e^{2\pi i\tau/24}\eta(\tau)^{-1}$ 和无限制整数分拆的联系. 可参看 [36, 附录 A.4].

定义 2.4.9 **模判别式**定义为函数

$$\Delta(\tau) := \eta(\tau)^{24} = q\prod_{n=1}^{\infty}(1-q^n)^{24}, \quad \tau \in \mathscr{H}.$$

在第八章探讨椭圆曲线时将澄清 "判别式" 一词的来由. 在推论 4.4.4 还会进一步证明 $\Delta = \frac{1}{1728}(E_4^3 - E_6^2)$.

命题 2.4.10 模判别式 Δ 是 $S_{12}(\mathrm{SL}(2,\mathbb{Z}))$ 的非零元.

证明 因为 Δ 只依赖于 q 故 $\Delta(\tau+1) = \Delta(\tau)$. 又因为 $(\sqrt{-i\tau})^{24} = \tau^{12}$, 配合 η 的函数方程可知 $\Delta(-1/\tau) = \tau^{12}\Delta(\tau)$, 注记 1.5.12 遂给出 $\gamma \in \mathrm{SL}(2,\mathbb{Z}) \implies \Delta \big|_{12} \gamma = \Delta$. 定义 2.4.9 之无穷乘积给出 Δ 在 ∞ 处的 Fourier 展开, 其常数项为 0, 一次项为 1. 综之 $\Delta \in S_{12}(\mathrm{SL}(2,\mathbb{Z})) \smallsetminus \{0\}$. □

一般将 Δ 的 Fourier 展开记作

$$\Delta(\tau) = \sum_{n\geqslant 1}\tau(n)q^n.$$

Fourier 系数 $\tau(n)$ 称作 **Ramanujan τ 函数**. 我们已留意到 $\tau(1) = 1$, Ramanujan 本人对 τ 作过一系列猜测, 例如

(a) 当 $\gcd(n, n') = 1$ 时有 $\tau(nn') = \tau(n)\tau(n')$;

(b) 对所有素数 p 和 $e \in \mathbb{Z}_{\geqslant 1}$ 有 $\tau(p^{e+1}) = \tau(p)\tau(p^e) - p^{11}\tau(p^{e-1})$;

(c) 对所有素数 p 有 $|\tau(p)| \leqslant 2p^{11/2}$.

猜想 (a), (b) 首先被 Mordell 于 1917 年解决, Hecke 随后建立了一套现称为 Hecke 算子的工具来说明这类结果, 证明见例 7.4.4. 猜想 (c) 的解决则有待于 Deligne 关于 Weil 猜想的深刻工作[18]. Lehmer 猜测 $\tau(n) \neq 0$ 对所有 n 成立, 此问题至今悬而未决.

定义 2.4.11　所谓**模不变量**是 $\mathscr{H}$ 上的亚纯函数

$$j(\tau) := \frac{E_4(\tau)^3}{\Delta(\tau)}, \quad \tau \in \mathscr{H}.$$

因为 $\Delta, E_4^3 \in M_{12}(\mathrm{SL}(2, \mathbb{Z}))$, 对所有 $\gamma \in \mathrm{SL}(2, \mathbb{Z})$ 皆有 $j(\gamma\tau) = j(\tau)$. 从 E_4 的 Fourier 展开和 $\Delta = q \prod_{n \geqslant 1}(1 - q^n)^{24}$, 可以看出 j 也有 q-展开:

$$j(\tau) = q^{-1} + 744 + 196884q + 21493760q^2 + 864299970q^3 + \cdots.$$

John McKay 在 1978 年觉察 $J(\tau) := j(\tau) - 744$ 的 Fourier 系数与称为魔群的最大散在单群 $\mathbb{M}$ 的复表示论存在联系, 例如, 1 是平凡表示的维数, 而 $196883 = 196884 - 1$ 是 $\mathbb{M}$ 的最低维非平凡不可约表示的维数; 次几个系数也都能写成 $\mathbb{M}$ 的不可约表示维数的简单线性组合. 感谢 I. Frenkel, J. Lepowsky, A. Meurman 和 R. Borcherds 等的工作, 现在我们知道 J 的 Fourier 系数透过某些无穷维 Lie 代数和称为顶点算子代数的数学结构与 $\mathbb{M}$ 衔接: 更精确地说, 他们构造了称为魔顶点算子代数的结构 $V^{\natural} = \bigoplus_{n=0}^{\infty} V_n^{\natural}$, 使得

$$J(\tau) = \sum_{n=0}^{\infty} \dim V_n^{\natural} q^{n-1}, \quad \mathrm{Aut}(V^{\natural}) \simeq \mathbb{M}.$$

回到 j 的 Fourier 展开. 我们可以说 j 在 $\mathrm{SL}(2, \mathbb{Z}) \backslash \mathscr{H}$ 的唯一尖点 ∞ 处有单极点, 按注记 1.5.10, j 是级为 $\mathrm{SL}(2, \mathbb{Z})$ 的模函数. 另一方面, Δ 在 $\mathscr{H}$ 上无零点, 因而 j 在 $\mathscr{H}$ 上无极点. 一旦充分理解 $\mathrm{SL}(2, \mathbb{Z}) \backslash \mathscr{H}$ 及其紧化, 将可见 j 是从 $\mathrm{SL}(2, \mathbb{Z}) \backslash \mathscr{H}$ 到 $\mathbb{C}$ 的同构. 另一方面, $\mathrm{SL}(2, \mathbb{Z}) \backslash \mathscr{H}$ 又分类了复椭圆曲线: 它是这些对象的 "粗模空间", 按上述讨论同构于仿射复直线 $\mathbb{C}$. 这些概念将在 §3.8 厘清.

此外, j 的特殊值也是有趣的问题, 我们将在 §8.6 证明当 τ 为二次代数数时, $j(\tau)$ 也是代数数.

2.5　主同余子群 $\Gamma(N)$ 的 Eisenstein 级数

约定 2.5.1　本节全程假设 N, k 为正整数, $k \geqslant 3$.

对于 $v, v' \in \mathbb{Z}^2$, 记号 $v \equiv v' \pmod{N}$ 意谓 $v - v' \in N\mathbb{Z}^2$. 群 $\mathrm{SL}(2, \mathbb{Z})$ 在 $\mathbb{Z}^2$ 上的右作用诱导 $\mathrm{SL}(2, \mathbb{Z}/N\mathbb{Z})$ 在 $(\mathbb{Z}/N\mathbb{Z})^2$ 上的右作用. 回忆 (2.3.1), 定义

$$(\mathbb{Z}/N\mathbb{Z})_{\mathrm{prim}}^2 := \mathrm{im}\left[\mathbb{Z}_{\mathrm{prim}}^2 \hookrightarrow \mathbb{Z}^2 \xrightarrow{\mathrm{mod}\ N} (\mathbb{Z}/N\mathbb{Z})^2\right],$$

引理 2.3.1 表明 $\mathrm{SL}(2, \mathbb{Z})$ 作用保持 $\mathbb{Z}_{\mathrm{prim}}^2$, 因而 $\mathrm{SL}(2, \mathbb{Z}/N\mathbb{Z})$ 也保持 $(\mathbb{Z}/N\mathbb{Z})_{\mathrm{prim}}^2$. 本节首

务是给出 $(\mathbb{Z}/N\mathbb{Z})^2_{\mathrm{prim}}$ 的内禀刻画.

引理 2.5.2 对于 $\bar{v} = (\bar{x}, \bar{y}) \in (\mathbb{Z}/N\mathbb{Z})^2$, 以下等价:

(i) $\bar{v}$ 是群 $(\mathbb{Z}/N\mathbb{Z})^2$ 的 N 阶元;

(ii) 任意 $\bar{x}, \bar{y}$ 的原像 $x, y \in \mathbb{Z}$ 都满足 $\gcd(x, y, N) = 1$;

(iii) $\bar{v} \in (\mathbb{Z}/N\mathbb{Z})^2_{\mathrm{prim}}$.

证明 (i) $\Longrightarrow$ (ii): 取原像 x, y, 则 $\bar{v}$ 是 N 阶元等价于: 对任何 $d \mid N, 1 \leqslant d < N$ 都有 $(N \nmid dx) \vee (N \nmid dy)$; 置 $h = N/d$, 则这又等价于对任何 $h \mid N, 1 < h \leqslant N$ 都有 $(h \nmid x) \vee (h \nmid y)$, 易见后者等价于 $\gcd(x, y, N) = 1$.

(ii) $\Longrightarrow$ (iii): 条件 (ii) 确保 $x\mathbb{Z} + y\mathbb{Z} + N\mathbb{Z} = \mathbb{Z}$, 故存在 $a, b \in \mathbb{Z}$ 使得 $ay - bx \equiv 1$ (mod N). 考虑 $\mathrm{SL}(2, \mathbb{Z}/N\mathbb{Z})$ 的元素 $\bar{\gamma} = \begin{pmatrix} \bar{a} & \bar{b} \\ \bar{x} & \bar{y} \end{pmatrix}$. 命题 1.4.4 说明存在 $\gamma = \begin{pmatrix} a' & b' \\ x' & y' \end{pmatrix} \in \mathrm{SL}(2, \mathbb{Z})$ 映至 $\bar{\gamma}$. 于是元素 $(x', y') \in \mathbb{Z}^2_{\mathrm{prim}}$ 映至 $\bar{v}$.

(iii) $\Longrightarrow$ (i): 设 $(x, y) \in \mathbb{Z}^2_{\mathrm{prim}}$ 映为 $\bar{v}$. 若 $d\bar{v} = 0$, 则 $N \mid \gcd(dx, dy) = d$. $\quad\square$

引理 2.5.3 令 $v = (x, y) \in \mathbb{Z}^2_{\mathrm{prim}}, v' = (x', y') \in \mathbb{Z}^2_{\mathrm{prim}}$, 则

$$\left[\exists \gamma \in \Gamma(N), \; v = v'\gamma \right] \iff \left[v \equiv v' \pmod{N} \right].$$

证明 难点在于证 $\Longleftarrow$. 根据引理 2.3.1, 存在 $\eta \in \mathrm{SL}(2, \mathbb{Z})$ 使得 $v'\eta = (0, 1)$. 既然 $v = v'\gamma$ 等价于 $v\eta = (v'\eta)\eta^{-1}\gamma\eta$, 而 $\Gamma(N) \lhd \mathrm{SL}(2, \mathbb{Z})$, 以 $v'\eta \in \mathbb{Z}^2_{\mathrm{prim}}$ 代 v', 问题遂化约到 $v' = (0, 1)$ 的情形. 这时前提变为 $(x, y) \equiv (0, 1)$ (mod N), 欲证之 $v = v'\gamma$, 则等价于存在 $\gamma \in \Gamma(N)$ 使其第二行为 (x, y).

令 $k := (y - 1)/N \in \mathbb{Z}$. 考虑 $a := 1 + tN, b := sN$, 等式 $ay - bx = 1$ 等价于 $ty - sx = -k$; 因为 $\gcd(x, y) = 1$, 整数解必存在. 取矩阵 $\gamma := \begin{pmatrix} a & b \\ x & y \end{pmatrix} \in \Gamma(N)$ 即足. $\quad\square$

接下来澄清 $(\mathbb{Z}/N\mathbb{Z})^2_{\mathrm{prim}}$ 与尖点的联系. 我们将使用从 $\mathbb{R}^2 \smallsetminus \{(0,0)\}$ 到 $\mathbb{R} \sqcup \{\infty\}$ 的映射 $(x, y) \mapsto -y/x$, 它在下述意义上尊重任意 $\begin{pmatrix} a & b \\ c & d \end{pmatrix} \in \mathrm{SL}(2, \mathbb{R})$ 的作用:

$$(x \; y)\begin{pmatrix} a & b \\ c & d \end{pmatrix} \mapsto \frac{-bx - dy}{ax + cy} = \begin{pmatrix} d & -b \\ -c & a \end{pmatrix} \cdot \frac{-y}{x} = \begin{pmatrix} a & b \\ c & d \end{pmatrix}^{-1} \cdot \frac{-y}{x}. \tag{2.5.1}$$

引理 2.5.4 设 $s = \dfrac{-y}{x}, s' = \dfrac{-y'}{x'}$ 为 $\mathbb{Q}^* = \mathbb{Q} \sqcup \{\infty\}$ 的元素, $(x, y), (x', y') \in \mathbb{Z}^2_{\mathrm{prim}}$.

那么

$$\left[\Gamma(N)s = \Gamma(N)s'\right] \iff \left[(x,y) \equiv \pm(x',y') \pmod N\right].$$

证明 设 $\gamma = \begin{pmatrix} a & b \\ c & d \end{pmatrix} \in \mathrm{SL}(2,\mathbb{Z})$. 前述观察表明 γs 是 $(x,y)\gamma^{-1}$ 的像, 根据引理

2.3.1 知 $(x,y)\gamma^{-1}$ 和 (x',y') 一样属于 $\mathbb{Z}^2_{\mathrm{prim}}$. 基于既约分数表法的唯一性, 推得

$$\gamma s = s' \iff \pm(x',y') = (x,y)\gamma^{-1}.$$

因为 $\Gamma(N)$ 是 $\mathrm{SL}(2,\mathbb{Z})$ 的子群. 剩下无非是引理 2.5.3 的应用. $\square$

回忆到 $\Gamma(N) \lhd \mathrm{SL}(2,\mathbb{Z})$. 现在让 $\mathrm{SL}(2,\mathbb{Z})$ 按

$$\Gamma(N)\alpha \xmapsto{\gamma \in \mathrm{SL}(2,\mathbb{Z})} \gamma^{-1}\Gamma(N)\alpha = \Gamma(N)\gamma^{-1}\alpha$$

右作用在 $\Gamma(N)$ 的尖点集上. 显然此作用透过 $\mathrm{SL}(2,\mathbb{Z}/N\mathbb{Z})$ 分解.

命题 2.5.5 存在双射如下

$$\{\Gamma(N) \text{ 的尖点}\} \xleftrightarrow{\;1:1\;} \pm\backslash(\mathbb{Z}/N\mathbb{Z})^2_{\mathrm{prim}}$$
$$\cup\!| \qquad\qquad\qquad \cup\!|$$
$$\Gamma(N)\cdot(-y/x) \longleftarrow\!\shortmid \pm(x,y) \in \mathbb{Z}^2_{\mathrm{prim}} \bmod N.$$

它还保持 $\mathrm{SL}(2,\mathbb{Z}/N\mathbb{Z})$ 对两边的右作用: 若 $s \leftrightarrow (x,y)$ 而 $\gamma \in \mathrm{SL}(2,\mathbb{Z})$, 那么 $\gamma^{-1}s \leftrightarrow (x,y)\gamma$.

证明 引理 2.5.4 说明 $\leftarrow$ 是良定的单射. 至于满性, 将任何 $s \in \mathbb{Q} \sqcup \{\infty\}$ 写成既约分式 $\frac{u}{v}$ (容许 $v=0$), 则 $(-u,v) \in \mathbb{Z}^2_{\mathrm{prim}}$ 映至 s. 关于 $\mathrm{SL}(2,\mathbb{Z}/N\mathbb{Z})$ 作用的断言直接源自 (2.5.1). $\square$

练习 2.5.6 证明 $(\mathbb{Z}/N\mathbb{Z})^2_{\mathrm{prim}}$ 的元素个数为 $N^2 \prod_{p|N:\text{素数}} (1-p^{-2})$. 以此证明

$$\Gamma(N) \text{ 的尖点个数} = \begin{cases} 2^{-1}N^2 \prod_{p|N}(1-p^{-2}), & N \neq 2, \\ 3, & N = 2. \end{cases}$$

$\boxed{\text{提示}}$ 所求之数记为 $\Phi(N)$. 按元素阶数 $\frac{N}{d}$ 将 $(\mathbb{Z}/N\mathbb{Z})^2 \smallsetminus \{(0,0)\}$ 分组, 得到 $N^2 - 1 = \sum_{d|N} \Phi(N/d)$. 接着用 Möbius 反演公式来确定 $\Phi(N)$, 见 [59, §5.4].

以下对一般的 $N \geqslant 1$ 和权 $k \geqslant 3$ 构造主同余子群 $\Gamma = \Gamma(N)$ 的 Eisenstein 级数, 参

考材料是 [21, §4.2]. 定义

$$\epsilon_N := \begin{cases} \dfrac{1}{2}, & N = 1, 2, \\ 1, & N \geqslant 3. \end{cases}$$

沿用 §2.3 的符号 $J(x; \tau)$ 等, 思路也一脉相承.

定义 2.5.7　设 $\bar{v} \in (\mathbb{Z}/N\mathbb{Z})^2_{\text{prim}}$. 任取其原像 $v \in \mathbb{Z}^2_{\text{prim}}$, 定义相应的 Eisenstein 级数为 $\mathcal{H}$ 上的函数

$$E_k^{\bar{v}}(\tau) := \epsilon_N \sum_{\gamma \in \text{Stab}_{\Gamma(N)}(v) \backslash \Gamma(N)} J(v\gamma; \tau)^{-k} = \epsilon_N \sum_{\substack{(c,d) \in \mathbb{Z}^2_{\text{prim}} \\ (c,d) \equiv v \pmod{N}}} (c\tau + d)^{-k}.$$

第二个等号缘于引理 2.5.3. 由此可见 $E_k^{\bar{v}}$ 仅依赖于 $\bar{v}$, 无关 v 的选取.

一如 $N = 1$ 的情形, Fourier 系数的计算提示我们引入

$$G_k^{\bar{v}}(\tau) := \sum_{\substack{(c,d) \in \mathbb{Z}^2 \\ (c,d) \equiv \bar{v} \pmod{N}}} (c\tau + d)^{-k}. \tag{2.5.2}$$

由于这里的级数都是 §2.3 中 E_k, G_k 的子级数, 以 τ 为变量, 它们在紧子集上也正规收敛. 这就说明了 $E_k^{\bar{v}}, G_k^{\bar{v}}$ 对 τ 全纯. 级数的重排当然也毫无问题.

回忆初等数论中习见的 Möbius 函数 $\mu : \mathbb{Z}_{\geqslant 1} \to \{-1, 0, 1\}$, 亦见 [59, §5.4]. 对于 $a \in (\mathbb{Z}/N\mathbb{Z})^{\times}$, 兹定义

$$\begin{aligned} \zeta(k, a) &:= \sum_{\substack{n \geqslant 1 \\ n \equiv a \bmod N}} \frac{1}{n^k}, \\ \underline{\zeta}(k, a) &:= \sum_{\substack{n \geqslant 1 \\ n \equiv a \bmod N}} \frac{\mu(n)}{n^k}. \end{aligned} \tag{2.5.3}$$

若取 a 在 $\{1, \cdots, N\}$ 中的唯一代表元, 则 $\zeta(k, a)$ 无非是注记 2.2.10 的 Hurwitz ζ 函数.

现将 $G_k^{\bar{v}}$ 中的 (c, d) 按 $n := \gcd(c, d)$ 分组, 连带注意到 $(c, d) \mapsto \bar{v} \implies \gcd(n, N) = 1$, 记 a 为剩余类 $n \bmod N$. 那么 $\gcd(c, d) = n$ 的项贡献出

$$n^{-k} \sum_{\substack{(c,d) \in \mathbb{Z}^2_{\text{prim}} \\ (c,d) \equiv a^{-1}\bar{v} \bmod N}} (c\tau + d)^{-k}.$$

将 $G_k^{\bar{v}}$ 的合式先按 n 再按 a 分组, 导出

$$G_k^{\bar{v}}(\tau) = \sum_{a\in(\mathbb{Z}/N\mathbb{Z})^\times}\left(\sum_{\substack{n\geqslant 1\\ n\equiv a \bmod N}} n^{-k}\right)\sum_{\substack{(c,d)\in\mathbb{Z}_{\mathrm{prim}}^2\\ (c,d)\equiv a^{-1}\bar{v}\bmod N}}(c\tau+d)^{-k}$$

$$= \epsilon_N^{-1}\sum_{a\in(\mathbb{Z}/N\mathbb{Z})^\times}\zeta(k,a)E_k^{a^{-1}\bar{v}}(\tau).$$

下面反其道而行, 改从 (2.5.2) 分离出 $(c,d)\in\mathbb{Z}_{\mathrm{prim}}^2$ 的部分, 即 $\epsilon_N^{-1}E_k^{\bar{v}}(\tau)$. 为此, 我们先对每个素数 $n=p$ 扣除 $n\mid\gcd(c,d)$ 的贡献, 再补回相异素数积 $n=pq\mid\gcd(c,d)$ 的贡献, 依此类推. 仍按 $a:=n\bmod N$ 来分组, 结论是

$$E_k^{\bar{v}}(\tau) = \epsilon_N\sum_{a\in(\mathbb{Z}/N\mathbb{Z})^\times}\underline{\zeta}(k,a)G_k^{a^{-1}\bar{v}}(\tau).$$

此外, 换 $\bar{v}$ 为 $-\bar{v}$ 等价于将 $E_k^{\bar{v}}(\tau)$ 定义中的 v 换为 $-v$. 从定义 2.5.7 和 $J(-x,\tau)=-J(x,\tau)$ 立见

$$E_k^{-\bar{v}}(\tau) = (-1)^k E_k^{\bar{v}}(\tau). \tag{2.5.4}$$

定理 2.5.8 令 $\bar{v}\in(\mathbb{Z}/N\mathbb{Z})_{\mathrm{prim}}^2$. 函数 $E_k^{\bar{v}}$ 和 $G_k^{\bar{v}}$ 都是 $M_k(\Gamma(N))$ 的元素, 并且有以下性质.

(i) 对任意 $\gamma\in\mathrm{SL}(2,\mathbb{Z})$ 皆有 $E_k^{\bar{v}}\big|_k\gamma = E_k^{\bar{v}\gamma}$.

(ii) 按 (2.5.3) 的符号, 它们满足

$$G_k^{\bar{v}}(\tau) = \epsilon_N^{-1}\sum_{a\in(\mathbb{Z}/N\mathbb{Z})^\times}\zeta(k,a)E_k^{a^{-1}\bar{v}}(\tau),$$

$$E_k^{\bar{v}}(\tau) = \epsilon_N\sum_{a\in(\mathbb{Z}/N\mathbb{Z})^\times}\underline{\zeta}(k,a)G_k^{a^{-1}\bar{v}}(\tau).$$

(iii) 排除 $N=1,2$ 而 $k\notin 2\mathbb{Z}$ 的情形 (这时 $M_k(\Gamma(N))$ 平凡, 见命题 1.5.13). 若 $\Gamma(N)$ 的尖点 t 依命题 2.5.5 对应到 $\pm\bar{v}$, 那么 $E_k^{\bar{v}}$ 在尖点 t 处的常数项为 ± 1 (定义–命题 1.5.9), 在其余尖点皆取零值.

(iv) 设 $\bar{v}=(\bar{x},\bar{y})$, 则 $G_k^{\bar{v}}$ 有 Fourier 展式

$$G_k^{\bar{v}}(\tau) = \delta_{\bar{x},0}\zeta^{\bar{y}}(k) + \frac{(-2\pi i)^k}{(k-1)!N^k}\sum_{n=1}^\infty\sigma_{k-1}^{\bar{v}}(n)q_N^n,$$

其中 $\delta_{p,q} := \begin{cases} 1, & p = q, \\ 0, & p \neq q \end{cases}$ 是 Kronecker 的 δ 符号, $q_N := e^{2\pi i \tau / N}$, 而

$$\zeta^a(k) := \sideset{}{'}\sum_{\substack{n \in \mathbb{Z} \\ n \equiv a \bmod N}} n^{-k} \quad (a \in \mathbb{Z}/N\mathbb{Z}),$$

$$\sigma_{k-1}^{\bar{v}}(n) := \sum_{\substack{d \in \mathbb{Z},\, d|n \\ n/d \equiv \bar{x} \bmod N}} \mathrm{sgn}(d) d^{k-1} e^{2\pi i \bar{y} d / N}.$$

注意到定理中的 ζ^a 仍然可以用注记 2.2.10 的 Hurwitz ζ 函数来表示.

证明 设 $\gamma \in \mathrm{SL}(2, \mathbb{Z})$. 按照 §2.3 的讨论,

$$(E_k^{\bar{v}} \big|_k \gamma)(\tau) = \sum_{\gamma'} J(v\gamma'\gamma; \tau)^{-k},$$

其中 γ' 取遍 $\mathrm{Stab}_{\Gamma(N)}(v) \backslash \Gamma(N)$. 由于 $\gamma^{-1}\Gamma(N)\gamma = \Gamma(N)$, 换元 $\gamma' \rightsquigarrow \gamma\gamma'\gamma^{-1}$ 给出 $E_k^{\bar{v}} \big|_k \gamma = E_k^{\bar{v}\gamma}$. 此外, 既然 $E_k^{\bar{v}}$ 由 $\bar{v}$ 确定, 故连带得到 $E_k^{\bar{v}}$ 对 $\Gamma(N)$ 不变.

定理中联系 $G_k^{\bar{v}}$ 和 $E_k^{\bar{v}}$ 的两则公式不过是先前讨论的复述.

接着研究 $E_k^{\bar{v}}$ 在无穷远处的行为. 对 $\tau = s + it \in \mathscr{H}$, 取 $\tau_1 := s + i\min\{t, 1\}$, 于是

$$|c\tau + d|^{-k} = \left((cs + d)^2 + c^2 t^2\right)^{-k/2} \leqslant |c\tau_1 + d|^{-k}.$$

已知 $\sum'_{(c,d)} |c\tau_1 + d|^{-k}$ 收敛. 又当 $\mathrm{Im}(\tau) \to \infty$ 且 $c \neq 0$ 时 $|c\tau + d|^{-k} \to 0$. Lebesgue 控制收敛定理于是给出

$$\lim_{\mathrm{Im}(\tau) \to +\infty} E_k^{\bar{v}}(\tau) = \epsilon_N \sideset{}{'}\sum_{\substack{(0,d) \in \mathbb{Z}^2_{\mathrm{prim}} \\ (0,d) \equiv v \bmod N}} d^{-k} = \begin{cases} 0, & \bar{v} \neq \pm(0, 1), \\ 0, & \bar{v} = \pm(0, 1) \wedge N \leqslant 2 \wedge k \notin 2\mathbb{Z}, \\ (\pm 1)^k, & \bar{v} = \pm(0, 1) \wedge (N > 2 \vee k \in 2\mathbb{Z}), \end{cases}$$

第二种情形按假设予以排除. 对于其他由 $\alpha\infty$ 代表的尖点, 其中 $\alpha = \begin{pmatrix} a & b \\ c & d \end{pmatrix} \in$ $\mathrm{SL}(2, \mathbb{Z})$ 者, 我们推知: $E_k^{\bar{v}} \big|_k \alpha = E_k^{\bar{v}\alpha}$ 也在 ∞ 处全纯, 它在 ∞ 处非消没当且仅当 $\bar{v}\alpha = \pm(0, 1)$, 或者说 $\pm\bar{v} = (0, 1)\alpha^{-1} = (-c, a) \bmod N$, 又或者根据命题 2.5.5, 当且仅当 $\pm\bar{v}$ 对应于 $\Gamma(N)$ 的尖点 $\dfrac{a}{c} = \alpha\infty$. 以上也一并说明了 $E_k^{\bar{v}}, G_k^{\bar{v}} \in M_k(\Gamma(N))$.

最后求 $G_k^{\bar{v}}$ 的 Fourier 展开. 取 $\bar{v} = (\bar{x}, \bar{y})$ 的原像 $v = (x, y) \in \mathbb{Z}^2_{\mathrm{prim}}$. 级数 (2.5.2) 中

$c = 0$ 的部分贡献出

$$\delta_{\bar{x},0} \sum_{\substack{d \neq 0 \\ d \equiv y \bmod N}} d^{-k} = \delta_{\bar{x},0} \zeta^{\bar{y}}(k).$$

若 $c > 0, c \equiv x \pmod{N}$, 相应贡献为

$$\sum_{d \in \mathbb{Z}} (c\tau + y + Nd)^{-k} = N^{-k} \sum_{d \in \mathbb{Z}} \left(\underbrace{\frac{c\tau + y}{N}}_{\in \mathcal{H}} + d \right)^{-k}.$$

用引理 2.3.2 处理此和, 化之为

$$N^{-k}(-1)^k \sum_{d \in \mathbb{Z}} \left(d - \frac{c\tau + y}{N} \right)^{-k} = \frac{(-2\pi i)^k}{(k-1)! N^k} \sum_{m \geqslant 0} m^{k-1} e^{\frac{2\pi i y m}{N}} q_N^{cm},$$

右式对所有 $c > 0, c \equiv x \pmod{N}$ 求和并换元 $n = cm, d = m$, 得到

$$\frac{(-2\pi i)^k}{(k-1)! N^k} \sum_{n \geqslant 1} \sum_{\substack{d > 0 \\ d \mid n \\ n/d \equiv x \bmod N}} d^{k-1} e^{\frac{2\pi i y d}{N}} q_N^n.$$

当 $c < 0$ 时, 上述论证中考虑 $-(c\tau + y)/N \in \mathcal{H}$, 原级数化为

$$N^{-k} \sum_{d \in \mathbb{Z}} \left(d - \frac{-c\tau - y}{N} \right)^{-k} = \frac{(2\pi i)^k}{(k-1)! N^k} \sum_{m \geqslant 0} m^{k-1} e^{-\frac{2\pi i y m}{N}} q_N^{-cm},$$

右式对这些 c 求和并换元 $n = -cm, d = -m$, 结果是

$$\frac{(-2\pi i)^k}{(k-1)! N^k} \sum_{n \geqslant 1} \sum_{\substack{d < 0 \\ d \mid n \\ n/d \equiv x \bmod N}} -d^{k-1} e^{\frac{2\pi i y d}{N}} q_N^n.$$

综上, 非零之 c 全体贡献 $\dfrac{(-2\pi i)^k}{(k-1)! N^k} \cdot \sum_{n=1}^{\infty} \sigma_{k-1}^{\bar{v}}(n) q_N^n$.   □

2.6　同余子群的 Eisenstein 级数概述

沿用约定 2.5.1, 并且排除 $N = 1, 2$ 且 $k \notin 2\mathbb{Z}$ 的平凡情形 (命题 1.5.13).

本节的目的是将一般同余子群的模形式空间分解为 Eisenstein 级数和尖点形式两部分. 篇幅所限, 以下勾勒的分解是极粗糙的.

对每个类 $\pm\backslash(\mathbb{Z}/N\mathbb{Z})^2_{\mathrm{prim}}$ 选择 $(\mathbb{Z}/N\mathbb{Z})^2_{\mathrm{prim}}$ 中的代表元, 全体记为 $\bar{v}_1, \cdots, \bar{v}_r$; 根据命题 2.5.5, 它们一一对应到 $\Gamma(N)$ 的尖点, 选定 $\alpha_1, \cdots, \alpha_r \in \mathrm{SL}(2, \mathbb{Z})$ 以将这些尖点用 $\alpha_1\infty, \cdots, \alpha_r\infty \in \mathbb{Q}^*$ 代表. 定义–命题 1.5.9 定义了常数项 $\mathrm{Const}_{\alpha_i}$ 映射 $(i = 1, \cdots, r)$.

引理 2.6.1　线性映射

$$\mathrm{Const}_{\Gamma(N)} : M_k(\Gamma(N)) \longrightarrow \mathbb{C}^r$$

$$f \longmapsto \left(\mathrm{Const}_{\alpha_i}(f)\right)_{i=1}^r,$$

限制为同构 $\mathrm{Const}_{\Gamma(N)} : \mathscr{E}_k(\Gamma(N)) := \sum_{i=1}^r \mathbb{C}E_k^{\bar{v}_i} \xrightarrow{\sim} \mathbb{C}^r$. 特别地, $E_k^{\bar{v}_1}, \cdots, E_k^{\bar{v}_r}$ 线性无关.

证明　定理 2.5.8 的直接结论.　　　　　　　　　　　　　　　　□

可以设想, $\{E_k^{\bar{v}_i}\}_{i=1}^r$ 不多不少地 "触及" 了 $\Gamma(N)$ 的所有尖点.

现在考虑一般的同余子群 $\Gamma \supset \Gamma(N)$. 商群 $\Gamma_N := \Gamma/\Gamma(N)$ 是 $\mathrm{SL}(2, \mathbb{Z}/N\mathbb{Z})$ 的子群, 右作用在 $\pm\backslash(\mathbb{Z}/N\mathbb{Z})^2_{\mathrm{prim}}$ 上. 命题 2.5.5 遂给出双射

$$
\begin{array}{ccc}
\{\Gamma \text{ 的尖点}\} & \xleftrightarrow{\ 1:1\ } & \pm\backslash(\mathbb{Z}/N\mathbb{Z})^2_{\mathrm{prim}}/\Gamma_N \\
\cup\!\shortmid & & \cup\!\shortmid \\
\Gamma \cdot (-y/x) & \longleftarrow\!\shortmid & \text{任意原像 } \pm(x, y) \in \mathbb{Z}^2_{\mathrm{prim}}.
\end{array}
$$

命题 2.6.2　对 $(\mathbb{Z}/N\mathbb{Z})^2_{\mathrm{prim}}$ 中的任何 Γ_N-轨道 $\mathcal{O}$, 定义

$$E_k^{\mathcal{O}} := \sum_{\bar{w} \in \mathcal{O}} E_k^{\bar{w}},$$

那么 $E_k^{\mathcal{O}} \in M_k(\Gamma)$.

证明　显然 $E_k^{\mathcal{O}} \in M_k(\Gamma(N))$, 它在 Γ 的尖点处的全纯性质遗传自各个 $E_k^{\bar{w}}$, 所以仅需验证 $\gamma \in \Gamma \implies E_k^{\mathcal{O}} \big|_k \gamma = E_k^{\mathcal{O}}$. 一切归结为定理 2.5.8 记录的性质 $E_k^{\bar{w}} \big|_k \gamma = E_k^{\bar{w}\gamma}$.□

对选定的 $\Gamma \supset \Gamma(N)$, 定义

$$\mathscr{E}_k(\Gamma) := \mathscr{E}_k(\Gamma(N)) \cap M_k(\Gamma)$$

$$= \left\{ f \in \mathscr{E}_k(\Gamma(N)) : \forall \gamma \in \Gamma,\ f \mid_k \gamma = f \right\}. \tag{2.6.1}$$

命题 2.6.3 我们有 $M_k(\Gamma) = \mathscr{E}_k(\Gamma) \oplus S_k(\Gamma)$.

证明 首先处理 $\Gamma = \Gamma(N)$ 情形. 引理 2.6.1 中的线性映射 $\mathrm{Const}_{\Gamma(N)}$ 以 $S_k(\Gamma(N))$ 为核. 因此 $M_k(\Gamma(N)) = \mathscr{E}_k(\Gamma(N)) \oplus S_k(\Gamma(N))$ 是引理 2.6.1 和线性代数的简单结论.

现在转向一般的 $\Gamma \supset \Gamma(N)$. 按定义 (2.6.1) 和上一段, $\mathscr{E}_k(\Gamma) \cap S_k(\Gamma) \subset \mathscr{E}_k(\Gamma(N)) \cap S_k(\Gamma(N)) = \{0\}$. 再者, 任何 $f \in M_k(\Gamma)$ 皆可在 $M_k(\Gamma(N))$ 中表示为

$$f = \sum_{i=1}^{r} t_i E_k^{\bar{v}_i} + f_0, \quad t_1, \cdots, t_r \in \mathbb{C}, \quad f_0 \in S_k(\Gamma(N)).$$

于是

$$f = |\Gamma_N|^{-1} \sum_{\gamma \in \Gamma_N} f \mid_k \gamma$$

$$= \sum_{i=1}^{r} t_i |\Gamma_N|^{-1} \sum_{\gamma \in \Gamma_N} E_k^{\bar{v}_i \gamma} + |\Gamma_N|^{-1} \sum_{\gamma \in \Gamma_N} f_0 \mid_k \gamma.$$

对每个 $1 \leqslant i \leqslant r$ 记 $\mathcal{O}_i$ 为 $\bar{v}_i$ 的 Γ_N-轨道, 那么 $\sum_{\gamma \in \Gamma_N} E_k^{\bar{v}_i \gamma} = E_k^{\mathcal{O}_i}$. 另一方面 $\sum_{\gamma \in \Gamma_N} f_0 \mid_k \gamma$ 给出 $S_k(\Gamma)$ 的元素. 这就说明 $M_k(\Gamma) = \mathscr{E}_k(\Gamma) + S_k(\Gamma)$. □

为了理论完善, 我们还期望 (2.6.1) 和 N 的选取无关. 这点由以下结果确保.

命题 2.6.4 设 $\Gamma \supset \Gamma(N)$ 而 $N' \in \mathbb{Z}_{\geqslant 1}$, 那么

$$\mathscr{E}_k(\Gamma(N)) \cap M_k(\Gamma) = \mathscr{E}_k(\Gamma(NN')) \cap M_k(\Gamma).$$

证明 仅需说明 $\mathscr{E}_k(\Gamma(N)) = \mathscr{E}_k(\Gamma(NN')) \cap M_k(\Gamma(N))$. 考虑 $\bar{v} \in (\mathbb{Z}/N\mathbb{Z})_{\mathrm{prim}}^2$. 按定义 2.5.7,

$$E_k^{\bar{v}}(\tau) = \epsilon_N \sum_{\substack{(c,d) \in \mathbb{Z}_{\mathrm{prim}}^2 \\ (c,d) \mapsto \bar{v}}} (c\tau + d)^{-k}$$

$$= \frac{\epsilon_N}{\epsilon_{NN'}} \sum_{\substack{\bar{w} \in (\mathbb{Z}/NN'\mathbb{Z})^2_{\text{prim}} \\ \bar{w} \mapsto \bar{v}}} \epsilon_{NN'} \sum_{\substack{(c,d) \in \mathbb{Z}^2_{\text{prim}} \\ (c,d) \mapsto \bar{w}}} (c\tau + d)^{-k}$$

$$= \frac{\epsilon_N}{\epsilon_{NN'}} \sum_{\substack{\bar{w} \in (\mathbb{Z}/NN'\mathbb{Z})^2_{\text{prim}} \\ \bar{w} \mapsto \bar{v}}} E_k^{\bar{w}}(\tau),$$

由此知 $\mathscr{E}_k(\Gamma(N)) \subset \mathscr{E}_k(\Gamma(NN')) \cap M_k(\Gamma(N))$. 至于 $\supset$ 方向, 定义商群 $\Delta := \Gamma(N)/\Gamma(NN')$, 按命题 2.6.3 证明方法可知 $\mathscr{E}_k(\Gamma(NN')) \cap M_k(\Gamma(N))$ 有形如

$$\sum_{\gamma \in \Delta} E_k^{\bar{w}} \big|_k \gamma = \sum_{\gamma \in \Delta} E_k^{\bar{w}\gamma}$$

的生成元, 其中 $\bar{w} \in (\mathbb{Z}/NN'\mathbb{Z})^2_{\text{prim}}$. 令 $\bar{v}$ 为 $\bar{w}$ 在 $(\mathbb{Z}/N\mathbb{Z})^2_{\text{prim}}$ 中的像, 引理 2.5.3 说明轨道 $\bar{w}\Delta$ 不外是 $\bar{v}$ 的原像, 故上式等于 $|\text{Stab}_\Delta(\bar{w})| \cdot E_k^{\bar{v}}$. 明所欲证. $\qquad\square$

注记 2.6.5 之后的 §3.7 将定义 Petersson 内积, 并给出 $\mathscr{E}_k(\Gamma)$ 的另一刻画: 它是 $S_k(\Gamma)$ 在 $M_k(\Gamma)$ 中的正交补空间 (定理 3.7.6).

对于 $\Gamma = \Gamma_0(N)$ 或 $\Gamma_1(N)$ 的情形, 可以显式写下 $\mathscr{E}_k(\Gamma)$ 的一组基并计算其 Fourier 展开. 其常数项将涉及一些 mod N 的 Dirichlet 特征标的 L-函数. 详细结果可参看 [21, §4.5], 这里不再备述.

在自守形式理论的广阔视野下, Eisenstein 级数的常数项或 Fourier 系数和 L-函数 的联系是一种普遍现象, 这也是 L-函数的研究中所谓 **Langlands-Shahidi 方法**的基石. 相关计算对数论应用是重要的.

第三章 模曲线的解析理论

给定离散子群 $\Gamma \subset \mathrm{SL}(2,\mathbb{R})$, 照例记 $\overline{\Gamma}$ 为它在 $\mathrm{PSL}(2,\mathbb{R})$ 中的像. 对于商空间 $Y(\Gamma) := \Gamma \backslash \mathscr{H}$, 两个几何问题至关紧要:

(1) 如何赋予 $Y(\Gamma)$ 自然的 Riemann 曲面结构? 由于 $\mathscr{H}$ 在 $\overline{\Gamma}$ 作用下可能有椭圆点, 复坐标卡的选取需费心思, 见 §3.1. 此外, 取商过程中势必丢失信息, 一个修正方法是采用叠的语言, 不属本书范围.

(2) 如何适当地向 $Y(\Gamma)$ 添入 "尖点", 以将其嵌入为另一个 Riemann 曲面 $X(\Gamma)$ 的开子集? 其次, 何时能确保 $X(\Gamma)$ 为紧? 这分别是 §3.2 与 §3.4 的主题. 为此需对尖点附近的几何结构有深入的了解. 这里的尖点按定义是 $\Gamma \backslash \mathscr{C}_\Gamma$ 的元素, 其中 $\mathscr{C}_\Gamma \subset \mathbb{R} \sqcup \{\infty\}$ 是 Γ 的抛物不动点集.

C. L. Siegel 的定理 3.4.4 和定理3.4.5 刻画了使 $X(\Gamma)$ 为紧的离散子群 Γ, 称为余有限 Fuchs 群, 本书称相应的 $X(\Gamma)$ 为级 Γ 的模曲线; 它们作为复流形是复一维的, 而且模曲线的尖点集 $X(\Gamma) \backslash Y(\Gamma)$ 和 Γ 的基本区域的无穷远顶点是一回事. 一旦洞悉 $Y(\Gamma) \subset X(\Gamma)$ 的性质, 对所有余有限 Fuchs 群都能定义整权模形式, 这是 §3.6 的内容. 这些内容对第四章将推导的维数公式也是必要铺垫.

紧化的手法对于同余子群情形可以简化, 见 §3.3, 当 Γ 取为 $\Gamma(N), \Gamma_1(N)$ 或 $\Gamma_0(N)$ 时, 曲线 $Y(\Gamma)$ 分类了带相应级结构的复环面, 精确到同构. 这是模形式理论和代数几何的接榫点, 在 §3.8 将有初步的讨论, 而 §10.2 还会回到这个问题. 关于 Riemann 曲面的基本知识可参阅附录 B.

在 §3.2 和 §3.4 中的若干证明比较曲折, 读者可考虑略过, 或先专注于同余子群情形. 关于复环面级结构的讨论 (§3.8) 取法了 [18].

3.1 复结构

设 Γ 是 $\mathrm{SL}(2,\mathbb{R})$ 的离散子群. 以 $\pi : \mathcal{H} \to \Gamma\backslash\mathcal{H}$ 表示商映射. 已知 Γ 在 $\mathcal{H}$ 上的作用是正常的, 所以 $\Gamma\backslash\mathcal{H}$ 对商拓扑成为连通 Hausdorff 空间 (命题 A.1.9). 引理 A.1.2 说明 π 是开映射, 而且 $\Gamma\backslash\mathcal{H}$ 和 $\mathcal{H}$ 一样满足第二可数公理, 即存在一族可数的拓扑基.

定义 1.3.6 引入了椭圆点的概念, 其地位可由以下结果说明.

引理 3.1.1 设 $\Gamma \subset \mathrm{SL}(2,\mathbb{R})$ 为离散子群. 每个 $\eta \in \mathcal{H}$ 都有开邻域 $U \ni \eta$ 使得对任意 $\tau, \tau' \in U$,

$$\forall \gamma \in \Gamma, \quad \left[\gamma\tau = \tau' \implies \gamma \in \Gamma_\eta\right].$$

证明 这是关于正常作用的一般性质, 见命题 A.1.8. □

现在着手来赋予 $\Gamma\backslash\mathcal{H}$ Riemann 曲面结构.

引理 3.1.2 对任意 $y \in \Gamma\backslash\mathcal{H}$, 存在开邻域 $V \ni y$ 和同胚 $z : V \xrightarrow{\sim} \mathscr{D}$, 满足于下述条件.

◇ 存在 $\eta \in \pi^{-1}(y)$ 和开邻域 $U \ni \eta$ 使得

– U 中或者无椭圆点, 或者 η 是其中唯一的椭圆点;

– U 对 Γ_η 作用不变, 而且有无交并分解

$$\pi^{-1}(V) = \bigsqcup_{\gamma \in \Gamma/\Gamma_\eta} \gamma U \quad \text{(作为拓扑空间)}.$$

注意到不同的 $\eta \in \pi^{-1}(y)$ 之间可以用 Γ 搬运, 故上述性质和 η 实质无关.

◇ $z(y) = 0$.

◇ 对于任何非空开子集 $\mathscr{V} \subset V$ 和函数 $f^\flat : z(\mathscr{V}) \to \mathbb{C}$, 命 $f := f^\flat \circ z \circ \pi : \pi^{-1}(\mathscr{V}) \to \mathbb{C}$, 那么 $f^\flat$ 全纯当且仅当 f 是 $\pi^{-1}(\mathscr{V}) \subset \mathcal{H}$ 上的 Γ-不变全纯函数.

此外, 这般开邻域 $V \ni y$ 可以取得任意小.

之后将以这些 (V,z) 作为 $Y(\Gamma)$ 的复坐标卡; 关于全纯函数的刻画可理解为用不变量定义商空间上的 "结构层". 若在条件中取 $f^\flat$ 为开集的包含映射 $z(V) \hookrightarrow \mathbb{C}$, 立见 $z \circ \pi : \pi^{-1}(V) \to \mathbb{C}$ 全纯.

证明 任选 $\eta \in \pi^{-1}(y)$ 及其开邻域 $U \ni \eta$ 使得

◇ 它具备引理 3.1.1 的性质;

◇ 或者 U 中无椭圆点, 或者 η 是 U 中唯一的椭圆点, 这里用了引理 1.3.7.

于是 $V := \pi(U) \ni y$ 也是开邻域. 暂且记 $V^\natural$ 为 U 在 $\Gamma\backslash\mathcal{H}$ 中的像. 根据引理 3.1.1, 商映射诱导连续双射 $V^\natural \to V$, 它更是同胚, 这是因为 $V^\natural$ 的开子集拉回为 $\mathcal{H}$ 的开子

集, 继而被 π 映为 $\Gamma\backslash\mathscr{H}$ 的开子集 (引理 A.1.2). 今后我们混同 V 与 $V^\natural$ 以简化符号.

我们希望在 V 上建立复坐标 z. 透过同构

$$C : \mathscr{D} \xrightarrow{\sim} \mathscr{H}$$
$$z \longmapsto \frac{z+i}{iz+1},$$

将问题转译到开圆盘 $\mathscr{D}$ 及其元素 $C^{-1}(\eta)$ 上. 进一步运用 $\mathrm{PSL}(2,\mathbb{R})$ 在 $\mathscr{H}$ 上的可递性, 将 C 修改为线性分式变换 $D : \mathscr{D} \xrightarrow{\sim} \mathscr{H}$ 使得 $D^{-1}(\eta) = 0$. 相应地, Γ 被代以 $\Gamma' := D^{-1}\Gamma D$.

照例记 η (或 0) 对 $\overline{\Gamma}$ (或 $\overline{\Gamma'}$) 的稳定化子群为 $\overline{\Gamma_\eta}$ (或 $\overline{\Gamma'_0}$), 于是 $\overline{\Gamma'_0} \simeq D^{-1}\overline{\Gamma_\eta}D$. 引理 1.2.4 断言 0 在 $\mathrm{Hol}(\mathscr{D})$ 作用下的稳定化子群是 $\{u \in \mathbb{C}^\times : |u| = 1\}$, 按 $z \mapsto uz$ 作用. 命题 1.3.8 遂蕴涵

$$\overline{\Gamma'_0} = \mu_h := \{u \in \mathbb{C}^\times : u^h = 1\}, \quad h := \left|\overline{\Gamma'_0}\right| = \left|\overline{\Gamma_\eta}\right|. \tag{3.1.1}$$

进一步缩小 U, 可以假设

$$U' := D^{-1}(U) = \{z : |z| < \epsilon\}, \quad \epsilon \ll 1,$$

因之 U' 对所有旋转对称, 拉回 $\mathscr{H}$ 可知 U 在 $\overline{\Gamma_\eta}$ 作用下不变. 而且当 ϵ 充分小时可确保

$$\pi^{-1}(V) = \pi^{-1}\pi(U) = \bigsqcup_{\gamma \in \Gamma/\Gamma_\eta} \gamma U \quad \text{(拓扑空间无交并)}.$$

回头考虑 U 的像 $V \ni y$. 现在取坐标函数 $z : V \to \mathscr{D}$ 为以下交换图表第二行的合成

$$
\begin{array}{ccccccc}
U & \xrightarrow[D^{-1}]{\sim} & U' & = & \{z : |z| < \epsilon\} & \xrightarrow[\sim]{z \mapsto \epsilon^{-1}z} & \mathscr{D} \\
\downarrow & & \downarrow & & \downarrow{\scriptstyle w \mapsto w^h} & & \downarrow{\scriptstyle z \mapsto z^h} \\
V & = & \overline{\Gamma_\eta}\backslash U & \xrightarrow[D^{-1}]{\sim} & \mu_h\backslash U' & \xrightarrow[\text{同胚}]{\sim} \{z : |z| < \epsilon^h\} & \xrightarrow{\sim} \mathscr{D} \\
& & \cup & & \cup & & \cup \\
& & \mu_h \cdot w & \longmapsto & w^h & \longmapsto & \epsilon^{-h}w^h
\end{array}
\tag{3.1.2}
$$

故 $z : V \xrightarrow{\sim} \mathscr{D}$ 是同胚, $z(y) = 0$.

最后验证关于 $f^\flat : z(\mathscr{V}) \to \mathbb{C}$ 全纯性质的刻画. 显然 $f := f^\flat \circ z \circ \pi$ 是 $\overline{\Gamma}$-不变的, 故 f 完全由 $f_U := f|_{\pi^{-1}\mathscr{V} \cap U}$ 刻画, f 全纯等价于 f_U 全纯, 而 f_U 是 $\overline{\Gamma_\eta}$-不变的. 细观图

表 (3.1.2), 可见问题化约为下述断言: 设 $g^\flat$ 是非空开集 $\mathscr{W} \subset \mathscr{D}$ 上的函数, 那么 $g^\flat$ 全纯当且仅当 $g(z) := g^\flat(z^h)$ 是 $\{z \in \mathscr{D} : z^h \in \mathscr{W}\}$ 上的 μ_h-不变全纯函数. 这是容易的, 根本在于 $z = 0$ 附近的情形, 可用幂级数来处理. $\qquad\square$

定义–定理 3.1.3 对任意离散子群 $\Gamma \subset \mathrm{SL}(2, \mathbb{R})$, 引理 3.1.2 中的全体复坐标卡 (V, z) 使 $\Gamma \backslash \mathscr{H}$ 成为连通 Riemann 曲面的结构, 以如是 $\{(V, z)\}$ 为图册. 记此 Riemann 曲面为 $Y(\Gamma)$.

证明 论证是形式化的. 重点是坐标卡的相容性. 考虑具备引理 3.1.2 条件的两组坐标卡 (V, z) 和 $(\underline{V}, \underline{z})$. 考察同胚构成的交换图表

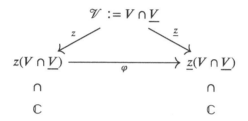

在引理 3.1.2 中取 $f^\flat := \varphi$, 相应地 $f : \pi^{-1}\mathscr{V} \to \mathbb{C}$ 无非是

$$f := \varphi z \pi = \underline{z} z^{-1} z \pi = \underline{z} \pi.$$

由引理 3.1.2 之前的讨论知 f 是 Γ-不变全纯函数, 故 φ 全纯. 根据对称性, φ^{-1} 也全纯. $\qquad\square$

注记 3.1.4 设 $\mathscr{H}' \subset \mathscr{H}$ 为椭圆点的补集, $Y(\Gamma)' = \Gamma \backslash \mathscr{H}'$ 为其像. 那么坐标卡的构造说明在离散群 Γ 作用下, 商映射 $\mathscr{H}' \twoheadrightarrow Y(\Gamma)'$ 是一个 $\overline{\Gamma}$-主丛.

注记 3.1.5 因为 Γ 在 $\mathscr{H}$ 上的作用保持双曲度量, 又具有边界为零测集的基本区域 (命题 1.6.5), 所以我们可以按照注记 A.2.6 之法, 以 $\overline{\Gamma}$ 的基本区域的双曲测度来定义 $Y(\Gamma)$ 的 "体积" $\mathrm{vol}(Y(\Gamma)) \in \mathbb{R}_{\geqslant 0} \sqcup \{\infty\}$. 尽管就复结构而言 $Y(\Gamma)$ 局部同构于 $\mathscr{D}$, 但就 Riemann 几何的观点, $\mathscr{H}$ 的双曲度量却无法简单地下降到 $Y(\Gamma)$, 问题出在椭圆点, 详见 §1.6 最末的讨论.

Riemann 曲面无非是一维复流形, 按代数几何的观点也无妨称为 "曲线". 我们主要将研究 $\Gamma \subset \mathrm{SL}(2, \mathbb{Z})$ 是同余子群的情形, 这时 $Y(\Gamma)$ 称为 (开) **模曲线**. 一般情形对数论也同样重要, 例如, 所谓**志村曲线**就对应到一些来自四元数代数的离散子群 Γ, 对于非分裂的四元数代数, 志村曲线已然是紧的, 在 §3.5 将有更多讨论. 一般模曲线的紧化 $Y(\Gamma) \hookrightarrow X(\Gamma)$ 则是紧接着的主题.

3.2 添入尖点

我们已经在 §1.4 讨论过同余子群的尖点. 现在将视野稍微放宽, SL(2,ℝ) 或 PSL(2,ℝ) 的离散子群又名 **Fuchs 群**, 我们将对之定义尖点. 首先, 回忆到 PSL(2,ℝ) 的抛物元按定义 ≠ 1.

定义 3.2.1(离散子群的尖点) 记 ℝ* := ℝ ⊔ {∞}. 对于离散子群 Γ ⊂ SL(2,ℝ), 定义 Γ 的抛物不动点集

$$\mathscr{C}_\Gamma := \left\{ t \in \mathbb{R}^* : \overline{\Gamma}_t \text{ 含抛物元} \right\}.$$

上示条件只和 t 的 Γ-轨道有关. 我们称 $\Gamma\backslash\mathscr{C}_\Gamma$ 的元素为 Γ 的 **尖点**.

这些概念只依赖 $\overline{\Gamma}$. 当 $\delta \in \mathrm{GL}(2,\mathbb{R})^+$ 时, 显然有 $\delta\mathscr{C}_\Gamma = \mathscr{C}_{\delta\Gamma\delta^{-1}}$.

以上是尖点的群论定义, 它当然和基本区域直观上的 "尖点" 有关, 定理 3.4.5 将揭示两者的联系.

命题 3.2.2 设离散子群 Γ, Γ′ 满足 Γ′ ⊂ Γ 而 (Γ : Γ′) 有限, 则 $\mathscr{C}_\Gamma = \mathscr{C}_{\Gamma'}$.

证明 显然 $\mathscr{C}_{\Gamma'} \subset \mathscr{C}_\Gamma$. 若 $t \in \mathscr{C}_\Gamma$, 则 $m := (\overline{\Gamma}_t : \overline{\Gamma'}_t) \leqslant (\Gamma : \Gamma') < \infty$. 取抛物元 $\gamma \in \overline{\Gamma}_t \smallsetminus \{1\}$, 已知抛物变换无挠, 那么 $\gamma^m \in (\overline{\Gamma'})_t$ 也是抛物元, 故 $t \in \mathscr{C}_{\Gamma'}$. □

例 3.2.3 首先考虑 Γ = SL(2,ℤ) 情形. 从 $\overline{\Gamma}_\infty = \begin{pmatrix} 1 & \mathbb{Z} \\ & 1 \end{pmatrix}$ 可知 $\infty \in \mathscr{C}_\Gamma$, 又由 $\mathbb{Q}^* = \Gamma \cdot \infty$ 故 $\mathbb{Q}^* \subset \mathscr{C}_\Gamma$. 反过来说, 对于 SL(2,ℤ) 里的抛物元 γ, 其特征方程的判别式为 0, 系数为整, 故 γ 的不动点必属于 $\mathbb{Q}^*$. 综之 $\mathscr{C}_\Gamma = \mathbb{Q}^*$.

对于一般的同余子群 Γ ⊂ SL(2,ℤ), 以上特例连同命题 3.2.2 也给出 $\mathscr{C}_\Gamma = \mathbb{Q}^*$. 这里的尖点定义和定义 1.4.5 因而是相容的.

引理 3.2.4 集合 $\mathscr{C}_\Gamma$ 至多可数.

证明 对每个 $t \in \mathscr{C}_\Gamma$ 选定抛物元 $\gamma_t \in \overline{\Gamma}_t \smallsetminus \{1\}$. 因为 γ_t 有唯一的不动点, $t \mapsto \gamma_t$ 是单射. 接着注意到 PSL(2,ℝ) 有可数拓扑基, 故它的离散子集 $\overline{\Gamma}$ 至多可数. □

引理 3.2.5 设 $t \in \mathscr{C}_\Gamma$, 则 $\overline{\Gamma}_t \simeq \mathbb{Z}$. 当 $t = \infty$ 时它有形如 $\begin{pmatrix} 1 & h \\ & 1 \end{pmatrix}$ 的生成元.

证明 将 t 表作 $\alpha^{-1}\infty$, 其中 $\alpha \in$ SL(2,ℝ). 以 $\alpha\Gamma\alpha^{-1}$ 代 Γ 以化约到 $t = \infty$ 的情形. 今断言 $\overline{\Gamma}_t \subset \begin{pmatrix} 1 & * \\ & 1 \end{pmatrix}$. 首先 $\gamma \in \Gamma_t$ 必可写成 $\begin{pmatrix} a & b \\ & a^{-1} \end{pmatrix}$ 之形, 关键在证明 $a^2 = 1$. 如果

进一步设 γ 是抛物元, 另加条件 $(a + a^{-1})^2 = 4$, 不难导出 $a = \pm 1$ 而 $\gamma = \pm \begin{pmatrix} 1 & h \\ & 1 \end{pmatrix}$, 其

中 $h \neq 0$. 于是从定义可知 $\overline{\Gamma}_t$ 含形如 $\begin{pmatrix} 1 & h \\ & 1 \end{pmatrix}$ 的抛物元. 从

$$\begin{pmatrix} a & b \\ & a^{-1} \end{pmatrix} \begin{pmatrix} 1 & h \\ & 1 \end{pmatrix} \begin{pmatrix} a & b \\ & a^{-1} \end{pmatrix}^{-1} = \begin{pmatrix} 1 & a^2 h \\ & 1 \end{pmatrix} \in \overline{\Gamma}$$

反复迭代, 可知必须有 $a^2 = 1$, 否则 $\overline{\Gamma}$ 不可能离散. 于是得到连续嵌入 $\overline{\Gamma}_t \hookrightarrow \begin{pmatrix} 1 & * \\ & 1 \end{pmatrix} \simeq$

$\mathbb{R}$. 再应用命题 1.3.8 即可得到所求的生成元和 $\overline{\Gamma}_t \simeq \mathbb{Z}$. □

今后取定离散子群 Γ, 定义

$$\mathcal{H}^* := \mathcal{H} \sqcup \mathcal{C}_\Gamma.$$

对每个 $t \in \mathcal{C}_\Gamma$ 添入如下样貌的 "开邻域"

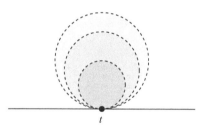

换言之, 对每个切 $\mathbb{R}^*$ 于 t 的极限圆, 考虑它围出的圆盘 H 并添入 $H^\circ \sqcup \{t\}$. 如果 $t = \infty$, 相应的子集化作 $\{\tau : \mathrm{Im}(\tau) > c\} \sqcup \{\infty\}$, 其中 $c \in \mathbb{R}_{>0}$, 圆盘模型上的图像兴许更清楚. 接着定义 $\mathcal{H}^*$ 的子集族

$$\mathscr{B} = \{U : \mathcal{H} \text{ 中开集}\} \sqcup \{H^\circ \sqcup \{t\} : t \in \mathcal{C}_\Gamma, H \text{ 是切 } t \text{ 的极限圆盘}\}.$$

极易验证 ① $\bigcup \mathscr{B} = \mathcal{H}^*$; ② 设 $U, U' \in \mathscr{B}$ 而 $x \in U \cap U'$, 则存在 $W \in \mathscr{B}$ 使得 $x \in W \subset U \cap U'$. 因此 $\mathscr{B}$ 作为一族基 (见 [61, §2.6]) 确定了 $\mathcal{H}^*$ 上的拓扑. 易见

    ◇ $\mathcal{H}^*$ 满足第二可数公理 (有可数基), 见引理 3.2.4;

    ◇ $\mathcal{C}_\Gamma$ 是 $\mathcal{H}^*$ 的离散子集;

    ◇ 此拓扑在开子集 $\mathcal{H}$ 上诱导它原有的拓扑;

    ◇ Γ 在 $\mathcal{H}^*$ 上连续地作用.

兹考虑自然嵌入

$$\Gamma\backslash\mathscr{H} \hookrightarrow \Gamma\backslash\mathscr{H}^*.$$

它对两边的商拓扑连续, 并且因为 $\mathscr{H} \hookrightarrow \mathscr{H}^*$ 为开, 它实际还是开嵌入. 现在着手赋予 $\Gamma\backslash\mathscr{H}^*$ 自然的 Riemann 面结构, 思路类似于 §3.1, 但需要更多技术准备.

引理 3.2.6　考虑 $\alpha \in \mathrm{SL}(2,\mathbb{R})$ 和 $t := \alpha^{-1}\infty \in \mathbb{R}^*$. 定义 $H_c^\circ := \{\tau \in \mathscr{H} : \mathrm{Im}(\tau) > c\}$. 假设 $\infty, t \in \mathscr{C}_\Gamma$, 则对任意 $c > 0$, 存在 $c' > 0$ 使得

$$\forall \gamma \in \Gamma, \quad \left[(\gamma\alpha^{-1}H_c^\circ)\cap H_{c'}^\circ \neq \varnothing \implies \gamma t = \infty\right].$$

证明　设若不然, 则存在点列 $\tau_n = x_n + iy_n$ 以及 $\gamma_n \in \Gamma$, 使得

$$y_n > c, \quad \mathrm{Im}\left(\gamma_n\alpha^{-1}\tau_n\right) \to +\infty, \quad \gamma_n t \neq \infty.$$

置 $\eta_n := \gamma_n\alpha^{-1} = \begin{pmatrix} a_n & b_n \\ c_n & d_n \end{pmatrix}$, 因而 $\eta_n\infty \neq \infty$, 而且.

$$\mathrm{Im}(\eta_n\tau_n) = \frac{y_n}{|c_n\tau_n + d_n|^2} = \frac{y_n}{(c_nx_n + d_n)^2 + (c_ny_n)^2} < c^{-1}|c_n|^{-2}.$$

左式趋近 ∞, 所以 $c_n \to 0$. 又因为 $\infty, t \in \mathscr{C}_\Gamma$, 存在抛物元

$$\xi = \begin{pmatrix} 1 & r \\ & 1 \end{pmatrix} \in \overline{\Gamma}_\infty, \quad \xi' = \alpha^{-1}\begin{pmatrix} 1 & s \\ & 1 \end{pmatrix}\alpha \in \overline{\Gamma}_t$$

满足 $r, s > 0$. 将 η_n 代以 $\xi^h\eta_n(\alpha\xi'\alpha^{-1})^k \in \Gamma\alpha^{-1}$ 不影响 c_n. 适当取 h, k (依赖于 n) 以确保存在由 r, s 确定之常数 $B \geq 0$, 使得

$$\forall n, \quad |a_n - 1| < B|c_n|, \quad |d_n - 1| < B|c_n|.$$

于是 a_n, c_n, d_n 皆有界. 最后

$$|b_nc_n| = \left|(a_n - 1)(d_n - 1) + (a_n - 1) + (d_n - 1)\right| \leq B^2c_n^2 + 2B|c_n|$$

表明 b_n 也有界. 由 $\Gamma\alpha^{-1}$ 离散推知 η_n 的选法有限, 于是 n 充分大时 $c_n = 0$, 这与 $\eta_n\infty \neq \infty$ 矛盾. $\qquad\square$

以下是引理 3.1.1 的类比. 这里的困难在于 Γ 在 $\mathscr{C}_\Gamma$ 上不再是正常作用.

引理 3.2.7 对任意 $t \in \mathscr{C}_\Gamma$, 存在切 t 的极限圆盘 H 使得 H° 不含椭圆点, 而且

$$U := H^\circ \sqcup \{t\}, \quad \Gamma_t \backslash U \to \Gamma \backslash \mathscr{H}^* \text{ 是开嵌入.}$$

证明 一如既往, 调整 Γ 后可假设 $t = \infty$. 引理 3.2.5 表明 $\overline{\Gamma}_t$ 由某个 $\begin{pmatrix} 1 & x \\ & 1 \end{pmatrix}$ 生成,

其中 $x \neq 0$. 我们断言当 $a \gg 0$ 时, $H^\circ := \{\tau : \mathrm{Im}(\tau) > a\}$ 满足于: 对任意 $\tau, \tau' \in H^\circ$,

$$\forall \gamma \in \Gamma, \quad [\gamma\tau = \tau' \implies \gamma \in \Gamma_t].$$

诚然, 在引理 3.2.6 中取 $t = \infty$, $\alpha = 1$ 和任意 $c > 0$, 再取 $a := \max\{c, c'\}$ 便是.

既然 $\mathbb{R}^* \cap U = \{t\}$, 由此可知 $\iota : \Gamma_t \backslash U \to \Gamma \backslash \mathscr{H}^*$ 为单射. 因为 $\begin{pmatrix} 1 & x \\ & 1 \end{pmatrix}$ 在 $\mathscr{H}$ 上无不

动点, ι 单也蕴涵 H° 不含椭圆点.

显然 ι 连续. 任意 $\Gamma_t \backslash U$ 中的开子集拉回为 $\mathscr{H}^*$ 的开子集, 再透过商映射映为 $\Gamma \backslash \mathscr{H}^*$ 的开子集 (引理 A.1.2), 故 ι 为开嵌入. 明所欲证. □

至此已经可以确定 $\Gamma \backslash \mathscr{H}^*$ 的基本拓扑性质.

引理 3.2.8 商空间 $\Gamma \backslash \mathscr{H}^*$ 是满足第二可数公理的连通 Hausdorff 空间.

证明 既然 $\mathscr{H}^*$ 满足第二可数公理, $\Gamma \backslash \mathscr{H}^*$ 亦然 (引理 A.1.2). 以下证明 Hausdorff 性质.

⋄ 分离 $\mathscr{H}$ 的点: 开子集 $\Gamma \backslash \mathscr{H}$ 由定义–定理 3.1.3 已知是 Hausdorff 的.

⋄ 分离尖点与 $\mathscr{H}$ 的点: 照例化约到尖点来自 ∞ 的情形, 考虑 η 在 $\mathscr{H}$ 中的紧邻域 K. 在引理 3.2.6 中代入 $\alpha = 1$ 和 $t = \infty$, 选取足够小的 c 并且加大相应的 c', 可以进一步要求引理中的 c, c' 满足

$$\tau \in K \implies c < \mathrm{Im}(\tau) < c';$$

相应地定义 H_c°, $H_{c'}^\circ$. 我们断言 $H_{c'}^\circ \sqcup \{\infty\}$ 和 K 在 $X(\Gamma)$ 中的像无交.

设若不然, 则存在 $\gamma \in \Gamma$ 使得 $\gamma H_c^\circ \cap H_{c'}^\circ \supset \gamma K \cap H_{c'}^\circ \neq \varnothing$. 引理 3.2.6 蕴涵 $\gamma\infty = \infty$, 从而根据引理 3.2.5, γK 是 K 的一个横移, 它不可能有虚部 $> c'$ 的点. 矛盾.

⋄ 分离尖点: 同样化约到两尖点来自 $t, \infty \in \mathscr{C}_\Gamma$ 情形, 再取 $\alpha \in \mathrm{SL}(2, \mathbb{R})$ 使 $t = \alpha^{-1}\infty$. 以下沿用引理 3.2.6 的记号. 若 t, ∞ 在 $\Gamma \backslash \mathscr{H}^*$ 中的像无交之邻域, 那么对 任意 $c, c' > 0$, 总存在 $\gamma \in \Gamma$ 使得 $\gamma\alpha^{-1}(H_c^\circ) \cap H_{c'}^\circ \neq \varnothing$; 根据引理 3.2.6, 对固定之 c 取 $c' \gg 0$ 必导致 $\gamma t = \infty$, 这就意谓 t, ∞ 属于同一个尖点.

最后, 连通性是 $\mathscr{H}^*$ 连通的直接结论. □

现在开始为 $\Gamma\backslash\mathscr{H}^*$ 在尖点附近构造坐标卡. 思路基于不变量, 同引理 3.1.2 平行.

引理 3.2.9   对任意 $x \in \Gamma\backslash\mathscr{C}_\Gamma$, 存在开邻域 $V \ni x$ 和同胚 $z : V \xrightarrow{\sim} \mathscr{D}$, 满足于下述条件.

◇ 存在 $t \in \pi^{-1}(x)$ 及其开邻域 U 使得

– U 中无椭圆点;

– U 对 Γ_t 作用不变, $U \cap \mathscr{C}_\Gamma = \{t\}$, 而且有无交并分解

$$\pi^{-1}(V) = \bigsqcup_{\gamma \in \Gamma/\Gamma_t} \gamma U \quad (\text{作为拓扑空间}).$$

不同的 $t \in \pi^{-1}(x)$ 之间被 Γ 搬运, 故上述性质和 x 实质无关.

◇ $z(x) = 0$;

◇ 对于任何非空开子集 $\mathscr{V} \subset V$ 和函数 $f^\flat : z(\mathscr{V}) \to \mathbb{C}$, 命 $f := f^\flat \circ z \circ \pi : \pi^{-1}(\mathscr{V}) \to \mathbb{C}$, 那么 $f^\flat$ 全纯当且仅当 $\pi^{-1}(\mathscr{V}) \subset \mathscr{H}^*$ 上的 Γ-不变函数 f 满足

– f 在 $\pi^{-1}(\mathscr{V} \smallsetminus \{x\})$ 上全纯, 而且

– f 可以连续地延拓到 $\pi^{-1}(\mathscr{V})$.

这样的开邻域 $V \ni x$ 可以取得任意小.

证明   对任意 $t \in \mathscr{C}_\Gamma$ 选取如引理 3.2.7 的 H° 和开子集

$$
\begin{array}{ccc}
\mathscr{H}^* & \xrightarrow{\ \pi\ } & \Gamma\backslash\mathscr{H}^* \\
\cup & & \cup \\
U v := H^\circ \sqcup \{t\} & \longrightarrow & \pi(U) =: V
\end{array}
$$

关于 U 的条件自动满足. 接着构造局部坐标 z. 存在 $\alpha \in \mathrm{SL}(2,\mathbb{R})$ 映 t 为 ∞. 对于选定之 α, 根据引理 3.2.5

$$\mathrm{PSL}(2,\mathbb{R}) \supset \overline{\alpha\Gamma_t\alpha^{-1}} = \left\langle \begin{pmatrix} 1 & h \\ & 1 \end{pmatrix} \right\rangle, \tag{3.2.1}$$

其中 $h \in \mathbb{R}_{>0}$ 由 t, α 和 $\overline{\Gamma}$ 唯一确定. 定义

$$
\begin{array}{ccc}
\Gamma_t\backslash U & \xrightarrow{\ z\ } & \mathbb{C} \\
\cup\!\!\!| & & \cup\!\!\!| \\
\Gamma_t \cdot \tau & \longmapsto & \exp\left(2\pi i \cdot \dfrac{\alpha(\tau)}{h}\right).
\end{array}
$$

一般而言, α 的选取可以差一个形如 $\begin{pmatrix} a & b \\ & a^{-1} \end{pmatrix}$ 的左乘, 相应地 (3.2.1) 中的 $h \rightsquigarrow a^2 h$,

故坐标按

$$z(\Gamma_t \cdot \tau) = \exp\left(2\pi i \cdot \frac{\alpha(\tau)}{h}\right)$$

$$\rightsquigarrow \exp\left(2\pi i \cdot \frac{a^2\alpha(\tau) + ab}{a^2 h}\right) = z(\Gamma_t \cdot \tau)\exp\left(\frac{2\pi ib}{ah}\right)$$

变化. 如果 $t = \infty$, $\alpha = 1$ 而 $H^\circ = \{\tau : \mathrm{Im}(\tau) > c\}$, 那么 z 显然给出同胚 $V \xrightarrow{\sim} \{z \in \mathbb{C} : |z| < e^{-2\pi c/h}\}$, 满足 $z^{-1}(0) = \{t\}$. 透过 α 的搬运, 一般情形准此可知.

最后验证全纯函数的刻画. 化约到 $t = \infty$ 情形. 一如引理 3.1.2, 一切归结为以下事实: 设 $\mathscr{W} \subset \{\tau : \mathrm{Im}(\tau) > c\}$ 是对平移 $\tau \mapsto \tau + h$ 不变的开集, 定义 $\mathscr{D}$ 中开集 $\mathscr{W}^\flat := \exp(2\pi i/h \cdot \mathscr{W})$, 那么一个函数 $g^\flat : \mathscr{W}^\flat \to \mathbb{C}$ 全纯当且仅当 $g(\tau) := g^\flat(\exp(2\pi i\tau/h))$ 满足

◇ g 在 $\mathscr{W}$ 上全纯;

◇ 若 $\mathscr{W}$ 中元素的虚部无上界, 那么

$$\lim_{\substack{\tau \in \mathscr{W} \\ \mathrm{Im}(\tau) \to +\infty}} g(\tau) \quad 存在.$$

一如既往, 问题的根本在 ∞ 附近, 所需论证是初等的.　□

综之得到 $\Gamma \backslash \mathscr{C}_\Gamma$ 在 $\Gamma \backslash \mathscr{H}^*$ 中的一族开覆盖, 其中每个开集 $V = \pi(U)$ 都带有坐标函数 z, 而且 Γ-不变函数 $f := z \circ \pi : \pi^{-1}V \to \mathbb{C}$ 具有引理断言的性质.

定义–定理 3.2.10　相对于定义–定理 3.1.3 和引理 3.2.9 给出的坐标卡, $\Gamma \backslash \mathscr{H}^*$ 是连通 Riemann 曲面, 记为 $X(\Gamma)$, 它包含 $Y(\Gamma)$ 作为稠密开子集. 我们也称 $X(\Gamma)$ 为 Γ 对应的**模曲线**.

证明　引理 3.2.8 已确立连通复流形所需的基本拓扑条件. 剩下的任务是证明尖点附近的任两个坐标卡皆相容. 此处论证和定义–定理 3.1.3 类似, 唯一差别在于必须兼用引理 3.1.2 和引理 3.2.9 以刻画尖点附近的复结构.　□

注记 3.2.11　从复结构的观点看, 引理 3.2.9 构造的局部坐标 z 表明 $X(\Gamma)$ 在尖点附近都同构于 $\mathscr{D}$. 但从 Riemann 度量的立场, 尖点附近的几何图像则如下.

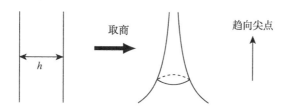

此处假定尖点来自上半平面的 ∞, 而 h 如 (3.2.1). 随着极限圆收拢到 ∞, 它在 $Y(\Gamma)$ 中的像长度趋近于 0. 和注记 3.1.5 类似, 尖点处同样是度量的奇点.

练习 3.2.12   证明 $Y(\Gamma)$ 紧蕴涵 Γ 无尖点.

练习 3.2.13   参照定义 B.3.3, 验证商映射 $\mathscr{H}^* \to X(\Gamma)$ 是分歧复叠, 其中分歧指数无穷的部分正好是 $\mathscr{H}^* \smallsetminus \mathscr{H} = \mathscr{C}_\Gamma$, 试描述其他点的样貌和分歧指数.

3.3   同余子群情形

设 Γ, Δ 为 $\mathrm{SL}(2, \mathbb{R})$ 的离散子群, $\Delta \subset \Gamma$, 那么 $\mathscr{C}_\Delta \subset \mathscr{C}_\Gamma$, 相应地得到连续满射 $f : X(\Delta) \to X(\Gamma)$. 请先回忆分歧复叠的定义 (参阅 §B.3).

命题 3.3.1   设 $(\Gamma : \Delta)$ 有限, 则 $f : X(\Delta) \to X(\Gamma)$ 是有限分歧复叠, $\deg(f) = \left(\overline{\Gamma} : \overline{\Delta} \right)$. 记 $\xi \in \mathscr{H} \sqcup \mathscr{C}_\Delta$ 在 $X(\Delta)$ 中的像为 x, 那么 f 在 x 处的分歧指数为 $e(x) = \left(\overline{\Gamma}_\xi : \overline{\Delta}_\xi \right)$.

证明   在椭圆点和尖点 (可数个) 之外, 映射 f 是 $\left(\overline{\Gamma} : \overline{\Delta} \right)$ 对 1 的, 其余点处的纤维可能变小. 以下验证分歧复叠的性质.

考虑 $y \in Y(\Gamma)$ 及代表元 $\eta \in \mathscr{H}$. 对之使用 §3.1 构造的开邻域 $V \simeq \Gamma_\eta \backslash U$ (设 $U \ni \eta$), 回忆到在圆盘模型下 U 对应到半径 $\epsilon < 1$ 的开圆盘 U'. 回顾 §3.1 的构造, 取 $\epsilon \ll 1$ 可确保 U 对 Γ_η 和 Δ_η 的商同时给出 $Y(\Gamma)$ 和 $Y(\Delta)$ 在 η 处的坐标卡, 而 $f^{-1}(V)$ 可以写成如下形式的有限无交并

$$f^{-1}(V) = V_1 \sqcup \cdots \sqcup V_r, \quad V_i = \Delta_{\gamma_i \eta} \backslash \gamma_i U, \quad \gamma_i \in \Gamma.$$

因此, 对每个 $1 \leqslant i \leqslant r$ 皆有交换图表

$$
\begin{array}{ccc}
V_i & \xrightarrow{\;f\;} & V \\
{\scriptstyle \simeq}\downarrow{\scriptstyle \gamma_i^{-1}} & & \uparrow{\scriptstyle \simeq} \\
\Delta_\eta \backslash U & \xrightarrow{\;\text{商}\;} & \Gamma_\eta \backslash U \\
{\scriptstyle \simeq}\downarrow{\scriptstyle D^{-1}} & {\scriptstyle D^{-1}}\downarrow{\scriptstyle \simeq} & \\
\mu_h \backslash U' & \xrightarrow{\;\text{商}\;} & \mu_k \backslash U' \\
{\scriptstyle w \mapsto \epsilon^{-h} w^h}\downarrow{\scriptstyle \simeq} & {\scriptstyle \simeq}\downarrow{\scriptstyle w \mapsto \epsilon^{-k} w^k} & \\
\mathscr{D} & \xrightarrow[z \mapsto z^e]{} & \mathscr{D}
\end{array}
\qquad
\begin{aligned}
h &:= \left| \overline{\Delta_\eta} \right| \\[4pt]
k &:= \left| \overline{\Gamma_\eta} \right| \\[4pt]
e &:= \frac{k}{h} = \left(\overline{\Gamma}_\eta : \overline{\Delta}_\eta \right)
\end{aligned}
$$

这就在 y 附近验证了分歧复叠和分歧指数的性质. 尖点附近可依样画葫芦, 细节留给读者. □

推论 3.3.2 若 SL(2, ℝ) 的离散子群 Γ 和 Δ 可公度, 则 $X(\Gamma)$ 紧当且仅当 $X(\Delta)$ 紧.

证明 问题化到 $\Delta \subset \Gamma$ 的情形. 代入命题 3.3.1 并运用命题 B.3.9 即可. □

现在可对 $X(\Gamma)$ 在同余子群情形的紧性给出直接证明.

命题 3.3.3 若 SL(2, ℝ) 的离散子群 Γ 与 SL(2, ℤ) 可公度, 则 $X(\Gamma)$ 紧. 作为特例, 同余子群给出的 $X(\Gamma)$ 皆紧. 进一步, $X(\mathrm{SL}(2, \mathbb{Z}))$ 同胚于球面 $\mathbb{S}^2$.

证明 第一部分的断言简化到 $\Gamma = \mathrm{SL}(2, \mathbb{Z})$ 的情形. 以下论证依赖 (1.4.1) 给出的基本区域 $\mathscr{F} = \left\{ \tau : |\mathrm{Re}(\tau)| \leqslant \dfrac{1}{2},\ |\tau| \geqslant 1 \right\}$.

考虑 $S = \begin{pmatrix} & -1 \\ 1 & \end{pmatrix}$ 和 $T = \begin{pmatrix} 1 & 1 \\ & 1 \end{pmatrix}$ 分别在 $\mathscr{F}$ 的底部和两边的作用, 我们知道将 $\partial \mathscr{F} \sqcup \{\infty\}$ 如下粘合, 得到的空间同胚于 $X(\mathrm{SL}(2, \mathbb{Z}))$ (参照引理 1.4.9):

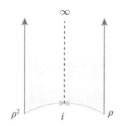

这里要求对粘合相同颜色的边界, 箭头所示的方向必须符合. 如将一切放到圆盘模型上, 明白可见这是一个三角剖分, 相当于粘合

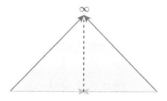

上图既是紧拓扑空间, 粘合得到的商空间自然也是紧的. 这也相当于将 $X(\mathrm{SL}(2, \mathbb{Z}))$ 实现为一个单纯复形, 其中有两个 2 维单纯形, 见 §B.4 的讨论.

读者可以尝试去直观粘合的产物同胚于 $\mathbb{S}^2$, 或者是计算复形的点、线、面个数, 用 Euler 示性数和闭曲面的分类理论来论证. □

约定 3.3.4 习见的符号是 $X(N) := X(\Gamma(N))$, $X_1(N) := X(\Gamma_1(N))$, $X_0(N) := X(\Gamma_0(N))$, 特别地, $X(1) = X(\mathrm{SL}(2,\mathbb{Z}))$. 类似地, $Y(N) := Y(\Gamma(N))$, $Y_1(N) := Y(\Gamma_1(N))$, $Y_0(N) := Y(\Gamma_0(N))$.

已知亏格为 0 的紧 Riemann 曲面必同构于 Riemann 球面 $\mathbb{C} \sqcup \{\infty\}$, 或者说是复射影直线 $\mathbb{P}^1$, 于是上述论证实际确定了 Riemann 曲面 $X(1)$. 事实上有更精确的描述如下.

定理 3.3.5 定义 2.4.11 引进的模不变量 $j(\tau) = E_4(\tau)^3/\Delta(\tau)$ 给出紧 Riemann 曲面之间的同构 $j : X(1) \xrightarrow{\sim} \mathbb{P}^1$.

证明 在 §2.4 已经说明 j 对 $\mathrm{SL}(2,\mathbb{Z})$ 作用不变, 并给出紧 Riemann 曲面

$$X(1) = \mathrm{SL}(2,\mathbb{Z}) \backslash \mathscr{H} \sqcup \{\infty\}$$

上的亚纯函数: 它在 $\mathscr{H}$ 上无极点, 在 ∞ 处则有一阶极点 (事实上 $j(\tau) = q^{-1} + 744 + \cdots$), 因此 j 的极点计重数恰有 1 个. 由此立见态射 $j : X(1) \to \mathbb{P}^1$ 满足 $\deg(j) = 1$ (推论 B.6.4), 因而是紧 Riemann 曲面的同构 (命题 B.4.6). □

凡是亏格 0 的模曲线 (例如, 当 $1 \leqslant N \leqslant 10$ 或 $N = 12$ 时的 $X_1(N)$) 都带有类似的模函数, 习惯称为主模函数[1].

例 3.3.6 在尖点 ∞ 和椭圆点 $i, \rho := \dfrac{1 + \sqrt{-3}}{2}$ 处, j 的取值可以确定为

$$j(\infty) = \infty, \quad j(i) = 1728, \quad j(\rho) = 0, \tag{3.3.1}$$

尖点 ∞ 处的取值已在 §2.4 求出, 而后两个值的计算尚需周折, 将在例 8.5.12 予以说明. 姑且承认 (3.3.1), 复变函数论中著名的 **Picard 小定理** 便有一个简单证明. 该定理断言: 任意非常值全纯函数 $f : \mathbb{C} \to \mathbb{C}$ 的取值至多略过一个点.

假设 f 略过至少两个值 v, w, 取 $\gamma \in \mathrm{PGL}(2,\mathbb{C})$ 映 (v, w, ∞) 为 $(0, 1728, \infty)$, 这般 γ 可以用交比 (1.1.1) 描述, 因此不妨设 $0, 1728 \notin f(\mathbb{C})$. 命 $X(1)' \subset X(1)$ 为 $\{\rho, i, \infty\}$ 的 $\Gamma(1)$-轨道的补集, 那么 $j(X(1)') = \mathbb{P}^1 \smallsetminus \{0, 1728, \infty\}$; 再命 $\mathscr{H}' \subset \mathscr{H}$ 为 i, ρ 的 $\Gamma(1)$-轨道的补集. 考虑 Riemann 曲面范畴中的交换图表 (先看实线部分):

$$
\begin{array}{ccc}
\mathscr{H}' & \twoheadrightarrow & X(1)' \\
\exists g \uparrow\!\!\dashv & & \downarrow\!\!\wr\, j \\
\mathbb{C} & \xrightarrow{\ f\ } & \mathbb{P}^1 \smallsetminus \{0, 1728, \infty\}
\end{array}
$$

由于扣除了尖点和椭圆点, $\mathscr{H}' \twoheadrightarrow X(1)'$ 是复叠映射: 它实际还是连通的 $\mathrm{PSL}(2,\mathbb{Z})$-主

[1] 德文: Hauptmodul.

丛. 既然 $\mathbb{C}$ 单连通, 复叠映射理论遂给出使上图交换之 g (可参阅 [57, 定理 5.3]), 而 g 也是全纯的. 最后考虑 $z \mapsto \exp(2\pi i g(z))$, 它是从 $\mathbb{C}$ 到单位圆盘的全纯映射, 根据 Liouville 定理必为常值. 相应地 g 和 f 必为常值. 明所欲证.

3.4 Siegel 定理与紧化

令 Γ 为 $\mathrm{SL}(2,\mathbb{R})$ 的离散子群, 按注记 3.1.5 用基本区域的面积定义 $\mathrm{vol}(Y(\Gamma))$. 上节已向 $Y(\Gamma)$ 添入尖点, 得到 Riemann 曲面 $X(\Gamma)$, 然而需要进一步的条件来保证 $X(\Gamma)$ 紧, 这主要是定理 3.4.4 的内容.

以下需要 §1.6 的 Dirichlet 区域理论, 包括其中的边和尖点等概念, 见定义 1.6.7. 回忆到边和 Dirichlet 区域边界上的极大测地线段不是同一个概念.

取定非椭圆点 x_0. 对 Dirichlet 区域 $D(x_0)$ 加入其无穷远点, 得到 $D(x_0)^*$. 着手证明关键的 Siegel 定理前, 有必要加深对这些无穷远点及其稳定化子群的了解.

引理 3.4.1 假定 ξ 是 $D(x_0)^*$ 的尖点, 那么 $\overline{\Gamma}_\xi$ 的非平凡元皆是抛物元.

证明 使用反证法. 非抛物元 $\gamma \in \overline{\Gamma}_\xi \smallsetminus \{1\}$ 必是双曲元, 它恰有两个不动点 ξ, η, 都落在边界上. 存在唯一的测地线 $\mathscr{A}$ 从 η 流向 ξ; 另一方面, 存在从某点 $x \in D(x_0)$ 流向 ξ 的测地射线 $\mathscr{B}$, 与 $\mathscr{A}$ 平行, 并且全程落在 $D(x_0)$ 内. 如果在上半平面里取 $\xi = \infty$, 图像将是直观的.

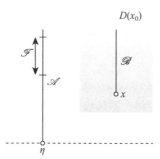

于是 γ 诱导 $\mathscr{A}$ 到自身的保向等距映射. 相对于 $\mathscr{A}$ 的测地坐标, $\gamma|_\mathscr{A}$ 无非是平移. 故存在 $\mathscr{A}$ 中一个有限长度的线段 $\mathscr{F}$, 使得 $\mathscr{F}$ 是 $\gamma|_\mathscr{A}$ 生成的群作用下的基本区域: 取 $\mathscr{F}$ 的长度为 $\gamma|_\mathscr{A}$ 的平移步长便是. 在 $D(x_0) \cap \mathscr{B}$ 中取点列 $b_1, b_2, \cdots$ 趋向 ξ, 并在 $\mathscr{A}$ 中取 $a_1, a_2, \cdots$ 趋向 ξ 使得 $n \to \infty$ 时 $d(a_n, b_n) \to 0$: 对于上图的情景, 取 $a_n \in \mathscr{A}$ 使得 $\mathrm{Im}(a_n) = \mathrm{Im}(b_n)$ 便是.

对所有 $n \geq 1$, 取 $k_n \in \mathbb{Z}$ 使得 $a_n \in \gamma^{k_n}\mathscr{F}$, 因为 a_n 趋近边界, 必有 $|k_n| \to \infty$. 从 $d(a_n, b_n) = d\left(\gamma^{-k_n} a_n, \gamma^{-k_n} b_n\right) \to 0$ 推得 $d\left(\mathscr{F}, \gamma^{-k_n} b_n\right) \to 0$. 但 $\gamma^{-k_n} b_n \in \gamma^{-k_n} D(x_0)$, 于是当 $n \to +\infty$ 时紧集 $\mathscr{F}$ 附近簇拥了无穷多个 $D(x_0)$ 的相异 $\overline{\Gamma}$-平移像, 与基本区域 $D(x_0)$ 的局部有限性矛盾. $\qquad\square$

命题 3.4.2   设 $\partial D(x_0)^*$ 由有限多个极大测地线段组成, 所有无穷远顶点都是尖点, 那么

(i) $D(x_0)^*$ 的边数和顶点数皆有限;

(ii) 对所有无穷远顶点 ξ 皆有 $\overline{\Gamma}_\xi \simeq \mathbb{Z}$, 由抛物元生成;

(iii) $D(x_0)$ 仅包含有限多个 $\overline{\Gamma}$ 的椭圆点, 全落在 $\partial D(x_0)$ 上.

证明   先处理 (i). 需说明 $\partial D(x_0)$ 中每条极大测地线段仅由有限个边组成. 问题显然只可能发生在延伸到无穷远点的线段.

取定 $\partial D(x_0)$ 中一条包含无穷多条边的极大测地线段, 不妨在上半平面中假设它形如 $[m, \infty]$, 其中 $m \in i\mathbb{R}_{\geqslant 0}$, 故 ∞ 是 $D(x_0)^*$ 的尖点. 包含于 $[m, \infty]$ 的边分作三类.

▷ **第一类**   形如 $[b, \infty]$ 的边, 这样的边至多仅一条.

▷ **第二类**   形如 $[m, a]$ 的边, 这样的边至多也仅一条.

▷ **第三类**   不属以上两类的边 $S \subset [m, \infty]$. 此时 S 长度有限, 表成 $S = [m, \infty] \cap \gamma D(x_0)$ 的形式, 其中 $\gamma \in \overline{\Gamma} \smallsetminus \{1\}$, 如下图.

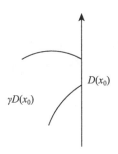

上图的夹角都严格落在 0 到 π 之间, 所以 S 包含于 $\partial(\gamma D(x_0))$ 的一条有限长度极大测地线段, 记为 $\tilde{S}$. 按边配对 (定义–命题 1.6.8) 将它搬回 $D(x_0)$ 的边 $T := \gamma^{-1} S$, 则 T 也包含于 $\partial D(x_0)$ 的有限长度极大测地线段 $\gamma^{-1} \tilde{S}$.

只需说明第三类边的个数有限. 命 $\mathscr{T}$ 为所有包含于有限长度极大测地线段的边构成之集合; 证明之初的观察表明 $\mathscr{T}$ 有限. 令 $S = [m, \infty] \cap \gamma D(x_0)$ 和 $T = \gamma^{-1} S$ 如上, 则 $T \in \mathscr{T}$. 以下说明当 S 遍历 $[m, \infty]$ 中的第三类边时, 每个 $T \in \mathscr{T}$ 至多出现两次. 如此即说明 $[m, \infty]$ 所含边数有限.

设边 $T \in \mathscr{T}$ 出现三次, 那么存在相异的 $\gamma_i \in \overline{\Gamma} \smallsetminus \{1\}$, $S_i \subset [m, \infty]$ 使得 $\gamma_i^{-1} S_i = T$, 其中 $i = 0, 1, 2$. 命 $\delta_i := \gamma_i \gamma_0^{-1}$, 那么 $\delta_i S_0 = S_i$. 因为 S_0, S_1, S_2 都是 $[m, \infty]$ 的子线段, 长度非零, 故 $\delta_1, \delta_2 \in \overline{\Gamma} \smallsetminus \{1\}$ 皆映测地线 $[0, \infty]$ 为自身. 考虑 $\delta_1|_{[0,\infty]}$ 和 $\delta_2|_{[0,\infty]}$: 这两者相异, 其中或者有一个是非平凡的平移, 或者两者是相异反射, 那么 $\delta_1 \delta_2|_{[0,\infty]}$ 是非平凡的平移. 无论如何, 总能取到 $\delta \in \overline{\Gamma}$ 使 $\delta|_{[0,\infty]}$ 是非平凡的平移, 如是则 δ 给出 $\overline{\Gamma}_\infty$ 的双曲元 (参看例 1.3.3), 与引理 3.4.1 不符. 于是我们证明了 $D(x_0)^*$ 的边数有限, 从而顶点数亦有限.

接着处理 (ii). 我们断言若无穷远顶点 ξ 是尖的, 则 $\overline{\Gamma}_\xi$ 非平凡时必 $\simeq \mathbb{Z}$. 同样化到 $\xi = \infty$ 情形. 已知 $\overline{\Gamma}_\xi \smallsetminus \{1\}$ 由抛物元构成, 而 $\mathrm{SL}(2, \mathbb{R})$ 中抛物元的特征值为 ± 1, 故 $\overline{\Gamma}_\xi$ 是 $\begin{pmatrix} 1 & * \\ & 1 \end{pmatrix} \simeq \mathbb{R}$ 的离散子群. 应用命题 1.3.8 立见 $\overline{\Gamma}_\xi \simeq \mathbb{Z}$.

性质 (ii) 遂归结为对所有 ξ 证明 $\overline{\Gamma}_\xi \neq \{1\}$. 设 η, η' 为 $D(x_0)$ 之无穷远点, 若存在 $\gamma \in \overline{\Gamma}$ 使得 $\gamma\eta = \eta'$, 则记为 $\eta \sim \eta'$, 这给出等价关系. 一如 (1.6.3), 我们有双射

$$\overline{\Gamma}_\xi \backslash \{\delta \in \overline{\Gamma} : \delta D(x_0) \text{ 包含 } \xi \text{ 作为无穷远点}\} \xrightarrow{1:1} \{\eta : \eta \sim \xi\}$$
$$\overline{\Gamma}_\xi \delta \longmapsto \delta^{-1}\xi.$$

考虑所有这样的 $\delta D(x_0)$, 图示如下.

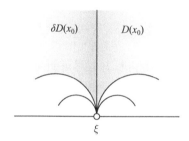

假若 $\overline{\Gamma}_\xi = \{1\}$, 则因为无穷远顶点个数有限, 仅有限多个 $\delta D(x_0)$ 含 ξ 为无穷远点, 此无可能: 取最左端之 $\delta D(x_0)$, 那么 $\delta D(x_0)^* = D(\delta x_0)^*$ 必有一边 S 以 ξ 为无穷远端点, 并落在 $\delta D(x_0)$ 左侧, 那么边配对将给出更靠左的一片 $\delta' D(x_0)$, 矛盾.

最后处理 (iii). 按基本区域的性质, 椭圆点必落在 $\partial D(x_0)$ 上. 注记 1.6.11 表明这些点都是 $D(x_0)$ 细分后的顶点, 而从 (i) 已知顶点数量有限.   □

现在可以进入正题.

定义 3.4.3   若 $\mathrm{SL}(2, \mathbb{R})$ 的离散子群 Γ 满足 $\mathrm{vol}(Y(\Gamma)) < +\infty$, 则称为**余有限 Fuchs 群**.[①]

定理 3.4.4 (C. L. Siegel, 见 [41, Theorem 1.9.1], [29, Theorem 13.1])   对 $\mathrm{SL}(2, \mathbb{R})$ 的离散子群 Γ, 以下陈述等价:

(i) 若 x_0 非椭圆点, 则 Dirichlet 区域 $D(x_0)$ 的边数有限, 所有无穷远处的顶点皆尖.

(ii) Γ 是余有限 Fuchs 群.

当上述条件成立时, $D(x_0)$ 中的椭圆点个数有限, 全落在 $\partial D(x_0)$ 上, 而且对于 $D(x_0)$ 在无穷远处的每个顶点 ξ, 稳定化子群 $\overline{\Gamma}_\xi \simeq \mathbb{Z}$ 由抛物元生成.

---

① 在 [41] 中称为第一类 Fuchs 群.

证明　　若存在非椭圆点 x_0 使 $D(x_0)$ 具有断言的性质, 则定理 1.2.7 说明其测度有限. 以下证明另一方向, 设 x_0 非椭圆点, $D(x_0)$ 面积有限. 采取 §1.2 的圆盘模型 $\mathscr{D}$, 故无穷远点都落在边界 $|z| = 1$ 上.

首先证明 $D(x_0)$ 的无穷远点个数有限. 任选其中有限多个 $x_1, \cdots, x_N$ (无妨设 $N \geqslant 3$), 以测地线按逆时针顺序相连, 得到 $\mathscr{D}$ 中一个测地多边形 P, 而且 $D(x_0)$ 的测地凸性蕴涵 $P \subset D(x_0)$. 因为 P 的内角全为 0, 定理 1.2.7 给出 $\mathrm{vol}(P) = (N-2)\pi \leqslant \mathrm{vol}(D(x_0))$, 这就给出 N 的上界.

其次证明 $D(x_0)$ 的顶点 (非无穷远) 个数有限. 关键是建立

$$\sum_{v \in D(x_0):\text{顶点}} (\pi - \theta(v)) \leqslant \mathrm{vol}(D(x_0)) + 2\pi, \quad \theta(v) := v \text{ 处内角}. \tag{3.4.1}$$

将 $D(x_0)$ 中的顶点 (可数, 离散) 划分成可数个列, 将每个列写作

$$\left\{ v_i \in D(x_0) \right\}_{i_- \leqslant i \leqslant i_+}, \quad -\infty \leqslant i_- < i_+ \leqslant +\infty$$

的形式, 其中 v_i 按逆时针方向前后相继, 并且尽可能向两端延伸, 因而 $i_\pm$ 有限意谓 $v_{i_\pm}$ 和一个无穷远点相邻, 这时我们向连接 $v_{i_\pm}$ 和无穷远点的边添入可数多个内角为 π 的多余顶点, 逼近无穷远. 这样做的好处是论证中可以设 $i_\pm = \pm\infty$, 而且不影响欲证的 (3.4.1).

任取整数 $m < n$, 用测地线连接 $x_0, v_m, \cdots, v_n$ 得到 $D(x_0)$ 中的测地多边形 $P(m, n)$. 连接 x_0 和顶点 v_i, 其右侧和左侧内角分别记为 α_i 和 β_i, 于是 $\theta(v_i) = \alpha_i + \beta_i$. 如下图所示.

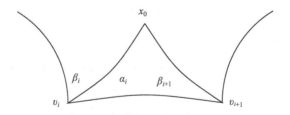

于是 Gauss-Bonnet 公式 (定理 1.2.7) 整理后给出

$$\mathrm{vol}(P(m,n)) + \angle(v_m x_0 v_n) = \pi - \alpha_m - \beta_n + \sum_{m < i < n} (\pi - \theta(v_i)). \tag{3.4.2}$$

测地凸性确保所有内角落在 $[0, \pi]$ 区间, 所以 (3.4.2) 蕴涵 $\sum_i (\pi - \theta(v_i))$ 单调收敛. 此外 $\angle(v_m x_0 v_n)$ 和 $\mathrm{vol}(P(m,n))$ 也单调收敛. 如固定 m, n 中的任一者而让另一者趋近

$\pm\infty$, 则 (3.4.2) 又蕴涵 α_m, β_n 分别有极限 α_-, β_+. 兹断言

$$\alpha_-, \beta_+ \leqslant \frac{\pi}{2}. \tag{3.4.3}$$

基于对称性, 处理 β_+ 情形即可. 因为 $\mathscr{D}$ 中以 x_0 为原点, 半径有限的任何测地球内仅含有限多个 v_i, 必存在无穷多个 i 使得 $d(x_0, v_{i+1}) > d(x_0, v_i)$. 双曲三角形中依然有大边对大角, 证明和经典情形相同, 对这些 i 遂有 $\alpha_i > \beta_{i+1}$. 推论 1.2.8 导致 $\alpha_i + \beta_{i+1} \leqslant \pi$, 故 $\beta_{i+1} \leqslant \pi/2$. 取 $i \to +\infty$ 便得到 (3.4.3). 配合 (3.4.2) 即得

$$\sum_{i=-\infty}^{+\infty} (\pi - \theta(v_i)) \leqslant \sup_{m,n} \left(\mathrm{vol}(P(m,n)) + \angle(v_m x_0 v_n) \right). \tag{3.4.4}$$

将 (3.4.4) 对所有的顶点列 $\{v_i\}_i$ 求和, 如是得到 (3.4.1).

现在任取 $D(x_0)$ 的非无穷远顶点 η, 要求 η 非冗余, 亦即 $\theta(\eta) < \pi$. 命题 1.6.13 蕴涵

$$N := \left| \left\{ \xi \in \partial D(x_0) : \xi \sim \eta \right\} \right| \in \mathbb{Z}_{\geqslant 1},$$

$$\sum_{\xi \sim \eta} (\pi - \theta(\xi)) = \left(N - \frac{2}{e(\eta)} \right) \pi.$$

◇ 若 $e(\eta) = 1$, 则 $0 < \theta(\eta) < \pi$ 导致 $N \geqslant 3$, 从而 $\sum_{\xi \sim \eta} (\pi - \theta(\xi)) \geqslant \pi$.

◇ 若 $e(\eta) \geqslant 3$, 则 $\sum_{\xi \sim \eta} (\pi - \theta(\xi)) \geqslant \frac{\pi}{3}$.

◇ 若 $e(\eta) = 2$ 而 $N \geqslant 2$, 则 $\sum_{\xi \sim \eta} (\pi - \theta(\xi)) \geqslant \pi$.

因为 $e(\eta)$ 和 N 仅依赖 η 的 $\sim$ 类, 与 (3.4.1) 比较可知以上三种顶点至多仅由有限多个 $\sim$ 类组成, 因此其个数有限.

◇ 最后, 若 $e(\eta) = 2$ 而 $N = 1$, 则上式给出 $\theta(\eta) = \pi$, 这种冗余顶点已经排除.

我们已经证明了 $D(x_0)^*$ 的顶点数目有限, 内角 π 的冗余顶点不论. 于是 $\partial D(x_0)^*$ 分解成有限个极大测地线段; 此外再观察到无穷远处的顶点皆尖, 这是因为这些顶点数目有限, 而边界上不可能出现如下图加粗显示的 "开口".

否则 $D(x_0)$ 的面积将是 $+\infty$. 综之, 对 $D(x_0)$ 应用命题 3.4.2 即可导出边数有限, 并且得到椭圆点和尖点的所需性质. □

以下设 x_0 非椭圆点. 透过 $\overline{\Gamma}$ 作用诱导的等价关系 $\sim$, 或等价地说 (命题 1.6.9), 按

定义–命题 1.6.8 的边配对, 可以对 $D(x_0)^*$ 进行粘合. 以下联系群 Γ 的尖点与 Dirichlet 区域 $D(x_0)$ 的无穷远点, 并证明 $X(\Gamma)$ 的紧性.

定理 3.4.5　设 Γ 是 $SL(2, \mathbb{R})$ 的离散子群, 则 $X(\Gamma)$ 紧当且仅当 Γ 是余有限 Fuchs 群. 当此条件成立时, $X(\Gamma) \smallsetminus Y(\Gamma)$ 是有限集, $X(\Gamma)$ 等于 $D(x_0)^*$ 对 Γ 作用粘合的产物, 而包含映射

$$\left\{ \xi \in D(x_0)^* : \text{无穷远处顶点} \right\} \hookrightarrow \mathscr{C}_\Gamma$$

将 $X(\Gamma) \smallsetminus Y(\Gamma) = \Gamma \backslash \mathscr{C}_\Gamma$ 等同于 $D(x_0)^*$ 的无穷远点用 Γ 或边配对粘合的等价类.

证明　先说明 $X(\Gamma)$ 紧蕴涵 Γ 余有限. 根据 §3.2 对坐标卡的构造, $X(\Gamma) \smallsetminus Y(\Gamma)$ 在 $X(\Gamma)$ 中离散, 故有限. 对于每个 $c \in X(\Gamma) \smallsetminus Y(\Gamma)$, 不失一般性总能假设 $c = \Gamma\infty$, 它附近的坐标邻域遂可取为

$$\begin{pmatrix} 1 & h\mathbb{Z} \\ & 1 \end{pmatrix} \backslash \{\tau \in \mathscr{H} : \operatorname{Im}(\tau) > c\} \sqcup \{\infty\}, \quad h \in \mathbb{R}_{>0}$$

的形式, 其中 $c \gg 0$. 此坐标邻域对双曲度量的面积是 $h \cdot \displaystyle\int_c^\infty \frac{\mathrm{d}y}{y^2} < +\infty$. 因为 $X(\Gamma)$ 紧而尖点数目有限, 这就足以说明 $Y(\Gamma)$ 的双曲面积也有限.

相对麻烦的是从 Γ 余有限推导 $X(\Gamma)$ 紧. 根据命题 A.2.3, 基本区域按 $\sim$ 或边配对粘合便给出 $Y(\Gamma)$ 和 $X(\Gamma)$. 以下在上半平面 $\mathscr{H}$ 中论证. 定理 3.4.4 已说明 $D(x_0)^*$ 的每个无穷远点都是 "尖" 的, 并属于 $\mathscr{C}_\Gamma$; 以下说明对每个 $t \in \mathscr{C}_\Gamma$, 存在 $\delta \in \overline{\Gamma}$ 使得 δt 是 $D(x_0)^*$ 的无穷远点. 老方法, 对 Γ 作适当共轭后, 不妨假设 $t = \infty \in \mathscr{C}_\Gamma$. 枚举 $D(x_0)^*$ 的无穷远点 $t_1, \cdots, t_n$, 过每个 $t_i = \alpha_i^{-1}\infty$ 作相切的极限圆盘 $\alpha_i^{-1} H_{c_i}^\circ$, 此处符号和引理 3.2.6 相同. 基于定理 3.4.4 建立的性质, 取 $c_1, \cdots, c_n$ 充分接近 0, 可以确保 $D(x_0) \subset \bigcup_{i=1}^n \alpha_i^{-1} H_{c_i}^\circ$.

接着用反证法: 假设 $\{t_1, \cdots, t_n\}$ 和轨道 $\Gamma\infty$ 无交. 根据引理 3.2.6, 只要取 $c' \gg 0$, 那么切 ∞ 的极限圆盘 $H_{c'}^\circ$ 满足

$$\forall \gamma \in \Gamma, \ \forall 1 \leqslant i \leqslant n, \quad \gamma \alpha_i^{-1} H_{c_i}^\circ \cap H_{c'}^\circ = \varnothing.$$

故 $H_{c'}^\circ$ 与所有 $\gamma D(x_0)$ 皆无交. 因为 $D(x_0)$ 是基本区域, 此无可能. 于是我们验证了关于 $X(\Gamma) \smallsetminus Y(\Gamma)$ 的描述.

回顾 §3.2 对 $\mathscr{C}_\Gamma$ 附近拓扑的定义, 可知 "多边形" $D(x_0)^*$ 视作 $\mathbb{C}$ 的闭子集, 其拓扑和来自 $\mathscr{H}^* = \mathscr{H} \sqcup \mathscr{C}_\Gamma$ 的诱导拓扑相同, 特别地, 它是紧的. 综合上述结果, 将 $D(x_0)^*$ 按 Γ 粘合后同胚于 $X(\Gamma)$, 从而 $X(\Gamma)$ 也紧. $\qquad\square$

例 3.4.6　设 Γ 是同余子群. 在 §1.4 中我们已经说明 $Y(SL(2, \mathbb{Z}))$ 测度有限. 因为

$(\mathrm{SL}(2,\mathbb{Z}):\Gamma)$ 有限, $Y(\Gamma)$ 测度亦有限, 相应地 $X(\Gamma)$ 为紧.

练习 3.4.7 证明余有限 Fuchs 群必为有限生成群.

提示〉应用练习 1.6.10.

3.5 间奏: 可公度性、算术子群、四元数

数论或表示论中常见的余有限 Fuchs 群是所谓的**算术子群**, 这是一类与代数群的整点相关的离散子群, 包括熟悉的同余子群和即将介绍的四元数代数情形. 对于算术子群, 从 $Y(\Gamma)$ 到 $X(\Gamma)$ 的过渡是所谓 **Bailey–Borel 紧化**的一个特例, 高维情形一般会产生奇点.

先引进一个群论的基本概念.

定义 3.5.1 称群 Ω 的子群 H_1, H_2 是**可公度的**, 如果 $(H_1 : H_1 \cap H_2)$ 和 $(H_2 : H_1 \cap H_2)$ 俱有限, 记作 $H_1 \approx H_2$.

观察到 $H_1 \approx H_2$ 蕴涵 $H_1 \approx H_1 \cap H_2 \approx H_2$. 另外, 如果 Ω 是 Ω' 的子群, 那么性质 $H_1 \approx H_2$ 在 Ω 和 Ω' 中是等价的.

引理 3.5.2 子群的可公度性 $\approx$ 是一个等价关系.

证明 只需验证传递性. 设子群 H_1, H_2 可公度, H_2, H_3 亦可公度. 由嵌入

$$H_1 \cap H_2 / H_1 \cap H_2 \cap H_3 \hookrightarrow H_2 / H_2 \cap H_3$$

可得

$$(H_1 : H_1 \cap H_2 \cap H_3) = (H_1 : H_1 \cap H_2)(H_1 \cap H_2 : H_1 \cap H_2 \cap H_3) < +\infty.$$

同理有 $(H_3 : H_1 \cap H_2 \cap H_3) < +\infty$. 故 $(H_1 : H_1 \cap H_3)$ 和 $(H_3 : H_1 \cap H_3)$ 俱有限. □

作为例证, 以下说明 $\mathrm{SL}(2,\mathbb{Z})$ 及其 $\mathrm{GL}(2,\mathbb{Q})$-共轭可公度. 这既是可公度性的初步例子, 同时又是研究 Hecke 代数前的必要铺垫, 见 §5.5.

命题 3.5.3 设 $\alpha \in \mathrm{GL}(2,\mathbb{Q})$.

(i) $\alpha \, \mathrm{SL}(2,\mathbb{Z}) \alpha^{-1} \cap \mathrm{SL}(2,\mathbb{Z})$ 是同余子群;

(ii) 作为 $\mathrm{SL}(2,\mathbb{R})$ 的离散子群, $\alpha \, \mathrm{SL}(2,\mathbb{Z}) \alpha^{-1} \approx \mathrm{SL}(2,\mathbb{Z})$.

证明 对于 (i), 只需证明存在 $N \in \mathbb{Z}_{\geqslant 1}$ 使得 $\alpha^{-1} \Gamma(N) \alpha \subset \mathrm{SL}(2,\mathbb{Z})$, 因如此, 则有 $\Gamma(N) \subset \alpha \, \mathrm{SL}(2,\mathbb{Z}) \alpha^{-1} \cap \mathrm{SL}(2,\mathbb{Z})$. 设 $\gamma = 1 + N\eta \in \Gamma(N)$, 其中 $\eta \in \mathrm{M}_2(\mathbb{Z})$,

则 $\alpha^{-1}\gamma\alpha = 1 + N\alpha^{-1}\eta\alpha$. 取充分可除之正整数 N_0 使得 $\alpha, \alpha^{-1} \in N_0^{-1} \mathrm{M}_2(\mathbb{Z})$, 再取 $N = N_0^2$, 则有 $N\alpha^{-1}\eta\alpha \in \mathrm{M}_2(\mathbb{Z})$. 综之 $\alpha^{-1}\gamma\alpha \in \mathrm{M}_2(\mathbb{Z}) \cap \mathrm{SL}(2,\mathbb{R}) = \mathrm{SL}(2,\mathbb{Z})$.

现在处理 (ii). 由 (i) 已知

$$\big(\mathrm{SL}(2,\mathbb{Z}) : \alpha\,\mathrm{SL}(2,\mathbb{Z})\alpha^{-1} \cap \mathrm{SL}(2,\mathbb{Z})\big) < \infty.$$

用自同构 $x \mapsto \alpha^{-1}x\alpha$ 搬运, 得到

$$\big(\alpha^{-1}\,\mathrm{SL}(2,\mathbb{Z})\alpha : \mathrm{SL}(2,\mathbb{Z}) \cap \alpha^{-1}\,\mathrm{SL}(2,\mathbb{Z})\alpha\big) < \infty.$$

第二式中以 α^{-1} 代 α, 配合第一式便得出 $\alpha\,\mathrm{SL}(2,\mathbb{Z})\alpha^{-1} \approx \mathrm{SL}(2,\mathbb{Z})$.　　　□

假定 $\mathbf{G}$ 是能用 $\mathbb{Q}$ 上多项式方程 "代数地" 定义的群, 譬如 $\mathrm{GL}(n)$, $\mathrm{SL}(n)$ 或稍后将探讨的 $\mathbb{Q}$ 上四元数代数的单位群, 这样的 $\mathbf{G}$ 称为 $\mathbb{Q}$ 上的线性代数群. 分别记 $\mathbf{G}(\mathbb{Q})$ 和 $\mathbf{G}(\mathbb{R})$ 为其有理点和实点所成的群, 那么 $G := \mathbf{G}(\mathbb{R})$ 自然地带有 Lie 群结构. 我们分三步对 G 或更一般的 Lie 群定义何谓算术子群.

(i) 根据线性代数群的一般理论, 存在能由 $\mathbb{Q}$ 上多项式定义的群嵌入 $\rho: \mathbf{G} \hookrightarrow \mathrm{GL}(n)$. 任选 ρ, 那么 $\mathbf{G}(\mathbb{Z}) := \rho^{-1}\,\mathrm{GL}(n,\mathbb{Z}) \cap \mathbf{G}(\mathbb{Q})$ 是 $\mathbf{G}(\mathbb{R})$ 的算术子群.

(ii) 更一般地说, 如果 $\mathbf{G}(\mathbb{R})$ 的离散子群 Γ 和来自某个 $\mathbb{Q}$-嵌入 ρ 的 $\mathbf{G}(\mathbb{Z})$ 可公度, 那么 $\Gamma \subset \mathbf{G}(\mathbb{R})$ 亦称为算术子群.

(iii) 对于一般的 Lie 群 G, 若存在 $\mathbb{Q}$ 上的线性代数群 $\mathbf{G}'$ 及如上定义之算术子群 $\Gamma' \subset \mathbf{G}'(\mathbb{R})$, 连同拓扑群的满射

$$f : \mathbf{G}'(\mathbb{R}) \twoheadrightarrow G, \quad \ker(f) \text{ 为紧群,}$$

那么 $\Gamma := f(\Gamma')$ 也称为 G 的算术子群.

按定义, 这套手续穷尽了这类 Lie 群 G 的所有算术子群, 形如 (i) 和 (ii) 的算术子群最为常用.

例 3.5.4　定义中取 $\mathbf{G} = \mathrm{SL}(2)$, 它天然地由多项式方程 $\left\{ \begin{pmatrix} a & b \\ c & d \end{pmatrix} : ad - bc = 1 \right\}$ 定义, 并且存在当然的嵌入 $\rho : \mathrm{SL}(2) \hookrightarrow \mathrm{GL}(2)$. 那么 $\mathbf{G}(\mathbb{Z}) = \mathrm{SL}(2,\mathbb{Z})$. 任何满足 $(\mathrm{SL}(2,\mathbb{Z}) : \Gamma)$ 有限的子群 $\Gamma \subset \mathrm{SL}(2,\mathbb{Z})$ 按上述定义都是算术子群. 特别地, 同余子群必为算术子群. 反观之, 一个自然的问题是: $\mathrm{SL}(2,\mathbb{Z})$ 中使 $(\mathrm{SL}(2,\mathbb{Z}) : \Gamma)$ 有限的子群是否都是同余子群? 答案是否定的. $\mathrm{SL}(2,\mathbb{Z})$ 的这一古怪性质早在模形式理论的萌芽时期便引起注意, 史料是 [32, II.7.11]. 一般群的情形请参阅 [4].

已知 $\mathrm{SL}(2,\mathbb{R})$ 的算术子群都是余有限 Fuchs 群, 与此相关的技术和结果通称为**化**

约理论. 读者在计算 $\mathrm{SL}(2, \mathbb{Z})$ 的基本区域时已经领教过一些化约手法, 一般情形自然要求更抽象的技术.

在 §3.1 末尾谈到了四元数代数和相应的志村曲线, 它们在数论中有深刻的渊源. 现在给予一些较具体, 然而终是蜻蜓点水的描述, 证明大部省去. 这方面的文献可参看 [55, 56].

设 F 为域, 所谓 **F-代数**是叠架在 F-向量空间上的环结构, 使得环的乘法是 F-双线性型, 典型例子是 $n \times n$ 矩阵代数 $\mathrm{M}_n(F)$. 这里的代数均指含幺结合代数, 未必交换. 代数之间的同态定义为 F-线性的环同态. 相关理论见 [59, 第七章].

定义 3.5.5 设 F 是特征 $\neq 2$ 的域, $a, b \in F^\times$. 定义 F 上的**四元数代数** $B := \left(\dfrac{a, b}{F} \right)$ 为以 $1, i, j, k$ 为基的 4 维 F-向量空间, 乘法结构由

$$1 : \text{乘法幺元}, \quad i^2 = a, \quad j^2 = b, \quad ij = k = -ji$$

完全确定. 作为 F-代数同构于 $\mathrm{M}_2(F)$ 的四元数代数称为是**分裂**的.

观察到 $\mathbb{H} := \left(\dfrac{-1, -1}{\mathbb{R}} \right)$ 无非是熟悉的 Hamilton 四元数代数.

读者可以验证这般代数结构是良定的, 或者直接在 M_2 里实现它: 取 $X^2 - a \in F[X]$ 的分裂域 $F(\sqrt{a})$, 再定义 F-向量空间的映射

$$F \oplus Fi \oplus Fj \oplus Fk \longrightarrow \mathrm{M}_2 \left(F(\sqrt{a}) \right)$$

$$x + yi + zj + wk \longmapsto \begin{pmatrix} x + y\sqrt{a} & z + w\sqrt{a} \\ b(z - w\sqrt{a}) & x - y\sqrt{a} \end{pmatrix}. \tag{3.5.1}$$

请读者动手验证这是单射, 右式对乘法封闭, 而且 $\mathrm{M}_2 \left(F(\sqrt{a}) \right)$ 的乘法搬回 B 上正如定义 3.5.5 (只需对 i, j, k 的像检查). 因之 $B \to \mathrm{M}_2 \left(F(\sqrt{a}) \right)$ 为 F-代数的嵌入. 以下性质都是容易的.

⋄ 将基中的 i, j 调换, 代 k 为 $-k$, 可见 $\left(\dfrac{a, b}{F} \right) \simeq \left(\dfrac{b, a}{F} \right)$. 用 $s, t \in F^\times$ 将基作伸缩 $i \rightsquigarrow si, j \rightsquigarrow tj, k \rightsquigarrow stk$, 可见 $\left(\dfrac{a, b}{F} \right) \simeq \left(\dfrac{s^2 a, t^2 b}{F} \right)$.

⋄ 域变换下的行为也是明白的: 设 E 是 F 的扩域, 按定义遂有 E-代数的同构 $\left(\dfrac{a, b}{F} \right) \otimes_F E \simeq \left(\dfrac{a, b}{E} \right)$.

⋄ 基于 (3.5.1), 当 $a \in F^{\times 2}$ 时 $\left(\dfrac{a, b}{F} \right) \xrightarrow{\sim} \mathrm{M}_2(F)$ 故分裂; 当 $b \in F^{\times 2}$ 时 $\left(\dfrac{a, b}{F} \right) \simeq$

$\left(\dfrac{b,a}{F}\right)$ 亦分裂. 特别地, 代数闭域上的四元数代数总是分裂.

在一般的四元数代数 B 上定义**共轭运算**

$$q = x + yi + zj + wk \longmapsto x - yi - zj - wk =: \bar{q}$$

和从 B 到 F 的多项式映射:

既约迹　$\mathrm{Tr}(x + yi + zj + wk) = 2x,$

既约范数　$\mathrm{Nrd}(x + yi + zj + wk) = x^2 - ay^2 - bz^2 + abw^2.$

例行的操作给出 $q \mapsto \bar{q}$ 是 F-线性映射, 服从于 $\overline{q_1 \cdot q_2} = \overline{q_2} \cdot \overline{q_1}$ 和

$$\mathrm{Tr}(q) = q + \bar{q}, \quad \mathrm{Nrd}(q) = q\bar{q} = \bar{q}q, \quad \mathrm{Nrd}(1) = 1,$$
$$\mathrm{Nrd}(q_1 q_2) = \mathrm{Nrd}(q_1)\mathrm{Nrd}(q_2) = \mathrm{Nrd}(q_2 q_1).$$

命题 3.5.6　设 B 为 F 上的四元数代数, 那么 $q \in B$ 可逆当且仅当 $\mathrm{Nrd}(q) \in F^{\times}$, 这时 $q^{-1} = \mathrm{Nrd}(q)^{-1}\bar{q}$. 特别地, B 是可除代数的充要条件是 $\mathrm{Nrd}(q) = 0 \iff q = 0$.

证明　从 $qq^{-1} = 1$ 可得 $\mathrm{Nrd}(q)\mathrm{Nrd}(q^{-1}) = 1$, 故 $\mathrm{Nrd}(q) \in F^{\times}$ 而 $q^{-1} = \mathrm{Nrd}(q)^{-1}\bar{q}$. 反过来说, 若 $\mathrm{Nrd}(q) \in F^{\times}$ 则 $\mathrm{Nrd}(q)^{-1}\bar{q}$ 显然给出 q 的逆. $\qquad\square$

定义乘法群 $B^1 := \{q \in B : \mathrm{Nrd}(q) = 1\} \subset B^{\times}$. 分裂情形下 $B^{\times} \simeq \mathrm{GL}(2, F)$, 而 Tr 和 Nrd 分别对应到方阵的 Tr 和 $\det$, 从而 $B^1 \simeq \mathrm{SL}(2, F)$.

例 3.5.7　当 $F = \mathbb{R}$ 时, 将 (a, b) 适当伸缩并重排后可将 $B = \left(\dfrac{a, b}{F}\right)$ 之分类化约到 $(a, b) = (-1, -1)$, $(1, -1)$ 和 $(1, 1)$ 情形, 分类为如下两种.

(1) 已知 $\left(\dfrac{-1, -1}{F}\right) \simeq \mathbb{H}$, 此时 (3.5.1) 给出的 $\mathbb{H} \hookrightarrow \mathrm{M}_2(\mathbb{C})$ 诱导群同构

$$B^1 \simeq \mathbb{H}^1 \xrightarrow{\sim} \mathrm{SU}(2)$$

$$u + vj \longmapsto \begin{pmatrix} u & v \\ -\bar{v} & \bar{u} \end{pmatrix}, \quad u, v \in \mathbb{C} = \mathbb{R} \oplus \mathbb{R}i \hookrightarrow \mathbb{H}.$$

(2) 根据定义 3.5.5 之后的讨论, $\left(\dfrac{1, -1}{F}\right)$ 和 $\left(\dfrac{1, 1}{F}\right)$ 皆分裂, 此时 $B^1 \simeq \mathrm{SL}(2, \mathbb{R})$.

以下设域 F 是 $\mathbb{Q}$ 的有限扩张, $\mathfrak{o}_F$ 是 F 中代数整数所成之环; 或者简单起见不妨取 $F = \mathbb{Q}$, $\mathfrak{o}_F = \mathbb{Z}$.

定义 3.5.8 包含于 F-代数 B 的**序模**系指一个 $\mathfrak{o}_F$-子模 $\mathcal{O} \subset B$, 使得

$\diamond$ $\mathcal{O}$ 是有限秩自由 $\mathfrak{o}_F$-模;

$\diamond$ $\mathcal{O}$ 同时也是 B 的子环;

$\diamond$ $F\mathcal{O} = B$.

上述定义适用于任何 F-代数 B. 如果 $\mathcal{O}$ 对序模的包含关系是极大元, 则称之为极大序模.

序模的角色是在 B 上定义整结构. 从定义条件立见 $\mathrm{rk}_{\mathfrak{o}_F} \mathcal{O} = \dim_F B$.

例 3.5.9 取 $F = \mathbb{Q}$. 对于 $\left(\dfrac{-1, -1}{\mathbb{Q}}\right)$, 序模的显然候选是 $\mathbb{Z} \oplus \mathbb{Z}i \oplus \mathbb{Z}j \oplus \mathbb{Z}k$. 这不是极大序模: 它包含于 Hurwitz 序模

$$\mathcal{O} := \left\{ \frac{x + yi + zj + wk}{2} : x, y, z, w \in \mathbb{Z},\ \text{同奇偶性} \right\}$$
$$= \mathbb{Z} \oplus \mathbb{Z}i \oplus \mathbb{Z}j \oplus \mathbb{Z} \cdot \frac{1 + i + j + k}{2}.$$

练习 3.5.10 试证明上述之 Hurwitz 序模是极大序模.

以多项式方程定义在 F 上的对象也可以定义在 $\mathbb{Q}$ 上, 然而每个 F-值坐标都得用 $[F : \mathbb{Q}]$ 个 $\mathbb{Q}$-值坐标来代替, 这套手续称为纯量限制或 Weil 限制. 施之于 F 上的四元数代数 B, 这无非是将 B 看成 $4[F : \mathbb{Q}]$ 维 $\mathbb{Q}$-代数. 不难想见 B^1 成为 $\mathbb{Q}$ 上的线性代数群, 毕竟一切都是代数地定义在有限维仿射空间上的.

今起假设 F 是**全实域**, 亦即所有域嵌入 $F \hookrightarrow \mathbb{C}$ 的像都在 $\mathbb{R}$ 中. 将这些嵌入标为 ι_i, 其中 $0 \leqslant i < [F : \mathbb{Q}]$. 将 F 写成 $\mathbb{Q}(\theta)$ 之形, 其中 $\theta \in \mathbb{C}$ 的首一极小多项式为 $P \in \mathbb{Q}[X]$, $F \simeq \mathbb{Q}[X]/(P)$, 那么这些域嵌入透过 $\iota_i(\theta) = \theta_i$ 一一对应于 P 在 $\mathbb{C}$ 中的根 $\theta_0, \theta_1, \cdots$, 它们都落在 $\mathbb{R}$ 中. 用 $B \underset{F, \iota_i}{\otimes} \mathbb{R}$ 表示对域扩张 $F \xrightarrow{\iota_i} \mathbb{R}$ 取张量积, 于是有 $\mathbb{R}$-代数的同构

$$B \underset{\mathbb{Q}}{\otimes} \mathbb{R} \simeq B \underset{F}{\otimes} \left(F \underset{\mathbb{Q}}{\otimes} \mathbb{R} \right) \simeq B \underset{F}{\otimes} \left(\frac{\mathbb{R}[X]}{(P)} \right)$$
$$\simeq B \underset{F}{\otimes} \prod_{i=0}^{[F:\mathbb{Q}]-1} \frac{\mathbb{R}[X]}{(X - \theta_i)} \simeq \prod_{i=0}^{[F:\mathbb{Q}]-1} \left(B \underset{F, \iota_i}{\otimes} \mathbb{R} \right).$$

进一步假定存在唯一的 i 使得 $B \underset{F, \iota_i}{\otimes} \mathbb{R}$ 分裂, 不妨设 $i = 0$. 那么根据例 3.5.7, 当

$i \geqslant 1$ 时则有 $\left(B \underset{F, \iota_i}{\otimes} \mathbb{R} \right)^1 \simeq \mathbb{H}^1 \simeq \mathrm{SU}(2)$, 从而有嵌入

$$(\iota_0, \iota_1, \cdots) : B^1 \hookrightarrow \left(B \underset{\mathbb{Q}}{\otimes} \mathbb{R} \right)^1 \simeq \mathrm{SL}(2, \mathbb{R}) \times \prod_{i=1}^{[F:\mathbb{Q}]-1} \mathrm{SU}(2).$$

注意到 B^1 是 $\mathbb{Q}$ 上的线性代数群, 另记为 $\mathbf{G}'$, 那么嵌入的右端是 Lie 群 $\mathbf{G}'(\mathbb{R})$; 投影同态 $\mathbf{G}'(\mathbb{R}) \xrightarrow{\pi} \mathrm{SL}(2, \mathbb{R})$ 的核是紧群. 合成同态 $\pi \circ (\iota_0, \iota_1, \cdots)$ 无非是对应 ι_0 的群嵌入

$$B^1 \hookrightarrow \left(B \underset{F, \iota_0}{\otimes} \mathbb{R} \right)^1 \simeq \mathrm{SL}(2, \mathbb{R}). \tag{3.5.2}$$

不难验证 $\mathcal{O} \cap B^1$ 对之的像是 $\mathrm{SL}(2, \mathbb{R})$ 的算术子群. 这是从序模构造算术子群的手法.

例 3.5.11 取 $F = \mathbb{Q}$, $B = \mathrm{M}_2(\mathbb{Q})$, 序模为 $\mathcal{O} := \mathrm{M}_2(\mathbb{Z})$. 那么 $\mathcal{O} \cap B^1$ 透过 (3.5.2) 在 $\mathrm{SL}(2, \mathbb{R})$ 中的像无非是熟知的 $\mathrm{SL}(2, \mathbb{Z})$.

作为另一则示范, 今参照 [33, §5] 取 $F = \mathbb{Q}$, $B = \left(\dfrac{2, -3}{\mathbb{Q}} \right)$. 例 3.5.7 表明 $B \underset{\mathbb{Q}}{\otimes} \mathbb{R} \simeq \left(\dfrac{1, -1}{\mathbb{R}} \right)$ 分裂. 取序模为

$$\mathcal{O} := \mathbb{Z} \oplus \mathbb{Z} \cdot \frac{i+k}{2} \oplus \mathbb{Z} \cdot \frac{1+j}{2} \oplus \mathbb{Z}k.$$

它实际是一个极大序模. 嵌入 $B \hookrightarrow \mathrm{M}_2(\mathbb{R})$ 取为合成

$$B \xrightarrow{(3.5.1)} \mathrm{M}_2\left(\mathbb{Q}(\sqrt{2}) \right) \xrightarrow{\mathbb{Q}(\sqrt{2}) \subset \mathbb{R}} \mathrm{M}_2(\mathbb{R}).$$

所得的算术子群记作 $\Gamma_0^6(1) \subset \mathrm{SL}(2, \mathbb{R})$. 以下讨论它的 Dirichlet 区域, 见 §1.6.

记 $2j - k \in B^\times$ 在 $\mathscr{H}$ 上的作用为 π_6. 定义

$$a := \frac{(-2\sqrt{2}+3)\sqrt{-3}}{3}, \quad b := \frac{(4\sqrt{2}-5)(3+2\sqrt{-3})}{21}, \quad c := \frac{(\sqrt{2}-1)(1+\sqrt{-2})}{3}.$$

取 b', c' 为 b, c 对虚数轴的镜射, 再取 $d' := \pi_6(b)$, $d := \pi_6(b')$, $e := \pi_6(a)$. 那么 $\Gamma_0^6(1)$ 在 $\mathscr{H}$ 上作用的 Dirichlet 区域可以取为以点 $a, b, c, d, e, d', c', b'$ 为顶点的测地多边形 (图 3.5.1).

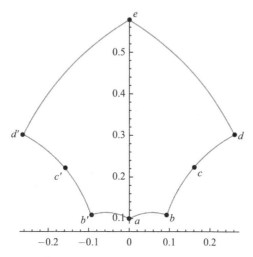

图 3.5.1 $\Gamma_0^6(1)$ 的一个基本区域, 以 SageMath 软件绘制

该基本区域的样貌与同余子群情形显著不同: 它没有无穷远点, 因而为紧, 由此推得 $Y(\Gamma_0^6(1)) = X(\Gamma_0^6(1))$ 已然是紧 Riemann 曲面. 推而广之, 以下命题断言来自 B^1 的算术子群皆无尖点.

命题 3.5.12 设 $B = \left(\dfrac{2, -3}{\mathbb{Q}}\right)$, 那么 B 非分裂. 若 $\Gamma \subset \mathrm{SL}(2, \mathbb{R})$ 是来自 B^1 的算术子群, 则 Γ 不含抛物元, 特别地, Γ 无尖点.

证明 我们先说明任何 $q \in B^1 \smallsetminus \{\pm 1\}$ 都不可能透过 (3.5.2) 映为 $\mathrm{SL}(2, \mathbb{R})$ 的抛物元. 记 q 在 $\mathrm{SL}(2, \mathbb{R})$ 中的像为 γ. 若 γ 为抛物元, 那么 $\mathrm{Tr}(\gamma)^2 = 4$ 蕴涵 $q = \pm 1 + yi + zj + wk$, 而 $\mathrm{Nrd}(q) = \det(\gamma) = 1$ 蕴涵 $-2y^2 + 3z^2 - 6w^2 = 0$ 有非平凡的有理解; 行换元 $y \rightsquigarrow 3y$, $z \rightsquigarrow 2z$ 后这等价于 $-3y^2 + 2z^2 = w^2$ 有非平凡有理解. 更可进一步地假设 $y, z, w \in \mathbb{Z}$ 无 $\neq \pm 1$ 的公因子. 因为 2 非 mod 3 的二次剩余, 故

$$2z^2 \equiv w^2 \pmod{3} \implies z \equiv 0 \pmod{3} \implies z \equiv w \equiv 0 \pmod{3},$$

于是 $y^2 = \dfrac{w^2 - 2z^2}{-3}$ 也被 3 整除, 矛盾.

特别地, Γ 作为 $\mathcal{O} \cap B^1$ 的像不可能包含抛物元. 假如 B 分裂, 则 $B^1 \simeq \mathrm{SL}(2, \mathbb{Q}) \supset \begin{pmatrix} 1 & \mathbb{Q} \\ & 1 \end{pmatrix}$ 将包含 $\mathrm{SL}(2, \mathbb{R})$ 的抛物元, 亦矛盾. 尖点之阙如则是定义 3.2.1 的直接结论. □

注记 3.5.13 Weil 对典型群的分类蕴涵以下推论: 精确到可公度性, $\mathrm{SL}(2, \mathbb{R})$ (或 $\mathrm{PSL}(2, \mathbb{R})$) 的所有算术子群 Γ (或 $\overline{\Gamma}$) 都透过 (3.5.2) 来自某个全实域 F, 只对一个嵌入 $F \hookrightarrow \mathbb{R}$ 分裂的四元数 F-代数 B, 以及序模 $\mathcal{O} \subset B$. 相关细节和 $\overline{\Gamma}$ 的基本区域的性质可

参阅 [56, §38]. 一个事实是 B 非分裂时 $Y(\Gamma)$ 必为紧. 命题 3.5.12 已经实算了一个具体例子.

志村曲线的众多妙用之一是构造两个二维紧 Riemann 流形, 使之不等距但等谱, 后者意谓两者的 Laplace-Beltrami 算子有相同的特征值 (计重数), 见 [55, IV.3.E]. 为此须运用 $\mathbb{Q}$ 的二次扩张上的四元数代数和 Selberg 迹公式, 这已经逾越本书范围.

3.6　整权模形式的一般定义

模形式在同余子群情形的定义 1.5.8 可以毫不困难地推及任何余有限 Fuchs 群 Γ. 相关讨论几乎与 §1.5 平行.

择定权 $k \in \mathbb{Z}$. 先前关于 $Y(\Gamma)$ 和 $X(\Gamma)$ 的种种构造仅涉及 $\overline{\Gamma}$ 的结构. 一旦考虑定义 1.5.3 中 Γ 的右作用 $f \mapsto f \mid_k \gamma$, 由于 $f \mid_k (-1) = (-1)^k f$, 当 $k \notin 2\mathbb{Z}$ 时单看 $\overline{\Gamma}$ 是不够的. 我们将需要以下概念.

定义 3.6.1 (正则尖点)　设 $-1 \notin \Gamma$ 而 $t \in \mathscr{C}_\Gamma$. 存在 $\alpha \in \mathrm{SL}(2, \mathbb{R})$ 使得 $t = \alpha\infty$, 从而在 $\mathrm{PSL}(2, \mathbb{R})$ 中

$$\alpha^{-1}\overline{\Gamma}_t\alpha = \left\langle \begin{pmatrix} 1 & h \\ & 1 \end{pmatrix} \right\rangle, \quad h \in \mathbb{R}_{>0},$$

见 (3.2.1), 该处的 α 相当于这里的 α^{-1}. 现将上式提升到 $\mathrm{SL}(2, \mathbb{R})$ 中来考察. 因为 $-1 \notin \Gamma$, 以下两种情形必居其一:

◇ 若 $\begin{pmatrix} 1 & h \\ & 1 \end{pmatrix} \in \alpha^{-1}\Gamma_t\alpha$, 则称相应的尖点为**正则**的;

◇ 若 $-\begin{pmatrix} 1 & h \\ & 1 \end{pmatrix} \in \alpha^{-1}\Gamma_t\alpha$, 则称相应的尖点为**非正则**的.

练习 3.6.2　验证以上定义不依赖于 α 的选取, 而且只关乎 t 的 Γ 轨道, 换言之只依赖于 $X(\Gamma)$ 中相应的尖点.

练习 3.6.3　证明当 $N \geqslant 3$ (或 $N \geqslant 5$) 时, $\Gamma(N)$ (或 $\Gamma_1(N)$) 的所有尖点都正则.
$\boxed{\text{提示}}$ 对于 $\Gamma(N)$, 考虑由 $\alpha\infty \in \mathbb{Q}^*$ 给出的尖点, 其中 $\alpha \in \mathrm{SL}(2, \mathbb{Z})$. 由 $\alpha^{-1}\Gamma(N)\alpha = \Gamma(N)$ 可见 $\alpha^{-1}\Gamma(N)_{\alpha\infty}\alpha = \Gamma(N)_\infty$, 而条件蕴涵 $\Gamma(N)_\infty = \begin{pmatrix} 1 & N\mathbb{Z} \\ & 1 \end{pmatrix}$. 对于 $\Gamma_1(N)$, 若存在非正则极点, 则存在抛物元素 $\gamma \in \Gamma_1(N)$ 使得 $\mathrm{Tr}(\gamma) = -2$, 这将蕴涵 $N \mid 4$.

非正则尖点的实例将在例 4.2.5 给出.

对于全纯函数 $f : \mathcal{H} \to \mathbb{C}$, 假若 f 有周期 $x > 0$, 亦即 $f(\tau + x) = f(\tau)$, 则可以按 Laurent 级数展开

$$f(\tau) = \sum_{n \in \mathbb{Z}} a_n q_x^n, \quad q_x := e^{2\pi i \tau / x}.$$

一如定义 1.5.6, 我们按展开式中是否仅有 $n \geqslant 0$ (或 $n > 0$, 或至多有限个 $n < 0$) 的非零项, 称 f 在 ∞ 处全纯 (或消没, 或亚纯). 这些性质在平移变换 $f(\tau) \rightsquigarrow f(\tau + b)$ 下并不改变 $(b \in \mathbb{R})$. 此一展开式称为 Fourier 展开, 系数称为 Fourier 系数.

对每个 $t = \alpha\infty \in \mathscr{C}_\Gamma$, 其中 $\alpha \in \mathrm{SL}(2, \mathbb{R})$, 我们希望探讨 $f \big|_k \alpha$ 在 ∞ 处的 Fourier 展开. 为此, 我们取 $f \big|_k \alpha$ 的周期

$$x := \min \left\{ x' \in \mathbb{R}_{>0} : \begin{pmatrix} 1 & x' \\ & 1 \end{pmatrix} \in \alpha^{-1} \Gamma_t \alpha \right\},$$

此时

$$\alpha^{-1} \Gamma_t \alpha \cap \begin{pmatrix} 1 & * \\ & 1 \end{pmatrix} = \begin{pmatrix} 1 & x\mathbb{Z} \\ & 1 \end{pmatrix}.$$

上式的 x 未必等于定义 3.6.1 中的 h, 因为后者是在 $\mathrm{PSL}(2, \mathbb{R})$ 中来考虑的. 在此请读者验证: 若 $-1 \in \Gamma$, 则 $x = h$; 若 $-1 \notin \Gamma$, 则

$$x = \begin{cases} h, & t \text{ 为正则尖点}, \\ 2h, & t \text{ 为非正则尖点}. \end{cases} \tag{3.6.1}$$

定义 3.6.4　设 Γ 为余有限 Fuchs 群, $k \in \mathbb{Z}$. 对于全纯函数 $f : \mathcal{H} \to \mathbb{C}$, 若

(i) 对所有 $\gamma \in \Gamma$ 皆有 $f \big|_k \gamma = f$;

(ii) 对每个 $t = \alpha\infty \in \mathscr{C}_\Gamma$, 其中 $\alpha \in \mathrm{SL}(2, \mathbb{R})$ 者, $f \big|_k \alpha$ 在 ∞ 处全纯,

则称 f 是权为 k, 级为 Γ 的**模形式**. 若进一步在 (ii) 中要求 $f \big|_k \alpha$ 在 ∞ 处消没, 则称 f 是**尖点形式**. 它们构成的 $\mathbb{C}$-向量空间分别记为 $M_k(\Gamma)$ 和 $S_k(\Gamma)$. 若将 f 在 $\mathcal{H}$ 上及在条件 (ii) 中的全纯条件放宽为亚纯, 相应地便得到**亚纯模形式**的概念.

尖点处的条件 (ii) 只依赖于 t 的 Γ-轨道, 或者说只依赖于双陪集 $\Gamma \cdot \alpha \cdot \mathrm{Stab}_{\mathrm{SL}(2,\mathbb{R})}(\infty)$, 道理与定义–命题 1.5.9 前的讨论类似, 细说如下:

⋄ 基于条件 (i), 将 α 左乘以 Γ 的元素不改变 $f \big|_k \alpha$.

◇ 设 $\beta \in \mathrm{Stab}_{\mathrm{SL}(2,\mathbb{R})}(\infty)$. 按引理 1.1.6 表之为

$$\beta = \begin{pmatrix} a & b \\ & a^{-1} \end{pmatrix}, \quad \beta : \tau \mapsto a^2\tau + ab.$$

变 α 为 $\alpha\beta$ 相当于变 $g := f\big|_k \alpha$ 为 $g^* := g\big|_k \beta : \tau \mapsto a^k g(a^2\tau + ab)$. 又由于

$$\beta^{-1}\begin{pmatrix} 1 & x \\ & 1 \end{pmatrix}\beta = \begin{pmatrix} a^{-1} & -b \\ & a \end{pmatrix}\begin{pmatrix} 1 & x \\ & 1 \end{pmatrix}\begin{pmatrix} a & b \\ & a^{-1} \end{pmatrix} = \begin{pmatrix} 1 & a^{-2}x \\ & 1 \end{pmatrix},$$

所论的周期 x 相应地变为 $a^{-2}x$. 综之,

$$g^*(\tau) = a^k \sum_n a_n \exp\left(2\pi in \cdot \frac{a^2\tau + ab}{x}\right)$$

$$= a^k \sum_n a_n \exp\left(2\pi in \cdot \frac{\tau}{a^{-2}x}\right) \exp\left(2\pi inx^{-1}ab\right)$$

$$= a^k \sum_n a_n \exp\left(2\pi inx^{-1}ab\right) q_{a^{-2}x}^n.$$

故条件 (ii) 中相应的全纯和消没性质亦不变. 进一步, Fourier 展开的常数项只差一个因子 a^k.

注记 3.6.5 今后将反复运用以下观察: 模形式 $f \in M_k(\Gamma)$ 或 $S_k(\Gamma)$ 的定义中, (i) 的 Γ-不变性当然和 Γ 的选择密切相关; 条件 (ii) 则只牵涉 $\mathscr{C}_\Gamma$. 作为推论, 给定余有限 Fuchs 群 $\Gamma, \Gamma' \subset \mathrm{SL}(2,\mathbb{R})$, 当两者可公度时 (定义 3.5.1), 条件 (ii) 对 Γ 和对 Γ' 是同一的, 缘由在于命题 3.2.2 确保

$$\mathscr{C}_\Gamma = \mathscr{C}_{\Gamma\cap\Gamma'} = \mathscr{C}_{\Gamma'}.$$

作为推论, 当 $(\Gamma : \Gamma') < +\infty$ 时 $M_k(\Gamma) = M_k(\Gamma')^{\Gamma\text{-不变}}$, $S_k(\Gamma) = S_k(\Gamma')^{\Gamma\text{-不变}}$.

注记 3.6.6 如果 Γ 没有尖点 (例如, §3.5 提及的志村曲线情形), 定义 3.6.4 的条件 (ii) 便是空的. 如此一来, 模形式和模曲线 $X(\Gamma)$ 的定义在无尖点情形是大大地简化了; 另一方面, 无尖点则无 Fourier 展开, 这对模形式的深入研究会带来更大的挑战.

以下结果对于验证一个函数是否为模形式极为方便, 有时甚且是必要的.

命题 3.6.7 令 Γ 为余有限 Fuchs 群, $k \in \mathbb{Z}$. 设全纯函数 $f : \mathscr{H} \to \mathbb{C}$ 满足
◇ 定义 3.6.4 中的 Γ-不变性 (i);

⋄ 存在尖点 $t = \alpha\infty \in \mathscr{C}_\Gamma$ 和相应的 Fourier 展开 $f\big|_k \alpha = \sum_{n \geq 0} a_n q_x^n$, 使得存在依赖于 f, t 的常数 $M \geq 0$ 使得 $|a_n| \ll n^M$,

那么 f 在 Γ 的每个尖点处都全纯, 因而 $f \in M_k(\Gamma)$.

证明 取共轭 $\Gamma \rightsquigarrow \alpha^{-1}\Gamma\alpha$ 和 $f \rightsquigarrow f\big|_k \alpha$, 可化约到 $\infty \in \mathscr{C}_\Gamma$ 而 $\alpha = 1$ 的情形. 我们希望证明当

$$\beta = \begin{pmatrix} a & b \\ c & d \end{pmatrix} \in \mathrm{SL}(2, \mathbb{R}), \quad t = \beta\infty \in \mathscr{C}_\Gamma \smallsetminus \{\infty\}$$

时, 函数 $g := f\big|_k \beta$ 在 ∞ 处全纯. 观察到 $t \neq \infty$ 蕴涵 $c \neq 0$, 而

$$g(\tau) = (c\tau + d)^{-k} \sum_{n \geq 0} a_n Q_x^n, \quad Q_x := \exp\left(2\pi i x^{-1} \cdot \frac{a\tau + b}{c\tau + d}\right).$$

设 $g(\tau)$ 在 ∞ 处的 Laurent 展开为 $\sum_{n \in \mathbb{Z}} b_n q_y^n$, 其中 $q_y := \exp(2\pi i y^{-1}\tau)$, $y \in \mathbb{R}_{>0}$. 根据复变函数论的常识 (如 [63, §4.2, 定理 1]), 仅需证明 $\lim_{\tau \to \infty} q_y g(\tau) = 0$ 即足. 注意到当 $\mathrm{Im}(\tau) \to +\infty$ 而 $0 \leq \mathrm{Re}(\tau) \leq y$ 时,

⋄ q_y 作为 $\mathrm{Im}(\tau)$ 的函数按指数衰减;

⋄ $(c\tau + d)^{-k}$ 至多按 $\mathrm{Im}(\tau)$ 的多项式增长.

上述估计对 $\mathrm{Re}(\tau)$ 还是一致的. 故仅需证明 $\sum_{n \geq 0} a_n Q_x^n$ 相对于 $\mathrm{Im}(\tau)$ 至多呈多项式增长.

设 $\tau = u + iv$, 其中 $v > 0$ 而 $0 \leq u \leq y$. 以 $\lceil M \rceil$ 代替 M, 可设 $M \in \mathbb{Z}_{\geq 0}$. 根据引理 1.1.2,

$$\sum_{n \geq 0} a_n Q_x^n \ll \sum_{n \geq 0} n^M |Q_x|^n,$$

$$|Q_x| = \exp\left(-2\pi x^{-1} \mathrm{Im}\left(\frac{a\tau + b}{c\tau + d}\right)\right)$$

$$= \exp\left(-2\pi x^{-1}|c\tau + d|^{-2}v\right).$$

兹断言存在实系数多项式 P 使得

$$\sum_{n \geq 0} n^M |Q_x|^n = \frac{P(|Q_x|)}{(1 - |Q_x|)^{M+1}}.$$

引入变元 q, 在收敛范围 $|q| < 1$ 内考虑 $\sum_{n \geq 0} q^n = (1-q)^{-1}$, 反复求导得 $\sum_{n \geq h} \binom{n}{h} q^{n-h} = (1-q)^{-h-1}$, 如是可导出以上性质.

当 $v \to \infty$ 时 $Q_x \to e^{2\pi i x^{-1}t}$, 故 $P(|Q_x|)$ 有极限. 为了得出 $\sum_{n \geq 0} n^M |Q_x|^n$ 对

$v = \mathrm{Im}(\tau)$ 至多按多项式增长, 只要证明存在 $N > 0$ 使得

$$\lim_{v \to \infty} \frac{1}{v^N \left(1 - |Q_x|\right)} = 0,$$

而且该极限对 $u \in [0, y]$ 是一致的. 当 $v \to +\infty$ 时,

$$1 - |Q_x| = 1 - \exp\left(-2\pi x^{-1} |c\tau + d|^{-2} v\right)$$
$$= 2\pi x^{-1} |c\tau + d|^{-2} v \left(1 + o(1)\right).$$

因为 $u \in [0, y]$, 故 $v \to +\infty$ 时 $|c\tau + d|^2 = (cu + d)^2 + (cv)^2 \sim c^2 v^2$. 于是取 $N \geqslant 2$ 即有

$$v^N \left(1 - |Q_x|\right) \approx 2\pi x^{-1} c^{-2} v^{N-1} (1 + o(1)) \xrightarrow{v \to +\infty} \infty.$$

相关估计对 u 显然是一致的.   □

我们将在定理 7.1.1 推导上述结果在 $f \in S_k(\Gamma)$ 时的逆命题: f 在尖点的 Fourier 系数至多按 $n^{k/2}$ 增长. 当 Γ 是同余子群时, 可进一步对所有 $f \in M_k(\Gamma)$ 得到 n^k 的估计, 见定理 7.1.2.

3.7 Petersson 内积

选定余有限 Fuchs 群 $\Gamma \subset \mathrm{SL}(2, \mathbb{R})$, 本节主旨是在 $S_k(\Gamma)$ 上定义一个标准的 Hermite 内积. 所谓 $\mathbb{C}$-向量空间 S 上的 Hermite 内积, 是指一个服从下述条件的映射 $(\cdot|\cdot) : S \times S \to \mathbb{C}$,

  ◇ $(ax + by|z) = a(x|z) + b(y|z)$, 其中 $a, b \in \mathbb{C}$;

  ◇ $(x|y) = \overline{(y|x)}$;

  ◇ $(x|x) \geqslant 0$, 等号成立当且仅当 $x = 0$.

按注记 3.1.5, 我们选定 Γ 的基本区域 $\mathscr{F}$ 使得 $\partial \mathscr{F}$ 为零测集, 比方说 Dirichlet 区域, 以其双曲测度来定义 $\mathrm{vol}(Y(\Gamma)) < +\infty$. 进一步, 可以谈论任意可测函数 $\varphi : Y(\Gamma) \to \mathbb{C}$ 是否可积, 及其积分的值, 相应的测度且记为 μ. 对此可有两种等价的观点:

  ◇ 扣掉 Γ 的椭圆点 (可数多个, 离散) 得到 Γ-不变开子集 $\mathscr{H}' \subset \mathscr{H}$, 相应地有 $Y(\Gamma)' \subset Y(\Gamma)$. 于是 $Y'(\Gamma)$ 是 $\mathscr{H}'$ 对自由群作用的商, 从 $\mathscr{H}'$ 继承 Riemann 流形结构. 本节记相应的测度为 μ.

  ◇ 将 φ 拉回 $\mathscr{H}$, 再限制到 $\mathscr{F}$ 上对双曲测度积分, 亦即

$$\int_{Y(\Gamma)} \varphi(\tau) \, d\mu(\tau) = \int_{\mathscr{F}} \varphi(\tau) \frac{dx \wedge dy}{y^2}, \quad \tau = x + iy.$$

既然 $\mathrm{vol}(Y(\Gamma)) < +\infty$, 任何 $Y(\Gamma)$ 上的有界可测函数都可积.

以下选定 $k \in \mathbb{Z}$ 以定义模形式空间 $M_k(\Gamma) \supset S_k(\Gamma)$, 它们都是有限维 $\mathbb{C}$-向量空间 (推论 4.3.2, 定理 4.6.3).

定义-定理 3.7.1 设 $f, g \in M_k(\Gamma)$, 其中至少有一个属于 $S_k(\Gamma)$, 则

$$(f|g)_{\mathrm{Pet}} := \frac{1}{\mathrm{vol}(Y(\Gamma))} \int_{Y(\Gamma)} f(\tau)\overline{g(\tau)} \, \mathrm{Im}(\tau)^k \, \mathrm{d}\mu(\tau)$$

是良定的. 这给出 $S_k(\Gamma)$ 上的 Hermite 内积, 称为 **Petersson 内积**.

证明 定义连续函数 $\varphi(\tau) = \varphi[f,g](\tau) := f(\tau)\overline{g(\tau)} \, \mathrm{Im}(\tau)^k$. 首务是证 $\varphi = \varphi[f,g]$ 下降为 $Y(\Gamma)$ 上的函数. 对任意 $\gamma \in \mathrm{GL}(2,\mathbb{R})^+$, 应用定义 1.5.3 和引理 1.1.2 来改写

$$\varphi[f,g](\gamma\tau) = (f \mid_k \gamma)(\tau)\overline{(g \mid_k \gamma)(\tau)} \det(\gamma)^{-k} j(\gamma,\tau)^k \overline{j(\gamma,\tau)}^k$$

$$\cdot \, \mathrm{Im}(\tau)^k (\det\gamma)^k |j(\gamma,\tau)|^{-2k}$$

$$= (f \mid_k \gamma)(\tau)\overline{(g \mid_k \gamma)(\tau)} \, \mathrm{Im}(\tau)^k$$

$$= \varphi\left[f \mid_k \gamma, \, g \mid_k \gamma\right](\tau) \tag{3.7.1}$$

若取 $\gamma \in \Gamma$ 便得到 $\varphi(\gamma\tau) = \varphi(\tau)$.

视 φ 为 $Y(\Gamma)$ 上的函数, 则连续性自动成立. 现在考量 φ 在任意 $t = \alpha\infty \in \mathscr{C}_\Gamma$ 附近的性状, 其中 $\alpha \in \mathrm{SL}(2,\mathbb{R})$. 根据 (3.7.1),

$$\varphi(\alpha\tau) = (f \mid_k \alpha)(\tau)\overline{(g \mid_k \alpha)(\tau)} \, \mathrm{Im}(\tau)^k$$

当 $y := \mathrm{Im}(\tau) \to +\infty$ 时 y^k 呈多项式增长, 而从模形式的 Fourier 展开可知 $f \mid_k \alpha$ 和 $g \mid_k \alpha$ 在 $y \mapsto +\infty$ 时皆有界, 而且其中属于 $S_k(\Gamma)$ 者按 $|\exp(2\pi i\tau/x)| = \exp(-2\pi y/x)$ 递减到零, 这里 $x \in \mathbb{R}_{>0}$. 指数支配多项式, 故 $\varphi(\alpha\tau) \to 0$. 这就将 φ 连续地按零延拓到 $X(\Gamma)$ 上, 而 $X(\Gamma)$ 紧导致 $|\varphi|$ 有界, 因此 $\int_{Y(\Gamma)} |\varphi| < +\infty$.

显然 $(f|g)_{\mathrm{Pet}} = \overline{(g|f)_{\mathrm{Pet}}}$. 设 $f \in S_k(\Gamma)$, 从 f 的连续性易见 $(f|f)_{\mathrm{Pet}} = 0 \iff \varphi[f,f] = 0 \iff f = 0$. 综之, $(\cdot|\cdot)_{\mathrm{Pet}}$ 确实给出 $S_k(\Gamma)$ 上的 Hermite 内积. $\square$

证明中定义的函数 $\varphi[f,g]$ 满足 $|f(\tau)| \mathrm{Im}(\tau)^{k/2} = |\varphi[f,f](\tau)|^{1/2}$, 它给出如下的副产品.

命题 3.7.2 当 $f \in S_k(\Gamma)$ 时 $|f(\tau)| \mathrm{Im}(\tau)^{k/2}$ 是 $\mathscr{H}$ 上的有界函数.

练习 3.7.3 以下是命题 3.7.2 之逆. 对 $f \in M_k(\Gamma)$ 定义 $\psi[f](\tau) := |f(\tau)| \operatorname{Im}(\tau)^{k/2}$. 证明 $\psi[f]$ 有界蕴涵 $f \in S_k(\Gamma)$.

<u>提示</u> 对于 $t = \alpha\infty \in \mathscr{C}_\Gamma$, 注意到 $\psi[f \mid_k \alpha](\tau) = \psi[f](\alpha\tau)$, 它在 $\operatorname{Im}(\tau) \to +\infty$ 时有界导致 $f \mid_k \alpha$ 在 ∞ 处消没.

必要时以 $(f|g)_{\text{Pet}}^\Gamma$ 来标记 Petersson 内积系相对于 Γ 而言. 下一命题解释因子 $\operatorname{vol}(Y(\Gamma))^{-1}$ 的功能: 它表明当 Γ 在一个可公度类中变动时, 上标 Γ 其实可以略去.

命题 3.7.4 假设离散子群 $\Gamma, \Gamma' \subset \operatorname{SL}(2, \mathbb{R})$ 可公度, 那么 Γ 是余有限 Fuchs 群当且仅当 Γ' 是余有限 Fuchs 群.

如果 Γ 是余有限 Fuchs 群而子群 Γ' 满足 $(\Gamma : \Gamma') < +\infty$, 则有自然的包含关系

$$S_k(\Gamma) \subset S_k(\Gamma'), \quad M_k(\Gamma) \subset M_k(\Gamma').$$

进一步,

$$f \in M_k(\Gamma), \quad g \in S_k(\Gamma) \implies (f|g)_{\text{Pet}}^\Gamma = (f|g)_{\text{Pet}}^{\Gamma'}.$$

证明 对于第一个断言, 按定义 3.5.1 容易化约到 $\Gamma' \subset \Gamma$ 而 $(\Gamma : \Gamma') < +\infty$ 之情形. 取定 $\overline{\Gamma}$ 的基本区域 $\mathscr{F}$ 使 $\partial\mathscr{F}$ 为零测集, 例如 Dirichlet 区域. 根据命题 A.2.2, 可取 $\overline{\Gamma'}$ 的基本区域 $\mathscr{F}'$ 为 $(\overline{\Gamma} : \overline{\Gamma'})$ 份 $\mathscr{F}$ 的 $\overline{\Gamma}$-平移之并, 那么 $\partial\mathscr{F}'$ 仍为零测集. 测度的定义遂给出

$$\operatorname{vol}(Y(\Gamma')) = \operatorname{vol}(\mathscr{F}') = (\overline{\Gamma} : \overline{\Gamma'}) \operatorname{vol}(\mathscr{F}) = (\overline{\Gamma} : \overline{\Gamma'}) \operatorname{vol}(Y(\Gamma)).$$

所以 Γ 是余有限 Fuchs 群当且仅当 Γ' 亦然.

今起设 Γ 是余有限 Fuchs 群, 且设 $(\Gamma : \Gamma') < +\infty$ 如上. 模形式空间的包含关系已经在注记 3.6.5 中说明. 照例记 $\tau = x + iy$. 对于 $f \in M_k(\Gamma)$ 和 $g \in S_k(\Gamma)$, 定义–定理 3.7.1 的证明中已说明函数 $f(\tau)\overline{g(\tau)}y^k$ 对 Γ 作用不变, 从而

$$\int_{\mathscr{F}'} f(\tau)\overline{g(\tau)}y^k \frac{\mathrm{d}x\,\mathrm{d}y}{y^2} = (\overline{\Gamma} : \overline{\Gamma'}) \int_{\mathscr{F}} f(\tau)\overline{g(\tau)}y^k \frac{\mathrm{d}x\,\mathrm{d}y}{y^2},$$

配合以上关于测度的讨论即可完成最后一条断言的证明. $\qquad\square$

以下来比较共轭子群的 Petersson 内积, 它将在 Hecke 算子的研究中用上.

引理 3.7.5 设 $\delta \in \mathrm{GL}(2, \mathbb{R})^+$, 则有复向量空间的同构

$$
\begin{array}{ccc}
S_k(\Gamma) & \xrightarrow{\sim} & S_k(\delta^{-1}\Gamma\delta) \\
\cap & & \cap \\
M_k(\Gamma) & \xrightarrow{\sim} & M_k(\delta^{-1}\Gamma\delta) \\
\cup & & \cup \\
f & \longmapsto & f\big|_k \delta.
\end{array}
$$

进一步, 我们有 $\mathrm{vol}(Y(\Gamma)) = \mathrm{vol}(Y(\delta^{-1}\Gamma\delta))$ 以及

$$
(f|g)^\Gamma_{\mathrm{Pet}} = \big(f\big|_k \delta \;\big|\; g\big|_k \delta\big)^{\delta^{-1}\Gamma\delta}_{\mathrm{Pet}},
$$

此处 $f, g \in M_k(\Gamma)$, 其中一个属于 $f \in S_k(\Gamma)$.

证明 命 $\Gamma' := \delta^{-1}\Gamma\delta$, 这也是余有限 Fuchs 群. 对任意 $\delta^{-1}\gamma\delta \in \Gamma'$,

$$
\big(f\big|_k \delta\big)\big|_k \delta^{-1}\gamma\delta = f\big|_k \gamma\delta = \big(f\big|_k \gamma\big)\big|_k \delta = f\big|_k \delta.
$$

又由于 $\mathscr{C}_{\Gamma'} = \delta^{-1}\mathscr{C}_\Gamma$, 函数 f 在尖点附近的条件可以原封不动地搬运到 $f\big|_k \delta$ 上. 综之 $f\big|_k \delta \in M_k(\Gamma')$. 映射 $M_k(\Gamma) \to M_k(\Gamma')$ 之逆显然是 $f\big|_k \delta^{-1}$.

现在考虑 $f, g \in M_k(\Gamma)$, 其中一个属于 $S_k(\Gamma)$. 按定义–定理 3.7.1 证明中的办法定义函数 $\varphi[f, g]$, 并且应用 (3.7.1) 得出

$$
\begin{aligned}
\mathrm{vol}(Y(\Gamma'))\big(f\big|_k \delta \;\big|\; g\big|_k \delta\big)_{\mathrm{Pet}} &= \int_{Y(\Gamma')} \varphi\big[f\big|_k \delta,\, g\big|_k \delta\big](\tau)\,\mathrm{d}\mu(\tau) \\
&= \int_{Y(\Gamma')} \varphi[f, g](\delta\tau)\,\mathrm{d}\mu(\tau).
\end{aligned}
$$

因为 $\delta \in \mathrm{GL}(2, \mathbb{R})^+$, 命题 1.1.5 说明 $\tau \mapsto \delta\tau$ 是 $\mathscr{H}$ 的保距全纯自同构, 它还下降为商空间的同构

$$
Y(\Gamma') \xrightarrow{\sim} Y(\Gamma)
$$
$$
\Gamma'\tau = \delta^{-1}\Gamma\delta\tau \longmapsto \Gamma\delta\tau.
$$

根据本节开头对测度的讨论, 既然 $\tau \mapsto \delta\tau$ 在 $\mathscr{H}$ 上保距, $\Gamma'\tau \mapsto \Gamma\delta\tau$ 也保测度. 于是有 $\mathrm{vol}(Y(\Gamma)) = \mathrm{vol}(Y(\Gamma'))$ 以及

$$
\int_{Y(\Gamma')} \varphi[f, g](\delta\tau)\,\mathrm{d}\mu(\tau) = \int_{Y(\Gamma)} \varphi[f, g](\tau)\,\mathrm{d}\mu(\tau).
$$

明所欲证. $\qquad\square$

最后, 我们对所有同余子群 Γ 和 $k \geqslant 3$ 证明命题 2.6.3 之分解 $M_k(\Gamma) = \mathscr{E}_k(\Gamma) \oplus S_k(\Gamma)$ 对 Petersson 内积正交.

定理 3.7.6 设 Γ 是同余子群, $k \geqslant 3$. 若 $f \in S_k(\Gamma)$ 而 $E \in \mathscr{E}_k(\Gamma)$, 则 $(f|E)_{\mathrm{Pet}} = 0$.

直接的推论是 $\mathscr{E}_k(\Gamma) = \{E \in M_k(\Gamma) : \forall f \in S_k(\Gamma),\ (f|E)_{\mathrm{Pet}} = 0\}$, 这给出 $\mathscr{E}_k(\Gamma)$ 的另一刻画.

证明 依这些空间的定义和命题 3.7.4 化约到 $\Gamma = \Gamma(N)$ 情形. 取 N 足够大使得 $\Gamma(N)$ 无椭圆点, 以安心取商.

按 §2.5 的符号, 无妨设 $E = E_k^{\bar{v}}$, 其中 $\bar{v} \in (\mathbb{Z}/N\mathbb{Z})^2_{\mathrm{prim}}$. 因为 $\mathrm{SL}(2, \mathbb{Z})$ 在 $(\mathbb{Z}/N\mathbb{Z})^2_{\mathrm{prim}}$ 上可递, 存在 $\delta \in \mathrm{SL}(2, \mathbb{Z})$ 使得 $\bar{v}\delta = (0, 1) \mod N$, 定理 2.5.8 蕴涵 $E_k^{\bar{v}}\big|_k \delta = E_k^{\bar{v}\delta} = E_k^{(0,1)}$. 此外引理 3.7.5 蕴涵 $f_1 := f\big|_k \delta \in S_k(\Gamma(N))$, 而且

$$\left(f\big|E_k^{\bar{v}}\right)_{\mathrm{Pet}} = \left(f_1\big|E_k^{(0,1)}\right)_{\mathrm{Pet}}.$$

于是可以进一步设 $\bar{v} \leftrightarrow v = (0, 1) \in \mathbb{Z}^2_{\mathrm{prim}}$. 此时

$$\mathrm{Stab}_{\Gamma(N)}(v) = \begin{pmatrix} * & * \\ & 1 \end{pmatrix} \cap \Gamma(N) = \begin{pmatrix} 1 & N\mathbb{Z} \\ & 1 \end{pmatrix} =: \Gamma(N)_\infty.$$

按定义 2.5.7 写下

$$\mathrm{vol}(Y(N)) \cdot \left(f\big|E_k^{\bar{v}}\right)_{\mathrm{Pet}} = \int_{\Gamma(N)\backslash\mathscr{H}} f(\tau) \sum_{\gamma \in \Gamma(N)_\infty\backslash\Gamma(N)} \overline{j(\gamma, \tau)^{-k}} \,\mathrm{Im}(\tau)^k \,\mathrm{d}\mu(\tau)$$

$$= \int_{\Gamma(N)\backslash\mathscr{H}} \sum_{\gamma \in \Gamma(N)_\infty\backslash\Gamma(N)} f(\tau) j(\gamma, \tau)^k |j(\gamma, \tau)|^{-2k} \,\mathrm{Im}(\tau)^k \,\mathrm{d}\mu(\tau)$$

$$= \int_{\Gamma(N)\backslash\mathscr{H}} \sum_{\gamma \in \Gamma(N)_\infty\backslash\Gamma(N)} \underbrace{f(\gamma\tau) \,\mathrm{Im}(\gamma\tau)^k \,\mathrm{d}\mu(\gamma\tau)}_{\text{仅依赖轨道 } \Gamma(N)_\infty\gamma\tau}$$

$$= \int_{\Gamma(N)_\infty\backslash\mathscr{H}} f(\tau) \,\mathrm{Im}(\tau)^{k-2} \,\mathrm{d}x\,\mathrm{d}y = \int_0^\infty \int_0^N f(x + iy) y^{k-2} \,\mathrm{d}x\,\mathrm{d}y,$$

这里用到商测度的标准性质, 以及 $\{\tau : 0 \leqslant \mathrm{Re}(\tau) \leqslant N\}$ 是 $\Gamma(N)_\infty$ 在 $\mathscr{H}$ 上作用的基本区域这一明显事实, 收敛性不成问题.

因为 $f \in S_k(\Gamma(N))$, 内积分 $\displaystyle\int_0^N$ 将给出 $a_0(f) = 0$ (注记 1.5.5), 从而 $\left(f \middle| E_k^{\bar{v}}\right)_{\mathrm{Pet}} = 0$. 明所欲证. $\qquad\qquad\qquad\qquad\qquad\qquad\qquad\qquad\qquad\qquad\qquad\qquad\qquad\qquad\square$

证明中

$$\int_{\Gamma(N)\backslash\mathscr{H}} \sum_{\Gamma(N)_\infty\backslash\Gamma(N)} = \int_{\Gamma(N)_\infty\backslash\mathscr{H}}$$

这一步是常见技巧, 在自守表示理论中称之为 "开折".

3.8 与复环面的关系

本节旨在探讨当 $\Gamma = \Gamma(N)$, $\Gamma_1(N)$ 或 $\Gamma_0(N)$ 时, 空间 $Y(\Gamma)$ 所具有的模诠释, 换言之, 探讨它们所分类的对象.

定义 3.8.1(格) 有限维实向量空间 V 中的**格**是指能够表示成 $\Lambda = \mathbb{Z}v_1 \oplus \cdots \oplus \mathbb{Z}v_m$ 的 $\mathbb{Z}$-子模 $\Lambda \subset V$, 其中 $v_1, \cdots, v_m \in \Lambda$ 在 $\mathbb{R}$ 上也构成 V 的一族基.

如上的 $v_1, \cdots, v_m$ 是自由 $\mathbb{Z}$-模 Λ 的一组基, 而另一组元素 $v_1', \cdots, v_m' \in \Lambda$ 是基的充要条件是存在 $\mathrm{GL}(\Lambda) = \{g \in \mathrm{GL}_{\mathbb{R}}(V) : g\Lambda = \Lambda\}$ 的元素 γ, 使得 $v_i' = \gamma v_i$ 对所有 $1 \leqslant i \leqslant m$ 成立. 如果以基 $v_1, \cdots, v_m$ 将 Λ 等同于 $\mathbb{Z}^m$, 则 $\mathrm{GL}(\Lambda) = \mathrm{GL}(m, \mathbb{Z})$.

赋予 V/Λ 商拓扑. 商映射 $V \to V/\Lambda$ 总是复叠映射. 条件 $\mathrm{rk}\,\Lambda = m = \dim_{\mathbb{R}} V$ 保证 V/Λ 紧, 所以一些文献称这里定义的格为完全格. 读者可以试着写出 Λ 作用下的基本区域. 对于熟悉拓扑学的读者 (参看 [57]), 不难得出典范同构

$$\pi_1(V/\Lambda, \text{零点}) = \mathrm{H}_1(V/\Lambda; \mathbb{Z}) = \Lambda.$$

本节主要考察一维复环面, 对应于在上述定义中取 $V = \mathbb{C}$, 视为 2 维实向量空间. 参见例 B.2.9. 若 Λ 是 $\mathbb{C}$ 中的格, 而 $a \in \mathbb{C}^\times$, 则 $a\Lambda$ 也是 $\mathbb{C}$ 中的格.

根据 Riemann 曲面理论的基本知识 (例 B.2.9), $\mathbb{C}/\Lambda$ 自然地是 Riemann 曲面, 同胚于环面 $\mathbb{S}^1 \times \mathbb{S}^1$. 此外 $\mathbb{C}/\Lambda$ 又带有商群结构, 以陪集 $0 := \Lambda$ 为单位元, 取逆 $\mathbb{C}/\Lambda \to \mathbb{C}/\Lambda$ 和加法运算 $\mathbb{C}/\Lambda \times \mathbb{C}/\Lambda \to \mathbb{C}/\Lambda$ 都是全纯的 (这里出现了二维复流形, 但无关宏旨). 这就说明 $\mathbb{C}/\Lambda$ 实则是一维的**交换复 Lie 群**. 简言之, 一切都和复结构相容.

定义 3.8.2 对于格 $\Lambda \subset V$, 相应的一维**复环面**定义为 Riemann 曲面 $\mathbb{C}/\Lambda$ 连同其复 Lie 群结构. 设 T_1, T_2 为复环面, 其间的群同态 $f : T_1 \to T_2$ 如果也是 Riemann 曲面的态射, 则称 f 为复环面之间的态射.

从复环面 T_1 到 T_2 的全体态射构成加法群 $\mathrm{Hom}(T_1, T_2)$, 加法规定为 $(f + g)(x) =$

$f(x) + g(x)$, 零元则是零态射 $\forall x \mapsto 0$. 加法对态射的合成满足形如 $h(f+g) = hf + hg$, $(f+g)k = fk + gk$ 的性质, 只要这些合成有意义.

既然定义了复环面及其间的 Hom 集, 或者确切地说定义了复环面范畴, 我们就有同构的概念. 复环面的分类问题因之有意义.

命题 3.8.3 设 $\Lambda_1, \Lambda_2 \subset \mathbb{C}$ 是格. 我们有双射

$$
\left\{
\begin{array}{c}
f : \mathbb{C}/\Lambda_1 \to \mathbb{C}/\Lambda_2 \\
\text{作为 Riemann 曲面} \\
f(0) = 0
\end{array}
\right\}
=====
\left\{
\begin{array}{c}
f : \mathbb{C}/\Lambda_1 \to \mathbb{C}/\Lambda_2 \\
\text{作为复环面}
\end{array}
\right\}
\xleftarrow{\ \sim\ }
\{a \in \mathbb{C} : a\Lambda_1 \subset \Lambda_2\}
$$

$$
\cup\!\shortmid \qquad\qquad\qquad\qquad\qquad\qquad \cup\!\shortmid
$$

$$
(f_a : z + \Lambda_1 \mapsto az + \Lambda_2) \xleftarrow{\qquad\qquad} a,
$$

其中的箭头 $\xleftarrow{\sim}$ 也是加法群的同构. 复环面之间态射的合成与逐点加法分别翻译为 $\mathbb{C}$ 上的乘法和加法; 当 $\Lambda_1 = \Lambda_2$ 时, $1 \in \mathbb{C}$ 对应恒等态射 id.

作为推论, 同态 f 由它在 0 点的全纯切映射唯一确定.

证明 给定 a 使得 $a\Lambda_1 \subset \Lambda_2$, 那么当然有 $f_a \in \mathrm{Hom}(\mathbb{C}/\Lambda_1, \mathbb{C}/\Lambda_2)$, 特别地, f_a 也是 Riemann 曲面之间的态射, 并且 $f_a(0) = 0$.

现在设 $f : \mathbb{C}/\Lambda_1 \to \mathbb{C}/\Lambda_2$ 为 Riemann 曲面的态射, 满足 $f(0) = 0$. 对 $i = 1, 2$, 商映射 $\mathbb{C} \to \mathbb{C}/\Lambda_i$ 是泛复叠空间. 根据标准结果[57,定理5.3], 存在 f 的提升 $\tilde{f}$, 亦即交换图表

$$
\begin{array}{ccc}
\mathbb{C} & \xrightarrow{\ \tilde{f}\ } & \mathbb{C} \\
{\scriptstyle \pi_1}\downarrow & & \downarrow{\scriptstyle \pi_2} \\
\mathbb{C}/\Lambda_1 & \xrightarrow{\ f\ } & \mathbb{C}/\Lambda_2
\end{array}
$$

因此 $\tilde{f}(0) \in \pi_2^{-1}(0)$. 因为全纯是局部性质, $\tilde{f}$ 自然是全纯的. 对任意 $\lambda \in \Lambda_1$, 映射 $z \mapsto \tilde{f}(z+\lambda) - \tilde{f}(z)$ 取值在离散子群 Λ_2 里, 必然是常值函数. 导函数 $\tilde{f}'$ 因而是 Λ_1-平移不变的全纯函数, Liouville 定理[63,§3.5] 表明它必为常数 a. 相应地, $\tilde{f}(z) = az + b$, $b = \tilde{f}(0) \in \Lambda_2$, 继而 $a\Lambda_1 \subset \Lambda_2$. 这就说明了 $f(z+\Lambda_1) = az + \Lambda_2$, 故 $f = f_a$, 它也是群同态. 另外, f 在 0 点的全纯切映射可以等同于 a. 其余性质是明显的. $\qquad\square$

练习 3.8.4 运用或推广以上结果, 证明任何 Riemann 曲面之间的态射 $\mathbb{C}/\Lambda_1 \to \mathbb{C}/\Lambda_2$ 都形如 $z + \Lambda_1 \mapsto az + b + \Lambda_2$, 其中 $a\Lambda_1 \subset \Lambda_2$, $b \in \Lambda_2$.

几点简单观察如下.

⋄ 态射 $f_a : \mathbb{C}/\Lambda_1 \to \mathbb{C}/\Lambda_2$ 为零映射当且仅当 $a = 0$; 若 $a \neq 0$ 则为满射, 此时

$\ker(f) = a^{-1}\Lambda_2/\Lambda_1$, 因为分子和分母同秩, $\ker(f)$ 必有限. 非零 f 是有限复叠映射. 复叠的次数 (定义 B.3.7) 可以凭代数资料确定为 $\deg(f) = \left(a^{-1}\Lambda_2 : \Lambda_1\right)$. 一维情形下, 复环面之间的非零态射又称为**同源**.

◇ 同理, 我们得知 $f_a : \mathbb{C}/\Lambda_1 \to \mathbb{C}/\Lambda_2$ 是同构当且仅当 $a\Lambda_1 = \Lambda_2$.

◇ 复环面 $T := \mathbb{C}/\Lambda$ 的全体自同态对加法与合成构成环 $\mathrm{End}(T)$, 它等同于环 $\{a \in \mathbb{C} : a\Lambda = \Lambda\}$, 因此交换, 其中的乘法可逆元给出 T 的自同构群 $\mathrm{Aut}(T)$. 在某些情形下 $\mathrm{End}(T)$ 比 $\mathbb{Z}$ 更大, 例如, $\mathbb{C}/(\mathbb{Z} \oplus \mathbb{Z}i)$ 具有额外的四阶自同构 $a = i$. 这类现象称为**复乘**, 其算术面向是椭圆曲线经典理论最华丽的篇章之一. 讨论复乘需要一些关于二次数域的基本语汇, 感兴趣的读者可直接跳至 §8.6.

练习 3.8.5　证明复环面的同源给出等价关系.

现在开始分类复环面. 记 $\mathscr{L} := \{\Lambda \subset \mathbb{C} : \text{格}\}$, 群 $\mathbb{C}^\times$ 按伸缩 $\Lambda \xrightarrow{z} z\Lambda$ 作用在 $\mathscr{L}$ 上. 根据命题 3.8.3, $\Lambda \mapsto \mathbb{C}/\Lambda$ 诱导双射

$$\mathbb{C}^\times \backslash \mathscr{L} \xleftrightarrow{1:1} \{\mathbb{C}/\Lambda : \text{复环面}\}/ \simeq . \tag{3.8.1}$$

问题化为分类 $\mathscr{L}$ 中的 $\mathbb{C}^\times$-轨道. 我们引进一个更简单的分类问题. 命

$$\mathscr{L}^\square := \left\{(u, v) \in \mathbb{C}^2 : \text{构成 } \mathbb{R}\text{-向量空间 } \mathbb{C} \text{ 的基, 与标准定向反向}\right\}.$$

我们也称有序对 (u, v) 为负向基. 在 $\mathscr{L}^\square$ 上有 $\mathbb{C}^\times \times \mathrm{GL}(2, \mathbb{R})^+$ 的左作用

$$\left(z, \gamma = \begin{pmatrix} a & b \\ c & d \end{pmatrix}\right) \in \mathbb{C}^\times \times \mathrm{GL}(2, \mathbb{R})^+, \quad (u, v) \xmapsto{(z, \gamma)} (z(au + bv), z(cu + dv)). \tag{3.8.2}$$

若将资料 (u, v) 等同于 $\mathbb{R}$-线性同构 $\mathbb{R}^2 \xrightarrow{\alpha} \mathbb{C}$, 使得 $(u, v) := (\alpha(1, 0), \alpha(0, 1))$ 是负向基, 则 $\mathbb{C}^\times \times \mathrm{GL}(2, \mathbb{R})^+$ 的作用无非是 $\alpha \xmapsto{(z, \gamma)} z \circ \alpha \circ {}^t\gamma$. 此外, $\mathbb{C}^\times$ 和 $\mathrm{GL}(2, \mathbb{R})^+$ 在 $\mathscr{L}^\square$ 上的作用皆自由.

若 $(u, v) \in \mathscr{L}^\square$, 则 $\Lambda := \mathbb{Z}u \oplus \mathbb{Z}v$ 是 $\mathbb{C}$ 中的格. 反过来说, 任何格 $\Lambda \in \mathscr{L}$ 都能被赋予负向基. 换句话说, "遗忘" 映射

$$\mathrm{obl} : \mathscr{L}^\square \xrightarrow{\sim} \mathscr{L}, \quad (u, v) \longmapsto \Lambda := \mathbb{Z}u \oplus \mathbb{Z}v$$

是满射. 显然它保持 $\mathbb{C}^\times$ 在两边的作用.

当 Λ 固定时, 资料 $(u, v) \in \mathrm{obl}^{-1}(\Lambda)$ 按以上路数等同于 $\mathbb{Z}$-模同构 $\mathbb{Z}^2 \xrightarrow{\alpha} \Lambda$. 所以 $\mathscr{L}^\square$ 的元素亦可视同 "标架化" 的格. 循此观点, $\mathrm{SL}(2, \mathbb{Z})$ 以 $(\Lambda, \alpha) \xmapsto{\gamma} (\Lambda, \alpha \circ {}^t\gamma)$ 左作用

在 $\mathscr{L}^{\square}$ 上, 变动标架而不变动格.

引理 3.8.6　我们有良定的双射

$$\mathbb{C}^{\times}\backslash\mathscr{L}^{\square} \;\overset{1:1}{\longrightarrow}\; \mathscr{H}$$

$$\mathbb{C}^{\times}\cdot(u,v) \;\longmapsto\; \tau := u/v.$$

并且 $\mathrm{GL}(2,\mathbb{R})^{+}$ 在 $\mathbb{C}^{\times}\backslash\mathscr{L}^{\square}$ 上的左作用转译为 $\mathscr{H}$ 上的线性分式变换

$$\tau \overset{\gamma}{\longmapsto} \gamma\tau := \frac{a\tau+b}{c\tau+d}, \quad \gamma = \begin{pmatrix} a & b \\ c & d \end{pmatrix} \in \mathrm{GL}(2,\mathbb{R})^{+}.$$

证明　既然 u,v 在 $\mathbb{C}$ 中为负向, 则 $u/v, 1$ 亦然, 所以 $\mathrm{Im}(u/v) > 0$, 映射良定. 若 $u/v = u'/v' \in \mathscr{H}$, 则 $(u',v') = v'v^{-1}\cdot(u,v)$, 所以此映射为单射. 满性则缘于 $\mathscr{L}^{\square} \ni (\tau,1) \mapsto \tau$.

给定 $\gamma = \begin{pmatrix} a & b \\ c & d \end{pmatrix} \in \mathrm{GL}(2,\mathbb{R})^{+}$, 那么 $\gamma(\tau,1) = (a\tau+b, c\tau+d)$ 透过此映射映至 $\dfrac{a\tau+b}{c\tau+d}$, 即 $\gamma\tau$. 明所欲证. □

引理 3.8.7　对任意 $\mu, \nu \in \mathscr{L}^{\square}$,

$$\mathrm{obl}(\mu) = \mathrm{obl}(\nu) \iff \exists \gamma \in \mathrm{SL}(2,\mathbb{Z}), \quad \nu = \gamma\mu,$$

右式之 $\gamma \in \mathrm{SL}(2,\mathbb{Z})$ 由 μ 和 ν 唯一确定.

证明　对任意格 $\Lambda \subset \mathbb{C}$, 群 $\mathrm{GL}(2,\mathbb{Z})$ 在 $\{(u,v) : \Lambda$ 的 $\mathbb{Z}$-基$\}$ 上左作用. 任两组 $\mathbb{Z}$-基 $\mu = (u,v)$ 和 $\nu = (u',v')$ 都相差一个唯一的 $\gamma \in \mathrm{GL}(2,\mathbb{Z})$, 它们在 $\mathbb{C}$ 中定向相同当且仅当 $\gamma \in \mathrm{SL}(2,\mathbb{Z}) = \mathrm{GL}(2,\mathbb{Z}) \cap \mathrm{GL}(2,\mathbb{R})^{+}$. □

现在我们来分类复环面. 记复环面的同构类构成之集合为 $\mathrm{Tori}(1)$. 另外回忆到 $Y(N) := \Gamma(N)\backslash\mathscr{H}$, 其中 $N \in \mathbb{Z}_{\geqslant 1}$, 作为特例, $Y(1) = \mathrm{SL}(2,\mathbb{Z})\backslash\mathscr{H}$. 对 $\tau \in \mathscr{H}$ 定义 $\Lambda_{\tau} := \mathbb{Z}\tau \oplus \mathbb{Z}$.

定理 3.8.8　透过 $\tau \mapsto \mathbb{C}/\Lambda_{\tau}$, 集合 $Y(1)$ 与 $\mathrm{Tori}(1)$ 一一对应. 进一步, 对任何复环面 T_1, T_2, 记 $\mathrm{Isom}(T_1,T_2) := \{$同构 $f : T_1 \xrightarrow{\sim} T_2\}$, 则对一切 $\tau, \tau' \in \mathscr{H}$ 都有双射

$$\{\gamma \in \mathrm{SL}(2, \mathbb{Z}) : \gamma\tau = \tau'\} \xrightarrow{\sim} \mathrm{Isom}\left(\mathbb{C}/\Lambda_\tau, \mathbb{C}/\Lambda_{\tau'}\right)$$

$$\gamma = \begin{pmatrix} a & b \\ c & d \end{pmatrix} \longmapsto \left(f_z : w + \Lambda_\tau \longmapsto zw + \Lambda_{\tau'}\right),$$

其中 $z \in \mathbb{C}^\times$ 由 $\mathscr{L}^\square$ 中的等式 $(z, \gamma) \cdot (\tau, 1) = (\tau', 1)$ 刻画, 换言之, $z = (c\tau + d)^{-1}$. 同构的合成对应 $\mathrm{SL}(2, \mathbb{Z})$ 中的乘法. 特别地, $\mathrm{Stab}_{\mathrm{SL}(2,\mathbb{Z})}(\tau) \xrightarrow{\sim} \mathrm{Aut}\left(\mathbb{C}/\Lambda_\tau\right)$ 是群同构.

证明 所求的双射源自

$$\mathrm{SL}(2, \mathbb{Z})\backslash\mathscr{H} \xleftarrow[\text{引理 3.8.6}]{\sim} \left(\mathbb{C}^\times \times \mathrm{SL}(2, \mathbb{Z})\right)\backslash\mathscr{L}^\square \xrightarrow[\text{引理 3.8.7}]{\sim} \mathbb{C}^\times\backslash\mathscr{L} \xrightarrow[(3.8.1)]{\sim} \mathrm{Tori}(1)$$

$$\mathrm{SL}(2, \mathbb{Z}) \cdot \tau \longleftmapsto \left(\mathbb{C}^\times \times \mathrm{SL}(2, \mathbb{Z})\right) \cdot (\tau, 1) \longmapsto \mathbb{C}^\times \cdot \Lambda_\tau \longmapsto \mathbb{C}/\Lambda_\tau \quad \mathrm{mod} \simeq .$$

给定 τ, τ', 命题 3.8.3 给出 $\{z \in \mathbb{C}^\times : z\Lambda_\tau = \Lambda_{\tau'}\} \xrightarrow{\sim} \mathrm{Isom}\left(\mathbb{C}/\Lambda_\tau, \mathbb{C}/\Lambda_{\tau'}\right)$. 现将问题透过 obl 抬升到 $\mathscr{L}^\square$. 引理 3.8.7 表明:

⋄ 若 $z\Lambda_\tau = \Lambda_{\tau'}$, 则存在唯一的 $\gamma \in \mathrm{SL}(2, \mathbb{Z})$ 使得 $\gamma \cdot z(\tau, 1) = (\tau', 1) \in \mathscr{L}^\square$, 两边取引理 3.8.6 的像, 得到 $\gamma\tau = \tau'$.

⋄ 反之, 若 $\gamma = \begin{pmatrix} a & b \\ c & d \end{pmatrix} \in \mathrm{SL}(2, \mathbb{Z})$ 映 τ 为 τ', 则引理 3.8.6 说明存在 $z \in \mathbb{C}^\times$ 使得 $z \cdot \gamma(\tau, 1) = (\tau', 1)$, 故 $z\Lambda_\tau = \Lambda_{\tau'}$; 观照第二个分量可见 $z = (c\tau + d)^{-1}$, 对应的同构是 $f_{(c\tau+d)^{-1}}$.

综之, $\mathscr{L}^\square$ 中的等式 $(z, \gamma) \cdot (\tau, 1) = (\tau', 1)$ 确定了双射 $z \leftrightarrow \gamma$ 如下:

$$\{z \in \mathbb{C}^\times : z\Lambda_\tau = \Lambda_{\tau'}\} \overset{1:1}{\longleftrightarrow} \{\gamma \in \mathrm{SL}(2, \mathbb{Z}) : \gamma\tau = \tau'\}.$$

最后验证 $z \mapsto \gamma$ 保持乘法. 设 $\gamma\tau = \tau'$, $\tau'' = \eta\tau'$, 而 $(z, \gamma)(\tau, 1) = (\tau', 1)$, $(w, \eta)(\tau', 1) = (\tau'', 1)$, 则 $(wz, \eta\gamma)(\tau, 1) = (w, \eta)(z, \gamma)(\tau, 1) = (\tau'', 1)$, 亦即同构 wz 对应到 $\eta\gamma$. 明所欲证. □

作为推论, $\mathrm{Tori}(1)$ 具有自然的 Riemann 曲面结构, 同构于 $X(1) \simeq \mathbb{P}^1$ 去掉唯一尖点 ∞, 结果无非是仿射直线, 见定理 3.3.5. 所以我们说复环面可由仿射直线来分类.

复环面实际可等同于一种叫作**椭圆曲线**的代数结构, 这是某些带有群结构, 可由多项式方程定义的紧 Riemann 曲面, 其代数版本的定义能推广到任意域, 乃至任意被称为概形的几何构造上, 进一步讨论见 §8.4. 一般而言, 分类某些具有给定性质之对象的空间称为**模空间**, 分类问题又称为模问题. 经过长年的实践, 几何学家们已经明白在分类对象时, 忽略自同构必然会丢失模空间的重要几何信息, 并且导致种种在数学家眼中不自然的操作. 即便忽略复环面或椭圆曲线的当然自同构 $z \mapsto -z$, 问题依然存在: 定理表明具有自同构 $\neq \pm 1$ 的复环面对应到 $\mathrm{SL}(2,\mathbb{Z})$ 的椭圆轨道. 如果回顾 §3.1 的构造, 缺陷的根源在坐标卡的定义: 在椭圆点 η 附近, 映射 $w \mapsto w^h$ 强行抹平了 $\overline{\Gamma_\eta}$ 的作用. 处理这个问题大致有两种进路.

(1) 直面它. 为此必然要走出复流形或概形的范畴, 引入新的概念如**代数叠**, 并阐明在这个崭新世界里仍能作几何构造, 可参考 [66]. 对之可以证明 $Y(1)$ 是 "模叠" 在某种精确意义下的最佳逼近, 称为**粗模空间**.

(2) 对欲分类的对象施加更多结构来排除自同构, 这般手法称为模问题的**固化**, 这些新的模空间是研究上述模叠的重要途径. 对于椭圆曲线, 一种标准的固化手法是引进级结构, 是以下将探讨的主题. 先前对格的 "标架化" $\alpha : \mathbb{Z}^2 \xrightarrow{\sim} \Lambda$ 也是一例: $\mathscr{H}$ 参数化带标架的格, 取 $\mathrm{SL}(2,\mathbb{Z})$ 的商就得到 $Y(1)$.

粗略地说, 模问题因而能从两头逼近:

$$\text{固化的模空间} \xrightarrow{\text{忘却额外结构}} \text{模叠} \xrightarrow{\text{抹平自同构}} \text{粗模空间}.$$

对于任意交换群 $(A,+)$ 和 $N \in \mathbb{Z}$, 定义其 N-挠子群

$$A[N] := \{a \in A : NA = 0\},$$

这是一个 $\mathbb{Z}/N\mathbb{Z}$-模. 对于复环面的情形, $(\mathbb{C}/\Lambda)[N] = \frac{1}{N}\Lambda/\Lambda$. 若 $(u,v) \in \mathscr{L}^\square$, $\Lambda = \mathbb{Z}u \oplus \mathbb{Z}v$, 则相应的复环面 $E := \mathbb{C}/(\mathbb{Z}u \oplus \mathbb{Z}v)$, 其 N-挠子群自带同构

$$\begin{aligned}
\alpha : (\mathbb{Z}/N\mathbb{Z})^2 &\xrightarrow{\sim} E[N] = \mathbb{Z}\frac{u}{N} \oplus \mathbb{Z}\frac{v}{N} \bmod \Lambda \\
(x,y) &\longmapsto \frac{xu}{N} + \frac{yv}{N} \bmod \Lambda.
\end{aligned} \tag{3.8.3}$$

定义 3.8.9　考虑复环面 $E = \mathbb{C}/(\mathbb{Z}u \oplus \mathbb{Z}v)$ 和 $N \in \mathbb{Z}_{\geqslant 1}$, 其中 $(u,v) \in \mathscr{L}^\square$. 对 $P, Q \in E[N]$, 按以下方法定义其 **Weil 配对** $e_N(P,Q) \in \mu_N$:

$$\exists! \ \bar\gamma = \begin{pmatrix} a & b \\ c & d \end{pmatrix} \in \mathrm{M}_2(\mathbb{Z}/N\mathbb{Z}), \quad \text{使得} \quad \begin{cases} P = a \cdot \dfrac{u}{N} + b \cdot \dfrac{v}{N} \bmod \Lambda, \\ Q = c \cdot \dfrac{u}{N} + d \cdot \dfrac{v}{N} \bmod \Lambda, \end{cases}$$

命 $e_N(P,Q) := \exp\left(2\pi i N^{-1} \det \bar\gamma\right)$.

这里采取的定义遵循 [21, §1.3]. Weil 配对只关乎 E, N. 若 $(u,v),(u',v') \in \mathscr{L}^\square$ 给出 $\mathbb{C}$ 中同样的格, 那么引理 3.8.7 说明存在唯一的 $\delta \in \mathrm{SL}(2,\mathbb{Z})$ 使得 $\begin{pmatrix} u' \\ v' \end{pmatrix} = \delta \begin{pmatrix} u \\ v \end{pmatrix}$, 相应地, $\det \bar\gamma$ 代为 $\det \bar\gamma \cdot \det \delta = \det \bar\gamma$. 注记 8.5.9 将勾勒代数几何的版本.

练习 3.8.10 设 E 是复环面, $N \in \mathbb{Z}_{\geqslant 1}$. 证明相应的 Weil 配对具有以下性质:

(i) $e_N : E[N] \times E[N] \to \mu_N$ 满足反称性 $e_N(P, P) = 1$ 和双加性

$$e_N(P + P', Q) = e_N(P, Q) e_N(P', Q), \quad e_N(P, Q + Q') = e_N(P, Q) e_N(P, Q');$$

(ii) $e_N(P, Q)$ 是 N 次本原单位根当且仅当 P, Q 生成 $E[N]$;

(iii) 若 $z \in \mathbb{C}^\times$, $z\Lambda_1 = \Lambda_2$, 则对应的同构 $\mathbb{C}/\Lambda_1 \xrightarrow{\sim} \mathbb{C}/\Lambda_2$ 保持 e_N;

(iv) 对任意 $M, N \in \mathbb{Z}_{\geqslant 1}$, 下图交换

$$
\begin{array}{ccc}
E[MN] \times E[MN] & \xrightarrow{\;e_{MN}\;} & \mu_{MN} \\
{\scriptstyle (x,y) \mapsto (Mx, My)}\big\downarrow & & \big\downarrow{\scriptstyle z \mapsto z^M} \\
E[N] \times E[N] & \xrightarrow[\;e_N\;]{} & \mu_N
\end{array}
$$

定义 3.8.11(级结构) 设 $N \in \mathbb{Z}_{\geqslant 1}$. 按如下方式定义复环面 E 上的级结构及其间的逐步过渡:

$$
\begin{array}{l}
\Gamma(N) \text{ 级结构} \quad := \quad
\begin{cases}
\text{群同构 } \alpha : (\mathbb{Z}/N\mathbb{Z})^2 \xrightarrow{\sim} E[N], \\[4pt]
\text{并且要求 } e_N(\alpha(1,0), \alpha(0,1)) = e^{2\pi i/N};
\end{cases} \\[20pt]
\qquad {\scriptstyle \beta := \alpha|_{0 \times \mathbb{Z}/N\mathbb{Z}}}\Big\downarrow\,{\scriptstyle P := \alpha(0,1)} \\[8pt]
\Gamma_1(N) \text{ 级结构} \quad := \quad
\begin{cases}
N \text{ 阶点 } P \in E[N], \text{ 或等价地说, 群嵌入} \\[4pt]
\beta : \mathbb{Z}/N\mathbb{Z} \hookrightarrow E[N],\ \beta(1 + N\mathbb{Z}) = P;
\end{cases} \\[20pt]
\qquad {\scriptstyle B := \mathrm{im}(\beta)}\Big\downarrow \\[8pt]
\Gamma_0(N) \text{ 级结构} \quad := \quad \text{同构于 } \mathbb{Z}/N\mathbb{Z} \text{ 的子群 } B \subset E[N].
\end{array}
$$

对于带级结构的复环面 E_1, E_2, 其间的同构定义为保持资料 α_i, β_i 或 B_i 不变 $(i = 1, 2)$ 的 $f : E_1 \xrightarrow{\sim} E_2$. 带级结构的复环面写作 $(E, \alpha), (E, \beta), (E, B)$ 的形式.

对于带级结构的复环面, 依然可以提出分类问题. 分别定义带 $\Gamma(N), \Gamma_1(N)$ 和 $\Gamma_0(N)$ 级结构的复环面同构类全体为集合 $\mathrm{Tori}(N), \mathrm{Tori}_1(N)$ 和 $\mathrm{Tori}_0(N)$. 定义

$$
\begin{aligned}
\mathscr{L}(N) &:= \left\{ (\Lambda, \alpha) : \Lambda \in \mathscr{L},\ \alpha : (\mathbb{Z}/N\mathbb{Z})^2 \xrightarrow{\sim} \frac{1}{N}\Lambda/\Lambda, \text{加上Weil配对的条件} \right\}, \\
\mathscr{L}_1(N) &:= \left\{ (\Lambda, \beta) : \Lambda \in \mathscr{L},\ \beta : \mathbb{Z}/N\mathbb{Z} \hookrightarrow \frac{1}{N}\Lambda/\Lambda \right\}, \\
\mathscr{L}_0(N) &:= \left\{ (\Lambda, B) : \Lambda \in \mathscr{L},\ B \subset \frac{1}{N}\Lambda/\Lambda,\ \text{子群} \simeq \mathbb{Z}/N\mathbb{Z} \right\}.
\end{aligned}
$$

每个集合中的资料都给出具有相应级结构的复环面. 群 $\mathbb{C}^\times$ 则以伸缩 $(\Lambda, \alpha) \overset{z}{\mapsto}$ $(z\Lambda, z \circ \alpha)$ 等方式作用于这些资料, 反映复环面之间保持级结构的同构. 一如 (3.8.1), 分类问题转译为格的语言

$$\mathbb{C}^\times \backslash \mathscr{L}(N) \overset{1:1}{\longleftrightarrow} \mathrm{Tori}(N), \quad \mathbb{C}^\times \backslash \mathscr{L}_1(N) \overset{1:1}{\longleftrightarrow} \mathrm{Tori}_1(N), \quad \mathbb{C}^\times \backslash \mathscr{L}_0(N) \overset{1:1}{\longleftrightarrow} \mathrm{Tori}_0(N).$$
(3.8.4)

给定 $(u, v) \in \mathscr{L}^\square$, 格 $\Lambda := \mathbb{Z}u \oplus \mathbb{Z}v$ 或复环面 $E := \mathbb{C}/\Lambda$ 上自带来自 (3.8.3) 的 $\Gamma(N)$ 级结构 $\alpha : (\mathbb{Z}/N\mathbb{Z})^2 \overset{\sim}{\to} E[N] = \frac{1}{N}\Lambda/\Lambda$; 按定义 3.8.11 次第导出相应的 $\Gamma_1(N)$ 和 $\Gamma_0(N)$ 级结构.

引理 3.8.12   以上操作给出一系列"遗忘"映射:

$$\mathscr{L}^\square \longrightarrow \mathscr{L}(N) \longrightarrow \mathscr{L}_1(N) \longrightarrow \mathscr{L}_0(N).$$

(i) 每段都是保持 $\mathbb{C}^\times$ 作用的满射.

(ii) 对任意 $\mu \in \mathscr{L}^\square$, 记 $\bar{\mu}$ 为它在 $\mathscr{L}(N)$ (或 $\mathscr{L}_0(N), \mathscr{L}_1(N)$) 中的像, 则 $\bar{\mu} = \bar{\nu}$ 当且仅当存在 $\gamma \in \Gamma(N)$ (或 $\Gamma_0(N), \Gamma_1(N)$) 使得 $\nu = \gamma\mu$.

(iii) 符号同上, 对任意 $\mu \in \mathscr{L}^\square$ 和 $\gamma \in \mathrm{SL}(2, \mathbb{Z})$, 我们有 $\overline{\gamma\mu} = \bar{\mu}$ 当且仅当 $\gamma \in \Gamma(N)$ (或 $\Gamma_0(N), \Gamma_1(N)$).

证明   遗忘映射保持群作用实属自明. 接着处理满性. 以 $\mathscr{L}^\square \to \mathscr{L}(N)$ 为例. 设 $(\Lambda, \alpha) \in \mathscr{L}(N)$, $\Lambda = \mathbb{Z}u \oplus \mathbb{Z}v$. 存在唯一的 $a, b, c, d \in \mathbb{Z}/N\mathbb{Z}$ 使得

$$\alpha(1, 0) = \frac{au + bv}{N} \mod \Lambda, \quad \alpha(0, 1) = \frac{cu + dv}{N} \mod \Lambda.$$

命 $\bar{\gamma} := \begin{pmatrix} a & b \\ c & d \end{pmatrix} \in \mathrm{M}_2(\mathbb{Z}/N\mathbb{Z})$, 则 $e_N(\alpha(1, 0), \alpha(0, 1)) = e^{2\pi i/N}$ 和 Weil 配对的定义 3.8.9 蕴涵 $\det \bar{\gamma} = 1 \in \mathbb{Z}/N\mathbb{Z}$. 已知 $\mathrm{SL}(2, \mathbb{Z}) \twoheadrightarrow \mathrm{SL}(2, \mathbb{Z}/N\mathbb{Z})$, 故存在 $\gamma \in \mathrm{SL}(2, \mathbb{Z})$ 映至 $\bar{\gamma}$, 于是 (3.8.2) 表明 $\gamma(u, v) \in \mathscr{L}^\square$ 映至 (Λ, α).

对于 $\mathscr{L}^\square \to \mathscr{L}_1(N)$ 的论证类似, 也基于 $\mathrm{SL}(2, \mathbb{Z}) \twoheadrightarrow \mathrm{SL}(2, \mathbb{Z}/N\mathbb{Z})$. 至于 $\mathscr{L}^\square \to \mathscr{L}_0(N)$, 条件变为 $B = \left\langle \frac{cu + dv}{N} \right\rangle$, 其中 $(c, d) \in (\mathbb{Z}/N\mathbb{Z})^2_{\mathrm{prim}}$ (见引理 2.5.2), 取 (c, d) 在 $\mathbb{Z}^2_{\mathrm{prim}}$ 中的原像, 再扩展为 $\gamma \in \mathrm{SL}(2, \mathbb{Z})$ 即可. 这就得出 (i).

设 $\mu, \nu \in \mathscr{L}^\square$ 映至 $\mathscr{L}(N)$ (或 $\mathscr{L}_1(N), \mathscr{L}_0(N)$) 的相同元素, 那么 $\Lambda := \mathrm{obl}(\mu) = \mathrm{obl}(\nu) \in \mathscr{L}$. 引理 3.8.7 遂蕴涵存在 $\gamma = \begin{pmatrix} a & b \\ c & d \end{pmatrix} \in \mathrm{SL}(2, \mathbb{Z})$ 使得 $\nu = \gamma\mu$. 如能证明 (iii), 则 $\gamma \in \Gamma(N)$ (或 $\Gamma_0(N), \Gamma_1(N)$) 故 (ii) 亦得证. 以下将 μ 写作 (u, v), 进一步研究 $\bar{\mu} = \gamma\bar{\mu}$

成立的条件.

◇ 对于 $\Gamma(N)$ 情形, 据 (3.8.3) 可见 $\bar{\mu} = \gamma\bar{\mu}$ 当且仅当

$$\frac{au + bv}{N} \equiv \frac{u}{N} \pmod{\Lambda}, \quad \frac{cu + dv}{N} \equiv \frac{v}{N} \pmod{\Lambda},$$

因为 $\Lambda = \mathbb{Z}u \oplus \mathbb{Z}v$, 这相当于 $\gamma \equiv \begin{pmatrix} 1 & \\ & 1 \end{pmatrix} \pmod{N}$.

◇ 对于 $\Gamma_1(N)$ 情形, 等价条件化为 $\frac{cu + dv}{N} \equiv \frac{v}{N} \pmod{\Lambda}$, 亦即 $\gamma \equiv \begin{pmatrix} * & * \\ & 1 \end{pmatrix} \pmod{N}$. 但 $\det\gamma = 1$, 故这又等价于 $\gamma \equiv \begin{pmatrix} 1 & * \\ & 1 \end{pmatrix} \pmod{N}$.

◇ 对于 $\Gamma = \Gamma_0(N)$ 情形, 等价条件化为 $\frac{cu + dv}{N}$ 和 $\frac{v}{N}$ 在 $\frac{1}{N}\Lambda/\Lambda$ 中生成同一个子群, 这相当于说 $N \mid c$ 而 d 在 $\mathbb{Z}/N\mathbb{Z}$ 中可逆. 由于 $\det\gamma = 1$, 这等价于 $\gamma \equiv \begin{pmatrix} * & * \\ & * \end{pmatrix} \pmod{N}$.

这就完成了 (iii) 的证明. $\square$

现在可以将 $\mathrm{Tori}(N)$, $\mathrm{Tori}_1(N)$ 和 $\mathrm{Tori}_0(N)$ 作参数化. 每个 $\tau \in \mathscr{H}$ 都给出 $(\tau, 1) \in \mathscr{L}^\square$, 对之可取 $\mathbb{C}/\Lambda_\tau$ 上由 (3.8.3) 确定的级结构. 更具体地说, 其上的 $\Gamma(N)$, $\Gamma_1(N)$ 和 $\Gamma_0(N)$ 三种级结构分别是

$$\alpha(x, y) = \frac{x\tau + y}{N} + \Lambda_\tau, \quad \beta(x) = \frac{x}{N} + \Lambda_\tau, \quad B = \left\langle \frac{1}{N} + \Lambda_\tau \right\rangle.$$

定理 3.8.13 上述构造诱导出双射

$$Y(N) \xrightarrow{\sim} \mathrm{Tori}(N), \quad Y_1(N) \xrightarrow{\sim} \mathrm{Tori}_1(N), \quad Y_0(N) \xrightarrow{\sim} \mathrm{Tori}_0(N).$$

对于 $\Gamma \in \{\Gamma(N), \Gamma_1(N), \Gamma_0(N)\}$ 和 $\tau, \tau' \in \mathscr{H}$, 记从 $(\tau, 1)$ 的 Γ 级结构到 $(\tau', 1)$ 的同构集为 $\mathrm{Isom}_\Gamma(\tau, \tau')$, 那么有自然双射 $\mathrm{Isom}_\Gamma(\tau, \tau') \xrightarrow{\sim} \{\gamma \in \Gamma : \gamma\tau = \tau'\}$ 使同构的合成对应到 Γ 的乘法. 特别地, $(\tau, 1)$ 对应的级结构以 Γ_τ 为自同构群.

这就赋予 $\mathrm{Tori}(N)$, $\mathrm{Tori}_1(N)$ 和 $\mathrm{Tori}_0(N)$ Riemann 曲面结构. 当 $N = 1$ 时, 一切回归定理 3.8.8.

证明 思路与定理 3.8.8 全同. 令 $\Gamma \in \{\Gamma(N), \Gamma_1(N), \Gamma_0(N)\}$, 具有相应级结构的格

和复环面之集合分别记为 $\mathscr{L}_\Gamma$ 和 Tori_Γ. 记对应于 $(u,v) \in \mathscr{L}^\square$ 的 Γ 级结构为 $[u,v]_\Gamma$, 则

$$\Gamma\backslash\mathscr{H} \overset{\sim}{\underset{\text{引理 3.8.6}}{\longleftarrow}} (\mathbb{C}^\times \times \Gamma)\backslash\mathscr{L}^\square \overset{\sim}{\underset{\text{引理 3.8.12}}{\longrightarrow}} \mathbb{C}^\times\backslash\mathscr{L}_\Gamma \overset{\sim}{\underset{(3.8.4)}{\longrightarrow}} \mathrm{Tori}_\Gamma$$

$$\Gamma \cdot \tau \longleftarrow\!\shortmid (\mathbb{C}^\times \times \Gamma)\cdot(\tau,1) \longmapsto \mathbb{C}^\times \cdot (\Lambda_\tau, [\tau,1]_\Gamma) \longmapsto (\mathbb{C}/\Lambda_\tau, [\tau,1]_\Gamma) \ \mathrm{mod} \ \simeq.$$

至于自同构部分, $\mathrm{Isom}_\Gamma(\tau,\tau') \subset \mathrm{Isom}(\mathbb{C}/\Lambda_\tau, \mathbb{C}/\Lambda_{\tau'})$, 右项根据定理 3.8.8 等同于 $\{\gamma \in \mathrm{SL}(2,\mathbb{Z}) : \gamma\tau = \tau'\}$: 回忆到 $\mathrm{Isom}(\mathbb{C}/\Lambda_\tau, \mathbb{C}/\Lambda'_\tau)$ 可视同 $\{z \in \mathbb{C}^\times : z\Lambda_\tau = \Lambda_{\tau'}\}$, 对应 z 的 γ 由 $\mathscr{L}^\square$ 中的等式 $z\gamma(\tau,1) = (\tau',1)$ 刻画, 乘法对应同构的合成. 对如是的 z,γ, 在 $\mathscr{L}_\Gamma$ 中

$$z[\tau,1]_\Gamma = [\tau',1]_\Gamma \underset{\text{以 } z^{-1} \text{ 搬运}}{\Longleftrightarrow} [\tau,1]_\Gamma = \gamma[\tau,1]_\Gamma \underset{\text{引理 3.8.12}}{\Longleftrightarrow} \gamma \in \Gamma.$$

如是遂得到 $\mathrm{Isom}_\Gamma(\tau,\tau')$ 和 $\{\gamma \in \Gamma : \gamma\tau = \gamma'\}$ 的一一对应. $\qquad\square$

当 $N \geqslant 3$ (或 $N \geqslant 4$) 时, 已知带有 $\Gamma(N)$ (或 $\Gamma_1(N)$) 级结构的模问题可以用一个真正的模空间来回答, 此事实归根结底是例 1.3.4 及练习 1.3.5 的应用. 它不仅是 Riemann 曲面, 实际还是定义在交换环 $\mathbb{Z}[1/N, \zeta_N]$ (或 $\mathbb{Z}[1/N]$) 上的光滑代数曲线, 其中 ζ_N 是 N 次本原单位根, 模曲线和模形式的算术身影在此是明显的. 关于模曲线的完备文献当属 [13, 17, 31], 简介则有 [66] 等, 本书当然无法达到其中任一文献的深度.

练习 3.8.14　设 E 为复环面, $B \subset E$ 为有限阶子群. 证明商群 E/B 仍具有复环面结构, 使得商映射 $\pi : E \to E/B$ 成为次数 $|B|$ 的同源.

练习 3.8.15　证明带 $\Gamma_1(N)$ 或 $\Gamma_0(N)$ 级结构的复环面分别等价于以下资料:

◇ $\Gamma_0(N)$ 情形: 复环面的同源 $\pi : E \to E'$, 要求满足 $\ker(\pi) \simeq \mathbb{Z}/N\mathbb{Z}$.

◇ $\Gamma_1(N)$ 情形: 资料 (π, P), 其中 $\pi : E \to E'$ 如上, 而 $P \in \ker(\pi)$ 是一个生成元.

先试着定义何为上述资料之间的同构, 然后在级结构和上述资料间定义精确到同构的双射.

提示〉以 $\Gamma_0(N)$ 为例, 一个方向是将资料 (E,B) 映到 $\pi : E \twoheadrightarrow E/B$ 给出的同源.

注记 3.8.16　对于 $\mathbb{Q}$ 上对嵌入 $\mathbb{Q} \hookrightarrow \mathbb{R}$ 分裂, 但在 $\mathbb{Q}$ 上非分裂的四元数代数 B, 及其极大序模 $\mathcal{O}$ (见 §3.5), 相应的志村曲线 $(\mathcal{O} \cap B^1)\backslash\mathscr{H}$ 也有类似的模诠释: 单纯在 $\mathbb{C}$ 上看, 它分类带有 $\mathcal{O}$ 的 "四元数乘法" 的一类二维复环面 A, 然而从一维到二维涉及更多几何: 这里需要求 A 是所谓的 Abel 曲面, 而四元数乘法来自具有合适性质的环同态 $\mathcal{O} \hookrightarrow \mathrm{End}(A)$. 有兴致的读者可参阅 [56, §43].

第四章 维数公式与应用

本章选定余有限 Fuchs 群 $\Gamma \subset \mathrm{SL}(2, \mathbb{R})$. 一旦掌握模曲线 $X(\Gamma)$ 的几何, 可以在其上定义自然的线丛 $\boldsymbol{\omega}_\Gamma$, 使得级为 Γ 而权为 k 的模形式能够典范地等同于 $\boldsymbol{\omega}_\Gamma^{\otimes k}$ 的全纯截面. 事实上, $\boldsymbol{\omega}_\Gamma|_{Y(\Gamma)}$ 等于平凡线丛 $\mathscr{H} \times \mathbb{C} \to \mathscr{H}$ 对 Γ 作用 $(\tau, z) \overset{\gamma}{\mapsto} (\gamma\tau, j(\gamma, \tau)z)$ 的商, 在尖点处则需要适当的延拓. 详见之后的定理 9.1.8.

此法美则美矣, 却有两个问题.

(1) 若 Γ 有椭圆点, 则 $X(\Gamma)$ 必须视为叠而不只是 Riemann 曲面, 线丛和截面的概念都需要适度拓展, 导致理论包袱大增;

(2) 即使无椭圆点, 单有 $\boldsymbol{\omega}_\Gamma$ 的存在性也无助于计算 $M_k(\Gamma)$ 和 $S_k(\Gamma)$ 的维数.

鉴于上述理由, 线丛 $\boldsymbol{\omega}_\Gamma$ 在无椭圆点情形的研究将留待 §9.1 探讨. 本章直接通过典范线丛 $\Omega_{X(\Gamma)}$ 来研究偶数权模形式空间的维数公式, 容许 Γ 有椭圆点. 线丛 $\boldsymbol{\omega}_\Gamma^{\otimes 2}$ 和 $\Omega_{X(\Gamma)}$ 之间有密切的联系, 称为小平-Spencer 同构, 一样留待 §9.1 处理.

更详细地说, 我们将把权为 $2k$ 的模形式联系于 $\Omega_{X(\Gamma)}^{\otimes k}$ 的某些亚纯截面, 可能的极点由某个 $\mathbb{Q}$-除子 D_Γ 控制. 当 k 不太小时, 截面空间的维数可以倚靠 Riemann 曲面理论中的 Riemann-Roch 定理来计算, 相关推导需要关于基本区域的信息.

作为一则应用, 我们将在 §4.4 为级为 $\mathrm{SL}(2, \mathbb{Z})$ 的模形式空间确定其维数, 连带证明分次 $\mathbb{C}$-代数 $M(1) := \bigoplus_k M_k(\mathrm{SL}(2, \mathbb{Z}))$ 由 Eisenstein 级数 E_4, E_6 生成; 进一步, E_4, E_6 在 $\mathbb{C}$ 上代数无关, 其零点亦可完全确定 (命题 4.4.1), 而尖点形式空间 $\bigoplus_k S_k(\mathrm{SL}(2, \mathbb{Z}))$ 则可以用模判别式 Δ 表达为 $M(1)$ 的分次理想 $\Delta \cdot M(1)$. 这一特例有相对简单的论证, 见 [41, Chapter VII].

奇数权情形也有类似的维数公式, 见 §4.6, 关键是证明奇数权亚纯模形式的存在性 (定理 4.5.4).

研究维数的另一套工具是迹公式, 其应用范围更广, 但所需的计算也比较深入, 本书不予讨论, 读者可参考 [41, §6].

如无另外说明, 所论的 Riemann 曲面都是连通的. 包括 Riemann-Roch 定理在内的相关背景知识可参阅附录 B. 文献 [21, §3.9] 和 [41] 附录含有更多的维数数据.

4.1   热身: 除子类的计算

考虑余有限 Fuchs 群 $\Gamma \subset \mathrm{SL}(2, \mathbb{R})$. 定理 3.4.4 和定理3.4.5 提供以下信息:

⋄ 选定 Γ 的非椭圆点 $x_0 \in \mathscr{H}$, 则 Dirichlet 区域 $D(x_0)$ 是测地多边形;

⋄ $X(\Gamma)$ 是紧 Riemann 曲面;

⋄ 尖点集 $X(\Gamma) \backslash Y(\Gamma)$ 有限.

约定 4.1.1   对任意 $\tau \in \mathscr{H}^*$, 命

$$
e(\tau) := \begin{cases} \left| \overline{\Gamma}_\tau \right|, & \tau \in \mathscr{H}, \\ \infty, & \tau \in \mathscr{H}^* \smallsetminus \mathscr{H}. \end{cases}
$$

注意到 $\tau \in \mathscr{H}$ 为椭圆点等价于 $e(\tau) > 1$. 此量仅依赖于 τ 在 $X(\Gamma)$ 中的像 x, 故可记之为 $e(x)$.

定义 4.1.2   定义 $X(\Gamma)$ 上的 $\mathbb{Q}$-除子

$$
\begin{aligned}
D_\Gamma &:= \sum_{x \in X(\Gamma)} \left(1 - \frac{1}{e(x)} \right) x \\
&= \sum_{c: \text{尖点}} c + \sum_{y: \text{椭圆点的像}} \left(1 - \frac{1}{e(y)} \right) y \ \in \mathrm{Div}(X(\Gamma))_{\mathbb{Q}},
\end{aligned}
$$

其中 $e(x)$ 如约定 4.1.1, 再定义 $\mathbb{Q}$-除子类

$$
L_\Gamma := D_\Gamma + K_{X(\Gamma)} \ \in \mathrm{Pic}(X(\Gamma))_{\mathbb{Q}}.
$$

定理 4.1.3 (见 [6], Corollary 10.4.4)   令 $g = g(X(\Gamma))$ 表 $X(\Gamma)$ 的亏格, ϵ_∞ 表尖点个数, 那么相对于双曲度量,

$$
\begin{aligned}
\deg(L_\Gamma) &= 2g - 2 + \epsilon_\infty + \sum_{\substack{y \in Y(\Gamma): \\ \text{来自椭圆点}}} \left(1 - \frac{1}{e(y)} \right) \\
&= (2\pi)^{-1} \mathrm{vol}(Y(\Gamma)) > 0.
\end{aligned}
$$

证明   由 $\deg K_{X(\Gamma)} = 2g - 2$ (注记 B.7.13) 得到第一个等号. 关键在第二个等号.

向 $D(x_0)$ 添入它在 $\mathscr{H}^*$ 中的无穷远点以得到 $D(x_0)^*$. 于是 $\mathrm{vol}(Y(\Gamma)) = \mathrm{vol}(D(x_0))$, 而根据命题 A.2.3, $X(\Gamma)$ 同胚于 $D(x_0)^*/\sim$, 其中 $\sim$ 是由 $(x \sim y) \iff (\exists \gamma \in \overline{\Gamma},\ \gamma x = y)$ 定义的等价关系. 根据定理 3.4.4, 这给出 $X(\Gamma)$ 的一个有限剖分, 由之可以计算 Euler 示性数等拓扑不变量.

按定义 1.6.7 和注记 1.6.11 之法细分 $D(x_0)^*$ 的边, 可确保落在 $\partial D(x_0)^*$ 上的椭圆点都是顶点. 既然 $D(x_0)^*$ 边数已有限, 注记 1.6.11 已说明细分后边数仍有限, 于是 Euler 示性数 $\chi(X(\Gamma))$ 表作

$$2 - 2g = V - E + 1, \quad V := \left|\{\text{顶点}\}/\sim\right|,$$
$$E := \left|\{\text{边}\}/\sim\right|.$$

由于对边作了细分, 注记 1.6.11 的边配对蕴涵 $D(x_0)^*$ 恰有 $2E$ 条边. 用定理 1.2.7 搭配命题 1.6.13 来计算

$$
\begin{aligned}
\mathrm{vol}(D(x_0)) &= (2E - 2)\pi - \text{内角和} \\
&= (2E - 2)\pi - \sum_{y:\,D(x_0)^* \text{的顶点}/\sim} \frac{2\pi}{e(y)} \\
&= (2E - 2)\pi - 2\pi V + 2\pi \sum_{y:\,\text{椭圆点或无穷远顶点}/\sim} \left(1 - \frac{1}{e(y)}\right) \\
&= 2\pi(-V + E - 1) + 2\pi \sum_{y:\,\text{椭圆点或无穷远顶点}/\sim} \left(1 - \frac{1}{e(y)}\right) \\
&= 2\pi\left(2g - 2 + \epsilon_\infty + \sum_{y:\,\text{椭圆点}/\sim} \left(1 - \frac{1}{e(y)}\right)\right).
\end{aligned}
$$

明所欲证. □

练习 4.1.4　对 $\Gamma = \mathrm{SL}(2, \mathbb{Z})$ 的情形直接验证定理 4.1.3.

练习 4.1.5　设 Γ' 是 Γ 的子群, $(\Gamma : \Gamma') < \infty$. 以 Riemann-Hurwitz 公式 (定理 B.4.9) 证明

$$\deg(L_{\Gamma'}) = (\overline{\Gamma} : \overline{\Gamma'}) \deg(L_\Gamma).$$

由此对同余子群情形给出定理 4.1.3 的一个简单证明.

我们需要估计一类 $\mathbb{Q}$-除子取整后的次数.

引理 4.1.6　设 $a \in \mathbb{Z}_{>1}$, $t \in \mathbb{Q}$. 假若 $t(a-1) \in \mathbb{Z}$, 那么 $\left\lfloor t\left(1 - \frac{1}{a}\right)\right\rfloor \geqslant (t -$

1) $\left(1 - \dfrac{1}{a}\right)$.

证明　令 $m := t(a-1)$, 于是 $t\left(1 - \dfrac{1}{a}\right) = \dfrac{m}{a}$ 而 $(t-1)\left(1 - \dfrac{1}{a}\right) = \dfrac{m-a+1}{a}$. 仅需觉察 $m, m-1, \cdots, m-a+1$ 中恰有一数 $s \equiv 0 \pmod{a}$, 而且 $\dfrac{s}{a}$ 正是 $\left\lfloor t\left(1 - \dfrac{1}{a}\right)\right\rfloor$.　□

命题 4.1.7　记 $X(\Gamma)$ 的亏格为 g, 尖点个数为 ϵ_∞. 对任意 $k \in \mathbb{Z}$, 我们有

$$k \deg(L_\Gamma) \geqslant \deg\left(kK_{X(\Gamma)} + \lfloor kD_\Gamma \rfloor\right) \geqslant 2g - 2 + \epsilon_\infty + (k-1)\deg(L_\Gamma).$$

证明　仅需证明第二个 $\geqslant$. 已知 $\deg K_{X(\Gamma)} = 2g - 2$, 问题遂归结为证

$$\left\lfloor k\left(1 - \dfrac{1}{e(y)}\right)\right\rfloor \geqslant (k-1)\left(1 - \dfrac{1}{e(y)}\right), \quad y \in Y(\Gamma) : \text{来自椭圆点.}$$

代入 $a := e(y)$ 和 $t := k$, 应用引理 4.1.6 即是.　□

4.2　亏格公式

延续上节符号, 进一步设 Γ 为 $\mathrm{SL}(2, \mathbb{Z}) = \Gamma(1)$ 的子群, 满足于 $(\Gamma(1) : \Gamma) < +\infty$, 这时 $\mathscr{C}_\Gamma = \mathscr{C}_{\Gamma(1)} = \mathbb{Q}$. 最重要的例子当然是同余子群. 注意到

$$\left(\mathrm{PSL}(2, \mathbb{Z}) : \overline{\Gamma}\right) = \begin{cases} (\mathrm{SL}(2, \mathbb{Z}) : \Gamma), & -1 \in \Gamma, \\ \dfrac{1}{2}(\mathrm{SL}(2, \mathbb{Z}) : \Gamma), & -1 \notin \Gamma. \end{cases}$$

从 $\Gamma \subset \mathrm{SL}(2, \mathbb{Z})$ 可知 Γ 的椭圆点也是 $\mathrm{SL}(2, \mathbb{Z})$ 的椭圆点. 于是命题 1.4.12 说明

⋄ 椭圆点的 $\overline{\Gamma}$-轨道个数有限;
⋄ 任意椭圆点 η 的阶数 $e(\eta) := |\overline{\Gamma}_\eta|$ 只可能是 2 或 3.
对 Γ 定义非负整数

$$\epsilon_2 := 2 \text{ 阶椭圆点个数}, \quad \epsilon_3 := 3 \text{ 阶椭圆点个数}.$$

命题 4.2.1　对于如上的 Γ, 我们有亏格公式

$$g(X(\Gamma)) = 1 + \dfrac{(\mathrm{PSL}(2, \mathbb{Z}) : \overline{\Gamma})}{12} - \dfrac{\epsilon_2}{4} - \dfrac{\epsilon_3}{3} - \dfrac{\epsilon_\infty}{2}.$$

证明　由 $\Gamma \subset \Gamma(1)$ 诱导紧 Riemann 曲面的态射 $f : X(\Gamma) \to X(1) \simeq \mathbb{P}^1$. 记 f 在任意 $x \in X(\Gamma)$ 处的分歧指数为 $e_f(x)$, 以避免与约定 4.1.1 混淆. 应用 Riemann-Hurwitz

公式 (定理 B.4.9) 得到

$$2g(X(\Gamma)) - 2 = -2\deg f + \sum_{x \in \mathrm{Ram}(f)} (e_f(x) - 1).$$

用命题 3.3.1 来确定涉及的量. 首先 $d := \deg f$ 等于 $(\mathrm{PSL}(2, \mathbb{Z}) : \overline{\Gamma})$. 再者, 对于 $\tau \in \mathscr{H}^*$, 以 $[\tau]$ 表示 τ 在 $X(1)$ 中的类, 那么 $\mathrm{Ram}(f) \subset f^{-1}(\{[i], [\rho], [\infty]\})$. 分几种情形考虑 $x \in X(\Gamma)$. 取 x 的代表元 $\xi \in \mathscr{H}^*$, 命题 3.3.1 蕴涵 $(\overline{\Gamma(1)}_\xi : \overline{\Gamma}_\xi) = e_f(x)$.

⋄ 设 $f(x) = [i]$, 那么 $|\overline{\Gamma}_\xi| \in \{1, 2\}$: 若 $|\overline{\Gamma}_\xi| = 2$, 则 $e_f(x) = 1$, 如此的点 x 有 ϵ_2 个. 若 $|\overline{\Gamma}_\xi| = 1$, 则 $e_f(x) = 2$, 如此的点 $\dfrac{d - \epsilon_2}{2}$ 个; 计数时用了分歧复叠的一条基本性质, 见命题 B.3.8.

⋄ 设 $f(x) = [\rho]$, 那么 $|\overline{\Gamma}_\xi| \in \{1, 3\}$: 类似地, 若 $|\overline{\Gamma}_\xi| = 3$, 则 $e_f(x) = 1$, 如此的点 x 有 ϵ_3 个; 否则 $e_f(x) = 3$, 如此的点 $\dfrac{d - \epsilon_3}{3}$ 个.

⋄ 设 $f(x) = [\infty]$. 这样的点共有 ϵ_∞ 个. 从命题 B.3.8 得到 $\sum_{x \mapsto [\infty]} (e_f(x) - 1) = d - \epsilon_\infty$.

综之,

$$\sum_{x \in \mathrm{Ram}(f)} (e_f(x) - 1) = \frac{d - \epsilon_2}{2} + 2 \cdot \frac{d - \epsilon_3}{3} + d - \epsilon_\infty.$$

整理后给出 $g(X(\Gamma))$ 的公式. □

对于同余子群 $\Gamma(N)$, $\Gamma_1(N)$ 和 $\Gamma_0(N)$, 这些量都有直接的公式. 详见 [21, §3.7, §3.8]. 本节仅考虑两种简单情形, 即 $\Gamma(N)$ 和 $\Gamma_0(4)$.

例 4.2.2 设 $N \geq 2$. 对于 $\Gamma(N)$, 由练习 1.3.5 可知它无椭圆点, 此外 $N > 2$ 时 $-1 \notin \Gamma(N)$. 结合练习 1.4.14 和练习 2.5.6 可知, 当 $N \neq 2$ 时,

$$g(X(N)) = 1 + \frac{N^3}{24} \prod_{p \mid N} (1 - p^{-2}) - \frac{N^2}{4} \prod_{p \mid N} (1 - p^{-2})$$

$$= 1 + \frac{N^2(N-6)}{24} \prod_{p \mid N} (1 - p^{-2}),$$

其中 p 遍历 N 的素因子; 对 $N = 2$ 的情形另外计算可得 $g(X(2)) = 0$. 综之得到下表.

N	2	3	4	5	6	7	8	9	10	⋯
$g(X(N))$	0	0	0	0	1	3	5	10	13	⋯

讨论 $\Gamma_0(4)$ 前先介绍一条引理.

引理 4.2.3 当 $4 \mid N$ 时, $\Gamma_0(N)$ 无椭圆点.

证明 设 $\begin{pmatrix} a & b \\ c & d \end{pmatrix} \in \Gamma_0(N)$ 是椭圆变换, 那么 $(a+d)^2 < 4$, 于是 $a+d \in \{0, 1, -1\}$. 另一方面, $a \equiv \pm 1 \pmod 4$ 而

$$1 = ad - bc \equiv ad \pmod 4.$$

若 $a+d = 0$, 则 $-a^2 \equiv 1 \pmod 4$. 若 $a+d = \pm 1$, 则 $a(\pm 1 - a) \equiv 1 \pmod 4$. 三种情形都容易排除. □

例 4.2.4 今对 $\Gamma_0(4)$ 确定

$$\epsilon_\infty = 3, \quad \epsilon_2 = \epsilon_3 = 0, \quad g = 0.$$

首先, 因为 $-1 \in \Gamma_0(4)$, 练习 1.4.14 或直接计算给出 $\left(\overline{\Gamma(1)} : \overline{\Gamma_0(4)} \right) = (\Gamma(1) : \Gamma_0(4)) = 6$. 接着确定尖点. 命题 2.5.5 说明 $\Gamma(4)$ 的尖点一一对应于 $\pm\backslash(\mathbb{Z}/4\mathbb{Z})^2_{\mathrm{prim}}$, 其元素容易枚举:

$$\pm(0,1), \quad \pm(1,0), \quad \pm(1,1), \quad \pm(1,2), \quad \pm(1,3), \quad \pm(2,1).$$

现在考虑 $\mathrm{SL}(2, \mathbb{Z}/4\mathbb{Z})$ 的子群 $\begin{pmatrix} * & * \\ & * \end{pmatrix}$ 在这些 $\pm$ 类上的右作用, 轨道仅三个, 代表元是 $\pm(0,1), \pm(1,0), \pm(2,1)$, 按命题 2.5.5 对应的尖点分别是 $\infty, 0, \frac{1}{2}$. 这就说明 $\epsilon_\infty = 3$.

容易进一步确定 $0, \infty$ 在 $\Gamma_0(4)$ 作用下的稳定化子群分别是 $\pm\begin{pmatrix} 1 & \\ 4\mathbb{Z} & 1 \end{pmatrix}, \pm\begin{pmatrix} 1 & \mathbb{Z} \\ & 1 \end{pmatrix}$.

再留意到 $\frac{1}{2} = \begin{pmatrix} 1 & \\ 2 & 1 \end{pmatrix}\infty$, 而 $\begin{pmatrix} 1 & \\ 2 & 1 \end{pmatrix}\Gamma_0(4)\begin{pmatrix} 1 & \\ 2 & 1 \end{pmatrix}^{-1} = \Gamma_0(4)$, 以此计算

$$\mathrm{Stab}_{\Gamma_0(4)}\left(\frac{1}{2}\right) = \pm\begin{pmatrix} 1 & \\ 2 & 1 \end{pmatrix}\begin{pmatrix} 1 & \mathbb{Z} \\ & 1 \end{pmatrix}\begin{pmatrix} 1 & \\ -2 & 1 \end{pmatrix} = \pm\left\langle \begin{pmatrix} -1 & 1 \\ -4 & 3 \end{pmatrix} \right\rangle.$$

引理 4.2.3 表明 $\epsilon_2 = \epsilon_3 = 0$. 代入命题 4.2.1 立得 $g = 0$.

例 4.2.5 考虑 $\Gamma_1(4)$. 因为在 $\mathrm{SL}(2, \mathbb{Z}/4\mathbb{Z})$ 中 $\begin{pmatrix} * & * \\ & * \end{pmatrix} = \{\pm 1\} \cdot \begin{pmatrix} 1 & * \\ & 1 \end{pmatrix}$, 根据定义

得到 $\Gamma_0(4) = \{\pm 1\} \cdot \Gamma_1(4)$. 如是表明 $\overline{\Gamma_0(4)} = \overline{\Gamma_1(4)}$. 与 $\Gamma_1(4)$ 相系的量 $g, \epsilon_2, \epsilon_3, \epsilon_\infty$ 因而与 $\Gamma_0(4)$ 无异: 它们只和子群在 $\mathrm{PSL}(2, \mathbb{Z})$ 中的像有关. 同理, 尖点集乃至于基本区域都完全相同.

然而一个细微差别是 $\Gamma := \Gamma_1(4)$ 有非正则尖点. 注意到 $-1 \notin \Gamma$. 令

$$\gamma := \begin{pmatrix} -1 & 1 \\ -4 & 3 \end{pmatrix} = \begin{pmatrix} 1 & \\ 2 & 1 \end{pmatrix}\begin{pmatrix} 1 & 1 \\ & 1 \end{pmatrix}\begin{pmatrix} 1 & \\ 2 & 1 \end{pmatrix}^{-1},$$

则 $\gamma \notin \Gamma_{1/2}$ 但 $-\gamma \in \Gamma_{1/2}$. 循定义 3.6.1 遂知 $\dfrac{1}{2}$ 非正则尖点.

另一方面, 显见 $\Gamma_0 = \begin{pmatrix} 1 & \\ 4\mathbb{Z} & 1 \end{pmatrix}, \Gamma_\infty = \begin{pmatrix} 1 & \mathbb{Z} \\ & 1 \end{pmatrix}$, 这两个尖点是正则的.

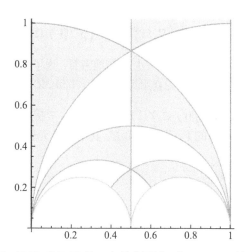

图 4.2.1 $\Gamma_0(4)$ 或 $\Gamma_1(4)$ 的一个基本区域, 以 SageMath 软件绘制

4.3 偶数权维数公式

本节将应用 Riemann-Roch 定理 (见定理 B.7.12) 来计算模形式空间的维数. 我们关注的是权为 $2k$ 的模形式, 其中 $k \in \mathbb{Z}$. 条件 $f \big|_{2k} \gamma = f$ 等价于说线丛 $f(\mathrm{d}\tau)^{\otimes k} \in \Gamma(\mathscr{H}, \Omega_{\mathscr{H}}^{\otimes k})$ 对 γ 不变, 见 (1.5.3). 定义

$$\mathscr{H}' := \mathscr{H} \smallsetminus \{\Gamma \text{ 的椭圆点}\}, \quad Y(\Gamma)' := \Gamma \backslash \mathscr{H}'.$$

那么 Γ 在 $\mathscr{H}'$ 上的作用自由, 商映射 $p : \mathscr{H}^* \to X(\Gamma)$ 限制为 $\mathscr{H}' \to Y(\Gamma)'$, 这成为一个 $\overline{\Gamma}$-主丛, 特别地, 它也是复叠映射.

透过拉回, $\overline{\Gamma}$ 自然地作用于 $\mathscr{H}$ 上的微分形式 (回忆引理 1.1.1), 继而在其 k-次张量幂上也有诱导作用. 于是

$$
\begin{array}{ccc}
\omega & \in & \Gamma\left(Y(\Gamma)', \Omega_{Y(\Gamma)'}^{\otimes k}\right) \\[1ex]
\Big\downarrow & & \simeq \Big\downarrow \\[2ex]
p^*\omega = f(\mathrm{d}\tau)^{\otimes k} & \in & \Gamma\left(\mathscr{H}', \Omega_{\mathscr{H}'}^{\otimes k}\right)^{\Gamma\text{-不变}} \\[2ex]
\Big\uparrow & & \simeq \Big\uparrow \text{据 (1.5.3)} \\[2ex]
f & \in & \left\{f : \mathscr{H}' \to \mathbb{C} \text{ 全纯}, \ \forall \gamma \in \Gamma, \ f\big|_{2k}\gamma = f\right\}.
\end{array}
\tag{4.3.1}
$$

我们来解释第一个同构: 既然 $\mathscr{H}'$ 不含椭圆点, 引理 3.1.1 说明任意 $\eta \in \mathscr{H}'$ 总有开邻域 U 使得 $\{\gamma U : \gamma \in \Gamma\}$ 不交, 对开集 $V := p(U)$ 自然就有

$$
\Gamma\left(V, \Omega_{Y(\Gamma)'}^{\otimes k}\right) \simeq \Gamma\left(U, \Omega_U^{\otimes k}\right) = \Gamma\left(p^{-1}(V), \Omega_{\mathscr{H}'}^{\otimes k}\right)^{\Gamma\text{-不变}}.
$$

这些同构也能在 $Y(\Gamma)'$ 的开集及其原像上局部地考量. 为了将模形式刻画为线丛的截面, 我们必须进一步考虑椭圆点和尖点附近的性状, 并和 $X(\Gamma)$ 的复结构相比较.

(A) 令 $\eta \in \mathscr{H}$. 记 $y := p(\eta) \in Y(\Gamma)$. 取引理 3.1.2 提供的开邻域 $V \ni \eta$, 满足 $V = p(U)$, 其中 U 是 $\tau \in \mathscr{H}$ 的 $\overline{\Gamma}_\tau$-不变开邻域, 其中或者无椭圆点, 或以 η 为唯一椭圆点. 我们有交换图表

$$
\begin{array}{ccc}
\eta & \longmapsto & 0 \\
\rotatebox{90}{$\in$} & & \rotatebox{90}{$\in$} \\
U & \xrightarrow{\ \sim\ } & \mathscr{D} \\
p \Big\downarrow & & \Big\downarrow f_e : z \mapsto z^e \\
V & \xrightarrow{\ \sim\ } & \mathscr{D}
\end{array}
\qquad e := e(y)
$$

其中水平箭头都是全纯同构, 而 $\overline{\Gamma}_\tau$ 在 U 上的作用对用到 μ_e 在 $\mathscr{D} = \{z \in \mathbb{C} : |z| < 1\}$ 上的乘法作用. 特别地, p 限制在 $U \smallsetminus \{\eta\}$ 上是 $V \smallsetminus \{y\}$ 的 e 次复叠映射.

设模形式 f 限制在 $U \smallsetminus \{\eta\}$ 上对应于 $\omega \in \Gamma\left(V \smallsetminus \{y\}, \Omega_{Y(\Gamma)'}^{\otimes k}\right)$, 或用上图赋予 U, V 的局部坐标 (统称为 z) 写作

$$
\omega = g(z)(\mathrm{d}z)^{\otimes k}, \quad g : \mathscr{D} \smallsetminus \{0\} \xrightarrow{\ \text{全纯}\ } \mathbb{C},
$$
$$
p^*\omega = g(z^e)(\mathrm{d}z^e)^{\otimes k} = e^k z^{k(e-1)} g(z^e)(\mathrm{d}z)^{\otimes k}.
$$

为了使 f 或 $p^*\omega$ 在 U 上全纯, 条件遂变为 g 在 $z = 0$ 处亚纯, 而且

$$k(e-1) + e \cdot \underset{\eta}{\mathrm{ord}}(\omega) = k(e-1) + e \cdot \underset{0}{\mathrm{ord}}(g) = \underset{\eta}{\mathrm{ord}}(f) \qquad (4.3.2)$$

非负.

(B) 接着考虑任意 $t \in \mathscr{C}_\Gamma$ 附近的情形, 对应的尖点是 $c := p(t)$. 不失一般性且设 $t = \infty$. 对之可取充分小的开邻域 $H^\circ = \{\tau : \mathrm{Im}(\tau) > a\}$ (其中 $a \in \mathbb{R}_{>0}$) 以及 $X(\Gamma)$ 在 c 附近的局部坐标 $q : \Gamma_t \backslash H^\circ \sqcup \{\infty\} \to \mathbb{C}$, 形如

$$q : \tau \mapsto \exp(2\pi i \tau / h),$$

其中的常数 $h \in \mathbb{R}_{>0}$ 只和尖点 c 与 Γ 相关, 见 (3.2.1). 和前一情形类似, 将对应于 $f|_{H^\circ}$ 的 ω 在局部坐标 q 下写作 $g(q)(\mathrm{d}q)^{\otimes k}$, 那么

$$p^*\omega = g(q(\tau)) \cdot \left(\frac{2\pi i}{h}\right)^k q(\tau)^k (\mathrm{d}\tau)^{\otimes k}.$$

为了使 f 在 t 处全纯, 其条件为 $g(q)q^k$ 在 $q=0$ 附近有界, 等价的说法是下式非负.

$$k + \underset{c}{\mathrm{ord}}(\omega) = k + \underset{q=0}{\mathrm{ord}}(g) = \underset{t}{\mathrm{ord}}(f). \qquad (4.3.3)$$

此外, f 在 t 处消没当且仅当 $\lim_{q \to 0} g(q)q^k = 0$, 亦即 (4.3.3) 为正. 回忆到 f 在尖点处的消没次数由它对 q 的 Fourier 展开定义.

定理 4.3.1 我们有自然同构

$$
\begin{array}{ccc}
M_{2k}(\Gamma) & \overset{\sim}{\longrightarrow} & \Gamma\left(X(\Gamma), \Omega_{X(\Gamma)}^{\otimes k}(\lfloor kD_\Gamma \rfloor)\right) \\
\cup & & \cup \\
S_{2k}(\Gamma) & \overset{\sim}{\longrightarrow} & \Gamma\left(X(\Gamma), \Omega_{X(\Gamma)}^{\otimes k}(\lfloor kD_\Gamma \rfloor - \sum_{c:\text{尖点}} c)\right).
\end{array}
$$

特别地, 取 $k=1$ 给出 $S_2(\Gamma) \overset{\sim}{\to} \Gamma\left(X(\Gamma), \Omega_{X(\Gamma)}\right)$.

证明 鉴于 D_Γ 的定义 4.1.2, 这是之前关于 (4.3.1)—(4.3.3) 的讨论的直接结论. □

推论 4.3.2 空间 $M_{2k}(\Gamma)$ 总是有限维的.

证明 这是定理 B.7.12 的一部分.   □

定理 4.3.3 以 ϵ_∞ 表示 $X(\Gamma)$ 的尖点个数, g 表示 $X(\Gamma)$ 的亏格, L_Γ 如定义 4.1.2,

则

$$
\dim_{\mathbb{C}} M_{2k}(\Gamma) = \begin{cases} 0, & k < 0, \\ 1, & k = 0, \\ g, & k = 1 \wedge \epsilon_{\infty} = 0, \\ g + \epsilon_{\infty} - 1, & k = 1 \wedge \epsilon_{\infty} > 0, \\ \dim_{\mathbb{C}} S_{2k}(\Gamma) + \epsilon_{\infty}, & k > 1; \end{cases}
$$

$$
\dim_{\mathbb{C}} S_{2k}(\Gamma) = \begin{cases} 0, & k < 0, \\ 0, & k = 0 \wedge \epsilon_{\infty} > 0, \\ 1, & k = 0 \wedge \epsilon_{\infty} = 0, \\ g, & k = 1, \\ \deg\left(kK_{X(\Gamma)} + \lfloor kD_{\Gamma} \rfloor\right) - g + 1 - \epsilon_{\infty}, & k > 1. \end{cases}
$$

此外, 当 $k > 1$ 时,

$$
\dim_{\mathbb{C}} S_{2k}(\Gamma) \geqslant (k - 1)\deg(L_{\Gamma}) + g - 1.
$$

因为定理 4.1.3 蕴涵 $\deg(L_{\Gamma}) > 0$, 上述估计说明当 $k \gg 0$ 时, 权为 $2k$ 的模形式是十分丰富的; 关于 $M_{2k}(\Gamma)$ 的全套理论并不是空中楼阁.

证明   基本工具是 Riemann-Roch 定理. 引入方便的符号

$$
\lfloor kL_{\Gamma} \rfloor := kK_{X(\Gamma)} + \lfloor kD_{\Gamma} \rfloor \in \operatorname{Pic}(X(\Gamma)).
$$

命题 B.7.10 和定理 4.3.1 一同给出

$$
\dim_{\mathbb{C}} M_{2k}(\Gamma) = \ell\left(kK_{X(\Gamma)} + \lfloor kD_{\Gamma} \rfloor\right) = \ell\left(\lfloor kL_{\Gamma} \rfloor\right),
$$

$$
\dim_{\mathbb{C}} S_{2k}(\Gamma) = \ell\left(\lfloor kL_{\Gamma} \rfloor - \sum_{c:\text{尖点}} c\right).
$$

当 $k = 0$ 时我们得到 $\ell(0) = 1$, 相应的模形式都是常值函数, 非零常值函数是尖点形式当且仅当 $\epsilon_{\infty} = 0$. 这和断言一致.

当 $k \geqslant 1$ 时, 命题 4.1.7 给出

$$
\deg\left(\lfloor kL_{\Gamma} \rfloor\right) \geqslant 2g - 2 + \epsilon_{\infty} + (k - 1)\deg(L_{\Gamma}), \tag{4.3.4}
$$

从而

$$\deg\left(\lfloor kL_\Gamma\rfloor - \sum_{c:\text{尖点}} c\right) = \deg\left(\lfloor kL_\Gamma\rfloor\right) - \epsilon_\infty$$

$$\geqslant 2g - 2 + (k-1)\deg(L_\Gamma). \tag{4.3.5}$$

定理 4.1.3 断言 $\deg(L_\Gamma) > 0$, 因而当 $k > 1$ 时 (4.3.4) 和 (4.3.5) 都 $> 2g - 2$. 于是可以运用 Riemann-Roch 定理 (定理B.7.12) 及其后的注记 B.7.13 来对 $k > 1$ 计算

$$\ell\left(\lfloor kL_\Gamma\rfloor\right) = \deg\left(\lfloor kL_\Gamma\rfloor\right) - g + 1$$

$$= k(2g-2) + \deg\lfloor kD_\Gamma\rfloor - g + 1,$$

$$\ell\left(\lfloor kL_\Gamma\rfloor - \sum_{c:\text{尖点}} c\right) = \deg\left(\lfloor kL_\Gamma\rfloor\right) - g + 1 - \epsilon_\infty$$

$$\geqslant g - 1 + (k-1)\deg(L_\Gamma) \quad (\text{因为命题 } 4.1.7).$$

两则等式分别给出 $M_{2k}(\Gamma)$ 和 $S_{2k}(\Gamma)$ 在 $k > 1$ 时的维数公式, 不等式给出断言中维数的下界.

当 $k < 0$ 时, 命题 4.1.7 另一边的简单估计给出

$$\deg\left(\lfloor kL_\Gamma\rfloor\right) \leqslant k\deg(L_\Gamma) < 0.$$

于是引理 B.7.9 给出 $\dim M_{2k}(\Gamma) = \ell\left(\lfloor kL_\Gamma\rfloor\right) = 0$, 从而也有 $S_{2k}(\Gamma) = \{0\}$.

剩下 $k = 1$ 情形. 考虑除子类 $\lfloor L_\Gamma\rfloor = K_{X(\Gamma)} + \sum_{c:\text{尖点}} c$. 根据注记 B.7.13, 此时总有

$$\dim_{\mathbb{C}} S_2(\Gamma) = \ell(K_{X(\Gamma)}) = g.$$

若进一步设 $\epsilon_\infty = 0$, 则 $\dim_{\mathbb{C}} M_2(\Gamma) = \dim_{\mathbb{C}} S_2(\Gamma) = g$. 若 $\epsilon_\infty > 0$, 则

$$\deg\left(\lfloor L_\Gamma\rfloor\right) = 2g - 2 + \epsilon_\infty > 2g - 2,$$

于是 $\dim_{\mathbb{C}} M_2(\Gamma) = \ell\left(K_{X(\Gamma)} + \sum_{c:\text{尖点}} c\right) = g + \epsilon_\infty - 1.$ $\qquad\square$

例 4.3.4 代入例 4.2.4 计算过的 $\Gamma_0(4)$ 作为演示. 此时无椭圆点,

$$\epsilon_\infty = 3, \quad g = 0, \quad \deg k K_{X(\Gamma_0(4))} = -2k, \quad \deg\lfloor kD_{\Gamma_0(4)}\rfloor = 3k,$$

参看注记 B.7.13. 由此导出

$$\dim_{\mathbb{C}} S_{2k}(\Gamma_0(4)) = \begin{cases} 0, & k = 0, 1, \\ k - 2, & k \geqslant 2, \end{cases}$$

$$\dim_{\mathbb{C}} M_{2k}(\Gamma_0(4)) = k + 1, \quad k \geqslant 0.$$

对于 $\Gamma_1(4)$, 偶数权的维数公式丝毫不差, 见例 4.2.5 的讨论.

最后, 我们从线丛的角度描述模形式的零点.

命题 4.3.5 设 $f \in M_{2k}(\Gamma) \smallsetminus \{0\}$, 则

$$\sum_{x \in Y(\Gamma)} \frac{\mathrm{ord}_\tau(f)}{e(x)} + \sum_{x \in X(\Gamma) \smallsetminus Y(\Gamma)} \mathrm{ord}_\tau(f) = k \deg(L_\Gamma),$$

其中 τ 是 x 在 $\mathscr{H}^*$ 中的任意代表元, f 在尖点处的消没次数以 Fourier 展开来定义.

证明 从早先的论证可知 f 对应到 $\Omega_{X(\Gamma)}^{\otimes k}$ 的亚纯截面 ω, 不恒为零. 按附录 B.7 的符号体系,

$$\sum_{x \in X(\Gamma)} \mathrm{ord}_x(\omega) = \deg\left(\mathrm{div}\left(\Omega_{X(\Gamma)}^{\otimes k}, \omega\right)\right) = k \deg K_{X(\Gamma)} = k(2g - 2).$$

在 (4.3.2) 已观察到当 $x \in Y(\Gamma)$, 而 $\tau \in \mathscr{H}$ 为其原像时, $\mathrm{ord}_\tau(f) = k(e(x) - 1) + e(x)\mathrm{ord}_x(\omega)$. 对于尖点 $x \in X(\Gamma) \smallsetminus Y(\Gamma)$ 及其原像 $t \in \mathscr{H}^*$, (4.3.3) 表明 $\mathrm{ord}_t(f) = k + \mathrm{ord}_x(\omega)$. 加总得到

$$\sum_{x \in Y(\Gamma)} \left(\frac{\mathrm{ord}_\tau(f)}{e(x)} - k\left(1 - \frac{1}{e(x)}\right)\right) + \sum_{x \in X(\Gamma) \smallsetminus Y(\Gamma)} \mathrm{ord}_t(f) - k\epsilon_\infty = k(2g - 2).$$

再以定理 4.1.3 或 L_Γ 的定义整理出 $\deg(L_\Gamma)$ 即可. □

命题 4.3.5 也适用于亚纯模形式 (回顾定义 3.6.4), 论证完全相同.

4.4 应用举隅

对任意 $N \in \mathbb{Z}_{\geqslant 1}$ 和 $k \in \mathbb{Z}$, 定义 $M_k(N) := M_k(\Gamma(N))$, $S_k(N) := S_k(\Gamma(N))$. 置 $X(N) := X(\Gamma(N))$.

当 $N = 1$ 时, 我们于 §2.3 已造出相应的 Eisenstein 级数 $E_k \in M_k(1)$ (要求 $k \in 2\mathbb{Z}_{\geqslant 2}$), 并于 §2.4 造出模判别式 $\Delta \in S_{12}(1)$. 模曲线 $X(1)$ 的信息十分明白:

$$g = 0, \quad 2g - 2 = -2, \quad \text{尖点代表元}: \infty;$$

椭圆点代表元是 i 和 $\rho = e^{2\pi i/6}$, 约定 4.1.1 定义的 $e(\cdot)$ 为

$$e(i) = 2, \quad e(\rho) = 3.$$

这是命题 1.4.12 的内容. 因此

$$\deg(L_\Gamma) = -2 + 1 + \frac{1}{2} + \frac{2}{3} = \frac{1}{6};$$

当然, 这也可以从 $\mathrm{vol}(Y(1)) = \frac{\pi}{3}$ 来计算 (命题 1.4.11). 本节第一个应用是确定 E_4, E_6 的零点.

命题 4.4.1 我们有 $E_4(\rho) = E_6(i) = 0$, 而且它们分别是 E_4, E_6 的唯一零点, 同为一阶.

证明 从 $Y(1)$ 扣掉椭圆点得到 $Y(1)'$. 因为 E_4, E_6 在 ∞ 处全纯非零, 代入命题 4.3.5 得到

$$\frac{\mathrm{ord}_i(E_4)}{2} + \frac{\mathrm{ord}_\rho(E_4)}{3} + \sum_{x \in Y(1)'} \mathrm{ord}_\tau(E_4) = \frac{1}{3},$$

$$\frac{\mathrm{ord}_i(E_6)}{2} + \frac{\mathrm{ord}_\rho(E_6)}{3} + \sum_{x \in Y(1)'} \mathrm{ord}_\tau(E_6) = \frac{1}{2}.$$

因此 E_4 (或 E_6) 唯一的零点在 ρ (或 i) 处, 同为一阶. □

定理 4.4.2 对于任意 $k \in 2\mathbb{Z}$, 当 $k < 0$ 或 $k = 2$ 时 $M_k(1) = \{0\}$; 当 $k \geqslant 4$ 时有

$$M_k(1) = S_k(1) \oplus \mathbb{C}E_k,$$

$$\dim_{\mathbb{C}} S_k(1) = \begin{cases} \left\lfloor \dfrac{k}{12} \right\rfloor - 1, & k \equiv 2 \pmod{12}, \\[2mm] \left\lfloor \dfrac{k}{12} \right\rfloor, & k \not\equiv 2 \pmod{12}. \end{cases}$$

特别地, $S_k(1)$ 非零当且仅当 $k \geqslant 12$ 而 $k \neq 14$.

证明 在定理 4.3.3 中代入 $g = 0$ 和 $\epsilon_\infty = 1$, 得出 $M_2(1) = \{0\}$. 故以下着力探讨 $M_k(1)$, 其中 $k \in 2\mathbb{Z}_{\geqslant 2}$.

设 $f \in M_k(1)$. 已知 $E_k(\tau)$ 在 ∞ 的 Fourier 展开常数项为 1, 故 f 有唯一表示法

$$f = g + cE_k, \quad g \in S_k(1), \quad c \in \mathbb{C}.$$

事实上 c 是 f 的常数项. 这就说明了 $M_k(1) = S_k(1) \oplus \mathbb{C}E_k$. 下面用定理 4.3.3 计算 $\dim_\mathbb{C} S_k(1)$. 此时

$$D_{\Gamma(1)} = \frac{1}{2} \cdot i + \frac{2}{3} \cdot \rho + \infty,$$

$$\deg \left\lfloor \frac{k}{2} D_{\Gamma(1)} \right\rfloor = \deg \left(\left\lfloor \frac{k}{4} \right\rfloor \cdot i + \left\lfloor \frac{k}{3} \right\rfloor \cdot \rho + \frac{k}{2} \cdot \infty \right) = \left\lfloor \frac{k}{4} \right\rfloor + \left\lfloor \frac{k}{3} \right\rfloor + \frac{k}{2},$$

$$\frac{k}{2} \deg K_{X(1)} = -k.$$

故 $\dim_\mathbb{C} S_k(1) = \left\lfloor \frac{k}{4} \right\rfloor + \left\lfloor \frac{k}{3} \right\rfloor - \frac{k}{2}$. 为了确定取整运算的值, 表中的 k 为 $2(6q + r)$, 其中 $0 \geqslant r < 6$,

r	$\left\lfloor \frac{k}{4} \right\rfloor$	$\left\lfloor \frac{k}{3} \right\rfloor$	$\frac{k}{2}$	$\left\lfloor \frac{k}{4} \right\rfloor + \left\lfloor \frac{k}{3} \right\rfloor - \frac{k}{2}$
0	$3q$	$4q$	$6q$	q
1	$3q$	$4q$	$6q+1$	$q-1$
2	$3q+1$	$4q+1$	$6q+2$	q
3	$3q+1$	$4q+2$	$6q+3$	q
4	$3q+2$	$4q+2$	$6q+4$	q
5	$3q+2$	$4q+3$	$6q+5$	q

因为 $\left\lfloor \frac{k}{12} \right\rfloor = q$, 这就验证了 $\dim_\mathbb{C} S_k(1)$ 的公式. $\qquad\square$

回忆 §2.3 构造的 Eisenstein 级数 E_k, G_k 以及定义 2.4.9 中的模判别式

$$\Delta = q \prod_{n=1}^{\infty} (1-q^n)^{24} = \sum_{n \geqslant 1} \tau(n)q^n \in S_{12}(1), \quad q = e^{2\pi i\tau}.$$

注意到 $\tau(1) = 1$. 以下论证将涉及定义 2.3.3 的除数函数 σ_r, 其中 $r \geqslant 0$.

引理 4.4.3 存在整数列 $a_2, a_3, \cdots$ 和 $b_2, b_3, \cdots$ 使得

$$E_4(\tau)^3 = 1 + 720 \left(q + \sum_{n \geqslant 2} a_n q^n \right),$$

$$E_6(\tau)^2 = 1 - 1008 \left(q + \sum_{n \geqslant 2} b_n q^n \right).$$

证明　应用 E_k 的 Fourier 展开 (2.3.3) 配合 (2.2.3) 的资料 $B_4 = -\dfrac{1}{30}$ 和 $B_6 = \dfrac{1}{42}$ 来计算

$$E_4(\tau) = 1 + \frac{2 \cdot 4}{-B_4} \sum_{n \geq 1} \sigma_3(n) q^n$$

$$= 1 + 240 \left(q + \sum_{n \geq 2} \sigma_3(n) q^n \right),$$

$$E_6(\tau) = 1 + \frac{2 \cdot 6}{-B_6} \sum_{n \geq 1} \sigma_5(n) q^n$$

$$= 1 - 504 \left(q + \sum_{n \geq 2} \sigma_5(n) q^n \right).$$

它们可视同以 q 为变元的整系数形式幂级数环 $\mathbb{Z}[\![q]\!]$ 的元素. 二项式定理遂给出

$$E_4^3 \in \left(1 + 240q(1 + q\mathbb{Z}[\![q]\!]) \right)^3 \subset 1 + 720q + 720q^2 \mathbb{Z}[\![q]\!],$$

$$E_6^2 \in \left(1 - 504q(1 + q\mathbb{Z}[\![q]\!]) \right)^2 \subset 1 - 1008q + 1008q^2 \mathbb{Z}[\![q]\!].$$

明所欲证. $\qquad\square$

推论 4.4.4　空间 $S_{12}(1)$ 由 Δ 张成, 并且

$$\Delta = \frac{1}{1728} \left(E_4^3 - E_6^2 \right).$$

证明　定理 4.4.2 蕴涵 $\dim_{\mathbb{C}} S_{12}(1) = 1$, 因而 $S_{12}(1) = \mathbb{C}\Delta$. 引理 4.4.3 指出 $E_4^3 - E_6^2 = 1728q + \cdots \in S_{12}(1)$ (省略号代表 q 的高次项), 它必为 Δ 的倍数. 另一方面, $\Delta = q + \cdots$, 综之有 $\Delta = \dfrac{1}{1728} \left(E_4^3 - E_6^2 \right).$ $\qquad\square$

今将以 E_4 和 E_6 来生成级为 $\Gamma(1)$ 的所有模形式. 以下定义 $\mathbb{C}$-代数 $M(1) := \bigoplus_{k \in \mathbb{Z}} M_k(1)$ 及其理想 $S(1) := \bigoplus_{k \in \mathbb{Z}} S_k(1)$. 顺带一提, 它们还具有源自权 k 的分次的结构, 一般理论详见 [59, §7.4].

引理 4.4.5　定义 $M(1)$ 如上, 则 $E_4, E_6 \in M(1)$ 在 $\mathbb{C}$ 上代数无关 (见 [59, §8.8]): 换言之, 任意多项式 $f \in \mathbb{C}[X,Y]$ 若满足 $f(E_4, E_6) = 0 \in M(1)$, 则 f 是零多项式.

证明　设 $f = \sum_{a,b} c_{ab} X^a Y^b \in \mathbb{C}[X,Y]$ 满足 $f(E_4, E_6) = 0$. 按定义, 来自不同权的部分在 $M(1)$ 中线性无关, 故对所有 $k \geq 0$, 多项式 $f_k := \sum_{4a+6b=k} c_{ab} X^a Y^b$ 都满足 $f_k(E_4, E_6) = 0$.

今假设 E_4, E_6 在 $\mathbb{C}$ 上代数相关, 并取极小的正整数 k 使得存在非零之 $f = \sum_{4a+6b=k} c_{ab} X^a Y^b$ 满足 $f(E_4, E_6) = 0$. 代入 $\tau = \rho$, 因为 $E_4(\rho) = 0$ 而 $E_6(\rho) \neq 0$, 从 f 的

形式可知 $X \mid f$; 同理, 代入 $\tau = i$ 可知 $Y \mid f$, 于是考虑 $g := f/XY$ 可得 $g(E_4, E_6) = 0$, 其中 $g = \sum_{4a+6b=k-10} c_{a+1,b+1} X^a Y^b$, 这同 k 极小相矛盾. □

定理 4.4.6 定义 $M(1), S(1)$ 如上, 则

$$M(1) = \mathbb{C}[E_4, E_6],$$
$$S(1) = \Delta \cdot M(1).$$

事实上, 我们有 $\mathbb{C}$-代数的同构 $\varphi : \mathbb{C}[X,Y] \xrightarrow{\sim} M(1)$, 映 $f(X,Y)$ 为 $f(E_4, E_6)$.

证明 命题 1.5.13 表明 $M_{奇数}(1) = \{0\}$. 定理 4.4.2 则表明 $M_{负偶数}(1) = \{0\} = M_2(1)$. 因此只需考虑权 $k \in 2\mathbb{Z}, k \geqslant 2$ 的情形, 留意到 $M_0(1) = \mathbb{C}$ (常值函数).

首先说明 $f \mapsto f\Delta$ 给出同构 $M_k(1) \xrightarrow{\sim} S_{k+12}(1)$. 单性自明, 今假设 $g \in S_{k+12}(1)$. 根据 Δ 的无穷乘积展开知 Δ 在 ∞ 有一阶零点, 在 $\mathscr{H}$ 上无零点, 由之易见 $g/\Delta \in M_k(1)$, 从而得到满性. 然而定理 4.4.2 蕴涵 $w < 12 \implies S_w(1) = \{0\}$, 故 $S(1) = \Delta M(1)$.

以下证明 $\{E_4^a E_6^b : a, b \in \mathbb{Z}_{\geqslant 0}, 4a + 6b = k\}$ 生成向量空间 $M_k(1)$. 已知 $M_2(1) = \{0\}$, 而 $M_4(1)$ 和 $M_6(1)$ 皆 1 维, 故仅需处理 $k > 6$ 情形. 因为 k 是正偶数, 根据初等数论可知存在 $a, b \in \mathbb{Z}_{\geqslant 0}$ 使得 $\frac{k}{2} = 2a + 3b$. 若 $f \in M_k(1)$ 在 ∞ 处的常数项是 c, 则 $f_1 := f - cE_4^a E_6^b \in S_k(1)$. 若 $f_1 = 0$, 则停止, 否则存在 $g \in M_{k-12}(1)$ 满足 $f_1 = \Delta \cdot g$. 然而 $\Delta = \frac{1}{1728}(E_4^3 - E_6^2)$, 对 g 递归即可.

于是断言中的 $\mathbb{C}$-代数同态 $\varphi : \mathbb{C}[X,Y] \to M(1)$ 是满的, 其单性则是引理 4.4.5 的内容. □

练习 4.4.7 证明 $M(1)$ 具有一个分次子环 $M(1)_{\mathbb{Z}}$, 使得

⋄ 它是分次的, 亦即作为 $\mathbb{Z}$-模有直和分解 $M(1)_{\mathbb{Z}} = \bigoplus_k \left(M_k(1) \cap M(1)_{\mathbb{Z}} \right)$;

⋄ $M(1)$ 作为 $\mathbb{C}$-向量空间由 $M(1)_{\mathbb{Z}}$ 生成;

⋄ 所有属于 $M(1)_{\mathbb{Z}}$ 的模形式其 Fourier 系数都是整数.

我们称这给出 $M(1)$ 的一个整结构. 进一步描述 $M(1)_{\mathbb{Z}}$ 的分次理想 $M(1)_{\mathbb{Z}} \cap S(1)$.

提示〉取 $M(1)_{\mathbb{Z}}$ 为所有 Fourier 系数均为整数的模形式给出的子环, 并应用前述定理. 对一般同余子群也有类似的整结构, 但需要更强有力的几何工具, 见 §10.2.[①]

例 4.4.8 (Ramanujan 同余) 以下是维数公式一个有趣而且影响深远的应用. 回忆 $\Delta = \sum_{n \geqslant 1} \tau(n)q^n$, 并注意到 691 是素数. 兹断言当 $n \in \mathbb{Z}_{\geqslant 1}$ 时,

$$\tau(n) \equiv \sigma_{11}(n) \pmod{691}.$$

[①] 相关的整性问题可以参考 Serge Lang 的 *Introduction to Modular Forms* (Grundlehren der Mathematischen Wissenschaften, Volume 222), Chapter X, Theorems 4.2—4.4. 论证是初等的.

根据约定 2.3.6, 有

$$\mathscr{G}_{12}(\tau) := \frac{-B_{12}}{24} + \sum_{n \geqslant 1} \sigma_{11}(n) q^n \ \in M_{12}(1).$$

另一方面, 考虑 $M_{12}(1)$ 的元素

$$\frac{E_4^3}{720} + \frac{E_6^2}{1008} \ \in \frac{1}{420} + q^2 \mathbb{Z}[\![q]\!],$$

此处用上了引理 4.4.3 及其证明中的记号, 以及 $1728 \times 420 = 720 \times 1008$. 因为 $S_{12}(1) = \mathbb{C}\Delta$ 而 $\dim_{\mathbb{C}} M_{12}(1) = 2$, 由此得知 $M_{12}(1)$ 的元素都唯一表作 $a\Delta + b \left(\dfrac{E_4^3}{720} + \dfrac{E_6^2}{1008} \right)$ 之形.

接着以此表达 $\mathscr{G}_{12}$. 我们比较 q^0 和 q^1 的系数来确定 a, b: 查阅 (2.2.3) 知 $B_{12} = \dfrac{-691}{2730}$, 故 $\mathscr{G}_{12}$ 的常数项可以直接计算为

$$\frac{-B_{12}}{24} = \frac{691}{156} \cdot \frac{1}{420}.$$

此外 q^1 在 $\mathscr{G}_{12}$ 中和在 Δ 中的系数同为 1. 综之, $\mathscr{G}_{12} = \Delta + \dfrac{691}{156} \cdot \left(\dfrac{E_4^3}{720} + \dfrac{E_6^2}{1008} \right)$.

接着比较上式两边 q^n 的系数 ($n = 1, 2, \cdots$). 首先 $\mathscr{G}_{12}$ 的系数为 $\sigma_{11}(n) \in \mathbb{Z}$, 而 Δ 的系数 $\tau(n)$ 也是整数, 因为 $\dfrac{E_4^3}{720} + \dfrac{E_6^2}{1008}$ 的 q^n 系数亦是整数, 相减可得

$$\tau(n) - \sigma_{11}(n) \ \in \mathbb{Z} \cap \left(\frac{691}{156} \cdot \mathbb{Z} \right) \subset 691\mathbb{Z}.$$

此即所求之 Ramanujan 同余.

同余关系可以进一步涵摄 $n = 0$ 情形. 合理地定义 $\tau(0) = 0$. 虽然 $\mathscr{G}_{12}$ 的常数项 $\dfrac{-B_{12}}{24}$ 非整, 但它属于 $\mathbb{Q}$ 的子环 $\mathbb{Z}_{(691)} := \left\{ \dfrac{v}{u} : u, v \in \mathbb{Z}, \ \gcd(u, 691) = 1 \right\}$ (这是环 $\mathbb{Z}$ 对理想 $691\mathbb{Z}$ 的局部化, 见 [59, §5.3]), 其中 691 依然生成极大理想. 置 Fourier 系数于环 $\mathbb{Z}_{(691)}$, 则有 $\dfrac{-B_{12}}{12} \equiv 0 = \tau(0) \pmod{691\mathbb{Z}_{(691)}}$. 当 $n \geqslant 1$ 时, 在 $\mathbb{Z}_{(691)}$ 中考量 Ramanujan 同余也不损失任何信息.

上述论证可能给人一种印象, 仿佛 Ramanujan 同余仅只是一个精致的数值巧合. 其实尖点形式和 Eisenstein 级数之间的同余是数论中的一类广泛现象, 根源在几何, **P-进模形式**理论是理解它的一把钥匙. 为此, 精细爬梳模空间的算术/几何性质当然是

必不可少的.

练习 4.4.9　设 $p \geqslant 3$ 为素数. 证明 Eisenstein 级数 E_{p-1} 的所有 Fourier 系数都属于 $\mathbb{Z}_{(p)}$ (定义同上), 而且除了常数项 1, 其余 Fourier 系数都属于理想 $p\mathbb{Z}_{(p)}$.

提示⟩ 运用关于 Bernoulli 数的 von Staudt–Clausen 定理来研究 B_{p-1} 的分子与分母, 然后代入 (2.3.3).

4.5　亚纯模形式的存在性

选定余有限 Fuchs 群 $\Gamma \subset \mathrm{SL}(2, \mathbb{R})$. 本节的结论仅在定理 4.6.3 用到. 所有 Riemann 曲面均默认为紧的.

定理 4.5.1　设 $k \in \mathbb{Z}$. 存在权为 $2k$, 级为 Γ 而且不恒为零的亚纯模形式.

证明　我们在定理 4.3.1 已经看到 $M_{2k}(\Gamma)$ 的元素可以等同于线丛 $\Omega_{X(\Gamma)}^{\otimes k}$ 的亚纯截面, 其可能的极点受除子 $\lfloor kD_\Gamma \rfloor$ 约束. 应用定理 B.7.5 可知 $\Omega_{X(\Gamma)}^{\otimes k}$ 必有非零的亚纯截面, 对应到权 k, 级 Γ 而且不恒为零的亚纯模形式. □

奇数权情形需要一些准备工作, 为此不得不动用关于 Riemann 曲面和层上同调的一些标准知识. 读者无妨略过.

引理 4.5.2　设 $\mathscr{X}$ 为 Riemann 曲面, 那么交换群 $\mathrm{Pic}^0(\mathscr{X}) := \ker \left[\deg : \mathrm{Pic}(\mathscr{X}) \to \mathbb{Z} \right]$ 是可除群: 换言之, 对任何 $n \in \mathbb{Z}_{\geqslant 1}$, 都有 $n\,\mathrm{Pic}^0(\mathscr{X}) = \mathrm{Pic}^0(\mathscr{X})$.

证明　在 §8.4 将说明 $\mathrm{Pic}^0(\mathscr{X})$ 作为群同构于 $\Gamma(\mathscr{X}, \Omega_{\mathscr{X}}) \simeq \mathbb{C}^g$ 的商. 既然 $\mathbb{C}^g$ 对加法是可除群, 其商群亦然. □

引理 4.5.3　令 $n \in \mathbb{Z}_{\geqslant 1}$ 而 $\mathscr{X}$ 是连通而且单连通的 Riemann 曲面. 若 $f \neq 0$ 是 $\mathscr{X}$ 上的亚纯函数, 而且对所有 $x \in \mathscr{X}$ 都有 $\mathrm{ord}_x(f) \in n\mathbb{Z}$, 那么存在亚纯函数 $f_\sharp$ 使得 $f_\sharp^n = f$.

证明　层论可以给出利落的证明, 不过这里仍模仿解析延拓的古典手法. 首先说明对任意 $x \in \mathscr{X}$ 都存在连通开邻域 $U \ni x$ 以及 U 上的亚纯函数 $f_{\sharp,U}$ 使得 $f_{\sharp,U}^n = f|_U$. 命 $k := \mathrm{ord}_x(f)/n$. 无妨假设 U 带有适当的局部坐标 z 使得 $f|_U = (z-z(x))^{kn} \exp(g(z))$, 再取 $f_{\sharp,U} = (z - z(x))^k \exp(g(z)/n)$ 即是.

这就说明 $f_\sharp$ 局部存在, 而且精确到 $\mu_n := \{z : z^n = 1\}$ 的乘法, 它在连通开集上是唯一的.

固定 x 并在其附近取定 $f_\sharp$. 对任意 $y \in \mathscr{X}$, 取连续道路连接 x, y, 以局部唯一性将 $f_\sharp$ 一路延拓到 y 附近. 单连通确保环路可缩, 因而 $f_\sharp$ 在 y 附近的延拓无关道路的选取. □

定理 4.5.4 设 $k \in \mathbb{Z}$. 若 $-1 \in \Gamma$, 则权为 $2k+1$, 级为 Γ 的亚纯模形式必为 0. 若 $-1 \notin \Gamma$, 则存在权为 $2k+1$, 级为 Γ 而且不恒为零的亚纯模形式.

证明 当 $-1 \in \Gamma$ 时, 应用命题 1.5.13. 今后假设 $-1 \notin \Gamma$. 仅需说明存在权 1 的亚纯模形式, 再取其 $2k+1$ 次幂便是. 以下证明取自 [49, p.40]. 仍记 g 为 $X(\Gamma)$ 的亏格.

任取 $x \in X(\Gamma)$ 和亚纯微分 $\omega \neq 0$, 那么除子 $\operatorname{div}(\omega) - 2(g-1)x$ 的次数为 0. 根据引理 4.5.2, 存在 $A \in \operatorname{Div}(X(\Gamma))$ 和 $\varphi \in \mathscr{M}(X(\Gamma))^{\times}$ 使得 $2A - \operatorname{div}(\omega) + 2(g-1)x = \operatorname{div}(\varphi)$. 考虑亚纯微分

$$f \, \mathrm{d}\tau := \varphi\omega \; \text{拉回到} \; \mathscr{H}.$$

于是 f 是权 2 的亚纯模形式. 兹断言存在 $\mathscr{H}$ 上的亚纯函数 $f_{\sharp}$ 使得 $f_{\sharp}^2 = f$. 鉴于引理 4.5.3, 只需说明 f 在每一点 $\eta \in \mathscr{H}$ 处的消没次数都是偶数.

记 $y \in Y(\Gamma)$ 为 $\eta \in \mathscr{H}$ 的像. 由 (4.3.2) 在权 2 的情形可知

$$\operatorname*{ord}_{\eta}(f) = (e(\eta) - 1) + e(\eta) \operatorname*{ord}_{y}(\varphi\omega).$$

命题 1.3.10 和 $-1 \notin \Gamma$ 确保 $e(\eta) = \left|\overline{\Gamma_{\eta}}\right|$ 为奇数. 另一方面, $\operatorname{ord}_y(\varphi\omega)$ 恒为偶数, 这是因为

$$\operatorname{div}(\varphi\omega) = 2(g-1)x + 2A \; \in 2\operatorname{Div}(X(\Gamma)).$$

综之 $\operatorname{ord}_{\eta}(f) \in 2\mathbb{Z}$, 断言得证.

接着注意到对每个 $\gamma \in \Gamma$,

$$\left(f_{\sharp}\big|_1 \gamma\right)^2 = f\big|_2 \gamma = f = f_{\sharp}^2.$$

因此存在 $\chi(\gamma) \in \{\pm 1\}$ 使得 $f_{\sharp}\big|_1 \gamma = \chi(\gamma)f_{\sharp}$. 易见 $\chi : \Gamma \to \{\pm 1\}$ 是群同态, 记 $\Gamma' := \ker(\chi)$, 则 $(\Gamma : \Gamma') \leqslant 2$, 这也是余有限 Fuchs 群, 而且从 $f_{\sharp}^2 = f$ 可知 $f_{\sharp}$ 满足权 1 亚纯模形式的所有条件, 但级降为 Γ'. 如果 $\Gamma' = \Gamma$, 那么 $f_{\sharp}$ 即所求.

以下假设存在 ε 使得 $\Gamma = \Gamma' \sqcup \Gamma'\varepsilon$, 从而 $\chi(\varepsilon) = -1$. 商态射 $X(\Gamma') \to X(\Gamma)$ 是紧 Riemann 面之间的 2 次态射 (命题 3.3.1), 而 $\mathscr{M}(X(\Gamma'))$ 借以成为 $\mathscr{M}(X(\Gamma))$ 的二次扩张 (见 [60, 定理 3.4.7]). 注意到 $\Gamma' \lhd \Gamma$, 故在 $X(\Gamma')$ 上有良定的映射 $\Gamma'\tau \mapsto \Gamma'\varepsilon\tau$, 而 $\mathscr{M}(X(\Gamma))$ 正好由 $X(\Gamma')$ 上的 ε-不变亚纯函数组成.

因此存在 $\psi \in \mathscr{M}(X(\Gamma'))$ 使得 $\psi \neq 0, \psi(\varepsilon\tau) = -\psi(\tau)$. 由之可见 $f_{\sharp}\psi$ 对 Γ 不变, 从而是权 1 亚纯模形式. $\square$

一种直接构造亚纯模形式的手法是 Poincaré 级数, 借助的是分析学工具, 见 [41, Theorem 2.6.8].

4.6 奇数权维数公式

仍选定余有限 Fuchs 群 $\Gamma \subset \mathrm{SL}(2,\mathbb{R})$ 和奇数 $2k+1$. 此时维数公式将涉及定义 3.6.1 引入的正则尖点.

引理 4.6.1 设 $-1 \notin \Gamma$ 而 $t = \alpha\infty \in \mathscr{C}_\Gamma$, 其中 $\alpha \in \mathrm{SL}(2,\mathbb{R})$. 按 (3.6.1) 定义相应的 $x, h > 0$. 对于一切级为 Γ, 权为 $2k+1$ 的亚纯模形式 f, 考虑 $f\mid_{2k+1}\alpha$ 在 ∞ 处的 Laurent 展开式, 它必形如

$$\left(f\mid_{2k+1}\alpha\right)(\tau) = \begin{cases} \sum_n b_n e^{2\pi i n\tau/h}, & t \text{ 给出正则尖点}, \\ e^{2\pi i\tau/x}\sum_n b_n e^{2\pi i n\tau/h}, & t \text{ 给出非正则尖点}. \end{cases}$$

证明 命 $g := f\mid_{2k+1}\alpha$. 基于 $g(\tau+x) = g(\tau)$ 作 Laurent 展开

$$g(\tau) = \sum_n a_n e^{2\pi i n\tau/x}.$$

对于正则尖点有 $x = h$, 无须再论. 以下设 t 给出非正则尖点, 那么 $x = 2h$. 此时容易看出 $g\mid_{2k+1}\begin{pmatrix} -1 & -h \\ & -1 \end{pmatrix} = g$, 故 $\sum_n a_n e^{2\pi i n\tau/x} = \sum_n(-1)^{n+1}a_n e^{2\pi i n\tau/x}$, 换言之 $a_n \neq 0 \implies n \notin 2\mathbb{Z}$, 故 g 有所示的 Laurent 展开. $\square$

定理 4.3.1 已说明权为 $4k+2$ 的模形式 f_+ 可以看成 $\Omega_{X(\Gamma)}^{\otimes 2k+1}$ 的某些亚纯截面, 记为 ω; 一切同样适用于 f_+ 是亚纯模形式的情形, 放宽对极点的约束即可. 当 $\omega \neq 0$ 时可对之定义每点的消没次数 $\mathrm{ord}_x(\omega)$ 和除子 $\mathrm{div}(\omega) = \sum_{x\in X(\Gamma)}\mathrm{ord}_x(\omega)x$.

引理 4.6.2 设 $-1 \notin \Gamma$. 考虑权为 $2k+1$, 不恒为零的亚纯模形式 f. 以 ω 表示对应到 $f_+ := f^2$ 的 $\Omega_{X(\Gamma)}^{\otimes 2k+1}$ 的亚纯截面. 有

$$\forall y \in X(\Gamma), \quad \mathrm{ord}_y(\omega) = \begin{cases} \text{偶数}, & y \in Y(\Gamma), \text{ 或 } y \text{ 为非正则尖点}, \\ \text{奇数}, & y: \text{正则尖点}. \end{cases}$$

证明 设 $y \in Y(\Gamma)$, 取定原像 $\eta \in \mathscr{H}$. 从 (4.3.2) 可知

$$(2k+1)(e(y)-1) + e(y)\,\mathrm{ord}_y(\omega) = \mathrm{ord}_\eta(f_+) = 2\,\mathrm{ord}_\eta(f).$$

命题 1.3.10 确保 $e(y) = \left|\overline{\Gamma_\eta}\right|$ 为奇数, 因而上式蕴涵 $\mathrm{ord}_y(\omega)$ 为偶.

接着设 $y \in X(\Gamma)$ 是尖点, 为了简化符号, 不失一般性且设 y 是 $\infty \in \mathscr{H}^*$ 的像. 按 (3.6.1) 定义 $x, h > 0$. 按 ∞ 处的局部坐标 $e^{2\pi i \tau/h}$ 定义消没次数 $\mathrm{ord}_\infty(f_+)$. 由 (4.3.3) 可知

$$2k + 1 + \mathrm{ord}_y(\omega) = \mathrm{ord}_\infty(f_+).$$

引理 4.6.1 描述了 f 的 Laurent 展开, 现在考虑其平方: 对于正则尖点, $x = h$ 故 $\mathrm{ord}_\infty(f_+) \in 2\mathbb{Z}$. 对于非正则尖点, $x = 2h$ 故 $\mathrm{ord}_\infty(f_+) \in 2\mathbb{Z} + 1$. □

定理 4.6.3 复向量空间 $M_{2k+1}(\Gamma)$ 的维数有限. 若 $-1 \in \Gamma$, 则 $M_{2k+1}(\Gamma) = \{0\}$. 若 $-1 \notin \Gamma$, 以 g 表 $X(\Gamma)$ 的亏格, $\epsilon_{\infty,\mathrm{reg}}$ (或 $\epsilon_{\infty,\mathrm{irr}}$) 表 $X(\Gamma)$ 的正则尖点 (或非正则尖点) 个数, $\epsilon_\infty = \epsilon_{\infty,\mathrm{reg}} + \epsilon_{\infty,\mathrm{irr}}$, 那么

$$\dim_{\mathbb{C}} M_{2k+1}(\Gamma) = \begin{cases} 0, & k < 0, \\ \dim_{\mathbb{C}} S_{2k+1}(\Gamma) + \epsilon_{\infty,\mathrm{reg}}, & k \geqslant 1, \end{cases}$$

$$\dim_{\mathbb{C}} S_{2k+1}(\Gamma) = \begin{cases} 0, & k < 0, \\ \deg\left(\left(k + \frac{1}{2}\right) K_{X(\Gamma)} + \left\lfloor \left(k + \frac{1}{2}\right) D_\Gamma \right\rfloor\right) - g + 1 - \dfrac{\epsilon_{\infty,\mathrm{reg}}}{2}, & k \geqslant 1, \end{cases}$$

其中 D_Γ 是定义 4.1.2 中的 $\mathbb{Q}$-除子. 此外, 当 $k \geqslant 1$ 时,

$$\dim_{\mathbb{C}} S_{2k+1}(\Gamma) \geqslant \deg(L_\Gamma) \cdot \left(k - \frac{1}{2}\right) + g - 1 + \frac{\epsilon_{\infty,\mathrm{irr}}}{2}.$$

因为定理 4.1.3 确保 $\deg(L_\Gamma) > 0$, 上述估计说明当 $-1 \notin \Gamma$ 而且 $k \gg 0$ 时, 权为 $2k + 1$ 的模形式是十分丰富的.

证明 定理 4.5.4 的第一部分已处理了 $-1 \in \Gamma$ 情形. 故今后假定 $-1 \notin \Gamma$. 设 $f \in M_{2k+1}(\Gamma)$. 若 $k < 0$, 那么 $f^2 \in M_{4k+2}(\Gamma) = \{0\}$ (定理 4.3.3). 今后进一步假定 $k \geqslant 0$.

依据定理 4.5.4, 存在权为 $2k + 1$, 级为 Γ 的亚纯模形式 $f_0 \neq 0$. 我们将 f_0^2 视同 $\Omega_{X(\Gamma)}^{\otimes 2k+1}$ 的非零亚纯截面 ω.

任给 $f \in M_{2k+1}(\Gamma)$, 商 $g := f/f_0$ 是 $X(\Gamma)$ 上的亚纯函数. 反之给定 $X(\Gamma)$ 上的亚纯函数 $g \in \mathscr{M}(X(\Gamma))$, 则 $f_0 g \in M_{2k+1}(\Gamma)$ 等价于 $f_0^2 g^2 \in M_{4k+2}(\Gamma)$. 按寻常方式定义 $\mathrm{div}(g) \in \mathrm{Div}(X(\Gamma)) \sqcup \{\infty\}$, 并应用 §4.3 中的分析, 特别是 (4.3.2) 和 (4.3.3), 可知 $f_0^2 g^2 \in M_{4k+2}(\Gamma)$ 等价于

$$y \in Y(\Gamma) \implies \mathrm{ord}_y(\omega) + 2\,\mathrm{ord}_y(g) + (2k+1) \cdot \frac{e(y) - 1}{e(y)} \geqslant 0,$$

$$c \in X(\Gamma) \smallsetminus Y(\Gamma) \implies \mathrm{ord}_c(\omega) + 2\,\mathrm{ord}_c(g) + (2k+1) \geqslant 0$$

$$\left(\text{对于 } f_0^2 g^2 \in S_{4k+2}(\Gamma) \rightsquigarrow \text{换成} \geqslant 1\right).$$

上式重新整理成 $\mathrm{Div}(X(\Gamma))_{\mathbb{Q}}$ 中的不等式

$$\mathrm{div}(g) + \frac{1}{2}\left(\mathrm{div}(\omega) - \sum_{c\,:\,\text{正则尖点}} c\right)$$
$$+ \left(k + \frac{1}{2}\right)\left(\sum_{\substack{y \in Y(\Gamma) \\ \text{来自椭圆点}}} \left(1 - \frac{1}{e(y)}\right) y + \sum_{c\,:\,\text{尖点}} c\right) + \frac{1}{2}\sum_{c\,:\,\text{正则尖点}} c \geqslant 0. \tag{4.6.1}$$

引理 4.6.2 蕴涵 $\frac{1}{2}\left(\mathrm{div}(\omega) \pm \sum_{c\,:\,\text{正则尖点}} c\right) \in \mathrm{Div}(X(\Gamma))$. 对 (4.6.1) 取整, 得到的不等式与原先等价. 综之, $f_0 g \in M_{2k+1}(\Gamma)$ 等价于

$$\mathrm{div}(g) + E + \sum_{c\,:\,\text{正则尖点}} c \geqslant 0, \tag{4.6.2}$$

其中

$$E := \frac{1}{2}\left(\mathrm{div}(\omega) - \sum_{c\,:\,\text{正则尖点}} c\right) + \sum_{\substack{y \in Y(\Gamma) \\ \text{来自椭圆点}}} \left\lfloor \left(k + \frac{1}{2}\right)\left(1 - \frac{1}{e(y)}\right)\right\rfloor y + k\sum_{c\,:\,\text{尖点}} c.$$

若考察 $f_0 g \in S_{2k+1}(\Gamma)$, 亦即 $f_0^2 g^2 \in S_{4k+2}(\Gamma)$ 的充要条件, 那就相当于将 (4.6.1) 的 $\geqslant$ 左边再扣去 $\frac{1}{2}\sum_{c\,:\,\text{尖点}} c$, 结果等价于

$$\mathrm{div}(g) + E \geqslant 0. \tag{4.6.3}$$

从 (4.6.2) 和 (4.6.3) 可见 $\dim_{\mathbb{C}} M_{2k+1}(\Gamma) = \ell\left(E + \sum_{c\,:\,\text{正则尖点}} c\right)$, $\dim_{\mathbb{C}} S_{2k+1}(\Gamma) = \ell(E)$. 定理 B.7.12 表明两者对所有 $k \geqslant 0$ 皆有限. 以下对之作进一步的计算.

命题 1.3.10 保证 $e(y) = \left|\overline{\Gamma_\eta}\right|$ 为奇数, 故 $\left(k + \frac{1}{2}\right)(e(y) - 1) \in \mathbb{Z}$. 引理 4.1.6 遂导致

$$\left\lfloor \left(k + \frac{1}{2}\right)\left(1 - \frac{1}{e(y)}\right)\right\rfloor \geqslant \left(k - \frac{1}{2}\right)\left(1 - \frac{1}{e(y)}\right),$$

从而得到次数估计

$$\deg E = \left(k + \frac{1}{2}\right)(2g - 2) - \frac{\epsilon_{\infty,\text{reg}}}{2} + \sum_y \left\lfloor \left(k + \frac{1}{2}\right)\left(1 - \frac{1}{e(y)}\right)\right\rfloor + k\epsilon_\infty$$

$$\geqslant \left(k - \frac{1}{2}\right)\left(2g - 2 + \epsilon_\infty + \sum_y \left(1 - \frac{1}{e(y)}\right)\right) + 2g - 2 - \frac{\epsilon_{\infty,\mathrm{reg}}}{2} + \frac{\epsilon_\infty}{2}$$

$$= \left(k - \frac{1}{2}\right)\deg(L_\Gamma) + \frac{\epsilon_{\infty,\mathrm{irr}}}{2} + 2g - 2.$$

当 $k \geqslant 1$ 时末项 $> 2g - 2$. 此时可由 Riemann-Roch 定理 (定理 B.7.12) 或其注记 B.7.13 代入 (4.6.3) 来计算 $\dim S_{2k+1}(\Gamma) = \ell(E) = \deg E - g + 1$: 结果可写作

$$(2k+1)(g-1) + \sum_y \left\lfloor \left(k + \frac{1}{2}\right)\left(1 - \frac{1}{e(y)}\right)\right\rfloor + k\epsilon_\infty - \frac{\epsilon_{\infty,\mathrm{reg}}}{2} - g + 1$$

$$= 2k(g-1) + \deg\left\lfloor \left(k + \frac{1}{2}\right)D_\Gamma\right\rfloor - \frac{\epsilon_{\infty,\mathrm{reg}}}{2}$$

$$= \left(k + \frac{1}{2}\right)\deg K_{X(\Gamma)} + \deg\left\lfloor \left(k + \frac{1}{2}\right)D_\Gamma\right\rfloor - \frac{\epsilon_{\infty,\mathrm{reg}}}{2}.$$

另外, 先前对 $\deg E$ 的估计给出

$$\dim S_{2k+1}(\Gamma) = \deg E - g + 1 \geqslant \left(k - \frac{1}{2}\right)\deg(L_\Gamma) + g - 1 + \frac{\epsilon_{\infty,\mathrm{irr}}}{2}, \quad k \geqslant 1.$$

基于上述结果, $\dim M_{2k+1}(\Gamma) = \ell\left(E + \sum_{c:\,\text{正则尖点}} c\right)$ 在 $k \geqslant 1$ 时的计算也毫无困难. $\square$

目前对 $M_1(\Gamma)$ 和 $S_1(\Gamma)$ 还没有一般的维数公式.

例 4.6.4 仍取无椭圆点的同余子群 $\Gamma := \Gamma_1(4)$ 为例. 根据例 4.2.5, 此时

$$\epsilon_\infty = 3, \quad \epsilon_{\mathrm{irr}} = 1, \quad \epsilon_{\infty,\mathrm{reg}} = 2, \quad g = 0,$$

$$\deg\left(k + \frac{1}{2}\right)K_{X(\Gamma_1(4))} = -2k - 1, \quad \deg\left\lfloor \left(k + \frac{1}{2}\right)D_{\Gamma_0(4)}\right\rfloor = 3k.$$

代入可知当 $k \geqslant 1$ 时,

$$\dim_{\mathbb{C}} S_{2k+1}(\Gamma_1(4)) = k - 1,$$

$$\dim_{\mathbb{C}} M_{2k+1}(\Gamma_1(4)) = k + 1.$$

练习 4.6.5 证明 $S_1(\Gamma_1(4)) = \{0\}$.

提示 应用例 4.3.4 算出的 $S_2(\Gamma_1(4)) = \{0\}$.

第五章 Hecke 算子通论

Hecke 算子是模形式理论的核心之一. 粗略地说, 它们是模形式空间之间一族富含结构的线性映射, 反映其间的某种对称性. 在第六章和第七章将以 Hecke 算子萃取 L-函数中蕴藏的丰富算术信息.

一如模形式的情形, 对 Hecke 算子也有多面的诠释. 本章首先以群论视角切入, 由某些双陪集来确定 Hecke 算子, 合成运算则是某种卷积的反映. 我们首先铺陈双陪集算子的抽象理论, 随后应用于模形式. 对于级为 SL(2, $\mathbb{Z}$) 的情形, 双陪集的卷积结构可透过线性代数, 亦即模论的语言来改写, 由此得到的代数也称为 Hall 代数, 这是 §5.5 将探讨的主题, 也是针对第六章的一场预演. 相关的线性代数技巧未来还会重复运用.

本章前半部分是关于双陪集与卷积的一般框架, 基于几个抽象假设; 在后半部分, 我们以之定义 Hecke 算子并应用于模形式的研究. 相关论证和铺陈方式取法于 [21,41]. 模形式的权 k 在本节是固定的.

5.1 双陪集与卷积

以下定义遵循 [41,§2.7], 相关思路可以上溯到 Bourbaki 的文献 [8, VI, §2, Ex 22]. 先回忆定义 3.5.1: 固定一个抽象群 Ω 及其子群 Γ, Γ', 若 $\Gamma \cap \Gamma'$ 在 Γ 和 Γ' 中的指数皆有限, 则称它们**可公度**; 引理 3.5.2 断言这给出 Ω 的子群间的等价关系 $\approx$. 若 $\sigma : \Omega \xrightarrow{\sim} \Omega_1$ 是群同构, 那么显然有 $\Gamma \approx \Gamma' \iff \sigma(\Gamma) \approx \sigma(\Gamma')$.

约定 5.1.1 对于子群 $\Gamma \subset \Omega$, 记

$$\widetilde{\Gamma} := \left\{ g \in \Omega : g \Gamma g^{-1} \approx \Gamma \right\}.$$

引理 5.1.2 对任意 Γ, 子集 $\widetilde{\Gamma} \subset \Omega$ 乃是子群. 如果 $\Gamma \approx \Gamma'$, 则 $\widetilde{\Gamma} = \widetilde{\Gamma'}$.

证明 先处理第一个断言. 显然 $1 \in \widetilde{\Gamma}$, 而且 $h\Gamma h^{-1} \approx \Gamma$ 蕴涵 $\Gamma = h^{-1}h\Gamma h^{-1}h \approx h^{-1}\Gamma h$, 故 $\widetilde{\Gamma}$ 对取逆封闭. 只需再对所有 $g, h \in \widetilde{\Gamma}$ 证 $gh \in \widetilde{\Gamma}$. 诚然:

$$gh\Gamma h^{-1}g^{-1} \approx g\Gamma g^{-1} \approx \Gamma.$$

对于第二部分, 从 $\Gamma \approx \Gamma'$ 和 $g\Gamma g^{-1} \approx \Gamma$ 可推出

$$g\Gamma' g^{-1} \approx g\Gamma g^{-1} \approx \Gamma \approx \Gamma',$$

于是 $\widetilde{\Gamma} \subset \widetilde{\Gamma'}$, 基于对称性亦有 $\widetilde{\Gamma'} \subset \widetilde{\Gamma}$. □

初步例子仍由 $\mathrm{SL}(2, \mathbb{Z})$ 给出. 以下分别在 $\mathrm{GL}(2, \mathbb{R})^+$ 和 $\mathrm{GL}(2, \mathbb{R})$ 中确定 $\widetilde{\Gamma}$.

命题 5.1.3 设离散子群 $\Sigma \subset \mathrm{SL}(2, \mathbb{R})$ 满足 $\Sigma \approx \mathrm{SL}(2, \mathbb{Z})$. 在大群 $\mathrm{GL}(2, \mathbb{R})^+$ (或 $\mathrm{GL}(2, \mathbb{R})$) 中, 我们有 $\widetilde{\Sigma} = \mathbb{R}^\times \cdot \mathrm{GL}(2, \mathbb{Q})^+$ (或 $\widetilde{\Sigma} = \mathbb{R}^\times \cdot \mathrm{GL}(2, \mathbb{Q})$).

证明 命 $\Gamma := \mathrm{SL}(2, \mathbb{Z})$. 由于 $\widetilde{\Sigma} = \widetilde{\Gamma}$, 仅需考虑 $\Sigma = \Gamma$ 情形. 先考虑 $\mathrm{GL}(2, \mathbb{R})^+$ 中的情况. 显然 $\mathbb{R}^\times \subset \widetilde{\mathrm{SL}(2, \mathbb{Z})}$, 而稍早的计算 (命题 3.5.3) 已说明 $\mathrm{GL}(2, \mathbb{Q})^+ \subset \widetilde{\mathrm{SL}(2, \mathbb{Z})}$, 所以关键在证明每个 $\gamma = \begin{pmatrix} a & b \\ c & d \end{pmatrix} \in \widetilde{\mathrm{SL}(2, \mathbb{Z})}$ 都属于 $\mathbb{R}^\times \cdot \mathrm{GL}(2, \mathbb{Q})^+$. 若 $\Gamma \subset \mathrm{SL}(2, \mathbb{R})$ 是任意离散子群, 由 "结构搬运" 不难察觉

$$\gamma \in \widetilde{\Gamma} \implies \mathscr{C}_\Gamma = \mathscr{C}_{\gamma\Gamma\gamma^{-1}} = \gamma\mathscr{C}_\Gamma.$$

施此于 $\Gamma = \mathrm{SL}(2, \mathbb{Z})$, $\mathscr{C}_\Gamma = \mathbb{Q} \sqcup \{\infty\}$. 上式导致 $\gamma\infty, \gamma 0 \in \mathbb{Q} \sqcup \{\infty\}$, 故 $\frac{a}{c}, \frac{b}{d} \in \mathbb{Q} \sqcup \{\infty\}$. 由于 $x \mapsto {}^t x^{-1}$ 是保 Γ 的群自同构, ${}^t\gamma^{-1} \in \widetilde{\Gamma}$, 继而 ${}^t\gamma \in \widetilde{\Gamma}$, 于是上一步论证又给出 $\frac{a}{b}, \frac{c}{d} \in \mathbb{Q} \sqcup \{\infty\}$. 由此易见 $\gamma \in \mathbb{R}^\times \cdot \mathrm{GL}(2, \mathbb{Q})^+$.

对于 $\mathrm{GL}(2, \mathbb{R})$ 中的情况, 命 $\widetilde{\Gamma}_\pm := \{\alpha \in \widetilde{\Gamma} : \mathrm{sgn}(\det \alpha) = \pm\}$, 那么 $\widetilde{\Gamma} = \widetilde{\Gamma}_+ \sqcup \widetilde{\Gamma}_-$. 留意到 $\widetilde{\Gamma}_\mp = \begin{pmatrix} 1 & \\ & -1 \end{pmatrix}\widetilde{\Gamma}_\pm$, 而 $\widetilde{\Gamma}_+$ 是上一步确定的 $\mathbb{R}^\times \cdot \mathrm{GL}(2, \mathbb{Q})^+$. 这就足以完成证明. □

回到抽象理论.

引理 5.1.4 设 $\Gamma, \Gamma' \subset \Omega$ 可公度, 则对任意 $x \in \widetilde{\Gamma}$, 存在无交并分解

$$\Gamma x \Gamma' = \bigsqcup_{a \in A} \Gamma x a = \bigsqcup_{b \in B} b x \Gamma',$$

其中 A (或 B) 是陪集空间 $(\Gamma' \cap x^{-1}\Gamma x)\backslash\Gamma'$ (或 $\Gamma/(\Gamma \cap x\Gamma'x^{-1})$) 在 Γ' (或 Γ) 中的任一族代表元; A, B 都是有限的.

证明　显然 $\Gamma x \Gamma' = \bigcup_{a \in \Gamma'} \Gamma x a = \bigcup_{b \in \Gamma} b x \Gamma'$. 相异陪集必无交, 而对任意 $a_1, a_2 \in \Gamma'$, 有

$$\Gamma x a_1 = \Gamma x a_2 \iff \Gamma x a_1 a_2^{-1} x^{-1} = \Gamma \iff a_1 a_2^{-1} \in \Gamma' \cap x^{-1} \Gamma x$$
$$\iff (\Gamma' \cap x^{-1} \Gamma x) a_1 = (\Gamma' \cap x^{-1} \Gamma x) a_2.$$

由此可得 $\Gamma x \Gamma' = \bigcup_{a \in A} \Gamma x a$. 同理可证 $\Gamma x \Gamma' = \bigcup_{b \in B} b x \Gamma'$. 由于 $\tilde{\Gamma} = \tilde{\Gamma}'$ 成群, 从 $x \Gamma' x^{-1} \approx \Gamma' \approx \Gamma$ 推得 $(\Gamma : \Gamma \cap x \Gamma' x^{-1})$ 有限, 从 $x^{-1} \Gamma x \approx \Gamma \approx \Gamma'$ 推得 $(\Gamma' : \Gamma' \cap x^{-1} \Gamma x)$ 亦有限.　$\square$

假设 5.1.5　以下考虑

◇ 群 Ω 及其子幺半群 Δ (即 Δ 含幺元并且对乘法封闭);

◇ Ω 的一族子群 $\mathcal{X} \neq \varnothing$, 其中元素彼此可公度, 并且所有 $\Gamma \in \mathcal{X}$ 都满足

$$\tilde{\Gamma} \supset \Delta \supset \Gamma;$$

◇ 交换环 $\Bbbk$.

定义 5.1.6　令 $\Omega, \Delta, \mathcal{X}$ 如假设 5.1.5. 对任意之 $\Gamma, \Gamma' \in \mathcal{X}$, 命

$$\mathcal{H}(\Gamma \backslash \Delta / \Gamma') := \left\{ \begin{array}{l} f : \Omega \to \Bbbk \\[4pt] \mathrm{Supp}(f) \subset \Delta \end{array} \left| \begin{array}{l} \Gamma \text{ 左不变} \\[4pt] \Gamma' \text{ 右不变} \\[4pt] \Gamma \backslash \mathrm{Supp}(f) / \Gamma' \text{ 有限} \end{array} \right. \right\},$$

$$\mathcal{H}(\Delta /\!/ \Gamma) := \mathcal{H}(\Gamma \backslash \Delta / \Gamma).$$

对于 $s, t \in \Bbbk$ 定义运算 $(s f_1 + t f_2)(x) = s f_1(x) + t f_2(x)$, 这使 $\mathcal{H}(\Gamma \backslash \Delta / \Gamma')$ 构成 $\Bbbk$-模.

基于引理 5.1.4, 任意 $f \in \mathcal{H}(\Gamma \backslash \Delta / \Gamma')$ 之 $\mathrm{Supp}(f)$ 分解为有限个左 Γ-轨道, 也分解成有限个右 Γ'-轨道, 这一观察对稍后的论证至关重要.

定义-定理 5.1.7　令 $\Gamma, \Gamma', \Gamma'' \in \mathcal{X}$, 对 $\alpha \in \mathcal{H}(\Gamma \backslash \Delta / \Gamma')$ 和 $\beta \in \mathcal{H}(\Gamma' \backslash \Delta / \Gamma'')$,

$$\sum_{h \in \Gamma' \backslash \Omega} \alpha(x h^{-1}) \beta(h) = \sum_{h \in \Omega / \Gamma'} \alpha(h) \beta(h^{-1} x), \quad x \in \Delta.$$

两边的和皆有限, 记为 $(\alpha \star \beta)(x)$.

(i) 函数 $\alpha \star \beta$ 属于 $\mathcal{H}(\Gamma \backslash \Delta / \Gamma'')$ 的元素, 运算 $\star$ 满足分配律

$$(s\alpha_1 + t\alpha_2) \star \beta = s(\alpha_1 \star \beta) + t(\alpha_2 \star \beta),$$

$$\alpha \star (s\beta_1 + t\beta_2) = s(\alpha \star \beta_1) + t(\alpha \star \beta_2).$$

其中 $s, t \in \Bbbk$.

(ii) 对 $\Gamma, \Gamma', \Gamma'', \Gamma''' \in \mathscr{X}$ 和

$$\alpha \in \mathcal{H}(\Gamma\backslash\Delta/\Gamma'), \quad \beta \in \mathcal{H}(\Gamma'\backslash\Delta/\Gamma''), \quad \gamma \in \mathcal{H}(\Gamma''\backslash\Delta/\Gamma'''),$$

结合律恒成立:

$$\alpha \star (\beta \star \gamma) = (\alpha \star \beta) \star \gamma.$$

(iii) 定义 $\mathbf{1}_\Gamma(x) := \begin{cases} 1, & x \in \Gamma, \\ 0, & x \notin \Gamma. \end{cases}$ 它属于 $\mathcal{H}(\Delta /\!/ \Gamma)$ 并且对任意 $\Gamma', \Gamma'' \in \mathscr{X}$ 皆有

$$\forall \alpha \in \mathcal{H}(\Gamma'\backslash\Delta/\Gamma), \quad \alpha \star \mathbf{1}_\Gamma = \alpha,$$

$$\forall \beta \in \mathcal{H}(\Gamma\backslash\Delta/\Gamma''), \quad \mathbf{1}_\Gamma \star \beta = \beta.$$

特别地, $\mathcal{H}(\Delta /\!/ \Gamma)$ 是 $\Bbbk$-代数, 其乘法幺元 1 是 $\mathbf{1}_\Gamma$.

证明 给定 α, β, 定义第一式和式取遍 $h \in \Gamma'\backslash\mathrm{Supp}(\beta)$, 第二和式取遍 $h \in \mathrm{Supp}(\alpha)/\Gamma'$, 已知两者皆有限. 第一式对 x 是左 Γ 不变的, 而第二式是右 Γ'' 不变的, 下面说明两式相等. 考虑集合 $\Theta_x := \left\{ (u, v) \in \Omega^2 : uv = x \right\}$, 其上有 Γ' 的左作用 $\delta : (u, v) \mapsto (u\delta^{-1}, \delta v)$. 按假设, $(u, v) \mapsto \alpha(u)\beta(v)$ 下降为商空间上的函数 $\alpha \otimes \beta : \Gamma'\backslash\Theta_x \to \Bbbk$, 两式是对 $\alpha \otimes \beta$ 求和的两种方法.

易见 $\mathrm{Supp}(\alpha \star \beta) \subset \mathrm{Supp}(\alpha) \cdot \mathrm{Supp}(\beta) \subset \Delta$. 按引理 5.1.4 作有限分解 $\mathrm{Supp}(\alpha) = \bigsqcup_i \Gamma\alpha_i$ 和 $\mathrm{Supp}(\beta) = \bigsqcup_j \beta_j\Gamma''$, 那么 $\mathrm{Supp}(\alpha \star \beta) \subset \bigsqcup_{i,j} \Gamma\alpha_i\beta_j\Gamma''$. 综之 $\alpha \star \beta \in \mathcal{H}(\Gamma\backslash\Delta/\Gamma')$.

乘法分配律的验证毫无困难, 至于结合律, 请看

$$\begin{aligned}
((\alpha \star \beta) \star \gamma)(x) &= \sum_{h \in \Gamma''\backslash\Omega} (\alpha \star \beta)(xh^{-1})\gamma(h) \\
&= \sum_{\substack{h \in \Gamma''\backslash\Omega \\ k \in \Omega/\Gamma'}} \alpha(k)\beta(k^{-1}xh^{-1})\gamma(h) \\
&= \sum_{k \in \Omega/\Gamma'} \alpha(k)(\beta \star \gamma)(k^{-1}x) = (\alpha \star (\beta \star \gamma))(x),
\end{aligned}$$

所见的和都是有限和. 最后考虑 $\mathbf{1}_\Gamma \in \mathcal{H}(\Delta /\!/ \Gamma)$, 容易按定义来验证 $\alpha \star \mathbf{1}_\Gamma = \alpha$ 和 $\mathbf{1}_\Gamma \star \beta = \beta$: 它只涉及 $h = 1$ 一项. $\qquad\square$

注记 5.1.8 (结构常数)   模 $\mathcal{H}(\Gamma \backslash \Delta / \Gamma')$ 是自由的: 诸 $[\Gamma \gamma \Gamma'] := \mathbf{1}_{\Gamma \gamma \Gamma'}$ 给出它的一组自然的基, 其中 $\Gamma \gamma \Gamma'$ 取遍 Δ 对 Γ, Γ' 的双陪集. 以上定义的乘法 $\star$ 显然脱胎于分析学中的卷积, 它有以下纯代数的描述: 给定 $\gamma, \eta, \delta \in \Delta$, 定义 $m(\gamma, \eta; \delta) := [\Gamma \gamma \Gamma'] \star [\Gamma' \eta \Gamma''](\delta)$, 则

$$[\Gamma \gamma \Gamma'] \star [\Gamma' \eta \Gamma''] = \sum_{\delta} m(\gamma, \eta; \delta) [\Gamma \delta \Gamma''],$$

其中 $\Gamma \delta \Gamma''$ 取遍 Δ 对 Γ, Γ'' 的双陪集; 习称 $\{m(\gamma, \eta; \delta)\}_{\gamma, \eta, \delta}$ 为卷积 $\star$ 的**结构常数**. 下面就来确定这些常数: 作分解

$$\Gamma \gamma \Gamma' = \bigsqcup_{a \in A} \Gamma a, \quad \Gamma' \eta \Gamma'' = \bigsqcup_{b \in B} \Gamma' b, \quad A, B \subset \Delta : \text{有限子集}.$$

于是

$$m(\gamma, \eta; \delta) = \left([\Gamma \gamma \Gamma'] \star [\Gamma' \eta \Gamma''] \right)(\delta) = \sum_{b \in B} \mathbf{1}_{\Gamma \gamma \Gamma'}(\delta b^{-1})$$

$$= \sum_{b \in B} \left| \{a \in A : \delta b^{-1} \in \Gamma a\} \right| = \left| \{(a, b) \in A \times B : \Gamma \delta = \Gamma ab\} \right|. \tag{5.1.1}$$

实际是一些由双陪集结构确定的非负整数, 无关乎 $\Bbbk$. 某些文献如 [41, (2.7.2)] 以此直接定义 $\star$ 运算.

同理, 换边作分解 $\Gamma \gamma \Gamma' = \bigsqcup_{a \in A} a \Gamma'$ 和 $\Gamma' \eta \Gamma'' = \bigsqcup_{b \in B} b \Gamma''$ 来计算

$$\left([\Gamma \gamma \Gamma'] \star [\Gamma' \eta \Gamma''] \right)(\delta) = \sum_{a \in A} \mathbf{1}_{\Gamma' \gamma' \Gamma''}(a^{-1} \delta),$$

同样可以导出

$$m(\gamma, \eta; \delta) = \left| \{(a, b) \in A \times B : \delta \Gamma'' = ab \Gamma''\} \right|, \tag{5.1.2}$$

细节留给读者练手.

例 5.1.9   下述性质对之后 Hecke 算子的计算极为有用. 设 $\alpha, \gamma \in \widetilde{\Gamma}$, 而且 $\gamma \Gamma \gamma^{-1} = \Gamma$, 这时

$$[\Gamma \alpha \Gamma] \star [\Gamma \gamma \Gamma] = [\Gamma \alpha \gamma \Gamma],$$

$$[\Gamma \gamma \Gamma] \star [\Gamma \alpha \Gamma] = [\Gamma \gamma \alpha \Gamma].$$

诚然, 作分解 $\Gamma \alpha \Gamma = \bigsqcup_{i=1}^{n} \Gamma a_i$, 由于 $\Gamma \gamma \Gamma = \Gamma \gamma$, (5.1.1) 给出

$$[\Gamma \alpha \Gamma] \star [\Gamma \gamma \Gamma](\delta) = \left| \{1 \leqslant i \leqslant n : \Gamma \delta = \Gamma a_i \gamma\} \right|, \quad \delta \in \Omega,$$

既然 $\Gamma\alpha\gamma\Gamma = \Gamma\alpha\Gamma\gamma = \bigsqcup_{i=1}^{n}\Gamma a_i\gamma$, 此函数无非是 $[\Gamma\alpha\gamma\Gamma]$. 同理, 作分解 $\Gamma\alpha\Gamma = \bigsqcup_{j=1}^{m}b_j\Gamma$, 则因为 $\Gamma\gamma\Gamma = \gamma\Gamma$, (5.1.2) 给出

$$[\Gamma\gamma\Gamma] \star [\Gamma\alpha\Gamma](\delta) = \left|\{1 \leqslant j \leqslant m : \delta\Gamma = \gamma b_j\Gamma\}\right|.$$

然而 $\Gamma\gamma\alpha\Gamma = \gamma\Gamma\alpha\Gamma = \bigsqcup_{j=1}^{m}\gamma b_j\Gamma$, 故此函数无非是 $[\Gamma\gamma\alpha\Gamma]$.

练习 5.1.10 证明当 $\Gamma_1 \subset \Gamma$ 时, 有

$$[\Gamma \cdot 1 \cdot \Gamma_1] \star [\Gamma_1\gamma\Gamma'] = \left(\Gamma \cap \gamma\Gamma'\gamma^{-1} : \Gamma_1 \cap \gamma\Gamma'\gamma^{-1}\right)[\Gamma\gamma\Gamma'],$$

$$[\Gamma'\gamma\Gamma_1] \star [\Gamma_1 \cdot 1 \cdot \Gamma] = \left(\Gamma \cap \gamma^{-1}\Gamma'\gamma : \Gamma_1 \cap \gamma^{-1}\Gamma'\gamma\right)[\Gamma'\gamma\Gamma].$$

提示〉应用引理 5.1.4; 另外观察到若将 Ω 换为相反群 Ω^{op}, 则两式可相互过渡, 故择一证明即可.

练习 5.1.11 设 Ω 的子幺半群 Δ' 满足 $\Delta \subset \Delta' \subset \widetilde{\Gamma}$ (此处 $\Gamma \in \mathcal{X}$ 任取). 说明 $\mathcal{H}(\Gamma\backslash\Delta/\Gamma') \hookrightarrow \mathcal{H}(\Gamma\backslash\Delta'/\Gamma')$ 与运算 $\star$ 相容, 而且 $\mathcal{H}(\Delta /\!\!/ \Gamma)$ 是 $\mathcal{H}(\Delta' /\!\!/ \Gamma)$ 的 $\Bbbk$-子代数.

5.2 双陪集代数: 模与反对合

沿用 §5.1 的符号, 固定 Ω 的可公度子群族 $\mathcal{X}$ 和子幺半群 Δ, 如假设 5.1.5. 我们需要模论的基本语言, 可参阅 [59, §6.1].

假设 5.2.1 以下考虑一个左 $\Bbbk$-模 M, 纯量乘法写作左乘, 并假设 M 上带有 Δ 的右作用 $(m, \delta) \mapsto m\delta$, 这相当于要求给定幺半群同态 $\Delta \to \mathrm{End}_{\Bbbk}(M)$, 或者说:

⬥ 每个 $\delta \in \Delta$ 皆有 $\Bbbk$-模 M 的自同态 $m \mapsto m\delta$;

⬥ 对所有 $m \in M$ 皆有 $m \cdot 1 = m$;

⬥ 对所有 $\delta, \eta \in \Delta$ 皆有 $m(\delta\eta) = (m\delta)\eta$.

对所有 $\Gamma \in \mathcal{X}$, 定义 M 的 $\Bbbk$-子模

$$M^{\Gamma} := \{m \in M : \forall\gamma \in \Gamma,\ m\gamma = m\}.$$

定义–定理 5.2.2 对于 $\Gamma, \Gamma' \in \mathcal{X}$ 和 $f \in \mathcal{H}(\Gamma\backslash\Delta/\Gamma')$, 可定义

$$f : M^{\Gamma} \longrightarrow M^{\Gamma'}$$

$$m \longmapsto mf := \sum_{\delta \in \Gamma\backslash\Delta} f(\delta)m\delta,$$

当 $\Gamma = \Gamma'$ 时, 我们有 $m \cdot \mathbf{1}_\Gamma = m$. 此外, 若 $\Gamma, \Gamma', \Gamma'' \in \mathscr{X}$, 给定 $f_1 \in \mathcal{H}(\Gamma\backslash\Delta/\Gamma')$, $f_2 \in \mathcal{H}(\Gamma'\backslash\Delta/\Gamma'')$, 则 $m(f_1 \star f_2) = (mf_1)f_2$.

特别地, M^Γ 构成右 $\mathcal{H}(\Delta /\!/ \Gamma)$-模. 留意到

$$\Gamma\gamma\Gamma = \bigsqcup_{i=1}^n \Gamma a_i \implies m[\Gamma\gamma\Gamma] = \sum_{i=1}^n ma_i, \quad m \in M^\Gamma.$$

证明　作为 M 的元素, mf 是良定的. 进一步,

$$\delta' \in \Gamma' \implies (mf)\delta' = \sum_{\delta \in \Gamma\backslash\Delta} f(\delta\delta')m\delta\delta' = \sum_{\delta \in \Gamma\backslash\Delta} f(\delta)m\delta = mf,$$

而且 $m \cdot \mathbf{1}_\Gamma = \sum_\delta \mathbf{1}_\Gamma(\delta)m\delta = m$. 接着说明 $m(f_1 \star f_2) = (mf_1)f_2$:

$$(mf_1)f_2 = \sum_{\delta_2 \in \Gamma'\backslash\Delta} f_2(\delta_2)(mf_1)\delta_2$$

$$= \sum_{\delta_2 \in \Gamma'\backslash\Delta} \left(\sum_{\delta_1 \in \Gamma\backslash\Delta} f_2(\delta_2)f_1(\delta_1) \cdot m\delta_1 \right)\delta_2.$$

以下选定 $\Gamma'\backslash\Delta$ 在 Δ 中的一族代表元, 特别地, δ_2 可以视同 Δ 的元素. 在括号内换元以 $\delta := \delta_1\delta_2 \in \Gamma\Omega$ 代 δ_1 求和, 原式遂化为

$$\sum_{\delta_2} \left(\sum_{\delta \in \Gamma\Omega} f_1(\delta\delta_2^{-1})f_2(\delta_2)m\delta\delta_2^{-1} \right)\delta_2 = \sum_{\delta \in \Gamma\Omega} \left(\sum_{\delta_2} f_1(\delta\delta_2^{-1})f_2(\delta_2) \right)m\delta,$$

右式不外是 $m(f_1 \star f_2)$. □

例 5.2.3　设 $\gamma\Gamma\gamma^{-1} = \Gamma$, 这时 $\Gamma\gamma\Gamma = \gamma\Gamma$. 按定义, 元素 $[\Gamma\gamma\Gamma]$ 在 M^Γ 上的作用立刻简化为 $m[\Gamma\gamma\Gamma] = m\gamma$.

至此可以察觉 $\mathcal{H}(\Delta /\!/ \Gamma)$ 赋予 M^Γ 丰富的对称性, 当 $\mathcal{H}(\Delta /\!/ \Gamma)$ 交换时, 其上的模论是相对容易的. 对此有方便的工具如下.

定义 5.2.4　对任意幺半群 Δ, 映射 $\tau : \Delta \to \Delta$ 如满足以下性质则称为**反对合**:

$$\tau(xy) = \tau(y)\tau(x), \quad \tau(1) = 1, \quad \tau \circ \tau = \mathrm{id}_\Delta.$$

留意到 $\tau^2 = \mathrm{id}$ 蕴涵 τ 是双射. 恒等映射是反对合当且仅当 Δ 交换.

例 5.2.5　反对合的明显例子是一般群上的取逆 $x \mapsto x^{-1}$, 以及 $n \times n$ 矩阵的转置

$X \mapsto {}^t X$. 请读者验证当 $\Delta := \mathrm{M}_2(\mathbb{Z}) \cap \mathrm{GL}(2, \mathbb{R})^+$ 时, $\delta \mapsto \delta' := \det(\delta)\delta^{-1}$ 给出 Δ 的反对合.

定理 5.2.6 设 $\Gamma \in \mathcal{X}$. 若存在反对合 $\tau : \Delta \to \Delta$ 保持 Γ 的每个双陪集不变, 则 $\mathcal{H}(\Delta /\!\!/ \Gamma)$ 是交换 $\Bbbk$-代数.

证明 任意反对合 τ 都诱导 "结构搬运" 映射

$$\tau^* : \mathcal{H}(\Delta /\!\!/ \tau(\Gamma)) \longrightarrow \mathcal{H}(\Delta /\!\!/ \Gamma)$$

$$f \longmapsto f \circ \tau.$$

因为反对合调换乘法顺序, 从卷积 $\star$ 的构造 (定义–定理 5.1.7) 自然推出

$$\tau^*(\alpha) \star \tau^*(\beta) = \tau^*(\beta \star \alpha), \quad \alpha, \beta \in \mathcal{H}(\Delta /\!\!/ \tau(\Gamma)).$$

由于 $\tau(\Gamma\gamma\Gamma) = \Gamma\gamma\Gamma$ 对所有 γ 成立, 特别地 $\tau(\Gamma) = \Gamma$, 故 τ^* 实际是 $\mathcal{H}(\Delta /\!\!/ \Gamma)$ 到自身的恒等映射. 于是

$$\alpha \star \beta = \tau^*(\alpha) \star \tau^*(\beta) = \tau^*(\beta \star \alpha) = \beta \star \alpha,$$

故 $\mathcal{H}(\Delta /\!\!/ \Gamma)$ 交换. $\qquad \square$

谨记录一条技术性的结果, 将在 §5.5 和 §6.2 用上.

定理 5.2.7 设 Δ, Δ' 为 Ω 的子幺半群, 而子群 $\Gamma, \Gamma' \subset \Omega$ 满足

$$\widetilde{\Gamma} \supset \Delta \supset \Gamma, \quad \widetilde{\Gamma}' \supset \Delta' \supset \Gamma'.$$

◇ 假设
(i) $\Delta' = \Gamma'\Delta$, 特别地 $\Delta \subset \Delta'$;
(ii) 对所有 $\alpha \in \Delta$ 皆有 $\Gamma'\alpha\Gamma' = \Gamma'\alpha\Gamma$, 特别地 $\Gamma \subset \Gamma'$ (取 $\alpha = 1$);
(iii) 对所有 $\alpha \in \Delta$ 皆有 $\Gamma'\alpha \cap \Delta = \Gamma\alpha$,
则 $\Gamma\alpha\Gamma \mapsto \Gamma'\alpha\Gamma'$ 给出双射 $\Gamma\backslash\Delta/\Gamma \xrightarrow{1:1} \Gamma'\backslash\Delta'/\Gamma'$, 并且 $[\Gamma\alpha\Gamma] \mapsto [\Gamma'\alpha\Gamma']$ 延拓为 $\Bbbk$-代数的同构 $\mathcal{H}(\Delta /\!\!/ \Gamma) \xrightarrow{\sim} \mathcal{H}(\Delta' /\!\!/ \Gamma')$.
◇ 承上, 进一步设 Δ' 在 $\Bbbk$-模 M 上有右作用如假设 5.2.1, 则对所有 $\alpha \in \Delta$ 皆有

$$m[\Gamma\alpha\Gamma] = m[\Gamma'\alpha\Gamma'], \quad m \in M^{\Gamma'} \subset M^{\Gamma}.$$

证明 由 (i) 可知 $\Gamma\alpha\Gamma \mapsto \Gamma'\alpha\Gamma'$ 为满射, 下面证其为单: 设 $\alpha, \beta \in \Delta$ 满足 $\Gamma'\alpha\Gamma' = \Gamma'\beta\Gamma'$. 根据 (ii) 知存在 $\gamma' \in \Gamma'$ 和 $\gamma \in \Gamma$ 使得 $\gamma'\alpha = \beta\gamma$, 继而由 (iii) 知 $\gamma'\alpha \in \Gamma'\alpha \cap \Delta = \Gamma\alpha$, 所以 $\gamma' \in \Gamma$ 而 $\Gamma\alpha\Gamma = \Gamma\beta\Gamma$.

注记 5.1.8 表明 $[\Gamma\alpha\Gamma] \mapsto [\Gamma'\alpha\Gamma']$ 延拓为 $\Bbbk$-模的同构 $\mathcal{H}(\Delta /\!/ \Gamma) \xrightarrow{\sim} \mathcal{H}(\Delta' /\!/ \Gamma')$, 要点在于证它保持乘法. 首先, 我们断言

$$\forall \alpha \in \Delta, \quad \Gamma\alpha\Gamma = \bigsqcup_{i=1}^{n} \Gamma a_i \implies \Gamma'\alpha\Gamma' = \bigsqcup_{i=1}^{n} \Gamma' a_i. \tag{5.2.1}$$

确然, 由 (ii) 知左式蕴涵 $\Gamma'\alpha\Gamma' = \Gamma' \cdot \Gamma\alpha\Gamma = \bigcup_{i=1}^{n} \Gamma' a_i$; 若 $\Gamma' a_i = \Gamma' a_j$, 则 (iii) 表明 $a_j \in (\Gamma' a_i) \cap \Delta = \Gamma a_i$, 从而 $i = j$. 故 (5.2.1) 右式确实是无交并.

今选定 $\alpha, \beta \in \Delta$, 作分解 $\Gamma\alpha\Gamma = \bigsqcup_{i=1}^{n} \Gamma\alpha_i$ 和 $\Gamma\beta\Gamma = \bigsqcup_{j=1}^{m} \Gamma\beta_j$, 我们断言对一切 i, j 和 $\gamma \in \Delta$ 都有

$$\Gamma\gamma = \Gamma a_i b_j \iff \Gamma'\gamma = \Gamma' a_i b_j.$$

左式等号两边左乘以 Γ' 就得到右式. 反设右式成立, 等号两边交 Δ 并应用条件 (iii) 便得到左式. 断言得证. 根据 (5.1.1) 和 (5.2.1), 使左右两式成立的 (i, j) 个数分别是 $\mathcal{H}(\Delta /\!/ \Gamma)$ 和 $\mathcal{H}(\Delta' /\!/ \Gamma')$ 的结构常数, 它们确定乘法结构. 至此证完定理第一部分.

第二部分的等式 $m[\Gamma\alpha\Gamma] = m[\Gamma'\alpha\Gamma']$ 是定义–定理 5.2.2 和 (5.2.1) 的综合.   □

5.3　与 Hermite 内积的关系

沿用假设 5.2.1 的符号, 进一步假设 Δ 为群, $\Bbbk = \mathbb{C}$ 而 M 有一个 Δ-不变子空间 S, 带有 Hermite 内积 $(\cdot|\cdot): S \times S \to \mathbb{C}$, 关于 Hermite 内积的回顾请见 §3.7.

我们期待 Δ 在 S 上的右作用在某种意义上保持内积. 线性代数中一个自然的要求是 Δ 透过**酉算子**来作用, 亦即 $(x\delta|y\delta) = (x|y)$ 对所有 $x, y, \in S$ 和 $\delta \in \Delta$ 皆成立. 本节要求较弱: 我们设 Δ 透过**酉相似变换**来作用.

定义 5.3.1　设 Δ 线性地右作用在复向量空间 S 上. 对取定之 Hermite 内积 $(\cdot|\cdot)$, 若以下条件成立, 则称 Δ 在 S 上透过**酉相似变换**作用: 存在同态 $\nu: \Delta \to \mathbb{C}^{\times}$ 使得

$$(x\delta|y\delta) = \nu(\delta)(x|y), \quad x, y \in S, \ \delta \in \Delta.$$

同态 ν 称为此作用的**相似比**.

除去 $S = \{0\}$ 的无聊情形不论, 代入 $x = y \neq 0$ 可见 $\nu(\delta) > 0$ 是唯一确定的, 而且 δ 是酉算子当且仅当 $\nu(\delta) = 1$. 本节今后皆设 Δ 是群, 由定义立得

$$(x\delta|y) = \nu(\delta^{-1})^{-1} \left(x\delta\delta^{-1}|y\delta^{-1}\right) = \nu(\delta)\left(x|y\delta^{-1}\right). \tag{5.3.1}$$

假设 5.3.2　设 Δ 是群, 在 S 上透过酉相似变换作用, 相似比为 ν. 以下要求假设

5.1.5 的可公度子群族 $\mathscr{X}$ 满足

$$\Gamma \in \mathscr{X} \implies \nu|_\Gamma = 1, \tag{5.3.2}$$

并且对每个 $\Gamma \in \mathscr{X}$ 和 $\delta \in \Delta$ 皆有

$$(\Gamma : \Gamma \cap \delta\Gamma\delta^{-1}) = (\Gamma : \Gamma \cap \delta^{-1}\Gamma\delta). \tag{5.3.3}$$

稍行岔题, 来介绍一个必要的群论结果.

引理 5.3.3 给定群 Ω, 其子群 Γ 和 $\delta \in \Omega$. 假设 $\Gamma\backslash\Gamma\delta\Gamma$ 与 $\Gamma\delta\Gamma/\Gamma$ 的基数相同, 则存在子集 $R \subset \Omega$ 使得

$$\bigsqcup_{r \in R} r\Gamma = \Gamma\delta\Gamma = \bigsqcup_{r \in R} \Gamma r.$$

证明 任取陪集代表元所成的子集 $U, V \subset \Omega$ 使得 $\bigsqcup_{u \in U} \Gamma u = \Gamma\delta\Gamma = \bigsqcup_{v \in V} v\Gamma$. 今断言对所有 $(u, v) \in U \times V$ 皆有 $\Gamma u \cap v\Gamma \neq \varnothing$. 设若不然, 则 $\Gamma u \subset \bigsqcup_{v' \in V \smallsetminus \{v\}} v'\Gamma$, 从而

$$v \in \Gamma\delta\Gamma = \Gamma u\Gamma = \bigsqcup_{v' \in V \smallsetminus \{v\}} v'\Gamma$$

是悖理. 现在任取双射 $\sigma : U \to V$, 并且对每个 $u \in U$ 取 $r(u) \in \Gamma u \cap \sigma(u)\Gamma$, 如是则

$$\Gamma u = \Gamma r(u), \quad \sigma(u)\Gamma = r(u)\Gamma,$$

易见 $R := \{r(u) : u \in U\}$ 即所求. $\square$

基于假设 5.3.2, 可以对一切 $\Gamma, \Gamma' \in \mathscr{X}$ 来定义映射

$$\begin{aligned}\mathcal{H}(\Gamma\backslash\Delta/\Gamma') &\longrightarrow \mathcal{H}(\Gamma'\backslash\Delta/\Gamma)\\ f &\longmapsto \left[\check{f} : \delta \mapsto \frac{(\Gamma' : \Gamma \cap \Gamma')}{(\Gamma : \Gamma \cap \Gamma')} \cdot \nu(\delta)^{-1}\overline{f(\delta^{-1})} \right].\end{aligned} \tag{5.3.4}$$

有时也将 $\check{f}$ 写作 $f^\vee$. 易见 $(af_1 + bf_2)^\vee = \bar{a}\check{f}_1 + \bar{b}\check{f}_2$, 其中 $a, b \in \mathbb{C}$.

命题 5.3.4 在假设 5.3.2 的条件下, 对所有 $\Gamma, \Gamma' \in \mathscr{X}$ 和 $f \in \mathcal{H}(\Gamma\backslash\Delta/\Gamma')$, 下式成立

$$(xf|y) = (x|y\check{f}), \quad x \in S^\Gamma, y \in S^{\Gamma'}.$$

证明 可以设 $S \neq \{0\}$. 因为 $\Gamma_0 := \Gamma \cap \Gamma'$ 与 Γ, Γ' 可公度, 不妨将 Γ_0 加入 $\mathscr{X}$, 不影响论证. 留意到 f 也可看作 $\mathcal{H}(\Delta /\!\!/ \Gamma_0)$ 的元素, 记为 f_0 以资区别, 而 $S^\Gamma \subset S^{\Gamma_0}$, 于是

$xf_0 = (\Gamma : \Gamma_0)xf$. 类似地, $\check{f}$ 看作 $\mathcal{H}(\Delta \mathbin{/\mkern-5mu/} \Gamma_0)$ 的元素记为 $\check{f}_0$, 如是则 $y\check{f}_0 = (\Gamma' : \Gamma_0)y\check{f}$. 从定义易见

$$(f_0)^\vee = \frac{(\Gamma : \Gamma_0)}{(\Gamma' : \Gamma_0)} \cdot \check{f}_0.$$

于是在原式中不妨以 Γ_0 代 Γ, Γ', 问题很容易简化到 $\Gamma = \Gamma'$ 的情形.

我们可进一步设 $f = [\Gamma\delta\Gamma]$, 其中 $\delta \in \Delta$. 应用假设 (5.3.3), 引理 5.1.4 和引理 5.3.3, 得知存在 $r_1, \cdots, r_n \in \Delta$ 使得

$$\bigsqcup_{i=1}^{n} r_i\Gamma = \Gamma\delta\Gamma = \bigsqcup_{i=1}^{n} \Gamma r_i,$$

此处 n 无非是 (5.3.3) 的值. 按定义–定理 5.1.7 配合 (5.3.1) 和 (5.3.2),

$$(x[\Gamma\delta\Gamma]|y) = \sum_{i=1}^{n} (xr_i|y) = \nu(\delta) \sum_{i=1}^{n} \left(x\middle|yr_i^{-1}\right).$$

对 $\Gamma\delta\Gamma = \bigsqcup_{i=1}^{n} r_i\Gamma$ 两边取逆可知 $\mathrm{Supp}([\Gamma\delta\Gamma]^\vee) = \Gamma\delta^{-1}\Gamma = \bigsqcup_{i=1}^{n} \Gamma r_i^{-1}$. 因为 $\nu(\delta) = \nu(r_i)$, 上式最右项遂改写作

$$\nu(\delta^{-1})^{-1} \sum_{i=1}^{n} \left(x\middle|yr_i^{-1}\right) = \sum_{i=1}^{n} \left(x\middle|yr_i^{-1}\right) \overline{[\Gamma\delta\Gamma]^\vee(r_i^{-1})} = \sum_{\eta \in \Gamma\backslash \mathrm{Supp}([\Gamma\delta\Gamma]^\vee)} (x|y\eta) \overline{[\Gamma\delta\Gamma]^\vee(\eta)},$$

末项无非是 $\left(x \mid y[\Gamma\delta\Gamma]^\vee\right)$. $\square$

5.4 模形式与 Hecke 算子

本节开始将抽象理论应用于模形式的研究.

假设 5.4.1   将假设 5.1.5 细化如下: 取 $\Bbbk = \mathbb{C}$ 和

⋄ $\Omega := \mathrm{GL}(2, \mathbb{R})^+$.

⋄ Δ 是 $\mathrm{GL}(2, \mathbb{R})^+$ 的子幺半群.

⋄ $\mathscr{X}$ 为一族余有限 Fuchs 群, 满足如下条件:

– $\mathscr{X}$ 非空, 其中的元素彼此可公度;

– 每个 $\Gamma \in \mathscr{X}$ 皆满足 $\Gamma \subset \Delta \subset \widetilde{\Gamma}$;

– 设 $\Gamma, \Gamma' \in \mathscr{X}$ 而 $\delta^{\pm 1} \in \Delta$, 则 $\Gamma \cap \delta\Gamma'\delta^{-1} \in \mathscr{X}$, 特例 $\delta = 1$ 给出 $\Gamma \cap \Gamma' \in \mathscr{X}$.

例 5.4.2   取 $\Delta := \mathrm{GL}(2, \mathbb{Q})^+$ 和 $\mathscr{X} := \{\text{同余子群}\}$. 根据命题 3.5.3 和命题 5.1.3, 上述假设成立.

给定四元数代数 B (详见 §3.5), 将同余子群换成来自 B 的算术子群, 亦可如法炮制, 但本书不讨论相应的 Hecke 算子, 读者可参看 [41, §5.3].

例 5.4.3 给定余有限 Fuchs 群 Γ, 取 $\Delta := \widetilde{\Gamma}$ (这是群) 和 $\mathscr{X} := \{\Sigma \subset \mathrm{SL}(2, \mathbb{R}) : \Sigma \approx \Gamma\}$, 则假设 5.4.1 对之成立.

今后选定权 $k \in \mathbb{Z}$. 每个 $\Gamma \in \mathscr{X}$ 皆有相应的模形式空间 $M_k(\Gamma) \supset S_k(\Gamma)$. 于假设 5.2.1 代入

$$M := \bigcup_{\Gamma \in \mathscr{X}} M_k(\Gamma) = \sum_{\Gamma \in \mathscr{X}} M_k(\Gamma),$$

这是 $\{f : \mathscr{H} \xrightarrow{\text{全纯}} \mathbb{C}\}$ 的 $\mathbb{C}$-向量子空间. 换言之, 这里固定权 k 而容许模形式的级在 $\mathscr{X}$ 中任意放宽. 之所以能写下 $\bigcup = \sum$, 缘于对任意 $\Gamma, \Gamma' \in \mathscr{X}$ 总有 $\Gamma \cap \Gamma' \in \mathscr{X}$, 故 $M_k(\Gamma) + M_k(\Gamma') \subset M_k(\Gamma \cap \Gamma')$. 现在定义 M 上的 Δ-右作用: 对任意 $f \in M$ 和 $\delta \in \mathrm{GL}(2, \mathbb{R})^+$, 按定义 1.5.3 置

$$f\delta := (\det \delta)^{\frac{k}{2}-1} \cdot f \big|_k \delta = \left[\tau \mapsto (\det \delta)^{k-1} j(\delta, \tau)^{-k} f(\delta\tau)\right]. \tag{5.4.1}$$

易见此作用对 f 是线性的, 而且 $f(\delta_1 \delta_2) = (f\delta_1)\delta_2$. 尚需说明 $\delta \in \Delta \implies f\delta \in M$. 事实上有更为精确的结果如次: 记

$$S := \bigcup_{\Gamma \in \mathscr{X}} S_k(\Gamma) \hookrightarrow M.$$

引理 5.4.4 设 $\Gamma \in \mathscr{X}$. 对于所有 $\delta \in \Delta$, 皆有

$$f \in M_k(\Gamma) \implies f\delta \in M_k\left(\Gamma \cap \delta^{-1}\Gamma\delta\right), \quad f \in S_k(\Gamma) \implies f\delta \in S_k\left(\Gamma \cap \delta^{-1}\Gamma\delta\right).$$

作为推论, Δ 确实右作用在 M 上, 保持子空间 S 不变.

证明 因为 $f\delta = (\det \delta)^{\frac{k}{2}-1} f \big|_k \delta$, 只需应用引理 3.7.5 和 $M_k(\delta^{-1}\Gamma\delta) \subset M_k(\Gamma \cap \delta^{-1}\Gamma\delta)$ (对 S_k 亦同). $\qquad\square$

引理 5.4.5 相对于 (5.4.1) 的作用, 我们有 $M^\Gamma = M_k(\Gamma)$, $S^\Gamma = S_k(\Gamma)$.

证明 设 $f \in M^\Gamma$ (或 S^Γ), 存在 $\Sigma \in \mathscr{X}$ 使得 $f \in M_k(\Sigma)$ (或 $S_k(\Sigma)$). 现在回顾关于模形式条件的注记 3.6.5: 因为 $\Gamma \approx \Sigma$, 在 $f \in M_k(\Gamma)$ (或 $S_k(\Gamma)$) 的要件中关于尖点 $\mathscr{C}_\Gamma = \mathscr{C}_\Sigma$ 的条件自动满足, 只需要 f 对 Γ 不变, 而后者由 $f \in M^\Gamma$ 保证. $\qquad\square$

现在赋 S 以 Hermite 内积. 对于 $f_1, f_2 \in S$, 总能取到充分小的 $\Gamma \in \mathscr{X}$ 使得

$f_1, f_2 \in S_k(\Gamma)$. 用定义–定理 3.7.1 的 Petersson 内积来定义

$$(f_1|f_2) := (f_1|f_2)_{\mathrm{Pet}}.$$

命题 3.7.4 确保右式无关 Γ 的选取. 显然 $(\cdot|\cdot)$ 是 Hermite 内积, 今后称之为 S 上的 **Petersson 内积**.

命题 5.4.6　设 Δ 是群而 $S \neq \{0\}$. 相对于 Petersson 内积, Δ 透过 (5.4.1) 在 S 上透过酉相似变换作用, 其相似比为 $\nu = \det^{k-2}$. 这些资料满足假设 5.3.2 的全部条件.

证明　首先计算相似比. 取 $\delta \in \Delta$. 引理 3.7.5 已经说明 $f \mapsto f|_k \delta$ 是 S 相对于 Petersson 内积的酉算子, 根据定义, $f \mapsto f\delta$ 因之是 S 上相似比 $\nu = (\det \delta)^{k-2}$ 的酉相似变换. 设 $\Gamma \in \mathscr{X}$, 从 $\Gamma \subset \mathrm{SL}(2,\mathbb{R})$ 立见 $\nu|_\Gamma = 1$.

最后来检验 (5.3.3). 因为

$$-1 \in \Gamma \iff -1 \in \delta\Gamma\delta^{-1} \cap \delta^{-1}\Gamma\delta,$$

于是

$$(\Gamma : \Gamma \cap \delta^{\pm 1}\Gamma\delta^{\mp 1}) = \left(\overline{\Gamma} : \overline{\Gamma \cap \delta^{\pm 1}\Gamma\delta^{\mp 1}}\right),$$

进而从 $\mathrm{vol}(Y(\cdots))$ 的定义 (注记 3.1.5) 连同命题 A.2.2 得到

$$(\Gamma : \Gamma \cap \delta\Gamma\delta^{-1}) = \frac{\mathrm{vol}(Y(\Gamma \cap \delta\Gamma\delta^{-1}))}{\mathrm{vol}(Y(\Gamma))}$$
$$= \frac{\mathrm{vol}(Y(\Gamma \cap \delta^{-1}\Gamma\delta))}{\mathrm{vol}(Y(\Gamma))} = (\Gamma : \Gamma \cap \delta^{-1}\Gamma\delta),$$

倒数第二个等号用到了引理 3.7.5, 这是因为 $\Gamma \cap \delta^{-1}\Gamma\delta = \delta^{-1}(\Gamma \cap \delta\Gamma\delta^{-1})\delta$. $\square$

一切就绪, 现在可以调动 §5.1 的全套工具.

命题 5.4.7　对任意 $\Gamma, \Gamma' \in \mathscr{X}$, 我们有映射

$$
\begin{array}{ccc}
S_k(\Gamma) \times \mathcal{H}(\Gamma\backslash\Delta/\Gamma') & \longrightarrow & S_k(\Gamma') \\
\cap & & \cap \\
M_k(\Gamma) \times \mathcal{H}(\Gamma\backslash\Delta/\Gamma') & \longrightarrow & M_k(\Gamma') \\
\cup\!\!\!| & & \cup\!\!\!| \\
(f, T) & \longmapsto & fT
\end{array}
$$

满足 $f \cdot \mathbf{1}_\Gamma - f$ 和 $(fT_1)T_2 = f(T_1 \star T_2)$, 其中 $T_1 \in \mathcal{H}(\Gamma\backslash\Delta/\Gamma')$, $T_2 \in \mathcal{H}(\Gamma'\backslash\Delta/\Gamma'')$. 这使得 $M_k(\Gamma)$ 和 $S_k(\Gamma)$ 成为 $\mathcal{H}(\Delta /\!\!/ \Gamma)$-模. 若采用注记 5.1.8 的基, 则 $\mathcal{H}(\Gamma\backslash\Delta/\Gamma')$ 在 $M_k(\Gamma)$

上的右作用由

$$f[\Gamma\gamma\Gamma'] = \sum_{\delta \in \Gamma\backslash\Gamma\gamma\Gamma'} (\det\delta)^{\frac{k}{2}-1} \cdot f\big|_k \delta, \quad \gamma \in \Delta$$

所确定.

因此, 只要我们愿意同时考量所有的 $\Gamma \in \mathcal{X}$, 空间 $M = \bigcup_{\Gamma\in\mathcal{X}} M_k(\Gamma)$ 立刻展现出它丰富的对称性. 凡 $\mathcal{H}(\Gamma\backslash\Delta/\Gamma')$ 的元素皆可表示作双陪集算子 $[\Gamma\gamma\Gamma']$ 的线性组合, 我们也称其在 M 上的作用为 **Hecke 算子**. 对于给定的余有限 Fuchs 群 Γ, 取 $\Delta, \mathcal{X}$ 如例 5.4.3, 便可以对任何 $\gamma \in \widetilde{\Gamma}$ 谈论 $M_k(\Gamma)$ 上的 Hecke 算子 $f \mapsto f[\Gamma\gamma\Gamma]$.

且来考察三类 Hecke 算子.

(1) 设 $\Gamma \supset \Gamma'$ 都属于 $\mathcal{X}$, 而 $\gamma = 1$. 此时双陪集退化为 Γ, 而 $f[\Gamma] = f$ 退化为包含映射 $M_k(\Gamma) \hookrightarrow M_k(\Gamma')$.

(2) 设 $\Gamma \in \mathcal{X}, \gamma \in \Delta$ 并且 $\Gamma' := \gamma^{-1}\Gamma\gamma \in \mathcal{X}$. 此时 $\Gamma\gamma\Gamma' = \Gamma\gamma = \gamma\Gamma'$, 而

$$f[\Gamma\gamma] = f\gamma = \big[\tau \mapsto (\det\gamma)^{k-1} j(\gamma,\tau)^{-k} f(\gamma\tau)\big]$$

无非是引理 3.7.5 的同构 $M_k(\Gamma) \xrightarrow{\sim} M_k(\gamma^{-1}\Gamma\gamma)$.

(3) 设 $\Gamma \subset \Gamma'$ 都属于 $\mathcal{X}$, 而 $\gamma = 1$. 双陪集退化为 Γ', 而 $f[\Gamma']$ 化为 "迹映射" $M_k(\Gamma) \to M_k(\Gamma')$:

$$f[\Gamma'] = \sum_{\delta \in \Gamma\backslash\Gamma'} f\delta.$$

至于一般的 $\Gamma\gamma\Gamma'$, 请琢磨

$$
\begin{array}{ccc}
\Gamma & & \Gamma' \\
\cup & & \cup \\
\Gamma \cap \gamma\Gamma'\gamma^{-1} & \xrightarrow[x\mapsto\gamma^{-1}x\gamma]{\sim} & \gamma^{-1}\Gamma\gamma \cap \Gamma' \qquad (\Gamma,\Gamma',\Gamma_1,\Gamma_2 \in \mathcal{X}). \\
\| & & \| \\
\Gamma_1 & & \Gamma_2
\end{array}
$$

应用练习 5.1.10 可得 $[\Gamma \cdot 1 \cdot \Gamma_1] \star [\Gamma_1\gamma\Gamma_2] = [\Gamma\gamma\Gamma_2]$ 和 $[\Gamma\gamma\Gamma_2] \star [\Gamma_2 \cdot 1 \cdot \Gamma'] = [\Gamma\gamma\Gamma']$, 具体推演留给读者. 由此立见

$$[\Gamma\gamma\Gamma'] = [\Gamma \cdot 1 \cdot \Gamma_1] \star [\Gamma_1\gamma\Gamma_2] \star [\Gamma_2 \cdot 1 \cdot \Gamma'], \tag{5.4.2}$$

这就将一般的 Hecke 算子化到上述三种特例.

练习 5.4.8 证明当 $\Gamma \subset \Gamma'$ 时, 迹映射 $f \mapsto f[\Gamma']$ 是满射.

照例将 $\mathbb{R}^\times$ 透过 $\lambda \mapsto \begin{pmatrix} \lambda & \\ & \lambda \end{pmatrix}$ 嵌入 $\mathrm{GL}(2,\mathbb{R})^+$. 它同时是 $\mathrm{GL}(2,\mathbb{R})$ 和 $\mathrm{GL}(2,\mathbb{R})^+$ 的中心子群.

练习 5.4.9　对所有 $f \in M$ 和 $\lambda \in \mathbb{R}^\times$ 验证

$$f\lambda = \lambda^{k-2} f \big|_k \lambda = \lambda^{k-2} f.$$

焦点转向 Petersson 内积在 S 上诱导的结构.

命题 5.4.10　对所有 $\delta \in \mathrm{GL}(2,\mathbb{R})$ 定义 $\delta' := \det(\delta)\delta^{-1}$. 设 Γ 为余有限 Fuchs 群, 那么对所有 $\delta \in \widetilde{\Gamma}$ 皆有 $\delta' \in \widetilde{\Gamma}$ 和

$$\left(f_1[\Gamma\delta\Gamma] \big| f_2 \right) = \left(f_1 \big| f_2[\Gamma\delta'\Gamma] \right), \quad f_1, f_2 \in S_k(\Gamma).$$

证明　令 $\lambda := \det\delta$. 因为 λ 是中心元而 $\widetilde{\Gamma}$ 是群, 故 $\delta' \in \widetilde{\Gamma}$. 按命题 5.4.6 和 (5.3.4) 的定义, $[\Gamma\delta\Gamma]^\vee = \lambda^{k-2}[\Gamma\delta^{-1}\Gamma]$. 然而 $\Gamma\delta'\Gamma = \lambda\Gamma\delta^{-1}\Gamma$, 而且已知 $f\lambda = \lambda^{k-2}f$. 故 $f[\Gamma\delta'\Gamma] = \lambda^{k-2}f[\Gamma\delta^{-1}\Gamma] = f[\Gamma\delta\Gamma]^\vee$. □

5.5　$\mathrm{SL}(2,\mathbb{Z})$ 情形概观: Hall 代数

为了对双陪集和对应的 Hecke 算子培养具体的感觉, 本节取

$$\Delta := \mathrm{M}_2(\mathbb{Z}) \cap \mathrm{GL}(2,\mathbb{Q})^+, \quad \Gamma = \Gamma(1) := \mathrm{SL}(2,\mathbb{Z}).$$

本节聚焦于 $\mathcal{H}(\Delta /\!\!/ \Gamma)$ 的结构, 以及它在模形式空间 $M_k(\mathrm{SL}(2,\mathbb{Z}))$ 上的作用. 这一特例非但对同余子群 $\Gamma_1(N)$ 情形是一次有益的热身, 若干论证还会在 §6.2 重复运用.

基本策略是将一切翻译成有限生成 $\mathbb{Z}$-模的语言, 业内统称为 "线性代数". 先取

$$\Delta' := \mathrm{M}_2(\mathbb{Z}) \cap \mathrm{GL}(2,\mathbb{Q}),$$
$$\Gamma' := \mathrm{GL}(2,\mathbb{Z}).$$

因为 Γ 和 Γ' 可公度, 命题 5.1.3 已分别在大群 $\Omega := \mathrm{GL}(2,\mathbb{R})^+$ 和 $\Omega' := \mathrm{GL}(2,\mathbb{R})$ 中确定了 $\widetilde{\Gamma} = \mathbb{R}^\times \cdot \mathrm{GL}(2,\mathbb{Q})^+$ 和 $\widetilde{\Gamma'} = \mathbb{R}^\times \cdot \mathrm{GL}(2,\mathbb{Q})$; 子群 $\mathbb{R}^\times$ 的作用不甚有趣 (见练习 5.4.9), 今后不论. 显见

$$\widetilde{\Gamma} \supset \Delta \supset \Gamma, \quad \widetilde{\Gamma'} \supset \Delta' \supset \Gamma'.$$

策略分两步: ① 用线性代数研究 $\mathcal{H}(\Delta' /\!\!/ \Gamma')$ 的各种性质; ② 确立 $\mathcal{H}(\Delta' /\!\!/ \Gamma')$ 和

$\mathcal{H}(\Delta /\!\!/ \Gamma)$ 的关系. 第一步将自然地导向称为 Hall 代数的结构.

先做线性代数部分. 设 V 是二维 $\mathbb{Q}$-向量空间, 考虑集合

$$\text{Latt} := \left\{ L \subset V : 秩\ 2\ 的\ \mathbb{Z}\text{-子模}, \mathbb{Q} \cdot L = V \right\},$$

其元素也称为 V 中的**格**.

群 $\text{GL}(V)$ 在 Latt 上有自明的左作用 $L \mapsto \gamma L$. 易见作用可递: 若 $L, L' \in \text{Latt}$, 取基表作 $L = \mathbb{Z}e_1 \oplus \mathbb{Z}e_2$ 而 $L' = \mathbb{Z}e_1' \oplus \mathbb{Z}e_2'$, 那么 e_1, e_2 和 e_1', e_2' 也自动是 $\mathbb{Q}$-基, 取 $\gamma \in \text{GL}(V)$ 映 $e_i \mapsto e_i'$ 即是 $(i = 1, 2)$.

读者可以察觉上述套路和 §3.8 类似, 差别在于这里的格不包含于 $\mathbb{C}$, 而且群作用来自于 $\text{GL}(V)$ 而非格的标架化.

再定义

$$\text{Hecke} := \left\{ (L, L') \in \text{Latt}^2 : L \subset L' \right\},$$

其上仍有 $\text{GL}(V)$-左作用 $\gamma(L, L') = (\gamma L, \gamma L')$. 一种观点是把资料 (L, L') 看成格的某种 "修改", $\text{GL}(V)$-作用给出修改间的同构概念. 为了分类这些资料, 令

$$\mathscr{D} := \left\{ (h, k) \in \mathbb{Z}_{\geq 1}^2 : h \mid k \right\}. \tag{5.5.1}$$

定义 5.5.1　对于任何可由两个元素生成的挠 $\mathbb{Z}$-模 M, 有限生成 $\mathbb{Z}$-模的结构定理 [59,§6.7] 说明存在唯一的 $(h, k) \in \mathscr{D}$ 使得 $M \simeq \mathbb{Z}/h\mathbb{Z} \oplus \mathbb{Z}/k\mathbb{Z}$, 记作 $\text{type}(M) = (h, k)$. 对于 $(L, L') \in \text{Hecke}$, 我们定义 $\text{type}(L, L') := \text{type}(L'/L)$.

代数上称 $\text{type}(L'/L) \in \mathscr{D}$ 为 L'/L 的**初等因子**, 它由 (L, L') 的 $\text{GL}(V)$-轨道决定. 结构定理实际给出更精密的结果如下. 对任何 $(L, L') \in \text{Hecke}$, 存在 L' 的 $\mathbb{Z}$-基 e_1, e_2 和 $(h, k) \in \mathscr{D}$ 使得 $L = \mathbb{Z}he_1 \oplus \mathbb{Z}ke_2$, 故

$$L'/L \simeq \mathbb{Z}/h\mathbb{Z} \oplus \mathbb{Z}/k\mathbb{Z}, \quad (h, k) = \text{type}(L, L'). \tag{5.5.2}$$

反过来说, 若 $\text{type}(L, L') = \text{type}(L_1, L_1')$, 那么存在 $\gamma \in \text{GL}(V)$ 使得 $\gamma(L, L') = (L_1, L_1')$: 取 γ 搬运如上之 $\mathbb{Z}$-基 e_1, e_2 便是. 综之,

$$\text{type} : \text{GL}(V)\backslash\text{Hecke} \xrightarrow{1:1} \mathscr{D}. \tag{5.5.3}$$

今起取 $V = \mathbb{Q}^2$ 和标准格 $L_{\text{std}} := \mathbb{Z}^2 \in \text{Latt}$. 观察到对于任意 $\gamma \in \text{GL}(2, \mathbb{Q})$,

$$\gamma L_{\text{std}} \subset L_{\text{std}} \iff \gamma \in \Delta', \quad \gamma L_{\text{std}} = L_{\text{std}} \iff \gamma \in \Gamma'. \tag{5.5.4}$$

因为 GL(2, ℚ) 的作用在 Latt 上可递, GL(2, ℚ)\Hecke 中的元素有形如 $(\alpha L_{\mathrm{std}}, L_{\mathrm{std}})$ 的代表元. 前述讨论说明 $\alpha \in \Delta'$. 由此得到满射 $\Delta' \twoheadrightarrow$ GL(2, ℚ)\Hecke, 它映 α 为 $(\alpha L_{\mathrm{std}}, L_{\mathrm{std}})$ 的轨道. 注意到 $\alpha, \beta \in \Delta'$ 的像相同当且仅当

$$\exists \gamma \in \mathrm{GL}(2, \mathbb{Q}), \quad \left(\beta L_{\mathrm{std}} = \gamma \alpha L_{\mathrm{std}}\right) \wedge \left(L_{\mathrm{std}} = \gamma L_{\mathrm{std}}\right),$$

这也等价于存在 $\gamma \in \Gamma'$ 使得 $\beta L_{\mathrm{std}} = \gamma \alpha L_{\mathrm{std}}$, 亦即 $\Gamma' \beta \Gamma' = \Gamma' \alpha \Gamma'$. 综上,

$$\Gamma' \backslash \Delta' / \Gamma' \xrightarrow{1:1} \mathrm{GL}(2, \mathbb{Q}) \backslash \mathrm{Hecke}, \quad \alpha \longmapsto \mathrm{GL}(2, \mathbb{Q}) \cdot \left(\alpha L_{\mathrm{std}}, L_{\mathrm{std}}\right). \tag{5.5.5}$$

引理 5.5.2　定义 $\mathscr{D}$ 如 (5.5.1). 对 $\lambda = (h, k) \in \mathscr{D}$, 记 $\Gamma'_\lambda = \Gamma'_{h,k} := \Gamma' \begin{pmatrix} h & \\ & k \end{pmatrix} \Gamma'$. 那么

$$\Delta' = \bigsqcup_{\lambda \in \mathscr{D}} \Gamma'_\lambda.$$

而且 $\alpha \in \Delta'$ 属于 Γ'_λ 当且仅当 $\mathrm{type}\,(\alpha L_{\mathrm{std}}, L_{\mathrm{std}}) = \lambda$.

证明　基于双射 (5.5.3) 和 (5.5.5), 剩下的仅是验证 $\mathrm{type}\left(\begin{pmatrix} h & \\ & k \end{pmatrix} L_{\mathrm{std}}, L_{\mathrm{std}}\right) = (h, k)$. □

万事俱备, 我们着手来描述 $\mathcal{H}(\Delta' /\!\!/ \Gamma')$ 的结构. 令 $\lambda \in \mathscr{D}$, 任选可由两个元素生成的挠 ℤ-模 M 使得 $\mathrm{type}(M) = \lambda$. 对于所有 $\mu, \nu \in \mathscr{D}$, 定义非负整数

$$g^\lambda_{\mu\nu} := \left\| \left\{ M^\dagger \subset M : \mathbb{Z}\text{-子模}, \begin{array}{l} \mathrm{type}(M^\dagger) = \nu \\ \mathrm{type}(M/M^\dagger) = \mu \end{array} \right\} \right\|. \tag{5.5.6}$$

练习 5.5.3　说明若 $\mu = (h, k)$, $\nu = (h', k')$, 则 $g^\lambda_{\mu\nu} \neq 0$ 时 λ 的第二个坐标必是 k, k' 的公倍数.

提示〉取 M 使得 $\mathrm{type}(M) = \lambda$, 则 λ 的第二个坐标生成理想 $\mathrm{ann}(M)$.

练习 5.5.4　对 $\lambda = (h, k) \in \mathscr{D}$ 定义 $|\lambda| = hk$. 说明 $g^\lambda_{\mu\nu} \neq 0$ 蕴涵 $|\lambda| = |\mu| \cdot |\nu|$. 尝试进一步证明 $g^\lambda_{\mu\nu} = g^\lambda_{\nu\mu}$.

定理 5.5.5　代数 $\mathcal{H}(\Delta' /\!\!/ \Gamma')$ 是交换的, 以 $\left\{ \left[\Gamma'_\lambda\right] \right\}_{\lambda \in \mathscr{D}}$ 为一组基. 进一步
(i) 若 $\lambda = (d, d) \in \mathscr{D}$, 则对所有 $(h, k) \in \mathscr{D}$ 皆有 $\left[\Gamma'_{h,k}\right] \star \left[\Gamma'_\lambda\right] = \left[\Gamma'_{hd,kd}\right]$;

(ii) 对任意 $\mu, \nu \in \mathscr{D}$, 皆有

$$[\Gamma'_\mu] \star [\Gamma'_\nu] = \sum_{\lambda \in \mathscr{D}} g^\lambda_{\mu\nu} [\Gamma'_\lambda] \quad \text{(有限和)}.$$

换言之, $g^\lambda_{\mu\nu}$ 无非是注记 5.1.8 中的结构常数 $m(\mu, \nu; \lambda)$.

证明 关于基的断言来自引理 5.5.2. 以下证明乘法交换. 考虑由矩阵转置 $\tau(\gamma) = {}^t\gamma$ 确定的映射 $\tau : \Delta' \to \Delta'$. 显然 τ 是定义 5.2.4 所谓的反对合, 而且 $\tau(\Gamma') = \Gamma'$. 因为 $\tau\begin{pmatrix} h & \\ & k \end{pmatrix} = \begin{pmatrix} h & \\ & k \end{pmatrix}$, 引理 5.5.2 的分解确保 τ 固定 Δ 的每个 Γ'-双陪集不变, 定理 5.2.6 遂蕴涵 $\mathcal{H}(\Delta' /\!/ \Gamma')$ 交换. 上一道练习也可用来推导交换性.

性质 (i) 是例 5.1.9 的直接结论. 要点在于证明 (ii). 我们用 (5.1.2) 来确定 $[\Gamma'_\mu] \star [\Gamma'_\nu]$: 作陪集分解并取定代表元

$$\Gamma'_\mu = \bigsqcup_{a \in A} a\Gamma', \quad \Gamma'_\nu = \bigsqcup_{b \in B} b\Gamma'.$$

设 $\lambda = (h, k) \in \mathscr{D}$. 定义

$$\delta := \begin{pmatrix} h & \\ & k \end{pmatrix}, \quad M := \frac{L_{\text{std}}}{\delta L_{\text{std}}} \simeq \frac{\mathbb{Z}}{h\mathbb{Z}} \oplus \frac{\mathbb{Z}}{k\mathbb{Z}}.$$

给定如上资料, 考虑映射

$$\Theta : \left\{ (a, b) \in A \times B : \delta\Gamma' = ab\Gamma' \right\} \longrightarrow \left\{ M^\dagger \subset M : \mathbb{Z}\text{-子模}, \begin{array}{l} \text{type}(M^\dagger) = \nu \\ \text{type}(M/M^\dagger) = \mu \end{array} \right\}$$

$$(a, b) \longmapsto M^\dagger := \frac{a L_{\text{std}}}{\delta L_{\text{std}}} \subset M.$$

观察到左边有 $m(\mu, \nu; \lambda)$ 个元素, 右边则有 $g^\lambda_{\mu\nu}$ 个元素. 问题归结为证 Θ 为双射.

映射 Θ 良定: 左式也等于 $\{(a, b) : \delta L_{\text{std}} = ab L_{\text{std}}\}$, 而 $b L_{\text{std}} \subset L_{\text{std}}$ 导致 $\delta L_{\text{std}} \subset a L_{\text{std}}$. 由 $a \in \Gamma'_\mu$ 和引理 5.5.2 可见 $\text{type}(M/M^\dagger) = \text{type}(a L_{\text{std}}, L_{\text{std}}) = \mu$. 同理, $b \in \Gamma'_\nu$ 导致

$$\frac{a L_{\text{std}}}{\delta L_{\text{std}}} = \frac{a L_{\text{std}}}{ab L_{\text{std}}} \xrightarrow[\sim]{a^{-1}} \frac{L_{\text{std}}}{b L_{\text{std}}} \xrightarrow{\text{type}} \nu,$$

于是确实有 $\text{type}(M^\dagger) = \nu$.

映射 Θ 为单: 既然 δ 给定, 从 $M^\dagger$ 可以确定 aL_{std}, 它满足 $\delta L_{\mathrm{std}} \subset aL_{\mathrm{std}} \subset L_{\mathrm{std}}$, 从而确定陪集 $a\Gamma'$ 和 $a \in A$. 接着由 $b\Gamma' = a^{-1}\delta\Gamma'$ 确定 $b \in B$.

映射 Θ 为满: 属于右式之 $M^\dagger$ 可以写作 $\dfrac{L}{\delta L_{\mathrm{std}}}$, 这里 $L \subset L_{\mathrm{std}}$. 存在陪集 $a\Gamma' \subset \Delta'$ 使得 $L = aL_{\mathrm{std}}$, 任选代表元 a, 于是

$$M^\dagger = \frac{aL_{\mathrm{std}}}{\delta L_{\mathrm{std}}} \xrightarrow{a^{-1}} \frac{L_{\mathrm{std}}}{a^{-1}\delta L_{\mathrm{std}}} \overset{\exists b}{\equiv} \frac{L_{\mathrm{std}}}{bL_{\mathrm{std}}}, \quad b\Gamma' \subset \Delta' \quad (\text{用 } (5.5.4)).$$

那么 $\mathrm{type}(M^\dagger) = \nu$ 导致 $b\Gamma' \subset \Gamma_\nu'$. 另一方面 $M/M^\dagger \simeq \dfrac{L_{\mathrm{std}}}{aL_{\mathrm{std}}}$, 相应地 $\mathrm{type}(M/M^\dagger) = \mu$ 就导致 $a\Gamma' \subset \Gamma_\mu'$. 适当选取代表元以要求 $(a, b) \in A \times B$. 于是 $\Theta(a, b) = M^\dagger$. 满性证毕. $\qquad\qquad\qquad\qquad\qquad\qquad\qquad\qquad\qquad\qquad\qquad\qquad\qquad\qquad\qquad\quad \square$

注记 5.5.6　直接从线性代数的定义 (5.5.6) 起步, 不考虑双陪集也可以在以 $\mathscr{D}$ 为基的自由 $\mathbb{Z}$-模上定义以 $g_{\mu\nu}^\lambda$ 为结构常数的代数结构, 称为 **Hall 代数**, 相应的结合律等性质都可以在线性代数框架中证明. Hall 代数具有丰富的组合学和几何内涵, 这方面的经典文献是 [37, II.2]; Hall 代数与双陪集代数的联系见 [37, V].

命题 5.5.7　设 $(h, k), (h', k') \in \mathscr{D}$ 满足 $\gcd(k, k') = 1$, 则 $[\Gamma'_{h,k}] \star [\Gamma'_{h',k'}] = [\Gamma'_{hh',kk'}]$.

证明　对一切 $\mathbb{Z}$-模 M 和 $a \in \mathbb{Z}$, 定义子模 $M[a] := \{x \in M : ax = 0\}$. 基于定理 5.5.5, 欲证断言化为以下的线性代数陈述: 设有限生成挠 $\mathbb{Z}$-模 M 具有子模 $M^\dagger$ 使得

$$\mathrm{type}(M^\dagger) = (h', k'), \quad \mathrm{type}(M/M^\dagger) = (h, k), \quad \gcd(k, k') = 1,$$

那么

$$M = M[k] \oplus M[k'], \quad \text{而且} \quad M^\dagger = M[k'].$$

由此可见 $M[k] \simeq M/M^\dagger \simeq \mathbb{Z}/h\mathbb{Z} \oplus \mathbb{Z}/k\mathbb{Z}$, 故

$$M \simeq \mathbb{Z}/h\mathbb{Z} \oplus \mathbb{Z}/h'\mathbb{Z} \oplus \mathbb{Z}/k\mathbb{Z} \oplus \mathbb{Z}/k'\mathbb{Z} \simeq \mathbb{Z}/hh'\mathbb{Z} \oplus \mathbb{Z}/kk'\mathbb{Z},$$

特别地 $\mathrm{type}(M) = (hh', kk')$.

此线性代数陈述也容易证明, 见 [59, 注记 6.7.10]. 简述如下: 关于 M 的条件蕴涵 $M = M[kk']$. 用 $\gcd(k, k') = 1$ 取 $a, b \in \mathbb{Z}$ 使 $ak + bk' = 1$. 兹断言任何 $x \in M$ 都能唯一表作 $x = u + v$, 其中 $u \in M[k]$ 而 $v \in M[k']$.

⋄ 存在性: $x = akx + bk'x$, 显然 $k'x \in M[k]$ 而 $kx \in M[k']$.

⋄ 唯一性: $x \in M[k] \cap M[k']$ 蕴涵 $x = akx + bk'x = 0$.

最后, $M^\dagger = M^\dagger[k'] \subset M[k']$; 反过来说, 任何 $x \in M[k']$ 都能写作 $x = akx +$

$bk'x = akx$, 它在 $M/M^{\dagger} \simeq \mathbb{Z}/h\mathbb{Z} \oplus \mathbb{Z}/k\mathbb{Z}$ 中的像必为零, 故 $x \in M^{\dagger}$. 明所欲证. □

鉴于命题 5.5.7, 对 $\mathcal{H}(\Delta' /\!/ \Gamma')$ 结构的研究可以化约到 $(p^d, p^e) \in \mathscr{D}$ 对应的双陪集情形, 其中 p 是某个选定的素数, $d \leqslant e$. 基于定理 5.5.5 (i), 我们可以进一步聚焦于 $(1, p^e)$ 情形.

命题 5.5.8 设 $e \in \mathbb{Z}_{\geqslant 1}$. 那么

$$\left[\Gamma'_{1,p}\right] \star \left[\Gamma'_{1,p^e}\right] = \left[\Gamma'_{1,p^e}\right] \star \left[\Gamma'_{1,p}\right] = \begin{cases} \left[\Gamma'_{1,p^{e+1}}\right] + p\left[\Gamma'_{p,p^e}\right], & e > 1, \\ \left[\Gamma'_{1,p^{e+1}}\right] + (p+1)\left[\Gamma'_{p,p^e}\right], & e = 1. \end{cases}$$

证明 乘法交换性缘于定理 5.5.5. 其余仍运用定理 5.5.5 (ii) 的线性代数诠释. 考虑有限生成挠 $\mathbb{Z}$-模的短正合列

$$0 \to M^{\dagger} \to M \to M^{\ddagger} \to 0, \quad M^{\dagger} \simeq \frac{\mathbb{Z}}{p^e\mathbb{Z}}, \quad M^{\ddagger} \simeq \frac{\mathbb{Z}}{p\mathbb{Z}}.$$

于是 $|M| = p^{e+1}$. 基于有限生成挠 $\mathbb{Z}$-模的分类, $\text{type}(M)$ 仅存 $(1, p^{e+1})$ 和 (p, p^e) 两种可能.

◇ 若 $M \simeq \dfrac{\mathbb{Z}}{p^{e+1}\mathbb{Z}}$, 那么它恰有一个同构于 $\mathbb{Z}/p^e\mathbb{Z}$ 的子群, 即 pM.

◇ 若 $M \simeq \dfrac{\mathbb{Z}}{p\mathbb{Z}} \oplus \dfrac{\mathbb{Z}}{p^e\mathbb{Z}}$ 而 $e > 1$, 那么其中同构于 $\mathbb{Z}/p^e\mathbb{Z}$ 的子群必由某个 p^e-阶元 (x, y) 生成, 其中 $y \in (\mathbb{Z}/p^e\mathbb{Z})^{\times}$; 代以适当的互素于 p 的倍数后, 可将生成元化作 $(x, 1)$ 之形. 这样的生成元是唯一的, 于是所考虑的子群和 $x \in \mathbb{Z}/p\mathbb{Z}$ 一一对应, 共有 p 个.

◇ 若 $e = 1$ 而 $M \simeq \mathbb{Z}/p\mathbb{Z} \oplus \mathbb{Z}/p\mathbb{Z}$, 那么 M 中同构于 $\mathbb{Z}/p\mathbb{Z}$ 的子群无非是 $\mathbb{F}_p^2$ 的一维子空间, 恰有 $\dfrac{p^2 - 1}{p - 1} = p + 1$ 个.

回忆 (5.5.6) 可知以上分类给出 $\left[\Gamma'_{1,p}\right] \star \left[\Gamma'_{1,p^e}\right]$ 的系数. □

接着过渡到 $\mathcal{H}(\Delta /\!/ \Gamma)$ 情形, 这一步是容易的.

定理 5.5.9 幺半群 $\Delta' \supset \Delta$ 和群 $\Gamma' \supset \Gamma$ 符合定理 5.2.7 的条件. 作为推论, 包含映射诱导

$$\Gamma\backslash\Delta/\Gamma \xrightarrow{\sim} \Gamma'\backslash\Delta'/\Gamma', \quad \mathcal{H}(\Delta /\!/ \Gamma) \xrightarrow{\sim} \mathcal{H}(\Delta' /\!/ \Gamma'),$$

而且 $\Delta = \bigsqcup_{(h,k) \in \mathscr{D}} \Gamma \begin{pmatrix} h & \\ & k \end{pmatrix} \Gamma$.

证明   我们首先断言 $\Delta = \bigcup_{(h,k)\in\mathscr{D}} \Gamma \begin{pmatrix} h & \\ & k \end{pmatrix} \Gamma$. 对任何 $\alpha \in \Delta$, 存在 $\gamma_1, \gamma_2 \in \Gamma'$

和唯一的 $(h,k) \in \mathscr{D}$ 使得 $\alpha = \gamma_1 \begin{pmatrix} h & \\ & k \end{pmatrix} \gamma_2$. 比较两边行列式符号可知 $\det \gamma_1 = \det \gamma_2$.

若两者同为 1, 则 $\alpha \in \Gamma \begin{pmatrix} h & \\ & k \end{pmatrix} \Gamma$, 否则两者同为 -1, 这时仍有

$$\gamma_1 \begin{pmatrix} h & \\ & k \end{pmatrix} \gamma_2 = \gamma_1 \begin{pmatrix} 1 & \\ & -1 \end{pmatrix} \begin{pmatrix} h & \\ & k \end{pmatrix} \begin{pmatrix} 1 & \\ & -1 \end{pmatrix} \gamma_2 \in \Gamma \begin{pmatrix} h & \\ & k \end{pmatrix} \Gamma.$$

断言得证. 下面验证定理 5.2.7 的性质 (i)—(iii). 对于 (i): $\Delta' = \Gamma' \Delta$, 要点在于证明 $\subset$. 若 $\delta \in \Delta'$ 满足 $\det \delta > 0$, 则 $\delta \in \Delta$; 否则取 $\gamma = \begin{pmatrix} 1 & \\ & -1 \end{pmatrix} \in \Gamma'$ 使得 $\delta = \gamma \cdot (\gamma^{-1}\delta) \in \Gamma' \cdot \Delta$.

现在验证 (ii): 当 $\alpha \in \Delta$ 时 $\Gamma' \alpha \Gamma' = \Gamma' \alpha \Gamma$. 要点仍在 $\subset$. 基于证明伊始的断言, 不妨假设 $\alpha = \begin{pmatrix} h & \\ & k \end{pmatrix}$, 其中 $(h,k) \in \mathscr{D}$. 设 $\gamma_1, \gamma_2 \in \Gamma'$. 若 $\det \gamma_2 = 1$, 则 $\gamma_1 \begin{pmatrix} h & \\ & k \end{pmatrix} \gamma_2 \in \Gamma' \alpha \Gamma$; 若 $\det \gamma_2 = -1$, 则仍有

$$\gamma_1 \begin{pmatrix} h & \\ & k \end{pmatrix} \gamma_2 = \gamma_1 \begin{pmatrix} 1 & \\ & -1 \end{pmatrix} \begin{pmatrix} h & \\ & k \end{pmatrix} \begin{pmatrix} 1 & \\ & -1 \end{pmatrix} \gamma_2 \in \Gamma' \begin{pmatrix} h & \\ & k \end{pmatrix} \Gamma.$$

最后验证 (iii): 当 $\alpha \in \Delta$ 时 $\Gamma' \alpha \cap \Delta = \Gamma \alpha$. 考虑两边行列式的符号即可. $\square$

综合命题 5.5.7 和命题 5.5.8, 我们总结出 $\mathcal{H}(\Delta /\!\!/ \Gamma)$ 作为交换 $\mathbb{C}$-代数 (甚至是 $\mathbb{Z}$-代数) 由形如 $[\Gamma_{p,p}]$ 和 $[\Gamma_{1,p}]$ 的元素生成, 其中 p 取遍所有素数. 进一步还能说明上述生成元是代数无关的.

5.6   特征形式初探

考虑模群 $\Gamma(1) = \mathrm{SL}(2,\mathbb{Z})$. 取定权 $k \in \mathbb{Z}$, 让 $\mathcal{H}\left(\mathrm{M}_2(\mathbb{Z}) \cap \mathrm{GL}(2,\mathbb{Q})^+ /\!\!/ \Gamma(1)\right)$ 作用在 $M_k(1)$ 及 $S_k(1)$ 上, 得到 $\mathrm{End}_\mathbb{C}(M_k(1))$ 的交换子 $\mathbb{C}$-代数 $\mathbb{T}$. 因为 $[\Gamma_{d,d}]$ 的作用是 $f \mapsto d^{k-2}f$ (练习 5.4.9), 有限维 $\mathbb{C}$-代数 $\mathbb{T}$ 实际由以下算子生成:

$$T_p : f \longmapsto f\left[\Gamma_{1,p}\right], \quad p \text{ 取遍素数}.$$

引理 5.6.1 对一切素数 p, 算子 T_p 相对于 Petersson 内积皆自伴. 作为推论, T_p 的特征值都是实数, 而且 $\mathbb{T}$ 在 $M_k(1)$ 和 $S_k(1)$ 上的作用可以同步对角化.

证明 注意到 Δ 对 $\gamma \mapsto \gamma' := \det(\gamma)\gamma^{-1}$ 保持不变. 按照命题 5.4.10, $\left[\Gamma\begin{pmatrix}1&\\&p\end{pmatrix}\Gamma\right]$

相对于 Petersson 内积的伴随由 $\left[\Gamma\begin{pmatrix}p&\\&1\end{pmatrix}\Gamma\right]$ 给出. 基于引理 5.5.2 和

$$\frac{L_{\text{std}}}{\begin{pmatrix}p&\\&1\end{pmatrix}L_{\text{std}}} \simeq \mathbb{Z}/p\mathbb{Z} \simeq \frac{L_{\text{std}}}{\begin{pmatrix}1&\\&p\end{pmatrix}L_{\text{std}}},$$

立见 $\Gamma'\begin{pmatrix}p&\\&1\end{pmatrix}\Gamma' = \Gamma'\begin{pmatrix}1&\\&p\end{pmatrix}\Gamma'$. 定理 5.5.9 遂给出 $\Gamma\begin{pmatrix}p&\\&1\end{pmatrix}\Gamma = \Gamma\begin{pmatrix}1&\\&p\end{pmatrix}\Gamma$. 由此见得 T_p 自伴. $\square$

根据自伴算子的谱定理, 交换算子族 $\{T_p\}_{p:\text{素数}}$ 可以同步对角化. 所有 T_p 的公共特征向量称为 **Hecke 特征形式**, 空间 $M_k(1)$ 和 $S_k(1)$ 分解为 Hecke 特征形式的正交直和.

为了厘清 T_p 对 Fourier 系数的影响, 有必要描述 $\Gamma\begin{pmatrix}1&\\&p\end{pmatrix}\Gamma$ 的陪集分解.

引理 5.6.2 设 p 为素数, 那么

$$\Gamma\begin{pmatrix}1&\\&p\end{pmatrix}\Gamma = \bigsqcup_b \Gamma\begin{pmatrix}1&b\\&p\end{pmatrix} \sqcup \Gamma\begin{pmatrix}p&1\\&1\end{pmatrix},$$

其中 b 遍历 $\mathbb{F}_p$ 在 $\mathbb{Z}$ 中的一族代表元.

证明 取转置将问题化为证

$$\Gamma\begin{pmatrix}1&\\&p\end{pmatrix}\Gamma = \bigsqcup_b \begin{pmatrix}1&\\b&p\end{pmatrix}\Gamma \sqcup \begin{pmatrix}p&\\1&1\end{pmatrix}\Gamma.$$

根据 §5.5 的理论,

$$\Gamma\begin{pmatrix} 1 & \\ & p \end{pmatrix}\Gamma/\Gamma \xrightarrow{1:1} \left\{ \mathbb{Z}\text{-子模 } L \subset \mathbb{Z}^2 : (\mathbb{Z}^2 : L) = p \right\},$$

$$\alpha\Gamma \longmapsto \alpha\mathbb{Z}^2.$$

然而 $L \mapsto L/p\mathbb{Z}^2 \subset \mathbb{F}_p^2$ 给出从右式到 $\mathbb{P}^1(\mathbb{F}_p)$ 的双射, 此处

$$\mathbb{P}^1(\mathbb{F}_p) := \left\{ \mathbb{F}_p^2 \text{ 中的直线} \right\} = \left\{ (1 : \bar{b}) : \bar{b} \in \mathbb{F}_p \right\} \sqcup \{(0 : 1)\}.$$

若 $b \in \mathbb{Z}$ 是 $\bar{b}$ 的代表元, 那么 $\begin{pmatrix} 1 & \\ b & p \end{pmatrix}\mathbb{Z}^2$ 在 $\mathbb{Z}^2/p\mathbb{Z}^2$ 中的像无非是 $\mathbb{F}_p(1, \bar{b})$, 即 $(1 : \bar{b})$.

另一方面, $\begin{pmatrix} p & \\ 1 & 1 \end{pmatrix}$ 的像则给出 $(0 : 1)$. 如是得到所求分解. $\qquad\square$

以此分解计算 T_p 对 $f = \sum_{n \geqslant 0} a_n(f)q^n \in M_k(1)$ 的作用, 立即得到

$$T_p(f)(\tau) = \left(\sum_b f\begin{pmatrix} 1 & b \\ & p \end{pmatrix} + f\begin{pmatrix} p & 1 \\ & 1 \end{pmatrix} \right)(\tau)$$

$$= \sum_{n \geqslant 0} \left(a_n(f) \exp\left(\frac{2\pi i n\tau}{p} \right) \cdot \frac{1}{p} \sum_b \exp\left(\frac{2\pi i nb}{p} \right) \right) + p^{k-1}f(p\tau)$$

$$= \sum_{\substack{n \geqslant 0 \\ p \mid n}} a_n(f)q^{n/p} + p^{k-1} \sum_{n \geqslant 0} a_n(f)q^{np}.$$

一切整理成下述结果.

命题 5.6.3　设 $f \in M_k(1)$, 那么对所有 $n \in \mathbb{Z}_{\geqslant 0}$, 皆有 $a_n(T_p f) = a_{np}(f) + p^{k-1}a_{n/p}(f)$, 其中规定 $p \nmid n \implies a_{n/p}(f) = 0$.

以下说明除了 $k = 0$ 的平凡情形, 任何 Hecke 特征形式 f 都能从 $a_1(f)$ 唯一确定. 满足 $a_1(f) = 1$ 的 Hecke 特征形式称为**正规化 Hecke 特征形式**.

命题 5.6.4　设 $f \in M_k(1)$ 是 Hecke 特征形式, $k \neq 0$. 若 $a_1(f) = 0$, 则 $f = 0$.

证明　兹断言 $n \geqslant 1$ 时 $a_n(f) = 0$. 办法是对 n 作递归: 若 $n > 1$, 取素因子 $p \mid n$, 则有 $a_n(f) = a_{n/p}(T_p f) - p^{k-1}a_{n/p^2}(f) = 0$. 因此 f 必为常值函数. $\qquad\square$

对于级为 $\Gamma_1(N)$ 的一般情形 ($N \in \mathbb{Z}_{\geqslant 1}$), 推论 6.3.9 将给出更透彻的论证.

例 5.6.5 取 $k = 12$. 考虑定义 2.4.9 的模判别式 $\Delta = \sum_{n \geq 1} \tau(n) q^n$. 推论 4.4.4 断言 $S_{12}(\Gamma) = \mathbb{C}\Delta$, 因此 Δ 自动是 Hecke 特征形式. 它是正规化的. 由此可以推出 Fourier 系数 $\tau(n)$ 的诸多性质, 在 §6.3 将有进一步讨论.

例 5.6.6 设 $k > 2$ 为偶数, 那么 Eisenstein 级数 $\mathscr{G}_k$ 是正规化 Hecke 特征形式: 它对 T_p 的特征值是 $\sigma_{k-1}(p) = 1 + p^{k-1}$. 留意到 $a_0(T_p f) = (1 + p^{k-1}) a_0(f)$ 对所有 f 成立, 而且 $\sigma_{k-1}(1) = 1$, 故一切归结为初等数论的命题

$$\left(1 + p^{k-1}\right) \sigma_{k-1}(n) = \sigma_{k-1}(p)\sigma_{k-1}(n) = \begin{cases} \sigma_{k-1}(pn) + p^{k-1}\sigma_{k-1}(n/p), & p \mid n, \\ \sigma_{k-1}(pn), & p \nmid n, \end{cases}$$

其中 $n \geq 1$. 此问题容易化约到 $n = p^e$ 情形来直接验证, 细节留给读者.

练习 5.6.7 仍然设 $k > 2$ 为偶数. 证明若 $f \in M_k(1)$ 不是尖点形式, 那么 f 是 Hecke 特征形式当且仅当 $f \in \mathbb{C}\mathscr{G}_k$.

提示〉 基于命题 5.6.4, 不妨设 $a_1(f) = 1$. 考察 $a_0(f)$ 可知这样的 Hecke 特征形式 f 对所有素数 p 皆满足 $T_p(f) = (1 + p^{k-1})f$, 因此 $h := f - \mathscr{G}_k \in M_k(1)$ 是满足 $a_1(h) = 0$ 的 Hecke 特征形式, 它必为 0.

Hecke 特征形式最重要的性质在于它们的 Fourier 系数具有某种乘性结构, §2.4 对特例 Δ 已有惊鸿一瞥. 此结构又折射到称作 L-函数的解析对象之上, 给出其 Euler 乘积. 我们将在 §6.3 予以考察.

第六章 同余子群的 Hecke 算子

给定正整数 N, 我们将定义作用在 $M_k(\Gamma_1(N))$ 上的两类 Hecke 算子 T_p 和 $\langle d \rangle$, 其中 p 取遍素数而 d 取遍与 N 互素的整数, $\langle d \rangle$ 只依赖 d 在 $(\mathbb{Z}/N\mathbb{Z})^\times$ 中的像, 我们也称 $\langle d \rangle$ 为菱形算子. 一般习惯在 $\gcd(d, N) > 1$ 时规定 $\langle d \rangle = 0$. 所有算子 T_p 和 $\langle d \rangle$ 生成的代数 $\mathbb{T}_1(N)$ 称为 Hecke 代数, 这是本章的主角.

借由将双陪集运算翻译为简单的线性代数, §6.2 将完全确定 $\mathbb{T}_1(N)$ 的结构, 尤其紧要的是交换性, 由此就能够

⋄ 对任意 $n \in \mathbb{Z}_{\geqslant 1}$ 定义算子 T_n;

⋄ 探讨 $M_k(\Gamma_1(N))$ 和 $S_k(\Gamma_1(N))$ 在 $\mathbb{T}_1(N)$ 作用下的共同特征向量.

如是就引向正规化 Hecke 特征形式的概念 (定义 6.3.10). 对于正规化 Hecke 特征形式 $f = \sum_{n \geqslant 1} a_n(f) q^n \in S_k(\Gamma_1(N))$, 我们将说明 $T_n(f) = a_n(f)f$. 对 f 可以定义 $\chi_f : \mathbb{Z} \to \mathbb{C}$ 使得 $\langle d \rangle f = \chi_f(d)f$. 进一步, 暂且不论收敛性, 那么让 Hecke 代数中形式的无穷乘积展开

$$\sum_{n \geqslant 1} T_n n^{-s} = \prod_{p : 素数} \left(1 - T_p p^{-s} + \langle p \rangle p^{k-1-2s}\right)^{-1}, \quad s \in \mathbb{C}$$

作用在 f 上, 立刻导出相应的 Euler 乘积

$$\sum_{n \geqslant 1} a_n(f) n^{-s} = \prod_{p : 素数} \left(1 - a_p(f) p^{-s} + \chi_f(p) p^{k-1-2s}\right)^{-1}.$$

这就表明了这类模形式 f 的 Fourier 系数蕴藏深刻的结构, 它反映在无穷级数 $L(s, f) := \sum_{n \geqslant 1} a_n(f) n^{-s}$ 上, 称为 f 的 L-函数.

这一结果固然优美, 但显然面临两个问题:

⋄ 当 s 在什么范围内时能确保级数 $\sum_{n \geqslant 1} a_n(f) n^{-s}$ 及其 Euler 乘积收敛? 其解析性状如何? 这些是第七章的主题.

◇ 在 $S_k(\Gamma_1(N))$ 中是否存在充分多的正规化 Hecke 特征形式? 当 $N > 1$ 时此问题颇为棘手. 有反例说明 $p \mid N$ 时 T_p 不可对角化, 见练习 6.4.10, 故 $S_k(\Gamma_1(N))$ 不可能由 Hecke 特征形式张成. 出路至少有两条: 或者是限缩 Hecke 算子, 或者是在一个合适的子空间上寻求对角化. 对于后一进路, 根本的工具来自 Atkin 和 Lehner[3], 以及李文卿的后继工作 [35]. 他们定义了称作新形式的一类正规化 Hecke 特征形式, 并说明它们在某种意义下仍能给出 $S_k(\Gamma_1(N))$ (推论 6.5.6).

在著名的 Langlands 纲领中, 许多算术或几何对象在解析世界中的化身或者是新形式, 或者是它们的高秩推广或相应的自守表示. 本章将涉及较长的论证和一定程度的技巧, 所需的工夫和新形式的地位终归是相称的.

6.1 菱形算子和 T_p 算子

我们考虑 Hecke 在同余子群的模形式上的作用. 沿用 §5.4 的一般框架, 这就相当于取例 5.4.2 的资料 $\Delta := \mathrm{GL}(2, \mathbb{Q})^+$ 和 $\mathcal{X} := \{$同余子群$\}$.

我们关注两类重要的同余子群 $\Gamma_0(N)$ 和 $\Gamma_1(N)$. 令 $N \in \mathbb{Z}_{\geq 1}$, 记 red : $\mathrm{SL}(2, \mathbb{Z}) \to \mathrm{SL}(2, \mathbb{Z}/N\mathbb{Z})$ 为 mod N 同态. 有

$$\mathrm{red}^{-1}\begin{pmatrix} * & * \\ & * \end{pmatrix} =: \Gamma_0(N) \rhd \Gamma_1(N) := \mathrm{red}^{-1}\begin{pmatrix} 1 & * \\ & 1 \end{pmatrix}.$$

命题 1.4.4 表明 red 满, 因此导出两个满射

$$\begin{array}{ccc}
\mathrm{SL}(2, \mathbb{Z}) & \xrightarrow{\ \mathrm{red}\ } & \mathrm{SL}(2, \mathbb{Z}/N\mathbb{Z}) \\
\cup & & \cup \\
\Gamma_0(N) & \longrightarrow & \begin{pmatrix} * & * \\ & * \end{pmatrix} \longrightarrow (\mathbb{Z}/N\mathbb{Z})^\times \\
\cup\!\!\!| & & \cup\!\!\!| \qquad\qquad \cup\!\!\!| \\
\begin{pmatrix} a & b \\ d & d \end{pmatrix} & \longmapsto & \begin{pmatrix} \bar{a} & \bar{b} \\ & \bar{d} \end{pmatrix} \longmapsto \bar{d}.
\end{array}$$

这就表明 $\begin{pmatrix} a & b \\ c & d \end{pmatrix} \mapsto \bar{d} := d \bmod N$ 给出群同构

$$\Gamma_0(N)/\Gamma_1(N) \xrightarrow{\ \sim\ } (\mathbb{Z}/N\mathbb{Z})^\times,$$

故 $\mathrm{GL}(2,\mathbb{Q})^+$ 在 M 上的作用限制为 $(\mathbb{Z}/N\mathbb{Z})^\times \simeq \Gamma_0(N)/\Gamma_1(N)$ 在 $M^{\Gamma_1(N)} = M_k(\Gamma_1(N))$ 上的作用, 方式为透过酉算子

$$f \overset{\delta}{\longmapsto} f\mid_k \delta = j(\delta,\tau)^{-k} f(\delta\tau), \quad f \in M_k(\Gamma_1(N)).$$

而且 $f\mid_k \delta$ 只依赖于 $\delta = \begin{pmatrix} a & b \\ c & d \end{pmatrix}$ 中的 $d \bmod N$.

定义 6.1.1　　上述 $(\mathbb{Z}/N\mathbb{Z})^\times$ 作用给出的 Hecke 算子称为 $M_k(\Gamma_1(N))$ 上的**菱形算子**, 记为

$$\langle d \rangle f := f\mid_k \delta, \quad \delta \in \Gamma_0(N), \ \delta \equiv \begin{pmatrix} * & * \\ & d \end{pmatrix} \pmod{N}.$$

方便起见, 我们也经常将 $\langle d \rangle$ 的定义按 d 不可逆 $\implies \langle d \rangle := 0$ 延拓到整个 $\mathbb{Z}/N\mathbb{Z}$ 上, 然后进一步拉回到 $\mathbb{Z}$ 上, 乘性 $\langle d_1 d_2 \rangle = \langle d_1 \rangle \langle d_2 \rangle$ 对所有 $d_1, d_2 \in \mathbb{Z}$ 仍成立.

易见 $\langle dd' \rangle = \langle d \rangle \langle d' \rangle$, $\langle 1 \rangle = \mathrm{id}$. 又由于 $\Gamma_1(N) \triangleleft \Gamma_0(N)$, 对于 $\delta = \begin{pmatrix} a & b \\ c & d \end{pmatrix} \in \Gamma_0(N)$, 按双陪集作用的定义 (见例 5.2.3), 立得

$$\langle d \rangle f = f[\Gamma_1(N)\delta\Gamma_1(N)], \quad \delta = \begin{pmatrix} a & b \\ c & d \end{pmatrix} \in \Gamma_0(N).$$

依据 §5.4 的理论, 在菱形算子作用下 $\mathbb{C}$-向量空间 $M_k(\Gamma_1(N))$ 构成 $(\mathbb{Z}/N\mathbb{Z})^\times$ 的有限维表示, 限制在不变子空间 $S_k(\Gamma_1(N))$ 上则对 $(\cdot|\cdot)_{\mathrm{Pet}}$ 成为酉表示. 根据有限交换群的表示理论, 它们遂具备正交分解

$$\begin{aligned} M_k(\Gamma_1(N)) &= \bigoplus_\chi M_k(\Gamma_1(N), \chi), \\ S_k(\Gamma_1(N)) &= \bigoplus_\chi S_k(\Gamma_1(N), \chi), \end{aligned} \tag{6.1.1}$$

其中 χ 取遍所有同态 $(\mathbb{Z}/N\mathbb{Z})^\times \to \mathbb{C}^\times$ 而 [1]

$$\begin{aligned} M_k(\Gamma_1(N), \chi) &:= \left\{ f : \forall d \in (\mathbb{Z}/N\mathbb{Z})^\times, \ \langle d \rangle f = \chi(d) f \right\}, \\ S_k(\Gamma_1(N), \chi) &:= M_k(\Gamma_1(N), \chi) \cap S_k(\Gamma_1(N), \chi). \end{aligned}$$

---

[1] 对于 $f \in M_k(\Gamma_1(N), \chi)$, 同态 χ 也称为 f 的 Nebentypus (德文), 或可直译为 f 的 "旁类".

为了节约笔墨, 律定 $N = 1$ 时 $(\mathbb{Z}/N\mathbb{Z})^{\times} = \{1\}$, 对之令 $\langle 1 \rangle := \mathrm{id}$, 此时 (6.1.1) 退化为同义反复.

练习 6.1.2 说明 $M_k(\Gamma_1(N), 1) = M_k(\Gamma_0(N))$ 和 $S_k(\Gamma_1(N), 1) = S_k(\Gamma_0(N))$, 此处以 1 代表平凡同态 $(\mathbb{Z}/N\mathbb{Z})^{\times} \to \{1\} \subset \mathbb{C}^{\times}$.

紧接着考察另一类 Hecke 算子.

定义 6.1.3 取 p 为素数, 定义算子

$$T_p : M_k(\Gamma_1(N)) \longrightarrow M_k(\Gamma_1(N))$$

$$f \longmapsto f\left[\Gamma_1(N)\begin{pmatrix} 1 & \\ & p \end{pmatrix}\Gamma_1(N)\right].$$

我们先来说明 T_p 和菱形算子交换. 以下将运用 §6.2 中一些关于双陪集分解的定理, 无循环论证之虞.

引理 6.1.4 令 p 为任意素数, $N \in \mathbb{Z}_{\geq 1}$. 取 $\Gamma := \Gamma_1(N)$, $\alpha := \begin{pmatrix} 1 & \\ & p \end{pmatrix}$, 并且设

$\gamma = \begin{pmatrix} a & b \\ c & d \end{pmatrix} \in \Gamma_0(N)$ 满足 $\gcd(d, N) = 1$, 则在 $\mathcal{H}(\mathrm{GL}(2, \mathbb{Q})^+ /\!\!/ \Gamma)$ 中,

$$[\Gamma\alpha\Gamma] \star [\Gamma\gamma\Gamma] = [\Gamma\alpha\gamma\Gamma] = [\Gamma\gamma\alpha\Gamma] = [\Gamma\gamma\Gamma] \star [\Gamma\alpha\Gamma].$$

作为推论, $T_p \langle d \rangle = \langle d \rangle T_p$.

证明 因为 $\Gamma \lhd \Gamma_0(N)$, 断言第一部分的首末两个等式无非是例 5.1.9 的应用. 下面来说明中间等式 $[\Gamma\alpha\gamma\Gamma] = [\Gamma\gamma\alpha\Gamma]$. 由于 $\gamma^{-1}\Gamma\gamma = \Gamma$, 命 $\alpha' := \gamma\alpha\gamma^{-1}$, 则 $\Gamma\gamma\alpha\Gamma = \Gamma\alpha'\gamma\Gamma = (\Gamma\alpha'\Gamma)\gamma$; 另一方面 $\Gamma\alpha\gamma\Gamma = (\Gamma\alpha\Gamma)\gamma$, 问题归结为证 $\Gamma\alpha'\Gamma = \Gamma\alpha\Gamma$. 为此需要以下性质:

$$(\beta \in \mathrm{M}_2(\mathbb{Z})) \wedge (\det\beta = p) \wedge \left(\beta \equiv \begin{pmatrix} 1 & * \\ & p \end{pmatrix} \pmod{N}\right) \implies \Gamma\beta\Gamma = \Gamma\alpha\Gamma. \quad (6.1.2)$$

其论证如下: 根据定理 6.2.7, 存在正整数 $h \mid k$ 使得 $\beta \in \Gamma_0(N)\begin{pmatrix} h & \\ & k \end{pmatrix}\Gamma_0(N)$; 因为

$hk = \det \beta = p$. 唯一可能是 $(h, k) = (1, p)$. 另一方面, α, β 都属于幺半群

$$\Delta_1(N) := \left\{ \delta \in \mathrm{GL}(2, \mathbb{Q})^+ \cap \mathrm{M}_2(\mathbb{Z}) : \delta \equiv \begin{pmatrix} 1 & * \\ & * \end{pmatrix} \pmod{N} \right\}.$$

既然 α 和 β 在同一个 $\Gamma_0(N)$-双陪集中, 定理 6.2.9 蕴涵它们自动属于同一个 Γ-双陪集, (6.1.2) 于是确立.

不难检验 $\det \alpha' = p$ 而 $\alpha' \equiv \begin{pmatrix} 1 & * \\ & p \end{pmatrix} \pmod{N}$, 性质 (6.1.2) 施于 $\beta := \alpha'$ 遂给出断言的第一部分. 将这些算子作用在 $M_k(\Gamma_1(N))$ 上, 便看出 $T_p \langle d \rangle = \langle d \rangle T_p$. □

以下令 $\alpha := \begin{pmatrix} 1 & \\ & p \end{pmatrix}$. 根据定义–定理 5.2.2, 计算 T_p 的关键是以显式分解 $\Gamma_1(N) \alpha \Gamma_1(N)$.

引理 6.1.5   记 $\Gamma := \Gamma_1(N)$ 和 $\Gamma' := \Gamma \cap \alpha^{-1} \Gamma \alpha$, 则

$$\Gamma' = \left\{ \begin{array}{ll} \gamma \in \mathrm{SL}(2, \mathbb{Z}) : & \gamma \equiv \begin{pmatrix} 1 & * \\ & 1 \end{pmatrix} \pmod{N} \\ & \gamma \equiv \begin{pmatrix} * & \\ * & * \end{pmatrix} \pmod{p} \end{array} \right\}.$$

而且 $\Gamma' \backslash \Gamma$ 在 Γ 中有一族代表元 A 如下:

$$p \mid N \implies A := \left\{ \begin{pmatrix} 1 & b \\ & 1 \end{pmatrix} : 0 \leqslant b < p \right\},$$

$$p \nmid N \implies A := \left\{ \begin{pmatrix} 1 & b \\ & 1 \end{pmatrix} : 0 \leqslant b < p \right\} \sqcup \left\{ \begin{pmatrix} mp & n \\ N & 1 \end{pmatrix} \right\}.$$

上述 b 只要遍历 $\mathbb{F}_p := \mathbb{Z}/p\mathbb{Z}$ 在 $\mathbb{Z}$ 中的任一族代表元即可, 而在第二种情形中, m, n 可取作任意满足 $mp - nN = 1$ 的整数对.

证明   设 $\gamma \in \mathrm{SL}(2, \mathbb{Z})$. 由矩阵恒等式

$$\alpha^{-1} \begin{pmatrix} a & b \\ c & d \end{pmatrix} \alpha = \begin{pmatrix} 1 & \\ & p^{-1} \end{pmatrix} \begin{pmatrix} a & b \\ c & d \end{pmatrix} \begin{pmatrix} 1 & \\ & p \end{pmatrix} = \begin{pmatrix} a & bp \\ cp^{-1} & d \end{pmatrix},$$

不难验证

$$\gamma \in \Gamma' \iff \gamma \equiv \begin{pmatrix} 1 & * \\ & 1 \end{pmatrix} \pmod{N} \wedge \gamma \equiv \begin{pmatrix} * & \\ * & * \end{pmatrix} \pmod{p}, \qquad (6.1.3)$$

亦即 $\Gamma' = \Gamma_1(N) \cap {}^t\Gamma_0(p)$. 现在考虑 mod p 导出之群同态

$$\mathrm{red} : \Gamma \to \mathrm{SL}(2, \mathbb{F}_p).$$

命 $B^- := \begin{pmatrix} * & \\ * & * \end{pmatrix} \subset \mathrm{SL}(2, \mathbb{F}_p)$ 使得 $\mathrm{red}^{-1}(B^-) = \Gamma'$, 从而 red 诱导出双射

$$\Gamma' \backslash \Gamma \xrightarrow{\sim} (B^- \cap \mathrm{im}(\mathrm{red})) \backslash \mathrm{im}(\mathrm{red}). \qquad (6.1.4)$$

(1) 设 $p \mid N$. 这时易见 $\mathrm{im}(\mathrm{red}) = \left\{ \begin{pmatrix} 1 & \bar{b} \\ & 1 \end{pmatrix} : \bar{b} \in \mathbb{F}_p \right\}$, 它和 B^- 之交为 $\{1\}$, 其元素

在 Γ 中的逆像可取为 $\begin{pmatrix} 1 & b \\ & 1 \end{pmatrix}$, 其中 $b \in \mathbb{Z}$ 遍历 $\mathbb{F}_p$ 的一族代表元.

(2) 设 $p \nmid N$. 中国剩余定理给出环同构 $\mathbb{Z}/pN\mathbb{Z} \xrightarrow{\sim} \mathbb{F}_p \times \mathbb{Z}/N\mathbb{Z}$, 继而

$$
\begin{array}{ccc}
\mathrm{SL}(2, \mathbb{Z}) & \xrightarrow{\ \mathrm{mod}\ pN\ } & \mathrm{SL}(2, \mathbb{Z}/pN\mathbb{Z}) \\
& & \Big\downarrow{\simeq}\ (\mathrm{mod}\ p,\ \mathrm{mod}\ N) \\
(\mathrm{mod}\ p,\ \mathrm{mod}\ N)\ \searrow & & \mathrm{SL}(2, \mathbb{F}_p) \times \mathrm{SL}(2, \mathbb{Z}/N\mathbb{Z}) \ \supset\ \mathrm{SL}(2, \mathbb{F}_p) \times \begin{pmatrix} 1 & * \\ & 1 \end{pmatrix}
\end{array}
$$

由之立见 $\mathrm{im}(\mathrm{red}) = \mathrm{SL}(2, \mathbb{F}_p)$. 关于 $B^- \backslash \mathrm{SL}(2, \mathbb{F}_p)$ 的描述无非是线性代数: 考量域 $\mathbb{F}_p$ 上的射影直线

$$\mathbb{P}^1(\mathbb{F}_p) := \left(\mathbb{F}_p^2 \smallsetminus \{0\} \right) \big/ (x, y) \sim (\lambda x, \lambda y), \quad \lambda \in \mathbb{F}_p^\times.$$

二阶方阵对行向量的右乘诱导出 $\mathrm{SL}(2, \mathbb{F}_p)$ 对 $\mathbb{P}^1(\mathbb{F}_p)$ 的右作用. 易见有双射

$$B^- \backslash \mathrm{SL}(2, \mathbb{F}_p) \xrightarrow{\sim} \mathbb{P}^1(\mathbb{F}_p)$$
$$B^- \bar{\gamma} \longmapsto (1 : 0)\bar{\gamma}.$$

对于 $(1 : \bar{b}) \in \mathbb{P}^1(\mathbb{F}_p)$, 它在 $B^-\backslash\mathrm{SL}(2, \mathbb{F}_p)$ 中的对应元素来自 $\begin{pmatrix} 1 & b \\ & 1 \end{pmatrix} \in \Gamma$, 其中 $b \in \mathbb{Z}$ 是 $\bar{b}$ 的任意代表元. 对于 $(0 : 1) \in \mathbb{P}^1(\mathbb{F}_p)$, 它在 $B^-\backslash\mathrm{SL}(2, \mathbb{F}_p)$ 中的对应元素可由任何 形如 $\begin{pmatrix} & * \\ * & * \end{pmatrix}$ 的元素代表; 后者在 Γ 中的逆像不妨就取作 $\begin{pmatrix} mp & n \\ N & 1 \end{pmatrix}$ 之形, 唯一要求是 $(m, n) \in \mathbb{Z}^2$ 满足 $mp - nN = 1$.

代回 (6.1.4) 立得所求的代表元. $\qquad\qquad\qquad\qquad\qquad\qquad\qquad\qquad\qquad\qquad\qquad \square$

以下记 $A \subset \Gamma_1(N)$ 为引理 6.1.5 所给出的一个代表元集. 引理 5.1.4 遂给出
$$\Gamma_1(N)\begin{pmatrix} 1 & \\ & p \end{pmatrix}\Gamma_1(N) = \bigsqcup_{a \in A} \Gamma_1(N)\begin{pmatrix} 1 & \\ & p \end{pmatrix}a.$$

命题 6.1.6　对所有 $f \in M_k(\Gamma_1(N))$,
$$T_p f = \begin{cases} \displaystyle\sum_{b=0}^{p-1} f\begin{pmatrix} 1 & b \\ & p \end{pmatrix} = p^{\frac{k}{2}-1}\sum_{b=0}^{p-1} f \big|_k \begin{pmatrix} 1 & b \\ & p \end{pmatrix}, & p \mid N, \\[4mm] \displaystyle\sum_{b=0}^{p-1} f\begin{pmatrix} 1 & b \\ & p \end{pmatrix} + p^{k-1}(\langle p \rangle f)(p\tau), & p \nmid N; \end{cases}$$

实际上, 和式中让 b 遍历 $\mathbb{F}_p$ 在 $\mathbb{Z}$ 中的任一族代表元即可.

留意: 按照定义 6.1.1 在 $\gcd(d, N) \neq 1$ 时对 $\langle d \rangle$ 的约定, 关于 T_p 的公式其实能兼 并为一条.

证明　依定义 $T_p f = \sum_{a \in A} f\begin{pmatrix} 1 & \\ & p \end{pmatrix}a$, 对 f 的右作用按 (5.4.1) 定义. 当 $p \mid N$ 时
$$\begin{pmatrix} 1 & \\ & p \end{pmatrix}A = \left\{ \begin{pmatrix} 1 & b \\ & p \end{pmatrix} : b \in \mathbb{Z} \text{ 遍历 } \mathbb{F}_p \text{ 的一族代表元} \right\},$$

故原式得证. 以下设 $p \nmid N$, 此时 A 多出一个元素 $\begin{pmatrix} mp & n \\ N & 1 \end{pmatrix}$, 满足 $mp - nN = 1$. 显然
$$\begin{pmatrix} 1 & \\ & p \end{pmatrix}\begin{pmatrix} mp & n \\ N & 1 \end{pmatrix} = \begin{pmatrix} mp & n \\ Np & p \end{pmatrix} = \begin{pmatrix} m & n \\ N & p \end{pmatrix}\begin{pmatrix} p & \\ & 1 \end{pmatrix}.$$

而 $\begin{pmatrix} m & n \\ N & p \end{pmatrix} \in \Gamma_0(N)$ 的右下角元素 p 与 N 互素, 它对 f 的右作用无非是 $\langle p \rangle$. 综之

$$f \begin{pmatrix} 1 & \\ & p \end{pmatrix} \begin{pmatrix} mp & n \\ N & 1 \end{pmatrix} = \left(f \begin{pmatrix} m & n \\ N & p \end{pmatrix} \right) \begin{pmatrix} p & \\ & 1 \end{pmatrix} = (\langle p \rangle f) \begin{pmatrix} p & \\ & 1 \end{pmatrix}$$

$$= p^{\frac{k}{2}-1} (\langle p \rangle f) \big|_k \begin{pmatrix} p & \\ & 1 \end{pmatrix} : \ \tau \mapsto p^{k-1} \cdot (\langle p \rangle f)(p\tau).$$

明所欲证. □

下一步是讨论 T_p 对 Fourier 系数的影响. 由于 $\begin{pmatrix} 1 & 1 \\ & 1 \end{pmatrix} \in \Gamma_1(N)$, 任何 $f \in M_k(\Gamma_1(N))$ 都有 Fourier 展开

$$f(\tau) = \sum_{n \geqslant 0} a_n(f) q^n, \quad q = e^{2\pi i \tau}.$$

鉴于分解 (6.1.1), 我们只需考虑给定的 $\chi : (\mathbb{Z}/N\mathbb{Z})^\times \to \mathbb{C}^\times$ 及 $f \in M_k(\Gamma_1(N), \chi)$. 方便起见, 今后将 χ 按 0 延拓到整个 $\mathbb{Z}/N\mathbb{Z}$ 上.

定理 6.1.7 令 p 为任意素数, $N \in \mathbb{Z}_{\geqslant 1}$. 算子 T_p 保持 $M_k(\Gamma_1(N), \chi)$ 和 $S_k(\Gamma_1(N), \chi)$ 不变. 若

$$f = \sum_{n \geqslant 0} a_n(f) q^n \in M_k(\Gamma_1(N)),$$

并且约定 $p \nmid n \implies a_{n/p}(\cdots) := 0$, 则

$$a_n(T_p f) = \begin{cases} a_{np}(f), & p \mid N, \\ a_{np}(f) + p^{k-1} a_{n/p}(\langle p \rangle f), & p \nmid N. \end{cases}$$

若进一步设 $f \in M_k(\Gamma_1(N), \chi)$, 则有

$$a_n(T_p f) = a_{np}(f) + p^{k-1} \chi(p) a_{n/p}(f).$$

回忆到我们将 χ 和 $\langle \cdot \rangle$ 皆用零延拓到整个 $\mathbb{Z}/N\mathbb{Z}$ 上.

证明 由引理 6.1.4 知 T_p 保持 $\langle p \rangle$ 的特征子空间 $M_k(\Gamma_1(N), \chi)$ 和 $S_k(\Gamma_1(N), \chi)$ 不变. 对所有 $b \in \mathbb{Z}$ 皆有

$$p^{\frac{k}{2}-1} f \mid_k \begin{pmatrix} 1 & b \\ & p \end{pmatrix} = p^{k-1}(0 \cdot \tau + p)^{-k} f\left(\frac{\tau+b}{p}\right)$$

$$= \frac{1}{p} \sum_{n \geqslant 0} a_n(f) \exp\left(2\pi i n \cdot \frac{\tau+b}{p}\right).$$

由于

$$\sum_{b=0}^{p-1} \exp\left(\frac{2\pi i n b}{p}\right) = \begin{cases} 0, & p \nmid n, \\ p, & p \mid n, \end{cases}$$

交换求和顺序可得

$$\sum_{b=0}^{p-1} p^{\frac{k}{2}-1} f \mid_k \begin{pmatrix} 1 & b \\ & p \end{pmatrix} = \sum_{b=0}^{p-1} \frac{1}{p} \sum_{n \geqslant 0} a_n(f) \exp\left(2\pi i n \cdot \frac{\tau+b}{p}\right)$$

$$= \frac{1}{p} \sum_{n \geqslant 0} a_n(f) \exp\left(2\pi i n \cdot \frac{\tau}{p}\right) \sum_{b=0}^{p-1} \exp\left(\frac{2\pi i n b}{p}\right) = \sum_{n \geqslant 0} a_{np}(f) q^n.$$

根据命题 6.1.6, 若 $p \mid N$, 则上式即 $T_p f$. 当 $p \nmid N$ 时, $T_p f$ 还外加一项

$$p^{k-1} \cdot (\langle p \rangle f)(p\tau) = p^{k-1} \sum_{n \geqslant 0} a_n(\langle p \rangle f) q^{np},$$

而且当 $f \in M_k(\Gamma_1(N), \chi)$ 时 $\langle p \rangle f = \chi(p) f$. $\qquad\qquad\qquad\qquad\qquad \square$

接着将目光转向 $S_k(\Gamma_1(N))$ 上的 Petersson 内积. 根据命题 5.4.10, 对任何 $\delta \in$ $\mathrm{GL}(2, \mathbb{Q})^+$ 恒有

$$\left(f_1[\Gamma_1(N)\delta\Gamma_1(N)] \big| f_2\right)_{\mathrm{Pet}} = \left(f_1 \big| f_2[\Gamma_1(N)\delta'\Gamma_1(N)]\right)_{\mathrm{Pet}}, \quad f_1, f_2 \in S_k(\Gamma_1(N)).$$

定理 6.1.8　设素数 $p \nmid N$, 考虑算子 T_p 和 $\langle d \rangle$ 在 $S_k(\Gamma_1(N))$ 上的限制.

(i) 当 $\gcd(d, N) = 1$ 时, 算子 $\langle d \rangle$ 的伴随算子是 $\langle d \rangle^{-1}$;

(ii) 算子 T_p 的伴随算子是 $\langle p \rangle^{-1} T_p$.

作为推论, 所有 T_p (要求 $p \nmid N$) 和菱形算子都是 $S_k(\Gamma_1(N))$ 上的正规算子; 换言之, 它们和各自的伴随算子相交换.

证明　断言 (i) 的内涵无非是说 $\langle d \rangle$ 是酉算子. 至于 (ii), 命题 5.4.10 告诉我们 T_p 的伴随由 $\left[\Gamma_1(N)\begin{pmatrix} p & \\ & 1 \end{pmatrix}\Gamma_1(N)\right]$ 给出. 引理 6.1.9 (取 $e = 1$) 将说明存在 $d' \in \mathbb{Z}$ 使得

$pd' \equiv 1 \pmod{N}$ 而且

$$f\left[\Gamma_1(N)\begin{pmatrix} p & \\ & 1 \end{pmatrix}\Gamma_1(N)\right] = \langle d' \rangle (T_p(f)), \quad f \in M_k(\Gamma_1(N)),$$

如此便说明 T_p 的伴随算子是 $\langle d' \rangle T_p = \langle p \rangle^{-1} T_p$.

最后, $\langle d \rangle$ 及 $\langle d \rangle^{-1}$ 当然可交换; 而引理 6.1.4 蕴涵 T_p 和 $\langle p \rangle$ 交换, 因而是正规算子. $\qquad\square$

引理 6.1.9 设 $N \in \mathbb{Z}_{\geqslant 1}$, 素数 $p \nmid N$ 而 $e \in \mathbb{Z}_{\geqslant 0}$, 则存在 $\gamma = \begin{pmatrix} * & * \\ * & d' \end{pmatrix} \in \Gamma_0(N)$ 使得 $p^e d' \equiv 1 \pmod{N}$ 而且

$$\left[\Gamma_1(N)\begin{pmatrix} p^e & \\ & 1 \end{pmatrix}\Gamma_1(N)\right] = \left[\Gamma_1(N)\begin{pmatrix} 1 & \\ & p^e \end{pmatrix}\gamma\Gamma_1(N)\right]$$

$$= \left[\Gamma_1(N)\begin{pmatrix} 1 & \\ & p^e \end{pmatrix}\Gamma_1(N)\right] \star [\Gamma_1(N)\gamma\Gamma_1(N)].$$

证明 以中国剩余定理取 $d \in \mathbb{Z}$ 使得

$$d \equiv \begin{cases} 1 & \pmod{N}, \\ 0 & \pmod{p^e}, \end{cases}$$

继而取 $a, b \in \mathbb{Z}$ 使 $ad - bN = 1$. 于是 $a \equiv d \equiv 1 \pmod{N}$ 而

$$\underbrace{\begin{pmatrix} a & b \\ N & d \end{pmatrix}}_{\in\Gamma_1(N)}\begin{pmatrix} p^e & \\ & 1 \end{pmatrix} = \begin{pmatrix} 1 & \\ & p^e \end{pmatrix}\underbrace{\begin{pmatrix} ap^e & b \\ N & dp^{-e} \end{pmatrix}}_{\in\Gamma_0(N)}.$$

取 $\gamma := \begin{pmatrix} ap^e & b \\ N & dp^{-e} \end{pmatrix} \in \Gamma_0(N)$. 根据例 5.1.9 的公式,

$$\left[\Gamma_1(N)\begin{pmatrix} p^e & \\ & 1 \end{pmatrix}\Gamma_1(N)\right] = \left[\Gamma_1(N)\begin{pmatrix} 1 & \\ & p^e \end{pmatrix}\gamma\Gamma_1(N)\right]$$

$$= \left[\Gamma_1(N)\begin{pmatrix} 1 & \\ & p^e \end{pmatrix}\Gamma_1(N)\right] \star [\Gamma_1(N)\gamma\Gamma_1(N)].$$

断言中的 d' 取作 dp^{-e} 即所求. □

更一般的 Hecke 算子 T_n 留待 §6.3 定义. 我们有必要先对双陪集结构作更深入的探讨.

6.2　双陪集结构

本节依然取定 $N \in \mathbb{Z}_{\geqslant 1}$. 考虑以下两类 (群 ⊂ 幺半群):

$$\Gamma_0(N) \subset \Delta_0(N) := \left\{ \gamma \in \mathrm{GL}(2, \mathbb{Q})^+ \cap \mathrm{M}_2(\mathbb{Z}) : \gamma \equiv \begin{pmatrix} (\mathbb{Z}/N\mathbb{Z})^\times & * \\ & * \end{pmatrix} \pmod{N} \right\},$$

$$\Gamma_1(N) \subset \Delta_1(N) := \left\{ \gamma \in \mathrm{GL}(2, \mathbb{Q})^+ \cap \mathrm{M}_2(\mathbb{Z}) : \gamma \equiv \begin{pmatrix} 1 & * \\ & * \end{pmatrix} \pmod{N} \right\}.$$

定义相应的 $\mathbb{C}$-代数

$$\mathcal{H}_0(N) := \mathcal{H}(\Delta_0(N) /\!/ \Gamma_0(N)), \quad \mathcal{H}_1(N) := \mathcal{H}(\Delta_1(N) /\!/ \Gamma_1(N)).$$

本节的首要目标是研究这些代数的结构. 当 $N = 1$ 时一切化约到 §5.5, 而一般情形的理路相近, 且从 $\Gamma_0(N)$ 和 $\Delta_0(N)$ 起步. 在上述定义中除却 $\det > 0$ 的条件以定义

$$\Delta_0'(N) := \left\{ \gamma \in \mathrm{GL}(2, \mathbb{Q}) \cap \mathrm{M}_2(\mathbb{Z}) : \gamma \equiv \begin{pmatrix} (\mathbb{Z}/N\mathbb{Z})^\times & * \\ & * \end{pmatrix} \pmod{N} \right\},$$

$$\Gamma_0'(N) := \left\{ \gamma \in \mathrm{GL}(2, \mathbb{Z}) : \gamma \equiv \begin{pmatrix} * & * \\ & * \end{pmatrix} \pmod{N} \right\},$$

于是 $\Gamma_0'(N) \subset \Delta_0'(N)$. 对 $\Gamma_1(N)$ 和 $\Delta_1(N)$ 也可如法炮制, 以下略而不论.

策略和 §5.5 一样分成两步: ① 将 $\Delta_0'(N)$ 和 $\Gamma_0'(N)$ 的情形化约到 $\mathbb{Z}$-模或曰 "线性代数"; ② 建立 $\mathcal{H}(\Delta_0'(N) /\!/ \Gamma_0'(N))$ 和 $\mathcal{H}_0(N)$ 的关系. 相关技术是 §5.5 的简单延伸, 差别在于这里必须引进某种**级结构**. 我们从建立线性代数的框架入手.

设 V 是二维 $\mathbb{Q}$-向量空间. 在 §5.5 定义的格集 Latt 具有带 $\Gamma_0(N)$-级结构的版本

$$\mathsf{Latt}_0(N) := \left\{ \mathbb{L} = (L, B) : \begin{array}{l} L \in \mathsf{Latt}, \\ B \subset L/NL : \mathbb{Z}\text{-子模}, \quad B \simeq \mathbb{Z}/N\mathbb{Z} \end{array} \right\}.$$

群 GL(V) 在 Latt$_0(N)$ 上仍有左作用: $\gamma \in$ GL(V) 映 L 为 γL, 映 B 为 $\gamma B \subset \gamma L/\gamma NL = \gamma L/N\gamma L$. 如果 $v \in L$ 的陪集生成 B, 自然就写作 $B = \langle v + NL \rangle$.

引理 6.2.1 群 GL(V) 在 Latt$_0(N)$ 上的作用是传递的.

证明 给定 $(L, B) \in$ Latt$_0(N)$, 兹断言存在 L 的 $\mathbb{Z}$-基 e_1, e_2 使得 $B = \langle e_1 + NL \rangle$, 这相当于说可用 GL($V$) 将 (L, B) 化到标准形, 从而导致传递性. 对 L 的任意 $\mathbb{Z}$-基 e_1, e_2, 子模 $B \subset L/NL \simeq (\mathbb{Z}/N\mathbb{Z})^2$ 总由某个 $\bar{v} \in (\mathbb{Z}/N\mathbb{Z})^2_{\text{prim}}$ 生成 (相关定义见 §2.5, 特别是引理 2.5.2). 存在 $v \in \mathbb{Z}^2_{\text{prim}}$ 映至 $\bar{v}$, 而且 SL($2, \mathbb{Z}$) 在 $\mathbb{Z}^2_{\text{prim}}$ 上的作用传递 (引理 2.5.3), 故以 SL($2, \mathbb{Z}$) 适当调整 e_1, e_2 总能假设 $v = e_1$. □

宜比较此与定义 3.8.11 之异同.

接下来考虑 Latt$_0(N)$ 的任两个元素 $\mathbb{L} = (L, B)$ 和 $\mathbb{L}' = (L', B')$ (以下沿用此记法), 若 $L \subset L'$, 则有诱导同态 $L/NL \to L'/NL'$, 它可以限制在子模 B 上. 引进符号

$$\mathbb{L} \subset \mathbb{L}' \overset{\text{定义}}{\Longleftrightarrow} L \subset L', \text{ 而且诱导同态下 } B \xrightarrow{\sim} B'.$$

沿 §5.5 思路, 不妨视此为带级结构的格之 "修改". 这些资料构成集合

$$\mathsf{Hecke}_0(N) := \left\{ (\mathbb{L}, \mathbb{L}') \in \mathsf{Latt}_0(N)^2 : \mathbb{L} \subset \mathbb{L}' \right\}.$$

同样地, GL(V) 按 $\gamma(\mathbb{L}, \mathbb{L}') = (\gamma\mathbb{L}, \gamma\mathbb{L}')$ 作用于 $\mathsf{Hecke}_0(N)$, 视为这些资料间的同构. 命

$$\mathscr{D}(N) := \left\{ (h, k) \in \mathbb{Z}^2_{\geqslant 1} : h \mid k \ \wedge \ \gcd(h, N) = 1 \right\}. \tag{6.2.1}$$

以下陈述将涉及定义 5.5.1 引进的映射 type.

引理 6.2.2 对任何 $(\mathbb{L}, \mathbb{L}') \in \mathsf{Hecke}_0(N)$,

$$\exists (h, k) \in \mathscr{D}(N), \quad \exists e_1, e_2 \in L', \quad L' = \mathbb{Z}e_1 \oplus \mathbb{Z}e_2, \quad B' = \langle e_1 + NL' \rangle,$$
$$L = \mathbb{Z}he_1 \oplus \mathbb{Z}ke_2, \quad B = \langle \mathbb{Z}he_1 + NL \rangle. \tag{6.2.2}$$

资料 type($\mathbb{L}, \mathbb{L}'$) := (h, k) 仅依赖 $(\mathbb{L}, \mathbb{L}')$ 的 GL(V)-轨道, 由下式唯一地刻画

$$L'/L \simeq \mathbb{Z}/h\mathbb{Z} \oplus \mathbb{Z}/k\mathbb{Z}, \quad \text{亦即} \quad \mathsf{type}(L'/L) = (h, k). \tag{6.2.3}$$

进一步, type : GL(V)\$\mathsf{Hecke}_0(N) \to \mathscr{D}(N)$ 是双射.

请读者先尝试验证 (6.2.2) 给出的 (L, B) 和 (L', B') 确实构成 $\mathrm{Hecke}_0(N)$ 的元素,关键是 $\gcd(h, N) = 1$.

证明　分别记 L'_0, L_0 为 B', B 在 L', L 中的原像. 因为 $|B| = N = |B'|$, 自然同态 $B \to B'$ 是同构等价于满, 后者又等价于说 $L'_0 = L_0 + NL'$. 对 $L' \supset L_0$ 应用有限生成 $\mathbb{Z}$-模的结构定理, 可得正整数 $u \mid v$ 和 L' 的基 e_1, e_2 使得 $L_0 = \mathbb{Z}ue_1 \oplus \mathbb{Z}ve_2$. 再次运用结构定理和以下事实

$$
\begin{aligned}
L'/L'_0 &= \frac{L'}{L_0 + NL'} \simeq \frac{L'/L_0}{(L_0 + NL')/L_0} = \frac{L'/L_0}{N(L'/L_0)} \\
&\simeq \frac{\mathbb{Z}/u\mathbb{Z}}{N(\mathbb{Z}/u\mathbb{Z})} \oplus \frac{\mathbb{Z}/v\mathbb{Z}}{N(\mathbb{Z}/v\mathbb{Z})} \\
&\simeq \frac{\mathbb{Z}}{\gcd(u, N)\mathbb{Z}} \oplus \frac{\mathbb{Z}}{\gcd(v, N)\mathbb{Z}} \simeq \mathbb{Z}/N\mathbb{Z}, \quad \gcd(u, N) \mid \gcd(v, N),
\end{aligned}
$$

可知 $\gcd(u, N) = 1$ 而 $N \mid v$, 于是 $(h, k) := (u, v/N) \in \mathscr{D}(N)$. 暂记 $A := L'/L_0 \simeq \mathbb{Z}/u\mathbb{Z} \oplus \mathbb{Z}/v\mathbb{Z}$, 简单的 $\mathbb{Z}$-模论证 (练习 6.2.3) 导致:

⬦ 子模 $B := L'_0/L_0 \subset A$ 满足 $|A/B| = N$, 这样的子模仅有 $\mathbb{Z}/u\mathbb{Z} \oplus N\mathbb{Z}/v\mathbb{Z}$ 一种; 取原像遂得 $L'_0 = \mathbb{Z}e_1 \oplus \mathbb{Z}Ne_2$.

⬦ 子模 $C := L/L_0 \subset A$ 满足 $|C| = N$, 这样的子模仅有 $\frac{v}{N}\mathbb{Z}/v\mathbb{Z}$ 一种; 取原像遂得 $L = \mathbb{Z}ue_1 \oplus \mathbb{Z}\frac{v}{N}e_2$.

这就同时确立了 (6.2.2) 和 (6.2.3), 后者也蕴涵 (h, k) 仅依赖于 $\mathrm{GL}(V)$-轨道.

给定 $(h, k) \in \mathscr{D}(N)$ 和 V 的基 e_1, e_2, 由 (6.2.2) 描述的 $(\mathbb{L}, \mathbb{L}')$ 落在 $\mathrm{Hecke}_0(N)$ 中. 这说明 type 是满射. 进一步, $\mathrm{Hecke}_0(N)$ 中对应到相同 (h, k) 的元素也落在同一个 $\mathrm{GL}(V)$ 轨道上, 道理无非是以 $\mathrm{GL}(V)$ 搬运 (6.2.2) 中的 e_1, e_2. 这说明 type 是单射. □

练习 6.2.3　设 $(u, v) \in \mathbb{Z}^2_{\geqslant 1}$ 满足 $u \mid v$, $\gcd(u, N) = 1$ 以及 $N \mid v$. 命 $A := \mathbb{Z}/u\mathbb{Z} \oplus \mathbb{Z}/v\mathbb{Z}$. 证明

⬦ A 有唯一的 $\mathbb{Z}$-子模 B 使得 $|A/B| = N$, 由 $B = \mathbb{Z}/u\mathbb{Z} \oplus N\mathbb{Z}/v\mathbb{Z}$ 给出;

⬦ A 有唯一的 $\mathbb{Z}$-子模 C 使得 $|C| = N$, 由 $C = \frac{v}{N}\mathbb{Z}/v\mathbb{Z}$ 给出.

⟩ **提示**⟩ 对于 B, 注意到任何 $x \in \mathbb{Z}/u\mathbb{Z}$ 在 A/B 中的像 $\bar{x}$ 都满足 $u\bar{x} = N\bar{x} = 0$, 故 $\bar{x} = 0$, 所以问题化约到 $u = 1$, 亦即 $A = \mathbb{Z}/v\mathbb{Z}$ 的简单情形. 对于 C, 它在坐标投影 $A \twoheadrightarrow \mathbb{Z}/u\mathbb{Z}$ 下的像的阶数是 u 和 N 的公因子, 故像为平凡, 问题仍化约到 $A = \mathbb{Z}/v\mathbb{Z}$ 的情形.

循 §5.5 的惯例, 今起取标准之 $V = \mathbb{Q}^2$. 回忆到 $L_{\mathrm{std}} := \mathbb{Z}^2$. 进一步取

$$
\mathbb{L}_{\mathrm{std}} := \left(L_{\mathrm{std}}, B_{\mathrm{std}}\right) \in \mathrm{Hecke}_0(N), \quad B_{\mathrm{std}} := \langle (1, 0) + NL_{\mathrm{std}} \rangle.
$$

读者容易验证: 对于任意 $\gamma \in \mathrm{GL}(2, \mathbb{Q})$,

$$\gamma \mathbb{L}_{\mathrm{std}} \subset \mathbb{L}_{\mathrm{std}} \iff \gamma \in \Delta_0'(N), \quad \gamma \mathbb{L}_{\mathrm{std}} = \mathbb{L}_{\mathrm{std}} \iff \gamma \in \Gamma_0'(N). \tag{6.2.4}$$

基于引理 6.2.1, 引理 6.2.2 和上述观察, §5.5 的论证全体照搬, 给出双射

$$\begin{array}{ccc}
\Gamma_0'(N)\backslash\Delta_0'(N)/\Gamma_0'(N) & \xrightarrow{\ 1:1\ } & \mathrm{GL}(2,\mathbb{Q})\backslash\mathsf{Hecke}_0(N) \xrightarrow[\mathrm{type}]{1:1} \mathscr{D}(N) \\
\cup\!\!|\!\!| & & \cup\!\!|\!\!| \\
\Gamma_0'(N)\alpha\Gamma_0'(N) & \longmapsto & \mathrm{GL}(2,\mathbb{Q})\cdot(\alpha\mathbb{L}_{\mathrm{std}}, \mathbb{L}_{\mathrm{std}}),
\end{array}$$

并且注意到对于 $(h,k) \in \mathscr{D}(N)$, 含 $\alpha = \begin{pmatrix} h & \\ & k \end{pmatrix}$ 的双陪集在合成映射下的像无非是 (h,k): 这是 (6.2.3) 的直接应用. 由之即刻导出双陪集分解

$$\Delta_0'(N) = \bigsqcup_{\lambda=(h,k)\in\mathscr{D}(N)} \Gamma_\lambda'(N),$$

$$\Gamma_\lambda'(N) = \Gamma_{h,k}'(N) := \Gamma_0'(N)\begin{pmatrix} h & \\ & k \end{pmatrix}\Gamma_0'(N). \tag{6.2.5}$$

下一步是描绘 $\mathcal{H}(\Delta_0'(N) /\!\!/ \Gamma_0'(N))$. 我们运用以下构造. 令 $\lambda \in \mathscr{D}(N)$, 任选 $(\mathbb{L}, \mathbb{L}') \in \mathsf{Hecke}_0(N)$ 使得 $\mathrm{type}(\mathbb{L}, \mathbb{L}') = \lambda$. 根据引理 6.2.2, 它精确到 $\mathrm{GL}(2, \mathbb{Q})$ (亦即坐标变换) 是唯一的, 选法不影响后续论证. 相应地取

$$M := L'/L \simeq \mathbb{Z}/h\mathbb{Z} \oplus \mathbb{Z}/k\mathbb{Z}, \quad \text{若 } \lambda = (h, k).$$

对任何子模 $M^\dagger \subset M$, 记 $L^\dagger \subset L'$ 为其原像. 这些资料自动赋予 $L^\dagger$ 如下的级结构.

引理 6.2.4 给定 $\mathbb{L}, \mathbb{L}'$, $M^\dagger \subset M$ 及其原像 $L^\dagger \subset L'$ 如上, 存在唯一的子模 $B^\dagger \subset L^\dagger/NL^\dagger$ 使得

(i) $B^\dagger \simeq \mathbb{Z}/N\mathbb{Z}$;

(ii) $\mathbb{L}^\dagger := (L^\dagger, B^\dagger)$ 服从于 $\mathbb{L} \subset \mathbb{L}^\dagger \subset \mathbb{L}'$.

证明 由 $L \subset L^\dagger \subset L'$ 诱导出同态

$$L/NL \xrightarrow{\ \phi\ } L^\dagger/NL^\dagger \xrightarrow{\ \psi\ } L'/NL'.$$

按 $\mathsf{Hecke}_0(N)$ 的定义, 所求之 $B^\dagger$ 如存在则必等于 $\phi(B)$. 注意到

$$
B \xrightarrow[\phi]{\quad\twoheadrightarrow\quad} \phi(B) \xrightarrow[\psi]{\quad\xrightarrow{\ \sim\ }\quad} \psi\phi(B) = B'.
$$

由此立见 $\phi: B \to \phi(B)$ 和 $\psi: \phi(B) \to B'$ 都是同构, 故可取 $B^\dagger := \phi(B) \simeq \mathbb{Z}/N\mathbb{Z}$, 于是 $\mathbb{L}^\dagger \in \mathsf{Latt}_0(N)$. $\qquad\qquad\qquad\qquad\qquad\qquad\qquad\qquad\qquad\qquad\qquad\qquad\qquad\square$

选定 $\lambda \in \mathscr{D}(N)$ 和 $(\mathbb{L}, \mathbb{L}') \in \mathsf{Hecke}_0(N)$ 如上. 对一切 $\mu, \nu \in \mathscr{D}(N)$ 定义 (5.5.6) 中的非负整数 $g_{\mu\nu}^\lambda$, 它在此也将扮演结构常数的角色.

定理 6.2.5 代数 $\mathscr{H}(\Delta_0'(N) /\!/ \Gamma_0'(N))$ 是交换的, 以 $\left\{ \left[\Gamma_\lambda'(N) \right] \right\}_{\lambda \in \mathscr{D}(N)}$ 为一组基. 进一步

(i) 若 $\lambda = (d, d) \in \mathscr{D}(N)$, 则对所有 $(h, k) \in \mathscr{D}(N)$ 皆有 $[\Gamma_{h,k}'(N)] \star [\Gamma_\lambda'(N)] = [\Gamma_{hd,kd}'(N)]$;

(ii) 对任意 $\mu, \nu \in \mathscr{D}(N)$ 皆有

$$
[\Gamma_\mu'(N)] \star [\Gamma_\nu'(N)] = \sum_{\lambda \in \mathscr{D}(N)} g_{\mu\nu}^\lambda [\Gamma_\lambda'(N)] \quad (\text{有限和}).
$$

证明 关于基的断言来自 (6.2.5). 乘法交换性则有赖反对合的技巧 (定理 5.2.6): 考虑

$$
\tau : \begin{pmatrix} a & b \\ c & d \end{pmatrix} \longmapsto \begin{pmatrix} a & c/N \\ bN & d \end{pmatrix}
$$

即是; 注意到 $\tau(x) = \begin{pmatrix} 1 & \\ & N \end{pmatrix} \cdot {}^t x \cdot \begin{pmatrix} 1 & \\ & N \end{pmatrix}^{-1}$. 剩下论证留给读者.

性质 (i) 是例 5.1.9 的直接结论. 要点在于证明 (ii). 我们用 (5.1.2) 来确定 $[\Gamma_\mu'(N)] \star [\Gamma_\nu'(N)]$: 作陪集分解并取定代表元集 $A, B \subset \Delta_0'(N)$, 使得

$$
\Gamma_\mu'(N) = \bigsqcup_{a \in A} a\Gamma_0'(N), \quad \Gamma_\nu'(N) = \bigsqcup_{b \in B} b\Gamma_0'(N).
$$

设 $\lambda = (h, k) \in \mathscr{D}(N)$. 取

$$
\delta := \begin{pmatrix} h & \\ & k \end{pmatrix}, \quad
\begin{aligned}
& \mathbb{L}' = (L', B') := \mathbb{L}_{\mathrm{std}} = (L_{\mathrm{std}}, B_{\mathrm{std}}), \\
& \mathbb{L} = (L, B) := \delta\mathbb{L}_{\mathrm{std}} = (\delta L_{\mathrm{std}}, \delta B_{\mathrm{std}}).
\end{aligned}
$$

从 $(\mathbb{L}, \mathbb{L}')$ 和 $M := \dfrac{L_{\mathrm{std}}}{\delta L_{\mathrm{std}}} = \mathbb{Z}/h\mathbb{Z} \oplus \mathbb{Z}/k\mathbb{Z}$ 出发, 可以谈论引理 6.2.4 之前述及的资料

$M^\dagger \subset M$ 和相应的 $L^\dagger \subset L' := L_{\text{std}}$. 考虑映射

$$\{(a,b) \in A \times B : \delta\Gamma'_0(N) = ab\Gamma'_0(N)\} \overset{\Theta}{\longrightarrow} \left\{ \text{子模 } M^\dagger \subset M \,\middle|\, \begin{array}{l} \text{type}(M^\dagger) = \nu \\[4pt] \text{type}(M/M^\dagger) = \mu \end{array} \right\}$$

$$(a,b) \longmapsto \left[M^\dagger := \frac{aL_{\text{std}}}{\delta L_{\text{std}}} \subset \frac{L_{\text{std}}}{\delta L_{\text{std}}} = M \right],$$

左式等于 $\{(a,b) : \delta\mathbb{L}_{\text{std}} = ab\mathbb{L}_{\text{std}}\}$. 基于 $g^\lambda_{\mu\nu}$ 的定义 (5.5.6), 问题归结为证 Θ 是双射.

先来说明映射 Θ 良定: 首先, 右式中 $M^\dagger$ 在 L_{std} 中的原像是 $L^\dagger = aL_{\text{std}}$. 由于 $a\mathbb{L}_{\text{std}}, b\mathbb{L}_{\text{std}} \subset \mathbb{L}_{\text{std}}$, 得到

$$\delta\mathbb{L}_{\text{std}} = ab\mathbb{L}_{\text{std}} \subset a\mathbb{L}_{\text{std}} \subset \mathbb{L}_{\text{std}}. \tag{6.2.6}$$

其次, 从 $a \in \Gamma'_\mu(N)$ 和 $b \in \Gamma'_\nu(N)$ 按 (6.2.3) 推得

$$\frac{M}{M^\dagger} \simeq \frac{L_{\text{std}}}{aL_{\text{std}}} \overset{\text{type}}{\longmapsto} \mu,$$

$$M^\dagger = \frac{aL_{\text{std}}}{\delta L_{\text{std}}} = \frac{aL_{\text{std}}}{abL_{\text{std}}} \overset{a^{-1}}{\underset{\sim}{\longrightarrow}} \frac{L_{\text{std}}}{bL_{\text{std}}} \overset{\text{type}}{\longmapsto} \nu.$$

映射 Θ 为单: 首先作一点观察. 给定属于右式之 $M^\dagger$ 和相应的 $L^\dagger$, 引理 6.2.4 表明有唯一的 $B^\dagger$ 使得 $\mathbb{L}^\dagger := (L^\dagger, B^\dagger) \in \text{Latt}_0(N)$ 并且 $\delta\mathbb{L}_{\text{std}} \subset \mathbb{L}^\dagger \subset \mathbb{L}_{\text{std}}$. 事实上, 如果 $M^\dagger = \Theta(a,b)$, 上述唯一性连同 (6.2.6) 即刻给出 $\mathbb{L}^\dagger = a\mathbb{L}_{\text{std}}$.

按上述观察, $M^\dagger$ 唯一确定了 $\mathbb{L}^\dagger = a\mathbb{L}_{\text{std}} \subset \mathbb{L}_{\text{std}}$, 从而确定陪集 $a\Gamma'_0(N)$, 继而确定 $a \in A$. 接着再由 $b\Gamma'_0(N) = a^{-1}\delta\Gamma'_0(N)$ 确定 $b \in B$. 单性于是确立.

映射 Θ 为满: 仍用引理 6.2.4, 右式之 $M^\dagger$ 唯一确定了 $\mathbb{L}^\dagger \in \text{Latt}_0(N)$ 使得 $\delta\mathbb{L}_{\text{std}} \subset \mathbb{L}^\dagger \subset \mathbb{L}_{\text{std}}$. 故存在陪集 $a\Gamma'_0(N) \subset \Delta'_0(N)$ 使得 $\mathbb{L}^\dagger = a\mathbb{L}_{\text{std}}$; 选取代表元 a. 进一步, $\text{GL}(2,\mathbb{Q})$ 在 $\text{Latt}_0(N)$ 上的作用传递故

$$\delta\mathbb{L}_{\text{std}} \subset a\mathbb{L}_{\text{std}} \implies \exists b, \ b\mathbb{L}_{\text{std}} = a^{-1}\delta\mathbb{L}_{\text{std}} \subset \mathbb{L}_{\text{std}},$$

因之 (6.2.4) 蕴涵 $b\Gamma'_0(N) \subset \Delta'_0(N)$, 起作用的只是这个陪集. 和先前一样的推导给出

$$\nu = \text{type}(M^\dagger) = \text{type}\left(\frac{L_{\text{std}}}{bL_{\text{std}}}\right), \quad \mu = \text{type}(M/M^\dagger) = \text{type}\left(\frac{L_{\text{std}}}{aL_{\text{std}}}\right),$$

于是 $a\Gamma'_0(N) \subset \Gamma'_\mu(N), b\Gamma'_0(N) \subset \Gamma'_\nu(N)$. 适当选取陪集代表元以确保 $(a,b) \in A \times B$. 那么 $\Theta(a,b) = M^\dagger$. 满性证毕. $\qquad\square$

一句话, 除了将 λ, μ, ν 限制在 $\mathscr{D}(N) \subset \mathscr{D}$ 上, $\mathcal{H}(\Delta'_0(N) /\!/ \Gamma'_0(N))$ 具有和定理 5.5.5

中的 $\mathcal{H}(\Delta' /\!\!/ \Gamma')$ 一样的基和结构常数 $g_{\mu\nu}^\lambda$. 在 §5.5 中推导的结构定理可以轻松移植到 $\mathcal{H}(\Delta_0'(N) /\!\!/ \Gamma_0'(N))$ 上.

命题 6.2.6 交换 $\mathbb{C}$-代数 $\mathcal{H}(\Delta_0'(N) /\!\!/ \Gamma_0'(N))$ 服从于以下性质.

(i) 设 $(h,k), (h',k') \in \mathscr{D}(N)$ 满足 $\gcd(k,k') = 1$, 则 $[\Gamma_{h,k}'(N)] \star [\Gamma_{h',k'}'(N)] = [\Gamma_{hh',kk'}'(N)]$.

(ii) 设 p 为素数而 $e \in \mathbb{Z}_{\geqslant 1}$, 那么

$$
\left[\Gamma_{1,p}'(N)\right] \star \left[\Gamma_{1,p^e}'(N)\right] = \begin{cases} \left[\Gamma_{1,p^{e+1}}'(N)\right], & p \mid N, \\[2mm] \left[\Gamma_{1,p^{e+1}}'(N)\right] + p\left[\Gamma_{p,p^e}'(N)\right], & e > 1,\ p \nmid N, \\[2mm] \left[\Gamma_{1,p^{e+1}}'(N)\right] + (p+1)\left[\Gamma_{p,p^e}'(N)\right], & e = 1,\ p \nmid N. \end{cases}
$$

证明 乘法交换性源自定理 6.2.5. 应用定理 6.2.5, 断言 (i) 转译如下: 令 $\mu = (h,k)$, $\nu = (h',k')$, 那么对任意 $\lambda \in \mathscr{D}(N)$,

$$
g_{\mu\nu}^\lambda \neq 0 \iff \lambda = (hh', kk'), \quad \text{此时 } g_{\mu\nu}^\lambda = 1.
$$

对于 $N = 1$, 即命题 5.5.7 情形也可如是翻译. 断言 (i) 因之化约到命题 5.5.7.

断言 (ii) 可以按相同手法翻译为关于结构常数 $g_{\mu\nu}^\lambda$ 的等式, 然后化约到命题 5.5.8. 注意到 $p \mid N$ 时 $(p, p^e) \notin \mathscr{D}(N)$ 不计, 这是 (ii) 和命题 5.5.8 的唯一差别. □

考虑到定理 6.2.5 (i), 命题 6.2.6 完全描述了 $\mathcal{H}(\Delta_0'(N) /\!\!/ \Gamma_0'(N))$ 的乘法结构.

现在转向起初关心的代数 $\mathcal{H}_0(N)$ 和 $\mathcal{H}_1(N)$, 技术依然和 §5.5 平行. 从 $\mathcal{H}_0(N)$ 入手. 简记

$$
\Gamma_{h,k}(N) := \Gamma_0(N)\begin{pmatrix} h & \\ & k \end{pmatrix}\Gamma_0(N), \quad (h,k) \in \mathscr{D}(N). \tag{6.2.7}
$$

定理 6.2.7 幺半群 $\Delta_0'(N) \supset \Delta_0(N)$ 和群 $\Gamma_0'(N) \supset \Gamma_0(N)$ 符合定理 5.2.7 的条件. 作为推论, $\Delta_0(N) \hookrightarrow \Delta_0'(N)$ 诱导双射

$$
\Gamma_0(N)\backslash\Delta_0(N)/\Gamma_0(N) \xrightarrow{\sim} \Gamma_0'(N)\backslash\Delta_0'(N)/\Gamma_0'(N),
$$

而这又进一步诱导交换代数的同构

$$
\mathcal{H}_0(N) \xrightarrow{\sim} \mathcal{H}(\Delta_0'(N) /\!\!/ \Gamma_0'(N))
$$

$$
\left[\Gamma_{h,k}'\right] \longmapsto [\Gamma_{h,k}], \quad (h,k) \in \mathscr{D}(N).
$$

此外, $\Delta_0(N) = \bigsqcup_{(h,k)\in\mathscr{D}(N)} \Gamma_{h,k}(N)$.

证明　首先建立 $\Delta_0(N) = \bigsqcup_{(h,k)\in\mathscr{D}(N)} \Gamma_{h,k}(N)$. 所需论证基于 (6.2.5) 的分解, 和定理 5.5.9 的相应部分全然类似, 论证可以一字不易地照搬. □

练习 6.2.8　若正整数 $h \mid k$ 满足 $\gcd(hk, N) = 1$, 则 $\begin{pmatrix} h & \\ & k \end{pmatrix}$ 和 $\begin{pmatrix} k & \\ & h \end{pmatrix}$ 同属一个 $\Gamma_0(N)$ 的双陪集.

提示〉计算相应的 type.

定理 6.2.9　暂且令 $\Delta := \Delta_1(N)$, $\Delta' := \Delta_0(N)$ 和 $\Gamma := \Gamma_1(N)$, $\Gamma' := \Gamma_0(N)$, 则这些资料满足定理 5.2.7 的所有条件. 作为推论, 存在交换 $\mathbb{C}$-代数之间的同构

$$\mathcal{H}_1(N) \xrightarrow{\sim} \mathcal{H}_0(N)$$

$$[\Gamma_1(N)\gamma\Gamma_1(N)] \longmapsto [\Gamma_0(N)\gamma\Gamma_0(N)], \quad \gamma \in \Delta_1(N).$$

此外, 对所有 $\gamma \in \Delta_1(N)$ 皆有

$$f[\Gamma_0(N)\gamma\Gamma_0(N)] = f[\Gamma_1(N)\gamma\Gamma_1(N)], \quad f \in M_k(\Gamma_0(N)) \subset M_k(\Gamma_1(N)).$$

证明　断言中作为推论的部分不外是定理 5.2.7 的应用. 定理 5.2.7 的条件 (i), (iii) 是容易验证的, 谨留给读者. 以下着眼于 (ii): 兹断言当 $\alpha \in \Delta_1(N)$ 时,

$$\Gamma_0(N)\alpha\Gamma_0(N) = \Gamma_0(N)\alpha\Gamma_1(N). \tag{6.2.8}$$

第一步是验证性质 (6.2.8) 对 $\alpha := \begin{pmatrix} h & \\ & k \end{pmatrix} \in \Delta_0(N)$ 成立, 其中 $(h,k) \in \mathscr{D}(N)$. 观察到存在 $\Gamma_0(N)$ 的子集 A 使得

　◇ $A \to \Gamma_0(N)/\Gamma_1(N)$ 为满射;
　◇ 对所有 $\gamma \in A$ 皆有 $\alpha\gamma\alpha^{-1} \in \Gamma_0(N)$.

诚然, 将 A 的元素表示成 $\begin{pmatrix} a & b \\ c & d \end{pmatrix} \in \mathrm{SL}(2,\mathbb{Z})$, 其中 $N \mid c$, 那么第一条是说 $a \bmod N$ 遍历 $(\mathbb{Z}/N\mathbb{Z})^\times$, 第二条则是说 $\dfrac{k}{h} \,\Big|\, b$, 从命题 1.4.4 可知这般之 A 确实存在. 由此知

$$\Gamma_0(N)\alpha\Gamma_0(N) = \bigcup_{\gamma\in A} \Gamma_0(N)\alpha\gamma\Gamma_1(N) = \bigcup_{\gamma\in A} \Gamma_0(N)\alpha\gamma\alpha^{-1}\alpha\Gamma_1(N) = \Gamma_0(N)\alpha\Gamma_1(N).$$

接着对任意 $\alpha \in \Delta_1(N) \subset \Delta_0(N)$ 验证 (6.2.8). 根据定理 6.2.7 和上一步, 存在 $(h,k) \in$

$\mathscr{D}(N)$ 使

$$\Gamma_0(N)\alpha\Gamma_1(N) \subset \Gamma_0(N)\alpha\Gamma_0(N) = \Gamma_0(N)\begin{pmatrix} h & \\ & k \end{pmatrix}\Gamma_0(N) = \Gamma_0(N)\begin{pmatrix} h & \\ & k \end{pmatrix}\Gamma_1(N).$$

相异双陪集无交, 故 $\Gamma_0(N)\alpha\Gamma_1(N) = \Gamma_0(N)\begin{pmatrix} h & \\ & k \end{pmatrix}\Gamma_1(N)$, 上式处处是等号, (6.2.8) 得证.   □

至此已经能扼要地描述交换代数 $\mathcal{H}_0(N) \simeq \mathcal{H}_1(N)$ 的结构. 根据定理 6.2.7 和 (6.2.7) 的记号, $\mathcal{H}_0(N)$ 作为向量空间有一组基 $\{[\Gamma_{h,k}(N)] : (h,k) \in \mathscr{D}(N)\}$. 应用定理 6.2.5 (i) 进一步分解

$$[\Gamma_{h,k}(N)] = [\Gamma_{h,h}(N)] \star \left[\Gamma_{1,p_1^{e_1}}(N)\right] \star \cdots \star \left[\Gamma_{1,p_n^{e_n}}(N)\right], \quad \frac{k}{h} = \prod_{i=1}^{n} p_i^{e_i} : \text{素因子分解}.$$

类似地, $[\Gamma_{h,h}(N)]$ 也可以按 h 的素因子分解来拆解. 关于 $\mathcal{H}_0(N)$ 的研究归结为对每个素数 p 确定由形如 $\left[\Gamma_{p^f, p^{f+e}}(N)\right] = \left[\Gamma_{p,p}(N)\right]^f \star \left[\Gamma_{1,p^e}(N)\right]$ 的算子张成的子代数. 命题 6.2.6 又递归地将 $\left[\Gamma_{1,p^e}(N)\right]$ 表作 $\left[\Gamma_{p,p}(N)\right]$ 和 $\left[\Gamma_{1,p}(N)\right]$ 的多项式.

可以证明, 以上给出的生成元 $\left[\Gamma_{p,p}(N)\right]$ 和 $\left[\Gamma_{1,p}\right]$ (前者限于 $p \nmid N$) 甚且是 "自由" 的. 由于本书不需要相关结果, 细节留作练习.

练习 6.2.10　按上述理路, 证明 $\mathbb{C}$-代数 $\mathcal{H}_0(N)$ 同构于具有无穷多个自由变元的多项式代数, 变元集对应到

$$\left\{\left[\Gamma_{p,p}(N)\right] : p \text{ 素数 } \nmid N\right\} \sqcup \left\{\left[\Gamma_{1,p}(N)\right] : p \text{ 为素数}\right\}.$$

以上对乘法的描述实际仅涉及非负整数, 所有陈述中都可以 $\mathbb{Z}$ 代 $\mathbb{C}$, 故 $\mathcal{H}_0(N)$ 及此同构还能定义在 $\mathbb{Z}$ 上.

6.3　一般的 T_n 算子和特征形式

符号和先前相同, 仍然取定 $N \in \mathbb{Z}_{\geqslant 1}$.

定义 6.3.1 (Hecke 代数)　定义 $\mathbb{T}_1(N)$ 为所有 T_p 和 $\langle d \rangle$ 在 $\operatorname{End}_{\mathbb{C}}\left(M_k(\Gamma_1(N))\right)$ 中生成的算子代数, 其中 p 取遍素数而 d 取遍 $(\mathbb{Z}/N\mathbb{Z})^{\times}$.

本书主要从复变函数论视角定义 $M_k(\Gamma_1(N))$, 这是 $\mathbb{C}$-向量空间, 而且稍后还须考量相对于 Petersson 内积的伴随算子, 所以 $\mathbb{T}_1(N)$ 就相应地取为 $\mathbb{C}$-代数. 但整结构对于

数论应用至关紧要: $N = 1$ 的具体例子见练习 4.4.7.

出于智识上的兴趣, 我们首先将 $\mathbb{T}_1(N)$ 诠释为 $\mathcal{H}\left(\Delta_0(N) /\!\!/ \Gamma_1(N)\right)$ 在 $M_k(\Gamma_1(N))$ 上的作用, 但后续论证所需的只是 $\mathbb{T}_1(N)$ 的交换性, 即命题 6.3.2 的后半段.

命题 6.3.2 代数 $\mathcal{H}(\Delta_0(N) /\!\!/ \Gamma_1(N))$ 由子集 $\mathcal{H}_1(N)$ 与 $\left\{[\Gamma_1(N)\gamma\Gamma_1(N)] : \gamma \in \Gamma_0(N)\right\}$ 生成, 其乘法交换.

形如 $[\Gamma_1(N)\gamma\Gamma_1(N)]$ 的元素按菱形算子作用, 故命题蕴涵 $\mathcal{H}(\Delta_0(N) /\!\!/ \Gamma_1(N))$ 在 $M_k(\Gamma_1(N))$ 上的作用确实给出 $\mathbb{T}_1(N)$, 而且 $\mathbb{T}_1(N)$ 交换.

证明 回忆到 $\Delta_1(N) \subset \Delta_0(N)$, 所以 $\mathcal{H}_1(N)$ 确实为子代数. 因为对任何 $t \in (\mathbb{Z}/N\mathbb{Z})^\times$, 都存在 $\gamma \in \Gamma_0(N)$ 使得 $\gamma \mod N = \begin{pmatrix} t & \\ & t^{-1} \end{pmatrix}$, 从 $\Delta_0(N)$ 和 $\Delta_1(N)$ 的定义立见

$$\Delta_1(N)\Gamma_0(N) = \Delta_0(N) = \Gamma_0(N)\Delta_1(N).$$

对于任意 $\alpha \in \Delta_1(N)$ 和 $\gamma \in \Gamma_0(N)$, 例 5.1.9 说明

$$\left[\Gamma_1(N)\alpha\gamma\Gamma_1(N)\right] = \left[\Gamma_1(N)\alpha\Gamma_1(N)\right] \star \left[\Gamma_1(N)\gamma\Gamma_1(N)\right],$$

$$\left[\Gamma_1(N)\gamma\alpha\Gamma_1(N)\right] = \left[\Gamma_1(N)\gamma\Gamma_1(N)\right] \star \left[\Gamma_1(N)\alpha\Gamma_1(N)\right].$$

兹断言上两式相等, 亦即 $\left[\Gamma_1(N)\alpha\Gamma_1(N)\right]$ 和 $\left[\Gamma_1(N)\gamma\Gamma_1(N)\right]$ 对乘法交换. 基于和引理 6.1.4 相同的论证, 说明 $\Gamma_1(N)\gamma\alpha\gamma^{-1}\Gamma_1(N) = \Gamma_1(N)\alpha\Gamma_1(N)$ 即可. 易见 $\gamma\alpha\gamma^{-1}$ 既属于 $\Delta_1(N)$, 又属于 α 的 $\Gamma_0(N)$-双陪集, 而定理 6.2.9 说明 $\Gamma_1(N) \backslash \Delta_1(N)/\Gamma_1(N) \to \Gamma_0(N) \backslash \Delta_0(N)/\Gamma_0(N)$ 是双射, 于是 $\gamma\alpha\gamma^{-1}$ 和 α 确实属于相同的 $\Gamma_1(N)$- 双陪集.

最后, 已知 $\mathcal{H}_1(N)$ 交换. 形如 $[\Gamma_1(N)\gamma\Gamma_1(N)]$ 的元素 (在此 $\gamma \in \Gamma_0(N)$) 彼此也交换: 这是例 5.1.9 和 $\Gamma_0(N)/\Gamma_1(N) \simeq (\mathbb{Z}/N\mathbb{Z})^\times$ 交换的直接结论. 综之, $\mathcal{H}(\Delta_0(N) /\!\!/ \Gamma_1(N))$ 交换. $\qquad\square$

定义 6.3.3 置 $T_1 := \mathrm{id}_{M_k(\Gamma_1(N))}$. 对所有素数 p 递归地定义算子

$$T_{p^{e+1}} := T_p T_{p^e} - p^{k-1} \langle p \rangle T_{p^{e-1}}, \quad e \geqslant 1.$$

对一般的 $n \in \mathbb{Z}_{\geqslant 1}$, 作素因子分解 $n = \prod_{i=1}^n p_i^{e_i}$ 以定义

$$T_n := \prod_{i=1}^{n} T_{p_i^{e_i}}.$$

先前已说明所有 T_p 和所有 $\langle d \rangle$ 对乘法两两交换, 连乘积因而良定, 无关相乘顺序, 进一步, $\gcd(n, m) = 1 \implies T_n T_m = T_{nm}$. 这些算子都是 $\mathbb{T}_1(N)$ 的元素.

为了加深对 T_n 的了解, 我们将其编入一个生成函数. 首先引进 Dirichlet 级数的概念, 这是形如 $\sum_{n \geq 1} a_n n^{-s}$ 的无穷级数. 在解析理论中一般要求 $s \in \mathbb{C}$ 和 $a_1, a_2, \cdots \in \mathbb{C}$, 使得当 $\mathrm{Re}(s) \gg 0$ 限制在紧集上时级数正规收敛. 本节形式地考虑 Dirichlet 级数, 不论 s 的值和收敛性, 仅将 n^{-s} 当作满足 $(n_1 n_2)^{-s} = n_1^{-s} n_2^{-s}$ $(n_1, n_2 \in \mathbb{Z}_{\geq 1})$ 的符号, 并容许 a_n 取值在给定的交换环里.

命题 6.3.4 (Hecke 算子的 Euler 乘积)　考虑系数在 $\mathbb{T}_1(N)$ 的形式 Dirichlet 级数, 那么

$$\sum_{n \geq 1} T_n n^{-s} = \prod_{p: \text{素数}} \left(1 - T_p p^{-s} + \langle p \rangle \, p^{k-1-2s} \right)^{-1}.$$

证明　由于 $\gcd(n, m) = 1 \implies T_{nm} = T_n T_m$, 我们有

$$\sum_{n=1}^{\infty} T_n n^{-s} = \prod_{p: \text{素数}} \left(\sum_{e=0}^{\infty} T_{p^e} p^{-es} \right),$$

问题化为对素数 p 证

$$\sum_{e=0}^{\infty} T_{p^e} p^{-es} = \left(1 - T_p p^{-s} + \langle p \rangle \, p^{k-1-2s} \right)^{-1}.$$

引入形式变元 X 替代 p^{-s}, 上式归结为形式幂级数环 $\mathbb{T}_1(N)[\![X]\!]$ 中的等式

$$\left(1 - T_p X + \langle p \rangle \, p^{k-1} X^2 \right) \cdot \sum_{e=0}^{\infty} T_{p^e} X^e = 1,$$

显然左边的常数项是 1, 现对 $e \in \mathbb{Z}_{\geq 0}$ 考察 X^{e+1} 在左边的系数, 问题化为证

$$T_{p^{e+1}} - T_p T_{p^e} + \langle p \rangle \, p^{k-1} T_{p^{e-1}} = 0,$$

这就回到了 T_{p^e} 的递归定义. □

练习 6.3.5 尝试严谨地定义上述的形式 Dirichlet 级数及无穷乘积.

命题 6.3.6 当 $\gcd(n, N) = 1$ 时, T_n 在 $S_k(\Gamma_1(N))$ 上的限制相对于 Petersson 内积是正规算子, 其伴随算子也来自 $\mathbb{T}_1(N)$.

证明 因为 $\mathbb{T}_1(N)$ 交换, 仅需处理 $n = p^e$ 的情形, 其中 p 为素数, $p \nmid N$. 根据 T_{p^e} 的递归定义和 $\langle p \rangle^* = \langle p \rangle^{-1}$ (定理 6.1.8), 问题进一步化约到 $n = p$ 情形, 剩下是定理 6.1.8 的内容. □

定义 6.3.7 若 $f \in M_k(\Gamma_1(N))$ 是 Hecke 代数 $\mathbb{T}_1(N)$ 中所有算子共同的特征向量, 则称 f 是 **Hecke 特征形式**.

以下定理是定理 6.1.7 的推广, Hecke 特征形式的用处由之得到部分的说明.

定理 6.3.8 设 $f = \sum_{n \geq 0} a_n(f) q^n \in M_k(\Gamma_1(N))$, 其中 $q = e^{2\pi i \tau}$. 对一切 $n \in \mathbb{Z}_{\geq 1}$ 和 $m \in \mathbb{Z}_{\geq 0}$, 皆有

$$a_m(T_n f) = \sum_{d \mid \gcd(n,m)} d^{k-1} a_{nm/d^2}(\langle d \rangle f)$$

$$= \sum_{d \mid \gcd(n,m)} \chi(d) d^{k-1} a_{nm/d^2}(f), \quad \text{如果 } f \in M_k(\Gamma_1(N), \chi),$$

此处 χ 是任意群同态 $(\mathbb{Z}/N\mathbb{Z})^\times \to \mathbb{C}^\times$, 按零延拓到 $\mathbb{Z}/N\mathbb{Z}$ 上. 特别地,

$$a_1(T_n f) = a_n(f), \quad a_0(T_n f) = \sum_{d \mid n} d^{k-1} a_0(\langle d \rangle f).$$

证明 基于 (6.1.1), 不妨取定 χ 并且设 $f \in M_k(\Gamma_1(N), \chi)$, 定理 6.1.7 蕴涵 $M_k(\Gamma_1(N), \chi)$ 被所有 $\mathbb{T}_1(N)$ 的元素保持. 首先验证 $n = p^e$ 的情形, 其中 p 为素数. 当 $e = 1$ 时原式化约为定理 6.1.7, 而 $e = 0$ 情形则是平凡的. 以下设 $e \geq 1$, 定理 6.1.7 配合递归论证给出

$$a_m\left(T_{p^{e+1}} f\right) = a_m\left(T_p(T_{p^e} f)\right) - p^{k-1} a_m\left(\langle p \rangle T_{p^{e-1}} f\right)$$

$$= a_{mp}\left(T_{p^e} f\right) + \chi(p) p^{k-1} a_{m/p}\left(T_{p^e} f\right) - \chi(p) p^{k-1} a_m\left(T_{p^{e-1}} f\right)$$

$$= \sum_{d \mid \gcd(mp, p^e)} \chi(d) d^{k-1} a_{mp^{e+1}/d^2}(f)$$

$$+ \chi(p) p^{k-1} \sum_{d \mid \gcd(m/p, p^e)} \chi(d) d^{k-1} a_{mp^{e-1}/d^2}(f)$$

$$- \chi(p)p^{k-1} \sum_{d \mid \gcd(m,p^{e-1})} \chi(d)d^{k-1}a_{mp^{e-1}/d^2}(f),$$

一如既往, 这里约定一旦 $p \nmid m$, 则涉及 m/p 的项一律视为 0. 以下来剖析最后一式的三项. 因为 mp 和 p^e 的公因子集合恰好是 $\{1\} \sqcup \{pd : d \mid \gcd(m, p^{e-1})\}$, 其第三项可以改写作

$$- \sum_{\substack{d \mid \gcd(mp,p^e) \\ d>1}} \chi(d)d^{k-1}a_{mp^{e+1}/d^2}(f),$$

正好消去第一项的 $d > 1$ 部分, 结果化为

$$a_m\left(T_{p^{e+1}}f\right) = a_{mp^{e+1}}(f) + \chi(p)p^{k-1} \sum_{d \mid \gcd(m/p,p^e)} \chi(d)d^{k-1}a_{mp^{e-1}/d^2}(f).$$

同理, 当 $p \mid m$ 时, m 和 p^{e+1} 的公因子集合恰是 $\{1\} \sqcup \{pd : d \mid \gcd(m/p, p^e)\}$, 第二项遂等于

$$\sum_{\substack{d \mid \gcd(m,p^{e+1}) \\ d>1}} \chi(d)d^{k-1}a_{mp^{e+1}/d^2}(f),$$

如是证出 $n = p^{e+1}$ 的情形. 最后设 $\gcd(n, n') = 1$, 并且设原式对 n, n' 皆成立, 那么

$$a_m\left(\underbrace{T_n(T_{n'}f)}_{=T_{nn'}f}\right) = \sum_{d \mid \gcd(m,n)} \chi(d)d^{k-1}a_{mn/d^2}(T_{n'}f)$$

$$= \sum_{d \mid \gcd(m,n)} \sum_{d' \mid \gcd(mn/d^2,n')} \chi(dd')(dd')^{k-1}a_{mnn'/(dd')^2}(f).$$

因为 n, n' 互素故

$$\{d : d \mid \gcd(m,n)\} \times \{d' : d' \mid \gcd(m,n')\} \xleftrightarrow{1:1} \{c : c \mid \gcd(m,nn')\}$$

$$(d,d') \longmapsto \longrightarrow dd',$$

而当 $d \mid \gcd(m,n)$ 并且 n, n' 互素时

$$\{d' : d' \mid \gcd(m,n')\} = \{d' : d' \mid \gcd(mn/d^2,n')\}.$$

由此对一般的 n 得出 $a_m(T_n f)$ 的表达式. 最后, 代入 $m = 1$ (或 $m = 0$), 则 $a_m(T_n f)$ 公式中的求和化简为 $a_n(f)$ (或 $\sum_{d \mid n} d^{k-1}a_0(\langle d \rangle f)$). 明所欲证. □

推论 6.3.9   设 $f \in M_k(\Gamma_1(N))$ 是 Hecke 特征形式, 那么对所有 $n \in \mathbb{Z}_{\geqslant 1}$,

$$a_n(f) = a_1(f) \cdot (T_n \text{ 的特征值}).$$

证明   设 $T_n(f) = \lambda f$, 则定理 6.3.8 蕴涵 $a_1(f)\lambda = a_1(T_nf) = a_n(f)$. □

定义 6.3.10   满足 $a_1(f) = 1$ 的 Hecke 特征形式 f 称为**正规化 Hecke 特征形式**.

对于 Hecke 特征形式 f, 尔后将在 §10.5 说明

◇ 若 σ 是域 $\mathbb{C}$ 的自同构, 那么 $\sum_{n \geqslant 1} \sigma(a_n(f))q^n$ 也是 Hecke 特征形式 (推论 10.5.7);
◇ 若 f 是正规化的, 则 $\{a_n(f)\}_{n \geqslant 1}$ 生成 $\mathbb{Q}$ 的有限扩张 K_f (推论 10.5.6).

如是表明正规化 Hecke 特征形式不只是复变函数论的对象, 还具有深刻的算术意蕴. 以下说明一切有趣的 Hecke 特征形式都满足 $a_1(f) \neq 0$, 因此总能用伸缩予以正规化.

引理 6.3.11   设 $f \in M_k(\Gamma_1(N)) \setminus \{0\}$ 是 Hecke 特征形式, $a_1(f) = 0$, 则 f 是常数函数而 $k = 0$.

证明   推论 6.3.9 蕴涵 $n \geqslant 1 \implies a_n(f) = 0$, 因此 $f(\tau) = a_0(f)$, 此时必有 $k = 0$.□

命题 6.3.12   设 $f, g \in S_k(\Gamma_1(N))$ 为 Hecke 特征形式. 如果它们对每个 T_n 都有相同的特征值, 则 f, g 成比例.

证明   基于引理 6.3.11, 不妨设 f, g 皆是正规化 Hecke 特征形式. 从推论 6.3.9 可见 f, g 有相同的 Fourier 系数, 此时 $f = g$. □

例 6.3.13   取 $N = 1$, 从而 $\Gamma_1(N) = \mathrm{SL}(2, \mathbb{Z})$, 相应的 Hecke 特征形式已在例 5.6.5 讨论过. 这时每个 T_n 对 $S_k(\mathrm{SL}(2, \mathbb{Z}))$ 的 Petersson 内积都自伴: 诚然, 一切归结为 $n = p$ 为素数的情形, 由于 $\langle p \rangle = \mathrm{id}$, 自伴性归结为定理 6.1.8.

为了理解推论 6.3.9 的深刻意涵, 以下假定 $f \in S_k(\Gamma_1(N), \chi)$ 是正规化 Hecke 特征形式. 权且不管收敛性, "形式地" 从 ∞ 处的 Fourier 系数构作 Dirichlet 级数

$$f = \sum_{n \geqslant 1} a_n(f)q^n \rightsquigarrow L(f, s) := \sum_{n \geqslant 1} a_n(f)n^{-s}.$$

基于推论 6.3.9, 我们愿意相信 $\sum_{n \geqslant 1} T_n n^{-s}$ 能 "形式地" 作用在 f 上, 其特征值正是 $L(f, s)$; 而根据命题 6.3.4, 这一特征值又 "应当" 等于

$$\prod_{p: \text{素数}} \left(1 - a_p(f)p^{-s} + \chi(p)p^{k-1-2s}\right)^{-1}.$$

于是我们得到 Dirichlet 级数 $L(s,f)$ 的 **Euler 乘积**, 请参照熟知的 Riemann ζ-函数情形 (2.2.1). 进一步, Hecke 算子的乘性蕴涵 Fourier 系数的乘性: 当 $\gcd(n,m)=1$ 时 $a_{nm}(f)=a_n(f)a_m(f)$.

Euler 乘积也反过来证成 $\mathbb{T}_1(N)$ 的定义切合实用, 算子 $\langle d \rangle$ 和 T_p 对于表述 $L(s,f)$ 的 Euler 乘积恰好足够.

然而以上仅是形式的操作, 我们必须进一步了解从模形式 f 构作 $L(f,s)$ 的相关机制, 例如, 它在 $\mathrm{Re}(s) \gg 0$ 时的收敛性, 及其解析延拓、函数方程等等. 所需的分析学工具是 Fourier 变换的一种变体, 称为 **Mellin 变换**, 这将是 §7.2 的主题.

6.4　旧形式与新形式

取定权 $k \in \mathbb{Z}$. 设 $N', N \in \mathbb{Z}_{\geqslant 1}$ 满足 $N' \mid N$. 以下介绍一对映尖点形式为尖点形式的映射

$$M_k(\Gamma_1(N')) \underset{B_{N'|N}}{\overset{A_{N'|N}}{\rightrightarrows}} M_k(\Gamma_1(N)).$$

(A) 显然的办法是应用 $\Gamma_1(N') \supset \Gamma_1(N)$ 以导出

$$M_k(\Gamma_1(N')) \subset M_k(\Gamma_1(N)), \quad S_k(\Gamma_1(N')) \subset S_k(\Gamma_1(N)),$$

参看注记 3.6.5. 记此包含映射为 $A_{N'|N}$.

(B) 另一套办法是取

$$v = v_{N'|N} := \begin{pmatrix} N/N' & \\ & 1 \end{pmatrix} \in \mathrm{GL}(2,\mathbb{Q})^+.$$

从等式

$$v \begin{pmatrix} a & b \\ Nc & d \end{pmatrix} v^{-1} = \begin{pmatrix} a & bN/N' \\ N'c & d \end{pmatrix}$$

看出

$$v\Gamma_1(N)v^{-1} \subset \Gamma_1(N'),$$

根据命题 5.1.3, 这些群互可公度. 代入引理 3.7.5, 以下结果水到渠成.

命题 6.4.1 设 $k \in \mathbb{Z}$ 而 $N' \mid N$ 如上,映射 $f \mapsto f\big|_k \nu$ 给出记为 $B_{N' \mid N}$ 的嵌入:

$$
\begin{array}{ccc}
f & \xrightarrow{\quad B_{N' \mid N} \quad} & f\big|_k \nu \\
\rotatebox{90}{$\in$} & & \rotatebox{90}{$\in$} \\
M_k(\Gamma_1(N')) \xrightarrow{\;\sim\;} & M_k(\nu^{-1}\Gamma_1(N')\nu) & \hookrightarrow M_k(\Gamma_1(N)) \\
\cup & \cup & \cup \\
S_k(\Gamma_1(N')) \xrightarrow{\;\sim\;} & S_k(\nu^{-1}\Gamma_1(N')\nu) & \hookrightarrow S_k(\Gamma_1(N))
\end{array}
$$

当 $N'' \mid N' \mid N$ 时,这些映射有传递性

$$ B_{N' \mid N} B_{N'' \mid N'} = B_{N'' \mid N}, \quad A_{N' \mid N} A_{N'' \mid N'} = A_{N'' \mid N}. $$

今后焦点是尖点形式空间 $S_k(\Gamma_1(N))$.

定义 6.4.2 级 N 的**旧形式**空间 $S_k(\Gamma_1(N))^{\mathrm{old}}$ 定义为 $S_k(\Gamma_1(N))$ 的子空间如下

$$ S_k(\Gamma_1(N))^{\mathrm{old}} := \sum_{\substack{N' \mid N \\ 1 \leqslant N' < N}} \left(A_{N' \mid N}\left(S_k(\Gamma_1(N')) \right) + B_{N' \mid N}\left(S_k(\Gamma_1(N')) \right) \right). $$

在 $S_k(\Gamma_1(N))$ 中定义相对于 Petersson 内积的正交补空间

$$ S_k(\Gamma_1(N))^{\mathrm{new}} := \left(S_k(\Gamma_1(N))^{\mathrm{old}} \right)^{\perp}. $$

一则特例是 $S_k(\mathrm{SL}(2,\mathbb{Z}))^{\mathrm{old}} = \{0\}$ 而 $S_k(\mathrm{SL}(2,\mathbb{Z}))^{\mathrm{new}} = S_k(\mathrm{SL}(2,\mathbb{Z}))$, 一般情形则复杂得多. 李文卿 [35] 的贡献之一是给出了 $S_k(\cdots)^{\mathrm{new}}$ 的代数定义,不依赖 Petersson 内积,并且推之于更广的级.

笼统地说,$S_k(\Gamma_1(N))^{\mathrm{new}}$ 中的元素不源自更低的级,而此空间在 Hecke 代数 $\mathbb{T}_1(N)$ 作用下有更好的性质. 这一思路起源于 Atkin 和 Lehner 的工作 [3]. 我们稍后将证明 $S_k(\Gamma_1(N))^{\mathrm{old}}$ 和 $S_k(\Gamma_1(N))^{\mathrm{new}}$ 在 Hecke 代数 $\mathbb{T}_1(N)$ 作用下不变. 定理 6.5.5 则会进一步证明 $\mathbb{T}_1(N)$ 限制在 $S_k(\Gamma_1(N))^{\mathrm{new}}$ 上可以同步对角化. 为此需要一些准备工作.

首先,基于 $A_{N' \mid N}$ 和 $B_{N' \mid N}$ 的传递性,在 $S_k(\Gamma_1(N))^{\mathrm{old}}$ 定义中可以只对形如 $N' = N/p$ 的因子求和,其中 p 是 N 的素因子,今后简记

$$ A_{p,N} := A_{N/p \mid N}, \quad B_{p,N} := B_{N/p \mid N}. $$

$$ A_{p,N} f(\tau) = f(\tau), \quad B_{p,N} f(\tau) = p^{k/2} f(p\tau). $$

引理 6.4.3 设 p 为素数,$p \mid N$,定义 $A_{p,N}$ 和 $B_{p,N}$ 如上.

(i) 对任意与 N 互素的整数 d 皆有

$$\langle d \rangle A_{p,N} = A_{p,N} \langle d \rangle, \quad \langle d \rangle B_{p,N} = B_{p,N} \langle d \rangle.$$

(ii) 设 q 为素数, $q \neq p$, 则

$$T_q A_{p,N} = A_{p,N} T_q, \quad T_q B_{p,N} = B_{p,N} T_q.$$

(iii) 我们有

$$T_p A_{p,N} = \begin{cases} A_{p,N} T_p - p^{\frac{k}{2}-1} B_{p,N} \langle p \rangle, & p^2 \nmid N, \\ A_{p,N} T_p, & p^2 \mid N, \end{cases}$$

$$T_p B_{p,N} = p^{k/2} A_{p,N}.$$

证明   命 $N' := N/p$, 相应地 $\nu = \nu_{N'|N} = \begin{pmatrix} p & \\ & 1 \end{pmatrix}$. 先处理 (i). 取 $\gamma \in \mathrm{SL}(2,\mathbb{Z})$

使得 $\gamma \equiv \begin{pmatrix} * & \\ & d \end{pmatrix} \pmod{N}$. 如此一来

$$\gamma' := \nu^{-1} \gamma \nu \in \mathrm{SL}(2,\mathbb{Z}), \quad \gamma' \equiv \begin{pmatrix} * & * \\ & d \end{pmatrix} \pmod{N}.$$

无论在 $S_k(\Gamma_1(N))$ 或 $S_k(\Gamma_1(N'))$ 上, 菱形算子 $\langle d \rangle$ 都有 $f \mapsto f \big|_k \gamma$ 和 $f \mapsto f \big|_k \gamma'$ 两种实现方式.

易见 $\langle d \rangle A_{p,N}$ 和 $A_{p,N} \langle d \rangle$ 都映 $f \in S_k(\Gamma_1(N'))$ 为 $f \big|_k \gamma$. 另一方面, $B_{p,N} \langle d \rangle$ 映 f 为 $f \big|_k \gamma \nu = f \big|_k \nu \gamma'$, 后者等于 $\langle d \rangle B_{p,N} f$. 如是证得 (i).

接着令 q 为素数, $N^\circ \in \{N, N'\}$. 回忆到 $q \mid N^\circ$ 时定义 6.1.1 将 $\langle q \rangle$ 诠释为 $S_k(\Gamma_1(N^\circ))$ 上的零算子. 命题 6.1.6 对任意 $f \in S_k(\Gamma_1(N^\circ))$ 给出

$$T_q f = q^{\frac{k}{2}-1} \sum_b f \big|_k \begin{pmatrix} 1 & b \\ & q \end{pmatrix}(\tau) + q^{k-1}(\langle q \rangle f)(q\tau) \quad (\tau \in \mathscr{H})$$

$$= q^{\frac{k}{2}-1} \left(\sum_b f \big|_k \begin{pmatrix} 1 & b \\ & q \end{pmatrix} + (\langle q \rangle f) \big|_k \begin{pmatrix} q & \\ & 1 \end{pmatrix} \right), \tag{6.4.1}$$

其中 b 遍历 $\mathbb{F}_q$ 在 $\mathbb{Z}$ 中的任一族代表元.

(a) 设 $q \neq p$, 则 $q \mid N \iff q \mid N'$, 于是 $\langle q \rangle$ 在 $S_k(\Gamma_1(N))$ 和 $S_k(\Gamma_1(N'))$ 上的作用

或者都是零, 或者按 (i) 满足 $\langle q \rangle A_{p,N} = A_{p,N} \langle q \rangle$. 因此 (6.4.1) 对 N, N' 有相同的形式, 立得 $A_{p,N} T_q = T_q A_{p,N}$.

类似地, 对于 $B_{p,N}$, 关键在于 $\nu \begin{pmatrix} 1 & b \\ & q \end{pmatrix} \nu^{-1} = \begin{pmatrix} 1 & pb \\ & q \end{pmatrix}$, 当 b 遍历 $\mathbb{F}_q$ 在 $\mathbb{Z}$ 中的一族代表元时, pb 亦然. 此外 (i) 给出 $\langle q \rangle B_{p,N} = B_{p,N} \langle q \rangle$. 代入 (6.4.1) 立见 $B_{p,N} T_q = T_q B_{p,N}$. 如是证得 (ii).

(b) 现在取 $q = p$ 代入 (6.4.1), 并且维持关于 $\langle p \rangle$ 的诠释. 对所有的 $f \in S_k(\Gamma_1(N'))$,

$$A_{p,N} T_p f = p^{\frac{k}{2}-1} \left(\sum_b f \mid_k \begin{pmatrix} 1 & b \\ & p \end{pmatrix} + B_{p,N} \langle p \rangle f \right),$$

$$T_p A_{p,N} f = p^{\frac{k}{2}-1} \left(\sum_b f \mid_k \begin{pmatrix} 1 & b \\ & p \end{pmatrix} + (\langle p \rangle f) \mid_k \begin{pmatrix} p & \\ & 1 \end{pmatrix} \right)$$

$$= p^{\frac{k}{2}-1} \sum_b f \mid_k \begin{pmatrix} 1 & b \\ & p \end{pmatrix} \quad (\text{因为 } p \mid N).$$

以上两式相减, 并且按定义 6.1.1 诠释 $\langle p \rangle$ 在 $S_k(\Gamma_1(N'))$ 上的作用, 遂给出 (iii) 的第一式. 至于 (iii) 的第二式则靠以下计算

$$T_p B_{p,N} f = p^{\frac{k}{2}-1} \sum_b f \mid_k \nu \begin{pmatrix} 1 & b \\ & p \end{pmatrix} = p^{\frac{k}{2}-1} \sum_b f \mid_k \begin{pmatrix} p & \\ & p \end{pmatrix} \begin{pmatrix} 1 & b \\ & 1 \end{pmatrix}$$

$$= p^{\frac{k}{2}-1} \sum_b f \mid_k \begin{pmatrix} 1 & b \\ & 1 \end{pmatrix} = p^{\frac{k}{2}-1} \sum_b f = p^{\frac{k}{2}} f = p^{\frac{k}{2}} A_{p,N} f.$$

明所欲证. $\qquad\qquad\qquad\qquad\qquad\qquad\qquad\qquad\qquad\qquad\qquad\qquad\qquad\qquad\qquad\square$

为了获得本节的主定理, 我们引入以下算子.

定义 6.4.4 命 $\alpha_N := \begin{pmatrix} & -1 \\ N & \end{pmatrix} \in \mathrm{GL}(2, \mathbb{Q})^+$. 由 $\alpha_N \begin{pmatrix} a & b \\ cN & d \end{pmatrix} \alpha_N^{-1} = \begin{pmatrix} d & -c \\ -bN & a \end{pmatrix}$ 得知

$$\alpha_N \Gamma_1(N) \alpha_N^{-1} = \Gamma_1(N),$$

按引理 3.7.5 遂可定义算子 w_N 如下

$$\begin{array}{ccc}
S_k(\Gamma_1(N)) & \xrightarrow{\ w_N\ } & S_k(\Gamma_1(N)) \\
\cap & & \cap \\
M_k(\Gamma_1(N)) & \xrightarrow{\ w_N\ } & M_k(\Gamma_1(N)) \\
\cup & & \cup \\
f & \longmapsto & f\mid_k \alpha_N.
\end{array}$$

由 $\alpha_N \Gamma_1(N) \alpha_N^{-1} = \Gamma_1(N)$ 知 $N^{\frac{k}{2}-1} w_N$ 等于双陪集算子 $[\Gamma_1(N)\alpha_N\Gamma_1(N)] = [\Gamma_1(N)\alpha_N]$ 的作用 (例 5.1.9). 我们还会在 §7.5 碰上算子 w_N 的酉版本 W_N.

引理 6.4.5　设 $T \in \mathbb{T}_1(N)$. 相对于 $S_k(\Gamma_1(N))$ 上的 Petersson 内积, T 的伴随等于 $w_N T w_N^{-1}$.

证明　考虑算子 $T_p, \langle d \rangle \in \mathbb{T}_1(N)$ 即足. 对于 $\langle d \rangle$, 以上对 α_N 共轭的描述直接导致 $w_N \langle d \rangle w_N^{-1} = \langle d^{-1} \rangle$, 正是 $\langle d \rangle$ 的伴随算子. 对于 T_p, 命题 5.4.10 蕴涵 T_p 的伴随算子由 $\left[\Gamma_1(N) \begin{pmatrix} p & \\ & 1 \end{pmatrix} \Gamma_1(N) \right]$ 给出. 因为 $\alpha_N \begin{pmatrix} p & \\ & 1 \end{pmatrix} \alpha_N^{-1} = \begin{pmatrix} 1 & \\ & p \end{pmatrix}$, 按照 §5.4 的语言并应用例 5.1.9, 可知 T_p 的伴随算子由

$$\left[\Gamma_1(N) \alpha_N^{-1} \begin{pmatrix} 1 & \\ & p \end{pmatrix} \alpha_N \Gamma_1(N) \right]$$

$$= [\Gamma_1(N)\alpha_N^{-1}\Gamma_1(N)] \star \left[\Gamma_1(N) \begin{pmatrix} 1 & \\ & p \end{pmatrix} \Gamma_1(N) \right] \star [\Gamma_1(N)\alpha_N\Gamma_1(N)]$$

在 $S_k(\Gamma_1(N))$ 上的右作用给出. 另一方面, 由例 5.1.9 可导出

$$[\Gamma_1(N)\alpha_N^{-1}\Gamma_1(N)] \star [\Gamma_1(N)\alpha_N\Gamma_1(N)] = 1 = [\Gamma_1(N)\alpha_N\Gamma_1(N)] \star [\Gamma_1(N)\alpha_N^{-1}\Gamma_1(N)],$$

明所欲证.　　　　　　　　　　　　　　　　　　　　　　　　　　　　　　□

命题 6.4.6　子空间 $S_k(\Gamma_1(N))^{\mathrm{old}}$ 和 $S_k(\Gamma_1(N))^{\mathrm{new}}$ 在 $\mathbb{T}_1(N)$ 作用下不变.

证明　已知 $\mathbb{T}_1(N)$ 由 T_p 和 $\langle d \rangle$ 生成, 其中 p 遍历素数而 $d \in (\mathbb{Z}/N\mathbb{Z})^\times$, 于是引理 6.4.3 确保 $S_k(\Gamma_1(N))^{\mathrm{old}}$ 对 $\mathbb{T}_1(N)$ 作用不变. 若能证明 $S_k(\Gamma_1(N))^{\mathrm{old}}$ 在所有 $\mathbb{T}_1(N)$ 元素的伴随算子作用下不变, 则其正交补 $S_k(\Gamma_1(N))^{\mathrm{new}}$ 对 $\mathbb{T}_1(N)$ 作用也不变.

基于定理 6.1.8 对伴随算子的描述, $S_k(\Gamma_1(N))^{\mathrm{old}}$ 在 T_p (要求 $p \nmid N$) 和 $\langle d \rangle$ 的伴随算子作用下不变. 仅需再验证当 $p \mid N$ 时它对 T_p 的伴随 $w_N T_p w_N^{-1}$ 仍不变 (引理 6.4.5). 问题化为证 w_N 保持 $S_k(\Gamma_1(N))^{\mathrm{old}}$, 这点可由简单的矩阵运算处理, 见练习 6.4.7.　　□

练习 6.4.7　设 $q \mid N$ 为素数. 说明矩阵等式

$$\begin{pmatrix} & -1 \\ N & \end{pmatrix} = \begin{pmatrix} & -1 \\ N/q & \end{pmatrix}\begin{pmatrix} q & \\ & 1 \end{pmatrix}, \quad \begin{pmatrix} q & \\ & 1 \end{pmatrix}\begin{pmatrix} & -1 \\ N & \end{pmatrix} = \begin{pmatrix} & -1 \\ N/q & \end{pmatrix}\begin{pmatrix} q & \\ & q \end{pmatrix}$$

导致定义 6.4.4 的算子 w_N 满足

$$w_N A_{q,N} = B_{q,N} w_{N/q}, \quad w_N B_{q,N} = A_{q,N} w_{N/q}.$$

作为推论, w_N 保持 $S_k(\Gamma_1(N))^{\text{old}}$ 不变.

鉴于命题 6.4.6, 自然的问题是研究 $S_k(\Gamma_1(N))^{\text{new}}$ 在 $\mathbb{T}_1(N)$ 作用下的特征向量. 以下概念至关紧要.

定义 6.4.8(新形式)　落在 $S_k(\Gamma_1(N))^{\text{new}}$ 中的正规化 Hecke 特征形式 (见定义 6.3.10) 称为 $S_k(\Gamma_1(N))$ 中的**新形式**, 又称本原形式.

不妨将新形式视为 $S_k(\Gamma_1(N))^{\text{new}}$ 中的某种 "原子". 关键在于能否用新形式来分解 $S_k(\Gamma_1(N))^{\text{new}}$, 并进一步分解 $S_k(\Gamma_1(N))$? 下节将给出肯定的回答.

练习 6.4.9　设 $M \in \mathbb{Z}_{\geqslant 1}$ 不被素数 p 整除, 而 $f \in S_k(\Gamma_1(M))$ 是正规化 Hecke 特征形式. 取 $N := p^e M, e \in \mathbb{Z}_{\geqslant 1}$, 命

$$f_i(\tau) := f(p^i \tau), \quad i = 0, \cdots, e.$$

验证 $f_i \in S_k(\Gamma_1(N))$ 满足于 $i \geqslant 1 \implies T_p f_i = f_{i-1}$, 并且它们线性无关. 证明 T_p 保持 $\mathbb{C}f_0 \oplus \mathbb{C}f_1$, 并且 T_p 限制在此空间上给出的算子的特征多项式为 $X^2 - a_p(f)X + p^{k-1}\chi_f(p)$. 我们在 §10.6 还会和这个多项式打照面.

练习 6.4.10　承上题, 取 $e = 3$. 令 $V \subset S_k(\Gamma_1(N))$ 为 $f_0, \cdots, f_3$ 张成的空间, $W \subset V$ 为 f_0, f_1 张成的子空间, T_p 保持两者不变. 证明 T_p 在 V/W 上诱导的变换可以用矩阵 $\begin{pmatrix} & 1 \\ & \end{pmatrix}$ 表达. 这就导致 $T_p|_V$ 无法对角化.

6.5　Atkin–Lehner 定理

以下论证取自 [11] 和 [21, §§5.6—5.7]. 一些有限群表示理论的知识是必要的, 读者可参考任一本相关教材.

取定权 $k \in \mathbb{Z}$ 和 $N \in \mathbb{Z}_{\geqslant 1}$. 对 N 的任意素因子 p, 记

$$i_p := p^{-k/2} B_{p,N} \,:\, M_k(\Gamma_1(N/p)) \to M_k(\Gamma_1(N)),$$

$$(i_p f)(\tau) = f(p\tau), \quad i_p\big(S_k(\Gamma_1(N/p))\big) \subset S_k(\Gamma_1(N)).$$

它在 Fourier 系数上的作用也是明白的: 对每个 $f \in M_k(\Gamma_1(N))$ 和 $n \in \mathbb{Z}_{\geqslant 1}$,

$$a_n(i_p(f)) = \begin{cases} a_{n/p}(f), & p \mid n, \\ 0, & p \nmid n. \end{cases}$$

定理 6.5.1　设 $f = \sum_{n \geqslant 1} a_n(f) q^n \in S_k(\Gamma_1(N))$. 若 $a_n(f)$ 在 $\gcd(n, N) = 1$ 时恒为 0, 则存在 $(f_p)_{p \mid N} \in \prod_{p \mid N} S_k(\Gamma_1(N/p))$, 其中 p 遍历 N 的素因子, 使得 $f = \sum_{p \mid N} i_p(f_p)$.

证明　考虑同余子群

$$\Gamma^1(N) := \left\{ \gamma \in \mathrm{SL}(2,\mathbb{Z}) : \gamma \equiv \begin{pmatrix} 1 & \\ * & 1 \end{pmatrix} \pmod{N} \right\} = \begin{pmatrix} N & \\ & 1 \end{pmatrix} \Gamma_1(N) \begin{pmatrix} N^{-1} & \\ & 1 \end{pmatrix}.$$

$$\tag{6.5.1}$$

引理 3.7.5 说明 $f \big|_k \begin{pmatrix} N^{-1} & \\ & 1 \end{pmatrix} \in S_k(\Gamma^1(N))$. 留意到 $\Gamma^1(N) \cap \begin{pmatrix} 1 & * \\ & 1 \end{pmatrix} = \left\langle \begin{pmatrix} 1 & N \\ & 1 \end{pmatrix} \right\rangle$,

故任何 $\varphi \in M_k(\Gamma^1(N))$ 都有 Fourier 展开

$$\varphi(\tau) = \sum_{n \geqslant 0} \alpha_n(\varphi) q_N^n, \quad q_N := e^{2\pi i \tau / N}.$$

对于特例 $\varphi := f \big|_k \begin{pmatrix} N^{-1} & \\ & 1 \end{pmatrix}$, 展开具体写作

$$\varphi(\tau) = N^{-k/2} f\left(\frac{\tau}{N}\right) = \sum_{n \geqslant 1} \alpha_n(\varphi) q_N^n, \quad \alpha_n(\varphi) := N^{-k/2} a_n(f).$$

原问题化为以下形式: 给定 $\varphi \in S_k(\Gamma^1(N))$, 满足 $\alpha_n(\varphi)$ 在 $\gcd(n, N) = 1$ 时为零, 则有分解

$$\varphi = \sum_{\substack{p: \text{素数} \\ p \mid N}} \varphi_p, \quad \varphi_p \in S_k(\Gamma^1(N/p)). \tag{6.5.2}$$

诚然, 取 $\varphi := f \big|_k \begin{pmatrix} N^{-1} & \\ & 1 \end{pmatrix}$ 如上, 则 (6.5.2) 蕴涵

$$f = \varphi \mid_k \begin{pmatrix} N & \\ & 1 \end{pmatrix}$$

$$= \sum_{\substack{p:\text{素数} \\ p \mid N}} \varphi_p \mid_k \begin{pmatrix} N/p & \\ & 1 \end{pmatrix} \mid_k \begin{pmatrix} p & \\ & 1 \end{pmatrix};$$

施 (6.5.1) 于 N/p, 我们有 $\varphi_p \mid_k \begin{pmatrix} N/p & \\ & 1 \end{pmatrix} \in S_k(\Gamma_1(N/p))$; 而 $\mid_k \begin{pmatrix} p & \\ & 1 \end{pmatrix}$ 无非是 $p^{k/2} i_p$, 这确实将问题化为 (6.5.2).

作因数分解 $N = \prod_{i=1}^r p_i^{e_i}$. 有限群 $\mathrm{SL}(2, \mathbb{Z}/N\mathbb{Z}) = \prod_{i=1}^r \mathrm{SL}(2, \mathbb{Z}/p_i^{e_i}\mathbb{Z})$ 在 $S_k(\Gamma(N))$ 上透过 $\mid_k$ 右作用, 使 $S_k(\Gamma(N))$ 成为 $\mathrm{SL}(2, \mathbb{Z}/N\mathbb{Z})$ 的有限维线性复表示. 对任意正因子 $d \mid N$, 考虑 $S_k(\Gamma(N))$ 上的 "平均" 算子

$$\pi_d : \varphi \mapsto \frac{1}{d} \sum_{b \in \mathbb{Z}/d\mathbb{Z}} \varphi \mid_k \begin{pmatrix} 1 & bN/d \\ & 1 \end{pmatrix},$$

这里 $\Gamma(N) \lhd \mathrm{SL}(2, \mathbb{Z})$ 导致 $\varphi \mid_k \begin{pmatrix} 1 & bN/d \\ & 1 \end{pmatrix}$ 仍属于 $S_k(\Gamma(N))$. 容易看出

$$\pi_d(\varphi) = \sum_{n \geq 1} \alpha_n(\varphi) q_N^n \left(\frac{1}{d} \sum_{b \in \mathbb{Z}/d\mathbb{Z}} \exp\left(\frac{2\pi i b n}{d} \right) \right) = \sum_{\substack{d \geq 1 \\ d \mid n}} \alpha_n(\varphi) q_N^n.$$

定义 $S_k(\Gamma(N))$ 的线性自同态

$$\pi(\varphi) = \varphi - \sum_i \pi_{p_i}(\varphi) + \sum_{i<j} \pi_{p_i p_j}(\varphi) - \sum_{i<j<k} \pi_{p_i p_j p_k}(\varphi) + \cdots,$$

基于前述观察, (6.5.2) 中关于 $\alpha_n(\varphi)$ 的条件可按容斥原理重述为

$$\varphi \in S_k(\Gamma^1(N)) \subset S_k(\Gamma(N)), \quad \pi(\varphi) = 0.$$

观察到 π 和 π_d 的定义完全由 $\mathrm{SL}(\mathbb{Z}/N\mathbb{Z})$ 在 $S_k(\Gamma(N))$ 上的线性作用描述. 现在将表示 $S_k(\Gamma(N))$ 分解为不可约子表示的直和 $\bigoplus_{j=1}^s S^{(j)}$. 对每个 $1 \leq j \leq s$, 可进一步分解

$$S^{(j)} = \bigotimes_{i=1}^r V_i^{(j)}, \quad V_i^{(j)} : \mathrm{SL}(\mathbb{Z}/p_i^{e_i}\mathbb{Z}) \text{ 的不可约表示}.$$

那么 $\pi|S^{(j)} = \bigotimes_{i=1}^{r} \left(1 - \pi_{p_i}\big|V_i^{(j)}\right)$，而线性代数中关于张量积的基本操作给出

$$\ker(\pi) = \bigoplus_{j=1}^{s} \ker\left(\pi|S^{(j)}\right),$$

$$\ker\left(\pi|S^{(j)}\right) = \sum_{i=1}^{r} V_1^{(j)} \otimes \cdots \otimes \ker\left(1 - \pi_{p_i}\big|V_i^{(j)}\right) \otimes \cdots \otimes V_r^{(j)}.$$

我们欲将此分解限制到 $S_k(\Gamma(N))$ 的子空间 $S_k(\Gamma^1(N))$ 上. 这个子空间也能以表示论诠释, 即子群 $\begin{pmatrix} 1 & \\ * & 1 \end{pmatrix} \subset \mathrm{SL}(2, \mathbb{Z}/N\mathbb{Z})$ 的不动子空间, 而该子群又分解为各个 $\begin{pmatrix} 1 & \\ * & 1 \end{pmatrix} \subset \mathrm{SL}(2, \mathbb{Z}/p_i^{e_i}\mathbb{Z})$ 之直积; 相应地对每个 $V_i^{(j)}$ 得到不动子空间, 记为 $W_i^{(j)}$. 于是 $S^{(j)} \cap S_k(\Gamma^1(N)) = \bigotimes_{i=1}^{r} W_i^{(j)}$.

同样运用线性代数的基本操作可知 (6.5.2) 左式的 φ 落在

$$\ker(\pi) \cap S_k(\Gamma^1(N)) = \bigoplus_{j=1}^{s} \left(\ker\left(\pi|S^{(j)}\right) \cap \bigotimes_{i=1}^{r} W_i^{(j)} \right)$$

$$= \bigoplus_{j=1}^{s} \sum_{i=1}^{r} W_1^{(j)} \otimes \cdots \otimes \ker\left(1 - \pi_{p_i}\big|W_i^{(j)}\right) \otimes \cdots \otimes W_r^{(j)}.$$

对所有 $1 \leqslant i \leqslant r$, 令

$$H_i := \begin{pmatrix} 1 & p_i^{e_i-1} + p_i^{e_i}\mathbb{Z} \\ & 1 \end{pmatrix} \in \mathrm{SL}(2, \mathbb{Z}/p_i^{e_i}\mathbb{Z}) \quad \text{生成的循环子群}.$$

固定 (i, j). 根据 π_{p_i} 的定义, 自同态 $\pi_{p_i}|V_i^{(j)}$ 无非是向 $V_i^{(j)}$ 的 H_i-不动子空间作标准投影 (即平均). 所以 $\ker\left(1 - \pi_{p_i}\big|W_i^{(j)}\right)$ 的元素对于 H_i 连同 $\begin{pmatrix} 1 & \\ * & 1 \end{pmatrix}$ 生成的子群, 即 (见以下的引理 6.5.2)

$$\left\{ \gamma \in \mathrm{SL}(2, \mathbb{Z}/p_i^{e_i}\mathbb{Z}) : \gamma \equiv \begin{pmatrix} 1 & \\ * & 1 \end{pmatrix} \pmod{p_i^{e_i-1}} \right\}$$

之作用不变. 另一方面, 当 $h \neq i$ 时, 来自 $W_h^{(j)}$ 的分量则对所有 $\begin{pmatrix} 1 & \\ * & 1 \end{pmatrix} \in \mathrm{SL}(2, \mathbb{Z}/p_h^{e_h}\mathbb{Z})$ 不变. 合而观之, 可见子空间

$$W_1^{(j)} \otimes \cdots \otimes \ker\left(1 - \pi_{p_i}\Big| W_i^{(j)}\right) \otimes \cdots \otimes W_r^{(j)}$$

包含于上述子群的直积作用下的不动子空间, 即 $S_k(\Gamma^1(N/p_i))$. 施此于 $\varphi \in \ker(\pi) \cap S_k(\Gamma^1(N))$, 便给出对应于 (6.5.2) 的分解 $\varphi = \sum_{i=1}^r \varphi_i$, 其中 $\varphi_i \in S_k(\Gamma^1(N/p_i))$. $\qquad \square$

论证中用到一则群论性质, 补述如下.

引理 6.5.2 设 p 为素数, $e \in \mathbb{Z}_{\geqslant 1}$, 考虑 $\mathrm{SL}(2, \mathbb{Z}/p^e\mathbb{Z})$ 的子群 $\begin{pmatrix} 1 & \\ * & 1 \end{pmatrix}$ 和 $H :=$ $\left\langle \begin{pmatrix} 1 & p^{e-1} \\ & 1 \end{pmatrix} \right\rangle$, 那么

$$\left\langle \begin{pmatrix} 1 & \\ * & 1 \end{pmatrix}, H \right\rangle = \left\{ \gamma \in \mathrm{SL}(2, \mathbb{Z}/p^e\mathbb{Z}) : \gamma \equiv \begin{pmatrix} 1 & \\ * & 1 \end{pmatrix} \pmod{p^{e-1}} \right\}.$$

证明 左式的子群记为 K. 包含关系 $\subset$ 属显然. 以下证 $\supset$. 考虑右式的任意元素 $\gamma = \begin{pmatrix} a & b \\ c & d \end{pmatrix}$. 以下将逐步说明双陪集 $K\gamma K$ 交 K, 从而导出 $\gamma \in K$.

第一步: 证明存在 $\gamma' = \begin{pmatrix} a' & b' \\ c' & d' \end{pmatrix} \in K\gamma K$ 使得 d' 可逆. 设若 $p \mid d$, 那么 $ad - bc = 1$ 确保 $p \nmid b$, 此时 $\gamma' := \begin{pmatrix} 1 & \\ 1 & 1 \end{pmatrix} \gamma$ 满足 $d' = b + d$ 可逆, 是为所求.

第二步: 在 $K\gamma K$ 中找出满足 $b' = c' = 0$ 的项. 基于第一步可设 d 可逆, 于是 $u := -b/d \in p^{e-1}\mathbb{Z}/p^e\mathbb{Z}$. 对 γ 左乘 $\begin{pmatrix} 1 & u \\ & 1 \end{pmatrix} \in K$ 以消去 b, 保持 c, d 不变. 同理, $v := -c/d$ 良定, 则右乘以 $\begin{pmatrix} 1 & \\ v & 1 \end{pmatrix} \in K$ 可消去 c, 保持 b, d 不变.

第三步: 现在知道 $K\gamma K$ 含有形如 $\begin{pmatrix} a & \\ & a^{-1} \end{pmatrix}$ 之元素, 其中 $a \in (\mathbb{Z}/p^e\mathbb{Z})^\times$ 必然满足

$a \equiv 1 \pmod{p^{e-1}}$. 标准的矩阵等式

$$\begin{pmatrix} a & \\ & a^{-1} \end{pmatrix} = \begin{pmatrix} 1 & a-1 \\ & 1 \end{pmatrix} \begin{pmatrix} 1 & \\ 1 & 1 \end{pmatrix} \begin{pmatrix} 1 & a^{-1}-1 \\ & 1 \end{pmatrix} \begin{pmatrix} 1 & \\ -a & 1 \end{pmatrix},$$

说明左项属于 K, 明所欲证.   □

以下开始涉及定义 6.4.8 的新形式.

引理 6.5.3　设 $f \in S_k(\Gamma_1(N))^{\mathrm{new}} \smallsetminus \{0\}$. 假设 f 是所有 T_n 共同的特征向量 (要求 $\gcd(n, N) = 1$), 则 $a_1(f) \neq 0$.

证明　设 $\gcd(n, N) = 1$, 而 $T_n f = \lambda_n f$. 定理 6.3.8 给出 $a_n(f) = a_1(T_n f) = \lambda_n a_1(f)$. 假若 $a_1(f) = 0$, 则 $\gcd(n, N) = 1 \implies a_n(f) = 0$, 从而定理 6.5.1 蕴涵 $f \in S_k(\Gamma_1(N))^{\mathrm{old}}$, 这与 $S_k(\Gamma_1(N))^{\mathrm{new}} \cap S_k(\Gamma_1(N))^{\mathrm{old}} = \{0\}$ 矛盾.   □

命题 6.5.4 (弱重数一性质)　设 $f \in S_k(\Gamma_1(N))^{\mathrm{new}} \smallsetminus \{0\}$. 如果对所有 $d \in (\mathbb{Z}/N\mathbb{Z})^{\times}$ 和所有正整数 n 满足 $\gcd(n, N) = 1$ 者, f 是 $\langle d \rangle$ 和 T_n 作用下共同的特征向量, 那么 f 和一个新形式成比例. 任何新形式完全由它对所有算子 T_n (要求 $\gcd(n, N) = 1$) 的特征值确定.

证明　鉴于引理 6.5.3, 可以适当伸缩 f 以假设 $a_1(f) = 1$. 我们断言对一切 $n \in \mathbb{Z}_{\geqslant 1}$ 皆有 $T_n f = a_n(f) f$, 由此立见 f 是新形式. 定义 $g_n := T_n f - a_n(f) f \in S_k(\Gamma_1(N))^{\mathrm{new}}$, 此处用到命题 6.4.6. 由于 $\mathbb{T}_1(N)$ 交换, 若 $g_n \neq 0$, 则 g_n 仍是所有算子 T_m (要求 $\gcd(m, N) = 1$) 共同的特征向量. 然而定理 6.3.8 蕴涵

$$a_1(g_n) = a_1(T_n f) - a_n(f) a_1(f) = a_n(f) - a_n(f) = 0.$$

于是引理 6.5.3 蕴涵 $g_n = 0$. 断言得证.

最后, 设新形式 f_1, f_2 对所有 T_n 都有相同特征值 (要求 $\gcd(n, N) = 1$), 令 $h := f_1 - f_2 \in S_k(\Gamma_1(N))^{\mathrm{new}}$, 则 $a_1(h) = 0$, 根据引理 6.5.3 必有 $h = 0$.   □

定理 6.5.5 (A. O. L. Atkin, J. Lehner (1970); 李文卿 (1975))　取定 N, k 如上, 则 $S_k(\Gamma_1(N))$ 中的新形式构成 $S_k(\Gamma_1(N))^{\mathrm{new}}$ 的一组基.

证明　首先说明新形式在 $S_k(\Gamma_1(N))$ 中线性无关. 设若不然, 取尽可能小的正整数 r, 使得存在服从于以下线性关系的相异新形式 $f_1, \cdots, f_r \in S_k(\Gamma_1(N))^{\mathrm{new}}$:

$$\sum_{i=1}^{r} c_i f_i = 0, \quad c_i \in \mathbb{C}, c_i \neq 0.$$

观察到 $r \geqslant 2$. 对任何 $n \in \mathbb{Z}_{\geqslant 1}$, 推论 6.3.9 给出

$$0 = T_n\left(\sum_{i=1}^r c_i f_i\right) - a_n(f_1)\sum_{i=1}^r c_i f_i = \sum_{i=2}^r c_i\left(a_n(f_i) - a_n(f_1)\right)f_i.$$

这将导致 $a_n(f_i) = a_n(f_1)$ 对所有 $2 \leqslant i \leqslant r$ 成立, 否则 $f_1, \cdots, f_r$ 间将有非零项更少的非平凡线性关系. 因为 $n \geqslant 1$ 是任意的, 故 $f_1 = \cdots = f_r$, 矛盾.

其次说明新形式张成 $S_k(\Gamma_1(N))^{\text{new}}$. 命题 6.4.6 已说明空间 $S_k(\Gamma_1(N))^{\text{new}}$ 对 $\mathbb{T}_1(N)$ 的作用不变. 考虑相互交换的算子 T_n (要求 $\gcd(n,N)=1$) 和 $\langle d\rangle$ (要求 $d \in (\mathbb{Z}/N\mathbb{Z})^\times$), 线性代数中的谱定理和命题 6.3.6 确保它们在 $S_k(\Gamma_1(N))^{\text{new}}$ 上的作用可以同步对角化. 若 $f \in S_k(\Gamma_1(N))^{\text{new}} \smallsetminus \{0\}$ 是它们的任一个共同特征向量, 则命题 6.5.4 表明 f 和某个新形式成比例, 明所欲证. □

推论 6.5.6 复向量空间 $S_k(\Gamma_1(N))$ 由以下子集生成

$$\mathscr{B}_k(N) := \bigcup_{N'|N}\bigcup_{d|\frac{N}{N'}}\left\{f(d\tau): f \in S_k(\Gamma_1(N')) \text{ 是新形式}\right\}.$$

证明 回忆分解 $S_k(\Gamma_1(N)) = S_k(\Gamma_1(N))^{\text{new}} \oplus S_k(\Gamma_1(N))^{\text{old}}$. 根据定理 6.5.5, $S_k(\Gamma_1(N))^{\text{new}}$ 以 $\mathscr{B}_k(N)$ 中对应于 $N' = N$ 的新形式为基.

对 N 行递归可知当 $M \mid N$ 而 $M \neq N$ 时,

$$A_{M|N}\left(S_k(\Gamma_1(M))\right) = \sum_{N'|M}\sum_{d|\frac{M}{N'}}\left\{f(d\tau): f \in S_k(\Gamma_1(N')): \text{新形式}\right\},$$

$$B_{M|N}\left(S_k(\Gamma_1(M))\right) = \sum_{N'|M}\sum_{d|\frac{M}{N'}}\left\{f\left(\frac{N}{M}\cdot d\tau\right): f \in S_k(\Gamma_1(N')): \text{新形式}\right\}.$$

当 M 变动时, 上述空间之和无非是 $S_k(\Gamma_1(N))^{\text{old}}$, 但它同时也是 $\mathscr{B}_k(N)$ 中 $N' \neq N$ 部分张成的子空间. □

注记 6.5.7 (强重数一性质) 可以进一步证明 $\mathscr{B}_k(N)$ 给出 $S_k(\Gamma_1(N))$ 的一组基. 说明这点需要所谓 "强重数一" 性质: 粗略地说, 任选一个由素数构成的有限集 S, 可任意大, 那么一个新形式由它的所有 T_p-特征值刻画, 其中 p 遍历不属于 S 的素数, 见 [41, Theorem 4.6.19]. 自守表示的进路或许更适于处理强重数一性质, 见 [6, 28].

练习 6.5.8 设 $g \in S_k(\Gamma_1(N))^{\text{new}}$ 是 Hecke 特征形式, 而 $d \in \mathbb{Z}_{>1}$. 证明当 $\gcd(m,dN) = 1$ 时, $g(\tau)$ 和 $g(d\tau)$ 作为 $S_k(\Gamma_1(dN))^{\text{old}}$ 的元素不成比例, 但是对 T_m 有相同的特征值. 这说明弱重数一性质必须要求 $f \in S_k(\Gamma_1(N))^{\text{new}}$.

第七章 L-函数

L-函数是模形式理论最核心也最深刻的不变量之一. 选定 N, k. 从 $M_k(\Gamma_1(N))$ 中的模形式 $f = \sum_{n \geq 0} a_n(f) q^n$ 出发, 可以构造 L-函数 $L(s, f) = \sum_{n \geq 1} a_n(f) n^{-s}$, 为此便需对 $(a_n(f))_{n \geq 0}$ 作初步的估计. 本章的主要结果是:

(1) Fourier 系数的初步估计 (§7.1), 由此推得 $L(s, f)$ 在 $\mathrm{Re}(s) \gg 0$ 时收敛并且全纯.

(2) Mellin 变换的基本理论 (§7.2).

(3) 当 f 是正规化 Hecke 特征形式时, Euler 乘积

$$L(s, f) = \prod_{p : \text{素数}} \left(1 - a_p(f) p^{-s} + \chi_f(p) p^{k-1-2s}\right)^{-1}$$

在收敛范围内成立 (§7.4), 其中 $\chi_f(p)$ 是 f 对菱形算子 $\langle p \rangle$ 的特征值, 在 $p \mid N$ 时规定为 0.

(4) 对于任意尖点形式 $f \in S_k(\Gamma_1(N))$, 证明 $\Lambda_N(s, f) := N^{s/2} (2\pi)^{-s} \Gamma(s) L(s, f)$ 具有

◇ 到整个 $\mathbb{C}$ 上的全纯延拓, 在任意竖带上有界;

◇ 函数方程 $\Lambda(s, f) = \Lambda_N(k - s, W_N f)$, 这里 $W_N : S_k(\Gamma_1(N)) \to S_k(\Gamma_1(N))$ 是所谓的 Fricke 对合或 Atkin–Lehner 对合 (§7.5).

我们事实上将处理一般的 $f \in M_k(\Gamma_1(N))$, 这时 $\Lambda_N(s, f)$ 可能在 $s = 0, k$ 有单极点. 确立 $\Lambda_N(s, f)$ 解析性质的关键是应用 Mellin 变换表之为 f 的某种周期积分, 这是 Hecke 的洞见. Euler 乘积和 $\Lambda_N(s, f)$ 的诸多解析性质是 L-函数的根本特征. Eisenstein 级数的 L-函数可以表达作所谓 Hecke 特征标的 L-函数, 但本书选择略过.

为了提供具体例子, 我们将穿插 ϑ-级数、平方和问题和凸性界的相关讨论.

本章参考了 [21, §5.9]. 关于凸性界的讨论是解析数论的课题; 关于 L-函数在这方面的角色及应用, 读者不妨参考 [27, 39] 等相关文献.

7.1 Fourier 系数的初步估计

考虑权为 $k \in \mathbb{Z}_{\geq 0}$ 的模形式. 眼下的目标是为尖点形式的 Fourier 系数提供最初步的估计.

以下选定余有限 Fuchs 群 Γ, 不失一般性, 假设 ∞ 是 Γ 的尖点, 并考虑相应的 Fourier 展开. 记任意 $f \in M_k(\Gamma)$ 在该处的 Fourier 展开为 $\sum_{n \geq 0} a_n(f) q_r^n$, 其中

$$r := \min \left\{ t > 0 : \begin{pmatrix} 1 & t \\ & 1 \end{pmatrix} \in \Gamma \right\} \in \mathbb{R}_{>0},$$

$$q_r := e^{2\pi i \tau / r}.$$

由 §3.6 的讨论已知 $\begin{pmatrix} 1 & r \\ & 1 \end{pmatrix}$ 生成 $\Gamma \cap \begin{pmatrix} 1 & * \\ & 1 \end{pmatrix}$. 常用例子包括:

◇ $\Gamma = \Gamma(N)$, 这时 $r = N$;

◇ $\Gamma = \Gamma_1(N)$ 或 $\Gamma_0(N)$, 这时 $r = 1$.

定理 7.1.1 (E. Hecke) 设 $f \in S_k(\Gamma)$, 则

$$|a_n(f)| \ll n^{k/2},$$
$$\sum_{m \leq n} |a_m(f)|^2 \ll n^k,$$
$$\sum_{m \leq n} |a_m(f)| \ll n^{(k+1)/2}.$$

证明 根据 Cauchy 积分公式, 置 $\tau = x + iy$, 固定 $y > 0$ 并取 $\epsilon := e^{-2\pi y / r} < 1$,

$$a_n(f) = \frac{1}{2\pi i} \oint_{|q_r| = \epsilon} \left(\sum_{m \geq 1} a_m(f) q_r^m \right) q_r^{-n} \cdot \frac{\mathrm{d}q_r}{q_r}$$

$$= \frac{1}{r} \int_0^r f(x + iy) \exp\left(-2\pi i \cdot \frac{n(x+iy)}{r} \right) \mathrm{d}x$$

$$\left(\text{取 } y = \frac{1}{n} \right) = \frac{e^{2\pi/r}}{r} \int_0^r f\left(x + \frac{i}{n} \right) e^{-2\pi i n x / r} \, \mathrm{d}x.$$

命题 3.7.2 表明 $B := \sup_{\tau \in \mathscr{H}} \left| f(\tau) \operatorname{Im}(\tau)^{k/2} \right|$ 有限, 故末项 $\ll n^{k/2}$.

接着固定 $y > 0$, 考虑 f 在横线 $\mathbb{R} + iy$ 上的 Fourier 展开

$$f(x + iy) = \sum_{m \geq 1} a_m(f) e^{-2\pi my/r} e^{2\pi imx/r}.$$

Parseval 公式 (定理 A.5.3) 导致

$$\sum_{m \geq 1} |a_m(f)|^2 e^{-4\pi my/r} = \frac{1}{r} \int_0^r |f(x + iy)|^2 \, \mathrm{d}x \leq By^{-k}.$$

固定 $n \geq 1$, 以上估计给出

$$e^{-4\pi ny/r} \cdot \sum_{1 \leq m \leq n} |a_m(f)|^2 \leq \sum_{1 \leq m \leq n} |a_m(f)|^2 e^{-4\pi my/r} \leq \sum_{m=1}^{\infty} |a_m(f)|^2 e^{-4\pi my/r} \leq By^{-k}.$$

和先前一样, 取 $y = 1/n$ 便是 $\sum_{m \leq n} |a_m(f)|^2$ 所需的估计. Cauchy-Schwarz 不等式给出 $\sum_{m \leq n} |a_m(f)|$ 的相应估计. $\qquad\square$

若不要求 $f \in M_k(\Gamma)$ 为尖点形式, 但假定 Γ 为同余子群, 则能得到稍弱的估计. 这时命题 2.6.3 将空间 $M_k(\Gamma)$ 分解成 $S_k(\Gamma)$ 和 Eisenstein 级数张成的 $\mathscr{E}_k(\Gamma)$ 两部分. 先前已经计算过一些 Eisenstein 级数的 Fourier 展开, 其系数的一般表达式虽然复杂, 终归是可算的.

定理 7.1.2   设 Γ 为同余子群, $f \in M_k(\Gamma)$, 则 $|a_n(f)| \ll n^k$.

证明   无妨设 $k \geq 1$. 命题 2.6.3[①]给出 $M_k(\Gamma) = \mathscr{E}_k(\Gamma) \oplus S_k(\Gamma)$. 按照 (2.6.1), 如取 $N > 2$ 使得 $\Gamma \supset \Gamma(N)$, 则 $\mathscr{E}_k(\Gamma)$ 由 §2.5 所定义的 Eisenstein 级数 $E_k^{\bar{v}} \in M_k(\Gamma(N))$ 的若干线性组合张成. 尖点形式部分可由定理 7.1.1 处理, 故处理 $f \in \mathscr{E}_k(\Gamma)$ 的情形足矣. 我们首先断言 $g := E_k^{\bar{v}}$ 对 $q_N := e^{2\pi i\tau/N}$ 作 Fourier 展开后的系数具有估计

$$|a_n(g)| \ll \begin{cases} n^{k-1}, & k \geq 3, \\ n^{k-1+\epsilon}, & k = 1, 2, \end{cases}$$

其中 ϵ 是任意小的正数, $n \in \mathbb{Z}_{\geq 0}$. 根据定理 2.5.8, 仅需处理 $g = G_k^{\bar{v}}$ 的情形, 而且该定理还将问题进一步化约为对 $\sigma_{k-1}(n) := \sum_{d|n} d^{k-1}$ 验证上述估计, 这个数论问题是下一个引理的任务.

回到 $f \in \mathscr{E}_k(\Gamma)$, 它是若干个 $E_k^{\bar{v}}$ 的线性组合, 故 f 用 q_N 展开后的 Fourier 系数也有如上估计, 但原来的问题是用 $q_r := e^{2\pi i\tau/r}$ 展开 f. 由 $\Gamma \cap \begin{pmatrix} 1 & * \\ & 1 \end{pmatrix} \supset \Gamma(N) \cap \begin{pmatrix} 1 & * \\ & 1 \end{pmatrix}$

[①] 该节构造的 Eisenstein 级数, 其 Fourier 展开和对应的直和分解都可以通过解析延拓推及 $k = 1, 2$ 的情形, 细节比较复杂, 详阅 [41, §7.2].

可知, 存在 $t \in \mathbb{Z}_{\geqslant 1}$ 使得 $N = tr$, 亦即 $q_r = q_N^t$, 由此导出 $a_n(f)$ 的相应估计. $\square$

引理 7.1.3 (见 [41, Theorem 4.7.3]) 设 $k \in \mathbb{Z}_{\geqslant 1}$, 则函数 σ_{k-1} 满足于

$$\sigma_{k-1}(n) \ll \begin{cases} n^{k-1}, & k \geqslant 3, \\ n^{1+\epsilon}, & k = 2, \\ n^\epsilon, & k = 1, \end{cases}$$

其中 ϵ 是任意正实数而 $n \in \mathbb{Z}_{\geqslant 1}$. 估计中涉及的常数依赖于 k.

证明 当 $k \geqslant 2$ 时,

$$\sigma_{k-1}(n) = \sum_{d|n} \left(\frac{n}{d}\right)^{k-1} = n^{k-1} \sum_{d|n} d^{-(k-1)}.$$

若 $k \geqslant 3$, 上式小于等于 $n^{k-1}\zeta(k-1)$. 若 $k = 2$, 上式写作

$$n \sum_{d|n} d^{-1} \leqslant n\left(1 + \frac{1}{2} + \cdots + \frac{1}{n}\right) = n(\log n + \gamma + o(1)),$$

其中 γ 为 Euler 常数, 故右式由 $n^{1+\epsilon}$ 控制.

今探讨 $k = 1$ 情形. 设 $\epsilon > 0$, 取素因子分解 $n = \prod_{p:\text{素数}} p^{e_p}$. 易见

$$\sigma_0(n) = \prod_{p:\text{素数}} (e_p + 1), \quad \sigma_0(n)n^{-\epsilon} = \prod_{p:\text{素数}} \frac{e_p + 1}{p^{e_p \epsilon}}.$$

注意到 $\log x < x$, 故 $e_p \epsilon \log 2 < 2^{e_p \epsilon} \leqslant p^{e_p \epsilon}$, 从而

$$\frac{e_p + 1}{p^{e_p \epsilon}} = p^{-e_p \epsilon} + \frac{e_p}{p^{e_p \epsilon}} \leqslant 1 + \frac{e_p}{p^{e_p \epsilon}}$$

$$\leqslant 1 + \frac{1}{\epsilon \log 2} \leqslant \exp\left(\frac{1}{\epsilon \log 2}\right).$$

当 $p \geqslant 2^{1/\epsilon}$ 时, 对之有更直截了当的估计

$$\frac{e_p + 1}{p^{e_p \epsilon}} \leqslant \frac{e_p + 1}{2^{e_p}} \leqslant 1.$$

两则估计合并给出

$$\sigma_0(n)n^{-\epsilon} = \prod_p \frac{e_p + 1}{p^{e_p \epsilon}} \leqslant \prod_{p < 2^{1/\epsilon}} \exp\left(\frac{1}{\epsilon \log 2}\right) \leqslant \exp\left(\frac{2^{1/\epsilon}}{\epsilon \log 2}\right).$$

明所欲证. $\square$

7.2 　 Mellin 变换与 Dirichlet 级数

给定可测函数 $f : \mathbb{R}_{>0} \to \mathbb{C}$, 考虑含参数 $s \in \mathbb{C}$ 的积分

$$(\mathscr{M}f)(s) := \int_0^\infty f(t) t^s \frac{\mathrm{d}t}{t},$$

称之为 f 的 **Mellin 变换**, 收敛性是稍后的主题. 我们先说明 Mellin 变换实质上是 Fourier 变换的某种解析延拓. Fourier 分析 (调和分析) 本质关乎拓扑群, 所以第一步是察知拓扑群的同构

$$\exp : (\mathbb{R}, +) \overset{\sim}{\longrightarrow} (\mathbb{R}_{>0}, \cdot), \quad x \longmapsto t = e^x,$$

相应地

$$\mathrm{d}x \longleftrightarrow \mathrm{d}^\times t := \frac{\mathrm{d}t}{t} : \text{ 拓扑群 } (\mathbb{R}_{>0}, \cdot) \text{ 上的不变测度},$$

$$[x \mapsto e^{sx}] \longleftrightarrow [t \mapsto t^s] : \text{ 映至 } \mathbb{C}^\times \text{ 的连续同态}, \quad s \in \mathbb{C}.$$

给定 $f : \mathbb{R}_{>0} \to \mathbb{C}$, 定义 $g(x) = f(e^x) : \mathbb{R} \to \mathbb{C}$. 上述字典遂给出

$$(\mathscr{M}f)(s) = \int_{\mathbb{R}_{>0}} f(t) t^s \, \mathrm{d}^\times t = \int_{\mathbb{R}} g(x) e^{sx} \, \mathrm{d}x,$$

前提是所述积分存在. 当 $s = 2\pi i \xi \in i\mathbb{R}$ 时, 右式是 g 的 Fourier (逆) 变换 $\check{g}(\xi)$, 关于 Fourier 变换的约定详阅 §A.5.

以下处理积分变换 $\mathscr{M}$ 的收敛性, 并导出 Mellin 反演公式, 参阅 [53, §1.29].

命题 7.2.1 　设 $a < b$ 为实数而可测函数 $f : \mathbb{R}_{>0} \to \mathbb{C}$ 满足估计

$$|f(t)| \ll t^{-a}, \quad t \to 0,$$
$$|f(t)| \ll t^{-b}, \quad t \to \infty.$$

(i) 含参积分 $\mathscr{M}f(s) := \int_0^\infty f(t) t^s \, \mathrm{d}^\times t$ 在 $a < \mathrm{Re}(s) < b$ 的紧子集上正规收敛 (见 §A.3), 而且对于 $a < a' < b' < b$, 函数 $\mathscr{M}f(s)$ 在竖带 $a' \leqslant \mathrm{Re}(s) \leqslant b'$ 上有界, 对 s 全纯.

(ii) 假设 f 连续, 并且进一步要求 $y \mapsto \mathscr{M}f(c + iy)$ 对每个 $a < c < b$ 皆属于 $L^1(\mathbb{R})$,

或要求 f 是局部有界变差函数, 则 Mellin 反演公式成立: 对如上实数 c 和任意 $t > 0$,

$$f(t) = \frac{1}{2\pi i} \int_{\mathrm{Re}(s)=c} t^{-s} \mathcal{M}(f)(s) \, \mathrm{d}s$$

$$:= \frac{1}{2\pi} \lim_{T \to +\infty} \int_{-T}^{T} \mathcal{M}(f)(c+iy) t^{-c-iy} \, \mathrm{d}y.$$

证明 为了处理 (i), 先将 $|f(t)t^{s-1}|$ 的积分拆为 $\int_0^1$ 和 $\int_1^\infty$ 两段. 有

$$|f(t)t^{s-1}| \ll t^{-a+\mathrm{Re}(s)-1}, \quad 0 < t \leqslant 1,$$

$$|f(t)t^{s-1}| \ll t^{-b+\mathrm{Re}(s)-1}, \quad t \geqslant 1.$$

由之得到紧子集上的正规收敛性, 以及在 $\{s \in \mathbb{C} : a' \leqslant \mathrm{Re}(s) \leqslant b'\}$ 上的界. 进一步, 对于任何紧子集 $E \subset \mathbb{R}_{>0}$ 和 $K \subset \{s \in \mathbb{C} : a < \mathrm{Re}(s) < b\}$, 基于对 f 的估计, 函数族

$$\left\{ K \ni s \longmapsto f(t)t^s \right\}_{t \in E}$$

显然等度连续并且对 s 全纯. 因之 $\mathcal{M}f(s)$ 的全纯性质是分析学的标准结果, 参见命题A.3.3.

接着来证明 (ii) 的反演公式. 命 $f_c(\eta) := f(e^\eta)e^{c\eta}$, 其中 $\eta \in \mathbb{R}$. 注意到

$$|f_c(\eta)| \ll \begin{cases} e^{(c-a)\eta}, & \eta \to -\infty, \\ e^{(c-b)\eta}, & \eta \to +\infty, \end{cases}$$

所以 $a < c < b$ 确保 f_c 是 $\mathbb{R}$ 上的速降函数. 换元 $t = e^\eta$ 给出

$$\mathcal{M}(f)(c+iy) = \int_{\mathbb{R}_{>0}} f(t)t^{c+iy} \, \mathrm{d}^\times t = \int_{\mathbb{R}} f_c(\eta)e^{iy\eta} \, \mathrm{d}\eta = (f_c)^\vee \left(\frac{y}{2\pi} \right),$$

最后一个等号基于 §A.5 对 Fourier 变换的约定. 对 f_c 应用 Fourier 反演 (定理 A.5.2) 以导出

$$f_c(\eta)e^{-c\eta} = e^{-c\eta} \lim_{T \to +\infty} \int_{-T}^{T} (f_c)^\vee(y)e^{-2\pi iy\eta} \, \mathrm{d}y$$

$$= \frac{e^{-c\eta}}{2\pi} \lim_{T \to +\infty} \int_{-T}^{T} (f_c)^\vee \left(\frac{y}{2\pi} \right) e^{-iy\eta} \, \mathrm{d}y$$

$$= \frac{1}{2\pi} \lim_{T \to +\infty} \int_{-T}^{T} \mathcal{M}(f)(c+iy)e^{-(c+iy)\eta} \, \mathrm{d}y.$$

重新以 $e^\eta = t$ 换元即所求. $\qquad\square$

例 7.2.2 取 $f(t) = e^{-t}$, 那么以上估计中可取 $a = 0$ 而 b 任意大, 所以 $\mathscr{M}f(s)$ 在 $\mathrm{Re}(s) > 0$ 时收敛并给出 §2.1 讨论过的 Γ 函数. 已知 $\Gamma(s)$ 可以延拓为 $\mathbb{C}$ 上的亚纯函数, 而且根据熟知的复 Stirling 公式, 当 c 限制在有界区间 $[c_1, c_2] \subset \mathbb{R}$ 时, 有一致的近似估计

$$|\Gamma(c + iy)| \sim \sqrt{2\pi}|y|^{c - \frac{1}{2}} e^{-\pi|y|/2}, \quad |y| \to \infty. \tag{7.2.1}$$

特别地, $\Gamma(c + iy)$ 对 $|y|$ 速降, 故 Mellin 反演公式成立. 详见 [63, 3.12] 或 [25, II.0.4].

所谓 **Dirichlet 级数**是形如 $\sum_{n \geq 1} a_n n^{-s}$ 的无穷级数, 其中 $a = (a_n)_{n=1}^\infty$ 是复数列而 s 容许在 $\mathbb{C}$ 的某个开子集中变动, 使得级数收敛. 在收敛的前提下, Dirichlet 级数对加法和乘法封闭

$$\sum_{n \geq 1} a_n n^{-s} + \sum_{n \geq 1} b_n n^{-s} = \sum_{n \geq 1} (a_n + b_n) n^{-s},$$
$$\sum_{n \geq 1} a_n n^{-s} \cdot \sum_{n \geq 1} b_n n^{-s} = \sum_{n \geq 1} (a \star b)_n n^{-s}, \tag{7.2.2}$$

此处定义 Dirichlet 卷积

$$(a \star b)_n := \sum_{d|n} a_d b_{n/d}.$$

若 $a_1 = 1$ 而且 a_n 满足

$$\gcd(n, m) = 1 \implies a_{nm} = a_n a_m,$$

则形式的操作立刻给出 Euler 乘积

$$\sum_{n \geq 1} a_n n^{-s} = \prod_{p: 素数} \sum_{e \geq 0} a_{p^e} p^{-es},$$

其严谨的成立条件则是 $\sum_{n \geq 1} |a_n| n^{-\mathrm{Re}(s)}$ 收敛 (定理 A.4.6). 这是诸位在 §2.2 学习 Riemann ζ 函数的 Euler 乘积时用过的技术.

练习 7.2.3 证明当 $\mathrm{Re}(s) > 1$ 时 $\zeta(s)^{-1} = \sum_{n \geq 1} \mu(n) n^{-s}$, 此处 $\mu(n)$ 是数论中的 Möbius 函数.

练习 7.2.4 对于复数列 $a = (a_n)_{n \geq 1}$, 定义 **Lambert 级数**

$$\mathfrak{L}(q) := \sum_{n=1}^\infty \frac{a_n q^n}{1 - q^n}, \quad |q| < 1.$$

证明若存在 $M \geq 0$ 使得 $|a_n| \ll n^M$, 则 $\mathfrak{L}(q)$ 收敛, 并且 $\mathfrak{L}(q) = \sum_{n=1}^\infty (a \star 1)_n q^n$, 其中 1

代表常值列 $(1)_{n \geq 1}$. 依此对所有 $r \in \mathbb{R}$ 证明

$$\sum_{n=1}^{\infty} \frac{n^r q^n}{1 - q^n} = \sum_{n=1}^{\infty} \sigma_r(n) q^n, \quad \sum_{n=1}^{\infty} \frac{\mu(n) q^n}{1 - q^n} = q.$$

定理 7.2.5 设存在 $M \in \mathbb{R}$ 使得复数列 $(a_n)_{n \geq 1}$ 满足估计

(a) $|a_n| \ll n^M$; 或者

(b) $\sum_{m \leq n} |a_m| \ll n^{M+1}$,

则以下性质成立.

(i) 设 $t \in \mathbb{C}$, 则 $\tilde{f}(t) := \sum_{n \geq 1} a_n e^{-nt}$ 在 $\operatorname{Re}(t) > 0$ 时收敛, 而且当 $t \in \mathbb{R}$ 时,

$$|\tilde{f}(t)| \ll t^{-M-1}, \quad t \to 0+,$$
$$|\tilde{f}(t)| \ll e^{-t}, \quad t \to +\infty.$$

(ii) Dirichlet 级数 $L(s) := \sum_{n \geq 1} a_n n^{-s}$ 在 $\operatorname{Re}(s) > M + 1$ 时收敛. 若 $a > M + 1$, 则 $L(s)$ 在区域 $\{s : \operatorname{Re}(s) \geq a\}$ 上一致有界.

相对于参数 t, s, 无穷级数 $\tilde{f}(t)$ 和 $L(s)$ 皆在紧子集上正规收敛, 并且在收敛范围内分别对 t, s 全纯.

(iii) 当 $\operatorname{Re}(s) > M + 1$ 时, $\mathscr{M}\tilde{f}(s)$ 由收敛积分定义, 对 s 全纯, 此时

$$\Gamma(s) L(s) = (\mathscr{M}\tilde{f})(s) = \int_{\mathbb{R}_{>0}} \tilde{f}(t) t^s \, \mathrm{d}^{\times} t.$$

对于任意 $M + 1 < a < b < +\infty$, 上式作为 s 的函数在竖带 $a \leq \operatorname{Re}(s) \leq b$ 上一致有界, 并且对 $|\operatorname{Im}(s)|$ 速降.

(iv) 当实数 $c > M + 1$ 时, 对所有 $t > 0$ 皆有

$$\tilde{f}(t) = \frac{1}{2\pi i} \int_{\operatorname{Re}(s) = c} \Gamma(s) L(s) t^{-s} \, \mathrm{d}s.$$

条件 $\sum_{m \leq n} |a_m| \ll n^{M+1}$ 应理解为 $|a_m|$ 在平均意义下按 n^M 增长. 断言 (iv) 的积分按命题 7.2.1 (ii) 的方法诠释.

证明 显然条件 (a) $\implies$ (b), 是故以下仅假定 (b).

先处理 (ii). 命 $A_n := \sum_{m \leqslant n} |a_m|$, $b_n := n^{-\operatorname{Re}(s)}$. Abel 分部求和法蕴涵

$$\sum_{m=1}^{n} |a_m| m^{-\operatorname{Re}(s)} = \sum_{m=1}^{n} (A_m - A_{m-1}) b_m, \quad A_0 := 0$$

$$= \sum_{m=1}^{n} A_m b_m - \sum_{m=0}^{n-1} A_m b_{m+1} = \sum_{m=1}^{n} A_m (b_m - b_{m+1}) + A_n b_{n+1}$$

$$\leqslant \sum_{m=1}^{n} A_n |b_m - b_{m+1}| + A_n b_{n+1}.$$

由于 $A_n \ll n^{M+1}$, 当 $\operatorname{Re}(s) > M+1$ 时 $A_n b_{n+1} \to 0$. 又由微分均值定理知, $|b_m - b_{m+1}|$ 可以用 $m^{-\operatorname{Re}(s)-1}$ 来控制, 故 $\sum_{m \geqslant 1} A_m |b_m - b_{m+1}|$ 在 $\operatorname{Re}(s) > M+1$ 时也收敛; 相关估计在区域 $\{s : \operatorname{Re}(s) \geqslant a\}$ 上是一致的. 按熟知的办法推导全纯性, 见命题 A.3.4.

回头处理 (i). 设 $t \in \mathbb{R}$. 条件 (b) 蕴涵 $|a_n| \ll n^{M+1}$, 故 $t > 0$ 时的收敛性是根审敛法的直接应用. 至于 $|\tilde{f}(t)|$ 的估计, 令 $Q := e^{-t}$. 在上述分部求和中改取 $b_m := Q^m$, 则

$$\sum_{m=1}^{n} |a_m| Q^m = \sum_{m=1}^{n} A_m (b_m - b_{m+1}) + A_n b_{n+1}$$

$$= (1-Q) \sum_{m=1}^{n} A_m Q^m + A_n Q^{n+1} \xrightarrow{n \to +\infty} (1-Q) \sum_{m \geqslant 1} A_m Q^m$$

$$\ll (1-Q) \sum_{m \geqslant 1} m^{M+1} Q^m.$$

当 $t \to 0$ 时 $1 - Q = t + o(t)$, 由 $\sum_{m \geqslant 1} m^{M+1} Q^m$ 的大致公式 (参照命题 3.6.7 的证明) 可见

$$(1-Q) \sum_{m \geqslant 1} m^{M+1} Q^m \ll (1-Q)^{-M-1} \sim t^{-M-1}.$$

这便给出 $t \to 0+$ 时的估计. 另一方面,

$$|\tilde{f}(t)| \leqslant \sum_{m \geqslant 1} |a_m| Q^m = Q \left(|a_1| + \sum_{m \geqslant 1} |a_{m+1}| Q^m \right).$$

易见级数 $\sum_{m \geqslant 1} |a_{m+1}| \cdot |Q|^m$ 收敛而且对 t 递减. 于是上式蕴涵 $t \to +\infty$ 时 $|\tilde{f}(t)| \ll Q$. 如是证得 (i).

对于 (iii), $\mathscr{M}\tilde{f}(s)$ 的收敛范围和全纯性质是 (i) 和命题 7.2.1 的结论. 形式地计

算可得

$$
\int_{\mathbb{R}_{>0}} \tilde{f}(t)t^s \, \mathrm{d}^\times t = \int_{\mathbb{R}_{>0}} \sum_{n \geqslant 1} a_n e^{-nt} t^s \, \mathrm{d}^\times t
$$

$$
= \sum_{n \geqslant 1} a_n \int_{\mathbb{R}_{>0}} e^{-nt} t^s \, \mathrm{d}^\times t
$$

$$
(\text{换元 } t \rightsquigarrow nt) \quad = \sum_{n \geqslant 1} a_n n^{-s} \Gamma(s) = \Gamma(s)L(s),
$$

第三个等号用上了例 7.2.2. 为了确保收敛并交换积分与求和, 我们先在区域 $\mathrm{Re}(s) > \max\{0, M+1\}$ 上应用命题 7.2.1 和 (i) 的估计, 以 Fubini 定理证成上述等式. 由于 $\mathcal{M}\tilde{f}(s)$ 和 $\Gamma(s)L(s)$ 都能延拓到 $\mathrm{Re}(s) > M+1$ 上, 等式 $\Gamma(s)L(s) = \mathcal{M}\tilde{f}(s)$ 随之延拓. 在竖带 $a \leqslant \mathrm{Re}(s) \leqslant b$ 上的性状缘于 $L(s)$ 在竖带上一致有界和 Γ 对 $|\mathrm{Im}(s)|$ 速降, 见 (7.2.1).

最后, (iv) 直接导自 (iii) 和命题 7.2.1 的 Mellin 反演公式. □

推论 7.2.6 设数列 $(a_n)_{n=1}^\infty$, $(a_n^\dagger)_{n=1}^\infty$ 满足定理 7.2.5 的估计, 相应的 Dirichlet 级数分别记为 $L(s), L^\dagger(s)$, 则

$$
\forall s, \; L(s) = L^\dagger(s) \iff \forall n, \; a_n = a_n^\dagger.
$$

证明 根据定理 7.2.5, Dirichlet 级数 $L(s)$ 透过反演公式确定了 $\tilde{f}(t) = \sum_{n \geqslant 1} a_n Q^n$, 其中 $t > 0$ 而 $Q := e^{-t}$. 视 $\tilde{f}$ 为单位开圆盘 $\{Q \in \mathbb{C} : |Q| < 1\}$ 上的全纯函数, 由于幂级数展开唯一, $(a_n)_{n=1}^\infty$ 也随之被确定了. □

由此可知 Dirichlet 级数 $L(s)$ 蕴藏了数列 $(a_n)_{n=1}^\infty$ 的一切信息.

7.3 应用: 从 θ 级数到平方和问题

对于一般的格都可以定义 ϑ 级数, 但本节只考虑最经典的 Jacobi ϑ 级数. 它以 $\tau \in \mathscr{H}$ 为参数, 定义为

$$
\vartheta(\tau) := \sum_{n \in \mathbb{Z}} q_2^{n^2}, \quad q_2 := e^{\pi i \tau},
$$

显见 $|q_2| < 1$, 故级数在紧集上正规收敛, 对 τ 全纯. 我们将研究与之相关的 Mellin 变换与模形式.

注记 7.3.1 一般意义下的 ϑ 级数带两个变元

$$\vartheta(z;\tau) := \sum_{n\in\mathbb{Z}} q_2^{n^2}\eta^n, \quad q_2 := e^{\pi i\tau}, \quad \eta := e^{2\pi iz},$$

其中 $(z,\tau) \in \mathbb{C}\times\mathscr{H}$. 收敛与全纯毫无问题 (参阅 §A.3), 而 $\vartheta(\tau) = \vartheta(0;\tau)$. 这是模形式理论中所谓 **Jacobi 形式**的典型例子. 关于几何与表示论面向的讨论可见 [42], 经典视角则可参照 [62, 第 9 章]. 这里的 $\vartheta(\tau;z)$ 对应于 [62] 的 ϑ_3, 后者也是 Jacobi 原始的记法.

定理 7.3.2 (函数方程)   我们有 $\vartheta(\tau+2) = \vartheta(\tau)$. 对任意满足 $\mathrm{Re}(\eta) > 0$ 之复数 η, 记 $\sqrt{\eta}$ 为其在右半平面的平方根, 则

$$\vartheta(\tau) = \frac{1}{\sqrt{-i\tau}}\vartheta\left(\frac{-1}{\tau}\right).$$

证明   第一个断言缘于 $q_2(\tau+2) = q_2(\tau)$. 第二个断言其等式两边对 τ 全纯, 于是仅需对 $\tau = i\eta \in i\mathbb{R}_{>0}$ 来验证. 首先定义含参数 $\eta > 0$ 的辅助函数

$$f_\eta(x) := e^{-\pi\eta x^2}, \quad x \in \mathbb{R},$$

它在 $\mathbb{R}$ 上是 C^∞ 速降函数. 根据初等 Fourier 分析的一条标准结果 (如 [26, Example 2.2.9] 配合 (A.5.2)), 有

$$(f_\eta)^\vee = \frac{1}{\sqrt{\eta}}f_{1/\eta}. \tag{7.3.1}$$

于是 $(f_\eta)^\vee$ 也是 $\mathbb{R}$ 上的 C^∞ 速降函数. 应用 Poisson 求和公式 (定理 A.5.4) 并代入 $\eta = \tau/i = -i\tau$ 和 (7.3.1), 得到 $\vartheta(\tau)$ 等于

$$\sum_{n\in\mathbb{Z}}\exp\left(\pi in^2\tau\right) = \sum_{n\in\mathbb{Z}}f_\eta(n) = \sum_{n\in\mathbb{Z}}(f_\eta)^\vee(n)$$
$$= \frac{1}{\sqrt{-i\tau}}\sum_{n\in\mathbb{Z}}\exp\left(\pi i\cdot\frac{-1}{\tau}\cdot n^2\right).$$

右式给出 $\frac{1}{\sqrt{-i\tau}}\vartheta\left(\frac{-1}{\tau}\right)$, 明所欲证. $\qquad\square$

定义 $\mathbb{R}_{>0}$ 上的函数

$$f(t) := \frac{1}{2}(\vartheta(it)-1) = \sum_{n\geqslant 1}e^{-\pi n^2 t},$$
$$\tilde{f}(t) := f\left(\frac{t}{\pi}\right) = \sum_{n\geqslant 1}e^{-n^2 t}. \tag{7.3.2}$$

置入定理 7.2.5 的框架, $\tilde{f}$ 对应于数列 $(a_n)_{n=1}^\infty$ 如下

$$a_n := \begin{cases} 1, & n : \text{平方数}, \\ 0, & n : \text{非平方数}. \end{cases}$$

显然有 $\sum_{m \leqslant n} a_n \leqslant \sqrt{n}$. 这相当于说定理 7.2.5 所需的估计对 $M = -\frac{1}{2}$ 成立. 因此 Mellin 变换 $\mathscr{M}\tilde{f}(s)$ 在 $\mathrm{Re}(s) > \frac{1}{2}$ 时收敛并且对 s 全纯.

定理 7.3.3 (B. Riemann) 定义 f 如 (7.3.2). Mellin 变换 $\mathscr{M}f(s)$ 在 $\mathrm{Re}(s) > \frac{1}{2}$ 时收敛并给出 s 的全纯函数. 它具有在 $\mathbb{C}$ 上的亚纯延拓, 其唯一极点在 $s = 0, \frac{1}{2}$ 处, 分别是留数为 $-\frac{1}{2}$ 和 $\frac{1}{2}$ 的单极点, 并且满足函数方程

$$\mathscr{M}f(s) = \mathscr{M}f\left(\frac{1}{2} - s\right).$$

进一步, $\mathscr{M}f(s) = \pi^{-s}\Gamma(s)\zeta(2s)$.

证明 关于 $\mathscr{M}f(s)$ 的收敛范围, 全纯性等显然和 $\mathscr{M}\tilde{f}(s)$ 相同. 实际上

$$\mathscr{M}\tilde{f}(s) = \int_{\mathbb{R}_{>0}} f\left(\frac{t}{\pi}\right) t^s \,\mathrm{d}^{\times}t = \pi^s \int_{\mathbb{R}_{>0}} f(t) t^{-s} \,\mathrm{d}^{\times}t = \pi^s \mathscr{M}f(s).$$

由之前观察遂知 $\mathscr{M}f(s)$, $\mathscr{M}\tilde{f}(s)$ 在 $\mathrm{Re}(s) > \frac{1}{2}$ 时收敛并全纯.

以下将同步导出亚纯延拓和函数方程. 首先将 $\mathscr{M}f(s)$ 拆分为

$$\int_0^1 f(t)t^s \,\mathrm{d}^{\times}t + \int_1^{\infty} f(t)t^s \,\mathrm{d}^{\times}t.$$

回忆命题 7.2.1 的证明可知 $\int_1^{\infty}$ 对任何 s 都收敛, 而 $\int_0^1$ 的收敛范围是 $\mathrm{Re}(s) > \frac{1}{2}$. 对积分 $\int_0^1$ 施行换元 $u := \frac{1}{t}$: 注意到 $\frac{\mathrm{d}u}{u} = -\frac{\mathrm{d}t}{t}$ 并应用定理 7.3.2, 得出 $\int_0^1 f(t)t^s \,\mathrm{d}^{\times}t$ 等于

$$\frac{1}{2}\int_0^1 \left(\frac{1}{\sqrt{t}}\vartheta\left(\frac{i}{t}\right) - 1\right) t^s \,\mathrm{d}^{\times}t = \frac{1}{2}\int_1^{\infty} \left(\sqrt{u}\,\vartheta(iu) - 1\right) u^{-s} \,\mathrm{d}^{\times}u$$

$$= \int_1^{\infty} \frac{\vartheta(iu) - 1}{2} \cdot u^{-s+\frac{1}{2}} \,\mathrm{d}^{\times}u + \frac{1}{2}\left(\int_1^{\infty} u^{-s+\frac{1}{2}} \,\mathrm{d}^{\times}u - \int_1^{\infty} u^{-s} \,\mathrm{d}^{\times}u\right)$$

$$= \int_1^{\infty} f(u)u^{\frac{1}{2}-s} \,\mathrm{d}^{\times}u - \frac{1}{2}\left(\frac{1}{\frac{1}{2} - s} + \frac{1}{s}\right).$$

综上, 当 $\mathrm{Re}(s) > \dfrac{1}{2}$ 时,

$$\mathscr{M}f(s) = \int_1^\infty f(t)t^s \,\mathrm{d}^\times t + \int_1^\infty f(t)t^{\frac{1}{2}-s}\,\mathrm{d}^\times t - \frac{1}{2}\left(\frac{1}{\frac{1}{2}-s} + \frac{1}{s}\right).$$

定理 7.2.5 蕴涵 $f(t)$ 在 $t \to +\infty$ 时按指数衰减, 故积分 $\displaystyle\int_1^\infty f(t)t^s\,\mathrm{d}^\times t$ 和 $\displaystyle\int_1^\infty f(t)t^{\frac{1}{2}-s}\,\mathrm{d}^\times t$ 对所有 $s \in \mathbb{C}$ 皆收敛且全纯, 故右式是 $s \in \mathbb{C}$ 的亚纯函数, 其极点的描述正与断言相符, 并且右式显然对 $s \leftrightarrow \dfrac{1}{2} - s$ 对称, 由此同时导出 $\mathscr{M}f$ 的亚纯延拓、极点信息与函数方程.

将 $\tilde{f}(t) = \sum_{n \geqslant 1} e^{-n^2 t}$ 代入定理 7.2.5, 可知当 $\mathrm{Re}(s) > \dfrac{1}{2}$ 时,

$$\Gamma(s)\sum_{n\geqslant 1} n^{-2s} = \mathscr{M}\tilde{f}(s) = \pi^s \mathscr{M}f(s),$$

整理后得到 $\mathscr{M}f(s) = \pi^{-s}\Gamma(s)\zeta(2s)$. 根据亚纯延拓, 此式对所有 $s \in \mathbb{C}$ 成立. 明所欲证. $\square$

以上证明未动用 $\zeta(s) = \sum_{n \geqslant 1} n^{-s}$ 的任何已知性质, 它实际给出了 ζ 的亚纯延拓、极点描述与函数方程的另一套证明. 这一论证也出自 Riemann.

我们将目光转向数论中的平方和问题. 符号稍易, 命

$$\theta(\tau) := \vartheta(2\tau) = \sum_{n\in\mathbb{Z}} q^{n^2}, \quad q := e^{2\pi i\tau}.$$

函数 θ 具有数论上的兴味: 基于幂级数在收敛范围 $|q| < 1$ 内的乘法, 对任意 $m \in \mathbb{Z}_{\geqslant 1}$ 皆有

$$\theta(\tau)^m = \sum_{n\geqslant 0} r_m(n)q^n,$$

其中的系数

$$r_m(n) := \left|\left\{(n_i)_{i=1}^m \in \mathbb{Z}^m : n_1^2 + \cdots + n_m^2 = n\right\}\right|$$

是整数写作 m 个平方和的表法个数. 且先介绍一个粗糙的估计. 记 $\mathbb{R}^m$ 的标准范数为 $\|\cdot\|$, 而 $\mathbb{B}^m := \{x \in \mathbb{R}^m : \|x\| \leqslant 1\}$ 为单位闭球.

命题 7.3.4   定义 $R_m(n) := \sum_{h\leqslant n} r_m(h)$, 则

$$\lim_{n\to\infty} \frac{R_m(n)}{n^{\frac{m}{2}}} = \mathrm{vol}(\mathbb{B}^m) = \frac{\pi^{\frac{m}{2}}}{\Gamma\left(1 + \frac{m}{2}\right)},$$

而且 $r_m(n) \ll n^{m/2}$, 估计中的常数依赖于 m.

关于 $R_m(n)$ 或其种种变体的估计称为 **Gauss 圆内整点问题**.

证明 不妨设 $n > m$, 这时 $R_m(n) = \left| \sqrt{n} \cdot \mathbb{B}^m \cap \mathbb{Z}^m \right| \geqslant 1$. 对每个 $x \in \sqrt{n} \cdot \mathbb{B}^m \cap \mathbb{Z}^m$ 作相应的方块 $x + [0,1]^m$, 各方块内部无交, 其并则记为 $\mathcal{R}$, 则 $\mathrm{vol}(\mathcal{R}) = R_m(n)$. 我们断言

$$(\sqrt{n} - \sqrt{m}) \cdot \mathbb{B}^m \subset \mathcal{R} \subset (\sqrt{n} + \sqrt{m}) \cdot \mathbb{B}^m.$$

首先, 若 $y \in x + [0,1]^n$, 则三角不等式蕴涵 $\|y\| \leqslant \|x\| + \sqrt{n}$, 由此得到第二个 $\subset$. 若 $\|y\| \leqslant \sqrt{n} - \sqrt{m}$, 则 $x := \left(\lfloor y_i \rfloor \right)_{i=1}^m$ 满足于 $y \in x + [0,1]^n$, 而 $\|x\| \leqslant \|y\| + \sqrt{m} \leqslant \sqrt{n}$, 由此得到第一个 $\subset$. 下图是 $m = 2, n = 9$ 的情形.

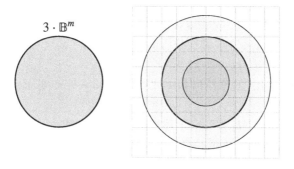

比较体积并取极限 $n \to \infty$ 即得第一式; 关于 $\mathbb{B}^m$ 体积的公式是熟知的. 由于 $r_m(n) \leqslant R_m(n)$, 随之得到上界. $\qquad \square$

焦点转回 θ 本身. 定理 7.3.2 化为

$$\theta(\tau + 1)^m = \theta(\tau)^m, \quad \theta(\tau)^m = \frac{1}{\left(\sqrt{-2i\tau} \right)^m} \theta \left(\frac{-1}{4\tau} \right)^m.$$

考虑 $\mathrm{SL}(2, \mathbb{Q})$ 的元素

$$T := \begin{pmatrix} 1 & 1 \\ & 1 \end{pmatrix}, \quad V_4 := \frac{1}{2} \begin{pmatrix} & -1 \\ 4 & \end{pmatrix}, \quad V_4^2 = \begin{pmatrix} -1 & \\ & -1 \end{pmatrix}.$$

当 $m = 2k$ 时 $\left(\sqrt{-2i\tau} \right)^{-m} = (-2i\tau)^{-k} = i^k (2\tau)^{-k}$, 上式可改写作

$$\theta^{2k} = \theta^{2k} \big|_k T, \quad \theta^{2k} = i^k \theta^{2k} \big|_k V_4 = i^k \theta^{2k} \big|_k \begin{pmatrix} & -1 \\ 4 & \end{pmatrix}. \tag{7.3.3}$$

这暗示 θ^{2k} 有望成为权 k 的模形式. 实际上, 相应的离散子群可以取为同余子群 $\Gamma_0(4)$, 并且对 $\Gamma_0(4)/\Gamma_1(4) = (\mathbb{Z}/4\mathbb{Z})^\times$ 到 $\mathbb{C}^\times$ 的某个同态具有等变性. 下面就来补全细节.

引理 7.3.5 同余子群 $\Gamma_0(4)$ 在 $\mathrm{PSL}(2,\mathbb{R})$ 中的像由 T 和 $\tilde{T} := V_4 T V_4^{-1} = \begin{pmatrix} 1 & \\ 4 & 1 \end{pmatrix}$
生成.

证明 设 $\gamma = \begin{pmatrix} a & b \\ 4c & d \end{pmatrix} \in \Gamma_0(4)$. 我们对 $a^2 + b^2$ 递归来说明 $\pm\gamma$ 能由 $T, \tilde{T}$ 表出. 设 $a^2 + b^2 = 1$, 假若 $a = 0$, 此时 $\det\gamma = -4bc$ 不可能为 1; 若 $b = 0$, 则 $\gamma = \pm\begin{pmatrix} 1 & \\ 4m & 1 \end{pmatrix} = \pm\tilde{T}^m$. 以下考虑 $a^2 + b^2 > 1$ 情形, 此时 $b \neq 0$, 否则 $\det\gamma = 1$ 将蕴涵 $|a| = 1$, 与 $a^2 + b^2 > 1$ 矛盾. 又由 $a \notin 2\mathbb{Z}$ 可知 $|a| \neq 2|b|$. 下面应用一则初等的观察: 设 $x, y \in \mathbb{R}$ 满足 $0 < |x| < 2|y|$, 那么分析正负号可知 $|y + x| < |y|$ 或 $|y - x| < |y|$ 必居其一.

(1) 若 $|a| < 2|b|$, 上述观察给出 $|a + b| < |b|$ 或 $|a - b| < |b|$, 此时分别以 $\gamma T^{\pm 1}$ 代 γ 来缩小 $a^2 + b^2$.

(2) 若 $|a| > 2|b|$, 则 $|4b| < 2|a|$, 上述观察给出 $|a + 4b| < |a|$ 或 $|a - 4b| < |a|$, 此时分别以 $\gamma \tilde{T}^{\pm 1}$ 代 γ 来缩小 $a^2 + b^2$.

明所欲证.   □

定义群同态

$$\chi : (\mathbb{Z}/4\mathbb{Z})^\times \longrightarrow \mathbb{C}^\times$$
$$\pm 1 \bmod 4\mathbb{Z} \longmapsto \pm 1.$$

引理 7.3.6 取 χ 如上, 设 $k \in \mathbb{Z}_{\geqslant 1}$, 则对所有 $\gamma = \begin{pmatrix} a & b \\ c & d \end{pmatrix} \in \Gamma_0(4)$ 都有 $\theta^{2k}\big|_k \gamma = \chi(d)^k \theta^{2k}$. 作为特例, 当 $\gamma \in \Gamma_1(4)$ 时 $\theta^{2k}\big|_k \gamma = \theta^{2k}$.

证明 取 $\gamma = \begin{pmatrix} -1 & \\ & -1 \end{pmatrix}$, 则 $\theta^{2k}\big|_k \begin{pmatrix} -1 & \\ & -1 \end{pmatrix} = (-1)^k \theta^{2k} = \chi(-1)^k \theta^{2k}$. 取 $\gamma = T$, 则 $\chi(d) = 1$, 而 $\theta^{2k}\big|_k T = \theta^{2k}$. 最后取引理 7.3.5 的 $\gamma = \tilde{T}$, 则 $\chi(d) = 1$, 而

$$\theta^{2k}\big|_k \tilde{T} = \theta^{2k}\big|_k V_4 \big|_k T \big|_k V_4^{-1} = \theta^{2k}.$$

根据引理 7.3.5, 这三个元素生成 $\Gamma_0(4)$.   □

命题 7.3.7 设 $k \in \mathbb{Z}_{\geqslant 1}$, 则 $\theta^{2k} \in M_k\left(\Gamma_0(4), \chi^k\right)$. 它在尖点 ∞ 处取值为 1.

证明 首先证明 $\theta^{2k} \in M_k(\Gamma_0(4), \chi^k)$. 基于命题 1.5.11, 再配合引理 7.3.6 提供的 $(\Gamma_1(4), \chi)$-等变性, 仅需验证 θ^{2k} 在尖点 ∞ 处的 Fourier 展开

$$\theta(\tau)^{2k} = \sum_{n \geqslant 0} r_{2k}(n) q^n$$

中的系数 $r_{2k}(n)$ 至多按多项式增长, 然而这由命题 7.3.4 确保. 显然 $r_{2k}(0) = 1$. □

当 h 为正奇数时, θ^h 可以用**半整权模形式**的理论来解释. 特别地, θ 是权为 $\frac{1}{2}$ 的模形式. Serre 和 Stark 的一个著名定理断言所有权为 $\frac{1}{2}$, 级为某个算术子群 $\Gamma \subset \mathrm{SL}(2, \mathbb{Z})$ 的模形式都可以写作 $\theta_{u,v} := \sum_{n \in \mathbb{Z}} q^{u(n+v)^2}$ 的线性组合, 以此观之, θ 级数也就穷尽了权为 $\frac{1}{2}$ 的模形式. 一般的半整权 $h + \frac{1}{2}$ 模形式和整权 $2h$ 模形式之间有深刻的对应关系, 这是由志村五郎, Kohnen, Gelbart, Piatetski-Shapiro 和 Waldspurger 等奠基的工作.

我们已将 k 平方和的表法数 $r_k(n)$ 诠释为模形式 (容许半整权) 的 Fourier 系数. 牛刀小试, 首先琢磨 $r_4(n)$. 回忆定义 2.4.3 构造的全纯函数 E_2, G_2, 以及

$$\mathcal{G}_2(\tau) := \frac{G_2(\tau)}{-8\pi^2} = \frac{E_2(\tau)}{-24} = -\frac{1}{24} + \sum_{n=1}^{\infty} \sigma_1(n) q^n.$$

等式 (2.4.1) 蕴涵 $\tau^{-2} \mathcal{G}_2(-1/\tau) = \mathcal{G}_2(\tau) - (4\pi i \tau)^{-1}$, 它不是模形式, 但实解析函数 $\mathcal{G}_2^*(\tau) := \mathcal{G}_2(\tau) + \frac{1}{8\pi \mathrm{Im}(\tau)}$ 则满足于 $\gamma \in \mathrm{SL}(2, \mathbb{Z}) \implies \mathcal{G}_2^* \big|_2 \gamma = \mathcal{G}_2^*$ (练习 2.4.5).

练习 7.3.8 对所有 $N \in \mathbb{Z}_{\geqslant 1}$, 证明 $\mathcal{G}_2(\tau) - N\mathcal{G}_2(N\tau) = \mathcal{G}_2^*(\tau) - N\mathcal{G}_2^*(N\tau)$ 属于 $M_2(\Gamma_0(N))$.

提示 可应用命题 1.5.11 和命题 6.4.1.

基于以上练习, $M_2(\Gamma_0(4))$ 含有元素

$$\mathcal{G}_2(\tau) - 2\mathcal{G}_2(2\tau) = \frac{1}{24} + q + q^2 + \cdots,$$
$$\mathcal{G}_2(2\tau) - 2\mathcal{G}_2(4\tau) = \frac{\mathcal{G}_2(\tau) - 4\mathcal{G}_2(4\tau)}{2} - \frac{\mathcal{G}_2(\tau) - 2\mathcal{G}_2(2\tau)}{2}$$
$$= \frac{1}{24} + 0 \cdot q + q^2 + \cdots.$$

观察 Fourier 展开前两项可知两者线性无关. 因为维数公式给出 $\dim_{\mathbb{C}} M_2(\Gamma_0(4)) = 2$ (例 4.3.4), 以上两者给出 $M_2(\Gamma_0(4))$ 的一组基. 容易算出 $r_4(1) = 8$, 代入 $\theta(\tau)^4 = 1 + 8q + \cdots \in$

$M_2(\Gamma_0(4))$, 即可解出

$$\theta(\tau)^4 = 8\left(\mathscr{G}_2(\tau) - 2\mathscr{G}_2(2\tau)\right) + 16\left(\mathscr{G}_2(2\tau) - 2\mathscr{G}_2(4\tau)\right) = 8(\mathscr{G}_2(\tau) - 4\mathscr{G}_2(4\tau)).$$

定理 7.3.9 (C. G. J. Jacobi)   对于 $n \in \mathbb{Z}_{\geqslant 1}$, 有 $r_4(n) = 8 \sum\limits_{\substack{d|n \\ 4 \nmid d}} d$.

证明   鉴于 $\theta(\tau)^4$ 的上述表达式和 $\mathscr{G}_2$ 的展开, 一切归结于

$$\sum_{d|n} d - 4\sum_{d|\frac{n}{4}} d = \sum_{\substack{d|n \\ 4 \nmid d}} d,$$

其中 $\sum_{d|\frac{n}{4}}$ 一项在 $4 \nmid n$ 时设为 0. $\square$

因为 $\sum_{4 \nmid d|n} d$ 中至少含 $d = 1$ 一项, $r_4(n) \geqslant 8$, 由此立得 Lagrange 四平方和定理.

对于 $\theta(\tau)^8 = \sum_{n \geqslant 0} r_8(n)q^n \in M_4(\Gamma_0(4))$, 用例 4.3.4 算出之 $\dim_{\mathbb{C}} M_4(\Gamma_0(4)) = 3$ 和 Eisenstein 级数

$$\mathscr{G}_4 := \frac{E_4}{240} = \frac{1}{240} + \sum_{n \geqslant 1} \sigma_3(n)q^n.$$

如法炮制, 可得

$$\theta(\tau)^8 = 16\mathscr{G}_4(\tau) - 32\mathscr{G}_4(2\tau) + 256\mathscr{G}_4(4\tau),$$
$$r_8(n) = 16\sum_{d|n} (-1)^{n-d} d^3.$$

这些结果可以上溯到 Eisenstein 和 Smith, 细节留给读者玩赏.

7.4   Hecke 特征形式的 *L*-函数

选定 $N, k \in \mathbb{Z}_{\geqslant 1}$. 设 $f(\tau) = \sum_{n \geqslant 0} a_n(f)q^n \in S_k(\Gamma_1(N))$, 这里 $q = e^{2\pi i \tau}$. 本节将在收敛半径内定义 *L*-函数 $L(s, f)$, 并在 f 为正规化 Hecke 特征形式时给出 $L(s, f)$ 的 Euler 乘积. 注记 7.4.5 将说明如何透过新形式理论来探讨一般尖点形式的 *L*-函数.

定义 7.4.1   模形式 $f \in M_k(\Gamma_1(N))$ 的 *L*-函数定义为 Dirichlet 级数

$$L(s, f) := \sum_{n \geqslant 1} a_n(f)n^{-s}.$$

显然 $L(s, af_1 + bf_2) = aL(s, f_1) + bL(s, f_2)$. 注记 7.5.5 将介绍另一种通行的定义, 差一个平移. 当务之急是估计 $L(s, f)$ 的收敛范围.

引理 7.4.2　命 $M := \begin{cases} \dfrac{k-1}{2}, & f \in S_k(\Gamma_1(N)), \\ k, & f \in M_k(\Gamma_1(N)) \setminus S_k(\Gamma_1(N)). \end{cases}$

(i) Dirichlet 级数 $L(s, f)$ 在 $\mathrm{Re}(s) > M + 1$ 时绝对收敛, 对 s 全纯, 在形如 $\{s : \mathrm{Re}(s) \geqslant a\}$ 的区域上一致有界 $(a > M + 1)$.

(ii) 当 $\mathrm{Re}(s) > M + 1$ 时,

$$(2\pi)^{-s} \Gamma(s) L(s, f) = \int_{\mathbb{R}_{>0}} (f(it) - a_0(f)) t^s \, \mathrm{d}^\times t,$$

对于所有 $M + 1 < a < b$, 上式在竖带 $a \leqslant \mathrm{Re}(s) \leqslant b$ 上一致有界, 且对 $|\mathrm{Im}(s)|$ 速降.

证明　由定理 7.1.1 和定理 7.1.2 分别得到估计 $\sum_{m \leqslant n} |a_n(f)| \ll n^{M+1}$ (当 $f \in S_k(\Gamma_1(N))$ 时) 或 $|a_n(f)| \ll n^M$ (其余情形). 置 $\tilde{f}(t) := f\left(\dfrac{it}{2\pi}\right) - a_0(f)$, 其中 $t > 0$, 于是 $\tilde{f}(t) = \sum_{n \geqslant 1} a_n(f) e^{-nt}$ 可以代入定理 7.2.5. 注意到

$$\mathscr{M}\tilde{f}(s) = (2\pi)^s \int_{\mathbb{R}_{>0}} \left(f(it) - a_0(f)\right) t^s \, \mathrm{d}^\times t$$

即可.　　　　　　　　　　　　　　　　　　　　　　　　　　　　　$\square$

定理 7.4.3 (E. Hecke)　择定同态 $\chi : (\mathbb{Z}/N\mathbb{Z})^\times \to \mathbb{C}^\times$, 按 0 延拓到 $\mathbb{Z}/N\mathbb{Z}$. 若 $f \in M_k(\Gamma_1(N), \chi)$ 是正规化 Hecke 特征形式 (定义 6.3.10), 定义 M 如引理 7.4.2, 则 $L(s, f)$ 具有 Euler 乘积

$$L(s, f) = \prod_{p: \text{素数}} \left(1 - a_p(f) p^{-s} + \chi(p) p^{k-1-2s}\right)^{-1}, \quad \mathrm{Re}(s) > M + 1.$$

特别地,

◇ 当 $n, m \in \mathbb{Z}_{\geqslant 1}$ 互素时, $a_{nm}(f) = a_n(f) a_m(f)$;

◇ 对所有素数 p 和 $e \in \mathbb{Z}_{\geqslant 1}$, 皆有 $a_{p^{e+1}}(f) = a_p(f) a_{p^e}(f) - \chi(p) p^{k-1} a_{p^{e-1}}(f)$.

证明　以下均假设 $\mathrm{Re}(s) > M + 1$. 引理 7.4.2 确保 $L(s, f)$ 收敛, 或者更精确地说 $\sum_{n \geqslant 1} |a_n(f)| n^{-\mathrm{Re}(s)}$ 收敛.

其余是 §6.3 的 Hecke 算子理论的应用. 首先回忆到 $T_n f = a_n(f) f$ (推论 6.3.9), 而 $\gcd(n, m) = 1$ 蕴涵 $T_n T_m = T_{nm} = T_m T_n$ (定义 6.3.3). 综之, $(a_n(f))_{n \geqslant 1}$ 满足 $\gcd(m, n) = 1 \implies a_{mn}(f) = a_m(f) a_n(f)$. 代入定理 A.4.6 遂产生 Euler 乘积

$$\sum_{n \geqslant 1} a_n(f) n^{-s} = \prod_{p: \text{素数}} \left(\sum_{e \geqslant 0} a_{p^e}(f) p^{-es}\right),$$

并且右式的无穷乘积绝对收敛. 剩下任务是对每个素数 p 证明

$$\left(1 - a_p(f)p^{-s} + \chi(p)p^{k-1-2s}\right) \cdot \sum_{e \geq 0} a_{p^e}(f)p^{-es} = 1.$$

将乘积展开, 可见此式等价于

$$a_{p^{e+1}}(f) = a_p(f)a_{p^e}(f) - \chi(p)p^{k-1}a_{p^{e-1}}(f), \quad e \geq 1.$$

然而定义 6.3.3 给出

$$T_{p^{e+1}} := T_p T_{p^e} - p^{k-1}\langle p \rangle T_{p^{e-1}}, \quad e \geq 1,$$

而 $\langle p \rangle f = \chi(p)f$. 这些算子作用在 f 上便给出所求等式. □

例 7.4.4   取 $N = 1$, 这时 $\chi = 1$. 例 5.6.5 已说明模判别式 $\Delta(\tau) = \sum_{n \geq 1} \tau(n)q^n$ 是 $S_{12}(\mathrm{SL}(2, \mathbb{Z}))$ 中的正规化 Hecke 特征形式. 于是

$$\sum_{n \geq 1} \tau(n)n^{-s} = \prod_{p: 素数} \left(1 - \tau(p)p^{-s} + p^{11-2s}\right)^{-1}, \quad \mathrm{Re}(s) > \frac{13}{2},$$

而且

⋄ 当 $n, n' \in \mathbb{Z}_{\geq 1}$ 互素时, $\tau(nn') = \tau(n)\tau(n')$;
⋄ 对所有素数 p 和 $e \in \mathbb{Z}_{\geq 1}$, 皆有 $\tau(p^{e+1}) = \tau(p)\tau(p^e) - p^{11}\tau(p^{e-1})$.

这就回答了我们在 §2.4 提及的一些 Ramanujan 的猜想. 定理 7.1.1 给出估计 $\tau(n) \ll n^6$, 但要证明 §2.4 中更精细的猜想 $|\tau(p)| \leq 2p^{11/2}$ 则需要深刻的几何工具, 不属本书范围.

注记 7.4.5   定义 6.4.8 引入的新形式必然是正规化 Hecke 特征形式, 故具备定理 7.4.3 的 Euler 乘积. 推而广之, 推论 6.5.6 表明 $S_k(\Gamma_1(N))$ 由一组形如 $f(\tau) := h(d\tau)$ 的模形式张成, 其中

$$h \in S_k(\Gamma_1(N'))^{\mathrm{new}} \text{ 是新形式}, \quad d, N' \in \mathbb{Z}_{\geq 1}, \quad dN' \mid N.$$

于是

$$f(\tau) = \sum_{n \geq 1} a_n(h)q^{dn}, \quad \mathrm{Re}(s) > M + 1 \implies L(s, f) = d^{-s}L(s, h).$$

若 h 对 $(\mathbb{Z}/N'\mathbb{Z})^\times$ 的作用按特征标 χ 变化, 那么将 χ 透过 $\mathbb{Z}/N\mathbb{Z} \twoheadrightarrow \mathbb{Z}/N'\mathbb{Z}$ 拉回, 便给出 f 对 $(\mathbb{Z}/N\mathbb{Z})^\times$ 作用的特征标, 见引理 6.4.3 (i). 原则上, 尖点形式的 L-函数的性状可

如是归结为新形式的情形.

练习 7.4.6 Eisenstein 级数的 Dirichlet 级数可以用显式表作已知的其他 Dirichlet 级数, 从而导出其亚纯延拓等性质. 且看级为 SL(2, ℤ) 的基本例子. 设 $k > 2$ 为偶数, 在收敛范围内考虑

$$\mathscr{G}_k(\tau) := -\frac{B_k}{2k} + \sum_{n \geqslant 1} \sigma_{k-1}(n)q^n \ \in M_k(\mathrm{SL}(2, \mathbb{Z})),$$

$$L(s, \mathscr{G}_k) := \sum_{n \geqslant 1} \sigma_{k-1}(n)n^{-s}.$$

试证

$$L(s, \mathscr{G}_k) = \zeta(s)\zeta(s - k + 1).$$

此时 $L(s, \mathscr{G}_k)$ 从 ζ 函数继承 Euler 乘积和亚纯延拓.

提示 $\rangle$ 按 (7.2.2) 的符号, $\sigma_{k-1}(n) = (a \star b)_n$, 其中 $a_n := n^{k-1}$ 而 $b_n := 1$.

7.5　函数方程

在探讨 $L(s, f)$ 的延拓与函数方程之前, 重温定义 6.4.4 引入的算子 $w_N : f \mapsto f \mid_k \alpha_N$, 其中 $\alpha_N := \begin{pmatrix} & -1 \\ N & \end{pmatrix}$ 满足于 $\alpha_N^2 = \begin{pmatrix} -N & \\ & -N \end{pmatrix}$ 和 $\alpha_N \Gamma_1(N) \alpha_N^{-1} = \Gamma_1(N)$. 算子 w_N 保持子空间 $S_k(\Gamma_1(N))$ 不变. 引理 3.7.5 表明 w_N 是 $S_k(\Gamma_1(N))$ 上的酉算子, 显式写为

$$w_N f(\tau) = \left(f \mid_k \alpha_N\right)(\tau) = N^{-\frac{k}{2}} \tau^{-k} f\left(\frac{-1}{N\tau}\right).$$

按定义立见

$$w_N^2 f = f \mid_k \alpha_N^2 = f \mid_k \begin{pmatrix} -N & \\ & -N \end{pmatrix} = (-1)^k f.$$

这就提示我们将 w_N 调整为酉对合, 留意到酉对合必然自伴.

定义 7.5.1 (Fricke 对合, 或 Atkin–Lehner 对合)　从 w_N 定义算子 $W_N := i^k w_N$, 显式写作

$$W_N : M_k(\Gamma_1(N)) \longrightarrow M_k(\Gamma_1(N))$$

$$f \longmapsto \left[i^k f \mid_k \alpha_N : \tau \mapsto i^k N^{-\frac{k}{2}} \tau^{-k} f\left(\frac{-1}{N\tau}\right)\right].$$

它限制为 $S_k(\Gamma_1(N))$ 到自身的酉对合. 对级为 $\Gamma_0(N)$ 的模形式也有类似操作, 不再赘述.

练习 7.5.2   证明若 $f \in M_k(\Gamma_1(N), \chi)$, 则 $W_N f \in M_k(\Gamma_1(N), \chi^{-1})$.

在对合 W_N 的作用下, $M_k(\Gamma_1(N))$ 分解为 ± 1-特征子空间的直和

$$M_k(\Gamma_1(N))^{\pm} := \left\{ f \in M_k(\Gamma_1(N)) : W_N f = \pm f \right\};$$

对 $S_k(\Gamma_1(N))$ 亦然. 举例明之, §7.3 介绍的 θ^{2k} 是 $M_k(\Gamma_0(4), \chi^k) \cap M_k(\Gamma_1(4))^+$ 的元素. 诚然, (7.3.3) 表明它满足于 $W_4(\theta^{2k}) = i^k \theta^{2k} \big|_k \alpha_4 = \theta^{2k}$.

定义 7.5.3   设 $f \in M_k(\Gamma_1(N))$. 在引理 7.4.2 给出的收敛范围 $\mathrm{Re}(s) > M + 1$ 内定义

$$\Lambda_N(s, f) := N^{s/2}(2\pi)^{-s}\Gamma(s)L(s, f).$$

定理 7.5.4 (E. Hecke)   对所有的 $f = \sum_{n \geq 0} a_n(f)q^n \in M_k(\Gamma_1(N))$, 函数 $L(s, f)$ 和 $\Lambda_N(s, f)$ 皆能延拓为 $\mathbb{C}$ 上的亚纯函数, 满足以下性质.

(i) 函数 $\Lambda_N(s, f)$ 在收敛范围 $\mathrm{Re}(s) > M + 1$ 内全纯, 可以表作 Mellin 变换

$$\Lambda_N(s, f) = \int_0^{\infty} \left(f\left(\frac{it}{\sqrt{N}} \right) - a_0(f) \right) t^s \, \mathrm{d}^{\times}t;$$

(ii) 函数 $\Lambda_N(s, f) + \dfrac{a_0(f)}{s} + \dfrac{a_0(W_N f)}{k - s}$ 能延拓为 $\mathbb{C}$ 上的全纯函数, 在任意竖带域上有界;

(iii) 我们有函数方程 $\Lambda_N(s, f) = \Lambda_N(k - s, W_N f)$, 作为推论,

$$f \in M_k(\Gamma_1(N))^{\pm} \implies \Lambda_N(s, f) = \pm \Lambda_N(k - s, f).$$

证明   引理 7.4.2 在 $\mathrm{Re}(s) > M + 1$ 时给出 $L(s, f)$ 的收敛性、全纯性以及

$$\Lambda_N(s, f) = N^{\frac{s}{2}}(2\pi)^{-s}\Gamma(s)L(s, f) = N^{\frac{s}{2}} \int_{\mathbb{R}_{>0}} \left(f(iu) - a_0(f) \right) u^s \, \mathrm{d}^{\times}u.$$

在收敛范围内对积分施行换元, 得到

$$N^{\frac{s}{2}} \int_0^{\infty} f(iu) u^s \, \mathrm{d}^{\times}u = \int_0^{\infty} \left(f\left(\frac{it}{\sqrt{N}} \right) - a_0(f) \right) t^s \, \mathrm{d}^{\times}t, \quad t := u\sqrt{N}, \ \mathrm{d}^{\times}t = \mathrm{d}^{\times}u.$$

此即 (i). 右式再拆作两段积分

$$\int_0^1 \left(f\left(\frac{it}{\sqrt{N}} \right) - a_0(f) \right) t^s \, \mathrm{d}^{\times}t + \int_1^{\infty} \left(f\left(\frac{it}{\sqrt{N}} \right) - a_0(f) \right) t^s \, \mathrm{d}^{\times}t.$$

从定理 7.2.5 (i) 可知 $f\left(\dfrac{it}{\sqrt{N}}\right) - a_0(f)$ 在 $t \to +\infty$ 时按指数衰减, 故积分 $\displaystyle\int_1^\infty$ 对所有 $s \in \mathbb{C}$ 都收敛并定义 s 的全纯函数, 在任意竖带上有界. 至于 $\displaystyle\int_0^1$, 则以定义 7.5.1 的公式

$$f\left(\frac{i}{t\sqrt{N}}\right) = t^k \cdot (W_N f)\left(\frac{it}{\sqrt{N}}\right)$$

和 $\dfrac{\mathrm{d}t}{t} = -\dfrac{\mathrm{d}(1/t)}{1/t}$, 在 $\operatorname{Re}(s) \gg 0$ 的前提下作如下翻转

$$\int_0^1 f\left(\frac{it}{\sqrt{N}}\right) t^s \, \mathrm{d}^\times t - a_0(f) \int_0^1 t^s \, \mathrm{d}^\times t = \int_1^\infty f\left(\frac{i}{t\sqrt{N}}\right) t^{-s} \, \mathrm{d}^\times t - \frac{a_0(f)}{s}$$

$$= \int_1^\infty \left((W_N f)\left(\frac{it}{\sqrt{N}}\right) - a_0(W_N f)\right) t^{k-s} \, \mathrm{d}^\times t + a_0(W_N f) \int_1^\infty t^{k-s} \, \mathrm{d}^\times t - \frac{a_0(f)}{s}$$

$$= \int_1^\infty \left((W_N f)\left(\frac{it}{\sqrt{N}}\right) - a_0(W_N f)\right) t^{k-s} \, \mathrm{d}^\times t - \frac{a_0(f)}{s} - \frac{a_0(W_N f)}{k-s}.$$

前提确保积分 $\displaystyle\int_0^1 t^s \, \mathrm{d}^\times t$ 和 $\displaystyle\int_1^\infty t^{k-s} \, \mathrm{d}^\times t$ 皆收敛. 综上, 当 $\operatorname{Re}(s) \gg 0$ 时,

$$\Lambda_N(s, f) + \frac{a_0(f)}{s} + \frac{a_0(W_N f)}{k-s}$$
$$= \int_1^\infty \left(f\left(\frac{it}{\sqrt{N}}\right) - a_0(f)\right) t^s \, \mathrm{d}^\times t + \int_1^\infty \left((W_N f)\left(\frac{it}{\sqrt{N}}\right) - a_0(W_N f)\right) t^{k-s} \, \mathrm{d}^\times t.$$

$$(7.5.1)$$

之前已说明这些积分 $\displaystyle\int_1^\infty$ 对所有 $s \in \mathbb{C}$ 收敛而且全纯, 在竖带上有界, 于是 (ii) 得证, 并且说明 $\Lambda_N(s, f)$ 和 $L(s, f)$ 有到 $\mathbb{C}$ 的亚纯延拓.

最后, 因为 W_N 是对合, 替换 $s \leftrightarrow k - s$ 和 $f \leftrightarrow W_N f$ 对调 $\dfrac{a_0(f)}{s}$ 和 $\dfrac{a_0(W_N f)}{k-2}$, 而且不改变 (7.5.1) 的右式. 这就得出了函数方程 (iii). $\qquad\square$

若 $f \in S_k(\Gamma_1(N))$, 则 $W_N f$ 亦然, 此时 $\Lambda_N(s, f)$ 是 $\mathbb{C}$ 上的全纯函数.

当 $N = 1$ 时 $W_1 = \mathrm{id}$, 此时函数方程 $\Lambda_1(s, f) = \Lambda_1(k - s, f)$ 对所有 f 皆成立.

对于 $f \in S_k(\Gamma_1(N))$, 应用 $\dfrac{\mathrm{d}t^2}{t^2} = 2\dfrac{\mathrm{d}t}{t}$, 定理 7.5.4 对 $\Lambda_N(s, f)$ 的积分表达式还可以改写作

$$2 \int_{\mathbb{R}_{>0}} f\left(\begin{pmatrix} t & \\ & t^{-1} \end{pmatrix} \frac{i}{\sqrt{N}} \right) t^{2s} \, \mathrm{d}^\times t, \quad \text{或者} \quad \int_{\mathbb{R}_{>0}} f\left(\begin{pmatrix} t & \\ & 1 \end{pmatrix} \frac{i}{\sqrt{N}} \right) t^s \, \mathrm{d}^\times t.$$

换言之, 这是沿着 Lie 群理论所谓的 "环面" 子群 $\begin{pmatrix} * & \\ & * \end{pmatrix} \subset \mathrm{SL}(2,\mathbb{R})$ (皆取单位连通分支) 或 $\begin{pmatrix} * & \\ & 1 \end{pmatrix} \cap \mathrm{GL}(2,\mathbb{R})^+$ 作用于 $\dfrac{i}{\sqrt{N}}$ 的轨道作积分, 外加来自 t^{2s} 或 t^s 的 "扭曲". 这些轨道无非是连接 i 和 ∞ 的测地线.

推而广之, 模形式或更一般的自守形式沿着特定子流形的积分称为**周期积分**, 它们往往联系于种种来自数论或表示论的微妙信息, 举例明之, 取 $f \in S_k(\Gamma_1(N))$:

▷ **测地周期**   如前述, 沿过 i, ∞ 的测地线作以 t^s 予以扭曲的周期积分, 本质上给出了 f 的 *L*-函数 $L(s, f)$ (定理 7.5.4), 就群论角度也无妨称为环面周期;

▷ **幂么周期**   沿幂么子群 $\begin{pmatrix} 1 & * \\ & 1 \end{pmatrix}$ 的轨道作以 $x + iy \mapsto e^{2\pi i n x}$ 扭曲的周期积分, 给出的是 Fourier 系数 $a_n(f)$ 乘上 $e^{2\pi i n y}$ (注记 1.5.5), 这些轨道也可以看作 §1.2 介绍过的极限圆, 切 $\mathbb{R} \sqcup \{\infty\}$ 于 ∞.

显然, $L(s, f)$ 和 $a_n(f)$ 都是模形式理论最为关心的主题, 反过来也说明周期积分的地位.

注记 7.5.5   谨介绍另一种常见的定义: 对于 $f \in M_k(\Gamma_1(N))$, 令 $\lambda_f(0) = a_0(f)$, 而 $n \geq 1$ 时令 $\lambda_f(n) = a_n(f) n^{-(k-1)/2}$. 如此则 f 的 Fourier 展开写作

$$f(\tau) = \lambda_f(0) + \sum_{n \geq 1} n^{\frac{k-1}{2}} \lambda_f(n) q^n.$$

定义 Dirichlet 级数

$$L^\circ(s, f) := \sum_{n \geq 1} \lambda_f(n) n^{-s} = L\left(s + \frac{k-1}{2}, f \right).$$

当 f 是正规化 Hecke 特征形式时, $f \in M_k(\Gamma_1(N), \chi)$ 的 Euler 乘积遂改写作

$$L^\circ(s, f) = \prod_{p: \text{素数}} \left(1 - \lambda_f(p) p^{-s} + \chi(p) p^{-2s} \right)^{-1};$$

而对于 $f \in S_k(\Gamma_1(N))$ 情形, $L^\circ(s, f)$ 在 $\mathrm{Re}(s) > 1$ 时收敛. 准此要领, 定义

$$\begin{aligned} \Lambda_N^\circ(s, f) &:= \Lambda_N\left(s + \frac{k-1}{2}, f \right) \\ &= N^{\frac{s}{2} + \frac{k-1}{4}} (2\pi)^{-s - \frac{k-1}{2}} \Gamma\left(s + \frac{k-1}{2} \right) L^\circ(s, f), \end{aligned}$$

定理 7.5.4 的函数方程改写为

$$\Lambda_N^{\circ}(s, f) := N^{\frac{s}{2}+\frac{k-1}{4}}(2\pi)^{-s-\frac{k-1}{2}}\Gamma\left(s+\frac{k-1}{2}\right)L^{\circ}(s, f),$$

$$\Lambda_N^{\circ}(s, f) = \Lambda_N^{\circ}(1-s, W_N f).$$

如此一来, 函数方程与收敛范围皆与 Riemann ζ 函数相似.

本节的最后回到对合 W_N. 我们在 §6.4 提过, 新形式可以视为尖点形式的基本构件, 自 Euler 乘积观照 (定理 7.4.3), 还可以说新形式具有 "正确" 的 L-函数. 以下说明这套理论如何与定理 7.5.4 接榫.

引理 7.5.6 对合 W_N 保持 $S_k(\Gamma_1(N))$ 的子空间 $S_k(\Gamma_1(N))^{\text{old}}$ 和 $S_k(\Gamma_1(N))^{\text{new}}$.

证明 因为 W_N 是 $S_k(\Gamma_1(N))$ 上的酉算子, 证明它保持 $S_k(\Gamma_1(N))^{\text{old}}$ 即可. 命题 6.4.6 的证明过程 (或练习 6.4.7) 已验证 $w_N = i^{-k}W_N$ 保持 $S_k(\Gamma_1(N))^{\text{old}}$. □

命题 7.5.7 若 $f \in S_k(\Gamma_1(N))^{\text{new}}$ 是新形式, 则存在唯一的新形式 $f^* \in S_k(\Gamma_1(N))^{\text{new}}$ 和 $\gamma_f \in \mathbb{C}^{\times}$ 使得 $W_N f = \gamma_f f^*$. 进一步, $f^{**} = f$ 而 $\gamma_f \gamma_{f^*} = 1$.

证明 引理 6.4.5 说明对于所有 $T \in \mathbb{T}_1(N)$ 在 $S_k(\Gamma_1(N))$ 上的作用, 其伴随算子为 $W_N T W_N^{-1}$. 特别地, $W_N \langle d \rangle W_N^{-1} = \langle d \rangle^{-1}$. 另一方面, 定理 6.1.8 又说明 $p \nmid N$ 时 T_p 的伴随算子是 $\langle p \rangle^{-1}T_p$. 以上两点和 $W_N^2 = \text{id}$ 导出 $W_N f$ 是所有 $\langle d \rangle$ 和所有 T_p (要求 $p \nmid N$) 的共同特征向量. 既然 $W_N f \in S_k(\Gamma_1(N))^{\text{new}} \smallsetminus \{0\}$, 引理 6.5.4 遂确定所求之 γ_f 和 f^* 使得 $W_N f = \gamma_f f^*$.

从 $W_N f = \gamma_f f^*$ 导出 $f = W_N^2 f = \gamma_f \gamma_{f^*} f^{**}$. 既然新形式之间线性无关 (定理 6.5.5), 立见 $f = f^{**}$ 而 $\gamma_f \gamma_{f^*} = 1$. □

综之, 定理 7.5.4 对新形式 f 可以改写作 $\Lambda_N(s, f) = \gamma_f \Lambda_N(k-s, f^*)$ 或 $\Lambda_N^{\circ}(s, f) = \gamma_f \Lambda_N^{\circ}(1-s, f^*)$ 的形式.

7.6 凸性界

研究 L-函数的基本难点在于无论 Dirichlet 级数或 Euler 乘积都只对 $\text{Re}(s) \gg 0$ 收敛, 然而 L-函数在某些临界区域内的性状更值得关注, 比如函数方程的对称轴, 无论用收敛区域或它对函数方程的翻转都无法够着. Phragmén–Lindelöf 原理 (定理 A.6.4) 为此提供了一个初步的工具.

对于任意竖带 $\{s \in \mathbb{C} : a \leqslant \text{Re}(s) \leqslant b\}$ 上的连续函数 F, 定义 $\mu = \mu_F : [a, b] \to \mathbb{R} \sqcup \{\infty\}$ 如下: $\mu(c)$ 是当 y 遍历 $\mathbb{R}$ 时让估计 $f(c + iy) \ll (1 + |y|)^M$ 成立的最小指数 M (下确界), 详阅 §A.6. 函数 μ 是 Phragmén–Lindelöf 原理关注的对象.

第一步是估计 Dirichlet 级数在收敛范围内的 μ 值.

命题 7.6.1　　设复数列 $(a_n)_{n=1}^{\infty}$ 服从于估计 $|a_n| \ll n^M$, 或更弱的 $\sum_{m \leqslant n} |a_m| \ll n^{M+1}$. 那么 Dirichlet 级数 $F(s) := \sum_{n \geqslant 1} a_n n^{-s}$ 在 $c > M+1$ 时满足 $\mu_F(c) = 0$.

证明　　根据定理 7.2.5, 此 Dirichlet 级数在 $\mathrm{Re}(s) > M+1$ 时收敛并全纯, 而且在该范围内的任何竖带上有界, 于是 $c > M+1 \implies \mu(c) \leqslant 0$.

设 a_m 是第一个非零系数, 那么

$$|F(s)| \geqslant m^{-\mathrm{Re}(s)} \left(|a_m| - \sum_{n \geqslant m+1} \left(\frac{m}{n} \right)^{\mathrm{Re}(s)} |a_n| \right).$$

留意到 $m < n$ 导致 $(m/n)^{\mathrm{Re}(s)}$ 对 $\mathrm{Re}(s)$ 递减. 按照控制收敛定理, 上式的括号项在 $\mathrm{Re}(s) \to +\infty$ 时趋近于 $|a_m| > 0$. 特别地, 当 $\mathrm{Re}(s) \gg 0$ 时, $|F(s)|$ 有仅依赖于 $\mathrm{Re}(s)$ 并且 > 0 的下界, 故 $c \gg 0 \implies \mu_F(c) = 0$.

对于任意的 $c > M+1$, 任取 $C \gg c$. 因为 Dirichlet 级数 $F(s)$ 在 $c \leqslant \mathrm{Re}(s) \leqslant C$ 上一致有界, 可以应用 Phragmén–Lindelöf 定理 (定理 A.6.4) 导出 $\mu_F : [c, C] \to \mathbb{R} \sqcup \{\infty\}$ 的函数图形全在 $(c, \mu_F(c))$ 和 $(C, 0)$ 的连线下方. 已知 $\mu_F(c) \leqslant 0$, 而在 C 附近 $\mu_F = 0$, 当下看穿唯一可能是 $\mu_F(c) = 0$. 　　　　　　□

例 7.6.2　　按定理 2.2.7 或定理 7.3.3, Riemann ζ 函数的函数方程写作

$$\zeta(1-s) = \pi^{\frac{1}{2}-s} \Gamma\left(\frac{s}{2}\right) \Gamma\left(\frac{1-s}{2}\right)^{-1} \zeta(s).$$

我们希望对所有 $c \in \mathbb{R}$, 估计 $\mu(c) = \mu_\zeta(c)$, 当然, 这里得避开唯一的极点 $s = 1$. 以下取 $T > 1$. 首先, 由命题 7.6.1 知道 $\mu(T) = 0$. 当 $c = 1 - T$ 时, 函数方程连同 (7.2.1) 蕴涵

$$\frac{\Gamma\left(\dfrac{T+iy}{2}\right)}{\Gamma\left(\dfrac{1-T-iy}{2}\right)} \sim \frac{\sqrt{2\pi}|y|^{(T-1)/2} \exp(-\pi|y|/2)}{\sqrt{2\pi}|y|^{-T/2} \exp(-\pi|y|/2)} = |y|^{T-\frac{1}{2}}, \quad |y| \to +\infty$$

给出 $\mu(1-T) = T - \dfrac{1}{2}$, 这里 $\pi^{\frac{1}{2}-s}$ 不影响估计. 下一步是应用定理 A.6.4 来对竖带 $\{c : 1-T < c < T\}$ 估计 μ. 有两种方法避开 ζ 的极点:

◇ 以 $\zeta_1(s) := s(1-s)\zeta(s)$ 代 $\zeta(s)$ 得到 $\mathbb{C}$ 上的全纯函数, 相应地, $\mu_1(c) = \mu(c) + 2$ (引理 A.6.2), 对 μ_1 完成估计后再平移回 μ;

◇ 在相关估计中容许竖带被拦腰截断, 这不影响结论, 所有分析工具仍照常运作.

这里且遵循第一套方法. 首先断言 ζ_1 在竖带 $1-T \leqslant c \leqslant T$ 上是 "有限阶" 的, 亦

即存在 $C, \lambda \geqslant 0$ 使得在竖带内 $\zeta_1(z) \ll \exp(C|z|^\lambda)$: 诚然, 定理 7.3.3 或其证明将 $\zeta_1(2s)$ 表示为

$$\pi^s \Gamma(s)^{-1} \left(2s(1-2s) \int_1^\infty \left(t^s + t^{\frac{1}{2}-s} \right) f(t) \, \mathrm{d}^{\times} t \ - \ 1 \right).$$

函数 π^s 显然有限阶. 又因为 $f(t)$ 对 t 按指数衰减, 含参积分 $\int_1^\infty$ 在竖带上一致有界. 最后, $\Gamma(s)^{-1}$ 也是有限阶的, 估计详见 [36, 第 6 章, 定理 1.6 (ii)]. 综之, $\zeta_1(2s)$ 在竖带上有限阶, 故 $\zeta_1(s)$ 亦然.

定理 A.6.4 施于 ζ_1, 配合 $\mu_1 = \mu + 2$ 立刻导致: 当 $1 - T < c < T$ 时,

$$\mu(c) \leqslant k_T(c), \quad k_T : \text{仿射函数}, \quad k_T(1-T) = T - \frac{1}{2}, \quad k_T(T) = 0.$$

在中点处遂有 $\mu\left(\frac{1}{2}\right) \leqslant k_T\left(\frac{1}{2}\right) = \frac{T}{2} - \frac{1}{4}$. 让 $T \to 1+$ 可见 $\mu\left(\frac{1}{2}\right) \leqslant \frac{1}{4}$. 综上,

$$\zeta\left(\frac{1}{2} + iy\right) \ll_\epsilon (1 + |y|)^{\frac{1}{4}+\epsilon}, \quad \epsilon : \text{任意小的正数}.$$

称此为 ζ 函数的**凸性界**, 因为其根本在于 Phragmén–Lindelöf 定理 (定理 A.6.4) 蕴涵的凸性.

图示 $\mu(T) = 0$ 和 $\mu(1-T) = T - \dfrac{1}{2}$ 如下 $(T > 1)$, 以实线标记.

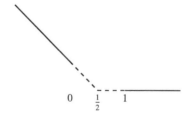

直观的猜测是 μ 应该按虚线方式延伸到 $[0, 1]$ 区间. 这就引向解析数论中的 **Lindelöf 假设**: 它断言 $\mu\left(\frac{1}{2}\right) = 0$, 换言之,

$$\forall \epsilon > 0, \quad \zeta\left(\frac{1}{2} + iy\right) \ll_\epsilon (1 + |y|)^\epsilon.$$

已知 Riemann 假设强过 Lindelöf 假设, 然而即便是后者也仍悬而未决. 凸性界 $\frac{1}{4} + \epsilon$ 应属 Lindelöf 本人的成就, 迄今最好的结果是 $\frac{13}{84} + \epsilon$ (J. Bourgain).

例 7.6.3　考虑 $f \in S_k(\Gamma_1(N))$ 给出的 L-函数. 为了方便与前例对比, 这里使用注记 7.5.5 的版本 $L^\circ(s, f) = \sum_{n \geq 1} \lambda_f(n)n^{-s}$, 并对之估计 $\mu = \mu_{L^\circ(s, f)}$.

取 $T > 1$. 由命题 7.6.1 知道 $\mu(T) = 0$; 以 $W_N f$ 代 f 亦然. 注记 7.5.5 的函数方程写作

$$L^\circ(1 - s, f) = N^{s - \frac{1}{2}}(2\pi)^{1 - 2s}\Gamma\left(s + \frac{k - 1}{2}\right)\Gamma\left(-s + \frac{k + 1}{2}\right)^{-1} L^\circ(s, W_N f).$$

同样代入 $s = T + iy$ 并以 (7.2.1) 估计 Γ 因子, 得出

$$\frac{\Gamma\left(T + iy + \dfrac{k - 1}{2}\right)}{\Gamma\left(-T - iy + \dfrac{k + 1}{2}\right)} \sim |y|^{2T - 1},$$

函数方程中其他项不影响虚数方向的估计. 一切类似于例 7.6.2, 只是指数加倍. 于是

$$\mu(1 - T) = 2T - 1.$$

一如例 7.6.2, 由定理 7.5.4 或其证明给出的积分表达式, 可知 $L^\circ(s, f) = L\left(s + \dfrac{k - 1}{2}, f\right)$ 满足定理 A.6.4 所需的增长估计, 代入就得到 $\mu\left(\dfrac{1}{2}\right) \leq T - \dfrac{1}{2}$. 让 $T \to 1+$ 以导出

$$L^\circ\left(\frac{1}{2} + iy, f\right) \ll_\epsilon (1 + |t|)^{\frac{1}{2} + \epsilon}, \quad \epsilon > 0 : 任意小.$$

循往例, 称上式为 $L^\circ(s, f)$ 的凸性界.

对凸性界的改进统称为**次凸性界**, 具体的指数或依赖于 N, k 等, 在数论上有丰富的应用, 详见 [27, 39]. 值得瞩目的是 P. Michel 和 A. Venkatesh[40] 对于一类广泛的自守 L-函数 (涵摄例 7.6.3 情形) 一致地突破了凸性界. 他们的论证基于表示理论的框架, 涉及 L-函数与周期积分的联系, 以及均匀分布等几何性质, 可以说已迈出了解析数论的传统领域.

第八章 椭圆函数和复椭圆曲线

本章暂时断开模形式的研究, 转向与之关系密切、彼此又环环相扣的几个题目: 椭圆函数、复环面的射影嵌入、复椭圆曲线及其加法结构、旁及 Jacobi 簇的复解析初步理论. 与这些主题相关的理论是 19 世纪数学极耀眼的成就, 尤其是复乘理论. §8.6 仅是复乘的粗浅介绍, 我们将以之证明 j 函数在复乘点上取值为代数数. 本章最后的 §8.7 介绍椭圆函数的若干应用, 包括它和椭圆积分的关系.

受限于篇幅, 本章主要着墨于 $\mathbb{C}$ 上的椭圆曲线和 Jacobi 簇, 不深入一般的域或概形上的情形, 第十章还会触及这些概念.

本章将用到关于平面代数曲线的一些基本知识, 但我们尽量在复系数的框架下讨论, 以使用分析学的工具. 部分论证取法于 [43] 的附录, 该份讲义流畅而极富洞见, 在此一并推荐给读者.

如无另外说明, 本章的 $\mathbb{P}^n$ 皆代表复射影空间 $\mathbb{P}^n(\mathbb{C})$, Riemann 曲面皆假设连通.

8.1 椭圆函数

令 $\Lambda = \mathbb{Z}u \oplus \mathbb{Z}v$ 为 $\mathbb{C}$ 中的格 (定义 3.8.1). 循 §3.8 惯例, 必要时调换次序, 不妨设 u, v 与 $\mathbb{C}$ 的标准定向相反. 运用伸缩 $z \mapsto v^{-1}z$, 总可以化 Λ 为与之同构的格 $\Lambda_\tau := \mathbb{Z}\tau \oplus \mathbb{Z}$, 其中 $\tau \in \mathscr{H}$.

定义 8.1.1 周期格为 Λ 的**椭圆函数**意谓 Riemann 曲面 $\mathbb{C}/\Lambda$ 上的亚纯函数.

一旦选定 Λ 的基 u, v, 椭圆函数无非是 $\mathbb{C}$ 上的双周期亚纯函数: $f(z + u) = f(z)$, $f(z + v) = f(z)$, 这般函数完全由它平行四边形 $\{au + bv : a, b \in [0, 1]\}$ 或其任一平移上的取值所确定. 若要求 f 全纯, 那么 f 必有界, 故 Liouville 定理 [63,§3.5,定理3] 将导致 f 为常值函数.

和一般 Riemann 曲面的情形相同, 对 $\mathbb{C}/\Lambda$ 上的亚纯函数 f 可定义它在点 $x \in \mathbb{C}/\Lambda$

处的消没次数 $\mathrm{ord}_x(f) \in \mathbb{Z} \sqcup \{\infty\}$. 若视 f 为 $\mathbb{C}$ 上亚纯函数, 则留数 $\mathrm{Res}_x f$ 也有定义且只依赖于 $x + \Lambda$, 这和一般 Riemann 曲面上的留数是一回事: $\mathrm{Res}_x(f) = \mathrm{Res}_x(f\,\mathrm{d}z)$, 其中 z 是 $\mathbb{C}/\Lambda$ 上的标准局部坐标.

以下如不另外说明, 周期格 Λ 都是选定的. 容易看出全体椭圆函数对逐点加法和乘法构成域, 包含所有常值函数作为子域 $\mathbb{C}$, 这实际就是 Riemann 曲面 $\mathbb{C}/\Lambda$ 的亚纯函数域.

引理 8.1.2　设 f 为椭圆函数, 则

(i) $\sum_x \mathrm{ord}_x(f) = 0$;

(ii) $\sum_x \mathrm{Res}_x(f) = 0$;

(iii) 作为 $\mathbb{C}/\Lambda$ 中元素, $\sum_x \mathrm{ord}_x(f) \cdot x = 0$.

此处的求和皆取遍 $x \in \mathbb{C}/\Lambda$, 至多有限项非零.

证明　工具是定理 B.6.3. 取 $\mathbb{C}/\Lambda$ 上亚纯微分形式 $\omega := f^{-1}\,\mathrm{d}f$ 得 (i); 取 $\omega = f\,\mathrm{d}z$ 得 (ii).

对于 (iii), 取 $\omega = zf^{-1}\,\mathrm{d}f$. 这里必须注意到 ω 不再是 $\mathbb{C}/\Lambda$ 上的微分形式, 所以需选定一个平行四边形 (Λ 的基本区域) $P := w + \{au + bv : 0 \leqslant a, b \leqslant 1\}$, 沿 ∂P 正向积分, 如下图所示.

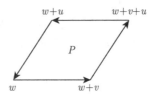

这里取 $w \in \mathbb{C}$ 使得 f 在 ∂P 上既无极点又无零点, $0 \notin P$. 在围道上 $\log f$ 局部可定义, 不同 "分支" 相差 $2\pi i\mathbb{Z}$. 留数定理遂给出 $\mathbb{C}$ 中的等式

$$\sum_{x \in P} \mathrm{ord}_x(f) \cdot x = \sum_{x \in P} \mathrm{Res}_x(\omega)$$

$$= \frac{1}{2\pi i}\left(\int_{w \to w+v} + \int_{w+v \to w+v+u} + \int_{w+v+u \to w+u} + \int_{w+u \to w}\right) z\,\mathrm{d}\log f.$$

左式 $\mathrm{mod}\,\Lambda$ 的类即 $\sum_{x \in \mathbb{C}/\Lambda} \mathrm{ord}_x(f) \cdot x$. 右式则应用 f 的周期性来处理:

$$\left(\int_{w \to w+v} + \int_{w+v+u \to w+u}\right) z\,\mathrm{d}\log f = -u\int_{w \to w+v} \mathrm{d}\log f,$$

$$\left(\int_{w+v \to w+v+u} + \int_{w+u \to w}\right) z\,\mathrm{d}\log f = -v\int_{w+u \to w} \mathrm{d}\log f.$$

一旦在顶点 w 附近选定 $\log f$ 的定义, 便可以沿边 $[w, w+v]$ 解析延拓. 因为 f 有周期 v, 于是

$$\int_{w \to w+v} \mathrm{d} \log f = \log f(w+v) - \log f(w) \in 2\pi i \mathbb{Z}.$$

同理 $\int_{w+u \to w} \mathrm{d} \log f \in 2\pi i \mathbb{Z}$. 综之 $\sum_{x \in P} \operatorname{ord}_x(f) \cdot x \in \mathbb{Z}u \oplus \mathbb{Z}v = \Lambda$. $\qquad \square$

命题 8.1.3 计入重数, 非常值椭圆函数至少有两个极点.

证明 引理 8.1.2 (i) 说明非常值的 f 至少有一个极点 y. 若 y 是唯一极点, 则 (ii) 将导致 $\operatorname{Res}_y(f) = 0$, 从而 y 至少是二阶极点. $\qquad \square$

环面 $\mathbb{C}/\Lambda$ 自然地构成交换复 Lie 群, 当然的加法律是 $(x+\Lambda) + (y+\Lambda) = (x+y) + \Lambda$. 复环面之间的态射定为全纯的群同态, 借此使得全体复环面成一范畴. 同态集 $\operatorname{Hom}(\mathbb{C}/\Lambda_1, \mathbb{C}/\Lambda_2)$ 对态射的逐点加法成交换群, 其结构已在命题 3.8.3 中澄清了.

以下构造以 Λ 为周期格的椭圆函数. 谨先介绍 Weierstrass 的方法. 初步思路是从任意亚纯函数 f_0 出发, 对群作用取平均 $f(z) := \sum_{\omega \in \Lambda} f_0(z+\omega)$. 由于 Λ 无穷, 这里涉及收敛性问题. 是以我们需要若干基本估计.

引理 8.1.4 设 $r \in \mathbb{R}_{>0}$ 而 $z \in \mathbb{C}$ 满足 $|z| < r$. 级数

$$\sum_{\substack{\omega \in \Lambda \\ |\omega| \geqslant 2r}} |z+\omega|^{-c}$$

在 $c > 2$ 时收敛, 其上界可由 (r, c, Λ) 的函数决定.

证明 对任意 $t > 0$, 定义 $P(t) := \{au + bv : a, b \in \mathbb{R}, \max\{|a|, |b|\} = t\}$, 直观上它是一个平行四边形的边界. 对于 $n \in \mathbb{Z}_{\geqslant 1}$, 初等计算给出 $|P(n) \cap \Lambda| = 8n$. 此外, 显然存在依赖于 (Λ, r) 的常数 $B > 0$ 和 $N \in \mathbb{Z}_{\geqslant 1}$, 使得

$$\omega \in P(1) \implies |\omega| \geqslant B + \frac{r}{N}.$$

由此推知当 $n \geqslant N$ 时,

$$\omega \in P(n) \implies |\omega| \geqslant n\left(B + \frac{r}{N}\right) \geqslant Bn + r \implies |\omega + z| \geqslant |\omega| - |z| \geqslant Bn.$$

此外, $|\omega| \geqslant 2r$ 蕴涵 $|\omega + z| \geqslant 2r - |z| > r$. 于是 $\sum_{\substack{\omega \in \Lambda \\ |\omega| \geqslant 2r}} |z+\omega|^{-c}$ 有上界

$$\sum_{n < N} |P(n) \cap \Lambda| r^{-c} + \sum_{n \geqslant N} |P(n) \cap \Lambda| B^{-c} n^{-c} = \sum_{n < N} |P(n) \cap \Lambda| r^{-c} + 8B^{-c} \sum_{n \geqslant N} n^{-c+1},$$

明所欲证.   □

根据命题 8.1.3, 最简单的椭圆函数理应是在 $\mathbb{C}/\Lambda$ 上有一个二阶极点, 其余处可逆的函数 f. 将此二阶极点平移到 0, 那么这类函数必为偶函数 $f(z) = f(-z)$: 这是因为 $f(z) - f(-z)$ 将给出 $\mathbb{C}/\Lambda$ 上的全纯奇函数, 从而为 0.

于是合情的想法是从 $f_0(z) := z^{-2}$ 出发对 Λ 取平均来构造椭圆函数. 然而引理 8.1.4 对此不适用, 需修改级数来确保收敛性.

定义–定理 8.1.5   给定格 Λ, 含参数 $z \in \mathbb{C}$ 的级数

$$\wp(z) = \frac{1}{z^2} + \sum_{\substack{\omega \in \Lambda \\ \omega \neq 0}} \left(\frac{1}{(z - \omega)^2} - \frac{1}{\omega^2} \right),$$

$$\wp'(z) = -2 \sum_{\omega \in \Lambda} \frac{1}{(z - \omega)^3}$$

在 $\mathbb{C}$ 的紧子集上正规收敛 (见定义 A.3.1), 前提是要舍弃有限多项来回避极点. 作为推论, $\wp(z)$ 和 $\wp'(z)$ 定义 $\mathbb{C}$ 上的亚纯函数. 它们满足

⋄ $\wp' = \dfrac{\mathrm{d}\wp}{\mathrm{d}z}$;

⋄ $\wp(z) = \wp(-z)$ 而 $\wp'(z) = -\wp'(-z)$;

⋄ 在 $z = 0$ 附近, $\wp(z) = z^{-2} + O(z^2)$ 而 $\wp'(z) = -2z^{-3} + O(z)$, 而且 $\wp(z)$ 的极点都来自 Λ, 这里用标准符号 $O(z^a)$ 代表被 z^a 整除的幂级数;

⋄ $\wp, \wp'$ 都是周期格为 Λ 的椭圆函数.

证明   关于 $\wp'(z)$ 的诸性质由引理 8.1.4 确保. 例如, 对给定之 $r > 0$, 舍弃级数中对应到 $|\omega| < 2r$ 的项便得到 $\{z : |z| < r\}$ 上的全纯函数, 从而见得 $\wp'(z)$ 是 $\mathbb{C}$ 上的亚纯函数. 它对 Λ 的周期性和 $\wp'(z) = -\wp'(-z)$ 可在极点之外检验, 一切缘于简单的级数重排.

对于 $\wp(z)$, 运用以下对所有满足 $|z| < |\omega|$ 的复数 z, w 皆成立的等式

$$\left| \frac{1}{(z - \omega)^2} - \frac{1}{\omega^2} \right| = \left| \frac{z(2\omega - z)}{\omega^2(z - \omega)^2} \right| = \frac{|z| \cdot |2 - z/\omega|}{|\omega|^3 \cdot |1 - z/\omega|^2} \tag{8.1.1}$$

可知, 当 $|z| < r$ 而 $|\omega| \geqslant 2r$ 趋近 $+\infty$ 时, 左式约略按 $|\omega|^{-3}$ 增长, 故扣除 $|\omega| < 2r$ 的项以后得到在 $|z| < r$ 上的收敛级数, $\wp(z)$ 的亚纯性质水到渠成. 这一论证还说明了:

⋄ $\wp$ 的极点都来自 Λ (对给定的 r 观察舍弃掉的有限多项);

⋄ $\wp(z) - z^{-2}$ 在 $z = 0$ 取值为 0 (取 r 充分小使得唯一舍弃的项是 z^{-2}).

基于以上结果, 当 z 限制在紧子集上时可以逐项求导. 于是推得 $\wp' = \dfrac{\mathrm{d}\wp}{\mathrm{d}z}$. 级数重排给出 $\wp(z) = \wp(-z)$. 既然 $\wp(z) - z^{-2}$ 在 $z = 0$ 处取 0, 由 $\wp$ 的偶性遂得

$\wp(z) = z^{-2} + O(z^2)$. 对 Laurent 级数求导给出 $\wp'(z) = -2z^{-3} + O(z)$.

既然 $\wp$ 的导函数在 Λ 平移下不变, 对任何 $\omega \in \Lambda$ 都存在常数 c 使得 $\forall z$, $\wp(z + \omega) = \wp(z) + c$, 于是

$$\wp(-z) - c = \wp(-z - \omega) = \wp(z + \omega) = \wp(z) + c.$$

由此立见 $c = 0$, 亦即 $\wp(z)$ 是周期格为 Λ 的椭圆函数. □

注记 8.1.6 兹断言椭圆函数 $\wp(z)$ 由以下性质刻画.

(i) 在 $z = 0$ 附近, $\wp(z) = z^{-2} + O(z^2)$;

(ii) 在 $\mathbb{C}/\Lambda$ 上 $\wp(z)$ 无其他极点.

先前已说明 $\wp$ 具备性质 (i) 和 (ii). 反之, 若椭圆函数 f 也满足 (i), (ii), 那么 $f(z) - \wp(z)$ 是在 $z = 0$ 处取值为 0 的全纯椭圆函数, 故 $f - \wp = 0$.

引理 8.1.7 设 f 为格 Λ 的椭圆函数, 不恒为零并且是偶函数, 则对任意 $x \in \mathbb{C}/\Lambda$ 皆有 $\mathrm{ord}_x(f) = \mathrm{ord}_{-x}(f)$. 若 $2x = 0 \in \mathbb{C}/\Lambda$, 则 $\mathrm{ord}_x(f) \in 2\mathbb{Z}$.

证明 偶性显然蕴涵 $\mathrm{ord}_x(f) = \mathrm{ord}_{-x}(f)$. 对于第二部分, 我们将 x 等同于 $\mathbb{C}$ 中的某个代表元, 将 f 视作 $\mathbb{C}$ 上的周期亚纯函数. 首先处理特例 $x = 0$, 观察 Laurent 展开式立见任何亚纯偶函数 f 都满足 $\mathrm{ord}_0(f) \in 2\mathbb{Z}$; 对于一般的 x, 令 $f_1(z) := f(z + x)$, 它仍是 Λ 的椭圆函数, $\mathrm{ord}_0(f_1) = \mathrm{ord}_x(f)$, 并且

$$f_1(-z) = f(-z + x) = f(z - x) = f(z + x + \Lambda) = f_1(z)$$

表明 f_1 仍是偶函数, 故一般情形得证. □

定理 8.1.8 由所有周期格为 Λ 的椭圆函数构成的域等于 $\mathbb{C}(\wp, \wp')$.

证明 设 f 为周期格 Λ 的椭圆函数, 也视为 $\mathbb{C}$ 上的亚纯函数. 因

$$f(z) = \frac{f(z) + f(-z)}{2} + \frac{f(z) - f(-z)}{2},$$

问题化简到 f 是偶函数或奇函数的情形. 若 f 奇, 则 $\wp'(z)f(z)$ 偶, 综之, 以下仅考虑不恒为 0 的偶函数 f.

对任意 $x \in \mathbb{C}/\Lambda$ 记 $m_x := \mathrm{ord}_x(f)$. 定义 $\mathbb{C}$ 上的亚纯函数

$$g(z) := \prod_{\substack{\pm x \in \mathbb{C}/\Lambda \\ 2x \neq 0}} (\wp(z) - \wp(x))^{m_x} \cdot \prod_{\substack{x \in \mathbb{C}/\Lambda \\ x \neq 0, \, 2x = 0}} (\wp(z) - \wp(x))^{m_x/2},$$

连乘积只取 $x \sim -x$ 的等价类, 这里用了引理 8.1.7, 显然 $g \in \mathbb{C}(\wp)$.

定义–定理 8.1.5 言明对每个 $x \in \mathbb{C}/\Lambda$, $x \neq 0 + \Lambda$, 函数 $\wp(z) - \wp(x)$ 在 $z \in \Lambda$ 时有二阶极点, 其余处全纯. 于是引理 8.1.2 蕴涵 $\wp(z) - \wp(x)$ 视为 $\mathbb{C}/\Lambda$ 上亚纯函数恰有两个零点, 计入重数, 其描述如下. 当 $2x \neq 0$ 时零点无非是 $\pm x$, 必为相异单零点; 当 $2x = 0$ 时 x 是其零点, 既然 $m_x \in 2\mathbb{Z}$, 它实为二阶零点. 这就穷尽了 $\wp(z) - \wp(x)$ 的所有零点.

当 $y \in \mathbb{C}/\Lambda$ 非零时, 以上讨论导致 $\mathrm{ord}_y(f) = \mathrm{ord}_y(g)$; 应用引理 8.1.2 可知对 $y = 0$ 亦然. 因此存在 $c \in \mathbb{C}^\times$ 使 $f = cg \in \mathbb{C}(\wp)$. 明所欲证. $\square$

必要时, 记 $\wp = \wp_\Lambda$ 和 $\wp' = \wp'_\Lambda$ 来说明 Λ 的角色. 令 $\alpha \in \mathbb{C}^\times$, 以下公式就定义–定理 8.1.5 观之是明白的

$$\wp_{\alpha\Lambda}(\alpha z) := \alpha^{-2}\wp_\Lambda(z),$$
$$\wp'_{\alpha\Lambda}(\alpha z) = \alpha^{-3}\wp'_\Lambda(z).$$

练习 8.1.9 对 $(z,\tau) \in \mathbb{C} \times \mathscr{H}$, 定义 $q := e^{\pi i \tau}$, $\eta := e^{2\pi i z}$ 和

$$\vartheta(z;\tau) := \sum_{n \in \mathbb{Z}} q^{n^2} \eta^n,$$
$$P(z;\tau) := \prod_{n \geqslant 1} \left(1 + q^{2n-1}\eta\right)\left(1 + q^{2n-1}\eta^{-1}\right),$$

参看注记 7.3.1 (该处记 q 为 q_2). 定义 $\mathbb{C}$ 中的格 $\Lambda_\tau := \mathbb{Z} \oplus \mathbb{Z}\tau$.

(1) 证明 $\vartheta(z+\tau;\tau) = (q\eta)^{-1}\vartheta(z;\tau)$, $P(z+\tau;\tau) = (q\eta)^{-1}P(z;\tau)$, 从而说明 $z \mapsto \dfrac{\vartheta(z;\tau)}{P(z;\tau)}$ 是以 Λ_τ 为周期格的椭圆函数.

(2) 固定 τ, 证明 $z \mapsto P(z;\tau)$ 的零点集是 $z = \dfrac{1}{2} + \dfrac{\tau}{2} + \Lambda_\tau$. 证明它们也是 $\vartheta(z;\tau)$ 的零点, 而 $\vartheta(z;\tau)/P(z;\tau)$ 只和 q 相关, 记作 $\phi(q)$.

(3) 证明

$$\vartheta\left(\frac{1}{2}; 4\tau\right) = \vartheta\left(\frac{1}{4}; \tau\right),$$
$$P\left(\frac{1}{2}; 4\tau\right) = P\left(\frac{1}{4}; \tau\right) \cdot \prod_{n \geqslant 1}\left(1 - q^{4n-2}\right)\left(1 - q^{8n-4}\right),$$
$$\lim_{q \to 0} \phi(q) = 1.$$

(4) 由上式证明 $\phi(q) = \prod_{n \geqslant 1}(1 - q^{2n})$, 由之导出 **Jacobi 三重积公式**

$$\sum_{n \in \mathbb{Z}} q^{n^2} \eta^n = \prod_{n \geqslant 1}\left(1 - q^{2n}\right)\left(1 + q^{2n-1}\eta\right)\left(1 + q^{2n-1}\eta^{-1}\right).$$

(5) 在三重积中代入 $(z, \tau) \rightsquigarrow \left(-\dfrac{\tau}{4} + \dfrac{1}{2}, \dfrac{3\tau}{2} \right)$, 记 $q^t := e^{t\pi i \tau}$, 相应地 $(q, \eta) \rightsquigarrow (q^{\frac{3}{2}}, -q^{-\frac{1}{2}})$, 由此导出 **Euler 五边形数定理**

$$\sum_{n \in \mathbb{Z}} (-1)^n q^{\frac{3n^2 + n}{2}} = \prod_{n \geqslant 1} (1 - q^n).$$

此即我们在推导 η 函数的 Fourier 展开 (2.4.3) 时使用的公式 (2.4.2).

8.2 射影嵌入

令 $\mathscr{X}$ 为亏格 1 的紧 Riemann 曲面, 见 §B.4, 取定其中一点 O. 本节宗旨是定义射影嵌入 $\iota : \mathscr{X} \hookrightarrow \mathbb{P}^2$, 并从中构造不变量以分类 $(\mathscr{X}, O)$.

对任意 $D \in \mathrm{Div}(\mathscr{X})$, 考虑 (B.7.1) 定义之 $\mathbb{C}$-向量空间 $\Gamma(\mathscr{X}, D)$. 因为 $g(\mathscr{X}) = 1$, 注记 B.7.13 给出简单的公式

$$\deg D \geqslant 1 \implies \ell(D) := \dim \Gamma(\mathscr{X}, D) = \deg D. \tag{8.2.1}$$

考虑 $D = kO$, 容易看出存在 $\mathscr{X}$ 上的亚纯函数 x, y 使得

k	$\dim \Gamma(\mathscr{X}, kO)$	$\Gamma(\mathscr{X}, kO)$ 的生成元	特性
0	1	1	常值函数
1	1	1	
2	2	$1, x$	$\mathrm{ord}_O(x) = 2$
3	3	$1, x, y$	$\mathrm{ord}_O(y) = 3$
4	4	$1, x, y, x^2$	
5	5	$1, x, y, x^2, xy$	
6	6	$1, x, y, x^2, xy, x^3, y^2$	线性相关

$$\tag{8.2.2}$$

第三列也枚举了 $\Gamma(\mathscr{X}, kO)$ 中 x, y 构成的所有单项式, $k = 0, \cdots, 6$.

复射影平面 $\mathbb{P}^2$ 是复二维的复流形, 事实上还是代数簇, 其局部坐标卡由以下同构于 $\mathbb{C}^2$ 的开集给出

$$U_0 := (1 : * : *), \quad U_1 := (* : 1 : *), \quad U_2 := (* : * : 1).$$

对于任意 $(A : B : C) \in \mathbb{P}^2$, 线性方程 $AX + BY + CZ = 0$ 在 $\mathbb{P}^2$ 中截出一条射影直线 $\ell \simeq \mathbb{P}^1$.

我们希望研究基 $\{x, y, 1\}$ 给出的下述映射.

定义-命题 8.2.1 我们有良定的全纯映射

$$\iota : \mathscr{X} \longrightarrow \mathbb{P}^2$$

$$p \longmapsto \begin{cases} (x(p) : y(p) : 1), & p \neq O, \\ (0 : 1 : 0), & p = O, \end{cases}$$

它在 $\mathbb{P}^2$ 中的像为闭. 特别地, $(0 : 1 : 0)$ 是 $\iota(\mathscr{X})$ 和 "无穷远直线" $(* : * : 0) = \mathbb{P}^2 \smallsetminus U_2$ 的唯一交点.

证明 在 x, y 的唯一极点 O 附近取局部坐标 u 使得 $u(O) = 0$, 则存在非零常数 c, c' 使得

$$
\begin{aligned}
(x : y : 1) &= \left(cu^{-2} + O(u^{-1}) : c'u^{-3} + O(u^{-2}) : 1 \right) \\
&= \left(cu + O(u^2) : c' + O(u) : u^3 \right) \quad (\text{同乘以 } u^3),
\end{aligned}
$$

它趋近于 $(0 : 1 : 0) =: \iota(O)$. 既然 $\mathscr{X}$ 紧, ι 的像闭. □

对于任意 $D = \sum_p n_p p \in \mathrm{Div}(\mathscr{X})$ 和 $s \in \Gamma(\mathscr{X}, D)$, 定义

$$\mathrm{ord}_p(s, D) := \mathrm{ord}_p(s) + n_p.$$

举例明之, 由上述的局部坐标 u 可见 $\mathrm{ord}_O(x, 3O) = 1$, $\mathrm{ord}_O(y, 3O) = 0$ 而 $\mathrm{ord}_O(1, 3O) = 3$, 除子 $3O$ 在此的效应正好契合 $\iota(O)$ 定义中来自 u^3 的调整.

几何中习惯将 s 看作由 D 确定的线丛 $\mathcal{O}(D)$ 的全纯截面, 那么 s 在点 p 处作为线丛截面的消没次数正是 $\mathrm{ord}_p(s, D)$. 这边不深掘相关的理论框架.

引理 8.2.2 映射 $\iota : \mathscr{X} \to \mathbb{P}^2$ 是闭浸入: 换言之 ι 是单射, 而且对每个 $p \in \mathscr{X}$, 全纯切映射 $T_{p,\mathrm{hol}}\mathscr{X} \to T_{\iota(p),\mathrm{hol}}\mathbb{P}^2$ 也单.

证明 考虑 $\mathscr{X}$ 的相异点 $p \neq q$. 根据 (8.2.1), 存在 $s \in \Gamma(\mathscr{X}, 3O - p)$ 使得 $s \notin \Gamma(\mathscr{X}, 3O - p - q)$. 将 s 表作 $ux + vy + w$, 令 $\ell_s := \left\{ (A : B : C) \in \mathbb{P}^2 : uA + vB + wC = 0 \right\}$, 那么以上条件相当于 $\iota(p) \in \ell_s$ 而 $\iota(q) \notin \ell_s$. 故 $\iota(p) \neq \iota(q)$.

类似地, 给定 $p \in \mathscr{X}$, 仍用 (8.2.1) 选取 $s = ux + vy + w \in \Gamma(\mathscr{X}, 3O - p)$ 使得 $s \notin \Gamma(\mathscr{X}, 3O - 2p)$. 对于 $p \neq O$ (或 $p = O$), 考虑定义在 p 附近的全纯函数 $f := s$ (或

$f := s/y$). 无论哪种情形都有 $\operatorname{ord}_p(f) = 1$, 并且存在 $\iota(p)$ 附近的全纯函数 g 使得 $f = g\iota$ (当 $p \neq O$ 时取 $g(A : B : 1) = uA + vB + w$, 否则取 $g(A : 1 : C) = uA + v + wC$). 因为 $\mathrm{d}f = \mathrm{d}g\,\mathrm{d}\iota$, 这就表明 $\mathrm{d}\iota(p) \neq 0$, 否则将有 $\operatorname{ord}_p(f) \geqslant 2$. □

为了刻画 $\iota(\mathscr{X})$ 的像, 首务自然是研究 x 和 y 所能满足的代数关系, 这又等价于研究 $\{x^a y^b : a, b \geqslant 0\}$ 在 $\mathbb{C}$ 上的线性关系. 从表 (8.2.2) 立见随着 $k = 2a + 3b$ 增大, 最低次的线性关系出现在 $\Gamma(\mathscr{X}, 6O)$: 精确到 $\mathbb{C}^\times$, 表列 7 个生成元之间满足唯一的线性关系, 其中 x^3 和 y^2 的系数皆非零, 因它们是唯二在 O 处恰有 6 阶极点的. 将 x 和 y 适当伸缩后, 可确保有系数在 $\mathbb{C}$ 上的代数关系

$$y^2 + a_1 xy + a_3 y = x^3 + a_2 x^2 + a_4 + a_6, \tag{8.2.3}$$

称之为 **Weierstrass 方程**. 左式通过 $y \rightsquigarrow y + (a_1 x + a_3)/2$ 配方, 不改变 y 的极点阶数, 得到新的代数关系

$$y^2 = (x - a)(x - b)(x - c). \tag{8.2.4}$$

易验证多项式 $Y^2 - (X - a)(X - b)(X - c) \in \mathbb{C}[X, Y]$ 不可约. 代入 $X \rightsquigarrow X/Z$ 和 $Y \rightsquigarrow Y/Z$, 通分得到 $\mathbb{P}^2$ 中由齐次方程

$$E : Y^2 Z - (X - aZ)(X - bZ)(X - cZ) = 0$$

定义的代数曲线 (复 1 维), 由定义立见

$$E \cap U_2 = E \cap (* : * : 1) \simeq \left\{ (x, y) \in \mathbb{C}^2 : y^2 = (x - a)(x - b)(x - c) \right\},$$
$$E \cap (* : * : 0) = \{(0 : 1 : 0)\}.$$

按射影几何的术语, 也称 $E \cap U_2$ 是曲线 E 的仿射部分, 而 $(0 : 1 : 0)$ 是 E 的无穷远点.

引理 8.2.3 上述映射 $\iota : \mathscr{X} \to E$ 是双射, 而且 a, b, c 相异.

展开证明之前, 首先说明 a, b, c 相异蕴涵 E 是光滑的, 在此按微分形式或梯度的观点理解光滑性. 令 $P(X) := (X - a)(X - b)(X - c)$. 当 a, b, c 相异时, 微分形式

$$\mathrm{d}(Y^2 - P(X)) = 2Y\,\mathrm{d}Y - P'(X)\,\mathrm{d}X$$

在 $E \cap U_2$ 上处处非零, 因之仿射部分光滑. 在无穷远点 $(0 : 1 : 0)$ 附近, 将 $E \cap (* : 1 : *)$ 用 $Z - (X - aZ)(X - bZ)(X - cZ) = 0$ 来表示; 左式在 $(X, Z) = (0, 0)$ 处的梯度是 $(0, 1)$, 因此 E 在无穷远点 $(0 : 1 : 0)$ 处亦光滑.

于是 E 给出 $\mathbb{P}^2$ 中的光滑代数曲线, 全纯版本的隐函数定理在 E 上给出一族局部

坐标卡. 作为引理 8.2.3 的推论, $\iota : \mathscr{X} \xrightarrow{\sim} E$ 实际是紧 Riemann 曲面的同构, 映 O 为无穷远点. 以下就来证明引理 8.2.3.

证明　断言可以从复代数几何的一般理论导出, 以下给出更直接的论证.

视 x 为态射 $\mathscr{X} \to \mathbb{P}^1$. 因为 x 的唯一极点是二阶的 O, 此态射次数为 2 (推论 B.6.4), 特别地, x 为满射并且在 O 处分歧. 对仿射部分 $E \cap U_2 = E \smallsetminus \{(0:1:0)\}$ 可考虑两个坐标投影 $p_X(X:Y:1) = X$ 和 $p_Y(X:Y:1) = Y$. 请观察如下交换图表

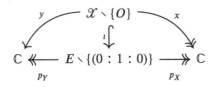

对每个 $\alpha \in \mathbb{C}$ 审视 ι 的限制 $x^{-1}(\alpha) \hookrightarrow p_X^{-1}(\alpha)$, 这相当于考虑映射

$$x^{-1}(\alpha) \xrightarrow{\;\;y\;\;} \left\{ \beta \in \mathbb{C} : \beta^2 = (\alpha - a)(\alpha - b)(\alpha - c) \right\}. \tag{8.2.5}$$

对 $x : \mathscr{X} \to \mathbb{P}^1$ 应用 §B.3 的分歧复叠理论: 留意到 $O \in \mathrm{Ram}(x)$. 兹断言

$$E' := \{(\alpha : \beta : 1) \in E : \alpha \notin x(\mathrm{Ram}(f))\} \subset \iota(\mathscr{X}).$$

诚然, 选定 $(\alpha : \beta : 1) \in E'$, 则 $|x^{-1}(\alpha)| = 2$ (见推论 B.3.6); 另一方面 (8.2.5) 右项至多也只有两个元素, 故 (8.2.5) 对 α 为双射. 取 $p \in x^{-1}(\alpha)$ 使 $y(p) = \beta$, 则 $\iota(p) = (\alpha : \beta : 1)$.

复代数曲线没有拓扑意义下的孤立点. 又因为 $E \smallsetminus E'$ 有限而 $\iota(\mathscr{X})$ 在 E 中闭, 上述断言遂导致 $\iota(\mathscr{X}) = E$.

以上满性也说明 (8.2.5) 总是双射. 今考虑 (8.2.5) 右项元素个数, 可知 2 次分歧复叠 x 满足 $x(\mathrm{Ram}(x)) = \{a, b, c, \infty\}$, 而且分歧点 p 皆满足 $e(p) = 2$ (命题 B.3.8); Riemann-Hurwitz 公式 (定理 B.4.9) 写作

$$\underbrace{2g(\mathscr{X}) - 2}_{=0} = \underbrace{(2g(\mathbb{P}^1) - 2)}_{=-2} \underbrace{\deg x}_{=2} + \sum_{p \in \mathrm{Ram}(x)} \underbrace{(e(p) - 1)}_{=1},$$

于是 $|\mathrm{Ram}(x)| = 4$, 其元素只能是 a, b, c, ∞ 各自对 x 的唯一逆像, 故 a, b, c 相异. $\qquad\square$

以上从 $(\mathscr{X}, O)$ 到 E 的构造依赖于 $x \in \Gamma(\mathscr{X}, 2O)$. 如果 $x_1, x_2 \in \Gamma(\mathscr{X}, 2O)$ 在 O 处皆有二阶极点, 关于 (8.2) 的讨论表明这等价于说 $\{1, x_1\}$ 和 $\{1, x_2\}$ 是 $\Gamma(\mathscr{X}, 2O)$ 的两组基, 亦即

$$\exists \gamma = \begin{pmatrix} a_{11} & a_{12} \\ a_{21} & a_{22} \end{pmatrix} \in \mathrm{GL}(2, \mathbb{C}), \quad \begin{cases} x_2 = a_{11} \cdot x_1 + a_{12} \cdot 1, \\ 1 = a_{21} \cdot x_1 + a_{22} \cdot 1, \end{cases}$$

考虑极点可知 $a_{21} = 0$ 而 $a_{22} = 1$, 故在线性分式变换作用下 $\gamma(\infty) = \infty$ 而 $\gamma x_1 = x_2$.

⋄ 在此变换下, $x : \mathscr{X} \to \mathbb{P}^1$ 的分歧点 a, b, c, ∞ 相应地被 γ 搬动;

⋄ 反之, 若 $\gamma \in \mathrm{Stab}_{\mathrm{PGL}(2,\mathbb{C})}(\infty)$, 则能以 $\gamma \circ x$ 代替 x, 化分歧点 (a, b, c, ∞) 为 $(\gamma a, \gamma b, \gamma c, \infty)$.

综上, 精确到 $\mathrm{Stab}_{\mathrm{PGL}(2,\mathbb{C})}(\infty)$ 作用, 集合 $\{a, b, c, \infty\}$ 由 $(\mathscr{X}, O)$ 唯一确定.

为了得到更标准的方程, 用交比 (1.1.1) 取唯一的 γ 使 $(\gamma a, \gamma b, \gamma \infty) = (0, 1, \infty)$. 任取 $b - a$ 的平方根, 则坐标变换具体写作

$$x \rightsquigarrow \gamma x = (x, b; a, \infty) = \frac{x - a}{b - a}, \quad y \rightsquigarrow (b - a)^{-3/2} y.$$

令 $\lambda := \gamma c = \dfrac{c - a}{b - a}$, 方程 (8.2.4) 进一步化为 **Legendre 形式**, 无穷远点 $(0 : 1 : 0)$ 不动:

$$Y^2 = X(X - 1)(X - \lambda), \quad \lambda \in \mathbb{C} \smallsetminus \{0, 1\}.$$

虽然 $\lambda = (c, b; a, \infty)$ 对 $\mathrm{Stab}_{\mathrm{PGL}(2,\mathbb{C})}(\infty)$ 不变, 它仍依赖 a, b, c 的顺序, 还不是 $(\mathscr{X}, O)$ 的不变量. 对所有排列求 λ 的值, 得到

$$\lambda, \quad \frac{1}{\lambda}, \quad 1 - \lambda, \quad \frac{1}{1 - \lambda}, \quad \frac{\lambda}{\lambda - 1}, \quad \frac{\lambda - 1}{\lambda}.$$

这也是 $\lambda \in \mathbb{C} \smallsetminus \{0, 1\}$ 在 $\left\langle \begin{pmatrix} & 1 \\ 1 & \end{pmatrix}, \begin{pmatrix} -1 & 1 \\ & 1 \end{pmatrix} \right\rangle \simeq \mathfrak{S}_3$ 作用下的轨道. 初等的不变量计算或稍后的练习表明此轨道完全由复数

$$j(\mathscr{X}, O) := 2^8 \cdot \frac{(\lambda^2 - \lambda + 1)^3}{\lambda^2 (\lambda - 1)^2} \tag{8.2.6}$$

来确定. 我们总结出以下定理.

定理 8.2.4 设 $\mathscr{X}, \mathscr{X}'$ 是亏格为 1 的紧 Riemann 曲面, $O \in \mathscr{X}$ 而 $O' \in \mathscr{X}'$, 那么存在同构 $\phi : \mathscr{X} \xrightarrow{\sim} \mathscr{X}'$ 使得 $\phi(O) = O'$ 当且仅当 $j(\mathscr{X}, O) = j(\mathscr{X}', O')$.

在 §8.3 将确定复环面的 j-不变量, 由此可见每个 $j \in \mathbb{C}$ 都被某个 $(\mathscr{X}, O)$ 取到. 这一事实当然也有代数论证, 见 [17, VI.1.6] 的具体公式.

练习 8.2.5 视 λ 为变元, 让 $\mathfrak{S}_3 \simeq \left\langle \begin{pmatrix} & 1 \\ 1 & \end{pmatrix}, \begin{pmatrix} -1 & 1 \\ & 1 \end{pmatrix} \right\rangle \subset \mathrm{PGL}(2, \mathbb{C})$ 按

$(\sigma f)(\lambda) = f(\sigma^{-1}\lambda)$ 忠实地作用在有理函数域 $\mathbb{C}(\lambda)$ 上, 并且按 (8.2.6) 定义 $j \in \mathbb{C}(\lambda)$. 循序证明以下陈述.

(1) 用基础的 Galois 理论 (如 [59, 引理 9.1.6]) 说明 $\mathbb{C}(\lambda)$ 是 $\mathbb{C}(\lambda)^{\mathfrak{S}_3}$ 的 6 次扩域.

(2) 验证 $j \in \mathbb{C}(\lambda)^{\mathfrak{S}_3}$, 因而 $[\mathbb{C}(\lambda) : \mathbb{C}(j)] \geqslant [\mathbb{C}(\lambda) : \mathbb{C}(\lambda)^{\mathfrak{S}_3}] = 6$.

(3) 说明 λ 满足系数在 $\mathbb{C}(j)$ 中的 6 次方程, 因而 $\mathbb{C}(\lambda)^{\mathfrak{S}_3} = \mathbb{C}(j)$.

(4) 若 $x, y \in \mathbb{C} \smallsetminus \{0, 1\}$ 的 $\mathfrak{S}_3$-轨道无交, 那么存在 $f \in \mathbb{C}[\lambda]$, 使得 $f(x) = 0$ 而 $f(\sigma y) \neq 0$ 对所有 $\sigma \in \mathfrak{S}_3$ 成立. 取 $h := \prod_{\sigma \in \mathfrak{S}_3} \sigma(f) \in \mathbb{C}(j)$, 从 $h(x) = 0$ 和 $h(y) \neq 0$ 推导 $j(x) \neq j(y)$.

如此便说明不变量 j 足以区分 $\mathbb{C} \smallsetminus \{0, 1\}$ 中的 $\mathfrak{S}_3$-轨道.

注记 8.2.6 设 x, y 为 $\mathscr{X}$ 上不恒为零的亚纯函数, 使得 $y^2 = P(x)$ 的三次多项式 $P(X)$ 如存在则是唯一的. 设 $y^2 = P_1(x) = P_2(x)$, 那么 $(P_1 - P_2)(x) = 0$ 而 $x : \mathscr{X} \to \mathbb{P}^1$ 是满态射, 故 $P_1 - P_2 = 0$.

练习 8.2.7 应用 λ 的交比诠释, 证明若 $\mathscr{X}$ 可以嵌入为仿射部分形如 $Y^2 = X^3 - C$ 的三次平面射影曲线, 其中 $C \neq 0$ 而 O 嵌为 $(0 : 1 : 0)$, 那么 $j(\mathscr{X}, O) = 0$.

提示〉 取 C 的任意立方根 α 和 $\omega := \dfrac{-1 + \sqrt{-3}}{2}$, 那么 $X^3 - C = (X - \alpha)(X - \omega\alpha)(X - \omega^2\alpha)$, 按此算出 $\lambda = \omega + 1$ 和 $j = 0$.

上面说明了亏格 1 的紧 Riemann 曲面可以实现为 $\mathbb{P}^2$ 中的三次光滑曲线. 其逆命题是代数几何学中的一个初等结果, 在此述而不证.

定理 8.2.8 设 E 是 $\mathbb{P}^2$ 中的三次光滑曲线, 则 E 的亏格为 1.

对于一般的 $g \geqslant 0$, 当然也能探究亏格为 g, 带 n 个点 $O_1, \cdots, O_n$ 的紧 Riemann 曲面的分类问题, 并寻求合适的粗模空间 $\mathscr{M}_{g,n}$. 本节的结果相当于说 $\mathscr{M}_{1,1}$ 是仿射直线. 推论 8.4.6 将说明对任意亏格 1 的 $\mathscr{X}$, 自同构群 $\mathrm{Aut}(\mathscr{X})$ 在 $\mathscr{X}$ 上可递, 所以 $\mathscr{M}_{1,1} \xrightarrow{\sim} \mathscr{M}_{1,0}$. 至于一般的 $\mathscr{M}_{g,n}$, 读者可参阅 [43, Appendix, II] 的介绍.

8.3 复环面的情形

接续 §8.2 的脉络. 选定 $\mathbb{C}$ 中的格 Λ, 置 $\mathscr{X}_\Lambda := \mathbb{C}/\Lambda$, 并取 O 为零点, 这是一个亏格 1 的紧 Riemann 曲面. 取定义–定理 8.1.5 的椭圆函数 $\wp = \wp_\Lambda$, 那么

$$1 \in \Gamma(\mathscr{X}_\Lambda, O), \quad \wp \in \Gamma(\mathscr{X}_\Lambda, 2O), \quad \wp' \in \Gamma(\mathscr{X}_\Lambda, 3O).$$

观察极点阶数, 代入 §8.2 的讨论可知 $1, \wp, \wp'$ 为 $\Gamma(\mathscr{X}_\Lambda, 3O)$ 的一组基. 综之, 早先

的射影嵌入 ι 可取为

$$\iota = (\wp : \wp' : 1) : \mathscr{X}_\Lambda \to \mathbb{P}^2.$$

练习 8.3.1 试避开 Riemann–Roch 定理, 直接用定理 8.1.8 或其证明来导出以上性质.

如 §8.2 所见, $\wp, \wp'$ 必满足某个不可约三次多项式, 注记 8.2.6 确保这样的多项式是唯一的. 它可按下述手法从 Λ 明确地给出. 定义

$$G_k(\Lambda) := \sum_{\substack{\omega \in \Lambda \\ \omega \neq 0}} \omega^{-k}, \quad k \in \mathbb{Z}_{>2}.$$

在引理 8.1.4 中取 $2r \leqslant \min\{|\omega| : \omega \in \Lambda, \ \omega \neq 0\}$ 和 $z = 0$ 可得 $G_k(\Lambda)$ 收敛. 对于 $\alpha \in \mathbb{C}^\times$, 显见 $G_k(\alpha\Lambda) = \alpha^{-k}G_k(\Lambda)$; 取 $\alpha = -1$ 可见 $k \notin 2\mathbb{Z} \implies G_k = 0$.

由于存在 $\alpha \in \mathbb{C}^\times$ 和 $\tau \in \mathscr{H}$ 使得 $\alpha\Lambda = \Lambda_\tau := \mathbb{Z}\tau \oplus \mathbb{Z}$, 关于 G_k 的性质完全反映在 $\tau \mapsto G_k(\Lambda_\tau)$ 上, 后者正是 §2.3 定义的 Eisenstein 级数 $G_k(\tau)$.

命题 8.3.2 在 $z = 0$ 附近, $\wp = \wp_\Lambda$ 具有 Laurent 展开

$$\wp(z) = \frac{1}{z^2} + \sum_{n \in 2\mathbb{Z}_{\geqslant 1}} (n+1)G_{n+2}(\Lambda)z^n.$$

证明 可假定 $|z| < \min\{|\omega| : \omega \in \Lambda, \ \omega \neq 0\}$. 对于 $\omega \in \Lambda \smallsetminus \{0\}$, 直接计算

$$\frac{1}{(z-\omega)^2} - \frac{1}{\omega^2} = \omega^{-2}\left(\left(1 - \frac{z}{\omega}\right)^{-2} - 1\right)$$

$$= \omega^{-2}\left(\left(\sum_{n \geqslant 0} \frac{z^n}{\omega^n}\right)^2 - 1\right) = \sum_{n \geqslant 1}(n+1)\frac{z^n}{\omega^{n+2}}.$$

此式对 ω 求和便得到 $\wp(z) - z^{-2}$. 二重级数的收敛性不成问题: 在以上推导中以 $|z|, |\omega|$ 代替 z, ω, 再应用估计 (8.1.1) 便有

$$\sum_{n \geqslant 1}(n+1)\frac{|z|^n}{|\omega|^{n+2}} = \underbrace{\frac{1}{(|z| - |\omega|)^2} - \frac{1}{|\omega|^2}}_{>0} \leqslant \frac{|z| \cdot (2 - |z|/|\omega|)}{|\omega|^3 \cdot (1 - |z|/|\omega|)^2} \approx |\omega|^{-3}.$$

所以 $\sum_{\omega \neq 0}\sum_{n \geqslant 1}(n+1)|z|^n|\omega|^{-n-2}$ 收敛. 交换求和顺序后得到

$$\wp(z) - \frac{1}{z^2} = \sum_{n \geqslant 1}(n+1)G_{n+2}(\Lambda)z^n.$$

最后, 回忆到 $n \notin 2\mathbb{Z} \implies G_{n+2} = 0$.   □

约定 8.3.3　对于三次多项式 $4X^3 - g_2 X - g_3$, 定义其**判别式**为 $g_2^3 - 27g_3^2$: 设 $4X^3 - g_2 X - g_3 = 4\prod_{i=1}^{3}(X - \alpha_i)$, 那么 $\prod_{i<k}(\alpha_i - \alpha_k)^2 = 4^{-2}(g_2^3 - 27g_3^2)$, 这兼容于 [59, §5.8] 的定义.

定理 8.3.4　命 $g_2(\Lambda) := 60G_4(\Lambda)$ 而 $g_3(\Lambda) := 140G_6(\Lambda)$, 则

(i) $(\wp')^2 = 4\wp^3 - g_2(\Lambda)\wp - g_3(\Lambda)$;

(ii) 记 $(\mathbb{C}/\Lambda)[2] := \{\alpha \in \mathbb{C}/\Lambda : 2\alpha = 0\}$, 则 $(\wp, \wp')$ 满足的代数方程 $Y^2 = 4X^3 - g_2(\Lambda)X - g_3(\Lambda)$ 可以表作

$$Y^2 = 4\prod_{\substack{\alpha \in (\mathbb{C}/\Lambda)[2] \\ \alpha \neq 0}}(X - \wp(\alpha)),$$

而且右式的 $\wp(\alpha)$ 为三个相异复数;

(iii) 当 $\Lambda = \Lambda_\tau := \mathbb{Z}\tau \oplus \mathbb{Z}$ 时, $4X^3 - g_2(\Lambda)X - g_3(\Lambda)$ 的判别式等于

$$\frac{2^6\pi^{12}}{3^3} \cdot \left(E_4(\tau)^3 - E_6(\tau)^2\right) = (2\pi)^{12}\Delta(\tau) = \left(\sqrt{2\pi} \cdot \eta\right)^{24};$$

(iv) 定义于 (8.2.6) 的不变量 $j(\mathscr{X}_\Lambda, O)$ 等于

$$\frac{1728g_2(\Lambda)^3}{g_2(\Lambda)^3 - 27g_3(\Lambda)^2},$$

当 $\Lambda = \Lambda_\tau$ 时, 它也等于 $j(\tau) = E_4(\tau)^3/\Delta(\tau)$.

关于 $\eta(\tau), \Delta(\tau)$ 和 $j(\tau)$ 的定义详见 §2.4.

证明　对于 (i), 先用命题 8.3.2 导出

$$\wp(z) = z^{-2} + 3G_4(\Lambda)z^2 + 5G_6(\Lambda)z^4 + O(z^6),$$

于是

$$\wp'(z) = -2z^{-3} + 6G_4(\Lambda)z + 20G_6(\Lambda)z^3 + O(z^5).$$

由此可见 $(\wp')^2 - (4\wp^3 - g_2(\Lambda)\wp - g_3(\Lambda))$ 是在 0 处取 0 值的全纯椭圆函数, 故恒为 0.

对于 (ii), 首先注意到 $\wp'$ 计重数在 $\mathbb{C}/\Lambda$ 上有三个零点 (引理 8.1.2), 而且 $\wp'(z) = -\wp'(-z)$ 蕴涵 $\alpha \in (\mathbb{C}/\Lambda)[2] \smallsetminus \{0\}$ 时 $\wp'(\alpha) = 0$. 既然 $(\mathbb{C}/\Lambda)[2]$ 有 4 个元素, 这就穷尽了 $\wp'$ 的三个一阶零点. 现在 $(\wp')^2$ 恰有三个二阶零点在 $(\mathbb{C}/\Lambda)[2] \smallsetminus \{0\}$, 唯一极点在 O (六阶). 另一方面, 定理 8.1.8 的证明中已说明对每个 $\alpha \in (\mathbb{C}/\Lambda)[2] \smallsetminus \{0\}$, 函

数 $\wp(z) - \wp(\alpha)$ 在 α 处也是二阶零点, 唯一极点在 O (二阶). 于是存在常数 c 使得 $(\wp')^2 = c \prod_\alpha (\wp - \wp(\alpha))$, 考察 $z = 0$ 附近 z^{-6} 的系数可见 $c = 4$.

计入所有逆像及重数, 推论 B.6.4 说明 $\wp : \mathscr{X} \to \mathbb{P}^1$ 对任何值都恰取 2 次. 对于二阶点 α 如上, 已知 $\wp(z) - \wp(\alpha)$ 在 α 处是二阶零点, 所以当 α 变化时 $\wp(\alpha)$ 取相异值. 最后, 注记 8.2.6 说明 $(\wp, \wp')$ 能满足的三次方程 $Y^2 = 4X^3 - g_2 X - g_3$ 是唯一的.

对于 (iii), 基于 $G_k = 2\zeta(k)E_k$, 应用 $\Delta = \dfrac{1}{1728}(E_4^3 - E_6^2)$ (推论 4.4.4), 推论 2.2.9 和 (2.2.3) 来直接计算便是.

对 (iv), 同样作繁而不难的计算. $\qquad\qquad\qquad\qquad\qquad\qquad\qquad\qquad\qquad$ $\square$

模判别式 Δ 因此得名. 定理 8.3.4 (ii) 蕴涵 Δ 在 $\mathscr{H}$ 上没有零点, 这一性质在 §2.4 是由无穷乘积来说明的.

另外一种观点是将 $(\wp')^2 = 4\wp^3 - g_2\wp + g_3$ 诠释为 $\wp$ 满足的非线性微分方程, 详见 §8.7.

为了 §10.1 的应用, 以下记录射影嵌入的坐标函数 $\wp_\Lambda(z), \wp'_\Lambda(z)$ 在 $\Lambda = \Lambda_\tau$ 时的一则展开式. 论证纯然是经典的, 用到一个简单的求和公式: 对一切满足 $|x| < 1$ 的复数 x 皆有 $\sum_{k=1}^\infty kx^k = \dfrac{x}{(1-x)^2}$.

命题 8.3.5 设 $(z, \tau) \in \mathbb{C} \times \mathscr{H}$. 命 $(t, q) := (e^{2\pi i z}, e^{2\pi i \tau})$. 记 $\wp = \wp_{\Lambda_\tau}$, 那么

$$(2\pi i)^{-2} \wp(z) = \frac{1}{12} + \sum_{n \in \mathbb{Z}} \frac{q^n t}{(1 - q^n t)^2} - 2 \sum_{n=1}^\infty \frac{nq^n}{1 - q^n},$$

$$(2\pi i)^{-3} \wp'(z) = \sum_{n \in \mathbb{Z}} \frac{q^n t(1 + q^n t)}{(1 - q^n t)^3}.$$

证明 因为 $0 < |q| < 1$, 右式的无穷级数皆收敛, 并对 z 全纯. 依据解析延拓, 不妨假设 $-\mathrm{Im}(\tau) < \mathrm{Im}(z) < \mathrm{Im}(\tau)$. 按定义,

$$\wp(z) = \frac{1}{z^2} + \sum_{\substack{(m,n) \in \mathbb{Z}^2 \\ (m,n) \neq (0,0)}} \left(\frac{1}{(z - m\tau - n)^2} - \frac{1}{(m\tau + n)^2} \right)$$

$$= \frac{1}{z^2} + \underbrace{\sum_{n \neq 0} \frac{1}{(z-n)^2} - 2\sum_{n=1}^\infty \frac{1}{n^2}}_{m=0 \text{ 部分}} + \sum_{m \neq 0} \sum_{n \in \mathbb{Z}} \left(\frac{1}{(z - m\tau - n)^2} - \frac{1}{(m\tau + n)^2} \right).$$

由引理 2.3.2 (代入 $\pm z$) 和 $\zeta(2) = \dfrac{\pi^2}{6}$ 可知

$$\frac{1}{z^2} + \sum_{n\neq 0}\frac{1}{(z-n)^2} = \frac{(2\pi i)^2 t}{(1-t)^2},$$

$$-2\sum_{n=1}^{\infty}\frac{1}{n^2} = -2\zeta(2) = (2\pi i)^2 \cdot \frac{1}{12}.$$

原式中 $\sum_{m\neq 0}\cdots$ 部分则改写成

$$\sum_{m=1}^{\infty}\left(\sum_{n\in\mathbb{Z}}\left(\frac{1}{(z+m\tau+n)^2}+\frac{1}{(-z+m\tau+n)^2}\right) - 2\sum_{n\in\mathbb{Z}}\frac{1}{(m\tau+n)^2}\right).$$

再次应用引理 2.3.2 (代入 $\pm z+m\tau \in \mathscr{H}$), 可将上式含 z 的部分化为

$$(2\pi i)^2\sum_{m=1}^{\infty}\left(\frac{q^m t}{(1-q^m t)^2}+\frac{q^m t^{-1}}{(1-q^m t^{-1})^2}\right) = (2\pi i)^2\sum_{m=1}^{\infty}\left(\frac{q^m t}{(1-q^m t)^2}+\frac{q^{-m} t}{(1-q^{-m} t)^2}\right)$$

$$= (2\pi i)^2\sum_{n\in\mathbb{Z}}\frac{q^n t}{(1-q^n t)^2} - \frac{(2\pi i)^2 t}{(1-t)^2}.$$

剩下部分按引理 2.3.2 (代入 $m\tau \in \mathscr{H}$) 和 Lambert 级数的基础知识 (练习 7.2.4) 化为

$$-2\sum_{m=1}^{\infty}\sum_{n\in\mathbb{Z}}\frac{1}{(m\tau+n)^2} = -2(2\pi i)^2\sum_{m=1}^{\infty}\sum_{n=1}^{\infty}nq^{mn}$$

$$= -2(2\pi i)^2\sum_{k=1}^{\infty}\left(\sum_{d|k}d\right)q^k = -2(2\pi i)^2\sum_{n=1}^{\infty}\frac{nq^n}{1-q^n}.$$

这些部分组合成为 $(2\pi i)^{-2}\wp(z)$ 的所求展开. 由于收敛性不成问题, 在 $\sum$ 下求导便给出 $(2\pi i)^{-3}\wp'(z)$. □

8.4　Jacobi 簇与椭圆曲线

前几节已经说明:

◇ 所有亏格 1 的紧 Riemann 曲面 $\mathscr{X}$ 在选定基点 O 后都能嵌入为 $\mathbb{P}^2$ 中的三次光滑曲线 E, 方程写作 $Y^2 = X^3 + aX + b$, 或用齐次形式表作 $Y^2 Z = X^3 + aXZ^2 + bZ^3$.

◇ 对于复环面 $\mathbb{C}/\Lambda$, 其射影嵌入及 E 的方程可由 Λ 明确地表达.

本节将证明所有亏格 1, 带基点 O 的紧 Riemann 曲面 $(\mathscr{X},O)$ 都典范地同构于 $(\mathbb{C}/\Lambda,0)$, 其中 Λ 是由 $\mathscr{X}$ 确定的格. 我们将从一般的紧 Riemann 曲面 $\mathscr{X}$ 及选定的基点 $O\in\mathscr{X}$ 起步. 记亏格为 $g=g(\mathscr{X})$, 以 $\Omega=\Omega_{\mathscr{X}}$ 表示典范丛 (定义 B.5.7), 则 Riemann-Roch

定理 (见注记 B.7.13 和命题 B.7.10) 蕴涵

$$\dim_{\mathbb{C}} \Gamma(\mathcal{X}, \Omega) = g.$$

对任意 $\omega \in \Gamma(\mathcal{X}, \Omega)$ 和 $Q \in \mathcal{X}$, 沿着道路 $\gamma : O \to Q$ 的积分

$$\phi(\gamma, \omega) : \int_{\gamma : O \to Q} \omega$$

依赖于 γ 的选取, 但因为 $\mathcal{X}$ 是复一维, 全纯 1-形式 ω 自动是闭的, Stokes 定理蕴涵该积分仅依赖于 γ 的定端同伦等价类. 若考虑另一道路 $\gamma' : O \to Q$, 则

$$\int_{\gamma} \omega - \int_{\gamma'} \omega = \oint_{\delta} \omega, \quad \delta := \gamma - \gamma',$$

此处 δ 由以下环路给出: 先沿 γ 自 O 走到 P, 再沿 γ' 逆行返回 O. 同样由 Stokes 定理知 $\int_{\delta} \omega$ 只和环路 δ 在 $H_1(\mathcal{X}; \mathbb{Z})$ 中的类有关, 于是得到 $\mathbb{Z}$-模的同态

$$
\begin{aligned}
H_1(\mathcal{X}; \mathbb{Z}) &\longrightarrow \Gamma(\mathcal{X}, \Omega)^{\vee} \\
\delta &\longmapsto \left[\omega \mapsto \int_{\delta} \omega \right].
\end{aligned}
\tag{8.4.1}
$$

记该映射的像为 L, 形如 $\int_{\delta} \omega$ 的积分值叫作 $\mathcal{X}$ 的**周期**.

引理 8.4.1 映射 (8.4.1) 是单射. 其像 L 是 $\Gamma(\mathcal{X}, \Omega)^{\vee}$ 中的格, 见定义 3.8.1.

证明 令 $\Bbbk := \mathbb{R}$ 或 $\mathbb{C}$, 根据 de Rham 定理, $H^1(\mathcal{X}; \Bbbk)$ 的元素由 $\mathcal{X}$ 上 $\Bbbk$-值的光滑闭微分 1-形式表示. 微分形式沿闭链的积分给出 $H_1(\mathcal{X}; \Bbbk)$ 和 $H^1(\mathcal{X}; \Bbbk)$ 的对偶. 空间 $H^1(\mathcal{X}; \mathbb{C}) \simeq H^1(\mathcal{X}; \mathbb{R}) \underset{\mathbb{R}}{\otimes} \mathbb{C}$ 上有自明的复共轭作用, 与 $\mathcal{X}$ 上光滑微分形式的复共轭相容, 共轭不动子空间正是 $H^1(\mathcal{X}; \mathbb{R})$.

注意到若 $\delta \in H_1(\mathcal{X}; \mathbb{R})$, 那么 $\int_{\delta} \overline{\omega} = \overline{\int_{\delta} \omega}$.

倘若读者愿意承认 $\mathcal{X}$ 上的 Hodge 理论, 则可将 $H^1(\mathcal{X}; \mathbb{C})$ 分解成子空间 $H^{0,1}(\mathcal{X}) := \Gamma(\mathcal{X}, \Omega)$ 及其复共轭 $H^{1,0}(\mathcal{X}) := \overline{\Gamma(\mathcal{X}, \Omega)}$ 的直和.

照搬 (8.4.1) 的手法, 定义 $\mathbb{R}$-线性映射

$$T : H_1(\mathcal{X}; \mathbb{R}) \to \Gamma(\mathcal{X}, \Omega)^{\vee}, \quad T(\delta) : \omega \mapsto \int_{\delta} \omega.$$

若 $\delta \in \ker(T)$, 则对所有 $\omega_1, \omega_2 \in \Gamma(\mathscr{X}, \Omega)$ 都有 $\int_\delta \overline{\omega_1} + \omega_2 = \overline{\int_\delta \omega_1} + \int_\delta \omega_2 = 0$, 对偶性遂给出 $\delta = 0$. 于是 T 是单射. 然而可定向紧拓扑曲面的分类理论说明 $H_1(\mathscr{X}; \mathbb{Z})$ 是秩 $2g$ 的自由 $\mathbb{Z}$-模, 这就表明 (8.4.1) 也是单射.

取 $H_1(\mathscr{X}; \mathbb{Z})$ 的 $\mathbb{Z}$-基 $\delta_1, \cdots, \delta_{2g}$, 它们也是 $H_1(\mathscr{X}; \mathbb{R})$ 的 $\mathbb{R}$-基, 所以 $T(\delta_1), \cdots, T(\delta_{2g})$ 仍然 $\mathbb{R}$-线性无关. 既然 $\dim_\mathbb{R} \Gamma(\mathscr{X}, \Omega) = 2g$, 这就表明 L 是格. $\qquad\square$

定义 8.4.2　由于 (8.4.1) 的像 L 是格, $\Gamma(\mathscr{X}, \Omega)^\vee / L$ 是 g 维复环面, 称为 $\mathscr{X}$ 的 **Jacobi 簇**; 另一方面它又是 g 维交换复 Lie 群, 其加法来自 $\Gamma(\mathscr{X}, \Omega)^\vee$ 的加法. 以下良定的映射称为 **Abel-Jacobi** 映射:

$$\phi : \mathscr{X} \longrightarrow \mathrm{Jac}(\mathscr{X}) := \frac{\Gamma(\mathscr{X}, \Omega)^\vee}{L}$$
$$Q \longmapsto \left[\omega \mapsto \int_{\gamma: O \to Q} \omega\right], \quad \gamma : O \to Q \text{ 为任意道路}$$
$$O \longmapsto 0.$$

商掉 L 是因为从 O 到 Q 的道路彼此未必同伦等价. 我们上升到泛复叠空间 $(\tilde{\mathscr{X}}, \tilde{O}) \to (\mathscr{X}, O)$ 来绕过这个问题. 常识表明 $\tilde{\mathscr{X}}$ 仍是 Riemann 曲面, 而 $\omega \in \Gamma(\mathscr{X}, \Omega)$ 拉回到 $\tilde{\mathscr{X}}$ 记为 $\tilde{\omega}$, 仍可沿任意道路 $\tilde{O} \to \tilde{Q}$ 对 $\tilde{\omega}$ 求积分, 其中 $\tilde{Q} \mapsto Q$, 积分值仅依赖端点. 于是有交换图表

$$\begin{array}{ccc} \tilde{\mathscr{X}} & \xrightarrow{\tilde{\phi}} & \Gamma(\mathscr{X}, \Omega)^\vee \\ \downarrow & & \downarrow_{\text{商}} \\ \mathscr{X} & \xrightarrow{\phi} & \mathrm{Jac}(\mathscr{X}). \end{array} \qquad \langle \tilde{\phi}(\tilde{Q}), \omega \rangle = \int_{\tilde{O} \to \tilde{Q}} \tilde{\omega} \qquad (8.4.2)$$

图中所有箭头皆全纯, 垂直箭头都是复叠, 而且 $\tilde{\phi}(\tilde{O}) = 0$.

引理 8.4.3　透过自然同构 $\Gamma(\mathscr{X}, \Omega) \simeq \Gamma(\mathscr{X}, \Omega)^{\vee\vee}$ 将 ω 视同 $\Gamma(\mathscr{X}, \Omega)^\vee$ 上的平移不变全纯微分形式 $\omega^\natural$, 后者可降到 $\mathrm{Jac}(\mathscr{X})$, 记作 $\omega^\flat$. 那么 $\phi^*(\omega^\flat) = \omega$ 在 $\Gamma(\mathscr{X}, \Omega)$ 中成立.

证明　问题的本质是 "无穷小" 的, 可拉到 (8.4.2) 的上层来考虑, 故仅需证明 $\Gamma(\tilde{\mathscr{X}}, \Omega)$ 中的等式 $\tilde{\phi}^*(\omega^\natural) = \tilde{\omega}$. 这又化约为对所有 $\tilde{P} \in \tilde{\mathscr{X}}$ 证

$$\int_{\tilde{\phi}(\tilde{O}) \to \tilde{\phi}(\tilde{P})} \omega^\natural = \int_{\tilde{O} \to \tilde{P}} \tilde{\omega},$$

左式在向量空间中积分闭形式, 道路可任取, 不妨就取为线段, 于是左式化为

$$\left\langle \omega^\natural, \tilde{\phi}(\tilde{P}) \right\rangle - \left\langle \omega^\natural, \tilde{\phi}(\tilde{O}) \right\rangle = \left\langle \tilde{\phi}(\tilde{P}), \omega \right\rangle - \left\langle \tilde{\phi}(\tilde{O}), \omega \right\rangle,$$

按 (8.4.2), 末项正是 $\displaystyle\int_{\tilde{O}\to\tilde{P}}\tilde{\omega}$. □

当 $g=0$ 时 $\mathrm{Jac}(\mathscr{X})=\{0\}$. 当 $g>0$ 时, Abel–Jacobi 映射 $\mathscr{X}\xrightarrow{\phi}\mathrm{Jac}(\mathscr{X})$ 是闭嵌入. 记

$$\mathrm{Pic}^0(\mathscr{X}):=\ker\left[\deg:\mathrm{Pic}(\mathscr{X})\to\mathbb{Z}\right],$$

此群由形如 $P-O\in\mathrm{Div}(\mathscr{X})$ 的元素生成 ($P\in\mathscr{X}$). Jacobi 簇的一个重要诠释是群同构

$$\mathrm{Pic}^0(\mathscr{X})\xrightarrow{\sim}\mathrm{Jac}(\mathscr{X})$$
$$\sum_{i=1}^{n}(P_i-O)\longmapsto\sum_{i=1}^{n}\phi(P_i), \tag{8.4.3}$$

详见 [43, Appendix, III] 或 [60, §3.5]. 相关理论可以推及一般的代数曲线, 这是曲线论最重要的工具之一, 但需要概形的语言. 本节仅限于陈述之后需要的性质. 今后专论 $g=1$ 情形.

引理 8.4.4 设 $g(\mathscr{X})=1$, 则存在处处非零的全纯微分形式 ω 使得 $\Gamma(\mathscr{X},\Omega)=\mathbb{C}\omega$.

证明 记 $\mathscr{X}$ 的典范除子类为 $K_{\mathscr{X}}$. 亏格 1 的条件下, Riemann-Roch 定理 (注记 B.7.13 配合命题 B.7.10) 给出

$$\deg K_{\mathscr{X}}=0,\quad \dim\Gamma(\mathscr{X},\Omega)=\ell(K_{\mathscr{X}})=1.$$

取 Ω 的全纯截面 ω 使得 $\Gamma(\mathscr{X},\Omega)=\mathbb{C}\omega$. 从 $\deg(\mathrm{div}(\Omega,\omega))=\deg K_{\mathscr{X}}=0$ 可知 $\mathrm{div}(\Omega,\omega)=0$, 所以 ω 处处非零. □

对于亏格 1 的情形, 选取引理 8.4.4 中的 ω. 通过对 ω 求值得到 $\Gamma(\mathscr{X},\Omega)^\vee\simeq\mathbb{C}$. 于是 (8.4.1) 的像 L 可视同 $\mathbb{C}$ 的子群, 由所有周期 $\displaystyle\int_\delta\omega$ 构成, 其中 $\delta\in\mathrm{H}_1(\mathscr{X};\mathbb{Z})$.

定理 8.4.5 设 $g(\mathscr{X})=1$ 并选取 ω 如上, 以等同 $\Gamma(\mathscr{X},\Omega)^\vee$ 和 $\mathbb{C}$. 那么:

◇ $\mathbb{C}$ 上的微分形式 $\mathrm{d}z$ 可下降到 $\mathrm{Jac}(\mathscr{X})$, 满足 $\phi^*(\mathrm{d}z)=\omega$;

◇ Abel-Jacobi 映射 $\phi:\mathscr{X}\to\mathrm{Jac}(\mathscr{X})$ 是紧 Riemann 曲面的同构.

作为推论, 所有亏格 1 的紧 Riemann 曲面都透过 Abel-Jacobi 映射同构于复环面.

证明 引理 8.4.3 表明 $\phi^*(\mathrm{d}z)=\omega$. 其推论是 ϕ 的切映射处处非退化.

显然 $\mathrm{Jac}(\mathscr{X})$ 是紧 Riemann 曲面. 命题 B.4.4 断言 ϕ 或者是常值, 或者是有限分歧复叠映射. 已知 ϕ 的切映射恒非零, 故 ϕ 必无分歧点. 众所周知 $\pi_1(\mathrm{Jac}(\mathscr{X}),0)=L$, 故

存在 $\mathbb{Z}$-子模 $L' \subset L$ 连同交换图表

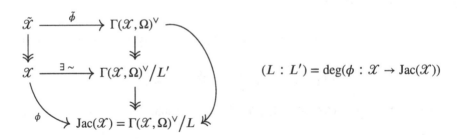

$$(L : L') = \deg(\phi : \mathscr{X} \to \mathrm{Jac}(\mathscr{X}))$$

上图蕴涵对于映至同一点 $Q \in \mathscr{X}$ 的 $\tilde{Q}, \tilde{Q}' \in \tilde{\mathscr{X}}$, 必有 $\tilde{\phi}(\tilde{Q}') - \tilde{\phi}(\tilde{Q}) \in L'$. 回顾 $\tilde{\phi}$ 的构造可知所有这些 $\tilde{\phi}(\tilde{Q}') - \tilde{\phi}(\tilde{Q})$ 恰好生成了 $\left\{ \int_{\delta} \omega : \delta \in \mathrm{H}_1(\mathscr{X}; \mathbb{Z}) \right\}$, 即 L. 于是 $L = L'$ 而 ϕ 是同构. 明所欲证.   □

推论 8.4.6 设 $\mathscr{X}$ 为亏格 1 的紧 Riemann 曲面, 则 $\mathrm{Aut}(\mathscr{X})$ 在 $\mathscr{X}$ 上的作用可递.

证明 由定理 8.4.5 可假设 $\mathscr{X} = \mathbb{C}/\Lambda$. 考虑群加法给出的平移自同构便知可递.□

若干观察如下.

(1) $\mathrm{Jac}(\cdot)$ 是函子: 设 $f : (\mathscr{X}, O) \to (\mathscr{X}', O')$ 是保基点的态射, 那么它自然诱导出 $\mathbb{C}$-线性映射 $f^* : \Gamma(\mathscr{X}', \Omega') \to \Gamma(\mathscr{X}, \Omega)$ 和 $\mathbb{Z}$-线性映射 $f_* : \mathrm{H}_1(\mathscr{X}; \mathbb{Z}) \to \mathrm{H}_1(\mathscr{X}'; \mathbb{Z})$, 两者一同诱导复 Lie 群的态射 $\mathrm{Jac}(\mathscr{X}) \to \mathrm{Jac}(\mathscr{X}')$.

(2) 设 $\mathscr{X} = \mathbb{C}/\Lambda$ 而 $O := 0$. 考虑 $\mathbb{C}/\Lambda$ 上的标准微分形式 dz, 则 $\Gamma(\mathscr{X}, \Omega) = \mathbb{C}\, dz$ 等同于 $\mathbb{C}$. 兹断言周期格 L 等于 Λ: 诚然, $\mathrm{H}_1(\mathbb{C}/\Lambda; \mathbb{Z})$ 自然地等同于 Λ, 这使得

$$L = \left\{ \int_0^{\lambda} dz : \lambda \in \Lambda \right\} = \Lambda \subset \mathbb{C}.$$

另一方面, Abel-Jacobi 映射映 $\mathscr{X}$ 的元素 $x + \Lambda$ 为 $\left(\int_0^x dz \right) + \Lambda = x + \Lambda$. 综上, 复环面的 Jacobi 簇 $\mathrm{Jac}(\mathbb{C}/\Lambda)$ 可以自然地等同于 $\mathbb{C}/\Lambda$, 使得 $\phi : \mathbb{C}/\Lambda \to \mathrm{Jac}(\mathbb{C}/\Lambda)$ 等同于 id.

(3) 考虑复环面的射影嵌入 (定理 8.3.4)

$$\iota := (\wp : \wp' : 1) : \mathbb{C}/\Lambda \xrightarrow{\sim} \left(E : Y^2 = 4X^3 - g_2 X + g_3 \right) \subset \mathbb{P}^2.$$

将 $\mathbb{C}/\Lambda$ 上的微分形式 dz 透过 ι 移植到 E 上, 记为 ω. 根据上一段, $L \subset \Gamma(E, \Omega_E)^{\vee}$ 便透过 ω 等同于 $\Lambda \subset \mathbb{C}$, 故 $\mathrm{Jac}(E)$ 等同于 $\mathbb{C}/\Lambda$. 兹断言 Abel-Jacobi 映射 $\phi : E \xrightarrow{\sim} \mathbb{C}/\Lambda$ 正是 ι 的逆.

注意到 $\iota^*(dX/Y) = d\wp/\wp' = dz$, 于是 $\omega = dX/Y$. 另一方面, 定理 8.4.5 又给出

$\phi^*(\mathrm{d}z) = \omega$. 这就蕴涵了 $\iota^*\phi^*(\mathrm{d}z) = \iota^*(\omega) = \mathrm{d}z$. 复环面 $\mathbb{C}/\Lambda$ 的自同构 $\phi \circ \iota$ 的全纯切映射是 id, 由此导出 $\phi \circ \iota = \mathrm{id}$, 见命题 3.8.3.

定义 8.4.7 (椭圆曲线)　复数域 $\mathbb{C}$ 上的椭圆曲线意谓一组资料 (E, O), 其中 E 是亏格 1 的紧 Riemann 曲面而 $O \in E$. 全体椭圆曲线构成范畴 $\mathrm{Ell}_{\mathbb{C}}$, 态射 $(E_1, O_1) \to (E_2, O_2)$ 定义为满足 $f(O_1) = O_2$ 的 Riemann 曲面态射 $f: E_1 \to E_2$.

定理 8.2.4 已分类了所有椭圆曲线. 复环面连同其零元自动是椭圆曲线.

命题 8.4.8　任何椭圆曲线 (E, O) 都带有自然的群结构, 由以下性质刻画: 设 $\mathbb{C}/\Lambda$ 为复环面而 $f: (\mathbb{C}/\Lambda, 0) \xrightarrow{\sim} (E, O)$, 则 (E, O) 的群结构透过 f 拉回为 $\mathbb{C}/\Lambda$ 上自然的群结构. 椭圆曲线之间的态射自动是群同态.

证明　定理 8.4.5 说明这样的 f 总是存在的, 取为 ϕ^{-1} 即可. 设有不同的选取

$$
\begin{array}{ccc}
(\mathbb{C}/\Lambda, 0) & \xrightarrow{\ f\ } & (E, O) \\
{\scriptstyle g := f'^{-1}f}\big\downarrow & \nearrow{\scriptstyle f'} & \\
(\mathbb{C}/\Lambda', 0) & &
\end{array}
\qquad f, f'：同构
$$

那么 $g(0) = 0$ 蕴涵 g 是复 Lie 群之间的同构, 所以 (E, O) 的群结构无关 f 的选取.

根据命题 3.8.3, 复环面之间保零点的态射自动是复 Lie 群的同态, 所以椭圆曲线之间的态射也必为群同态.　　　　　　　　　　　　　　　　$\square$

记复环面及复 Lie 群同态给出的范畴为 $\mathrm{Tori}(1)$. 定理 8.4.5 给出范畴间的一对函子 $\mathrm{Tori}(1) \underset{\mathrm{Jac}}{\overset{\mathrm{incl}}{\rightleftarrows}} \mathrm{Ell}_{\mathbb{C}}$, 其中 incl 意谓包含函子. Abel-Jacobi 映射给出函子的同构 $\mathrm{id} \xrightarrow{\sim} \mathrm{incl} \circ \mathrm{Jac}$ 和 $\mathrm{id} \xrightarrow{\sim} \mathrm{Jac} \circ \mathrm{incl}$ (后者亦见推论 8.4.6 后的观察 (2), 所以这是范畴等价. 椭圆曲线的分类问题因之等于复环面的分类问题. 定理 3.8.8 已经由解析途径分类了复环面. 首先 $Y(1) = Y(SL(2, \mathbb{Z}))$ 给出 $\mathrm{Tori}(1)$ 的粗模空间; 对于 $\tau \in \mathscr{H}$, 命 $\Lambda_{\tau} := \mathbb{Z}\tau \oplus \mathbb{Z}$, 那么定理 3.3.5 表明模不变量 $\mathbb{C}/\Lambda_{\tau} \mapsto j(\tau)$ 给出紧 Riemann 曲面的同构

$$
j: X(1) = Y(1) \sqcup \{\infty\} \xrightarrow{\sim} \mathbb{P}^1, \quad \infty \mapsto \infty.
$$

至于椭圆曲线的分类则取道代数, 由定义于 (8.2.6) 的不变量 $j(\mathscr{X}, O)$ 给出 (定理 8.2.4). 两相比较, 定理 8.3.4 显式给出复环面 $\mathbb{C}/\Lambda_{\tau}$ 的射影嵌入, 并说明由之算出的 $j(\mathbb{C}/\Lambda_{\tau}, O)$ 正与 $j(\tau)$ 殊途同归. 一切顺理成章.

此外, 复环面之间的同源概念也自然地移植到椭圆曲线上, 见 §3.8.

练习 8.4.9　对于亏格 1 的紧 Riemann 曲面 $\mathscr{X}$, 尝试直接证明 $\mathrm{H}^1(\mathscr{X}; \mathbb{C}) = \Gamma(\mathscr{X}, \Omega) \oplus \overline{\Gamma(\mathscr{X}, \Omega)}$.

8.5　加法结构和若干例子

在 §8.3 说明了任意椭圆曲线皆能嵌入为三次平面射影曲线 E, 其齐次方程形如 $Y^2Z = X^3 + aXZ^2 + bZ^3$, 基点为 $O = (0 : 1 : 0)$. 这类曲线显然是代数几何学的对象, 我们自然要问: 如何运用代数几何的语言刻画命题 8.4.8 赋予 E 的群结构? 这是将椭圆曲线理论拓展到其他域上的必由之路.

首先, 观察到 $\mathbb{P}^2$ 中任一直线在射影几何意义下交 E 于三点, 计重数. 这是代数几何学中 Bézout 定理的特例, 直接证明也不难: 定义 E 的齐次方程透过直线的参数式拉回为 $\mathbb{P}^1$ 上的三次方程, 当然恰有三根.

以下谈论直线和 E 的交点时, 一概计入重数.

◇ 若已知两交点, 则第三个交点可以用三次方程根与系数的关系直接求出;

◇ 直线 ℓ 和 E 在点 P 处的相交数 $\geqslant 2$ 若且唯若 ℓ 是 E 在 P 处的切线, 而切线存在缘于 E 的光滑性.

例 8.5.1　举例明之, E 在 $O = (0 : 1 : 0)$ 处的切线是 $\ell := \{Z = 0\}$: 将 ℓ 等同于以 X, Y 为齐次坐标的 $\mathbb{P}^1$, 那么 E 的方程拉回到 $\mathbb{P}^1$ 变为 $X^3 = 0$, 截出三阶零点 $(0 : 1) \in \mathbb{P}^1$. 注意到 $E \cap \{Z = 0\} = \{O\}$.

另外, 对于 E 上任意点 $P = (x_0 : y_0 : 1)$, 连接 P 和 $(0 : 1 : 0)$ 的直线由方程 $\ell : X - x_0 Z = 0$ 确定; 就仿射部分 $E \smallsetminus \{Z = 0\}$ 观照, ℓ 无非是平面上过 P 点并且平行 Y-轴的直线.

引理 8.5.2　设三次首一多项式 P 无重根, 则 $Y^2 = P(X)$ 在 $\mathbb{P}^2$ 中定义光滑代数曲线 E. 坐标投影 $x : (X : Y : 1) \mapsto X$ 和 $y : (X : Y : 1) \mapsto Y$ 分别延拓为次数为 2 和 3 的态射 $E \to \mathbb{P}^1$, 它们的极点都在 $E \cap \{Z = 0\}$ 中.

证明　光滑性是代数几何的初等结果, 见引理 8.2.3 陈述之后的讨论. 关于 x, y 极点的描述为自明的, 至于次数, 注意到若 x 使 $P(x) \neq 0$, 则方程 $y^2 = P(x)$ 对 y 恰有两个相异解; 给定一般的 y 使 $P(x) - y^2$ 无重根, 则 $y^2 = P(x)$ 对 x 恰有 3 个相异解. 鉴于此, x, y 的次数乃是定义 B.3.7 的直接结论.　□

定理 8.5.3 (K. Weierstrass)　赋予 E 来自命题 8.4.8 的加法群结构, 使得 $O = (0 : 1 : 0)$ 为其幺元, 那么对所有 $A, B, C \in E$,

$$A + B + C = O \iff \text{存在直线 } \ell \subset \mathbb{P}^2 \text{ 交 } E \text{ 于 } A, B, C.$$

证明 考虑拓扑空间

$$\mathscr{I} := \left\{(A,B,C,\ell) : (A,B,C) \in E^3, \text{直线 } \ell \subset \mathbb{P}^2 \text{ 与 } E \text{ 交点为 } A,B,C\right\}.$$

所述交点自然都计入重数. 所谓的射影对偶性断言 $\mathbb{P}^2$ 中所有直线构成的空间也是 $\mathbb{P}^2$: 令 $aX + bY + cZ = 0$ 对应到 $(a:b:c)$ 即可. 兹断言 $\mathrm{pr}_{12} : (A,B,C,\ell) \mapsto (A,B)$ 给出同胚 $\mathscr{I} \xrightarrow{\sim} E^2$. 为此只需指明它的逆映射: 若 $A \neq B$, 则过这两点有唯一的直线 ℓ; 若 $A = B$, 则 E 在该处有良定的切线 ℓ. 无论对哪种情形, 定义 ℓ 和 E 在 A,B 之外的第三个交点为 C. 容易看出 $(A,B) \mapsto (A,B,C,\ell)$ 连续, 并与 pr_{12} 互逆.

接着对所有 $(A,B,C,\ell) \in \mathscr{I}$ 证明 $A + B + C = O$. 根据欲证性质的 "闭性" 和上述同胚, 无妨对 A,B 稍事扰动以假设其 X-坐标不同而 Z-坐标为 1, 那么 ℓ 的方程能表作 $cX + Y + dZ = 0$. 考虑 X,Y 坐标的投影 $x,y: E \setminus \{Z = 0\} \to \mathbb{C}$, 根据引理 8.5.2, E 上的亚纯函数

$$R := cx + y + d$$

唯一的极点是 O (三阶), 给出三次态射 $E \to \mathbb{P}^1$. 引理 8.1.2 蕴涵 R 计重数恰有三个零点, 已知零点 A,B 相异且各自贡献至少一个重数. 取 Abel-Jacobi 映射之逆 $\mathbb{C}/\Lambda \xrightarrow{\sim} E$. 引理 8.1.2 施于 $\mathbb{C}/\Lambda$ 遂蕴涵第三个零点 C 必满足 $A + B + C = O$.

这就说明了 $\Longleftarrow$ 方向. 至于 $\Longrightarrow$ 方向, 假定 A,B,C 满足 $A+B+C = O$, 证明的第一段已表明存在唯一的 C', ℓ 使得 $(A,B,C',\ell) \in \mathscr{I}$, 而上一步又说明 $A+B+C' = O$. 群的消去律蕴涵 $C = C'$, 故 ℓ 交 E 于 A,B,C 三点. 明所欲证. $\square$

设 E 是嵌入 $\iota = (\wp : \wp' : 1) : \mathbb{C}/\Lambda \xrightarrow{\sim} E \subset \mathbb{P}^2(\mathbb{C})$ 的像. 在经典文献中, 共线性质也写作

$$\iota(u) + \iota(v) + \iota(w) = 0 \implies \begin{vmatrix} \wp(u) & \wp'(u) & 1 \\ \wp(v) & \wp'(v) & 1 \\ \wp(w) & \wp'(w) & 1 \end{vmatrix} = 0,$$

其中 $u,v,w \in \mathbb{C}/\Lambda \setminus \{0\}$. 这是解析几何的初等常识.

注记 8.5.4 基于定理 8.5.3 的 $\Longleftarrow$ 方向, 可以具体描绘椭圆曲线 (E,O) 上的加法, 它是 E 上具备以下性质的唯一加法群结构:

⋄ P,Q,R 共线 $\implies P + Q + R = O$;

⋄ O 是加法幺元.

实际构造如下.

(1) 取逆是简单的: 由于 $P + (-P) + O = O$, 为了从 P 确定 $-P$, 仅需作过 P,O 的直线 ℓ, 并取 $-P$ 为 ℓ 和 E 的第三个交点. 根据例 8.5.1, 如果 $P \neq O$, 则 ℓ 是过 P 而平

行 Y-轴的直线, 所以 $P \mapsto -P$ 无非是镜射 $(X : Y : Z) \mapsto (X : -Y : Z)$. 如果 $P = O$, 则 $\ell = \{Z = 0\}$ 在 O 处交 E 三次, 故 $-O = O$, 仍是镜像.

(2) 加法 $P + Q$ 的办法是先取过 P, Q 的直线 ℓ (当 $P = Q$ 时取切线), ℓ 和 E 的第三个交点 R 容易用 P, Q 的坐标来表示, 其对 X-轴的镜像即是 $P + Q$.

此中奥妙在于 (E, O) 的加法完全由代数几何的方法确定, 无关 $\wp, \wp'$ 等超越函数.

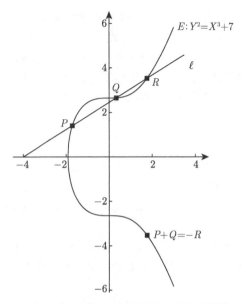

图 8.5.1 $E : Y^2 = X^3 + 7$ 在实数部分的加法结构示意图

练习 8.5.5   在 E 上和某条直线相切三次的点称为**拐点**, 证明 E 上恰有 9 个拐点.

练习 8.5.6   尝试从三次平面光滑曲线的代数几何出发, 证明定理 8.5.3 和注记 8.5.4 确定的加法运算满足结合律等群论公理.

椭圆曲线的群结构还有以下的内禀描述, 请对照 (8.4.3) 的解析理论. 先回忆定义 B.7.2 的除子类群 $\operatorname{Pic}(E) := \operatorname{Div}(E)/\mathscr{P}$.

定理 8.5.7   令 (E, O) 为椭圆曲线. 映射

$$\Phi : E \longrightarrow \operatorname{Pic}^0(E) := \ker \left[\deg : \operatorname{Pic}(E) \to \mathbb{Z} \right]$$

$$Q \longmapsto Q - O \mod \mathscr{P}$$

是群同构, 而且下图交换.

$$E \xrightarrow{\quad \Phi \quad} \mathrm{Pic}^0(E)$$
$$\phi \searrow \quad \downarrow (8.4.3)$$
$$\mathrm{Jac}(E)$$

ϕ：Abel-Jacobi 映射

证明　我们断言对任何 $D \in \mathrm{Div}(E)$, $\deg D = 1$, 存在唯一的 Q 使得 $D \equiv Q$ mod $\mathscr{P}$. 承认这点, 两边同减 O 便得到 Φ 为双射.

Riemann-Roch 定理 (注记 B.7.13) 蕴涵 $\ell(D) = 1$, 于是精确到 $\mathbb{C}^\times$, 存在唯一的 f 使得 $D' := \mathrm{div}(f) + D \geqslant 0$. 既然 $\deg D' = \deg D = 1$, 必然表作 $D' = Q$ 的形式, 上述断言得证.

现在说明 Φ 为群同构. 将 (E, O) 实现为 $\mathbb{P}^2$ 上的三次曲线. 考虑 $\mathbb{P}^2$ 中的直线 $\ell : aX + bY + cZ = 0$. 那么 ℓ 交 E 于 P, Q, R 三点 (计入重数) 当且仅当 E 上的有理函数 $f := Z^{-3}(aX + bY + cZ)|_E$ 满足

$$\mathrm{div}(f) = P + Q + R - 3O = (P - O) + (Q - O) + (R - O).$$

此时 $\Phi(P) + \Phi(Q) + \Phi(R) = 0$. 此外显然有 $\Phi(O) = 0$. 注记 8.5.4 遂说明 Φ 是群同构. 图表交换是 (8.4.3) 定义的显然结论. $\qquad\square$

推论 8.5.8　设 $N \in \mathbb{Z} \smallsetminus \{0\}$. 记椭圆曲线 (E, O) 的 N 倍自同态为 $[N]$. 对于一切 $C \in \mathrm{Pic}^0(E)$, 皆有 $NC = [N]^*C$, 除子类的拉回详见定义–命题 B.4.7.

证明　应用定理 8.5.7 可设 $C = \Phi(Q) = Q - O$. 任取 $R_0 \in [N]^{-1}(Q)$. 根据 $[N]^*$ 的定义, 在 $\mathrm{Pic}^0(E)$ 中有

$$[N]^*C = \left(\sum_{R \in [N]^{-1}(Q)} R - \sum_{S \in E[N]} S \right) = \sum_{R \in [N]^{-1}(Q)} \Phi(R) - \sum_{S \in E[N]} \Phi(S)$$

$$= \Phi\left(\sum_{R \in [N]^{-1}(Q)} R - \sum_{S \in E[N]} S \right)$$

$$= \Phi\left([N^2]R_0 + \sum_{S \in E[N]} S - \sum_{S \in E[N]} S \right)$$

$$= \Phi([N]Q) = N\Phi(Q) = NC.$$

以上用到了 $|E[N]| = N^2$. $\qquad\square$

注记 8.5.9 (代数几何版本的 Weil 配对)　推论 8.5.8 可以推广到任意代数闭域 $\Bbbk$ 上的椭圆曲线. 当 $\mathrm{char}(\Bbbk) \nmid N$ 时, 由此可赋予 $e_N(P, Q)$ (定义 3.8.9) 基于代数几何的描

述, 速写如下. 我们承认有自然的群同构

$$(\mathrm{Pic}(E), +) \simeq \big(E \text{ 上的线丛}, \otimes \big) \big/ \simeq,$$

使得除子类拉回对应到线丛拉回. 记 $\mathscr{L}$ 为 $\Phi(Q) \in \mathrm{Pic}^0(E)[N]$ 对应的线丛. 既然 $[N]$ 是以 $E[N]$ 为变换群的复叠态射 (非分歧), $[N]^* \mathscr{L} \simeq \mathscr{L}^{\otimes N}$ 平凡, 而平凡线丛的自同构群是 $\Bbbk^\times$, 所以线丛 $\mathscr{L}$ 的同构类由一个唯一的同态 $\chi_{\mathscr{L}} : E[N] \to \mu_N(\Bbbk)$ 确定 (所谓 "下降资料"), 对之有

$$e_N(P, Q) = \chi_{\mathscr{L}}(-P) \in \mu_N(\Bbbk).$$

基于除子的描述可见 [21, §7.4].

练习 8.5.10 (不变微分形式)　设 $\omega \in \Gamma(E, \Omega_E)$, 利用引理 8.4.4 证明 ω 对平移不变: 对所有 E 的点 Q, 平移自同构 $\tau_Q : P \mapsto P + Q$ 皆满足 $\tau_Q^* \omega = \omega$.

　　$\boxed{\text{提示}}$　设 ω 非零. 因为 $\Gamma(E, \Omega_E)$ 是一维的, 存在唯一的全纯映射 $r : E \to \mathbb{C}^\times$ 使得 $\tau_Q^* \omega = r(Q)\omega$. 那么 r 必取常值, 但 $r(O) = 1$.

例 8.5.11　考虑嵌入 $\mathbb{P}^2$ 的椭圆曲线 $E : Y^2 = P(X)$, 其中 P 为无重根的三次多项式, 生成元 $\omega \in \Gamma(E, \Omega_E)$ 可由 $\omega := \dfrac{\mathrm{d}X}{Y}$ 直接给出.

　　为了看清这点, 首先对 E 的方程两边微分, 得到

$$2Y\,\mathrm{d}Y = P'(X)\,\mathrm{d}X, \quad \omega = 2P'(X)^{-1}\,\mathrm{d}Y.$$

因为 P, P' 无公共根, ω 在 $E \smallsetminus \{Z = 0\}$ 上全纯. 根据引理 8.5.2, 在 E 和 $Z = 0$ 的唯一交点 $O = (0 : 1 : 0)$ 附近, 可取 E 的局部坐标 u 使得 $u(O) = 0$ 而 $x \sim u^{-2}$, $y \sim u^{-3}$, 由此知 $\mathrm{ord}_O(\omega) = 0$. 综之, $\omega \in \Gamma(E, \Omega_E) \smallsetminus \{0\}$. 结合引理 8.4.4 可知 ω 张成 $\Gamma(E, \Omega_E)$, 处处非零.

　　配合上一道练习, 可知 ω 是 E 上的不变微分形式.

例 8.5.12　依据定理 8.3.4, 由 $\tau \in \mathscr{H}$ 确定的复环面 $\mathbb{C}/\Lambda_\tau$ 满足 $j(\mathbb{C}/\Lambda_\tau, 0) = j(\tau)$, 而模不变量 $j(\tau)$ 按推论 4.4.4 写作

$$j(\tau) = \frac{E_4(\tau)^3}{\Delta(\tau)} = 1728 \cdot \frac{E_4(\tau)^3}{E_4(\tau)^3 - E_6(\tau)^2}.$$

取 $\rho := e^{2\pi i/6} = \dfrac{1 + \sqrt{-3}}{2}$. 命题 4.4.1 给出 $E_4(\rho) = E_6(i) = 0$, 故 $j(i) = 1728$ 而 $j(\rho) = 0$.

　　(1) 考虑由 $Y^2 = X^3 - X$ 定义的三次曲线 $E \subset \mathbb{P}^2$, 不再写出相应的齐次方程. 按 (8.2.6) 直接计算可得 $j(E) = 2^6 3^3 = 1728$. 这就蕴涵作为椭圆曲线有 $(E, O) \simeq$

$(\mathbb{C}/\Lambda_i, 0)$.

因为 $\mathbb{Z}[i] = \mathbb{Z} \oplus \mathbb{Z}i$ 成环 (称为 Gauss 整数环), 由命题 3.8.3 易算出 (E, O) 或 $(\mathbb{C}/\Lambda_i, 0)$ 的自同态环为 $\mathbb{Z}[i]$.

(2) 考虑 $Y^2 = X^3 - 432$ 定义的三次曲线 $E' \subset \mathbb{P}^2$. 依练习 8.2.7 可得 $j(E', O) = 0$, 这就蕴涵作为椭圆曲线有 $(E', O) \simeq (\mathbb{C}/\Lambda_\rho, 0)$. 同样地, 易证 $\mathbb{Z}[\rho] = \mathbb{Z} \oplus \mathbb{Z}\rho$ 成环 (称为 Eisenstein 整数环), 从而 (E', O) 或 $(\mathbb{C}/\Lambda_\rho, 0)$ 的自同态环为 $\mathbb{Z}[\rho]$.

在这两个例子中, 对应 $j = 1728, 0$ 的自同态环颇有来头, 分别是虚二次数域 $\mathbb{Q}(\sqrt{-1})$ 和 $\mathbb{Q}(\sqrt{-3})$ 的代数整数环, 这类现象是 §8.6 的主题.

8.6　复乘初阶

复乘的深入研究可见 [49, §§4.4—5.4].

对于 $\mathbb{C}$ 中的格 Λ, 可将 $\Lambda \otimes \mathbb{Q}$ 视同 $\mathbb{C}$ 的 $\mathbb{Q}$-向量子空间 $\bigcup_{m \geq 1} \frac{1}{m}\Lambda$. 回忆命题 3.8.3: 以下都是 $\mathbb{C}$ 的子环

$$\mathrm{End}(\mathbb{C}/\Lambda) = \{x \in \mathbb{C} : x\Lambda \subset \Lambda\},$$

$$\mathrm{End}(\mathbb{C}/\Lambda) \otimes \mathbb{Q} = \bigcup_{m \geq 1} \frac{1}{m}\mathrm{End}(\mathbb{C}/\Lambda)$$

$$= \bigcup_{m \geq 1} \left\{x \in \mathbb{C} : x\Lambda \subset \frac{1}{m}\Lambda\right\}$$

$$= \{x \in \mathbb{C} : x(\Lambda \otimes \mathbb{Q}) \subset \Lambda \otimes \mathbb{Q}\}.$$

引理 8.6.1 设 $\tau \in \mathscr{H}$, 记 $\Lambda_\tau := \mathbb{Z}\tau \oplus \mathbb{Z}$, 则 $\mathrm{End}(\Lambda_\tau)$ 总是 Λ_τ 的 $\mathbb{Z}$-子模, 而且 $\mathrm{End}(\Lambda_\tau) \supsetneq \mathbb{Z}$ 当且仅当存在非纯量矩阵 $\gamma \in \mathrm{GL}(2, \mathbb{Q})^+$ 使得 $\gamma\tau = \tau$.

证明 给定 $x \in \mathbb{C}^\times$, 条件 $x\Lambda_\tau \subset \Lambda_\tau$ 等价于存在 $\gamma = \begin{pmatrix} a & b \\ c & d \end{pmatrix} \in \mathrm{M}_2(\mathbb{Z})$ 使得

$$x\begin{pmatrix} \tau \\ 1 \end{pmatrix} = \gamma\begin{pmatrix} \tau \\ 1 \end{pmatrix}. \tag{8.6.1}$$

这蕴涵 $x = c\tau + d \in \Lambda_\tau$, 此外 $\gamma\tau = \tau$ (分式线性变换), 故 $\det\gamma > 0$. 由于 $x \notin \mathbb{Z}$ 时 $c \neq 0$, 此时 γ 非纯量矩阵.

反过来设 $\gamma \in \mathrm{GL}(2, \mathbb{Q})^+$ 满足 $\gamma\tau = \tau$. 不失一般性可设 $\gamma \in \mathrm{M}_2(\mathbb{Z}) \cap \mathrm{GL}(2, \mathbb{Q})^+$, 那么存在 $x \in \mathbb{C}^\times$ 使 (8.6.1) 成立. 假若 $x \in \mathbb{Z}$, 则 $c\tau + d \in \mathbb{Z}$ 导致 $\gamma \in \begin{pmatrix} * & \\ & * \\ & * \end{pmatrix}$, 这种矩阵

在 $\mathcal{H}$ 上无不动点, 矛盾. □

所谓**二次数域**是 $\mathbb{Q}$ 的形如 $\mathbb{Q}(\sqrt{D})$ 的 2 次域扩张, 其中 $D \in \mathbb{Z}$ 无平方因子, 根据 $D > 0$ 或 $D < 0$ 分别称为实或虚二次数域. 二次数域 $\mathbb{Q}(\sqrt{D})$ 有自同构 $a + b\sqrt{D} \mapsto a - b\sqrt{D}$, 当 $D < 0$ 时这无非是复共轭. $\mathbb{Q}(\sqrt{D})$ 中的代数整数构成子环

$$\mathfrak{o}_{\mathbb{Q}(\sqrt{D})} = \begin{cases} \mathbb{Z} \oplus \mathbb{Z}\sqrt{D}, & D \not\equiv 1 \pmod 4, \\ \mathbb{Z} \oplus \mathbb{Z}\dfrac{1 + \sqrt{D}}{2}, & D \equiv 1 \pmod 4. \end{cases}$$

回忆 $\mathbb{Q}(\sqrt{D})$ 中的序模是指具备以下性质的子环 $\mathcal{O}$: ① 它是有限秩自由 $\mathbb{Z}$-模; ② 它生成 $\mathbb{Q}$-向量空间 $\mathbb{Q}(\sqrt{D})$, 见定义 3.5.8.

练习 8.6.2   设 $\mathcal{O}$ 为虚二次数域 K 中的序模, 证明 $\mathcal{O} \subset \mathfrak{o}_K$, 而且 $\mathcal{O}$ 对复共轭封闭. 推论: 对任何 $t \in \mathcal{O}$ 都有 $t\bar{t} \in \mathbb{Z}_{\geqslant 0}$.

提示 从 $\mathcal{O}$ 是有限秩自由 $\mathbb{Z}$-模说明其元素都是代数整数. 若 $x \in \mathcal{O}$, 则 $x + \bar{x} \in \mathfrak{o}_K \cap \mathbb{Q} = \mathbb{Z}$, 从而 $\bar{x} \in \mathcal{O}$.

引理 8.6.3   接续引理 8.6.1 的符号. 我们有 $\operatorname{End}(\Lambda_\tau) \supsetneq \mathbb{Z}$ 当且仅当 $K := \mathbb{Q}(\tau)$ 是虚二次数域, 这时 $\operatorname{End}(\mathbb{C}/\Lambda_\tau) \otimes \mathbb{Q} \simeq K$, 而 $\mathcal{O} := \operatorname{End}(\mathbb{C}/\Lambda_\tau)$ 是 K 中的序模.

证明   应用引理 8.6.1. 设 $\operatorname{End}(\Lambda_\tau) \supsetneq \mathbb{Z}$, 存在椭圆变换 $\gamma = \begin{pmatrix} a & b \\ c & d \end{pmatrix} \in \operatorname{GL}(2, \mathbb{Q})^+$ 固定 τ, 而向量 $\begin{pmatrix} \tau \\ 1 \end{pmatrix}$ 对 γ 的特征值是 $c\tau + d$, 此特征值必生成虚二次数域 K, 故 $K = \mathbb{Q}(\tau)$. 此时 $\Lambda_\tau \otimes \mathbb{Q} = \mathbb{Q}\tau \oplus \mathbb{Q} = K$, 故

$$\operatorname{End}(\mathbb{C}/\Lambda_\tau) \otimes \mathbb{Q} = \{x \in \mathbb{C} : xK \subset K\} = K.$$

于是子环 $\mathcal{O}$ 生成 $\mathbb{Q}$-向量空间 K, 另一方面, 已知 $\mathcal{O} \subset \Lambda_\tau$, 故为有限秩自由 $\mathbb{Z}$-模, 至此验证了序模的全部条件.

反过来说, 设 $A\tau^2 + B\tau + C = 0$, 其中 $A, B, C \in \mathbb{Z}$ 不全为 0, 那么 $AC > \dfrac{B^2}{4} \geqslant 0$ 而 $\begin{pmatrix} B & C \\ -A & \end{pmatrix}\tau = \tau$, 故 $\operatorname{End}(\Lambda_\tau) \supsetneq \mathbb{Z}$. □

满足引理 8.6.3 条件的 $\tau \in \mathcal{H}$ 也称为复乘点.

定义 8.6.4(复乘)   设 E 为复椭圆曲线, 若 $\mathcal{O}$ 是某个虚二次数域 K 的序模, 而且存

在环同构 $[\cdot] : \mathcal{O} \xrightarrow{\sim} \mathrm{End}(E)$, 则说 E 带有 $\mathcal{O}$ 的复乘 [1]. 选定域嵌入 $\iota : K \hookrightarrow \mathbb{C}$, 若进一步要求对所有 $\omega \in \Gamma(E, \Omega_E)$ 和 $\alpha \in \mathcal{O}$ 都有 $[\alpha]^* \omega = \iota(\alpha)\omega$, 则称 $(\mathcal{O}, [\cdot])$ 使 E 具有 $\mathcal{O}$ 的正规化复乘.

练习 8.6.5 说明当 $x \neq 0$ 给定时, 满足 (8.6.1) 的 $\gamma \in \mathrm{GL}(2, \mathbb{Q})^+$ 是唯一确定的, 由此说明若 $\mathbb{C}/\Lambda_\tau$ 带有 $\mathcal{O}$ 的复乘, 则存在典范的 $\mathbb{Q}$-代数嵌入 $\gamma : K \hookrightarrow \mathrm{M}_2(\mathbb{Q})$, 使得 (8.6.1) 对 $\gamma := \gamma(x)$ 成立.

复乘中的虚二次数域按 $K = \mathcal{O} \otimes \mathbb{Q}$ 确定. 正规化的概念依赖于嵌入 $\iota : K \hookrightarrow \mathbb{C}$. 在引理 8.6.3 的场景中, 序模 $\mathcal{O}$ 已嵌入 $\mathbb{C}$, 它在 $\mathbb{C}/\Lambda_\tau$ 上的作用来自 $\mathbb{C}$ 上的乘法 $z \mapsto xz$, 这般复乘当然是正规化的, 但 $z \mapsto \bar{x}z$ 给出的作用则不然.

引理 8.6.6 符号同上. 选定嵌入 $K \hookrightarrow \mathbb{C}$. 若 E 带 $\mathcal{O}$ 的复乘, 则存在唯一的同构 $[\cdot] : \mathcal{O} \xrightarrow{\sim} \mathrm{End}(E)$ 使复乘正规化.

证明 不失一般性, 设 $E = \mathbb{C}/\Lambda_\tau$. 命题 3.8.3 蕴涵正规化复乘中的 $[\cdot]$ 是唯一的. 存在性可以化约到以上讨论过的复环面情形. $\qquad\square$

复乘及其正规化版本可以定义到一般数域上的椭圆曲线, 本书不论.

今后在探讨复乘时, 总是选定嵌入 $K \hookrightarrow \mathbb{C}$, 而且资料 $[\cdot]$ 总取为正规化的. 全体带有 $\mathcal{O}$ 复乘的复椭圆曲线构成范畴 $\mathrm{Ell}_{\mathbb{C}}(\mathcal{O})$, 以复椭圆曲线的同构为态射, 记其中同构类组成的集合为 $\mathrm{ell}_{\mathbb{C}}(\mathcal{O})$. 说复环面 $\mathbb{C}/\Lambda$ 带序模 $\mathcal{O}$ 的复乘相当于说

$$
\begin{aligned}
x\Lambda \subset \Lambda &\iff x \in \mathcal{O}, \\
[\alpha](z + \Lambda) &= \alpha z + \Lambda, \quad \alpha \in \mathcal{O}.
\end{aligned}
\tag{8.6.2}
$$

固定虚二次数域 K 及其序模 $\mathcal{O}$. 我们需要一些相关的代数概念, 细节见代数数论或交换代数的教材.

⋄ 满足以下条件的 $\mathcal{O}$-子模 $\mathfrak{a} \subset K$ 称为**分式理想**: 存在 $t \in \mathcal{O} \smallsetminus \{0\}$ 使得 $t\mathfrak{a} \subset \mathcal{O}$.

⋄ 任两个分式理想 $\mathfrak{a}, \mathfrak{b}$ 可以相乘: $\mathfrak{a}\mathfrak{b} = \{\sum_i a_i b_i : a_i \in \mathfrak{a}, b_i \in \mathfrak{b}\}$ 仍是分式理想. 全体非零分式理想对乘法构成交换幺半群 $\mathrm{FracIdeal}(\mathcal{O})$, 以 $\mathcal{O}$ 为幺元.

⋄ 对非零分式理想 $\mathfrak{a}$, 命 $\mathfrak{a}^{-1} := \{x \in K : x\mathfrak{a} \subset \mathcal{O}\}$, 这仍是非零分式理想. 可以证明若存在 $\mathfrak{b}$ 使得 $\mathfrak{a}\mathfrak{b} = \mathcal{O}$, 则必有 $\mathfrak{b} = \mathfrak{a}^{-1}$.

⋄ 基于以上理由, 定义**可逆分式理想**为满足 $\mathfrak{a}\mathfrak{a}^{-1} = \mathcal{O}$ 的分式理想. 记可逆分式理想所成集合为 $\mathrm{InvIdeal}(\mathcal{O})$, 它无非是 $\mathrm{FracIdeal}(\mathcal{O})$ 中由可逆元构成的群.

⋄ 任何 $x \in K^\times$ 都生成主分式理想 $x\mathcal{O} \subset K$, 其逆为 $x^{-1}\mathcal{O}$, 它们构成 $\mathrm{InvIdeal}(\mathcal{O})$ 的子群 $\mathrm{PrinIdeal}(\mathcal{O})$.

---

[1] 经常按英文 complex multiplication 简写为 CM.

◇ 相对于以上运算, 定义 $\mathcal{O}$ 的 **类群** 为

$$\mathrm{cl}(\mathcal{O}) := \mathrm{InvIdeal}(\mathcal{O})\big/\mathrm{PrinIdeal}(\mathcal{O}).$$

代数数论中的一则基本事实是 $|\mathrm{cl}(\mathcal{O})|$ 有限, 称为 $\mathcal{O}$ 的 **类数**.

　　当 $\mathcal{O} = \mathfrak{o}_K$ 时, 上述构造全是代数数论的熟知内容, 此时所有非零分式理想皆可逆. 一般 $\mathcal{O}$ 的类数可以用 $\mathfrak{o}_K$ 的类数和 $\mathcal{O}$ 的导子来表示, 见 [49, Exercise 4.12].

　　注记 8.6.7　　二次数域的特殊性质之一是 $\mathfrak{a}$ 可逆当且仅当对所有 $x \in K$ 都有 $x\mathfrak{a} \subset \mathfrak{a} \iff x \in \mathcal{O}$, 这在 $\mathcal{O} = \mathfrak{o}_K$ 情形是简单的, 一般情形详见 [15, Corollary 4.4]. 这对更高次的数域及其序模并不成立.

　　命题 8.6.8　　以下设 $\mathbb{C}/\Lambda$ 有 $\mathcal{O}$ 的复乘, 设 $\mathfrak{a}$ 是可逆分式理想, 则 $\mathfrak{a}$ 是 $\mathbb{C}$ 中的格, 而且 $\mathbb{C}/\mathfrak{a}$ 有 $\mathcal{O}$ 的复乘.

　　证明　　取 $t \in \mathcal{O} \smallsetminus \{0\}$ 使得 $t\mathfrak{a} \subset \mathcal{O}$, 应用练习 8.6.2, 以范数 $t\bar{t}$ 代 t 则可进一步要求 $t \in \mathbb{Z}_{\geqslant 1}$. 同理, 对 $\mathfrak{a} \cap \mathcal{O}$ 的非零元取范数可得 $s \in \mathbb{Z}_{\geqslant 1} \cap \mathfrak{a}$. 于是

$$s\mathcal{O} \subset \mathfrak{a} \subset \frac{1}{t}\mathcal{O}.$$

根据上式, 因为 $\mathcal{O}$ 是秩 2 自由 $\mathbb{Z}$-模并在 $\mathbb{C}$ 中离散, $\mathfrak{a}$ 亦然, 而且 $\mathfrak{a}$ 和 $\mathcal{O}$ 一样生成 $\mathbb{Q}$-向量空间 K, 因而也生成 $\mathbb{R}$-向量空间 $\mathbb{C}$. 这些性质表明 $\mathfrak{a}$ 是格. 最后, 注记 8.6.7 提及的性质表明 $\mathbb{C}/\mathfrak{a}$ 有 $\mathcal{O}$ 的复乘.　　　　　　　　　　　　　　□

　　命题 8.6.9　　以下设 $\mathbb{C}/\Lambda$ 有 $\mathcal{O}$ 的复乘, 而 $\mathfrak{a}$ 是可逆分式理想.

　　(i) 命 $\mathfrak{a}\Lambda := \left\{ \sum_i a_i \lambda_i : a_i \in \mathfrak{a}, \ \lambda_i \in \Lambda \right\}$, 这仍是格, 并且 $\mathbb{C}/\mathfrak{a}\Lambda$ 有 $\mathcal{O}$ 的复乘, 此运算满足

$$\mathfrak{a}(\mathfrak{b}\Lambda) = (\mathfrak{a}\mathfrak{b})\Lambda, \quad \mathcal{O}\Lambda = \Lambda.$$

　　(ii) 对所有可逆分式理想 $\mathfrak{a}, \mathfrak{b}$, 都存在自然双射

$$\left\{ x \in K^{\times} : x\mathfrak{a} = \mathfrak{b} \right\} \xrightarrow{\ 1:1\ } \left\{ \text{同构 } \mathbb{C}/\mathfrak{a}\Lambda \xrightarrow{\sim} \mathbb{C}/\mathfrak{b}\Lambda \right\}.$$

　　(iii) 命 $\mathfrak{a} \star \mathbb{C}/\Lambda := \mathbb{C}/\mathfrak{a}^{-1}\Lambda$, 诱导 $\mathrm{cl}(\mathcal{O})$ 在 $\mathrm{ell}_{\mathbb{C}}(\mathcal{O})$ 上的作用, 这是一个挠子 (见 [59, 定义 4.4.8]).

　　作为 (iii) 的推论, $\left| \mathrm{ell}_{\mathbb{C}}(\mathcal{O}) \right| = |\mathrm{cl}(\mathcal{O})|$ 有限.

　　证明　　首先, (8.6.2) 蕴涵 $\mathcal{O}\Lambda = \Lambda$. 对于可逆分式理想 $\mathfrak{a}$, 应用之前的论证可取

$s, t \in \mathbb{Z}_{\geqslant 1}$ 使得

$$s\Lambda \subset \mathfrak{a}\Lambda \subset \frac{1}{t}\mathcal{O}\Lambda = \frac{1}{t}\Lambda.$$

第一个 $\subset$ 确保 $\mathfrak{a}\Lambda$ 生成 $\mathbb{R}$-向量空间 $\mathbb{C}$, 第二个 $\subset$ 确保 $\mathfrak{a}\Lambda$ 在 $\mathbb{C}$ 中离散, 故 $\mathfrak{a}\Lambda$ 是格.

我们仍然有 $\mathcal{O} \cdot (\mathfrak{a}\Lambda) = \mathfrak{a}\Lambda$, 故以上论证说明对任意非零分式理想 $\mathfrak{b}$, 乘法 $\mathfrak{b}(\mathfrak{a}\Lambda)$ 总有意义并且等于 $(\mathfrak{b}\mathfrak{a})\Lambda$. 现在来计算 $\mathrm{End}(\mathbb{C}/\mathfrak{a}\Lambda)$:

$$x\mathfrak{a}\Lambda \subset \mathfrak{a}\Lambda \iff x\underbrace{\mathfrak{a}^{-1}\mathfrak{a}}_{=\mathcal{O}}\Lambda = \underbrace{\mathfrak{a}^{-1}\mathfrak{a}}_{=\mathcal{O}}\Lambda \iff x\Lambda \subset \Lambda.$$

这就表明 $\mathrm{End}(\mathbb{C}/\mathfrak{a}\Lambda) = \mathrm{End}(\mathbb{C}/\Lambda) = \mathcal{O}$. 如是证完 (i).

另外, 设 $\mathfrak{a}, \mathfrak{b}$ 为可逆分式理想. 给定同构 $\mathbb{C}/\mathfrak{a}\Lambda \xrightarrow{\sim} \mathbb{C}/\mathfrak{b}\Lambda$ 相当于给定 $x \in \mathbb{C}^\times$ 使得 $x\mathfrak{a}\Lambda = \mathfrak{b}\Lambda$. 这等价于 $\mathfrak{c} := x\mathfrak{a}\mathfrak{b}^{-1} \subset \mathcal{O}$, 由此见得 $x \in K^\times$, 故 $\mathfrak{c}$ 是可逆分式理想; 另一方面, 考虑 x^{-1} 给出的逆同构, 则相同论证给出 $\mathfrak{c}^{-1} \subset \mathcal{O}$. 于是

$$\mathcal{O} = \mathfrak{c}\mathfrak{c}^{-1} \subset \mathfrak{c} \subset \mathcal{O},$$

故 $\mathfrak{c} = \mathcal{O}$. 综上, 同构的刻画变为 $x \in K^\times$, $x\mathfrak{a} = \mathfrak{b}$. 如是证完 (ii).

对于 (iii), 剩下的仅是证明对于带 $\mathcal{O}$ 复乘的 $\mathbb{C}/\Lambda_1$ 和 $\mathbb{C}/\Lambda_2$, 总存在非零分式理想 $\mathfrak{a}$ 和同构 $\mathbb{C}/\mathfrak{a}\Lambda_1 \simeq \mathbb{C}/\Lambda_2$. 对于 $i \in \{1, 2\}$, 存在 $z_i \in \mathbb{C}^\times$ 和 $\tau_i \in \mathscr{H}$ 使得 $\Lambda_i = z_i(\mathbb{Z}\tau_i \oplus \mathbb{Z})$, 而引理 8.6.3 确保 $\tau_i \in K$. 故可任取非零元 $\lambda_i \in \Lambda_i$ 使得 $\mathfrak{a}_i := \lambda_i^{-1}\Lambda_i \subset K$. 不难验证 $\mathfrak{a}_i$ 是满足 $x\mathfrak{a}_i \subset \mathfrak{a}_i \iff x \in \mathcal{O}$ 的分式理想, 注记 8.6.7 蕴涵 $\mathfrak{a}_i$ 可逆. 命 $\mathfrak{a} := \mathfrak{a}_1^{-1}\mathfrak{a}_2$, 于是

$$\frac{\lambda_2}{\lambda_1}\mathfrak{a}\Lambda_1 = \Lambda_2,$$

亦即 $\dfrac{\lambda_2}{\lambda_1} : \mathbb{C}/\mathfrak{a}\Lambda_1 \xrightarrow{\sim} \mathbb{C}/\Lambda_2$. 明所欲证. $\qquad\square$

注记 8.6.10 考虑范畴 $\mathrm{Cl}(\mathcal{O})$, 它以可逆分式理想为对象, 以 $\{x \in K^\times : x\mathfrak{a} = \mathfrak{b}\}$ 为从 $\mathfrak{a}$ 到 $\mathfrak{b}$ 的态射集, 态射合成来自 $K^\times$ 中乘法. 命题 8.6.8 和命题 8.6.9 一同给出范畴间的等价

$$\mathrm{Cl}(\mathcal{O}) \to \mathrm{Ell}_{\mathbb{C}}(\mathcal{O}), \quad \mathfrak{a} \mapsto \mathbb{C}/\mathfrak{a},$$

它在同构类层次上诱导双射 $\mathrm{cl}(\mathcal{O}) \xrightarrow{1:1} \mathrm{ell}_{\mathbb{C}}(\mathcal{O})$.

现在切入代数曲线的视角. 复椭圆曲线 (E, O) 总能嵌入 $\mathbb{P}^2$, 其仿射部分由 Weierstrass 方程

$$Y^2 + a_1 XY + a_3 Y = X^3 + a_2 X^2 + a_4 + a_6$$

描述, 点 O 对应 $(0:1:0)$. 对于任意域自同构 $\sigma \in \mathrm{Aut}(\mathbb{C})$, 定义 $^{\sigma}E$ 为仿射部分由方程

$$Y^2 + \sigma(a_1)XY + \sigma(a_3)Y = X^3 + \sigma(a_2)X^2 + \sigma(a_4) + \sigma(a_6)$$

描述的平面三次射影曲线, 仍是以 $(0:1:0)$ 为基点的复椭圆曲线. Weierstrass 方程当然不是唯一的. 如果读者愿意用代数几何的抽象语言, 那么 $^{\sigma}E$ 可以内禀地定义为概形的基变换 $E \underset{\mathbb{C},\sigma}{\times} \mathbb{C}$. 显然

$$^{\mathrm{id}}E = E, \quad {}^{\sigma}({}^{\tau}E) = {}^{\sigma\tau}E, \quad \sigma, \tau \in \mathrm{Aut}(\mathbb{C}).$$

因为椭圆曲线的 j 不变量是 Weierstrass 方程系数的代数表达式, 自然有

$$j\left({}^{\sigma}E\right) = \sigma\left(j(E)\right).$$

接下来, 定义 $\mathbb{P}^2$ 到自身的双射 $\sigma : (a:b:c) \mapsto (\sigma(a):\sigma(b):\sigma(c))$. 它将集合 $^{\sigma}E$ 一对一地映到集合 E, 保持基点 O 不变, 其逆映射由 σ^{-1} 诱导.

引理 8.6.11　设 (E, O) 是椭圆曲线, $\sigma \in \mathrm{Aut}(E)$, 则有环同构

$$\mathrm{End}(E) \overset{\sim}{\longrightarrow} \mathrm{End}\left({}^{\sigma}E\right)$$
$$f \longmapsto \sigma^{-1}f\sigma.$$

证明　问题归结为说明 $\sigma^{-1}f\sigma$ 总是 $^{\sigma}E$ 到自身的态射. 如果读者了解态射在代数几何中的定义, 这理应是直接的推论. □

定理 8.6.12　设 $\tau \in \mathscr{H}$ 使得对应的椭圆曲线 (E_{τ}, O) 有复乘, 那么 $j(\tau)$ 是代数数, 记 $\mathcal{O} := \mathrm{End}(E_{\tau})$, 则 $[\mathbb{Q}(j(\tau)) : \mathbb{Q}] \leqslant |\mathrm{cl}(\mathcal{O})|$.

证明　固定 τ 而让 $\sigma \in \mathrm{Aut}(\mathbb{C})$ 变动. 根据命题 8.6.9 和引理 8.6.11 可知 $^{\sigma}E_{\tau}$ 的同构类总属于 $\mathrm{ell}_{\mathbb{C}}(\mathcal{O})$. 所以全体 $j\left({}^{\sigma}E_{\tau}\right) = \sigma\left(j(E_{\tau})\right)$ 构成的集合 Ξ 至多仅有 $|\mathrm{cl}(\mathcal{O})|$ 个元素. 这就导致 Ξ 的元素皆为代数数, 次数不大于 $|\mathrm{cl}(\mathcal{O})|$. 事实上, 多项式 $\prod_{\xi \in \Xi}(X - \xi)$ 的系数都对 $\mathrm{Aut}(\mathbb{C})$ 不变, 因而都是有理数. □

练习 8.6.13　补充上述论证的最后一步: 证明若 $x \in \mathbb{C}$ 对 $\mathrm{Aut}(\mathbb{C})$ 的作用不变, 则 $x \in \mathbb{Q}$.

提示　用超越基理论取中间域 $\mathbb{C} \supset M \supset \mathbb{Q}$, 使得 $\mathbb{C}$ 是 M 的代数闭包, 而 M 同构于 $\mathbb{Q}$ 上带不可数个变元的有理函数域, 见 [59, §8.8]. 从 x 对 $\mathrm{Gal}(\mathbb{C}|M)$ 不变导出 $x \in M$. 再以有理函数域的性质说明若 $x \in M \smallsetminus \mathbb{Q}$, 则必有 $\sigma \in \mathrm{Aut}(M)$ 挪动 x, 而 σ 又能延拓为 $\mathrm{Aut}(\mathbb{C})$ 的元素, 后者本质上是基于代数闭包的唯一性.

由于 j 是超越函数, 它在复乘点的代数性是毫不显然的. 事实上还可以证明 $j(\tau)$ 是代数整数, 解析论证见 [49, §4.6], 更顺手的工具则是 Galois 表示, 不属此章范围. 复乘理论和 j 函数的特殊值最终汇入 Kronecker 的 "青春之梦", 关乎虚二次数域的类域论, 这是椭圆曲线和代数数论之间优美的联系.

8.7 起源与应用

定义 8.7.1 假设 y 满足形如 $y^2 = P(x)$ 的代数关系, 其中 x 为变元而 $d := \deg P \in \{3, 4\}$. 对应的**椭圆积分**是形如

$$\int R(x, y)\,\mathrm{d}x, \quad R(x, y): \text{有理函数}$$

的积分, 不论积分上下限和 $R(x, y)$ 的奇点.

相关讨论见 [62, §8.1,§10.8]. 这类积分在椭圆周长、单摆周期等经典问题上有悠久的渊源, 因而得名; $d \geqslant 5$ 的情形则称为**超椭圆积分**. J. Liouville 在 1835 年左右证明了这些不定积分通常不能表示为初等函数 (指数、对数和代数函数的有限组合), 参见 [14].

注记 8.7.2 等式 $Y^2 - P(X) = 0$ 在仿射平面 $\mathbb{C}^2$ 上定义一条代数曲线. 设 $P(X) = \sum_{k=0}^{d} a_k X^k$ 无重根, 则 $2Y\,\mathrm{d}Y - P'(X)\,\mathrm{d}X$ 在曲线上处处非零, 故曲线无奇点. 另一方面, 曲线实现为 d 次齐次多项式

$$Y^2 Z^{d-2} - \sum_{k=0}^{d} a_k X^k Z^{d-k} = 0$$

在 $\mathbb{P}^2$ 中的零点集, 它和 $Z = 0$ 的唯一交点是 "无穷远点" $(0 : 1 : 0)$. 当 $d = 3$ 时这就是 §8.2 处理的三次光滑射影曲线; 然而当 $d > 3$ 时它在 $(0 : 1 : 0)$ 有奇点, 因为此时齐次多项式取微分后形如 $-a_{d-1} X^{d-1}\,\mathrm{d}Z + Z(\cdots)$, 在 $Z = 0$ 时消没.

基于这个理由, 今后在 $d > 3$ 情形下只论曲线 $Y^2 = P(X)$ 的仿射部分.

容易将 $d = 4$ 的椭圆积分降次到 $d = 3$ 情形, 前提是要指定 P 的一个单根 α. 具体机制如下.

引理 8.7.3 设 $P(x)$ 是以 x 为变元的 d 次多项式, $d \in 2\mathbb{Z}$ 而 $P(\alpha) = 0$. 定义

$$P_1(u) := u^d P\left(\alpha + \frac{1}{u}\right),$$

则 $\deg P_1 \leqslant d - 1$. 进一步:

◇ 当 α 为单根时 $\deg P_1 = d - 1$;

◇ 若 P 的根是 $\alpha, x_1, \cdots, x_{d-1}$ (含重数) 而 $\forall i,\ \alpha \neq x_i$, 则 P_1 的根是 $\left\{ (x_i - \alpha)^{-1} \right\}_{i=1}^{d-1}$;

◇ 通过换元

$$(x, y) = \left(\alpha + \frac{1}{u},\ u^{-d/2} v \right), \quad (u, v) = \left(\frac{1}{x - \alpha},\ (x - \alpha)^{-d/2} y \right),$$

方程 $y^2 = P(x)$ 化为 $v^2 = P_1(u)$.

证明　我们有 $P(\alpha + x) = x P'(\alpha) +$ 高次项, 代入 $x = 1/u$ 得到

$$P_1(u) = u^{d-1} P'(\alpha) + \text{低次项}.$$

关于根的断言是明白的. 最后, 方程 $y^2 = P(x)$ 换元后化为 $u^{-d} v^2 = P\left(\alpha + \frac{1}{u} \right) = u^{-d} P_1(u)$, 亦即 $v^2 = P_1(u)$; 反之亦然.　　$\square$

用代数几何的语言说, $(x, y) \mapsto (u, v)$ 是 $\mathbb{P}^2$ 到自身的**双有理变换**: 它定义在域 $\mathbb{Q}(\alpha)$ 上, 一般不是 $\mathbb{P}^2$ 或仿射平面到自身的多项式映射.

例 8.7.4　为厘清这些术语的来由, 请考虑平面上的椭圆

$$\frac{X^2}{a^2} + \frac{Y^2}{b^2} = 1, \quad a > b > 0.$$

其参数式为 $(x(\theta), y(\theta)) = (a \cos \theta, b \sin \theta)$, $0 \leqslant \theta \leqslant 2\pi$. 椭圆的离心率为 $e := \sqrt{(a^2 - b^2)/a^2}$, $0 < e < 1$. 椭圆周长等于

$$\int_{\theta=0}^{\theta=2\pi} \sqrt{(\mathrm{d}x(\theta))^2 + (\mathrm{d}y(\theta))^2} = \int_0^{2\pi} \sqrt{a^2 \sin^2 \theta + b^2 \cos^2 \theta}\, \mathrm{d}\theta$$

$$= 4a \int_0^{\pi/2} \sqrt{1 - e^2 \cos^2 \theta}\, \mathrm{d}\theta.$$

代入 $x = \cos \theta$, $\mathrm{d}\theta = -(\sin \theta)^{-1}\, \mathrm{d}x$, 上式化作

$$4a \int_0^1 \frac{\sqrt{1 - e^2 x^2}}{\sqrt{1 - x^2}} \cdot \mathrm{d}x = 4a \int_0^1 \frac{1 - e^2 x^2}{\sqrt{(1 - x^2)(1 - e^2 x^2)}} \cdot \mathrm{d}x.$$

取 $P(x) := (1 - x^2)(1 - e^2 x^2)$ 可知此为椭圆积分, P 无重根.

回到一般框架. 根据引理 8.7.3, 以下设 $\deg P = 3$ 并进一步要求 P 无重根. 已知此

时所有椭圆积分都能用以下三种形式来表达

$$I_0 := \int \frac{\mathrm{d}x}{y}, \quad I_1 := \int \frac{x\,\mathrm{d}x}{y}, \quad J_1 := \int \frac{\mathrm{d}x}{(x-h)y} \quad (h \in \mathbb{C}).$$

按本节开头的描述, 方程 $E : Y^2 = P(X)$ 延伸为 $\mathbb{P}^2$ 中的三次光滑曲线, 仍记为 E. 无论对 I_0, I_1 还是 J_1, 被积函数都是 E 上的一个亚纯微分形式 ω. 积分 I_0 的好处在于相应的 $\omega := \dfrac{\mathrm{d}X}{Y}$ 在 E 上全纯, 见例 8.5.11.

取 $\omega := \dfrac{\mathrm{d}X}{Y}$ 如上. 若 E 是射影嵌入 $\iota = (\wp : \wp' : 1) : \mathbb{C}/\Lambda \hookrightarrow \mathbb{P}^2$ 的像, 那么 $\iota^*\omega = \wp'(z)^{-1}\,\mathrm{d}\wp(z) = \mathrm{d}z$. 于是在道路积分的意义下, 椭圆积分变为

$$\int_{(0:1:0)}^{(\wp(w):\wp'(w):1)} \omega = \int_{0 \to w} \mathrm{d}z = w + \Lambda \quad (\text{任取道路}).$$

所以精确到周期格 Λ, 椭圆函数 $\wp$ 可谓是椭圆积分 I_0 的逆. 如此一来, $\mathbb{C}/\Lambda$ 上的加法反映为著名的椭圆积分加法公式

$$\int_{(0:1:0)}^{P} \omega + \int_{(0:1:0)}^{Q} \omega = \int_{(0:1:0)}^{P+Q} \omega,$$

其中 $P + Q := \iota\left(\iota^{-1}(P) + \iota^{-1}(Q)\right)$, 此加法运算可以按注记 8.5.4 来几何地刻画.

例 8.7.5 下面考虑另一个力学中的例子. 考虑三维空间中一个刚体对其质心的转动, 无外力矩. 取 Ω 为角速度向量, 并将转动惯量化到三个主轴上, 记为 I_1, I_2, I_3, 相应地 $\Omega = (\Omega_1, \Omega_2, \Omega_3)$ 是时间 t 的函数. 刚体运动的 Euler 方程写作

$$I_1\dot{\Omega}_1 = (I_2 - I_3)\Omega_2\Omega_3,$$
$$I_2\dot{\Omega}_2 = (I_3 - I_1)\Omega_3\Omega_1,$$
$$I_3\dot{\Omega}_3 = (I_1 - I_2)\Omega_1\Omega_2.$$

假定 I_1, I_2, I_3 相异, 否则问题无趣. 令 $u_i := a_i\Omega_i$, 其中 a_i 是适当选取的常数 $(i = 1, 2, 3)$, 运动方程可简化为

$$\dot{u}_1 = u_2 u_3,$$
$$\dot{u}_2 = u_1 u_3,$$
$$\dot{u}_3 = u_1 u_2.$$

这组微分方程是**可积系统**的初步例子. 笼统地说, 可积系统的一部分共性是
   ◇ 丰富的守恒量;

　　◇ 蕴藏几何结构;

　　◇ 有可能以显式求解.

且先看守恒量:

$$\frac{\mathrm{d}}{\mathrm{d}t}\left(u_1^2 - u_2^2\right) = 2u_1 u_2 u_3 - 2u_2 u_3 u_1 = 0 \implies A := u_1^2 - u_2^2 = 常数.$$

同理可知 $B := u_1^2 - u_3^2$ 为常数. 下一步是对 $\dot{u}_1 = u_2 u_3$ 两边取平方, 代入上式得到

$$(\dot{u}_1)^2 = \left(u_1^2 - A\right)\left(u_1^2 - B\right).$$

适当地选取平方根, 按标准程序以

$$t = \int \frac{\mathrm{d}u_1}{\sqrt{\left(u_1^2 - A\right)\left(u_1^2 - B\right)}} + 常数$$

来尝试反解 u_1. 右式是椭圆积分的特例, 对应到四次代数关系式

$$y^2 = P(x) := \left(x^2 - A\right)\left(x^2 - B\right).$$

单作分门别类并不能加深我们对 u_1 的了解. 以下将从几何视角切入.

　　当时间 t 演化, $(x, y) := (u_1, \dot{u}_1)$ 恒在代数曲线 $S : Y^2 = (X^2 - A)(X^2 - B)$ 上, 这里只论仿射部分, 参见注记 8.7.2. 以下不妨设 $A \neq B$ 且 $A, B \neq 0$. 考虑 S 上的微分形式 $\eta := \mathrm{d}X/Y$. 由 $(X^2 - A)(X^2 - B)$ 无重根可验证 η 在 S 上全纯. 从动力学观点看, η 是重要的对象: 将之由 $t \mapsto (u_1(t), \dot{u}_1(t))$ 拉回便是时间的微分 $\mathrm{d}t$.

　　依据引理 8.7.3, 一旦选定 A 或 B 的一个平方根 α, 可以在 $\mathbb{P}^2 \supset \mathbb{C}^2$ 中透过一个双有理变换化 S 为曲线 $E : Y^2 = P_1(X)$, 这里我们将 E 视作 $\mathbb{P}^2$ 中的光滑三次曲线. 从双有理变换的具体形式可知它诱导良定映射 $S \to E$ 和

$$\underbrace{\eta = \frac{\mathrm{d}X}{Y}}_{S 上} \longleftrightarrow \underbrace{\frac{\mathrm{d}\left(\alpha + \dfrac{1}{X}\right)}{X^{-2}Y} = -\frac{\mathrm{d}X}{Y} =: -\omega}_{E 上}.$$

例 8.5.11 表明 $\omega \in \Gamma(E, \Omega_E)$ 上处处非零, 借此等同 $\Gamma(E, \Omega_E)^\vee$ 与 $\mathbb{C}$.

　　最后来试着解 u_1. 取 Abel–Jacobi 映射 $\phi : E \xrightarrow{\sim} \mathbb{C}/\Lambda$, 满足 $\phi^*(\mathrm{d}z) = \omega$, 其中 z 是 $\mathbb{C}$ 上的标准坐标, 见定理 8.4.5. 于是在 $(u_1, \dot{u}_1)$ 的轨迹上, 有

$$
\begin{array}{ccccc}
时域 & S & E & \mathbb{C}/\Lambda \\
\mathrm{d}t & \longleftarrow \eta \longrightarrow & -\omega & \xleftarrow[\sim]{\phi^*} & -\mathrm{d}z
\end{array}
$$

所以随着时间 t 演化, 曲线上的 $(u_1(t), \dot{u}_1(t))$ 固然复杂, 但在复环面上局部地看, 坐标 z 却走直线. 不妨设想 $S \to E \xrightarrow{\sim} \mathbb{C}/\Lambda$ 拉平了原来的非线性系统, 如能描述 ϕ^{-1} 就能描述 $u_1(t)$, 这种现象罕见于一般的非线性常微分方程.

逆态射 ϕ^{-1} 的坐标是椭圆函数. 事实上, 若取 E 为嵌入 $\iota = (\wp : \wp' : 1) : \mathbb{C}/\Lambda \hookrightarrow \mathbb{P}^2$ 的像, 则我们在 §8.4 已说明 $\phi = \iota^{-1}$, 所以刚体运动方程可以适当地用函数 $\wp$ 来求解.

第九章 上同调观模形式

本章将对模形式给出基于几何或拓扑的诠释. 在 Γ 充分小的前提下 (假设 9.1.1), 第一步是对所有 $k \in \mathbb{Z}$ 将 $M_k(\Gamma)$ (或 $S_{k+2}(\Gamma)$) 诠释为 $X(\Gamma)$ 上某个线丛 $\omega_\Gamma^{\otimes k}$ (或 $\Omega_{X(\Gamma)} \otimes \omega_\Gamma^{\otimes k}$) 的截面空间. 第二步, 让 $\mathrm{SL}(2, \mathbb{R})$ 线性地右作用于 $V = \mathbb{C}e_1 \oplus \mathbb{C}e_2$, 见 (9.2.2). 我们以 $\mathrm{Sym}^k V$ 对 Γ 的商定义 $Y(\Gamma)$ 上的局部系统 ${}^k V_\Gamma$, 并确立 $\mathbb{C}$-线性同构

$$\mathrm{ES} : S_{k+2}(\Gamma) \oplus \overline{S_{k+2}(\Gamma)} \xrightarrow{\sim} \mathrm{H}^1\left(X(\Gamma), j_* {}^k V_\Gamma\right),$$

其中 $\overline{S_{k+2}(\Gamma)} := \left\{ \overline{f} : f \in S_{k+2}(\Gamma) \right\}$, 详见约定 9.4.8, 而 $j : Y(\Gamma) \hookrightarrow X(\Gamma)$ 是开嵌入. 同构和两边的复共轭运算交换.

以上同构称为 Eichler-志村同构, 它是模形式算术理论的基石之一. 同构右端是拓扑学的标准对象, 它也能反映 Hecke 算子, 还能借由 ℓ-进平展上同调等工具移植到代数几何框架下. 一旦为 $Y(\Gamma)$ 及其紧化 $X(\Gamma)$ 确立了良好的算术模型, 便能赋予 H^1 相互交换的 Hecke 算子和 Galois 群作用, 模形式理论自此汇入算术几何的洪流.

本章采取的是复解析观点, 从相交上同调的 Hodge 分解抽象地理解 Eichler-志村同构, 将其诠释为 Hodge 理论中某个谱序列的退化, 参见注记 9.4.14. 当 $k = 0$ 时 ${}^k V_\Gamma$ 变为常值层 $\mathbb{C}$, 以上分解化为 $\mathrm{H}^1(X(\Gamma); \mathbb{C})$ 的 Hodge 分解. 实践中经常将 $\mathrm{H}^1(X(\Gamma), j_* {}^k V_\Gamma)$ 改写为抛物上同调 $\mathrm{H}^1_{\mathrm{para}}(\Gamma, \mathrm{Sym}^k V)$, 后者纯然是代数的对象, 借此可以对任何余有限 Fuchs 群 Γ 具体地定义同构 ES.

本章对模形式的诠释借鉴于 [18]. 对 Eichler-志村同构的处理借鉴了 [5]. 本章虽不预设 Hodge 理论的背景, 仍不免需要复几何、层论与同调代数的一些常识, 请读者参考附录 B 和 §C.1.

本章经常采取几何中的习惯, 不加说明地等同 Riemann 曲面上的向量丛 E 及其截面层 $V \mapsto \Gamma(V, E)$.

9.1 模形式作为全纯截面

设 $\Gamma \subset \mathrm{SL}(2,\mathbb{R})$ 是余有限 Fuchs 群. 为了便利从 $\mathcal{H}$ 到 $Y(\Gamma) := \Gamma\backslash\mathcal{H}$ 的过渡, 今后需对 Γ 作若干假设. 如果

$$\forall \gamma \in \Gamma,\ \forall n \in \mathbb{Z}_{\geqslant 1},\ \gamma^n = 1 \implies \gamma = 1,$$

则称 Γ 是**无挠**的. 由命题 1.3.9 可知无挠等价于 $-1 \notin \Gamma$ 而且 $\overline{\Gamma}$ 无椭圆元素. 此外, 请回忆正则尖点的概念 (定义 3.6.1).

假设 9.1.1 如未另外说明, 我们要求余有限 Fuchs 群 Γ 无挠, 而且 Γ 的所有尖点皆正则.

例 9.1.2 当 $N \geqslant 3$ (或 $N \geqslant 4$) 时, $\Gamma(N)$ (或 $\Gamma_1(N)$) 无挠, 见例 1.3.4 和练习 1.3.5. 此外, 练习 3.6.3 还蕴涵 $N \geqslant 3$ (或 $N \geqslant 5$) 时 $\Gamma(N)$ (或 $\Gamma_1(N)$) 的所有尖点都正则. 综之, 假设 9.1.1 对 "足够深" 的 $\Gamma(N)$ 或 $\Gamma_1(N)$ 总成立. 对于一般的 Γ, 借由称为 Selberg 引理的结果, 总能取到满足假设 9.1.1 的子群 $\Gamma' \subset \Gamma$, 详见 §9.5 的讨论.

重拾 §3.8 的符号体系. 主角是 $\mathbb{C}$ 中 "标架化" 的格, 亦即 $\mathbb{R}$-线性同构 $\alpha: \mathbb{R}^2 \xrightarrow{\sim} \mathbb{C}$, 使得 $(1,0),(0,1)$ 的像是 $\mathbb{C}$ 的负向基; 相应的格是 $\Lambda := \alpha(\mathbb{Z}^2)$. 群 $\mathbb{C}^\times \times \mathrm{GL}(2,\mathbb{R})^+$ 透过

$$\alpha \xmapsto{(z,\gamma)} z \circ \alpha \circ {}^t\gamma, \quad (z,\gamma) \in \mathbb{C}^\times \times \mathrm{GL}(2,\mathbb{R})^+$$

左作用在这些资料构成的空间 $\mathscr{L}^\square$ 上. 引理 3.8.6 给出同构 $\mathbb{C}^\times\backslash\mathscr{L}^\square \simeq \mathcal{H}$.

约定 9.1.3 对于复环面 $\mathbb{C}/\Lambda$, 命 $\omega_{\mathbb{C}/\Lambda} := \Gamma\left(\mathbb{C}/\Lambda, \Omega_{\mathbb{C}/\Lambda}\right)$, 这是一维 $\mathbb{C}$-向量空间. 记 $\mathbb{C}$ 的标准坐标为 z, 则 $\omega_{\mathbb{C}/\Lambda} = \mathbb{C}\,dz$. 另外定义反全纯微分形式张成的空间 $\overline{\omega_{\mathbb{C}/\Lambda}} := \mathbb{C}\overline{dz}$, 其元素无非是 $\omega_{\mathbb{C}/\Lambda}$ 中微分形式的复共轭, 见 §B.2.

留意到 $T^*_{0,\mathrm{hol}}(\mathbb{C}/\Lambda) = \omega_{\mathbb{C}/\Lambda}$. 作为实二维流形, $\mathbb{C}/\Lambda$ 在 0 点的余切空间 $T^*_0(\mathbb{C}/\Lambda)$ 复化成

$$\omega_{\mathbb{C}/\Lambda} \oplus \overline{\omega_{\mathbb{C}/\Lambda}} = T^*_0(\mathbb{C}/\Lambda) \underset{\mathbb{R}}{\otimes} \mathbb{C} \xrightarrow{\sim} \mathrm{Hom}_{\mathbb{Z}}(\Lambda, \mathbb{C}) =: V_\Lambda$$
$$\cup \qquad\qquad\qquad\qquad\qquad\qquad\qquad \cup$$
$$x\,dz + y\overline{dz} \longmapsto \left(\lambda \mapsto x\lambda + y\overline{\lambda}\right), \tag{9.1.1}$$

其中 $\lambda \in \Lambda$ 而 $x,y \in \mathbb{C}$, 所有映射都是 $\mathbb{C}$-线性的. 进一步设 Λ 来自 $\alpha \in \mathscr{L}^\square$. 精确到复环面的同构即 $\mathbb{C}^\times$ 作用, 可以设想随着 $\alpha \in \mathscr{L}^\square$ 给出的格 Λ 变动, 空间 $\omega_{\mathbb{C}/\Lambda}$ 将全纯地变化, 从而组成 $\mathbb{C}^\times\backslash\mathscr{L}^\square \simeq \mathcal{H}$ 上的全纯线丛, 记作 ω.

此事不难说清. 若 $\mathbb{C}^{\times} \backslash \mathscr{L}^{\square}$ 的元素对应到 $\tau \in \mathscr{H}$, 则它由形如 $\alpha(x,y) = x\tau + y$ 的 $\alpha : \mathbb{R}^2 \xrightarrow{\sim} \mathbb{C}$ 代表, 相应的格是 $\Lambda_\tau := \mathbb{Z}\tau \oplus \mathbb{Z}$. 当 τ 变动时, $\mathrm{d}z$ 在每个 $\omega_{\mathbb{C}/\Lambda_\tau}$ 中都是基, 从而给出线丛的平凡化

$$\mathrm{triv} : \mathscr{O}_{\mathscr{H}} \xrightarrow{\sim} \omega$$

$$1 \longmapsto \mathrm{d}z.$$

约定 9.1.4　设 Σ 是 $\mathrm{GL}(2, \mathbb{R})^+$ 的子群, 而 $\mathscr{H}$ 上的向量丛 E 有左 Σ-作用, 亦即交换图表:

$$\begin{array}{ccc} \Sigma \times E & \xrightarrow{\text{群作用}} & E \\ {\scriptstyle(\mathrm{id}, \cdots)}\downarrow & & \downarrow{\scriptstyle\cdots} \\ \Sigma \times \mathscr{H} & \xrightarrow[\text{群作用}]{} & \mathscr{H} \end{array}$$

记 E 在 τ 上的纤维为 E_τ. 对所有开集 U 和 $s \in \Gamma(U, E)$, 命 $s \cdot \sigma \in \Gamma(\sigma^{-1}U, E)$ 为对 $\sigma \in \Sigma$ 的拉回, 即

$$(s \cdot \sigma)(\tau) = \big(s(\sigma\tau) \in E_{\sigma\tau} \text{ 用 } \sigma^{-1} \text{ 搬回 } E_\tau \text{ 的像}\big), \quad \tau \in \sigma^{-1}U. \tag{9.1.2}$$

于是 $s \cdot (\sigma\sigma') = (s\sigma)\sigma'$. 对于循 (9.1.2) 的方式定义在各种截面上的右作用, 本章一律记作 $s \xmapsto{\sigma} s \cdot \sigma$.

以下讨论几种特例, 皆取 $\Sigma := \mathrm{GL}(2, \mathbb{R})^+$.

(1) 取 E 为平凡线丛, 它显然带有源自 $\mathscr{H}$ 的 $\mathrm{GL}(2, \mathbb{R})^+$ 左作用, 在 $\Gamma(\mathscr{H}, \mathscr{O}_{\mathscr{H}})$ 上诱导的右作用无非是拉回 $f(\tau) \xmapsto{\gamma} f(\gamma\tau)$.

(2) 典范线丛 $\Omega_{\mathscr{H}}$ 同样有源自 $\mathscr{H}$ 的 $\mathrm{GL}(2, \mathbb{R})^+$ 左作用, 在 $\Gamma(\mathscr{H}, \Omega_{\mathscr{H}})$ 上诱导的右作用是微分形式的拉回 $\eta \xmapsto{\gamma} \gamma^*\eta$.

(3) 考察 $E = \omega$ 情形: 让 $\gamma = \begin{pmatrix} a & b \\ c & d \end{pmatrix} \in \mathrm{GL}(2, \mathbb{R})^+$ 按以下方式联系 ω 的纤维:

$$\omega_{\mathbb{C}/\Lambda_{\gamma\tau}} \xleftarrow{\quad\sim\quad} \omega_{\mathbb{C}/\Lambda_\tau} \tag{9.1.3}$$

$$(\det \gamma)^{-1} \cdot (c\tau + d)\, \mathrm{d}z \longleftarrow\!\!\shortmid \mathrm{d}z,$$

上式中 $(c\tau + d)$ 无非是自守因子 $j(\gamma, \tau)$. 由 $j(\gamma\gamma', \tau) = j(\gamma, \gamma'\tau)j(\gamma', \tau)$ (引理 1.5.2) 可知这构成 $\mathrm{GL}(2, \mathbb{R})^+$ 在线丛 ω 上的左作用, 它 "提升" 了 $\mathrm{GL}(2, \mathbb{R})^+$ 在 $\mathscr{H}$ 上的线性分式变

换作用.

由 (9.1.3) 立见 triv 对 $\mathrm{GL}(2,\mathbb{R})^+$ 作用非等变.

(4) 最后, 取 E 为 $\boldsymbol{\omega}$ 的对偶线丛 $\boldsymbol{\omega}^{\otimes(-1)}$, 赋予它 $\mathrm{GL}(2,\mathbb{R})^+$ 的左作用:

$$\boldsymbol{\omega}_{\mathbb{C}/\Lambda_{\gamma\tau}}^{\otimes(-1)} \xleftarrow{\ \sim\ } \boldsymbol{\omega}_{\mathbb{C}/\Lambda_\tau}^{\otimes(-1)} \tag{9.1.4}$$

$$(c\tau+d)^{-1}(\mathrm{d}z)^{\otimes(-1)} \longleftarrow\!\shortmid (\mathrm{d}z)^{\otimes(-1)}.$$

假若要求 $\gamma \in \mathrm{SL}(2,\mathbb{Z})$, 那么 (9.1.3) 有自然的 "模诠释": 它可借由同构

$$\mathbb{C}/\Lambda_{\gamma\tau} \xrightarrow[\sim]{c\tau+d} \mathbb{C}/\mathbb{Z}(a\tau+b)\oplus\mathbb{Z}(c\tau+d) =\!\!=\!\!= \mathbb{C}/\Lambda_\tau$$
$$\boldsymbol{\omega}_{\mathbb{C}/\Lambda_{\gamma\tau}} \xleftarrow[\sim]{(c\tau+d)^*} \boldsymbol{\omega}_{\mathbb{C}/\mathbb{Z}(a\tau+b)\oplus\mathbb{Z}(c\tau+d)} =\!\!=\!\!= \boldsymbol{\omega}_{\mathbb{C}/\Lambda_\tau} \tag{9.1.5}$$

来实现, 而按表示论的术语, γ 在 $\boldsymbol{\omega}^{-1}$ 上的作用是它的 "逆步".

对任意 $k \in \mathbb{Z}$, 因为 triv : $\mathscr{O}_{\mathscr{H}} \xrightarrow{\sim} \boldsymbol{\omega}$ 的两边都是带 $\mathrm{GL}(2,\mathbb{R})^+$ 作用的线丛, 对之可作 k 次张量幂. 若 $f \in \Gamma(\mathscr{H}, \mathscr{O}_{\mathscr{H}})$, 回忆上古定义 1.5.3, 则 $f(\tau)(\mathrm{d}z)^{\otimes k} \in \Gamma(\mathscr{H}, \boldsymbol{\omega}^{\otimes k})$ 在 $\gamma = \begin{pmatrix} a & b \\ c & d \end{pmatrix} \in \mathrm{GL}(2,\mathbb{R})^+$ 右作用下的像 $(f\,\mathrm{d}z^{\otimes k})\cdot\gamma$ 在 τ 的取值不外乎

$$f(\gamma\tau)\cdot\left(\mathrm{d}z \in \boldsymbol{\omega}_{\mathbb{C}/\Lambda_{\gamma\tau}} \text{ 对 (9.1.3) 的逆像}\right)^{\otimes k}$$
$$= (\det\gamma)^k(c\tau+d)^{-k}f(\gamma\tau)(\mathrm{d}z)^{\otimes k} = (\det\gamma)^{k/2}\left(f\,\big|_k\,\gamma\right)(\tau)\,(\mathrm{d}z)^{\otimes k}. \tag{9.1.6}$$

等式 (9.1.6) 已隐现模形式的身影. 下一步是降到 $Y(\Gamma) = \Gamma\backslash\mathscr{H}$. 记商映射为 $\mathscr{H} \xrightarrow{\pi} Y(\Gamma)$. 一般而言, 对于 $\mathscr{H}$ 上带有左 Γ-作用的向量丛 E, 对 $E \to \mathscr{H}$ 两边同时取商, 得到

$$E^\flat := E/\Gamma \longrightarrow Y(\Gamma),$$

称 $E^\flat$ 为 E 对 Γ 的商或曰 "下降". 由于 Γ 无挠, 取商过程在几何上毫无困难: 可以验证 $E^\flat$ 是 $Y(\Gamma)$ 上的向量丛, $\mathrm{rk}\,E = \mathrm{rk}\,E^\flat$, 而且对于任意开集 $V \subset Y(\Gamma)$, 皆有

$$\Gamma(V, E^\flat) = \Gamma\left(\pi^{-1}V, E\right)^{\Gamma\text{-不变}}. \tag{9.1.7}$$

类似地, 带 Γ-作用的层同样可以从 $\mathscr{H}$ 下降到 $Y(\Gamma)$, 使得其截面满足 (9.1.7).

现在取 E 为 $\boldsymbol{\omega}$, 它下降为 $Y(\Gamma)$ 上的线丛 $\boldsymbol{\omega}_\Gamma$. 另一方面, 线丛 $\Omega_{\mathscr{H}}$ 也带 $\mathrm{GL}(2,\mathbb{R})^+$ 作用, $\mathrm{d}\tau$ 是其处处非零的截面, 它下降到 $Y(\Gamma)$ 的产物自然是 $\Omega_{Y(\Gamma)}$.

命题 9.1.5 (小平-Spencer 同构)　映射 $d\tau \mapsto (dz)^{\otimes 2}$ 给出 $\mathscr{H}$ 上线丛的同构 KS : $\Omega_{\mathscr{H}} \overset{\sim}{\to} \omega^{\otimes 2}$, 满足

$$(\det \gamma)^{-1} \mathrm{KS}(s)\gamma = \mathrm{KS}(s\gamma), \quad \gamma \in \mathrm{GL}(2, \mathbb{R})^+.$$

特别地, KS 对 $\mathrm{SL}(2, \mathbb{R})$ 作用等变. 对 Γ 取商给出 $Y(\Gamma)$ 上线丛的同构 KS : $\Omega_{Y(\Gamma)} \overset{\sim}{\to} \omega_\Gamma^{\otimes 2}$.

证明　比较 $d\tau$ 的等变性 (引理 1.1.1) 和 dz 的等变性 (9.1.6) 即足. □

关于小平-Spencer 映射的完整理论可参考 [66, §8.4] 的综述.

定义 9.1.6　将 $Y(\Gamma)$ 上的线丛 ω_Γ 按以下方式延拓到 $X(\Gamma)$, 产物仍记为 ω_Γ: 考虑 $t = \alpha\infty \in \mathscr{C}_\Gamma$, 其中 $\alpha \in \mathrm{SL}(2, \mathbb{R})$. 取满足引理 3.2.9 条件的 Γ_t-不变开邻域 $U \ni t$, 我们要求

◇ $\Gamma(V, \omega_\Gamma) := \mathscr{O}_V(dz \cdot \alpha^{-1})|_{U \smallsetminus \{t\}}$, 其中 $V := \pi(U)$, 截面的限制映射按自明方式定义;

◇ $1 \mapsto dz \cdot \alpha^{-1}$ 给出平凡化 $\mathscr{O}_V \overset{\sim}{\to} \omega_\Gamma|_U$.

留意到 $dz \cdot \alpha^{-1}$ 在 $t = \alpha\infty$ 附近的性状相当于 dz 在 ∞ 附近的性状. 利用 §3.2 的结果, 可以验证这些定义和一切选取无关, 并且使 ω_Γ 成为 $X(\Gamma)$ 上的线丛. 这里便不纠缠细节了.

命题 9.1.7　命题 9.1.5 的态射 KS 延拓为 $X(\Gamma)$ 上线丛的态射 KS : $\Omega_{X(\Gamma)} \to \omega_\Gamma^{\otimes 2}$: 它在 $Y(\Gamma)$ 上是同构, 在每个尖点 $c \in X(\Gamma) \smallsetminus Y(\Gamma)$ 处都恰有 1 阶零点.

证明　不失一般性, 只论 ∞ 代表的尖点. 设

$$\overline{\Gamma}_t = \begin{pmatrix} 1 & h\mathbb{Z} \\ & 1 \end{pmatrix}, \quad h \in \mathbb{R}_{>0}.$$

回忆到 $X(\Gamma)$ 在 ∞ 附近的坐标由 $q = e^{2\pi i\tau/h}$ 给出, $q(\infty) = 0$. 命题 9.1.5 的态射在 ∞ 附近遂写作

$$\mathrm{KS} : d\tau = \frac{h\,dq}{2\pi iq} \longmapsto (dz)^{\otimes 2},$$

左边在 $q = 0$ 有 1 阶极点, 右边是 ω_Γ 在 ∞ 附近的平凡化截面. □

倘若读者熟悉代数几何的语言, 则不难将上述结果改写为 $X(\Gamma)$ 上的同构 $\Omega_{X(\Gamma)} \overset{\sim}{\to} \omega_\Gamma^{\otimes 2}(-\sum \text{尖点})$, 或等价地 $\Omega_{X(\Gamma)}(\sum \text{尖点}) \overset{\sim}{\to} \omega_\Gamma^{\otimes 2}$.

定理 9.1.8 在假设 9.1.1 下, 对于所有 $k \in \mathbb{Z}$, 我们有 $\mathbb{C}$-向量空间的自然同构

$$
\begin{array}{ccc}
f(\tau) & \longmapsto & f(\tau)(\mathrm{d}z)^{\otimes k} \\
\rotatebox{90}{$\in$} & & \rotatebox{90}{$\in$} \\
M_k(\Gamma) & \overset{\sim}{\longrightarrow} & \Gamma\left(X(\Gamma), \boldsymbol{\omega}_\Gamma^{\otimes k}\right) \\
\cup & & \cup \\
S_k(\Gamma) & \overset{\sim}{\longrightarrow} & \Gamma\left(X(\Gamma), \boldsymbol{\omega}_\Gamma^{\otimes k}\left(-\sum \text{尖点}\right)\right)
\end{array}
$$

和

$$
\begin{array}{ccc}
S_{k+2}(\Gamma) & \overset{\sim}{\longrightarrow} & \Gamma\left(X(\Gamma), \Omega_{X(\Gamma)} \otimes \boldsymbol{\omega}_\Gamma^{\otimes k}\right) \\
\rotatebox{90}{$\in$} & & \rotatebox{90}{$\in$} \\
f & \longmapsto & f(\tau) \cdot \mathrm{KS}^{-1}\left((\mathrm{d}z)^{\otimes 2}\right)(\mathrm{d}z)^{\otimes k}.
\end{array}
$$

证明 与定义 3.6.4 对勘. 根据 (9.1.6), 容许在尖点处亚纯的模形式等同于 $\boldsymbol{\omega}_\Gamma^{\otimes k}$ 的截面, 后者同样容许在 $X(\Gamma) \smallsetminus Y(\Gamma)$ 亚纯. 对于由 $c = \alpha \infty \in \mathscr{C}_\Gamma$ 代表之尖点, 基于定义 9.1.6 可知 $F := f(\mathrm{d}z)^{\otimes k}$ 在 c 处全纯等价于 F 在 $\alpha \infty$ 附近被 $(\mathrm{d}z \cdot \alpha^{-1})^{\otimes k}$ 整除, 这又等价于 $F \cdot \alpha$ 在 ∞ 附近被 $(\mathrm{d}z)^{\otimes k}$ 整除, 但 (9.1.6) 表明

$$
F \cdot \alpha = f \mid_k \alpha \cdot (\mathrm{d}z)^{\otimes k},
$$

于是一切等价于 $f \mid_k \alpha$ 在 ∞ 处全纯. 消没性质的描述也类似, 但假设 9.1.1 中的正则尖点条件将起作用, 请读者寻思. 这就确立了关于 $M_k(\Gamma)$ 和 $S_k(\Gamma)$ 的同构.

关于 $S_{k+2}(\Gamma)$ 的同构是上述情形和命题 9.1.7 的直接应用: 留意到 $\Omega_{X(\Gamma)}$ 的局部截面 $\mathrm{KS}^{-1}\left((\mathrm{d}z)^{\otimes 2}\right)$ 在尖点处是一阶极点, 正与 f 的零点抵消. $\qquad\square$

这些结果与第四章类似, 但由于该章寻求的是明确公式, 而且未加假设 9.1.1, 技术上遂增添不少麻烦.

9.2 若干局部系统

本节延续 §9.1 的观点和符号, 依旧要求 Γ 满足假设 9.1.1. 包含映射 $j : Y(\Gamma) \hookrightarrow X(\Gamma)$ 是 Riemann 曲面的开嵌入. 记尖点集为 $\Sigma := X(\Gamma) \smallsetminus Y(\Gamma)$. 令 $\pi : \mathscr{H}^* \to X(\Gamma)$ 为商映射.

以下从 (9.1.1) 的分解 $\boldsymbol{\omega}_{\mathbb{C}/\Lambda} \oplus \overline{\boldsymbol{\omega}_{\mathbb{C}/\Lambda}} \overset{\sim}{\to} V_\Lambda$ 切入, 但是要求 $\Lambda = \Lambda_\tau$, 其中 $\tau \in \mathscr{H}$. 对其定义向量空间

$$
V_\tau := (\Lambda_\tau \otimes \mathbb{C})^\vee, \quad V_\tau^\vee := \Lambda_\tau \otimes \mathbb{C},
$$

当然, 它们可以定义在 $\mathbb{R}$, 甚至是 $\mathbb{Z}$ 上. 资料 $V := (V_\tau)_\tau$ 及其对偶 $V^\vee := (V_\tau^\vee)_\tau$ 都构成 $\mathscr{H}$ 上的秩 2 **局部系统**: 当 τ 变动时, V_τ 和 $V_\tau^\vee$ 随之俱转. 注意到 $V^\vee$ 可以平凡化, 由以下截面 $\check{e}_1, \check{e}_2$ 确定

$$\check{e}_1(\tau) := 1 \in \Lambda_\tau, \quad \check{e}_2(\tau) = -\tau \in \Lambda_\tau, \quad \tau \in \mathscr{H},$$

取对偶基 $e_1(\tau), e_2(\tau) \in V_\tau$ 便给出 V 的平凡化截面 e_1, e_2. 留意到 $\{1, -\tau\}$ 是 $\mathbb{C}$ 的负向 $\mathbb{R}$-基.

接着将 $\mathrm{GL}(2, \mathbb{R})^+$ 在 $\mathscr{H}$ 上的作用提升到 V 上: 设 $\gamma = \begin{pmatrix} a & b \\ c & d \end{pmatrix} \in \mathrm{GL}(2, \mathbb{R})^+$, 在基上定义从纤维之间的过渡:

$$\begin{aligned} V_\tau &\longrightarrow V_{\gamma\tau} \\ e_1(\tau) &\longmapsto (\det\gamma)^{-1} \left(d e_1(\gamma\tau) - b e_2(\gamma\tau) \right) \\ e_2(\tau) &\longmapsto (\det\gamma)^{-1} \left(-c e_1(\gamma\tau) + a e_2(\gamma\tau) \right); \end{aligned} \tag{9.2.1}$$

或者说, 相对于基 e_1, e_2, 它由矩阵 ${}^t\gamma^{-1}$ 的矩阵左乘给出, 故此为 $\mathrm{GL}(2, \mathbb{R})^+$ 的左作用.

当 $\gamma \in \mathrm{SL}(2, \mathbb{Z})$ 时, 作用 (9.2.1) 和 (9.1.3) 一样具有模诠释: 根据 §3.8 的讨论, $\mathscr{H}$ 分类的几何对象是复环面 $E = \mathbb{C}/\Lambda$ 配上 $\alpha : \mathbb{Z}^2 \xrightarrow{\sim} \Lambda = \mathrm{H}_1(E; \mathbb{Z})$, 精确到同构; $\gamma = \begin{pmatrix} a & b \\ c & d \end{pmatrix} \in \mathrm{SL}(2, \mathbb{Z})$ 的作用保持 E, 变 α 为 $\alpha \circ {}^t\gamma$. 记

$$\begin{aligned} \check{e}_1 &:= \alpha(0, 1), \quad \check{e}_1' := \alpha \circ {}^t\gamma(0, 1) = d\check{e}_1 - c\check{e}_2, \\ \check{e}_2 &:= -\alpha(1, 0), \quad \check{e}_2' := -\alpha \circ {}^t\gamma(1, 0) = -b\check{e}_1 + a\check{e}_2. \end{aligned}$$

取转置可知它们在 $\mathrm{Hom}(\Lambda, \mathbb{Z})$ 中的对偶基服从于

$$e_1 = d e_1' - b e_2', \quad e_2 = -c e_1' + a e_2'.$$

当 $\Lambda = \Lambda_\tau$ 时, $e_i = e_i(\tau)$ 而 e_i' 通过 γ 等同于 $e_i(\gamma\tau)$, 因为 $\det\gamma = 1$, 一切回归 (9.2.1).

对 $i = 1, 2$, 将 e_i 视同向量丛 $V \underset{\mathbb{C}}{\otimes} \mathcal{O}_{\mathscr{H}}$ 的整体截面. 特别地, 它们使 $V \underset{\mathbb{C}}{\otimes} \mathcal{O}_{\mathscr{H}} \simeq \mathcal{O}_{\mathscr{H}}^{\oplus 2}$ 成为平凡向量丛. 对 $\gamma = \begin{pmatrix} a & b \\ c & d \end{pmatrix} \in \mathrm{GL}(2, \mathbb{R})^+$ 按 (9.1.2) 定义 $V \underset{\mathbb{C}}{\otimes} \mathcal{O}_{\mathscr{H}}$ 的整体截面 $e_i \cdot \gamma$, 具体计算表明

$$\begin{aligned} e_1 \cdot \gamma &= a e_1 + b e_2, \\ e_2 \cdot \gamma &= c e_1 + d e_2, \end{aligned} \tag{9.2.2}$$

或者说, 相对于基 e_1, e_2, 它由 γ 的矩阵右乘给出.

引理 9.2.1　对所有 $\tau \in \mathscr{H}$, 映射 (9.1.1) 对 Λ_τ 用 e_1, e_2 表作

$$\mathrm{d}z \longmapsto e_1 - \tau e_2, \quad \overline{\mathrm{d}z} \longmapsto e_1 - \overline{\tau} e_2.$$

进一步, 我们有 $\mathscr{H}$ 上向量丛的 $\mathrm{GL}(2, \mathbb{R})^+$-等变短正合列

$$0 \longrightarrow \omega \longrightarrow V \underset{\mathbb{C}}{\otimes} \mathscr{O}_{\mathscr{H}} \xrightarrow{\quad q \quad} \omega^{\otimes(-1)} \longrightarrow 0$$

$$\mathrm{d}z \longmapsto e_1 - \tau e_2$$

$$se_1 + te_2 \longmapsto (\tau s + t)(\mathrm{d}z)^{\otimes(-1)} \quad (s, t \in \mathbb{C}). \tag{9.2.3}$$

对 $\omega^{\otimes(-1)}$ 的群作用是按 (9.1.4) 定义的.

证明　关于映射 (9.1.1) 的表法从 $e_i, \check{e}_j$ 的定义看是明白的. 至于 (9.2.3), 正合性在纤维上考察亦属自明, 以下证其等变. 取定 $\gamma = \begin{pmatrix} a & b \\ c & d \end{pmatrix} \in \mathrm{GL}(2, \mathbb{R})^+$. 我们考察 $V \underset{\mathbb{C}}{\otimes} \mathscr{O}_{\mathscr{H}}$ 的整体截面: 对于第一段映射, 由 (9.2.2) 知

$$(e_1 - \tau e_2) \cdot \gamma = \left(a - \frac{a\tau + b}{c\tau + d} \cdot c \right) e_1 + \left(b - \frac{a\tau + b}{c\tau + d} \cdot d \right) e_2$$

$$= (c\tau + d)^{-1}(ad - bc)(e_1 - \tau e_2),$$

这正是 (9.1.6) (取 $k = 1$) 描述的 $\mathrm{d}z \cdot \gamma$ 之像. 第二段映射 q 的处理办法类似, 有

$$(se_1 + te_2) \cdot \gamma = (as + ct)e_1 + (bs + dt)e_2$$

$$\xrightarrow{\quad q \quad} ((a\tau + b)s + (c\tau + d)t)(\mathrm{d}z)^{\otimes(-1)} = (c\tau + d)(\gamma\tau s + t)(\mathrm{d}z)^{\otimes(-1)},$$

然而根据 (9.1.4) 的规定, 这正是 $q(se_1 + te_2) \cdot \gamma = \left((\tau s + t)(\mathrm{d}z)^{\otimes(-1)} \right) \cdot \gamma$. $\qquad \square$

注记 9.2.2　引理 9.2.1 以显式说明对于 $\Lambda = \Lambda_\tau$, 映射 (9.1.1) 的 ω 部分对 τ 全纯, $\overline{\omega}$ 部分反全纯. 相对地, 等变短正合列 (9.2.3) 只涉及全纯的对象. 对 V 上的 Γ 作用同样可取商, 得到 $Y(\Gamma)$ 上的秩 2 局部系统 V_Γ. 因而 (9.2.3) 诱导向量丛的短正合列

$$0 \longrightarrow \omega_\Gamma \longrightarrow V_\Gamma \underset{\mathbb{C}}{\otimes} \mathscr{O}_{Y(\Gamma)} \longrightarrow \omega_\Gamma^{\otimes(-1)} \longrightarrow 0 \quad (\text{在 } Y(\Gamma) \text{ 上}). \tag{9.2.4}$$

这些短正合列是 **Hodge 结构变异**的初步例子, (9.3.2) 将把此列延拓到 $X(\Gamma)$ 上. 和 (9.2.4) 类似的结构还可以从代数几何观点研究, 视角是考虑一般交换环或概形上的椭

圆曲线, 以其代数 de Rham 上同调替代 $V_\Gamma \underset{\mathbb{C}}{\otimes} \mathcal{O}_{Y(\Gamma)}$, 见 [30, A1.2] 的介绍.

定义 9.2.3　选定 $k \in \mathbb{Z}_{\geqslant 0}$, 以对称幂定义 $Y(\Gamma)$ 上的局部系统

$$^kV_\Gamma := \operatorname{Sym}^k V_\Gamma, \quad \operatorname{Sym}^0 V_\Gamma := \mathbb{C}, \quad \operatorname{Sym}^1 V_\Gamma = V_\Gamma,$$

因为对称幂是一种逐纤维的操作, 它们也可以等同于 $\operatorname{Sym}^k V$ 对 Γ 取商的产物.

依据商的定义, 以下应该是自明的.

命题 9.2.4　设 $\Gamma' \subset \Gamma$ 为子群, $(\Gamma : \Gamma')$ 有限. 记 $p : Y(\Gamma') \to Y(\Gamma)$ 为商映射, 则有自然同构 $p^* \left({}^kV_\Gamma \right) \xrightarrow{\sim} {}^kV_{\Gamma'}$.

关于对称幂的代数理论可见 [59, §7.6]. 因为 $Y(\Gamma)$ 复一维, 复几何中称为全纯 Poincaré 引理的常识给出层的短正合列

$$0 \longrightarrow \mathbb{C} \longrightarrow \mathcal{O}_{Y(\Gamma)} \xrightarrow{\mathrm{d}} \Omega_{Y(\Gamma)} \longrightarrow 0,$$

由此又导出短正合列

$$0 \longrightarrow {}^kV_\Gamma \longrightarrow {}^kV_\Gamma \underset{\mathbb{C}}{\otimes} \mathcal{O}_{Y(\Gamma)} \xrightarrow{\mathrm{id}\otimes\mathrm{d}} {}^kV_\Gamma \underset{\mathbb{C}}{\otimes} \Omega_{Y(\Gamma)} \longrightarrow 0, \qquad (9.2.5)$$

故 $\mathrm{H}^\bullet \left(Y(\Gamma), {}^kV_\Gamma \right)$ 可用以下复形的超上同调 $\mathbf{H}^\bullet(Y(\Gamma), \cdot)$ 来计算

$$^kV_\Gamma \underset{\mathbb{C}}{\otimes} \mathcal{O}_{Y(\Gamma)} \xrightarrow{\mathrm{id}\otimes\mathrm{d}} {}^kV_\Gamma \underset{\mathbb{C}}{\otimes} \Omega_{Y(\Gamma)} \quad (\text{次数: } 0, 1),$$

其中最有趣的是中间上同调 H^1. 当 $Y(\Gamma)$ 紧时, Hodge 理论是处理这种问题的有力工具. 我们关心的自然是一般情形. 延拓 $^kV_\Gamma$ 为 $X(\Gamma)$ 上的层

$$j_* \left({}^kV_\Gamma \right) : \text{开集 } W \mapsto \Gamma \left(W \smallsetminus \Sigma, {}^kV_\Gamma \right).$$

它在 $Y(\Gamma)$ 上等于 $^kV_\Gamma$, 在任何 $y \in Y(\Gamma)$ 处的茎可用引理 9.2.1 的符号表作 $\bigoplus_{a+b=k} \mathbb{C}e_1^a e_2^b$. 对于尖点 $x \in \Sigma$, 取 $t = \alpha\infty \in \pi^{-1}(x)$ 和充分小的开邻域 $U \ni t$. 拓扑上 $U \smallsetminus \{t\}$ 同胚于圆盘挖掉原点, $\pi_1(U \smallsetminus \{t\}) = \Gamma_t$. 不失一般性先假定 $t = \infty$, 那么存在唯一的 $h > 0$ 使得

$$\Gamma_\infty = \begin{pmatrix} 1 & h\mathbb{Z} \\ & 1 \end{pmatrix}.$$

任何 $^kV_\Gamma$ 的截面 s 局部上都取常值, 但是由于局部系统 V_Γ 定义为 V 对 Γ 的商, 随着我们正向绕尖点一圈, 纤维被 $\begin{pmatrix} 1 & h \\ & 1 \end{pmatrix}$ 在 V 上的作用相应地搬动: 根据 (9.2.2), 此作用 (称为**单值变换**) 表作

$$e_1 \longmapsto e_1 + he_2, \quad e_2 \longmapsto e_2,$$

在对称幂上则给出

$$e_1^a e_2^b \longmapsto \sum_{r=0}^{a} \binom{a}{r} h^r e_1^{a-r} e_2^{b+r}, \quad a, b \in \mathbb{Z}_{\geqslant 0}, \ a+b = k,$$

由此易推得

$$j_* \left({}^kV_\Gamma \right)_{\pi(\infty)} = \mathbb{C}e_2^k, \quad \text{继而} \quad j_* \left({}^kV_\Gamma \right)_{\pi(\alpha\infty)} = \mathbb{C}(e_2 \cdot \alpha^{-1})^k.$$

这些等式也可以透过将 $^kV_\Gamma$ 视为 $\mathrm{Sym}^k V$ 对 Γ 的商, 用 (9.1.7) 推导. 注意到 $j_*({}^0V_\Gamma)$ 是 $X(\Gamma)$ 上的常值层 $\mathbb{C}$: 它的单值变换是 id.

依照几何视角, 自然的问题是寻求以类似 (9.2.5) 的手段计算 $\mathrm{H}^1\left(X(\Gamma), j_* {}^kV_\Gamma\right)$. 这是下节的任务. 单值变换为幂幺变换这一性质将起到关键的作用.

9.3 上同调与滤过

延续 §9.2 的讨论和符号. 选定 $k \in \mathbb{Z}_{\geqslant 0}$. 第一步是将正合列 (9.2.5) 延拓到 $X(\Gamma)$. 今后简记

$$\mathcal{O} := \mathcal{O}_{X(\Gamma)}.$$

定义–命题 9.3.1 按以下方式定义 $j_*({}^kV_\Gamma \underset{\mathbb{C}}{\otimes} \mathcal{O}_{Y(\Gamma)})$ 的子层 $\mathcal{O}({}^kV_\Gamma)$, 使得

(i) 它是秩 $k+1$ 的局部自由 $\mathcal{O}$-模, 因此对应到 $X(\Gamma)$ 上的秩 $k+1$ 向量丛;

(ii) 它限制在 $Y(\Gamma)$ 上等于 $^kV_\Gamma \underset{\mathbb{C}}{\otimes} \mathcal{O}_{Y(\Gamma)}$;

(iii) 它包含 $j_* {}^kV_\Gamma$ 作为子层.

首先对 $X(\Gamma)$ 指定坐标开集 W 和相应的 $\alpha \in \mathrm{SL}(2, \mathbb{R})$: 记商映射 $\mathscr{H}^* \to X(\Gamma)$ 为 π.

$\diamond$ 设 W 是 $Y(\Gamma)$ 上的坐标开集, 如引理 3.1.2, 对之取 $\alpha := 1$, 这时存在开集 $U \subset \mathscr{H}$ 使得 $\pi : U \xrightarrow{\sim} W$;

$\diamond$ 设 W 是 $X(\Gamma)$ 上包含尖点 x 的坐标开集, 如引理 3.2.9, 取 α 使得 $x = \pi(\alpha\infty)$, 这时存在含 $\alpha\infty$ 的开集 $U \subset \mathscr{H}^*$, 使得 π 诱导 $\Gamma_{\alpha\infty} \backslash U \xrightarrow{\sim} W$.

命

$$u := (e_1 - \tau e_2) \cdot \alpha^{-1}, \quad v := e_2 \cdot \alpha^{-1} \quad (\tau \in U \smallsetminus \Sigma),$$

$$u, v \in \Gamma\left(U, j_*(\mathrm{Sym}^k V) \underset{\mathbb{C}}{\otimes} \mathcal{O}_{\mathscr{H}}\right),$$

其中 e_1, e_2 视为 V 的局部截面, 那么在含尖点情形 u, v 对 $\Gamma_{\alpha\infty}$ 不变, 故下降为 ${}^k V_\Gamma \underset{\mathbb{C}}{\otimes} \mathcal{O}_{Y(\Gamma)}$ 在 W 上的截面. 命

$$\Gamma\left(W, \mathcal{O}({}^k V_\Gamma)\right) := \bigoplus_{a=0}^{k} \Gamma(W, \mathcal{O}) u^a v^{k-a}.$$

证明　　关键在于尖点. 适当取共轭后不妨设 $x = \pi(\infty)$. 取 $\alpha = 1$. 由于 Γ_∞ 由形如 $\begin{pmatrix} 1 & h \\ & 1 \end{pmatrix}$ 的元素生成, 从 (9.2.2) 易见 u, v 对 Γ_∞ 不变. 此外, $\mathrm{SL}(2, \mathbb{R})$ 中保持 ∞ 的矩阵必可写成 $\begin{pmatrix} a & b \\ & a^{-1} \end{pmatrix}$, 公式 (9.2.2) 说明它映 u 为 au, 映 v 为 $a^{-1}v$. 因此以上定义也无关 α 的选取. 这就粘合为所求的层.

显然 $\mathcal{O}({}^k V_\Gamma)$ 限制在 $Y(\Gamma)$ 上等于 ${}^k V_\Gamma \underset{\mathbb{C}}{\otimes} \mathcal{O}_{Y(\Gamma)}$. 上节最末已说明在尖点附近有 $\Gamma\left(W, j_* {}^k V_\Gamma\right) = \mathbb{C}v^k$, 故 $j_* {}^k V_\Gamma$ 是 $\mathcal{O}({}^k V_\Gamma)$ 的子层. $\qquad\square$

根据定义–命题 9.3.1 对 $\mathcal{O}({}^k V_\Gamma)$ 的局部描述, 立即导出以下结论.

◇ 对称代数 $\mathrm{Sym}\, V = \bigoplus_{a \geq 0} \mathrm{Sym}^a V$ 上的乘法自然地给出 $\bigoplus_{a \geq 0} j_*({}^a V_\Gamma \underset{\mathbb{C}}{\otimes} \mathcal{O}_{Y(\Gamma)})$ 上的分次乘法结构, 此乘法可以限制到子层 $\bigoplus_{a \geq 0} \mathcal{O}({}^a V_\Gamma)$ 上, 给出

$$\mathcal{O}({}^a V_\Gamma) \underset{\mathcal{O}}{\otimes} \mathcal{O}({}^b V_\Gamma) \to \mathcal{O}({}^{a+b} V_\Gamma), \quad \mathcal{O}({}^0 V_\Gamma) = \mathcal{O}.$$

◇ 构作 $\mathcal{O}(V_\Gamma)$ 在层论意义下的对称 $\mathcal{O}$-代数 $\mathrm{Sym}\, \mathcal{O}(V_\Gamma)$. 上述乘法诱导

$$\mathrm{Sym}\, \mathcal{O}(V_\Gamma) \xrightarrow{\ \sim\ } \bigoplus_{a \geq 0} \mathcal{O}({}^a V_\Gamma) \quad (\text{作为 } \mathcal{O}\text{-代数}). \tag{9.3.1}$$

◇ 将 $\mathcal{O}(V_\Gamma)$ 等同于对应的秩 2 向量丛, 则 (9.2.4) 可以延拓为 $X(\Gamma)$ 上的短正合列

$$0 \longrightarrow \omega_\Gamma \longrightarrow \mathcal{O}(V_\Gamma) \longrightarrow \omega_\Gamma^{-1} \longrightarrow 0, \tag{9.3.2}$$

这是因为根据 (9.2.3), 在尖点 $\pi(\alpha\infty)$ 附近 ω_Γ 的生成截面 $\mathrm{d}z \cdot \alpha^{-1}$ 映为 u, 而 v 则映为 $(\mathrm{d}z)^{\otimes(-1)} \cdot \alpha^{-1}$.

于是 $\omega_\Gamma^{\otimes h}$ 嵌入 $\mathscr{O}({}^h V_\Gamma)$, 继而乘法结构诱导自然映射

$$\omega_\Gamma^{\otimes h} \underset{\mathscr{O}}{\otimes} \mathscr{O}({}^k V_\Gamma) \longrightarrow \mathscr{O}({}^{h+k} V_\Gamma), \quad h, k \geqslant 0. \tag{9.3.3}$$

回忆到 Σ 表尖点集. 记 $\Omega_{X(\Gamma)}(\Sigma)$ 为 $j_* \Omega_{Y(\Gamma)}$ 的如下子层:

$$\Omega_{X(\Gamma)}(\Sigma) : W \mapsto \left\{ \omega : W \text{ 上的亚纯微分}, \operatorname{div}(\omega) + \sum_{x \in \Sigma} x \geqslant 0 \right\}.$$

在每个尖点附近取坐标 q, 那么 $\Omega_{X(\Gamma)}(\Sigma)$ 在该尖点附近由 $\dfrac{\mathrm{d}q}{q}$ 生成. 在任何尖点 $\pi(\alpha\infty)$ 的坐标邻域上, $\mathrm{d}\tau \cdot \alpha^{-1}$ 是 $\Omega_{X(\Gamma)}(\Sigma)$ 的局部截面, 见命题 9.1.7 的证明.

定义 9.3.2 在 $\mathscr{O}({}^k V_\Gamma)$ 上定义滤过

$$\mathscr{O}({}^k V_\Gamma) = \mathscr{F}^0 \supset \cdots \supset \mathscr{F}^k \supset \{0\},$$
$$\mathscr{F}^h := \omega_\Gamma^{\otimes h} \underset{\mathscr{O}}{\otimes} \mathscr{O}({}^{k-h} V_\Gamma) \text{ 对 } (9.3.3) \text{ 的像}.$$

换言之, 取 u, v 如定义–命题 9.3.1, 则 $\mathscr{F}^h$ 在每一点 $x \in X(\Gamma)$ 处的茎可表成

$$(\mathscr{F}^h)_x = \bigoplus_{j=h}^k \mathscr{O}_x u^j v^{k-j}.$$

另外, 定义 $\mathscr{O}({}^k V_\Gamma)$ 上的**联络**为层的下述 $\mathbb{C}$-线性映射

$$\nabla : \mathscr{O}({}^k V_\Gamma) \longrightarrow \mathscr{O}({}^k V_\Gamma) \underset{\mathscr{O}}{\otimes} \Omega_{X(\Gamma)}(\Sigma)$$
$$f u^a v^b \longmapsto u^a v^b \otimes \mathrm{d}f + f a u^{a-1} v^b (-e_2 \cdot \alpha^{-1}) \otimes (\mathrm{d}\tau \cdot \alpha^{-1})$$
$$= u^a v^b \otimes \mathrm{d}f - f a u^{a-1} v^{b+1} \otimes (\mathrm{d}\tau \cdot \alpha^{-1}),$$

其中 f 是 $\mathscr{O}$ 的任意局部截面, 而 α 如定义–命题 9.3.1.

请留意: $\mathscr{O}({}^k V_\Gamma)$ 的截面也是 $j_* ({}^k V_\Gamma \underset{\mathbb{C}}{\otimes} \mathscr{O}_{Y(\Gamma)})$ 的截面, 而 $j_* (\mathrm{id} \otimes \mathrm{d})$ 限制到 $\mathscr{O}({}^k V_\Gamma)$ 上正等于 ∇, 映 e_1, e_2 为 0. 所以 ∇ 延拓了 (9.2.5) 中的 $\mathrm{id} \otimes \mathrm{d}$.

定义导致 ∇ 对 $\mathscr{O}({}^\bullet V_\Gamma)$ 的乘法服从 Leibniz 律. 它还蕴涵

$$\nabla(fs) = s \otimes \mathrm{d}f + f \nabla(s), \quad f : \mathscr{O} \text{ 的局部截面}. \tag{9.3.4}$$

这是向量丛上联络的标准性质, 但 ∇ 的状况略有不同: 鉴于 $\Omega_{X(\Gamma)}(\Sigma)$ 的定义, 它实际给出带**对数奇点**的联络.

命题 9.3.3　联络 $\nabla : \mathcal{O}({}^k V_\Gamma) \to \mathcal{O}({}^k V_\Gamma) \otimes \Omega_{X(\Gamma)}(\Sigma)$ 满足

(i) $\ker(\nabla) = j_*\left({}^k V_\Gamma\right)$;

(ii) (Griffiths 横截性) 对每个 $1 \leqslant h \leqslant k$ 皆有 $\nabla \mathscr{F}^h \subset \mathscr{F}^{h-1} \otimes \Omega_{X(\Gamma)}(\Sigma)$.

证明　注意到 $\mathcal{O}({}^k V_\Gamma)$ 的截面也是 $j_*({}^k V_\Gamma \underset{\mathbb{C}}{\otimes} \mathcal{O}_{Y(\Gamma)})$ 的截面, 而 ∇ 是 $j_*(\mathrm{id} \otimes \mathrm{d})$ 的限制. 但 $\mathrm{id} \otimes \mathrm{d}$ 的核显然是 ${}^k V_\Gamma$, 故 (i) 得证. 断言 (ii) 是局部问题. 用定义 9.3.2 直接验证.　□

现在固定 $k \geqslant 0$. 命题 9.3.3 表明 $j_* {}^k V_\Gamma$ (视为层的复形, 集中于零次项) 拟同构于

$$\Omega^\bullet := \left[\underset{0}{\mathcal{O}\left({}^k V_\Gamma\right)} \xrightarrow{\nabla} \underset{1}{\mathrm{im}(\nabla)} \right] \quad \text{(下标表次数)},$$

其中 $\mathrm{im}(\nabla)$ 是 ∇ 在层论意义下的像. 对 $\Omega^\bullet$ 定义如下滤过

$$\Omega^\bullet = \mathfrak{F}^0 \supset \cdots \supset \mathfrak{F}^{k+1} \supset 0,$$

$$\mathfrak{F}^h := \left[\mathscr{F}^h \xrightarrow{\nabla} \left(\mathscr{F}^{h-1} \underset{\mathcal{O}}{\otimes} \Omega_{X(\Gamma)}(\Sigma) \right) \cap \mathrm{im}(\nabla) \right],$$

在此约定 $\mathscr{F}^{-1} := \mathcal{O}({}^k V_\Gamma)$, $\mathscr{F}^{k+1} := \{0\}$. 根据专业常识, 超上同调带相应的滤过

$$F^h \mathbf{H}^i\left(X(\Gamma), \Omega^\bullet \right) := \mathrm{im} \left[\mathbf{H}^i(X(\Gamma), \mathfrak{F}^h) \to \mathbf{H}^i(X(\Gamma), \Omega^\bullet) \right] \tag{9.3.5}$$

和谱序列 (见 [66, §8.1] 和相关参考文献)

$$\begin{array}{ccc}
E_1^{p,q} & \Longrightarrow & \mathbf{H}^{p+q}\left(X(\Gamma), \Omega^\bullet \right) \\
\parallel & & \simeq \uparrow \\
\mathbf{H}^{p+q}\left(X(\Gamma), \mathfrak{F}^p/\mathfrak{F}^{p+1} \right) & \mathbf{H}^{p+q}\left(X(\Gamma), j_* {}^k V_\Gamma \right) \\
E_\infty^{p,q} = \dfrac{F^p \mathbf{H}^{p+q}(X(\Gamma), \Omega^\bullet)}{F^{p+1} \mathbf{H}^{p+q}(X(\Gamma), \Omega^\bullet)} & &
\end{array} \tag{9.3.6}$$

引理 9.3.4　取局部资料 u, v, α 如定义–命题 9.3.1, 则有

$$\mathrm{im}(\nabla) = \left(\omega_\Gamma^{\otimes k} \underset{\mathcal{O}}{\otimes} \Omega_{X(\Gamma)} \right) \oplus \bigoplus_{j=0}^{k-1} \mathcal{O} u^j v^{k-j} \otimes \Omega_{X(\Gamma)}(\Sigma).$$

证明 在任一点 $x \in X(\Gamma)$ 的开邻域上, 考虑 $\mathscr{O}$ 的局部截面 $f_0, \cdots, f_k$, 定义 9.3.2 中关于 ∇ 的公式给出

$$\nabla\left(\sum_{j=0}^{k} f_j u^j v^{k-j}\right) = u^k \otimes \mathrm{d}f_k + \sum_{j=0}^{k-1} u^j v^{k-j} \otimes \left(\mathrm{d}f_j - (j+1)f_{j+1}\,\mathrm{d}\tau \cdot \alpha^{-1}\right). \quad (9.3.7)$$

于是见得欲证断言的 $\subset$ 部分. 现在证明 $\supset$. 断言右式的局部截面可以表作

$$s := u^k \otimes \xi_k + \sum_{j=0}^{k-1} u^i v^{k-j} \otimes \xi_j,$$

其中 ξ_k 和 $\xi_0, \cdots, \xi_{k-1}$ 分别是 $\Omega_{X(\Gamma)}$ 和 $\Omega_{X(\Gamma)}(\Sigma)$ 的局部截面. 今将在 x 的充分小的开邻域上构造 $\mathscr{O}$ 的局部截面 $f_k, \cdots, f_0$, 使得 $\nabla\left(\sum_{j=0}^{k} f_j u^j v^{k-j}\right) = s$.

全纯 Poincaré 引理说明 $\mathrm{d}\mathscr{O} = \Omega_{X(\Gamma)}$. 在 $x \in Y(\Gamma)$ 情形可取 $\alpha = 1$, 适当缩小 x 的邻域, 逐步反解出 $\mathscr{O}$ 的局部截面 $f_k, \cdots, f_0$, 使得

$$\xi_k = \mathrm{d}f_k, \quad \xi_j = \mathrm{d}f_j - (j+1)f_{j+1}\,\mathrm{d}\tau, \quad j = k-1, \cdots, 0.$$

如此给出所求等式. 接着考虑 $x \in \Sigma$ 的情形. 不失一般性可设坐标开集中含唯一尖点 $x = \pi(\infty)$, 取 $\alpha = 1$. 在以上反解过程中, 对 $j = k-1, \cdots, 0$ 之每一步, 求出的 f_{j+1} 都可以适当地平移 (不改变 $\mathrm{d}f_{j+1}$) 以确保 $\mathrm{Res}_x \left(\xi_j + (j+1)f_{j+1}\,\mathrm{d}\tau\right) = 0$, 从而仍可用全纯 Poincaré 引理反解 $\mathscr{O}$ 的截面 f_j. $\qquad\square$

命题 9.3.5 *存在自然同构*

$$E_1^{p,q} \simeq \begin{cases} \mathrm{H}^q\left(X(\Gamma), \omega_\Gamma^{\otimes(-k)}\right), & p = 0, \\ \mathrm{H}^{k+q}\left(X(\Gamma), \omega_\Gamma^{\otimes k} \underset{\mathscr{O}}{\otimes} \Omega_{X(\Gamma)}\right), & p = k+1, \\ \{0\}, & \text{其他情形}. \end{cases}$$

证明 关键是确定 $\mathscr{F}^p/\mathscr{F}^{p+1}$. 运用 (9.3.1) 和 (9.3.2) 立得

$$\mathscr{F}^0/\mathscr{F}^1 \simeq \frac{\mathrm{Sym}^k \mathscr{O}\left(V_\Gamma\right)}{\text{含 } \omega_\Gamma \text{ 的部分}} \simeq \omega_\Gamma^{\otimes(-k)},$$

亦见 [59, 推论 7.6.7]. 这导致 $\mathscr{F}^0/\mathscr{F}^1$ 同构于复形 $\left[\omega_\Gamma^{\otimes(-k)} \to 0\right]$, 从而给出 $E_1^{0,q}$ 的描述.

其次, 引理 9.3.4 给出

$$\left(\mathscr{F}^k \underset{\mathcal{O}}{\otimes} \Omega_{X(\Gamma)}(\Sigma)\right) \cap \mathrm{im}(\nabla) = \omega_\Gamma^{\otimes k} \underset{\mathcal{O}}{\otimes} \Omega_{X(\Gamma)}.$$

这导致 $\mathscr{F}^{k+1}$ 同构于 $\left[0 \to \omega_\Gamma^{\otimes k} \underset{\mathcal{O}}{\otimes} \Omega_{X(\Gamma)}\right]$, 从而确定了 $E_1^{k+1,q}$.

最后对 $p \notin \{0, k+1\}$ 情形证明 $\mathscr{F}^p/\mathscr{F}^{p+1}$ 零调, 由之可得 $E_1^{p,q} = 0$. 同样以引理 9.3.4 在局部截面的层次作计算. 有交换图表

$$
\begin{array}{ccccccc}
\dfrac{\mathscr{F}^p}{\mathscr{F}^{p+1}} & \xleftarrow{\;\sim\;} & \mathcal{O}u^p v^{k-p} & \ni & fu^p v^{k-p} \\[2mm]
{\scriptstyle \nabla \bmod \cdots}\downarrow & & \downarrow{\scriptstyle \simeq} & & \downarrow \\[2mm]
\dfrac{(\mathscr{F}^{p-1}\otimes\Omega_{X(\Gamma)}(\Sigma))\cap\mathrm{im}(\nabla)}{(\mathscr{F}^{p}\otimes\Omega_{X(\Gamma)}(\Sigma))\cap\mathrm{im}(\nabla)} & \leftarrow & \mathcal{O}u^{p-1}v^{k-p+1}\otimes\Omega_{X(\Gamma)}(\Sigma) & \ni & fu^{p-1}v^{k-p+1}\otimes\left(\mathrm{d}\tau\cdot\alpha^{-1}\right)
\end{array}
$$

横向箭头的定义是自明的, 故两列皆零调, 而左列无非是 $\mathscr{F}^p/\mathscr{F}^{p+1}$. □

定理 9.3.6 对于 (9.3.5) 中的滤过, 记 $F^h := F^h \mathbf{H}^1(X(\Gamma), \Omega^\bullet)$. 谱序列 (9.3.6) 在 E_1 页退化, 而滤过 $F^\bullet$ 满足

$$F^0/F^1 = \mathrm{H}^1\left(X(\Gamma), \omega_\Gamma^{\otimes(-k)}\right),$$
$$F^1 = \cdots = F^{k+1} = \mathrm{H}^0\left(X(\Gamma), \omega_\Gamma^{\otimes k}\underset{\mathcal{O}}{\otimes}\Omega_{X(\Gamma)}\right).$$

当 $k \neq 0$ 时, 对所有 $i \neq 1$ 皆有 $\mathrm{H}^i\left(X(\Gamma), j_*{}^k V_\Gamma\right) = \{0\}$.

证明 谱序列在 E_1 页退化相当于说 $d_1^{p,q}: E_1^{p,q} \to E_1^{p+1,q}$ 对一切 $(p,q) \in \mathbb{Z}^2$ 均为 0. 先处理 $k > 0$ 情形. 既然第四章已证明负权模形式必为零, 定理 9.1.8 蕴涵 $\mathrm{H}^0\left(X(\Gamma), \omega_\Gamma^{\otimes(-k)}\right) \simeq M_{-k}(\Gamma) = \{0\}$. 又由 Serre 对偶定理 (定理 B.7.15), 知 $\mathrm{H}^q\left(X(\Gamma), \omega_\Gamma^{\otimes(-k)}\right) \simeq \mathrm{H}^{1-q}\left(X(\Gamma), \omega_\Gamma^{\otimes k}\underset{\mathcal{O}}{\otimes}\Omega_{X(\Gamma)}\right)^\vee$ 在 $q \notin \{0,1\}$ 时也为零. 综之, $q \neq 0$ 蕴涵 $E_1^{0,q} = \{0\}$. 同理

$$E_1^{k+1,q} \simeq \mathrm{H}^{k+q}\left(X(\Gamma), \omega_\Gamma^{\otimes k}\underset{\mathcal{O}}{\otimes}\Omega_{X(\Gamma)}\right) \simeq \mathrm{H}^{1-k-q}\left(X(\Gamma), \omega_\Gamma^{\otimes(-k)}\right)^\vee$$

在 $k+q \neq 0$ 时亦为零. 综上, 唯一可能非零的 E_1 项是 $E_1^{0,1}$ 和 $E_1^{k+1,-k}$, 这就说明 $k > 0$ 时谱序列退化, 而且 $E_1^{p,q} \neq 0 \implies p+q = 1$ 导致 $\mathrm{H}^i(X(\Gamma), j_*{}^k V_\Gamma)$ 在 $i \neq 1$ 时为零.

对于 $k = 0$ 情形, 仅需说明 $\mathrm{d}_1^{0,0} = 0$. 正合列

$$0 \longrightarrow \Gamma(X(\Gamma), \mathbb{C}) \longrightarrow \underbrace{\Gamma(X(\Gamma), \mathscr{O})}_{E_1^{0,0}} \xrightarrow{\mathrm{d}=\mathrm{d}_1^{0,0}} \underbrace{\Gamma(X(\Gamma), \Omega_{X(\Gamma)})}_{E_1^{1,0}}$$

的前两项不外 $\mathbb{C} \xrightarrow{\mathrm{id}} \mathbb{C}$ (命题 B.4.2), 故 $\mathrm{d}_1^{0,0} = 0$, 谱序列仍退化.

谱序列退化导致 $E_1^{p,q} = E_\infty^{p,q}$, 诱导滤过因而满足 $F^p/F^{p+1} = E_\infty^{p,1-p} = E_1^{p,1-p}$. 代入命题 9.3.5 便给出关于 $F^\bullet$ 的断言. □

注记 9.3.7 定理 9.3.6 描述的嵌入

$$\mathrm{H}^0\left(X(\Gamma), \omega_\Gamma^{\otimes k} \underset{\mathscr{O}}{\otimes} \Omega_{X(\Gamma)}\right) \xrightarrow{\sim} F^{k+1} \subset \mathbf{H}^1\left(X(\Gamma), \Omega^\bullet\right) \simeq \mathrm{H}^1\left(X(\Gamma), j_*{}^k V_\Gamma\right)$$

等于

$$\mathrm{H}^0\left(X(\Gamma), \Omega_{X(\Gamma)} \underset{\mathscr{O}}{\otimes} \omega_\Gamma^{\otimes k}\right) \hookrightarrow \mathrm{H}^0\left(X(\Gamma), \mathrm{im}(\nabla)\right) \xrightarrow{\delta} \mathrm{H}^1\left(X(\Gamma), j_*{}^k V_\Gamma\right),$$

其中 δ 是短正合列 $0 \to j_*({}^k V_\Gamma) \to \mathscr{O}({}^k V_\Gamma) \xrightarrow{\nabla} \mathrm{im}(\nabla) \to 0$ 诱导的长正合列中的连接映射. 细说如下.

假定读者接受同调代数的语言. 所求的嵌入实则等于借道于图表 (复形次数皆为 $0, 1$)

$$\mathscr{F}^{k+1} = \left[0 \to \omega_\Gamma^{\otimes k} \underset{\mathscr{O}}{\otimes} \Omega_{X(\Gamma)}\right] \qquad \left[j_*{}^k V_\Gamma \to 0\right]$$

$$\Big\downarrow \text{引理 9.3.4} \qquad\qquad\qquad\qquad \Big\downarrow \text{拟同构}$$

$$\left[0 \to \mathscr{O}({}^k V_\Gamma)\right] \xrightarrow{\nabla} \left[0 \to \mathrm{im}\,\nabla\right] \longrightarrow \left[\mathscr{O}({}^k V_\Gamma) \to \mathrm{im}\,\nabla\right]$$

在导出范畴中先取 $\mathrm{R}\Gamma(X(\Gamma), \cdot)$ 再按 ⌐⌐ 合成的产物; 第二行来自映射锥. 所求的关系因而化约为同调常识.

推论 9.3.8 对一切 $k \in \mathbb{Z}_{\geqslant 0}$, 皆有

$$\dim_{\mathbb{C}} \mathrm{H}^1\left(X(\Gamma), j_*({}^k V_\Gamma)\right) = 2\dim_{\mathbb{C}} \Gamma\left(X(\Gamma), \Omega_{X(\Gamma)} \underset{\mathscr{O}}{\otimes} \omega_\Gamma^{\otimes k}\right).$$

证明   定理 9.3.6 给出有限维 $\mathbb{C}$-向量空间的短正合列

$$0 \to \Gamma\left(X(\Gamma), \Omega_{X(\Gamma)} \underset{\mathcal{O}}{\otimes} \omega_\Gamma^{\otimes k}\right) \to \mathrm{H}^1\left(X(\Gamma), j_*({}^k V_\Gamma)\right) \to \mathrm{H}^1\left(X(\Gamma), \omega_\Gamma^{\otimes(-k)}\right) \to 0.$$

根据 Serre 对偶定理 B.7.15, 首尾两项互为对偶.   □

9.4   Eichler-志村同构

沿用 §9.3 的符号. 特别地, 假设 9.1.1 仍然有效, 而 $k \in \mathbb{Z}_{\geqslant 0}$ 选定.

约定 9.4.1   设 W 是 $x = \pi(\alpha\infty) \in \Sigma$ 在 $X(\Gamma)$ 中的开邻域, 那么存在 $\alpha\infty$ 的开邻域 U 使得 $W \supset \pi(U)$, 并且 $\alpha^{-1}U = \{\tau \in \mathcal{H} : \mathrm{Im}(\tau) > c\}$, 其中 $c \gg 0$. 对于 $f \in C^\infty(W \smallsetminus \Sigma)$, 如果存在如上的 U, 使得对所有 $a, b \geqslant 0$, 都存在 $m = m(a, b)$, 使得当 $\mathrm{Im}(\tau) \to +\infty$ 时,

$$\left(\frac{\partial}{\partial\tau}\right)^a \left(\frac{\partial}{\partial\bar\tau}\right)^b [\tau \mapsto f(\alpha\tau)] \ll |\tau|^m,$$

则称 f 在 x 附近**缓增**. 此性质只和尖点 x 有关.

其次定义

$$\mathscr{E} : W \longmapsto \left\{ f \in C^\infty(W \smallsetminus \Sigma) : f \text{ 在每一个 } x \in W \cap \Sigma \text{ 附近缓增} \right\}.$$

用 $\mathscr{E}$ 表示 $X(\Gamma)$ 上的层 $W \mapsto C^\infty(W)$, 其 $Y(\Gamma)$ 版本记为 $\mathscr{C}_{Y(\Gamma)}$. 从定义立见 $\mathscr{E}$ 是 $\mathscr{C}$-代数, 从而也是 $\mathcal{O}$-代数 (或改取反全纯函数层 $\overline{\mathcal{O}}$, 变为 $\overline{\mathcal{O}}$-代数), 并且

$$\mathscr{E}|_{Y(\Gamma)} = \mathscr{C}_{Y(\Gamma)}, \quad \mathscr{E} \subset j_*\mathscr{C}_{Y(\Gamma)}.$$

和 ω_Γ 类似, 复环面的反全纯微分形式 $\mathrm{d}z$ 也给出 $X(\Gamma)$ 上的层 $\overline{\omega_\Gamma}$: 这是秩 1 的局部自由 $\overline{\mathcal{O}}$-模, 对之仍可取任意次的张量幂. 命

$$\mathscr{E}({}^k V_\Gamma) := \mathscr{E} \underset{\mathcal{O}}{\otimes} \mathcal{O}({}^k V_\Gamma),$$

$$\mathscr{E}(\omega_\Gamma^{\otimes a}) := \mathscr{E} \underset{\mathcal{O}}{\otimes} \omega_\Gamma^{\otimes a}, \quad \mathscr{E}(\overline{\omega_\Gamma}^{\otimes a}) := \mathscr{E} \underset{\overline{\mathcal{O}}}{\otimes} \overline{\omega_\Gamma}^{\otimes a} \quad (a \in \mathbb{Z}_{\geqslant 0}).$$

引理 9.4.2   我们有分解 $\mathscr{E}({}^k V_\Gamma) = \bigoplus_{a+b=k} \mathscr{E}(\omega_\Gamma^{\otimes a}) \cdot \mathscr{E}(\overline{\omega_\Gamma}^{\otimes b})$.

证明   取 $k = 1$, 因为一般情形可用 (9.3.1) 对 $\mathcal{O}({}^k V_\Gamma)$ 给出的乘法结构处理. 只需操心尖点附近的情形, 不失一般性在定义–命题 9.3.1 中取 $x = \pi(\infty)$ 而 $\alpha = 1$.

按构造, $\mathscr{E}(V_\Gamma)$ 的局部截面唯一地表示成 u, v 的 $\mathscr{E}$-线性组合. 将 $\mathrm{d}z, \overline{\mathrm{d}z}$ 等同于它们在 $\mathscr{E}(V_\Gamma)$ 中的像. 由于

$$u = \mathrm{d}z,$$
$$v = (-2i\operatorname{Im}(\tau))^{-1}\left(\mathrm{d}z - \overline{\mathrm{d}z}\right),$$

此变换及其逆的系数都是 $\mathscr{E}$ 中的 Γ_∞-不变函数, 所以局部截面也能唯一地表成 $\mathrm{d}z, \overline{\mathrm{d}z}$ 的 $\mathscr{E}$-线性组合. □

类似手法可定义 $X(\Gamma)$ 上在尖点附近缓增的 C^∞ 微分形式代数

$$\bigwedge \mathscr{E} = \bigoplus_{h \geqslant 0} \mathscr{E}^h,$$

它带有熟悉的外积 $\wedge$, 每个 $\mathscr{E}^h$ 都是 $\mathscr{E} = \mathscr{E}^0$ 乘法下的模, $\mathscr{E}^h = \wedge^h\mathscr{E}^1$ 而 $h > 2$ 时 $\mathscr{E}^h = 0$ (因为 $X(\Gamma)$ 是实二维流形). 同样用张量积构造

$$\mathscr{E}^h\left({}^kV_\Gamma\right) := \mathscr{E}^h \underset{\mathscr{E}}{\otimes} \mathscr{E}\left({}^kV_\Gamma\right)$$
$$= \bigoplus_{a+b=k} \mathscr{E}^h \underset{\mathscr{E}}{\otimes} \mathscr{E}(\omega_\Gamma^{\otimes a}) \cdot \mathscr{E}(\overline{\omega_\Gamma}^{\otimes b}) \quad (\text{引理 } 9.4.2). \tag{9.4.1}$$

定义 9.4.3　定义**联络**

$$\nabla_{\mathscr{E}} : \mathscr{E}^h\left({}^kV_\Gamma\right) \to \mathscr{E}^{h+1}\left({}^kV_\Gamma\right), \quad h \geqslant 0,$$

它由以下性质刻画: 局部上取 u, v, α 如定义–命题 9.3.1,

◇ 对所有满足 $a+b=k$ 的 $a, b \in \mathbb{Z}_{\geqslant 0}^2$, 皆有

$$\nabla_{\mathscr{E}}(u^a v^b) = -\left(au^{a-1}v^{b+1}\right)\left(\mathrm{d}\tau \cdot \alpha^{-1}\right);$$

◇ $\nabla_{\mathscr{E}}(fs) = \mathrm{d}f \wedge s + (-1)^a f\nabla_{\mathscr{E}}s$, 其中 f 是 $\mathscr{E}^a$ 的局部截面.

联络的非零部分显然只有 $\mathscr{E}(\cdots) \xrightarrow{\nabla_{\mathscr{E}}} \mathscr{E}^1(\cdots) \xrightarrow{\nabla_{\mathscr{E}}} \mathscr{E}^2(\cdots)$.

引理 9.4.4　态射 $\mathcal{O}({}^kV_\Gamma) \to \mathscr{E}({}^kV_\Gamma)$ 为单, 由此得出嵌入 $j_*({}^kV_\Gamma) \hookrightarrow \mathscr{E}({}^kV_\Gamma)$, 而且
(i) $\nabla_{\mathscr{E}}$ 限制在 $\mathcal{O}({}^kV_\Gamma)$ 上等于定义 9.3.2 中的 ∇;
(ii) $\nabla_{\mathscr{E}} \circ \nabla_{\mathscr{E}} : \mathscr{E}({}^kV_\Gamma) \to \mathscr{E}^2({}^kV_\Gamma)$ 为零映射;

(iii) $j_*({}^kV_\Gamma) = \ker\left[\mathscr{E}({}^kV_\Gamma) \xrightarrow{\nabla_{\mathscr{E}}} \mathscr{E}^1({}^kV_\Gamma)\right]$.

证明　因为 $\mathcal{O}({}^kV_\Gamma)$ 是局部自由 $\mathcal{O}$-模, 将 $\mathcal{O} \hookrightarrow \mathscr{E}$ 对之作张量积仍得到单态射

$$\mathcal{O}({}^kV_\Gamma) = \mathcal{O} \underset{\mathcal{O}}{\otimes} \mathcal{O}({}^kV_\Gamma) \hookrightarrow \mathscr{E} \underset{\mathcal{O}}{\otimes} \mathcal{O}({}^kV_\Gamma).$$

关于 $\nabla_{\mathscr{E}}$ 和 ∇ 的相容性是定义的直接结论, 证得 (i).

按定义 9.4.3 的公式直接对局部截面验证 $\nabla_{\mathscr{E}} \circ \nabla_{\mathscr{E}} = 0$, (ii) 得证.

对于 (iii), 论证和命题 9.3.3 相同: 观察到 $\mathscr{E}({}^kV_\Gamma)$ 的截面也是 $j_*({}^kV_\Gamma \underset{\mathbb{C}}{\otimes} \mathscr{E}_{Y(\Gamma)})$ 的截面, 而 $\nabla_{\mathscr{E}}$ 等于 $j_*(\mathrm{id} \otimes \mathrm{d})$ 的限制. 然而 $j_*(\mathrm{id} \otimes \mathrm{d})$ 的核显然是 $j_*({}^kV_\Gamma)$, 故 (iii) 得证.　□

定义 9.4.5　在 $V := \mathbb{C}e_1 \oplus \mathbb{C}e_2$ 上定义反称非退化双线性型

$$B^1\left(xe_1 + ye_2, ze_1 + we_2\right) := -\det\begin{pmatrix} x & y \\ z & w \end{pmatrix}.$$

将之延拓到 $\mathrm{Sym}^k V$: 对于 $u_i, v_j \in V$, 可以良定义

$$B^k\left(u_1 \cdots u_k, v_1 \cdots v_k\right) = \frac{1}{k!} \sum_{\sigma \in \mathfrak{S}_k} \prod_{i=1}^{k} B^1\left(u_i, v_{\sigma(i)}\right),$$

其中 $\mathfrak{S}_k$ 代表置换群. 对 $k=0$ 情形约定 $B^0(s,t) = st$, 其中 $s,t \in \mathbb{C}$. 相对于 $\mathrm{GL}(2,\mathbb{R})^+$ 在 V 上的右作用 (9.2.2), 二次型 B^k 对 $\mathrm{Sym}^k V$ 带有的诱导作用满足 $B^k(\gamma x, \gamma y) = (\det\gamma)^k B^k(x,y)$ (检验 $k=1$ 情形即足). 特别地, B^k 是 $\mathrm{SL}(2,\mathbb{R})$-不变的.

注意: $\mathrm{Sym}^k V$ 作为 $\mathrm{SL}(2)$ 的表示不可约, 所以精确到伸缩, 其上的不变双线性型是唯一的.

基于 Γ-不变性, 二次型 $B^k : \mathrm{Sym}^k V \underset{\mathbb{C}}{\otimes} \mathrm{Sym}^k V \to \mathbb{C}$ 在 $X(\Gamma)$ 上诱导 $\mathscr{E}$-双线性型:

$$B^k : \mathscr{E}({}^kV_\Gamma) \times \mathscr{E}({}^kV_\Gamma) \to \mathscr{E}.$$

上述构造都可以定义在 $\mathbb{R}$ 上. 特别地, 它们都和复共轭交换.

引理 9.4.6　对所有 $k \in \mathbb{Z}_{\geq 0}$,

(i) $B^k(y,x) = (-1)^k B^k(x,y)$ 对 $\mathscr{E}({}^kV_\Gamma)$ 的所有局部截面 x,y 成立;

(ii) 引理 9.4.2 的直和分解对 Hermite 型 $(x,y) \mapsto B^k(x,\overline{y})$ 正交, 而且对于直和项

$\mathscr{E}(\omega_\Gamma^{\otimes a}) \cdot \mathscr{E}(\overline{\omega_\Gamma}^{\otimes b})$, 其上的 Hermite 型

$$(x|y) := i^{a-b} B^k(x, \overline{y})$$

是正定的: $(x|x) \geqslant 0$ 对所有局部截面 x 成立, 而且等号成立当且仅当 $x = 0$.

证明 断言 (i) 化约到 $k = 1$ 情形, 在 V 上验证.

对于 (ii), 考虑 $\mathscr{E}(\omega_\Gamma)$ 的标准局部截面 $\mathrm{d}z \cdot \alpha^{-1}$, 它对应到 $\mathscr{E}(^k V_\Gamma)$ 的局部截面 $u = (e_1 - \tau e_2) \cdot \alpha^{-1}$, 其中 α 取法如定义–命题 9.3.1. 直接计算可见当 $a + b = k = c + d$ 时,

$$i^{a-b} B^k \left(u^a \overline{u}^b, \ \overline{u^c \overline{u}^d} \right) = \begin{cases} 0, & a \neq c, \\ \binom{k}{a}^{-1} \left(2 \operatorname{Im}(\alpha^{-1} \tau) \right)^k, & a = c. \end{cases} \tag{9.4.2}$$

事实上, 以 $\mathrm{SL}(2, \mathbb{R})$-不变性可简化到 $\alpha = 1$ 情形. 举例明之, 当 $a = k = 1$ 时, 我们有 $B^1(u, \overline{u}) = B^1(e_1 - \tau e_2, e_1 - \overline{\tau} e_2)$, 它按定义即是 $-\det \begin{pmatrix} 1 & -\tau \\ 1 & -\overline{\tau} \end{pmatrix} = -2i \operatorname{Im}(\tau)$. $\qquad\square$

进一步让系数带微分形式, 对 $i, j \in \mathbb{Z}_{\geqslant 0}$ 定义双线性型

$$\begin{aligned} B_{i,j}^k : \mathscr{E}^i(^k V_\Gamma) \times \mathscr{E}^j(^k V_\Gamma) &\longrightarrow \mathscr{E}^{i+j} \\ (\alpha \otimes s, \ \beta \otimes t) &\longmapsto B^k(s, t)(\alpha \wedge \beta), \end{aligned} \tag{9.4.3}$$

其中 α, β (或 s, t) 分别是 $\mathscr{E}^i, \mathscr{E}^j$ (或 $\mathcal{O}(^k V_\Gamma)$) 的局部截面. 一切仍是定义在 $\mathbb{R}$ 上的, 而 $B_{0,0}^k = B^k$.

引理 9.4.7 对于 $\mathscr{E}^i(^k V_\Gamma)$ (或 $\mathscr{E}^j(^k V_\Gamma)$) 的局部截面 ξ (或 η), 有

$$\begin{aligned} B_{i,j}^k(\xi, \eta) &= (-1)^{ij+k} B_{i,j}^k(\eta, \xi), \\ \mathrm{d} B_{i,j}^k(\xi, \eta) &= B_{i+1,j}^k(\nabla_{\mathscr{E}} \xi, \eta) + (-1)^i B_{i,j+1}^k(\xi, \nabla_{\mathscr{E}} \eta). \end{aligned}$$

证明 例行计算. $\qquad\square$

回忆全纯情形的联络 ∇, 引理 9.3.4 和引理 9.4.4, 有

$$\omega_\Gamma^{\otimes k} \underset{\mathcal{O}}{\otimes} \Omega_{X(\Gamma)} \subset \operatorname{im}(\nabla) \subset \operatorname{im}(\nabla_{\mathscr{E}}).$$

根据定理 9.1.8 遂有嵌入

$$S_{k+2}(\Gamma) \xrightarrow{\sim} H^0\left(X(\Gamma), \omega_\Gamma^{\otimes k} \underset{\mathcal{O}}{\otimes} \Omega_{X(\Gamma)}\right) \hookrightarrow H^0(X(\Gamma), \operatorname{im} \nabla_{\mathscr{E}})$$

$$f \longmapsto \underbrace{f(\tau) \operatorname{KS}^{-1}\left((\mathrm{d}z)^{\otimes 2}\right)(\mathrm{d}z)^{\otimes k}}_{\in \Omega_{X(\Gamma)}(\Sigma)} =: \varphi.$$

约定 9.4.8　定义 $\overline{S_{k+2}(\Gamma)} := \left\{\overline{f} : f \in S_{k+2}(\mathbb{C})\right\}$, 此函数空间是 $\mathbb{C}$-向量空间. 它亦可按以下方式抽象地视同 $S_{k+2}(\Gamma)$ 的复共轭: 用 $z \mapsto \overline{z}$ 给出的同构 $\mathbb{C} \to \mathbb{C}$ 构造 (右) $\mathbb{C}$-向量空间 $S_{k+2}(\Gamma) \underset{\mathbb{C}}{\otimes} \mathbb{C}$, 则有 $\mathbb{C}$-线性同构

$$S_{k+2}(\Gamma) \underset{\mathbb{C}}{\otimes} \mathbb{C} \xrightarrow{\sim} \overline{S_{k+2}(\Gamma)}$$

$$f \otimes z \longmapsto z \cdot \overline{f} \quad (z \in \mathbb{C}).$$

既然 $\nabla_{\mathscr{E}}$ 是定义在 $\mathbb{R}$ 上的, 取复共轭后仍有嵌入

$$\overline{S_{k+2}(\Gamma)} \hookrightarrow H^0(X(\Gamma), \operatorname{im} \nabla_{\mathscr{E}})$$

$$\overline{f} \longmapsto \overline{f(\tau) \operatorname{KS}^{-1}\left((\mathrm{d}z)^{\otimes 2}\right)(\mathrm{d}z)^{\otimes k}}, \quad f \in S_{k+2}(\Gamma).$$

引理 9.4.9　上述映射给出嵌入

$$\iota: S_{k+2}(\Gamma) \oplus \overline{S_{k+2}(\Gamma)} \hookrightarrow H^0\left(X(\Gamma), \operatorname{im} \nabla_{\mathscr{E}}\right) \subset H^0\left(X(\Gamma), \mathscr{E}^1({}^k V_\Gamma)\right).$$

证明　已知 ι 限制在 $S_{k+2}(\Gamma)$ 和 $\overline{S_{k+2}(\Gamma)}$ 上皆单. 相对于 (9.4.1) 的分解, 先前公式说明 $S_{k+2}(\Gamma)$ 和 $\overline{S_{k+2}(\Gamma)}$ 分别取值在直和项 $\mathscr{E}^1 \underset{\mathscr{E}}{\otimes} \mathscr{E}(\omega_\Gamma^{\otimes k})$ 和 $\mathscr{E}^1 \underset{\mathscr{E}}{\otimes} \mathscr{E}(\overline{\omega_\Gamma}^{\otimes k})$ 中, 故线性无关. □

定理 9.4.10　定义在 $\operatorname{im}(\iota)$ 上的双线性型

$$\mathscr{B}^k(\varphi, \psi) := \frac{1}{\operatorname{vol} Y(\Gamma)} \int_{X(\Gamma)} B_{1,1}^k(\varphi, \psi)$$

是良定的. 它满足 $\mathscr{B}^k(\psi, \varphi) = (-1)^{k+1} \mathscr{B}^k(\varphi, \psi)$, 在 $\iota(S_{k+2}(\Gamma))$ 和 $\iota(\overline{S_{k+2}(\Gamma)})$ 上恒为零.

以 $(f|g)_{\mathrm{Pet}}$ 表 Petersson 内积 (定义–定理 3.7.1), 设 $\iota(f, 0) = \varphi$ 而 $\iota(0, \overline{g}) = \psi$, 则

$$i^{k+1} \mathscr{B}^k(\varphi, \psi) = 2^{k+1} (f|g)_{\mathrm{Pet}}.$$

作为推论, $\mathscr{B}^k$ 是 $\mathrm{im}(\iota)$ 上的非退化双线性型.

证明 性质 $\mathscr{B}^k(\psi, \varphi) = (-1)^{k+1}\mathscr{B}^k(\varphi, \psi)$ 来自引理 9.4.7. 假设 φ, ψ 分别来自 $f \in S_{k+2}(\Gamma)$ 和 $\overline{g} \in \overline{S_{k+2}(\Gamma)}$. 将微分形式 $B^k_{1,1}(\varphi, \psi)$ 限制到 $Y(\Gamma)$, 再拉回 $\mathscr{H}$. 根据 (9.4.2) 和 (9.4.3) (取 $\alpha = 1$), 并回顾命题 9.1.5 对 KS 的定义, 如是拉回表为

$$f(\tau)\overline{g(\tau)} \cdot B^k\left(\mathrm{d}z^{\otimes k}, \overline{\mathrm{d}z}^{\otimes k}\right) \cdot \mathrm{KS}^{-1}\left((\mathrm{d}z)^{\otimes 2}\right) \wedge \overline{\mathrm{KS}^{-1}\left((\mathrm{d}z)^{\otimes 2}\right)}$$

$$= f(\tau)\overline{g(\tau)} \cdot i^{-k}(2\,\mathrm{Im}(\tau))^k \, \mathrm{d}\tau \wedge \overline{\mathrm{d}\tau} = (-2i)^k \,\mathrm{Im}(\tau)^k f(\tau)\overline{g(\tau)} \cdot \mathrm{d}\tau \wedge \overline{\mathrm{d}\tau}$$

$$= (-2i)^{k+1} f(\tau)\overline{g(\tau)} y^{k+2}\frac{\mathrm{d}x \wedge \mathrm{d}y}{y^2}, \quad x := \mathrm{Re}(\tau), \quad y := \mathrm{Im}(\tau).$$

上式在 Γ 的基本区域上作积分, 便是 $B^k_{1,1}(\varphi, \psi)$ 在 $X(\Gamma)$ 或其稠密开子集 $Y(\Gamma)$ 上的积分值. 代入 Petersson 内积的定义立得关于 $\mathscr{B}^k$ 的公式, 收敛性不成问题.

假若 φ, ψ 都来自 $S_{k+2}(\Gamma)$ (或都来自 $\overline{S_{k+2}(\Gamma)}$), 则在以上操作中微分形式 $B^k_{1,1}(\varphi, \psi)$ 将是 $\mathrm{d}\tau \wedge \mathrm{d}\tau$ (或 $\overline{\mathrm{d}\tau} \wedge \overline{\mathrm{d}\tau}$) 的倍数, 因而恒为零. 又因为 $(\cdot|\cdot)_{\mathrm{Pet}}$ 非退化, 故 $\mathscr{B}^k$ 也非退化.□

即将触及 Eichler-志村同构的核心陈述. 短正合列

$$0 \longrightarrow j_*\left({}^kV_\Gamma\right) \longrightarrow \mathscr{E}\left({}^kV_\Gamma\right) \overset{\nabla}{\longrightarrow} \mathrm{im}\,\nabla_{\mathscr{E}} \longrightarrow 0$$

给出长正合列中的连接映射 $\mathrm{H}^0\left(X(\Gamma), \mathrm{im}\,\nabla_{\mathscr{E}}\right) \to \mathrm{H}^1\left(X(\Gamma), j_*{}^kV_\Gamma\right)$, 记之为 δ.

定义 9.4.11 应用引理 9.4.9 中的映射 ι, 以复合定义 $\mathbb{C}$-线性映射

$$\mathrm{ES}: S_{k+2}(\Gamma) \oplus \overline{S_{k+2}(\Gamma)} \overset{\iota}{\longrightarrow} \mathrm{H}^0\left(X(\Gamma), \mathrm{im}\,\nabla_{\mathscr{E}}\right) \overset{\delta}{\longrightarrow} \mathrm{H}^1\left(X(\Gamma), j_*{}^kV_\Gamma\right).$$

基于注记 9.3.7 的观察, 上式在 $S_{k+2}(\Gamma)$ 部分的限制是定理 9.3.6 中的嵌入 $F_{k+1} \subset \mathrm{H}^1\left(X(\Gamma), j_*{}^kV_\Gamma\right)$.

另外, 在 $S_{k+2}(\Gamma) \oplus \overline{S_{k+2}(\Gamma)}$ 上可定义共轭 $\overline{(f, \overline{g})} := (g, \overline{f})$. 对于任意 $\Phi = (f, \overline{g}) \in S_{k+2}(\Gamma) \oplus \overline{S_{k+2}(\Gamma)}$, 容易验证 $\overline{z\Phi} = \overline{z} \cdot \overline{\Phi}$, 其中 $z \in \mathbb{C}$. 在 $\mathbb{C}$-向量空间上指定这样的复共轭作用等价于指定其 $\mathbb{R}$-结构. 又由于 δ 是定义在 $\mathbb{R}$ 上的, 从 ι 的公式可见

$$\mathrm{ES}(\overline{\Phi}) = \overline{\mathrm{ES}(\Phi)},$$

这相当于说 ES 也是定义在 $\mathbb{R}$ 上的映射.

定理 9.4.12 (Eichler-志村五郎) 在本节的假设下, 我们有与复共轭交换的 $\mathbb{C}$-线性同构

$$\mathrm{ES}: S_{k+2}(\Gamma) \oplus \overline{S_{k+2}(\Gamma)} \overset{\sim}{\longrightarrow} \mathrm{H}^1\left(X(\Gamma), j_*{}^kV_\Gamma\right).$$

我们在 §9.5 将用群的上同调改写右式, 并进一步放宽定理夹带的假设 9.1.1. 以下论证踵武 [5, (5.2) Theorem].

证明　推论 9.3.8 蕴涵映射 ES 两边同维数, 故证其为单射即可. 基于正合列

$$\mathrm{H}^0\left(X(\Gamma), \mathscr{E}\left({}^k V_\Gamma\right)\right) \xrightarrow{\nabla_{\mathscr{E}}} \mathrm{H}^0\left(X(\Gamma), \operatorname{im} \nabla_{\mathscr{E}}\right) \xrightarrow{\delta} \mathrm{H}^1\left(X(\Gamma), j_*{}^k V_\Gamma\right),$$

我们有 $\ker(\mathrm{ES}) = \iota^{-1}(\operatorname{im} \nabla_{\mathscr{E}})$. 既知 ι 单 (引理 9.4.9), 为了证 $\ker(\mathrm{ES}) = \{0\}$, 仅需对所有 $h \in \Gamma\left(X(\Gamma), \mathscr{E}\left({}^k V_\Gamma\right)\right)$ 确立

$$\nabla_{\mathscr{E}} h \in \iota\left(S_{k+2}(\Gamma) \oplus \overline{S_{k+2}(\Gamma)}\right) \implies \nabla_{\mathscr{E}} h = 0.$$

对任何 $f \in S_{k+2}(\Gamma)$ 和 $\varphi := \iota(f, 0)$, 引理 9.4.4 (ii) 蕴涵 $\nabla_{\mathscr{E}} \varphi = 0$, 故引理 9.4.7 给出

$$B_{1,1}^k(\nabla_{\mathscr{E}} h, \varphi) = \mathrm{d} B_{0,1}^k(h, \varphi) \in \Gamma\left(X(\Gamma), \mathscr{E}^2\right),$$

定理 9.4.10 已蕴涵左式的积分收敛, 故右式亦然. 一旦承认

$$\int_{X(\Gamma)} \mathrm{d} B_{0,1}^k(h, \varphi) = 0, \tag{9.4.4}$$

则定理 9.4.10 中的双线性型满足 $\mathscr{B}^k(\nabla_{\mathscr{E}} h, \varphi) = 0$. 因为 $B_{1,1}^k$ 和 $\nabla_{\mathscr{E}}$ 都是定义在 $\mathbb{R}$ 上的对象, 代入 $\bar{h}$ 并取复共轭可知对任何 $\bar{g} \in \overline{S_{k+2}(\Gamma)}$ 和 $\psi := \iota(0, \bar{g})$, 仍有 $\mathscr{B}^k(\nabla_{\mathscr{E}} h, \psi) = 0$. 定理 9.4.10 遂蕴涵 $\nabla_{\mathscr{E}} h = 0$.

最后来证明 (9.4.4). 所积形式在尖点处无定义, 不宜按直觉应用 Stokes 定理. 我们改对每个尖点 $x \in \Sigma$ 在局部坐标 q 下挖去充分小的开圆盘 $\{q \in \mathbb{C} : |q| < \epsilon\}$, 如此得到子集 $X_\epsilon \subset X(\Gamma)$. 所求积分遂表作

$$\lim_{\epsilon \to 0+} \int_{X_\epsilon} \mathrm{d} B_{0,1}^k(h, \varphi) \xrightarrow{\text{Stokes 定理}} \lim_{\epsilon \to 0+} \int_{\partial X_\epsilon} B_{0,1}^k(h, \varphi).$$

为了简化符号, 以下只论尖点 $\pi(\infty)$ 附近情形, 并假设 $\Gamma_\infty = \begin{pmatrix} 1 & \mathbb{Z} \\ & 1 \end{pmatrix}$. 精确到无关 ϵ 的常数倍, 最后的积分改写作

$$\int_0^1 f(x + iy)\, B^k\left(h(x + iy), \mathrm{d} z^{\otimes k}\right) \mathrm{d} x, \quad y := \frac{-1}{2\pi} \log \epsilon \gg 0.$$

因为 h 缓增而 f 在 $y \to +\infty$ 时指数递减, 积分在 $\epsilon \to 0+$ 时趋近于 0. 明所欲证.　□

注记 9.4.13 依据微分拓扑学的寻常套路, 精确到一个可显式表达的正实数, 由 $\mathrm{Sym}^k V$ 上的双线性型 B^k 决定的 Poincaré 对偶性

$$\mathrm{H}^1\left(X(\Gamma), j_*{}^k V_\Gamma\right) \times \mathrm{H}^1\left(X(\Gamma), j_*{}^k V_\Gamma\right) \xrightarrow{\;B^k \circ (\cup\text{-积})\;} \mathrm{H}^2\left(X(\Gamma), \mathbb{C}\right) \xrightarrow{\;迹映射\;} \mathbb{C}$$

透过 δ 拉回为定理 9.4.10 中的 $\mathscr{B}^k$, 从而透过 ES 拉回为 $(-2i)^{k+1}$ 乘以 $S_{k+2}(\Gamma) \times \overline{S_{k+2}(\Gamma)}$ 上的 $\mathbb{C}$-双线性型

$$\left((f_1, \overline{g_1}), (f_2, \overline{g_2})\right) \mapsto \left(f_1 | g_2\right)_{\mathrm{Pet}} + (-1)^{k+1}\left(f_2 | g_1\right)_{\mathrm{Pet}},$$

这是 Petersson 内积的一种几何诠释, 见 [5, (5.2) Theorem, (ii)].

注记 9.4.14 一般说来, 对于有限维 $\mathbb{R}$-向量空间 H, 其复化 $H_\mathbb{C} := H \underset{\mathbb{R}}{\otimes} \mathbb{C}$ 上带有自然的复共轭运算 $v \otimes z \mapsto v \otimes \bar{z}$; 或者反过来说, $H_\mathbb{C}$ 上的复共轭确定其 $\mathbb{R}$-结构 H. 若存在 $n \in \mathbb{Z}$ 及分解

$$H_\mathbb{C} = \bigoplus_{\substack{p, q \in \mathbb{Z} \\ p+q = n}} H^{p,q}, \quad H^{q,p} = \overline{H^{p,q}},$$

则称此分解为 H 上的权 n **纯 Hodge 结构**. 进一步, 若实二次型 $Q: H \times H \to \mathbb{R}$ 复化到 $H_\mathbb{C}$ 上满足

- $Q(x, y) = (-1)^n Q(y, x)$;
- 当 $p' \neq n - p$ 时 $Q(H^{p,q}, H^{p',q'}) = 0$;
- 当 $x \in H^{p,q} \smallsetminus \{0\}$ 时 $i^{p-q} Q(x, \bar{x}) > 0$,

则称 Q 为纯 Hodge 结构 H 的**极化**. Hodge 结构之间有自然的态射和同构等概念. 先前已提及空间 $\mathrm{H}^1\left(X(\Gamma), j_*{}^k V_\Gamma\right)$ 具有 $\mathbb{R}$-结构, 定理 9.4.10 和定理 9.4.12 赋予它权 $k + 1$ 的纯 Hodge 结构和极化. 对应的直和分解中仅有 $H^{k+1,0} := \mathrm{ES}\left(S_{k+2}(\Gamma)\right)$ 和 $H^{0,k+1} := \mathrm{ES}\left(\overline{S_{k+2}(\Gamma)}\right)$ 两项.

光滑射影复代数簇的上同调都带有自然的纯 Hodge 结构. 这里的情况稍异, 因为 $k > 0$ 时 $j_*{}^k V_\Gamma$ 并非一般采用的常值层 $\mathbb{C}$, 它甚至不是局部系统, 但相应的上同调仍有良好的性质. 我们将在 §9.5 继续探讨此问题.

9.5 抛物上同调

本节前半部设 X 是紧 Riemann 曲面, $\Sigma \subset X$ 是有限子集, 于是有包含映射

$$\Sigma \overset{i}{\underset{闭}{\hookrightarrow}} X \overset{j}{\underset{开}{\hookleftarrow}} Y := X \smallsetminus \Sigma.$$

典型例子是 $X = X(\Gamma)$, Σ 为尖点集而 $Y = Y(\Gamma)$ 的情形, 其中 Γ 是余有限 Fuchs 群.

令 M 为 Y 上的局部常值层. 请考虑导出范畴里的 Rj_*M, 其上同调层满足 $R^{<0}j_*M = \{0\}$, $R^0 j_*M = j_*M$, 以及当 $k \geqslant 1$ 时,

$$\left(R^k j_* M\right)_x = \begin{cases} H^k(W, j_*M), & x \in \Sigma, \quad W \ni x : \text{充分小的坐标邻域,} \\ \{0\}, & x \notin \Sigma; \end{cases}$$

另一方面, 按零延拓给出子层

$$j_! M \subset j_* M, \quad \left(j_! M\right)_x = \begin{cases} \{0\}, & x \in \Sigma, \\ M, & x \notin \Sigma. \end{cases}$$

用层论语言定义紧支集上同调为 $H_c^\bullet(Y, M) := H^\bullet(X, j_!M)$, 不过左式实则与紧化 $Y \hookrightarrow X$ 的选取无关. 将层等同于仅有零次项的复形. 在 X 的导出范畴里操作, $j_*M \simeq \tau_{\leqslant 0} Rj_*M$, 故有态射 $j_!M \to j_*M \to Rj_*M$. 将此扩展为三角间的态射:

$$
\begin{array}{ccccc}
j_! M & \longrightarrow & Rj_* M & \longrightarrow & D \xrightarrow{+1} \cdots \\
\downarrow & & \| & & \vdots \exists \downarrow \\
j_* M & \longrightarrow & Rj_* M & \longrightarrow & C \xrightarrow{+1} \cdots
\end{array}
\tag{9.5.1}
$$

引理 9.5.1 对于图表 (9.5.1), 有

$$H^d D = \begin{cases} i_* i^* j_* M, & d = 0, \\ R^1 j_* M, & d = 1, \end{cases} \qquad H^d C = \begin{cases} 0, & d = 0, \\ R^1 j_* M, & d = 1, \end{cases}$$

而 $H^1 D \to H^1 C$ 在这些同构下等同于 id. 进一步, $D \to C$ 诱导同构 $H^1(X, D) \xrightarrow{\sim} H^1(X, C)$.

证明 从 (9.5.1) 得到行正合的交换图表

$$
\begin{array}{ccccccccccc}
0 & \to & j_! M & \to & j_* M & \to & H^0 D & \to & 0 & \to & R^1 j_* M & \to & H^1 D & \to & 0 \\
  &   & \downarrow & & \| & & \downarrow & & & & \| & & \downarrow & & \\
0 & \to & j_* M & \xrightarrow{\text{id}} & j_* M & \to & H^0 C & \to & 0 & \to & R^1 j_* M & \to & H^1 C & \to & 0
\end{array}
$$

由此容易得到关于 $H^\bullet C$ 和 $H^\bullet D$ 的断言.

上一步连同 $H^1(X, i_*(\cdot)) = H^1(\Sigma, \cdot) = 0$ 蕴涵 $p + q = 1$ 时, $H^q(X, H^p D) \to H^q(X, H^p C)$ 总是同构. 应用超上同调的谱序列 $E_2^{p,q} = H^q(X, H^p(\cdot)) \Rightarrow H^{p+q}(X, \cdot)$, 即可导出 $H^1(X, D) \to H^1(X, C)$ 是同构. $\square$

现在我们可以在 Y 上描述 $\mathrm{H}^\bullet(X, j_*M)$.

命题 9.5.2 存在自然同构

$$\mathrm{H}^0(X, j_*M) = \mathrm{H}^0(Y, M), \quad \mathrm{H}^2(X, j_*M) \simeq \mathrm{H}_c^2(Y, M),$$

$$\mathrm{H}^1(X, j_*M) \simeq \mathrm{im}\left[\mathrm{H}_c^1(Y, M) \to \mathrm{H}^1(Y, M)\right].$$

证明 关于 H^0 的断言直接源于 j_* 定义. 对于 H^2, 由对 $j_!M$ 的描述可得层的短正合列 $0 \to j_!M \to j_*M \to i_*N \to 0$, 其中 $N := i^*j_*M$ 是零维空间 Σ 上的层, 由此得到长正合列

$$\underbrace{\mathrm{H}^1(\Sigma, N)}_{=0} \longrightarrow \mathrm{H}_c^2(Y, M) \longrightarrow \mathrm{H}^2(X, j_*M) \longrightarrow \underbrace{\mathrm{H}^2(\Sigma, N)}_{=0}.$$

对于 H^1, Leray 谱序列给出自然同构 $\mathbf{H}^\bullet(X, \mathrm{R}j_*M) \overset{\sim}{\to} \mathrm{H}^\bullet(Y, M)$. 留意 $\mathrm{H}^1(X, i_*N) = \mathrm{H}^1(\Sigma, N) = 0$. 对 (9.5.1) 取 $\mathrm{R}\Gamma(X, \cdot)$, 应用引理 9.5.1 以得到行正合交换图表

$$
\begin{array}{ccccc}
\mathrm{H}_c^1(Y, M) & \longrightarrow & \mathrm{H}^1(Y, M) & \overset{\partial_D}{\to} & \mathrm{H}^1(X, D) \\
\downarrow & & \| & & \downarrow{\simeq} \\
0 \to \mathrm{H}^1(X, j_*M) & \longrightarrow & \mathrm{H}^1(Y, M) & \underset{\partial_C}{\to} & \mathrm{H}^1(X, C)
\end{array}
$$

于是 $\mathrm{H}^1(X, j_*M) \overset{\sim}{\to} \ker(\partial_C) = \ker(\partial_D) = \mathrm{im}\left[\mathrm{H}_c^1(Y, M) \to \mathrm{H}^1(Y, M)\right]$, 此同构不依赖 C, D 的选取. □

重点是 M 为局部系统的情形, 例如 ${}^kV_\Gamma$. 这时以 j_*M 为系数的上同调群也有类似 Poincaré 对偶的性质: 应用 Y 上的 Poincaré 对偶定理和以上描述, 我们得到自然同构 $\mathrm{H}^i(X, j_*(M^\vee)) \overset{\sim}{\to} \mathrm{H}^{2-i}(X, j_*M)^\vee$, 其中 $i = 0, 1, 2$.

依据拓扑的见地, $\mathrm{H}^\bullet(X, j_*M)$ 其实是 Y 上局部系统 M 定出的**相交上同调**, 见 [22, §5.4]; 精确到平移, 涉及的系数即相交复形 $j_{!*}M$ 恰是 $j_*M = \tau_{\leq 0}\mathrm{R}j_*M$, 参见 [22, Exercise 5.2.11]. 高维情形是复杂的, 然而对 Riemann 曲面 X, 一切有如上的初等构造. 一个深刻的定理是射影簇的相交上同调带有自然的 Hodge 结构和 Poincaré 对偶. 定理 9.4.12 可以视为一个简单而非平凡的例证. 我们引入以下方便的符号.

约定 9.5.3 设 X 为紧 Riemann 曲面, $\Sigma \subset X$ 为有限子集而 $Y := X \smallsetminus \Sigma$. 引入一族函子

$$\widetilde{\mathrm{H}}^\bullet(Y, \cdot) := \mathrm{im}\left[\mathrm{H}_c^\bullet(Y, \cdot) \to \mathrm{H}^\bullet(Y, \cdot)\right] : \mathsf{Shv}(Y) \to \mathsf{Ab}.$$

记包含映射 $Y(\Gamma) \hookrightarrow X(\Gamma)$ 为 j, 则命题 9.5.2 给出典范同构 $\widetilde{\mathrm{H}}^1(Y, \cdot) \simeq \mathrm{H}^1(X, j_*(\cdot))$.

以下回到 $X = X(\Gamma)$ 而 Σ 为尖点集的情形. 我们需要群上同调的语言, 详见 §C.1.

定义 9.5.4　设 Γ 为余有限 Fuchs 群. 称形如 Γ_η, 其中 $\eta \in \mathscr{C}_\Gamma$ 的子群为 Γ 的**抛物子群**. 设 E 为 Γ-模, 相应的**抛物上同调**或 **Eichler 上同调**定义为

$$\mathrm{H}^n_{\mathrm{para}}(\Gamma, E) := \bigcap_{\substack{\Gamma_0 \subset \Gamma \\ \text{抛物子群}}} \ker\left[\mathrm{H}^n(\Gamma, E) \to \mathrm{H}^n(\Gamma_0, E)\right], \quad n \in \mathbb{Z}_{\geqslant 0}.$$

对于 Γ-模 E (定义 C.1.1), 构作 $\mathscr{H}$ 上对应的常值层, 仍记为 E. 按 (9.1.2) 的约定, Γ 右作用在 E 的截面上: 设 $U \subset \mathscr{H}$ 为开集,

$$\Gamma(U, E) \xrightarrow{\cdot \gamma} \Gamma\left(\gamma^{-1}U, E\right)$$
$$(v \in E) \longmapsto \gamma^{-1}v.$$

因为 $\mathscr{H}$ 可缩, 所有带 Γ-右作用的局部常值层都来自这样的 E.

命题 9.5.5　设 Γ 为无挠余有限 Fuchs 群, E 是 Γ-模. 对 E 取商得到 $Y(\Gamma)$ 上的局部常值层, 记为 M, 则存在自然同构 $\mathrm{H}^1_{\mathrm{para}}(\Gamma, E) \simeq \widetilde{\mathrm{H}}^1(Y(\Gamma), M)$.

证明　依旧对 (9.5.1) 的第二行取 $\mathrm{R}\Gamma(X(\Gamma), \cdot)$, 并应用引理 9.5.1 以得到交换图表, 其第一行正合:

$$\begin{array}{ccccc}
0 \longrightarrow \mathrm{H}^1(X(\Gamma), j_*M) & \longrightarrow & \mathrm{H}^1(X(\Gamma), \mathrm{R}j_*M) & \longrightarrow & \mathrm{H}^0(X(\Gamma), \mathrm{R}^1j_*M) \\
& & \simeq\downarrow & & \downarrow\simeq \\
& & \mathrm{H}^1(Y(\Gamma), M) & \xrightarrow{\partial = (\partial_x)_x} & \bigoplus_{x \in \Sigma} \left(\mathrm{R}^1j_*M\right)_x
\end{array}$$

对于尖点 $x = \pi(\alpha\infty)$, 在先前对 $(\mathrm{R}^1j_*M)_x$ 的刻画中, 坐标邻域 W 可取作 $\{\alpha\tau : \mathrm{Im}(\tau) > c\}$, 其中 $c \gg 0$. 对之有交换图表

$$\begin{array}{ccc}
\{\alpha\tau : \mathrm{Im}(\tau) > c\} & \longrightarrow & \mathscr{H} \\
\text{商}\downarrow & & \downarrow\text{商} \\
W \smallsetminus \{x\} & \longrightarrow & Y(\Gamma)
\end{array}$$

根据无挠条件, 垂直箭头分别给出 $\Gamma_{\alpha\tau}$ 和 Γ 作用下的主丛 (回忆引理 3.2.9 和相关讨论). 拉回 $\mathrm{H}^1(Y(\Gamma), M) \to \mathrm{H}^1(W \smallsetminus \{x\}, M)$ 给出 ∂_x. 又由于第一行的空间皆可缩, ∂_x 等同于

自然同态

$$\mathrm{H}^1(\Gamma, E) \longrightarrow \mathrm{H}^1(\Gamma_0, E),$$

这是拓扑学熟知的结果, 可见 [1, Chapter II, V] 或 [38, §8bis.2] 关于 Cartan–Leray 谱序列的讨论.

让 $x \in \Sigma$ 变动, 如此可得 $\partial : \mathrm{H}^1(Y(\Gamma), M) \to \mathrm{H}^1(X(\Gamma), \mathrm{R}^1 j_* M)$ 的核等同于所有 $\mathrm{H}^1(\Gamma, M) \to \mathrm{H}^1(\Gamma_\eta, M)$ 的核之交, 其中 η 遍历 $\mathscr{C}_\Gamma$. $\qquad\square$

现在代入 §9.2 的场景. 要求 Γ 服从于假设 9.1.1, 取具有标准基 e_1, e_2 的 2 维向量空间 $V := \mathbb{C} e_1 \oplus \mathbb{C} e_2$, 赋予由矩阵左乘 $(\gamma, v) \mapsto {}^t \gamma^{-1} v$ 确定的左 $\mathrm{GL}(2, \mathbb{R})^+$-作用, 这使得 V 成为 Γ-模. 透过取逆在 V 上导出的右 Γ-作用无非是 (9.2.2). 设 $k \in \mathbb{Z}_{\geq 0}$, 从对称幂 Γ-表示 $\mathrm{Sym}^k V$ 得到的局部系统无非是 ${}^k V_\Gamma$.

顺带一提, 根据表示理论的基本知识, 由 $(\gamma, v) \mapsto {}^t \gamma^{-1} v$ 给出的 2 维 $\mathrm{SL}(2, \mathbb{R})$-表示同构于 "标准" 的 2 维 $\mathrm{SL}(2, \mathbb{R})$-表示 $(\gamma, v) \mapsto \gamma v$, 考虑对称幂亦然.

基于命题 9.5.5, 此时定理 9.4.12 遂改述为同构

$$\mathrm{ES}_\Gamma : S_{k+2}(\Gamma) \oplus \overline{S_{k+2}(\Gamma)} \xrightarrow{\sim} \mathrm{H}^1_{\mathrm{para}}\left(\Gamma, \mathrm{Sym}^k V\right).$$

上式两端对所有余有限 Fuchs 群 Γ 都有定义, 我们将循此推广 Eichler-志村同构.

引理 9.5.6 设 Γ 和 E 如定义 9.5.4, 而 $\Gamma' \lhd \Gamma$ 满足 $(\Gamma : \Gamma')$ 有限. 对于所有 $h \in \mathbb{Z}_{\geq 0}$, 此时 $\mathrm{H}^n_{\mathrm{para}}(\Gamma', E)$ 对 Γ/Γ' 作用封闭, 自然态射 $\mathrm{H}^n(\Gamma, E) \to \mathrm{H}^n(\Gamma', E)$ 诱导 $\mathrm{H}^n_{\mathrm{para}}(\Gamma, E) \simeq \mathrm{H}^n_{\mathrm{para}}(\Gamma', E)^{\Gamma/\Gamma'}$.

证明 命题 3.2.2 蕴涵 $\mathscr{C}_\Gamma = \mathscr{C}_{\Gamma'}$, 故 Γ' 的抛物子群皆形如 $\Gamma' \cap \Gamma_0$, 其中 Γ_0 遍历 Γ 的抛物子群.

对任何抛物子群 $\Gamma_0 \subset \Gamma$ 和 $\gamma \in \Gamma$, 我们有自然的交换图表 (请寻思 $n = 0$ 的特例):

$$
\begin{array}{ccc}
\mathrm{H}^n(\Gamma', E) & \longrightarrow & \mathrm{H}^n(\Gamma' \cap \Gamma_0, E) \\
\gamma \downarrow & & \downarrow \gamma \\
\mathrm{H}^n(\Gamma', E) & \longrightarrow & \mathrm{H}^n(\Gamma' \cap \gamma \Gamma_0 \gamma^{-1}, E)
\end{array}
$$

而 $\gamma \Gamma_0 \gamma^{-1}$ 仍是 Γ 的抛物子群. 变动 Γ_0 可见 $\mathrm{H}^n_{\mathrm{para}}(\Gamma', E)$ 对 Γ/Γ' 作用封闭.

关于同构的断言来自以下交换图表 (同样寻思特例 $n = 0$)

$$
\begin{array}{ccccc}
H^n(\Gamma, E) & \xrightarrow{\ \sim\ } & H^n(\Gamma', E)^{\Gamma/\Gamma'} & \hookrightarrow & H^n(\Gamma', E) \\
\downarrow & & & & \downarrow \\
\underset{\Gamma_0:\text{抛物子群}}{\bigoplus} H^n(\Gamma_0, E) & & \longrightarrow & & \underset{\Gamma_0:\text{抛物子群}}{\bigoplus} H^n(\Gamma' \cap \Gamma_0, E)
\end{array}
$$

图中的水平同构和嵌入是注记 C.1.3 分别应用于 $\Gamma' \lhd \Gamma$ 和 $\Gamma' \cap \Gamma_0 \lhd \Gamma \cap \Gamma_0$ 的结果. 比较左右两列的核即可. $\square$

既然 $\mathrm{Sym}^k V$ 可定义在 $\mathbb{R}$ 上, $H^1_{\mathrm{para}}(\Gamma, \mathrm{Sym}^k V)$ 带有自然的复共轭运算.

定理 9.5.7　对所有余有限 Fuchs 群 Γ 都有 $\mathbb{C}$-向量空间的自然同构

$$
\mathrm{ES}_\Gamma : S_{k+2}(\Gamma) \oplus \overline{S_{k+2}(\Gamma)} \xrightarrow{\ \sim\ } H^1_{\mathrm{para}}\left(\Gamma, \mathrm{Sym}^k V\right)
$$

和复共轭相交换. 此族同构由以下性质刻画:

◇ 当 Γ 服从假设 9.1.1 时, ES 即定理 9.4.12 与命题 9.5.5 中的同构的合成;

◇ 对于任何满足 $(\Gamma : \Gamma')$ 有限的正规子群 Γ', 下图交换:

$$
\begin{array}{ccc}
S_{k+2}(\Gamma') \oplus \overline{S_{k+2}(\Gamma')} & \xrightarrow{\ \mathrm{ES}_{\Gamma'}\ } & H^1_{\mathrm{para}}(\Gamma', \mathrm{Sym}^k V) \\
\uparrow & & \uparrow \\
S_{k+2}(\Gamma) \oplus \overline{S_{k+2}(\Gamma)} & \xrightarrow{\ \mathrm{ES}_\Gamma\ } & H^1_{\mathrm{para}}(\Gamma, \mathrm{Sym}^k V)
\end{array}
$$

其中 $H^1_{\mathrm{para}}(\Gamma, \cdot) \to H^1_{\mathrm{para}}(\Gamma', \cdot)$ 是对 $\Gamma' \hookrightarrow \Gamma$ 的拉回, 又称限制映射, $S_{k+2}(\cdots)$ 之间的包含关系则见注记 3.6.5.

证明　引理 9.5.6 给出 $H^1_{\mathrm{para}}(\Gamma, \mathrm{Sym}^k V) \simeq H^1_{\mathrm{para}}(\Gamma', \mathrm{Sym}^k V)^{\Gamma/\Gamma'}$. 与此平行, 对于左作用 $f \mapsto f \mid_k \gamma^{-1}$ 也有 $S_{k+2}(\Gamma) = S_{k+2}(\Gamma')^{\Gamma/\Gamma'}$. 对于满足假设 9.1.1 的 Γ, 例行的验证指明 ES_Γ 和 $\mathrm{ES}_{\Gamma'}$ 对此是兼容的, 此时断言中的图表也自动交换.

一般情形依赖于一则群论事实: 对任何 Γ 都存在 $\Gamma' \lhd \Gamma$ 使得 $(\Gamma : \Gamma')$ 有限, 而且 Γ' 满足假设 9.1.1. 论证梗概如下.

(1) 首先, 可以取到如上的 $\Gamma' \lhd \Gamma$ 使得 Γ' 无挠. 这一事实称为 Selberg 引理, 初等证明见 [2].

(2) 设 Γ 无挠. 进一步还可以取到如上的 $\Gamma' \lhd \Gamma$ 使得所有尖点皆正则: 根据定义 3.6.1, 这相当于说 Γ' 不包含特征值皆为 -1 的抛物元, 文献 [2] 中 pp.270–271 的论证实际给出足够小的 Γ' 来排除这种可能.

这样一来便能以交换图表来唯一地定义 ES_Γ. 明所欲证. $\qquad\qquad\qquad\square$

由于 $S_{k+2}(\Gamma)$ 和抛物上同调的定义都是初等的, 透过几何工具和 Selberg 引理来建立定理 9.5.7 的同构未免有些迂回. 考虑到 Eichler-志村同构对于 L-函数特殊值, 有理结构等应用, 实际也有必要以显式写下 ES 的像. 这般公式是经典的结果, 读者可参考 [49, 54] 等文献.

练习 9.5.8 在本章的论证中, 假设 9.1.1 中关于正则尖点的条件仅用于等同 $S_{k+2}(\Gamma)$ 与 $\Gamma\left(X(\Gamma), \Omega_{X(\Gamma)} \underset{\mathcal{O}}{\otimes} \omega_\Gamma^{\otimes k}\right)$. 试以定理 9.5.7 的证明技巧说明: 只要假设 Γ 无挠, 仍有自然同构

$$\mathrm{ES}: S_{k+2}(\Gamma) \oplus \overline{S_{k+2}(\Gamma)} \xrightarrow{\sim} \widetilde{\mathrm{H}}^1\left(Y(\Gamma), {}^k V_\Gamma\right).$$

9.6 上同调观 Hecke 算子

取可公度的余有限 Fuchs 群 $\Gamma, \Gamma' \subset \mathrm{SL}(2, \mathbb{R})$. 代入 §5.4 的体系: 设 $\gamma \in \widetilde{\Gamma} = \widetilde{\Gamma'}$ (见约定 5.1.1). 对权为 $h \in \mathbb{Z}$ 的模形式定义 Hecke 算子

$$M_h(\Gamma) \longrightarrow M_h(\Gamma')$$
$$f \longmapsto f[\Gamma\gamma\Gamma'],$$

它限制为 $S_h(\Gamma) \to S_h(\Gamma')$. 定义子群 Γ_1, Γ_2 为

$$
\begin{array}{ccc}
\Gamma & & \Gamma' \\
\cup & & \cup \\
\Gamma_1 := \Gamma \cap \gamma\Gamma'\gamma^{-1} & \xrightarrow[x \mapsto \gamma^{-1}x\gamma]{\sim} & \gamma^{-1}\Gamma\gamma \cap \Gamma' =: \Gamma_2
\end{array}
$$

得到相应的分解 (5.4.2)

$$[\Gamma\gamma\Gamma'] = [\Gamma \cdot 1 \cdot \Gamma_1] \star [\Gamma_1\gamma\Gamma_2] \star [\Gamma_2 \cdot 1 \cdot \Gamma'],$$

于是 $[\Gamma\gamma\Gamma']$ 在模形式上的右作用也相应地拆作三段.

今起只论权 $h = k + 2$ 的情形, 其中 $k \in \mathbb{Z}_{\geqslant 0}$. 视角切换到上同调. 为了避免叠的语言, 今起仍要求 Γ 和 Γ' 都满足假设 9.1.1, 或者至少要求它们无挠 (练习 9.5.8). 我们将定义三段自然的线性映射

$$\widetilde{\mathrm{H}}^1\left(Y(\Gamma), {}^k V_\Gamma\right) \longrightarrow \widetilde{\mathrm{H}}^1\left(Y(\Gamma_1), {}^k V_{\Gamma_1}\right) \xrightarrow{\gamma^*}{\sim} \widetilde{\mathrm{H}}^1\left(Y(\Gamma_2), {}^k V_{\Gamma_2}\right) \longrightarrow \widetilde{\mathrm{H}}^1\left(Y(\Gamma'), {}^k V_{\Gamma'}\right),$$

$$(9.6.1)$$

细说如下. 开嵌入 $Y(\cdot) \hookrightarrow X(\cdot)$ 一律记为 j; 以 $p_1 : X(\Gamma_1) \to X(\Gamma)$ 和 $p_2 : X(\Gamma_2) \to X(\Gamma')$ 记自明的商态射.

⋄ 因为 p_1 是紧 Riemann 曲面之间的有限分歧复叠, 拓扑学常识确保 p_1^* 诱导 $\widetilde{H}^1(Y(\Gamma), \cdot) \to \widetilde{H}^1(Y(\Gamma_1), p_1^*(\cdot))$. 此外命题 9.2.4 给出 $p_1^{*\,k}V_\Gamma \simeq {}^kV_{\Gamma_1}$, 是为第一段.

⋄ 将局部系统 ${}^kV_{\Gamma_i}$ 视为竖在 $Y(\Gamma_i)$ 上的空间 (细节无关宏旨), 如是则有交换图表

$$
\begin{array}{ccc}
{}^kV_{\Gamma_2} & \longrightarrow & {}^kV_{\Gamma_1} \\
\downarrow & & \downarrow \\
Y(\Gamma_2) & \xrightarrow[\psi]{\sim} & Y(\Gamma_1) \\
\downarrow & & \downarrow \\
Y(\Gamma') & & Y(\Gamma)
\end{array}
\qquad \psi : \Gamma_2\tau \longmapsto \Gamma_1\gamma\tau
\tag{9.6.2}
$$

第一行是对 (9.2.1) 律定的映射 $V_\tau \to V_{\gamma\tau}$ 取 Sym^k 的产物, 等价的看法是 $\mathrm{Shv}(Y(\Gamma_2))$ 中的 $\psi^*\left({}^kV_{\Gamma_1}\right) \xrightarrow{\sim} {}^kV_{\Gamma_2}$. 它诱导 $\gamma^* : \widetilde{H}^1\left(Y(\Gamma_1), {}^kV_{\Gamma_1}\right) \xrightarrow{\sim} \widetilde{H}^1\left(Y(\Gamma_2), {}^kV_{\Gamma_2}\right)$.

⋄ 映射 $\widetilde{H}^1\left(Y(\Gamma_2), {}^kV_{\Gamma_2}\right) \to \widetilde{H}^1\left(X(\Gamma'), j_*{}^kV_{\Gamma'}\right)$ 来自 $p_2^*\left({}^kV_{\Gamma'}\right) \simeq {}^kV_{\Gamma_2}$ (命题 9.2.4) 和有限态射 p_2 诱导的迹映射

$$
\widetilde{H}^1(Y(\Gamma_2), p_2^*(\cdots)) \longrightarrow \widetilde{H}^1(Y(\Gamma'), \cdots).
$$

迹映射的简单定义是对 $\Gamma_2\backslash\Gamma'$ 加总.

定义 9.6.1　对于 Γ, Γ' 和 γ 如上, 定义映射 $T(\Gamma\gamma\Gamma')$ 为 (9.6.1) 的合成, 其中三段映射都定义在 $\mathbb{R}$ 上, 换言之它们和复共轭运算交换, 故 $T(\Gamma\gamma\Gamma')$ 亦然.

任意复线性映射 $\phi : U \to V$ 也给出复共轭空间之间的线性映射, 记为 $\overline{\phi} : \overline{U} \to \overline{V}$.

命题 9.6.2　透过 Eichler-志村同构 (定理 9.4.12), Hecke 算子 $f \mapsto f[\Gamma\gamma\Gamma']$ 和 $T(\Gamma\gamma\Gamma')$ 兼容. 更具体地说, 下图交换.

$$
\begin{array}{ccc}
S_{k+2}(\Gamma) \oplus \overline{S_{k+2}(\Gamma)} & \xrightarrow{[\Gamma\gamma\Gamma'] \oplus \overline{[\Gamma\gamma\Gamma']}} & S_{k+2}(\Gamma') \oplus \overline{S_{k+2}(\Gamma')} \\
\mathrm{ES}\downarrow & & \downarrow\mathrm{ES} \\
\widetilde{H}^1\left(Y(\Gamma), {}^kV_\Gamma\right) & \xrightarrow[T(\Gamma\gamma\Gamma')]{} & \widetilde{H}^1\left(Y(\Gamma'), {}^kV_{\Gamma'}\right)
\end{array}
$$

证明　图中所有映射皆和复共轭交换, 故问题归结为证下图交换.

$$S_{k+2}(\Gamma) \xrightarrow{\;[\Gamma\gamma\Gamma']\;} S_{k+2}(\Gamma')$$

$$\scriptstyle\text{ES}\Big\downarrow \qquad\qquad\qquad \Big\downarrow\scriptstyle\text{ES}$$

$$\widetilde{\mathrm{H}}^1\left(Y(\Gamma),{}^k V_\Gamma\right) \xrightarrow[T(\Gamma\gamma\Gamma')]{} \widetilde{\mathrm{H}}^1\left(Y(\Gamma'),{}^k V_{\Gamma'}\right)$$

映射 $\mathrm{ES}|_{S_{k+2}(\Gamma)}$ 的定义分为两步.

◇ 其一是注记 9.3.7 描述的自然嵌入

$$\mathrm{H}^0\left(X(\Gamma),\omega_\Gamma^{\otimes k}\underset{\mathscr{O}}{\otimes}\Omega_{X(\Gamma)}\right) \hookrightarrow \mathrm{H}^1\left(X(\Gamma),j_*{}^k V_\Gamma\right).$$

相关构造归根结底皆由 $\mathscr{H}$ 下降而得. 我们在前几节小心翼翼地阐明了 $\mathscr{H}$ 上的相关构造都是 $\mathrm{GL}(2,\mathbb{R})^+$ 等变的.

◇ 其二是由 $\mathrm{KS}:\Omega_{X(\Gamma)}\to\omega_\Gamma^{\otimes 2}$ (命题 9.1.7) 搭配定理 9.1.8 给出之同构

$$\mathrm{H}^0\left(X(\Gamma),\omega_\Gamma^{\otimes k}\underset{\mathscr{O}}{\otimes}\Omega_{X(\Gamma)}\right) \xrightarrow{\;\sim\;} S_{k+2}(\Gamma)\subset \mathrm{H}^0\left(X(\Gamma),\omega_\Gamma^{\otimes(k+2)}\right).$$

映射 KS 同样源自 $\mathscr{H}$ 上的版本 $\Omega_{\mathscr{H}}\to\omega^{\otimes 2}$, 后者不是 $\mathrm{GL}(2,\mathbb{R})^+$ 等变的: 命题 9.1.5 表明需将 $\mathrm{GL}(2,\mathbb{R})^+$ 在 $\omega^{\otimes 2}$ 截面上的右作用乘上 $\det^{-1}$. 作为推论, (9.6.1) 中由 γ 给出的操作也以同样方式反映在 $S_{k+2}(\Gamma)\hookrightarrow \mathrm{H}^0\left(X(\Gamma),\omega_\Gamma^{\otimes(k+2)}\right)$ 上, 但是要补上一个 $\det^{-1}$ 的因子.

现在对 $\omega^{\otimes(k+2)}$ 的整体截面考察上述作用. 根据 (9.1.6), $f(\mathrm{d}z)^{\otimes(k+2)}\in\Gamma(\mathscr{H},\omega^{\otimes(k+2)})$ 被 $\gamma\in\mathrm{GL}(2,\mathbb{R})^+$ 右作用后等于

$$(\det\gamma)^{-1}\left(f(\mathrm{d}z)^{\otimes(k+2)}\right)\cdot\gamma = (\det\gamma)^{k/2}(f\mid_{k+2}\gamma)(\mathrm{d}z)^{\otimes(k+2)} \xlongequal{(5.4.1)} (f\gamma)(\mathrm{d}z)^{\otimes(k+2)},$$

这是承接 Hecke 算子理论 §5.4 的关键.

现在开始证明 $[\Gamma\gamma\Gamma']$ 和 $T(\Gamma\gamma\Gamma')$ 的兼容性. 两个映射各自拆成三段, 如本节开头所述, 问题进一步化约到 Hecke 算子的三种特例:

算子	条件	$\widetilde{\mathrm{H}}^1$ 层面的对应物
$[\Gamma\cdot\Gamma_1]$	$\Gamma_1\subset\Gamma$	拉回 $\widetilde{\mathrm{H}}^1\left(Y(\Gamma),{}^k V_\Gamma\right)\to\widetilde{\mathrm{H}}^1\left(Y(\Gamma_1),{}^k V_{\Gamma_1}\right)$
$[\Gamma_1\gamma\Gamma_2]$	$\Gamma_2=\gamma^{-1}\Gamma_1\gamma$	$\gamma^*:\widetilde{\mathrm{H}}^1\left(Y(\Gamma_1),{}^k V_{\Gamma_1}\right)\xrightarrow{\sim}\widetilde{\mathrm{H}}^1\left(Y(\Gamma_2),{}^k V_{\Gamma_2}\right)$
$[\Gamma_2\cdot\Gamma']$	$\Gamma_2\subset\Gamma'$	迹映射 $\widetilde{\mathrm{H}}^1\left(Y(\Gamma_2),{}^k V_{\Gamma_2}\right)\to\widetilde{\mathrm{H}}^1\left(Y(\Gamma'),{}^k V_{\Gamma'}\right)$

只需说明第一列和第三列透过 ES 相兼容. 我们运用先前关于 $\mathrm{GL}(2,\mathbb{R})^+$ 等变性

的讨论. 拉回情形最为明显. 同构 γ^* 与 $[\Gamma_1 \gamma \Gamma_2] = [\Gamma_1 \gamma]$ 的兼容性同样归结为前述讨论. 至于迹映射, 考虑到它在 $\widetilde{\mathrm{H}}^1$ 上是对 $\Gamma_2 \backslash \Gamma'$ 加总给出的, 并且回忆 §5.4 最后对 $[\Gamma_2 \cdot \Gamma']$ 的相应描述, 相关验证无非例行公事. $\qquad\qquad\qquad\qquad\qquad\qquad\qquad\qquad\square$

注记 9.6.3　设 $\Gamma = \Gamma'$ 而 $\gamma \Gamma \gamma^{-1} = \Gamma$, 这时 $T(\Gamma \gamma \Gamma)$ 退化为由 γ 作用给出的自然图表

$$
\begin{array}{ccc}
{}^k V_\Gamma & \longrightarrow & {}^k V_\Gamma \\
\downarrow & {\scriptstyle \Gamma \tau \mapsto \Gamma \gamma \tau} & \downarrow \\
Y(\Gamma) & \longrightarrow & Y(\Gamma)
\end{array}
$$

所诱导的自同构 $\widetilde{\mathrm{H}}^1(Y(\Gamma), {}^k V_\Gamma) \xrightarrow{\sim} \widetilde{\mathrm{H}}^1(Y(\Gamma), {}^k V_\Gamma)$.

注记 9.6.4　对于一般的余有限 Fuchs 群 Γ, Γ', 只要愿意采取叠的语言, 仍能为 Hecke 算子给出与命题 9.6.2 类似的上同调诠释. 技术包袱较少的进路则是用抛物上同调 (定理 9.5.7), 此时 $[\Gamma \gamma \Gamma'] \oplus \overline{[\Gamma \gamma \Gamma']}$ 可以等同于合成

$$
\mathrm{H}^1_{\mathrm{para}}(\Gamma, \mathrm{Sym}^k V) \xrightarrow{\text{限制}} \mathrm{H}^1_{\mathrm{para}}(\Gamma_1, \mathrm{Sym}^k V) \xrightarrow[\sim]{\gamma^*} \mathrm{H}^1_{\mathrm{para}}(\Gamma_2, \mathrm{Sym}^k V) \xrightarrow{\text{余限制}} \mathrm{H}^1_{\mathrm{para}}(\Gamma', \mathrm{Sym}^k V),
$$

其中的 "限制" 映射无非是群上同调对 $\Gamma_1 \hookrightarrow \Gamma$ 的拉回, γ^* 是自明的结构搬运, 而 "余限制" 是群上同调理论的一种特殊操作. 它们都作用在 $\mathrm{H}^1_{\mathrm{para}}$ 上. Hecke 算子的这一诠释可以和 Eicher-志村同构一同证明, 感兴趣的读者可参考 [54, §5.2].

最后讨论 $k = 0$ 的情形, 亦即 $[\Gamma \gamma \Gamma'] : S_2(\Gamma) \to S_2(\Gamma')$. 先前的局部系统全部简化为常值层 $\mathbb{C}$, 这时单值化变换是平凡的: $j_* \mathbb{C} = \mathbb{C}$. Eichler–志村同构简化为 Hodge 分解

$$
\Gamma\left(X(\Gamma), \Omega_{X(\Gamma)}\right) \oplus \overline{\Gamma\left(X(\Gamma), \Omega_{X(\Gamma)}\right)} \simeq \mathrm{H}^1\left(X(\Gamma); \mathbb{C}\right).
$$

仍然设 $k = 0$ 并且取 $\Gamma_1 := \Gamma \cap \gamma \Gamma' \gamma^{-1}$. 考虑映射

$$
X(\Gamma) \xleftarrow{p_1} X(\Gamma 1) \xrightarrow{q_2} X(\Gamma') \ : \ \Gamma \tau \longleftarrow\!\shortmid \Gamma_1 \tau \longmapsto \Gamma' \gamma^{-1} \tau
$$

其中 p_1, q_2 都是紧 Riemann 曲面的非常值态射, q_2 可由先前定义的同构来表述为合成

$$
X(\Gamma_1) \xrightarrow[\sim]{\psi^{-1}} X(\Gamma_2) \xrightarrow{p_2} X(\Gamma')
$$

$$
\Gamma_1 \tau \longmapsto \Gamma_2 \gamma^{-1} \tau \longmapsto \Gamma' \tau.
$$

上同调函子的系数 $\mathbb{C}$ 可换为交换环 A. 保险起见, 我们还要求 A 是整体同调维数

gl.dim(A) 有限的 Noether 环. 于是有自然映射

$$\mathrm{H}^1\left(X(\Gamma); A\right) \xrightarrow{\ p_1^*\ } \mathrm{H}^1\left(X(\Gamma_1); A\right) \xrightarrow{\ (q_2)_*\ } \mathrm{H}^1\left(X(\Gamma'); A\right),$$

其中 p_1^* 是上同调对 p_1 的拉回, $(q_2)_*$ 是对 q_2 的前推 (借 Poincaré 对偶定理定义为 q_2^* 的转置). 命题 9.6.2 中的算子 $T(\Gamma\gamma\Gamma')$ 简化为 $(q_2)_* p_1^*$ 在 $A = \mathbb{C}$ 的情形, 接着取 $A = \mathbb{Z}$, 从 $\mathrm{H}^\bullet(\cdot; \mathbb{C}) = \mathrm{H}^\bullet(\cdot; \mathbb{Z}) \otimes \mathbb{C}$ 可见 $T(\Gamma\gamma\Gamma')$ 实际是 "定义在 $\mathbb{Z}$ 上" 的.

拉—推构造是几何中极常见的手法. 不妨将 $X(\Gamma_1) \xrightarrow{(p_1, q_2)} X(\Gamma) \times X(\Gamma')$ 设想为某个多值函数 $C : X(\Gamma) \dashrightarrow X(\Gamma')$ 的图形, $C(x) = \{q_2(y) : y \in (p_1)^{-1}(x)\}$, 称之为**对应**. 以上用来实现 $[\Gamma\gamma\Gamma']$ 的对应称为 **Hecke 对应**.

练习 9.6.5　对于任何 $\gamma \in \widetilde{\Gamma}$, Hecke 算子 $[\Gamma\gamma\Gamma] : S_2(\Gamma) \to S_2(\Gamma)$ 的特征值都是次数 $\leqslant 2g$ 的代数整数, 其中 $g = g(X(\Gamma))$ 为亏格.

$\boxed{\text{提示}} \rangle$ 考虑算子 $(q_2)_* p_1^* \in \mathrm{End}_{\mathbb{C}}\left(\mathrm{H}^1(X(\Gamma); \mathbb{C})\right)$ 即可, 如上所见, 它保持 $\mathrm{H}^1(X(\Gamma); \mathbb{Z})$.

我们将在推论 10.5.6 从模空间观点探究 $\Gamma = \Gamma_1(N)$ 的情形, k 可任取.

第十章 模形式与模空间

从词源学观点, 模形式自始便与复环面的模空间密不可分. 复椭圆曲线是复环面在代数几何中的面貌. 由于椭圆曲线及其级结构可以定义在比 $\mathbb{C}$ 更广的环上, 模形式空间携带相应的有理结构或整结构. 这在一定程度上可以解释模形式的算术奥秘, 而模形式同数论和代数几何的联系在 Langlands 纲领中有着惊心动魄的体现.

本章在 §§10.1—10.2 探讨一般交换环上的模形式空间以及相应的模问题, 这对于模形式的同余关系和 p-进理论是必要的. 此部分参考了经典文献 [17, 30] 等.

在 §§10.3—10.4, 我们对 $S_{k+2}(\Gamma_1(N))$ 陈述 Eichler-志村关系: 它是从 Hecke 算子到有限域上椭圆曲线理论的一道桥梁, 建基于模形式的上同调诠释, 即 Eichler-志村同构

$$\mathrm{ES}: S_{k+2}(\Gamma_1(N)) \oplus \overline{S_{k+2}(\Gamma_1(N))} \xrightarrow{\sim} \mathrm{H}^1\left(X_1(N), j_*{}^k V_{\Gamma_1(N)}\right) =: \mathsf{W}_{\mathbb{C}}.$$

设 p, ℓ 为素数, $p \nmid N\ell$. 定理 10.4.2 的 Eichler-志村关系将 Hecke 算子 T_p 在 $\mathsf{W}_{\mathbb{C}}$ 上的作用 $T_p \oplus \overline{T_p}$ 分解为 F (Frobenius 对应) 和 $I_p^* V$ (移位, 再合成 p 的菱形算子), 基本工具是代数簇的 ℓ-进平展上同调. 为了陈述这些结果, 有必要从模空间观点诠释种种 Hecke 算子和 Fricke 对合, 用上同调对应实现它们在 $\mathsf{W}_{\mathbb{C}}$ 上的作用. 若换上同调系数 $\mathbb{C}$ 为一般的交换环 A, 则一切操作可以推广到 W_A. 这部分的文献有 [18, 20, 49] 等.

Hecke 代数 $\mathbb{T}_{\mathbb{Z}}$ 的环论性质是 Taylor-Wiles[52] 证明 Fermat 大定理的关键, 联系于 Galois 表示的形变环, 本章的 §10.5 仅触及其皮毛.

自然地, 取定素数 ℓ, 从 $\mathsf{W}_{\mathbb{Q}_\ell}$ 还能进一步过渡到 ℓ-进平展上同调以带出 Galois 表示. 在 §10.6 将介绍如何从正规化 Hecke 特征形式 $f = \sum_{n \geq 1} a_n(f) q^n \in S_{k+2}(\Gamma_1(N), \chi_f)$ 构造 2 维 Galois 表示 $\rho_{f,\lambda}: G_{\mathbb{Q}} \to \mathrm{GL}(2, K_{f,\lambda})$ (定理 10.6.7), 其中

    ⋄ K_f 是 $\{a_n(f)\}_{n=1}^{\infty}$ 生成的域, 它是 $\mathbb{Q}$ 的有限扩张 (推论 10.5.6);

    ⋄ λ 是 K_f 的非 Archimedes 赋值, 要求它延拓 $\mathbb{Q}$ 上的 ℓ-进赋值,

精确到同构, $\rho_{f,\lambda}$ 由下述性质刻画: 当素数 $p \nmid N\ell$ 时, $\rho_{f,\lambda}(\mathrm{Fr}_p)$ 的特征多项式为

$$X^2 - a_p(f)X + p^{k+1}\chi_f(p).$$

这归功于 Deligne 和志村五郎, 见 [20] 或 [46] 的综述. 粗略地说, 表示是从 $W_{\mathbb{Q}_\ell}$ 对 Hecke 作用截下的. Eichler-志村关系对 $\rho_{f,\lambda}(\mathrm{Fr}_p)$ 的以上描述起到关键作用.

从模形式 (复分析) 向 Galois 表示 (算术) 的过渡是 Langlands 纲领的一个基本面向, 而上述构造的钥匙显然是代数几何. 对于 $k = 0$ 亦即权为 2 的情形, 也可以直接对 $X_1(N)$ 的 Jacobi 簇取有理 Tate 模 V_ℓ, 然后用 Hecke 对应截出 $\rho_{f,\lambda}$, 在 [21] 有详尽的讨论. 对于 Galois 表示的模性以及 Langlands 纲领, §10.7 将有粗浅的介绍, 篇幅所限, 只能捕风捉影.

由于本章需要较多代数几何或数论的背景, 许多概念和定理不得不草草带过, 望读者谅解. 如果希望对这些结果有更坚实的掌握, 除了上引诸文献, 算术代数几何的基本知识也不可少.

10.1 Tate 曲线

Tate 曲线是从模空间的视角理解 Fourier 展开的钥匙. 本节就 Weierstrass 理论的视角切入, 借鉴了 [30, Appendix 1], 内蕴构造则可见注记 10.1.5 引用的文献. 首先回忆关于复环面的以下事实:

◇ 设 $\Lambda \subset \mathbb{C}$ 是任意格. 按约定 9.1.3 定义 $\omega_{\mathbb{C}/\Lambda} := \Gamma\left(\mathbb{C}/\Lambda, \Omega_{\mathbb{C}/\Lambda}\right) = \mathbb{C}\,\mathrm{d}z.$

◇ 任何复环面 $\mathbb{C}/\Lambda$ 都带有射影嵌入

$$\left(\wp_\Lambda : \wp'_\Lambda : 1\right) : \mathbb{C}/\Lambda \xrightarrow{\sim} E_\Lambda : Y^2 = 4X^3 - 60G_4(\Lambda)X - 140G_6(\Lambda),$$

此处 E_Λ 是 $\mathbb{P}^2$ 中的三次曲线, 方程写为非齐次形式, 以节约符号, 见定理 8.3.4. 此外, $\mathbb{C}/\Lambda$ 的不变微分形式 $\mathrm{d}z$ 对应到 E_Λ 上的 $\dfrac{\mathrm{d}X}{Y}$.

◇ 精确到同构, 复环面都可以表作 $\mathbb{C}/\Lambda_\tau$ 的形式, 其中 $\tau \in \mathscr{H}$ 而 $\Lambda_\tau = \mathbb{Z}\tau \oplus \mathbb{Z}$, 见定理 3.8.8. 系数 $G_k(\Lambda_\tau)$ 化为 Eisenstein 级数 $G_k(\tau)$, 这里 $k = 4, 6$.

格 Λ_τ 仅依赖于陪集 $\tau + \mathbb{Z}$, 这就启发我们命 $q := \exp(2\pi i\tau)$, $0 < |q| < 1$, 并打量交换图表:

$$
\begin{array}{ccc}
z & \longmapsto & t := \exp(2\pi i z) \\
\rotatebox{90}{\(\in\)} & & \rotatebox{90}{\(\in\)} \\
\mathbb{C} & \longrightarrow & \mathbb{C}^\times \\
\text{商}\big\downarrow & & \big\downarrow\text{商} \\
\mathbb{C}/\Lambda_\tau & \xrightarrow{\ \sim\ } & \mathbb{C}^\times/q^{\mathbb{Z}} \\
& & \\
2\pi i\,\mathrm{d}z & \longleftarrow\!\shortmid & \dfrac{\mathrm{d}t}{t}
\end{array}
\qquad (10.1.1)
$$

我们希望从代数上理解 $\mathrm{Im}(\tau) \to +\infty$ 亦即 $q \to 0$ 时的极限. 由

$$\zeta(4) = \frac{\pi^4}{90}, \quad \zeta(6) = \frac{\pi^6}{945}, \quad G_k(\tau) = 2\zeta(k)E_k(\tau),$$

可见 E_{Λ_τ} 的非齐次形式是

$$E_{\Lambda_\tau} : Y^2 = 4X^3 - \frac{(2\pi i)^4 E_4(\tau)}{12} \cdot X + \frac{(2\pi i)^6 E_6(\tau)}{216}.$$

进一步作仿射换元

$$(2\pi i)^{-2} X = x + \frac{1}{12}, \quad (2\pi i)^{-3} Y = x + 2y,$$

并代入 $q := \exp(2\pi i \tau)$, 以得到方程

$$E_q : y^2 + xy = x^3 + a_4(q)x + a_6(q),$$

$$a_4(q) : = -5 \cdot \frac{E_4(\tau) - 1}{240} = -5 \sum_{n=1}^{\infty} \sigma_3(n)q^n,$$

$$a_6(q) : = \frac{1}{12} \cdot \left(-5 \cdot \frac{E_4(\tau) - 1}{240} - 7 \cdot \frac{E_6(\tau) - 1}{-504} \right) \tag{10.1.2}$$

$$= \sum_{n=1}^{\infty} \frac{-5\sigma_3(n) - 7\sigma_5(n)}{12} \cdot q^n.$$

换元 $(X, Y) \rightsquigarrow (x, y)$ 保持 $O := (0 : 1 : 0)$ 不变, 而不变微分 $(2\pi i)\dfrac{\mathrm{d}X}{Y}$ (对应 $2\pi i \, \mathrm{d}z \in \omega_{\mathbb{C}/\Lambda_\tau}$) 变为 $\omega_{\mathrm{can}} := \dfrac{\mathrm{d}x}{x + 2y}$. 因为 (E_q, O) 系由 (E_{Λ_τ}, O) 换元得来, 它们有相同的 j-不变量, 而定理 8.3.4 表明

$$j\left(E_q, O\right) = j\left(E_{\Lambda_\tau}, O\right) = j(\tau)$$
$$= q^{-1} + 744 + 196884q + \cdots \in q^{-1} + \mathbb{Z}[\![q]\!].$$

定义含变元 $t \in \mathbb{C}^\times \smallsetminus q^{\mathbb{Z}}$ 的函数

$$x(t, q) := \sum_{n \in \mathbb{Z}} \frac{q^n t}{(1 - q^n t)^2} - 2 \sum_{n \geqslant 1} \sigma_1(n)q^n,$$

$$y(t, q) := \sum_{n \in \mathbb{Z}} \frac{(q^n t)^2}{(1 - q^n t)^3} + \sum_{n \geqslant 1} \sigma_1(n)q^n.$$

显见其收敛性和 $x(qt,q) = x(t,q), y(qt,q) = y(t,q)$.

命题 10.1.1 我们有 $a_4(q), a_6(q) \in \mathbb{Z}[\![q]\!]$. 令 $\tau \in \mathscr{H}$, $q = e^{2\pi i\tau}$ 如上. 将同构 $\mathbb{C}/\Lambda_\tau \xrightarrow{\sim} \mathbb{C}^\times/q^{\mathbb{Z}}$ 的逆和以 x, y 为坐标的射影嵌入 $\mathbb{C}/\Lambda_\tau \xrightarrow{\sim} E_q \subset \mathbb{P}^2$ 作合成, 这将给出同构

$$\Phi : \mathbb{C}^\times/q^{\mathbb{Z}} \xrightarrow{\sim} E_q$$

$$t \cdot q^{\mathbb{Z}} \longmapsto \begin{cases} (x(t,q) : y(t,q) : 1), & t \notin q^{\mathbb{Z}}, \\ (0 : 1 : 0), & t \in q^{\mathbb{Z}}, \end{cases} \tag{10.1.3}$$

它让 $\mathbb{C}^\times/q^{\mathbb{Z}}$ 上的 $\dfrac{\mathrm{d}t}{t}$ (或 $\mathbb{C}/\Lambda_\tau$ 上的 $2\pi i\,\mathrm{d}z$) 对应到 $\omega_{\mathrm{can}} := \dfrac{\mathrm{d}x}{x + 2y}$.

证明 显然 $a_4(q) \in \mathbb{Z}[\![q]\!]$. 至于 $a_6(q)$, 仅需对所有整数 d 论证 $12 \mid 5d^3 + 7d^5$ 即可, 这点可以在 $\mathbb{Z}/12\mathbb{Z}$ 中逐一代值检验. 不变微分 $\dfrac{\mathrm{d}t}{t}$ 对应 $2\pi i\,\mathrm{d}z \in \omega_{\mathbb{C}/\Lambda_\tau}$, 因而对应到 ω_{can}.

接着考虑射影嵌入. 记 $\wp(z) = \wp_{\Lambda_\tau}(z)$, $t := e^{2\pi i z}$. 嵌入 Φ 由

$$t \cdot q^{\mathbb{Z}} \mapsto \begin{cases} \left(\dfrac{\wp(z)}{(2\pi i)^2} - \dfrac{1}{12} : \dfrac{1}{2}\left(\dfrac{\wp'(z)}{(2\pi i)^3} - \dfrac{\wp(z)}{(2\pi i)^2} + \dfrac{1}{12} \right) : 1 \right), & t \notin q^{\mathbb{Z}}, \\ O := (0 : 1 : 0), & t \in q^{\mathbb{Z}} \end{cases}$$

给出. 最后将命题 8.3.5 的公式代入即可. $\qquad \square$

级结构也能够在坐标 q 下观照. 固定 $N \in \mathbb{Z}_{\geq 1}$, 在 $\mathbb{C}^\times$ 中择定 N 次本原单位根 $\zeta_N := \exp(2\pi i/N)$.

◇ 考虑格 $\Lambda_{N\tau}$ 上的标准 $\Gamma(N)$ 级结构, 相应的参数是 $q^N = \exp(2\pi i N\tau)$. 我们有

$$(\mathbb{Z}/N\mathbb{Z})^2 \xrightarrow{\sim} \mathbb{Z}/N\mathbb{Z} \times \mu_N \xrightarrow{\sim} \left(\mathbb{C}^\times/q^{N\mathbb{Z}} \right)[N] \xrightarrow[\Phi]{\sim} E_{q^N}[N]$$

$$(a, b) \longmapsto (a, \zeta_N^b) \longmapsto q^a \zeta_N^b \cdot q^{N\mathbb{Z}}$$

仅第一段同构依赖 ζ_N 的选取, 而且定义 3.8.9 的 Weil 配对满足

$$e_N\left(a \in \mathbb{Z}/N\mathbb{Z} \text{ 的像}, \quad \zeta \in \mu_N \text{ 的像}\right) = \zeta^a.$$

当 $(a, b) \neq (0, 0)$ 时, 所示挠点对 $\left(x(\cdot, q^N), y(\cdot, q^N)\right)$ 的坐标都落在 $\mathbb{Z}[\![q]\!] \underset{\mathbb{Z}}{\otimes} \mathbb{Z}[\zeta_N]$, 而不只是在 $\mathbb{Z}[\zeta_N](\!(q)\!)$. 论证无非是显式计算: 举 $x(t, q^N)$ 为例, 其中的 $\sum_{n<0} \dfrac{q^{Nn}t}{(1 - q^{Nn}t)^2}$ 可

改写成

$$\sum_{n<0} \frac{q^{-Nnt^{-1}}}{(1-q^{-Nnt^{-1}})^2} = \sum_{n\geqslant 1} \frac{q^{Nnt^{-1}}}{(1-q^{Nnt^{-1}})^2} = \sum_{n\geqslant 1}\sum_{k\geqslant 1} kq^{Nnk}t^{-k};$$

对 $n>0$ 的项亦可如是操作, 然后代入 $t = q^a\zeta_N^b$ 来化简.

⬦ 考虑格 Λ_τ 上的标准 $\Gamma_1(N)$ 级结构. 它对应到

$$\mathbb{Z}/N\mathbb{Z} \xrightarrow{\sim} \mu_N \xrightarrow{\sim} \left\{\zeta \cdot q^{\mathbb{Z}} : \zeta \in \mu_N\right\} \subset \left(\mathbb{C}^\times/q^{\mathbb{Z}}\right)[N].$$

类似地, 仅第一段同构依赖 ζ_N 的选取. 显式计算表明 $\zeta \neq 1$ 对 $(x(\cdot, q), y(\cdot, q))$ 的坐标属于 $\mathbb{Z}[\![q]\!] \underset{\mathbb{Z}}{\otimes} \mathbb{Z}[\zeta_N]$, 细节留给感兴趣的读者.

定义 10.1.2　　视 $q \neq 0$ 为变元, 则上述观察表明 (10.1.2) 定义之 E_q 连同 ω_{can} 都定义在 $\mathbb{Z}(\!(q)\!)$ 上. 记此结构为 $(\mathrm{Tate}(q), \omega_{\mathrm{can}})$, 称为 **Tate 曲线**: 它可以视为一族以 q 为形式参数, 带不变微分形式的曲线.

对任意 $u \in \mathbb{C}^\times$, $|u| < 1$ 者, 在 $\mathrm{Tate}(q)$ 的方程中以 u 代 q 便得到 (10.1.3) 的 E_u. 因此, 代数方法可以将 §10.1 考虑的复环面族 $(E_q)_{0<|q|<1}$ 融为单一的几何对象. §10.2 还会回到这个观点.

进一步, 向 $\mathbb{Z}(\!(q)\!)$ 添进 ζ_N 就足以描绘 $\mathrm{Tate}(q^N)$ 的所有 N-挠点. 这些整性说明 $\mathrm{Tate}(q)$ 是良好的代数对象. 为了清楚领会, 我们暂且岔题来讨论 Weierstrass 方程.

一般域 $\Bbbk$ 上的椭圆曲线总能够嵌入 $\mathbb{P}^2$, 使得其齐次部分由 Weierstrass 方程 (8.2.3) 定义, 带系数 $a_1, a_2, a_3, a_4, a_6 \in \Bbbk$. 对给定的 $a_1, \cdots, a_6$ 定义

$$b_2 := a_1^2 + 4a_2, \quad b_4 := a_1a_3 + 2a_4, \quad b_6 := a_3^2 + 4a_6,$$
$$b_8 := a_1^2 a_6 - a_1 a_3 a_4 + a_2 a_3^2 + 4a_2 a_6 - a_4^2,$$
$$c_4 := b_2^2 - 24b_4, \quad c_6 := -b_2^3 + 36b_2b_4 - 216b_6;$$

然后定义判别式 Δ 和 j-不变量

$$\Delta := -b_2^2 b_8 - 8b_4^3 - 27b_6^2 + 9b_2b_4b_6,$$
$$j := c_4^3/\Delta.$$

以上都是椭圆曲线代数理论的基本词汇, 见 [50, III.1]. 对于由 Weierstrass 方程 (8.2.3) 给出的三次射影曲线, 判别式 Δ 非零当且仅该曲线无奇点.

练习 10.1.3　　阐明以上的 Δ 与约定 8.3.3 之间的联系.

回到 Tate 曲线: (10.1.2) 也是 Weierstrass 方程, 对应到 $a_1 = 1$, $a_2 = a_3 = 0$, 而

$a_4, a_6 \in \mathbb{Z}[\![q]\!]$, 对之容易导出 $c_4 = E_4$ 和

$$\Delta = -a_6 + a_4^2 + 72a_4a_6 - 64a_4^3 - 432a_6^2.$$

命题 10.1.4 对于由方程 (10.1.2) 描述的三次射影曲线, 有

$$\Delta = \frac{1}{1728}(E_4^3 - E_6^2) = q \prod_{n \geqslant 1}(1 - q^n)^{24}$$

$$= \Delta(\tau) \in S_{12}(\mathrm{SL}(2, \mathbb{Z})) \quad (代入 \ q = e^{2\pi i \tau}),$$

$$j = q^{-1} + 744 + 196884q + \cdots$$

$$= j(\tau) \quad (代入 \ q = e^{2\pi i \tau}).$$

证明 例行计算给出 Δ. 再运用 $c_4 = E_4$ 和定义 2.4.11 即得模不变量 $j(\tau)$. □

视 q 为变元, 那么 $\mathrm{Tate}(q)$ 的判别式 Δ 来自 $\mathbb{Z}(\!(q)\!)^{\times}$, 唯一零点在 $q = 0$. 从代数几何的角度看, $\mathrm{Tate}(q)$ 因而是定义在环 $\mathbb{Z}(\!(q)\!) = \mathbb{Z}[\![q]\!]\left[\frac{1}{q}\right]$ 上的椭圆曲线. 如果自限于复解析范畴, 这一事实就无从说清.

另一方面, 当 $q = 0$ 时, $\mathrm{Tate}(q)$ 退化为平面曲线

$$y^2 + xy = x^3,$$

它并非光滑曲线: $(x, y) = (0, 0)$ 处是结点. 这是**广义椭圆曲线**之一例, 见注记 10.2.2.

注记 10.1.5 对于 $N \in \mathbb{Z}_{\geqslant 1}$, 定义 $\mathrm{Tate}\left(q^N\right)$ 的方程显然能延拓到 $\mathbb{Z}[\![q]\!]$ 上, 但它在 $N > 1$ 时并非最合适的模型: 我们希望 $\mathrm{Tate}\left(q^N\right)$ 的 $\mathbb{Z}[\![q]\!]$-模型在 $q = 0$ 时给出称为 Néron N-边形的结构, 使得它是 $\mathbb{Z}[\![q]\!]$ 上的广义椭圆曲线, 而 ω_{can} 也一并延拓到 $\mathbb{Z}[\![q]\!]$, 前提是需以广义椭圆曲线上的对偶化层替代微分形式层. 相关构造颇费周折, 需要形式概形代数化的技术, 见 [17, VII], [66, §2.5] 或 [66, §9.1].

10.2 几何模形式

本节部分论述借鉴于 [17, 30]. 如无另外说明, 本节的环和代数都假定是交换的, 给定 R-代数 A 相当于给定环同态 $R \to A$.

定义 8.4.7 和后续讨论已阐明何谓 $\mathbb{C}$ 上的椭圆曲线, 它们总能实现为仿射部分形如 $Y^2 = X^3 + aX + b$ 的平面射影曲线, 以 $O := (0 : 1 : 0)$ 为基点. 这是代数几何的主场, 其妙处在于能够将系数从域 $\mathbb{C}$ 换成更一般的域乃至环 R. 如此一来, 我们就必须在 R-概形的世界中进行操作.

对任意 R-概形 X, 记 $X(R) := \mathrm{Hom}_{R\text{-}概形}(\mathrm{Spec}\, R, X)$, 其中的元素也称为 X 的

R-值点. 对于 $\mathbb{C}$ 上的概形, 我们有**解析化**函子

$$\{\text{有限型 } \mathbb{C}\text{-概形}\} \to \{\text{复解析空间}\}, \quad X \mapsto X^{\mathrm{an}},$$

使得 X^{an} 作为集合是 $X(\mathbb{C})$, 而且 X 光滑时 X^{an} 为复流形, 维数相同. 对 X 上的向量丛及其截面等也可以施行解析化. 对于**固有**的有限型 $\mathbb{C}$-概形, J. P. Serre 的 **GAGA 原理** (解析几何 ↔ 代数几何) 确保概形论的种种基本操作透过解析化函子 $(\cdots)^{\mathrm{an}}$ 兼容于复解析理论.

定义 10.2.1　环 R 上的**椭圆曲线**定义为资料 (E, O), 其中
◇ E 是固有的光滑 R-概形;
◇ E 的所有几何纤维都是亏格 1 的连通曲线;
◇ $O \in E(R)$ 是给定的 R-点.
这些对象间的态射 $\varphi : (E, O) \to (E', O')$ 定义为 R-概形的态射 $\varphi : E \to E'$, 使得 $\varphi(O) = O'$.

进一步还能考虑任意概形 S 上的椭圆曲线 $E \to S$, 取 $S = \operatorname{Spec} R$ 便回归上述定义.

相关知识是当代几何工作者必备的文化素养, 因为篇幅所限, 毋用赘言, 还请读者参阅标准文献如 [31, 50] 等. 如果 R 是域, 椭圆曲线仍然可由 (8.2.3) 的 Weierstrass 方程和基点 $O := (0 : 1 : 0)$ 描述, 基本性质和 $\mathbb{C}$ 上无异.

略述对 R-椭圆曲线的几种基本操作如下.

◇ 一如 $\mathbb{C}$ 上情形, R-椭圆曲线 (E, O) 同样带有典范的交换群结构, 写作加法, 以 O 为零元. 确切地说, 此加法结构使 E 成为 R-群概形, 亦即 R-概形范畴中的群对象 (见 [59, §4.11]).

◇ 对于任意 R-代数 A, 可以将 R-椭圆曲线及其间态射作基变换过渡到 A 上, 给出映 R-椭圆曲线 (E, O) 为 A-椭圆曲线 (E_A, O_A) 的函子.

◇ 和引理 8.4.4 的复解析场景类似, 对一般的 R 同样有 E 上的微分形式线丛 $\Omega_{E|R}$, 按概形论的方法定义. 记结构态射为 $p : E \to \operatorname{Spec} R$, 那么 $\omega_{E|R} := p_* \Omega_{E|R}$ 是 $\operatorname{Spec} R$ 上的凝聚层, 对应到秩 1 局部自由 R-模. 因此对任意 $k \in \mathbb{Z}$ 皆可定义张量幂 $\omega_{E|R}^{\otimes k}$.

另一种刻画是 $\omega_{E|R} \simeq O^* \Omega_{E|R}$. 这相当于说 $\omega_{E|R}$ 和 E 的 Lie 代数相对偶.

◇ 任何态射 $\varphi : (E, O) \to (E', O)$ 都诱导微分形式的拉回 $\varphi^* : \omega_{E'|R} \to \omega_{E|R}$, 如果 φ 是同构, 还能进一步对所有 k 定义 $\varphi^* : \omega_{E'|R}^{\otimes k} \xrightarrow{\sim} \omega_{E|R}^{\otimes k}$.

给定 R-代数 A, 存在自然的 A-模同态 $\omega_{E|R} \underset{R}{\otimes} A \to \omega_{E_A|A}$. 事实上, 用代数几何中的基变换定理可以证明这是同构. 见 [17, II, 1.6].

当 $R = \mathbb{C}$ 时, GAGA 原理将一切化约到第 8 章的复解析理论.

注记 10.2.2　同样重要的概念是 R 或一般概形上的**广义椭圆曲线**. 粗略地说, 这

相当于要求固有 R-曲线 E 的光滑部分 E^{sm} 带有 R-点 O, 而 E 的几何纤维或者是亏格 1 的连通光滑曲线, 或者是一类称为 **Néron N-边形** 的曲线, 外加一些关于群作用的条件. 由于定义比较复杂, 请感兴趣的读者参考 [17, II, 1.2], [13, Definition 2.1.4] 或 [66, 定义 7.3]. 这里只需指出椭圆曲线上述诸性质都能延伸到广义情形. 例如, 对广义 R-椭圆曲线 E, 可以用对偶化层的 p_* 代替微分形式来定义可逆 R-模 $\omega_{E|R}$, 见 [17, II. Proposition 1.6].

以下转向级结构. 令 $N \in \mathbb{Z}_{\geqslant 1}$. 依 E 的群结构可以谈论 N-挠点 $E[N]$, 它是有限平坦 R-群概形, 当 $N \in R^\times$ 时它还是平展的.

定义 10.2.3 对给定的 $N \in \mathbb{Z}_{\geqslant 1}$, 令 ζ_N 为 N 次本原单位根, 并且记 $\mathfrak{o}_N :=$ $\mathbb{Z}\left[\dfrac{1}{N}, \zeta_N\right]$, 环 $\mathfrak{o}_N$ 无关 ζ_N 的选取.

本节主要考虑 $\mathfrak{o}_N$-代数及其上的椭圆曲线. 这一限制其实可以放宽, 见注记 10.2.8.

设 R 为 $\mathfrak{o}_N$-代数. 对 R-椭圆曲线 (E, O) 同样能定义 $\Gamma(N)$, $\Gamma_1(N)$ 和 $\Gamma_0(N)$ 几种级结构. 级结构的定义思路和 $\mathbb{C}$ 的情形类似, 可以取为适当的同态 $\alpha : (\mathbb{Z}/N\mathbb{Z})^2 \to E[N](R)$ (对 $\Gamma(N)$ 情形) 或 $\beta : \mathbb{Z}/N\mathbb{Z} \to E[N](R)$ (对 $\Gamma_1(N)$ 情形), 另外在 $\Gamma(N)$ 情形还需要注记 8.5.9 版本的 Weil 配对, 这是我们选取 N 次本原单位根的原因. 细节见 [17, 30], 在此存而不论.

种种级结构还能定义到广义椭圆曲线 (注记 10.2.2) 上, 例如以下要讨论的 Tate (q^N).

例 10.2.4 在 §10.1 介绍的 Tate 曲线

$$\text{Tate}(q) : y^2 + xy = x^3 + a_4(q) + a_6(q)$$

是交换环 $\mathbb{Z}(\!(q)\!)$ 上的椭圆曲线, $\omega_{\text{can}} = \dfrac{\mathrm{d}x}{x + 2y}$ 是其上的不变微分形式. 若以环同态

$$\mathbb{Z}(\!(q)\!) \longrightarrow \mathbb{Z}(\!(q)\!)$$
$$g(q) \longmapsto g\left(q^N\right)$$

作 Tate(q) 的基变换, 结果便是

$$\text{Tate}\left(q^N\right) : y^2 + xy = x^3 + a_4(q^N)x + a_6(q^N).$$

对 Tate(q) 上的不变微分形式 ω_{can} 作相应的基变换, 结果仍写作 $\dfrac{\mathrm{d}x}{x + 2y}$, 照旧记为 ω_{can}.

如 §10.1 所见, 向 $\mathbb{Z}(\!(q)\!)$ 添入 $\dfrac{1}{N}$ 和 ζ_N, 可以赋予 Tate $\left(q^N\right)$ 标准的 $\Gamma(N)$ 级结构 α_{std}, 同理, Tate(q) 具有标准的 $\Gamma_1(N)$ 级结构 β_{std}. 如将 Tate $\left(q^N\right)$ 延拓为 $\mathbb{Z}[\![q]\!]$ 上的广义

椭圆曲线 (注记 10.1.5), 则上述级结构连同 ω_{can} 也一并延拓.

为了简化论述, 今后考虑 $\Gamma(N)$ 级结构为主.

对于 $\mathfrak{o}_N$-代数 R, 全体带 $\Gamma(N)$ 级结构的 R-椭圆曲线 (E, α) 和其间的同构组成的范畴记为 $\mathsf{Ell}_R(N)$. 简记 $\mathsf{Ell}_R := \mathsf{Ell}_R(1)$ (即无级结构). 若 A 是 R-代数, 记 (E, α) 到 A 的基变换为 (E_A, α_A).

定义 10.2.5 (模形式的代数/几何定义)　设 R 为 $\mathfrak{o}_N$-代数. 权为 $k \in \mathbb{Z}$, 级为 $\Gamma(N)$ 的 R-值模形式 (容许在尖点亚纯) 意谓如下的法则 $f : (E, \alpha) \mapsto f(E, \alpha)$.

◇ 对一切 R-代数 A 和 $\mathsf{Ell}_A(N)$ 的对象 (E, α), 它指派 $\omega_{E|A}^{\otimes k}$ 的元素 $f(E, \alpha)$.

◇ f 尊重同构: 若 $\varphi : (E, \alpha) \xrightarrow{\sim} (E', \alpha')$ 是 $\mathsf{Ell}_A(N)$ 中的同构, 则

$$\varphi^* f(E', \alpha') = f(E, \alpha).$$

◇ f 尊重基变换: 设 $A \to B$ 是 R-代数的同态, 则 $f(E_B, \alpha_B) \in \omega_{E_B|B}^{\otimes k}$ 是 $f(E, \alpha) \in \omega_{E|A}^{\otimes k}$ 透过 $A \to B$ 的基变换, 其中 (E, α) 是 $\mathsf{Ell}_A(N)$ 的任意对象.

将例 10.2.4 的资料 $\left(\mathrm{Tate}\left(q^N\right), \omega_{\mathrm{can}}\right)$ 从 $\mathbb{Z}((q))$ 基变换到 $R((q))$, 并考虑其上的任意 $\Gamma(N)$ 级结构 α, 则

$$\frac{f\left(\mathrm{Tate}\left(q^N\right), \alpha\right)}{\omega_{\mathrm{can}}^{\otimes k}} =: \sum_n a_n(f, \alpha) q^n \in R((q)).$$

若右式对所有 α 恒属于 $R[\![q]\!]$, 则称 f 是全纯 R-值模形式, 简称**模形式**; 若进一步要求右式恒属于 $q R[\![q]\!]$, 则称 f 为**尖点形式**.

约定 10.2.6　全体权 k, 级 $\Gamma(N)$ 的模形式构成 R-模, 记为 $M_k(\Gamma(N); R)$, 尖点形式构成子模 $S_k(\Gamma(N); R)$.

设 $R \to R'$ 是环同态, 则 R'-代数自然地也是 R-代数, 故有自明的 R-模同态

$$M_k(\Gamma(N); R) \to M_k(\Gamma(N); R'), \quad S_k(\Gamma(N); R) \to S_k(\Gamma(N); R'). \tag{10.2.1}$$

因为 R 按假设是 $\mathfrak{o}_N$-代数, $\mathrm{Tate}\left(q^N\right)$ 的所有 $\Gamma(N)$ 级结构都能在 $R((q))$ 上实现: 它们是标准级结构 α_{std} 的 $\mathrm{SL}(2, \mathbb{Z}/N\mathbb{Z})$-轨道. 定理 10.2.10 将在 $R = \mathbb{C}$ 时会通模形式的经典定义, 并将 $\sum_n a_n(f, \alpha) q^n$ 等同于 f 在对应尖点处的 Fourier 展开, 这就说明定义 10.2.5 中的尖点亚纯性质名副其实.

例 10.2.7 (Hasse 不变量)　取 $N = 1$ 并且令 R 为 $\mathbb{F}_p$-代数, 其中 p 是素数. 任何 R-椭圆曲线 (E, O) 都带有绝对 Frobenius 态射 $\mathrm{Fr} : E \to E$, 它在概形的结构层 $\mathcal{O}_E$ 上按 $f \mapsto f^p$ 映射. 由此导出自同态 $\mathrm{Fr} : \mathrm{H}^1(E, \mathcal{O}_E) \to \mathrm{H}^1(E, \mathcal{O}_E)$, 它满足加性和 $\mathrm{Fr}(a\eta) = a^p \mathrm{Fr}(\eta)$, 其中 $a \in R$ 和 $\eta \in \mathrm{H}^1(E, \mathcal{O}_E)$ 任意. Grothendieck-Serre 对偶定理给出

秩 1 局部自由 R-模的同构 $\mathrm{H}^1(E, \mathscr{O}_E) \simeq \omega_{E|R}^{\vee}$ (见定理 B.7.15 及其后讨论). 根据特征 p 的线性代数, 将 Fr 改写为良定义的 R-线性映射

$$\mathrm{H}^1(E, \mathscr{O}_E)^{\otimes p} \to \mathrm{H}^1(E, \mathscr{O}_E) \qquad \text{或等价地} \qquad R \to \omega_{E|R}^{\otimes(p-1)}.$$
$$a(\eta^{\otimes p}) \longmapsto a\,\mathrm{Fr}(\eta)$$

记 $A(E) \in \omega_{E|R}^{\otimes(p-1)}$ 为 $1 \in R$ 的像. 此构造和一切基变换交换. 事实上还能证明 $A(\mathrm{Tate}(q)) = \omega_{\mathrm{can}}^{\otimes(p-1)}$, 见 [30, §2.0]. 这就说明 $A \in M_{p-1}(\Gamma(1); R)$, 而且它的 Fourier 展开式为常数 1.

在特征 $p > 0$ 的代数闭域上, 椭圆曲线 E 的 Hasse 不变量 $A(E)$ 确定 $E[p]$ 的结构. 另一方面, 当 $p \geq 5$ 时, Bernoulli 数的初等性质导致 Eisenstein 级数 E_{p-1} 的 Fourier 展开 mod p 正与 A 相同, 见练习 4.4.9. 这是 P. Deligne 的发现.

目光转向模空间. 令 $\Gamma \in \{\Gamma(N), \Gamma_1(N), \cdots\}$. 由于我们在 $\mathfrak{o}_N$ 上作业, 级结构的分类问题相对容易, 在文献 [17] 已有完整处理:

⋄ Γ 级结构有 R 上的代数叠 $\mathfrak{M}(\Gamma)_R$ 作为模空间, 它对 R 是光滑的, 相对维数等于 1, 与之相系的粗模空间记作 $\mathscr{M}(\Gamma)$;

⋄ 记 $\mathfrak{M}(\Gamma) := \mathfrak{M}(\Gamma)_{\mathfrak{o}_N}$, 则有自然同构 $\mathfrak{M}(\Gamma)_R \simeq \mathfrak{M}(\Gamma) \underset{\mathfrak{o}_N}{\times} R$;

⋄ 若 Γ 无挠, 则 $\mathfrak{M}(\Gamma) \overset{\sim}{\to} \mathscr{M}(\Gamma)$.

假如舍弃 $\Gamma(N)$ 级结构中关于 Weil 配对的条件, 则模空间的几何连通成分将与 N 次本原单位根一一对应; 指定 Weil 配对的值 ζ_N 相当于拣选一支几何连通成分.

注记 10.2.8 对于一般的环 R, 模叠 $\mathfrak{M}(\Gamma)$ 可以用正规化的技巧定义到 R 上, 但这么一来它就失去了模诠释, 特别地, 对于 R 中的素理想 $\mathfrak{p} \ni N$, 对模空间的 mod $\mathfrak{p}$ 约化将难以措手. 这对模形式的算术研究非常不利.

文献 [13, 31] 引入了 Drinfeld 级结构来处理一般的 R. 作为结论, 代数叠 $\mathfrak{M}(\Gamma)$ 可以进一步定义到 $\mathbb{Z}$ 上, 它对 $\mathbb{Z}$ 未必光滑, 但仍是平坦的. 对于 $\Gamma = \Gamma(N)$ 情形, 此进路要求我们舍弃级结构中关于 Weil 配对的条件, 在较大的模空间中操作.

相关细节需要较深的几何工具, 详参 [17, IV], [31, Chapter 3] 或 [13, §2.4]. 由于本书并非模曲线的专著, 为了简化论述, 仍选择在 $\mathfrak{o}_N$ 上作业.

言归正传. 对模叠 $\mathfrak{M}(\Gamma(N))$ 可以作紧化: 这是一个开嵌入

$$\mathfrak{M}(\Gamma(N)) \hookrightarrow \overline{\mathfrak{M}(\Gamma(N))}.$$

而 $\overline{\mathfrak{M}(\Gamma(N))}$ 是 $\mathfrak{o}_N$ 上的固有、光滑、相对维数为 1 的代数叠, 依然有模诠释: 它分类带 $\Gamma(N)$ 级结构的广义椭圆曲线.

回忆注记 10.1.5: 对于 $\mathfrak{o}_N[\![q]\!]$ 上的 Tate 曲线 $\mathrm{Tate}(q^N)$, 每个 $\Gamma(N)$ 级结构 α 都给

出态射 $\mathrm{Spec}\, \mathfrak{o}_N[\![q]\!] \to \overline{\mathfrak{M}(\Gamma(N))}$; 态射在 $q = 0$ 的纤维给出 $\overline{\mathfrak{M}(\Gamma(N))}$ 的边界点 (尖点), 并且使 $\overline{\mathfrak{M}(\Gamma(N))}$ 在该处的形式完备化同构于形式圆盘 $\mathrm{Spf}\left(\mathfrak{o}_N[\![q]\!]\right)$. 这套手法穷尽所有尖点, 从而 Tate 曲线描述了 $\overline{\mathfrak{M}(\Gamma(N))}$ 在边界上的几何. 详见 [17, VII, Corollaires 2.4, 2.5] 或 [13, §4.3].

对于其他级结构 Γ 也有类似的紧化. 从叠过渡到粗模空间则给出紧化 $\mathscr{M}(\Gamma) \hookrightarrow \overline{\mathscr{M}(\Gamma)}$. 基变换到 $\mathbb{C}$ 再作解析化, 则在 Riemann 曲面范畴中

$$\mathscr{M}(\Gamma)_{\mathbb{C}}^{\mathrm{an}} \hookrightarrow \overline{\mathscr{M}(\Gamma)}_{\mathbb{C}}^{\mathrm{an}} \quad 可等同于 \quad Y(\Gamma) \hookrightarrow X(\Gamma).$$

所以 §3.2 研究的 $Y(\Gamma) \hookrightarrow X(\Gamma)$ 可谓是 "定义在 $\mathfrak{o}_N$ 上" 的.

综上, 根据函子化的代数几何语言, 定义 10.2.5 的 $M_k(\Gamma(N); R)$ 理应有如下的几何诠释

$$M_k(\Gamma(N); R) \simeq \Gamma\left(\overline{\mathfrak{M}_{\Gamma(N)}}, \omega_{\Gamma(N)}^{\otimes k}\right), \tag{10.2.2}$$

◇ 其中的线丛 $\omega_{\Gamma(N)}$ (亦称 Hodge 线丛) 在 $\mathfrak{M}_{\Gamma(N)}$ 上是泛椭圆曲线 $(E_{\mathrm{univ}}, \alpha_{\mathrm{univ}})$ 的对偶 Lie 代数, 即 $\omega_{E_{\mathrm{univ}} | \mathfrak{M}(\Gamma(N))}$, 它在每一点 (E, α) 上的纤维是 $\omega_{E|R}$.

◇ 倘若读者接受广义椭圆曲线的理论, 用对偶化层代替微分形式层, 则上述定义可以直接照搬到整个 $\overline{\mathfrak{M}_{\Gamma(N)}}$ 上. 更具体地说, 在尖点的形式邻域上, $\omega_{\Gamma(N)}$ 的纤维由广义椭圆曲线 $\mathrm{Tate}\,(q^N)$ 自带的 ω_{can} 生成, 见注记 10.1.5.

详见 [30, §§1.4—1.5] 和 [31, §§8.6—8.11]. 其复解析版本已在 §9.1 讨论过, 符号雷同亦非巧合. 特别地, $(E, \alpha) \mapsto f(E, \alpha)$ 是模形式当且仅当它能延拓到所有广义椭圆曲线上.

命题 10.2.9　设 R 是 $\mathfrak{o}_N$-代数, 而交换环同态 $R \to R'$ 使 R' 成为平坦 R-模 (参看 [59, §6.9]), 则 (10.2.1) 诱导 R'-模的同构

$$M_k(\Gamma(N); R) \underset{R}{\otimes} R' \xrightarrow{\sim} M_k(\Gamma(N); R'), \quad S_k(\Gamma(N); R) \underset{R}{\otimes} R' \xrightarrow{\sim} S_k(\Gamma(N); R').$$

这是代数几何的基变换定理对 $\overline{\mathfrak{M}(\Gamma(N))}_R$ 的应用, 它还能推及一些非平坦情形, 见 [30, §§1.7—1.8], 这里便不提供证明了.

为了陈述下一结果, 观察到群 $\mathrm{SL}(2, \mathbb{Z}/N\mathbb{Z})$ 在 $\mathrm{Ell}_R(N)$ 上按 $(E, \alpha) \overset{\gamma}{\mapsto} (E, \alpha \circ {}^t\gamma)$ 左作用, 从而右作用在 $M_k(\Gamma(N); R)$ 和 $S_k(\Gamma(N); R)$ 上.

定理 10.2.10　选定环的嵌入 $\mathfrak{o}_N \hookrightarrow \mathbb{C}$, 使得 $\zeta_N \mapsto e^{2\pi i/N}$. 存在 $\mathbb{C}$-向量空间的自然同构

$$
\begin{array}{ccc}
M_k(\Gamma(N); \mathbb{C}) & \xrightarrow{\sim} & M_k(\Gamma(N)) \\
\cup & & \cup \\
S_k(\Gamma(N); \mathbb{C}) & \xrightarrow{\sim} & S_k(\Gamma(N)).
\end{array}
$$

它由以下性质刻画:

(1) 若 $\gamma \in \mathrm{SL}(2, \mathbb{Z}/N\mathbb{Z})$，则 γ 在 $M_k(\Gamma(N); \mathbb{C})$ 上的右作用在 $M_k(\Gamma(N))$ 上反映为 $f \mapsto f\big|_k \gamma$;

(2) 设 $f \in M_k(\Gamma(N); \mathbb{C})$，命

$$\frac{f\left(\mathrm{Tate}\left(q^N\right), \alpha_{\mathrm{std}}\right)}{\omega_{\mathrm{can}}^{\otimes k}} = \sum_{n \geq 0} a_n(f) q^n \in \mathbb{C}(\!(q)\!),$$

则对应的模形式以 $\sum_{n \geq 0} a_n(f) \exp(2\pi i n\tau/N)$ 为其在 ∞ 处的 Fourier 展开.

证明 第一步是化约到假设 9.1.1 成立的情形. 取 N' 充分大并且 $N \mid N'$. 兹断言

$$M_k(\Gamma(N)) = M_k(\Gamma(N'))^{\Gamma(N)\text{-不变}},$$

$$M_k(\Gamma(N); \mathbb{C}) = M_k(\Gamma(N'); \mathbb{C})^{\Gamma(N)\text{-不变}}.$$

第一式即是注记 3.6.5. 第二式亦不难，但要求一定的代数几何知识，见 [17, VII, Lemma 3.3]. 上述断言对尖点形式同样成立. 于是根据例 9.1.2，今起可假设 $\Gamma(N)$ 无挠且尖点皆正则，§9.1 的相关结果可资应用.

考虑与 $\overline{\mathfrak{M}(\Gamma(N))}$ 相系的粗模空间 $\overline{\mathscr{M}(\Gamma(N))}$，它是概形，而且

$$\overline{\mathscr{M}(\Gamma(N))_{\mathbb{C}}}^{\mathrm{an}} \simeq X(N) \quad (\text{作为紧 Riemann 曲面}).$$

在此可依 GAGA 原理自由切换复解析和代数的视角，例如以 $\omega_{\mathbb{C}/\Lambda_\tau}$ 代 $\omega_{E_{\Lambda_\tau}|\mathbb{C}}$，如是等等. 所求同构取作 $(2\pi i)^{-k}$ 乘上以下合成

$$M_k(\Gamma(N); \mathbb{C}) \xrightarrow[\sim]{(10.2.2)} \Gamma\left(\overline{\mathfrak{M}(\Gamma(N))_{\mathbb{C}}}, \omega_{\Gamma(N)}^{\otimes k}\right)$$

$$\simeq \Gamma\left(\overline{\mathscr{M}(\Gamma(N))_{\mathbb{C}}}, \omega_{\Gamma(N)}^{\otimes k}\right) \xrightarrow[\sim]{\text{GAGA}} \Gamma\left(X(N), \omega_{\Gamma(N)}^{\otimes k}\right) \xrightarrow{\text{命题 } 9.1.8} M_k(\Gamma(N)),$$

紧性在此是关键的! 第二个同构稍需解释: $\Gamma(N)$ 无挠导致 $\mathfrak{M}(\Gamma(N)) = \mathscr{M}(\Gamma(N))$，从而

$$\Gamma\left(\overline{\mathfrak{M}(\Gamma(N))_{\mathbb{C}}}, \omega^{\otimes k}\right)$$

$$= \left\{ s \in \Gamma\left(\mathfrak{M}(\Gamma(N))_{\mathbb{C}}, \omega^{\otimes k}\right) : \forall \alpha, \ s\left(\mathrm{Tate}(q^N), \alpha\right) \in \mathbb{C}[\![q]\!] \omega_{\mathrm{std}}^{\otimes k} \right\}$$

$$\simeq \left\{ s \in \Gamma\left(\mathscr{M}(\Gamma(N))_{\mathbb{C}}, \omega^{\otimes k}\right) : \forall \alpha, \ s\left(\mathrm{Tate}(q^N), \alpha\right) \in \mathbb{C}[\![q]\!] \omega_{\mathrm{std}}^{\otimes k} \right\}$$

$$= \Gamma\left(\overline{\mathscr{M}(\Gamma(N))_{\mathbb{C}}}, \omega^{\otimes k}\right),$$

其中 α 遍历 $\mathbb{C}(\!(q)\!)$-椭圆曲线 $\mathrm{Tate}\left(q^N\right)$ 的所有 $\Gamma(N)$ 级结构，即 $\mathrm{SL}(2, \mathbb{Z}/N\mathbb{Z}) \cdot \alpha_{\mathrm{std}}$.

更确切地说, 每个适合于定义 10.2.5 的 f 都按

$$\mathscr{H} \ni \tau \longmapsto (2\pi i)^{-k} f\left(E_{\Lambda_\tau}, \alpha_\tau\right) \in \omega_{E_{\Lambda_\tau}|\mathbb{C}}^{\otimes k}$$

唯一地确定 $\Gamma\left(X(N), \omega_{\Gamma(N)}^{\otimes k}\right) \simeq M_k(\Gamma(N))$ 的元素, 此处以 $(E_{\Lambda_\tau}, \alpha_\tau)$ 标记 $\mathbb{C}/\Lambda_\tau$ 连同其标准级结构 $\alpha_\tau : (x, y) \longmapsto \dfrac{x\tau + y}{N}$ 给出的 $\mathrm{Ell}_{\mathbb{C}}(N)$ 的对象, 其同构类仅依赖轨道 $\Gamma(N)\tau$.

为了在 $M_k(\Gamma(N))$ 中诠释 $\mathrm{SL}(2, \mathbb{Z}/N\mathbb{Z})$ 对 $f \in M_k(\Gamma(N); \mathbb{C})$ 的作用, 关键在将它和 §9.1 的讨论, 尤其是和 (9.1.6) 作比较. 兹不赘言.

最后, $\left(\mathrm{Tate}\left(q^N\right), \alpha_{\mathrm{std}}\right)$ 透过 $q \mapsto e^{2\pi i\tau/N}$ 基变换到 $\mathbb{C}$, 便给出 $\Gamma(N)\tau$ 给出的复环面 + 标准级结构 (定理 3.8.13), 而 ω_{can} 对应到 $2\pi i\, dz$ (命题 10.1.1). 关于 f 在 ∞ 处的 Fourier 展开的断言因而是容易的. $\qquad\square$

基于定理 10.2.10 和命题 10.2.9, 可以赋予 $M_k(\Gamma(N))$ 自然的 $\mathfrak{o}_N$-结构, 即

$$M_k(\Gamma) \simeq M_k\left(\Gamma(N); \mathfrak{o}_N\right) \underset{\mathfrak{o}_N}{\otimes} \mathbb{C},$$

对 $S_k(\Gamma(N))$ 亦同. 这些整结构对 $\mathrm{SL}(2, \mathbb{Z})$ 的右作用不变. 可以证明: 若 f 来自 $M_k\left(\Gamma(N); \mathfrak{o}_N\right)$, 则 Fourier 系数 $a_n(f)$ 全落在 $\mathfrak{o}_N$. 练习 4.4.7 已对特例 $N = 1$ 做过明确的构造, 这时 $\mathfrak{o}_N = \mathbb{Z}$.

注记 10.2.11　以上一切结果的 $\Gamma_1(N)$ 和 $\Gamma_0(N)$ 版本往往有更简单的叙述. 譬如对 $\Gamma_1(N)$ 考虑 Fourier 展开式时仅需研究 $\mathrm{Tate}(q)$ 而非 $\mathrm{Tate}\left(q^N\right)$, 而且不必操心 Weil 配对. 这时的模叠可以定义在 $\mathbb{Z}[1/N]$ 上, 模形式空间从而具有 $\mathbb{Z}[1/N]$-结构. 获取 $\mathbb{Z}$-结构则需要更深的技术, 见注记 10.2.8.

10.3　Eichler-志村关系: Hecke 算子

本节选定 $k \in \mathbb{Z}_{\geq 0}$ 和级结构 $\Gamma_1(N)$, 要求 $N \geq 5$ 以满足假设 9.1.1, 否则需改用 §9.5 的抛物上同调, 或者探讨叠的上同调.

定理 3.8.13 说明 $Y_1(N)$ 分类了所有资料 (E, P), 其中 E 是复椭圆曲线而 $P \in E[N]$ 是 N 阶点, 后者对应 E 上的 $\Gamma_1(N)$-级结构. 我们希望从模空间观点观照 Eichler-志村同构 (定理 9.4.12) 中的局部系统 $^k V_{\Gamma_1(N)} := \mathrm{Sym}^k V_{\Gamma_1(N)}$ 和 Hecke 算子.

首先, 根据定义 9.2.3, 局部系统 $V_{\Gamma_1(N)}$ 在 $(E, P) \in Y_1(N)$ 处的纤维可以视同 $\mathrm{H}_1(E; \mathbb{C})^\vee \simeq \mathrm{H}^1(E; \mathbb{C})$. 随着 (E, P) 扫遍 $Y_1(N)$, 这些向量空间组成 $Y_1(N)$ 上的局部系统 $V_{\Gamma_1(N)}$.

就模空间的视角, 所有资料 (E, P) 粘合为 $Y_1(N)$ 上的**泛椭圆曲线** $E_{\mathrm{univ}} \xrightarrow{\pi} Y_1(N)$, 带有 $\Gamma_1(N)$-级结构 P_{univ}, 而对每个 $(E, P) \in Y_1(N)$, π 的纤维 $\pi^{-1}((E, P))$ 正是复椭圆

曲线 E. 纤维的上同调融为局部系统 $V_{\Gamma_1(N)}$ 这一事实以层论语言表述为典范同构

$$V_{\Gamma_1(N)} \simeq \mathrm{R}^1\pi_*\mathbb{C}, \quad {}^kV_{\Gamma_1(N)} \simeq \mathrm{Sym}^k\,\mathrm{R}^1\pi_*\mathbb{C}.$$

迄今全在复解析框架内操作, 上同调的系数可从域 $\mathbb{C}$ 放宽为交换环.

定义 10.3.1 设 A 为交换 Noether 环, 而且其整体同调维数 $\mathrm{gl.dim}(A)$ 有限. 将 A 视为 $Y_1(N)$ 上的常值层, 命

$$\begin{aligned}
\mathrm{W}_A &:= \mathrm{H}^1\left(X_1(N),\, j_*\,\mathrm{Sym}^k\,\mathrm{R}^1\pi_*A\right) \\
&\simeq \mathrm{im}\left[\mathrm{H}^1_c\left(Y_1(N),\mathrm{Sym}^k\,\mathrm{R}^1\pi_*A\right) \to \mathrm{H}^1\left(Y_1(N),\mathrm{Sym}^k\,\mathrm{R}^1\pi_*A\right)\right] \\
&=: \widetilde{\mathrm{H}}^1\left(Y_1(N),\mathrm{Sym}^k\,\mathrm{R}^1\pi_*A\right),
\end{aligned}$$

见约定 9.5.3, 或等价地定义 W_A 为抛物上同调 $\mathrm{H}^1_{\mathrm{para}}(\Gamma_1(N), E)$, 其中 E 是对应 $\mathrm{R}^1\pi_*A$ 的 $A[\Gamma_1(N)]$-模.

关于 A 的条件旨在确保层上同调具有一切良好的性质. 事实上本书仅考虑 A 是域 $(\mathrm{gl.dim}(A) = 0)$ 或 $A = \mathbb{Z}, \mathbb{Z}_\ell$ 的情形 $(\mathrm{gl.dim}(A) = 1)$, 其中 ℓ 是素数, 所以读者可以安心略过.

Eichler-志村同构写作

$$\mathrm{ES}: S_{k+2}(\Gamma_1(N)) \oplus \overline{S_{k+2}(\Gamma_1(N))} \xrightarrow{\sim} \mathrm{W}_{\mathbb{C}}.$$

引理 10.3.2 前述条件下, W_A 是有限生成 A-模. 环同态 $A \to B$ 诱导 A-模同态 $\mathrm{W}_A \to \mathrm{W}_B$. 若 B 是平坦 A-模, 则对应的 $\mathrm{W}_A \underset{A}{\otimes} B \to \mathrm{W}_B$ 是同构.

证明 证明需要一些层论知识. 有限生成性质是一般的定理, 见 [22, Theorem 4.1.5]. 接着设 $A \to B$ 平坦. 首先有自然同构 $j_*\,\mathrm{Sym}^k\,\mathrm{R}^1\pi_*B \simeq (j_*\,\mathrm{Sym}^k\,\mathrm{R}^1\pi_*A) \underset{A}{\otimes} B$, 一种看法是两边的 $j_*(\cdots)$ 都是局部系统从 $Y_1(N)$ 到 $X_1(N)$ 的 $j_{!*}$ 延拓, 所需的同构可以从 $j_{!*}$ 延拓的刻画来推导, 见 [22, Proposition 5.2.8]. 所求的 $\mathrm{W}_A \underset{A}{\otimes} B \xrightarrow{\sim} \mathrm{W}_B$ 遂化为层上同调的熟知性质, 比如对逆紧映射 $X_1(N) \to \{\mathrm{pt}\}$ 应用投影公式, 见 [22, Theorem 2.3.29]. $\qquad\square$

下一步是从模空间的角度诠释 Hecke 算子. 取定素数 p, 定义

$$\Gamma_1(N, p) := \Gamma_1(N) \cap {}^t\Gamma_0(p),$$

它含 $\Gamma(Np)$, 故仍是同余子群, 相应的模曲线及紧化记为

$$\Gamma_1(N, p)\backslash\mathscr{H} =: Y_1(N, p) \subset X_1(N, p).$$

Riemann 曲面 $Y_1(N,p)$ 具有模诠释如下. 命

$$
\mathscr{M}(\Gamma_1(N,p))^{\mathrm{an}} := \left\{ (E,P,C) \,\middle|\,
\begin{array}{l}
E:\text{复椭圆曲线} \\
P \in E[N]:\text{阶为 } N \\
C \subset E: p \text{ 阶循环子群}, \langle P \rangle \cap C = \{0\}
\end{array}
\right\} \Big/ \simeq,
$$

回忆到 $\langle P \rangle$ 代表 P 生成的子群. 按惯例 $\Lambda_\tau := \mathbb{Z}\tau \oplus \mathbb{Z}$. 兹定义映射

$$
\Theta: Y_1(N,p) \longrightarrow \mathscr{M}(\Gamma_1(N,p))^{\mathrm{an}}
$$
$$
\Gamma_1(N,p)\cdot\tau \longmapsto \left(\mathbb{C}/\Lambda_\tau,\ \frac{1}{N}+\Lambda_\tau,\ \left\langle \frac{\tau}{p}+\Lambda_\tau \right\rangle \right) \Big/ \simeq.
$$

易见此映射良定. 下述定理表明 $\mathscr{M}(\Gamma_1(N,p))^{\mathrm{an}}$ 的元素可谓是具有 $\Gamma_1(N,p)$-级结构的椭圆曲线.

命题 10.3.3　上述 $\Theta: Y_1(N,p) \to \mathscr{M}(\Gamma_1(N,p))^{\mathrm{an}}$ 是双射, 由此赋予 $\mathscr{M}(\Gamma_1(N,p))^{\mathrm{an}}$ 一个 Riemann 曲面结构. 下图交换:

$$
\begin{array}{ccccc}
(E,P) & \longleftarrow\!\!\shortmid & (E,P,C) & \longmapsto & (E/C, P \bmod C) \\
\rotatebox{90}{$\in$} & & \rotatebox{90}{$\in$} & & \rotatebox{90}{$\in$} \\
\mathscr{M}(\Gamma_1(N))^{\mathrm{an}} & \xleftarrow{q_1} & \mathscr{M}(\Gamma_1(N,p))^{\mathrm{an}} & \xrightarrow{q_2} & \mathscr{M}(\Gamma_1(N))^{\mathrm{an}} \\
\simeq\uparrow & & \simeq\uparrow\Theta & & \simeq\uparrow \\
Y_1(N) & \longleftarrow & Y_1(N,p) & \longrightarrow & Y_1(N) \\
\rotatebox{90}{$\in$} & & \rotatebox{90}{$\in$} & & \rotatebox{90}{$\in$} \\
\Gamma_1(N)\cdot\tau & \longleftarrow\!\!\shortmid & \Gamma_1(N,p)\cdot\tau & \longmapsto & \Gamma_0(p)\cdot\dfrac{\tau}{p}
\end{array}
$$

　　观察到 $\langle P \rangle \cap C = \{0\}$ 蕴涵 $P \bmod C$ 仍是 N 阶点, 故 q_2 良定. 同构 $Y_1(N) \xrightarrow{\sim} \mathscr{M}(\Gamma_1(N))^{\mathrm{an}}$ 已在 §10.2 阐明.

　　证明　先说明 Θ 是双射. 满性按 §3.8 的套路翻译为格的性质: 设 $E = \mathbb{C}/\Lambda$ 而 P 是 $\frac{1}{N}\Lambda/\Lambda$ 的 N 阶元, C 是 $\frac{1}{p}\Lambda/\Lambda$ 的 p 阶子群. 引理 3.8.12 给出 Λ 的 $\mathbb{Z}$-基 u,v, 与 $\mathbb{C}$ 的标准定向反向, 使得 $P = \frac{v}{N}+\Lambda$. 取 $x,y \in \mathbb{Z}$ 使得 $C = \left\langle \frac{xu+yv}{p}+\Lambda \right\rangle$. 当 $p \mid N$ 时条件 $\langle P \rangle \cap C = \{0\}$ 还保证 $p \nmid x$, 此时适当调整生成元可以确保 $x \equiv 1 \pmod{p}$. 兹断言

$$
\exists \delta \in \Gamma_1(N) \text{ 使得 } (x\ y)\cdot\delta \equiv (1\ 0) \pmod{p}.
$$

诚然, 考虑同态 red : $\Gamma_1(N) \xrightarrow{\text{mod } p} \mathrm{SL}(2, \mathbb{F}_p)$. 引理 6.1.5 的证明指出 $p \nmid N$ 时 red 为满,

而 $p \mid N$ 时 $\mathrm{im}(\mathrm{red}) = \begin{pmatrix} 1 & \mathbb{F}_p \\ & 1 \end{pmatrix}$. 两种情形下皆可取 δ 满足上式.

用如上之 δ 调整 u, v 即可确保 $C = \left\langle \dfrac{u}{p} + \Lambda \right\rangle$ 而 $P = \dfrac{v}{N} + \Lambda$. 再取 $\tau := u/v$ 即见

$(E, P, C) \xrightarrow[\div v]{\sim} \left(\mathbb{C}/\Lambda_\tau, \dfrac{1}{N} + \Lambda_\tau, \left\langle \dfrac{\tau}{p} + \Lambda_\tau \right\rangle \right)$. 满性得证.

单性的论证还是 §3.8 的老套, 请参看引理 3.8.12 的证明后半部分.

图表关于 q_1 部分的交换性是自明的. 至于 q_2 部分, 仅需留意到 $E \to E/C$ 可以具体用商同态 $\mathbb{C}/\Lambda_\tau \twoheadrightarrow \mathbb{C}/\Lambda_{\tau/p}$ 来实现. 明所欲证. □

和 §10.2 的境况类似, 只要在模问题中将 $\mathbb{C}$ 换成任意交换 $\mathbb{Z}[1/N]$-代数, 考虑其上的椭圆曲线, 并且适当推广级结构, 则资料 (E, P, C) 的分类问题可以由代数叠 $\mathfrak{M}(\Gamma_1(N, p))$ 来代表. 它实则是定义在 $\mathbb{Z}[1/N]$ 上的概形, 其上仍有泛椭圆曲线 E_{univ}. 引进广义椭圆曲线后, 同样有紧化 $\mathfrak{M}(\Gamma_1(N, p)) \subset \overline{\mathfrak{M}(\Gamma_1(N, p))}$; 取粗模空间 $\mathscr{M}(\Gamma_1(N, p)) \subset \overline{\mathscr{M}(\Gamma_1(N, p))}$ 再应用解析化函子的结果无非是 $Y_1(N, p) \subset X_1(N, p)$. 细节请参看 [13].

基于先前关于 N 的假设, 今后总将 $\mathfrak{M}$ 与其粗模空间 $\mathscr{M}$ 等同, 紧化亦复如是. 命题 10.3.3 中的映射 q_1, q_2 可以升级为模空间的态射

$$\mathscr{M}(\Gamma_1(N)) \xleftarrow{q_1} \mathscr{M}(\Gamma_1(N, p)) \xrightarrow{q_2} \mathscr{M}_1(N),$$

它们诱导复代数曲线之间的有限态射.

以下先在复解析层面操作, 将 $\mathscr{M}(\Gamma_1(N))^{\text{an}}$ 视同于 $Y_1(N)$, 如此等等. 泛椭圆曲线 E_{univ} 可沿 q_1, q_2 拉回, 记作 $q_1^* E_{\text{univ}} \xrightarrow{u} Y_1(N, p)$ 和 $q_2^* E_{\text{univ}} \xrightarrow{v} Y_1(N, p)$. 我们有自然的交换图表:

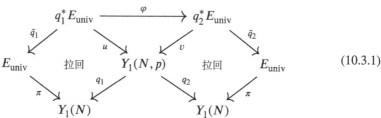

$$(10.3.1)$$

略述 φ 的定义如下: $q_1^* E_{\text{univ}}$ (或 $q_2^* E_{\text{univ}}$) 在 (E, P, C) 上的纤维是 E (或 E/C), 在此纤维上定义 $\varphi : E \to E/C$ 为商同态. 对任何满足定义 10.3.1 条件的交换环 A, 由 φ 诱导出局部系统之间的态射 $\varphi^* : \mathrm{R}^1 v_* A \to \mathrm{R}^1 u_* A$. 记开嵌入 $Y_1(N, p) \hookrightarrow X_1(N, p)$ 为 $\tilde{j}$. 拓扑

学中的逆紧基变换定理代入上图给出

$$\mathrm{R}^1 v_* A = \mathrm{R}^1 v_* \tilde{q}_2^* A \xleftarrow{\sim} q_2^* \mathrm{R}^1 \pi_* A, \quad \mathrm{R}^1 u_* A = \mathrm{R}^1 u_* \tilde{q}_1^* A \xleftarrow{\sim} q_1^* \mathrm{R}^1 \pi_* A.$$

鉴于显然的同构 $\mathrm{Sym}^k q_i^* \simeq q_i^* \mathrm{Sym}^k$, 我们归结出 $\mathrm{Shv}(Y_1(N, p))$ 中的 A-线性同构

$$q_2^* \mathrm{Sym}^k \mathrm{R}^1 \pi_* A \xrightarrow{\sim} \mathrm{Sym}^k \mathrm{R}^1 v_* A \xrightarrow{\varphi^*} \mathrm{Sym}^k \mathrm{R}^1 u_* A \xleftarrow{\sim} q_1^* \mathrm{Sym}^k \mathrm{R}^1 \pi_* A. \qquad (10.3.2)$$

今后将不加说明地等同 W_A 和 $\tilde{\mathrm{H}}^1\left(Y(\Gamma_1(N)), \mathrm{Sym}^k \mathrm{R}^1 \pi_* A\right)$, 并以 Eichler-志村同构
等同 $\mathsf{W}_\mathbb{C}$ 和 $S_{k+2}(\Gamma_1(N)) \oplus \overline{S_{k+2}(\Gamma_1(N))}$.

对于任何算子 $T \in \mathrm{End}_\mathbb{C}(S_{k+2}(\Gamma_1(N)))$, 相应地有 $\overline{T} \in \mathrm{End}_\mathbb{C}(\overline{S_{k+2}(\Gamma_1(N))})$ 映 $\overline{f}$ 为
$\overline{Tf}$. 现在考虑 Hecke 算子 T_p. 那么 $T_p \oplus \overline{T_p}$ 在 $\mathsf{W}_\mathbb{C}$ 上作用, 它透过 (10.3.1) 获得拓扑的
诠释, 细说如下.

命题 10.3.4　设交换环 A 满足定义 10.3.1 的条件, p 为素数. 记 $T[p]: \mathsf{W}_A \to \mathsf{W}_A$
为合成映射

$$\tilde{\mathrm{H}}^1\left(Y_1(N), \mathrm{Sym}^k \mathrm{R}^1 \pi_* A\right) \xrightarrow{q_2^*} \tilde{\mathrm{H}}^1\left(Y_1(N, p), q_2^* \mathrm{Sym}^k \mathrm{R}^1 \pi_* A\right)$$

$$\xrightarrow{(10.3.2)} \tilde{\mathrm{H}}^1\left(Y_1(N, p), q_1^* \mathrm{Sym}^k \mathrm{R}^1 \pi_* A\right) \xrightarrow{(q_1)_*} \tilde{\mathrm{H}}^1\left(Y_1(N), \mathrm{Sym}^k \mathrm{R}^1 \pi_* A\right),$$

其中用到相对简单的拓扑学事实: q_i 是复曲线之间的有限态射, 故诱导 $\tilde{\mathrm{H}}^1$ 之间的拉回
q_i^* 和迹映射 $(q_i)_*$. 那么当 $A = \mathbb{C}$ 时 $T[p]$ 即是 $T_p \oplus \overline{T_p}$ 在 $\mathsf{W}_\mathbb{C}$ 上诱导的算子.

证明　命 $\alpha := \begin{pmatrix} 1 & \\ & p \end{pmatrix}$, 算子 T_p 由 $[\Gamma_1(N)\alpha\Gamma_1(N)]$ 诱导. 命 $\Gamma^\dagger := \Gamma_1(N) \cap$
$\alpha\Gamma_1(N)\alpha^{-1}$. 我们已在 (6.1.3) 看到

$$\Gamma_1(N, p) = \Gamma_1(N) \cap \alpha^{-1}\Gamma_1(N)\alpha = \alpha^{-1}\Gamma^\dagger\alpha.$$

在命题 9.6.2 中取 $\Gamma = \Gamma' = \Gamma_1(N), \gamma = \alpha$, 从而将 $T_p \oplus \overline{T_p}$ 表述为上同调对应: 它基
于和 (9.6.2) 呼应的图表

$$
\begin{array}{ccc}
X_1(N, p) & \xrightarrow[\psi]{\sim} & X(\Gamma^\dagger) \\
q_1 \downarrow & \searrow & \downarrow q_2^\dagger \\
X_1(N) & & X_1(N)
\end{array}
\qquad \psi: \Gamma_1(N, p)\tau \mapsto \Gamma^\dagger \alpha\tau
$$

其中 $q_1, q_2^\dagger$ 是自明的投影. 因为 $\alpha(\tau) = \tau/p$, 配合命题 10.3.3 立见使图表交换的虚线箭

头无非是 q_2. 问题化为比较 φ^* 和 §9.6 的诸般构造, 等式当然不出所料. 细节从略. □

循此 "拉—搬—推" 套路在上同调群之间给出的映射通称为**上同调对应**, 为了节制几何的使用, 本书不给出精确定义. 稍后还会看到 ℓ-进平展上同调的版本.

尚需考虑两个老朋友: 菱形算子 $\langle d \rangle$ 与定义 7.5.1 的 Fricke 对合 W_N. 它们反映模空间的下述操作.

(1) 设 $d \in (\mathbb{Z}/N\mathbb{Z})^{\times}$. 定义模空间 $\mathscr{M}(\Gamma_1(N))$ 的自同构 I_d 及它在泛椭圆曲线上的提升如下:

$$
\begin{array}{ccc}
E_{\mathrm{univ}} & \xrightarrow{I_d} & E_{\mathrm{univ}} \\
\pi \downarrow & & \downarrow \pi \\
\mathscr{M}(\Gamma_1(N)) & \xrightarrow{I_d} & \mathscr{M}(\Gamma_1(N)) \\
\cup & & \cup \\
(E, P) & \longmapsto & (E, dP)
\end{array}
\qquad
\text{在纤维上:}
\qquad
\begin{array}{ccc}
E_{\mathrm{univ}}|_{(E,P)} & & E_{\mathrm{univ}}|_{(E,dP)} \\
\| & & \| \\
E & \xrightarrow{\mathrm{id}} & E
\end{array}
$$

(2) 设 L 为交换 $\mathbb{Z}[1/N\ell]$-代数, $\zeta \in L^{\times}$ 为 N 阶元. 考虑模空间到 L 的基变换 $\mathscr{M}(\Gamma_1(N))_L$ 及交换图表

$$
\begin{array}{ccc}
E_{\mathrm{univ},L} & \xrightarrow{w_\zeta} & E_{\mathrm{univ},L} \\
\pi \downarrow & & \downarrow \pi \\
\mathscr{M}(\Gamma_1(N))_L & \xrightarrow{w_\zeta} & \mathscr{M}(\Gamma_1(N))_L \\
\cup & & \cup \\
(E, P) & \longmapsto & (E/\langle P \rangle, P' \bmod \langle P \rangle)
\end{array}
\qquad
\text{在纤维上:}
\qquad
\begin{array}{ccc}
E_{\mathrm{univ}}|_{(E,P)} & & E_{\mathrm{univ}}|_{(E/\langle P \rangle, P')} \\
\| & & \| \\
E & \xrightarrow{\text{商}} & E/\langle P \rangle
\end{array}
$$

这里取 P' 使得注记 8.5.9 的 Weil 配对满足 $e_N(P, P') = \zeta$.

这些态射对于 $\mathrm{Sym}^k \mathrm{R}^1 \pi_* A$ 的上同调有拉回作用, 进一步诱导出 W_A 的自同构 I_d^* (或 w_ζ^*), 其中 A 是交换 $\mathbb{Z}[1/N\ell]$-代数 (或交换 L-代数, 其中 L 满足如上性质).

命题 10.3.5 设 $d \in (\mathbb{Z}/N\mathbb{Z})^{\times}$, 则 $\langle d \rangle \oplus \overline{\langle d \rangle}$ 在 $\mathrm{W}_{\mathbb{C}}$ 上的作用等于 I_d^*.

证明 回忆 $\langle d \rangle$ 的定义 6.1.1, 并应用注记 9.6.3. □

命题 10.3.6 在 w_ζ^* 的定义中取 $A = L = \mathbb{C}$ 和 $\zeta := e^{-2\pi i/N}$, 那么 $W_N \oplus \overline{W_N}$ 在 $\mathrm{W}_{\mathbb{C}}$ 上的作用等于 $i^{k+2} N^{-k/2} w_\zeta^*$.

证明 在复解析框架下取 $E = \mathbb{C}/\Lambda_\tau$, $P = \dfrac{1}{N} + \Lambda_\tau$ 和 $P' = \dfrac{\tau}{N} + \Lambda_\tau$, 那么 $e_N(P, P') = \zeta$ 而 $w_\zeta(E, P)$ 等于

$$\left(\frac{\mathbb{C}}{\frac{1}{N}\mathbb{Z} \oplus \mathbb{Z}\tau}, \frac{\tau}{N} + \frac{1}{N}\mathbb{Z} \oplus \mathbb{Z}\tau\right) \xrightarrow{\cdot\frac{1}{\tau}} \left(\frac{\mathbb{C}}{\frac{-1}{N\tau}\mathbb{Z} \oplus \mathbb{Z}}, \frac{1}{N} + \frac{-1}{N\tau}\mathbb{Z} \oplus \mathbb{Z}\right),$$

正好契合 $\alpha_N := \begin{pmatrix} & \\ N & -1 \end{pmatrix}$ 在 $Y_1(N)$ 上诱导的自同构. 为了确定 w_ζ^*, 还要考察 w_ζ 在 E_{univ} 上的效果. 在 (E, P) 和 $w_\zeta(E, P)$ 的纤维间, w_ζ 给出椭圆曲线的同源

$$\Phi : \mathbb{C}/\Lambda_\tau \to \mathbb{C}/\Lambda_{\alpha_N\tau}, \quad z + \Lambda_\tau \mapsto \frac{z}{\tau} + \Lambda_{\alpha_N\tau}.$$

考虑 Φ 在 $H_1(\cdot; \mathbb{Z})$ 亦即周期格上诱导的映射, 以 §9.2 的符号写作

$$\left(\breve{e}_1(\tau), \breve{e}_2(\tau)\right) = (1, -\tau) \xrightarrow{\Phi_*} (1/\tau, -1) = \left(N\breve{e}_2(\alpha_N\tau), -\breve{e}_1(\alpha_N\tau)\right).$$

取对偶基, 可见 Φ^* 按 $\left(N^{-1}e_2(\alpha_N\tau), -e_1(\alpha_N\tau)\right) \mapsto \left(e_1(\tau), e_2(\tau)\right)$ 联系 V_τ 和 $V_{\alpha_N\tau}$, 这正是 (9.2.1) 规定的 α_N 作用. 取 Sym^k 便给出 w_ζ 对 ${}^kV_{\Gamma_1(N)}$ 的效用.

基于注记 9.6.3 和上述观察, 可知 w_ζ^* 无非是 $[\Gamma_1(N)\alpha_N] \oplus \overline{[\Gamma_1(N)\alpha_N]}$ 的作用. 定义 6.4.4 后续的讨论表明 $[\Gamma_1(N)\alpha_N]$ 对 $S_{k+2}(\Gamma_1(N))$ 的作用是 $N^{k/2}w_N = i^{-k-2}N^{k/2}W_N$. 明所欲证. □

10.4　Eichler-志村关系: 主定理

视角切到平展上同调, 其余符号照旧. 选定素数 ℓ. 先前用复解析方式在 $\mathscr{M}(\Gamma_1(N))$ 上定义的 $\mathrm{R}^1\pi_*\mathbb{C}$ 也能在平展拓扑的语言下如法炮制, 给出 $\mathbb{Q}_\ell$-局部系统 $\mathrm{R}^1\pi_*\mathbb{Q}_\ell$ 及其延拓 $j_*\mathrm{R}^1\pi_*\mathbb{Q}_\ell$.

简记 $\mathscr{M} := \mathscr{M}(\Gamma_1(N))$ 和 $\overline{\mathscr{M}} := \overline{\mathscr{M}(\Gamma_1(N))}$. 取定素数 ℓ 并考虑模空间的结构态射 $a : \mathscr{M} \to \text{Spec}\,\mathbb{Z}[1/N\ell]$. 对任意交换 $\mathbb{Z}[1/N\ell]$-代数 R, 记 $\mathscr{M}_R := \mathscr{M} \underset{\text{Spec}\,\mathbb{Z}[1/N\ell]}{\times} \text{Spec}\,R$, 这是一个 R-概形, 同理可定义 $\overline{\mathscr{M}}_R$. 井草准一的一个定理断言: 若素数 $p \nmid N$, 则 $\overline{\mathscr{M}}_{\mathbb{F}_p}$ 是光滑 $\mathbb{F}_p$-概形.

对标命题 9.5.2, 我们考虑 $\text{Spec}\,\mathbb{Z}[1/N\ell]$ 上的 $\mathbb{Q}_\ell$-层

$$\mathscr{W}_\ell := \text{im}\left[\mathrm{R}^1a_!\left(\text{Sym}^k\,\mathrm{R}^1\pi_*(\mathbb{Q}_\ell)\right) \longrightarrow \mathrm{R}^1a_*\left(\text{Sym}^k\,\mathrm{R}^1\pi_*(\mathbb{Q}_\ell)\right)\right].$$

进一步的几何论证[18,p.161]指出 $\mathscr{W}_\ell$ 是平展拓扑意义下的 $\mathbb{Q}_\ell$-局部系统, 其构造与一切基变换相交换. 浅显地说, 对任何素数 $p \nmid N\ell$, 取定代数闭包 $\overline{\mathbb{F}_p}|\mathbb{F}_p$, 那么 $\mathscr{W}_\ell$ 在 p

处的几何纤维自然地同构于

$$\mathscr{W}_{\ell,p} := \mathrm{im}\left[\mathrm{H}^1_c\left(\mathscr{M}_{\overline{\mathbb{F}_p}}, \mathrm{Sym}^k\, \mathrm{R}^1\pi_*(\mathbb{Q}_\ell)\right) \longrightarrow \mathrm{H}^1\left(\mathscr{M}_{\overline{\mathbb{F}_p}}, \mathrm{Sym}^k\, \mathrm{R}^1\pi_*(\mathbb{Q}_\ell)\right)\right],\quad (10.4.1)$$

在此 H^1 都指代数簇的平展上同调. 另一方面, $\mathrm{Spec}\,\mathbb{Z}[1/N\ell]$ 的泛点 η 以 $\mathbb{Q}$ 为剩余类域, 故可考虑基变换 $\mathscr{M}_{\overline{\mathbb{Q}}}$. 回忆定义 10.3.1 和 (C.3.1), 可见 $\mathscr{W}_\ell$ 在 η 的几何纤维 $\mathscr{W}_{\ell,\mathbb{Q}}$ 典范地同构于

$$\mathrm{im}\left[\mathrm{H}^1_c\left(\mathscr{M}_{\overline{\mathbb{Q}}}, \mathrm{Sym}^k\, \mathrm{R}^1\pi_*(\mathbb{Q}_\ell)\right) \longrightarrow \mathrm{H}^1\left(\mathscr{M}_{\overline{\mathbb{Q}}}, \mathrm{Sym}^k\, \mathrm{R}^1\pi_*(\mathbb{Q}_\ell)\right)\right]$$
$$\xrightarrow{\sim} \mathrm{im}[\mathrm{H}^1_c\left(Y_1(N), \mathrm{Sym}^k\, \mathrm{R}^1\pi_*(\mathbb{Q}_\ell)\right)$$
$$\longrightarrow \mathrm{H}^1\left(Y_1(N), \mathrm{Sym}^k\mathrm{R}^1\pi_*(\mathbb{Q}_\ell)\right)] = \mathrm{W}_{\mathbb{Q}_\ell}.$$

综上, $\mathrm{W}_{\mathbb{Q}_\ell} = \mathrm{W}_{\mathbb{Q}} \otimes \mathbb{Q}_\ell$ 连同所有的 $\mathscr{W}_{\ell,p}$ (让 p 取遍素数 $\nmid N\ell$) 融为单一的几何对象 $\mathscr{W}_\ell$. 既知 $\mathscr{W}_\ell$ 是 $\mathrm{Spec}\,\mathbb{Z}[1/N\ell]$ 上的 $\mathbb{Q}_\ell$-局部系统, 遂有 $\mathbb{Q}_\ell$-向量空间的同构

$$\mathscr{W}_{\ell,p} \xrightarrow{\sim} \mathscr{W}_{\ell,\mathbb{Q}},\quad p\nmid N\ell. \tag{10.4.2}$$

同构依赖于 §C.3 中的资料 (C.2.1) 的选取.

精确到上述选取, 我们得出 $\mathscr{W}_{\ell,\mathbb{Q}}, \mathscr{W}_{\ell,p}$ 都同构于复解析版本 $\mathrm{W}_{\mathbb{Q}_\ell}$. 然而 ℓ-进上同调的优势在于它带 Galois 表示.

(1) 且先看泛点的几何纤维: $\mathrm{H}^1_c\left(\mathscr{M}(\Gamma_1(N))_{\overline{\mathbb{Q}}}, \mathrm{R}^1\pi_*(\mathbb{Q}_\ell)\right)$ 和 $\mathrm{H}^1\left(\mathscr{M}(\Gamma_1(N))_{\overline{\mathbb{Q}}}, \mathrm{R}^1\pi_*(\mathbb{Q}_\ell)\right)$ 都自然地成为 $G_{\mathbb{Q}}$ 的连续表示, 从而 $\mathscr{W}_{\ell,\mathbb{Q}}$ 亦然. 由于 $\mathscr{W}_\ell$ 是 $\mathrm{Spec}\,\mathbb{Z}[1/N\ell]$ 上的局部系统, $\mathscr{W}_{\ell,\mathbb{Q}}$ 作为 Galois 表示在 $N\ell$ 之外非分歧, 见 §C.3 的定义.

(2) 类似地, 对于一切素数 $p\nmid N\ell$ 者, Galois 群 $\mathrm{Gal}(\overline{\mathbb{F}_p}|\mathbb{F}_p)$ 在 $\mathscr{W}_{\ell,p}$ 上连续地作用, 此作用可拉回到 $G_{\mathbb{Q}_p}$ 上. 由于 $\mathscr{W}_\ell$ 是 $\mathrm{Spec}\,\mathbb{Z}[1/N\ell]$ 上的 $\mathbb{Q}_\ell$-局部系统, 一旦取定 (C.2.1) 的资料, 则 $G_{\mathbb{Q}}$ 和 $G_{\mathbb{Q}_p}$ 的作用通过 $G_{\mathbb{Q}_p} \hookrightarrow G_{\mathbb{Q}}$ 兼容于 $\mathscr{W}_{\ell,p} \xrightarrow{\sim} \mathscr{W}_{\ell,\mathbb{Q}}$.

定义 10.4.1   依据上述讨论, 对任意素数 $p\nmid N\ell$, 记几何 Frobenius 自同构 $\mathrm{Fr}_p^{-1} \in G_{\mathbb{F}_p}$ 在 $\mathscr{W}_{\ell,p}$ 上的作用为 $F \in \mathrm{End}_{\mathbb{Q}_\ell}(\mathscr{W}_{\ell,p})$, 称为 **Frobenius 对应**.

根据 ℓ-进平展上同调的 Poincaré 对偶定理, 存在典范的非退化双线性型 $\langle\cdot,\cdot\rangle_\ell$: $\mathscr{W}_{\ell,p}\times\mathscr{W}_{\ell,p} \to \mathbb{Q}_\ell(-k-1)$, 其中 $\mathbb{Q}_\ell(-k-1)$ 是所谓的 Tate 挠 (仅影响 Galois 作用), 满足 $\langle x,y\rangle_\ell = (-1)^{k+1}\langle y,x\rangle_\ell$. 对之定义 F 的转置 $V \in \mathrm{End}_{\mathbb{Q}_\ell}(\mathscr{W}_{\ell,p})$, 它由等式 $\langle Fx,y\rangle_\ell = \langle x,Vy\rangle_\ell$ 刻画, 称为 **移位对应**[1].

一旦选定 (C.2.1) 的资料, 这些自同态可以搬运到 $\mathscr{W}_{\ell,\mathbb{Q}}$ 上.

另一方面, 命题 10.3.4 之 Hecke 对应 $T[p]$, 以及其后定义之 I_d^* 和 w_ζ^* (对应到菱形算子和 Fricke 对合的某个倍数) 都有 ℓ-进上同调的版本, 给出 $\mathscr{W}_{\ell,p}$ 的自同态; 它们也

---

[1] 德文: die Verschiebung.

可以在 $\mathscr{W}_{\ell,\mathbb{Q}}$ 上操作, 并且与同构 (10.4.2) 兼容; 通过比较定理, ℓ-进版本的 $T[p]$ 因之也兼容于 $T_p \oplus \overline{T_p}$.

留意到 F 和 I_d^*, $T[p]$ 相交换, 因为后者是 "定义 $\mathbb{F}_p$ 上" 的; 根据下述定理第二个等式, 以 F 代 V 亦然.

定理 10.4.2 (Eichler-志村关系) 符号如上, 依然设 $p \nmid N\ell$, 则有 $\mathrm{End}_{\mathbb{Q}_\ell}(\mathscr{W}_{\ell,p})$ 中的等式

$$T[p] = F + I_p^* V, \quad FV = p^{k+1} \cdot \mathrm{id} = VF,$$
$$(w_\zeta^*)^{-1} V w_\zeta^* = I_p^* V,$$

第二行的 ζ 选作 $\overline{\mathbb{F}_p}$ 中的任意 N 次本原单位根.

证明虽超纲, 无妨勾勒几笔. 第一行的证明见 [18, Proposition 4.8], 第二行则见诸 [49, Corollary 7.10 或 (7.5.2)]. 关键是分解 $T[p]$. 第一步是将 F 和 V 都表示成上同调对应, 以便和 T 比较. 核心在于对模问题 $\mathscr{M}(\Gamma_1(N))_{\mathbb{F}_p}$ 和 $\mathscr{M}(\Gamma_1(N,p))_{\mathbb{F}_p}$ 的透彻研究. 粗略地说, 特征 p 的域上有一类椭圆曲线被称为是**超奇异**的, 此性质等价于 E 的 Hasse 不变量 (例10.2.7) 不可逆, 是故超奇异椭圆曲线构成 $\mathscr{M}(\Gamma_1(N))_{\mathbb{F}_p}$ 的闭子空间. 进一步, $\overline{\mathscr{M}(\Gamma_1(N,p))}_{\mathbb{F}_p}$ 作为代数曲线可等同于两份 $\overline{\mathscr{M}(\Gamma_1(N))}_{\mathbb{F}_p}$ 沿着超奇异点的粘合. 非超奇异椭圆曲线的 p-挠子群概形容易控制. 上同调对应 $T[p]$ 可以适当地拉回非超奇异部分来计算, 其结果是 $T[p]$ 分解为两个上同调对应之和, 分别给出 F 和 $I_p^* V$.

10.5 重访 Hecke 代数

我们在 §10.3 以模空间及其上同调诠释了级为 $\Gamma_1(N)$ 的 Hecke 算子. 下一步是研究 Hecke 代数. 符号照旧.

定义 10.5.1 记 $\mathbb{T}_{\mathbb{Z}}$ 为 $\mathbb{T}_1(N)$ (定义 6.3.1) 在 $\mathrm{End}_{\mathbb{C}}(S_{k+2}(\Gamma_1(N)))$ 中的像, 换言之 $\mathbb{T}_{\mathbb{Z}}$ 是由所有 T_p 和 $\langle d \rangle$ 在 $\mathrm{End}_{\mathbb{C}}(S_{k+2}(\Gamma_1(N)))$ 中生成的子环. 对任意交换环 A, 定义 A-代数 $\mathbb{T}_A := \mathbb{T}_{\mathbb{Z}} \underset{\mathbb{Z}}{\otimes} A$.

现在让每个 $T \in \mathbb{T}_{\mathbb{Z}}$ 通过 $\mathrm{ES}(f, \overline{g}) \overset{T}{\mapsto} \mathrm{ES}(Tf, \overline{Tg})$ 在 $\mathsf{W}_{\mathbb{C}}$ 上作用, 换言之, 我们映 T 为 $T \oplus \overline{T}$. 故 $S_{k+2}(\Gamma_1(N))$ 和 $\overline{S_{k+2}(\Gamma_1(N))}$ 皆嵌入为 $\mathsf{W}_{\mathbb{C}}$ 的 $\mathbb{T}_{\mathbb{Z}}$-子模.

称环 A 上的左模 M 是**忠实**的, 如果对所有 $a \in A$ 皆有 $aM = \{0\} \iff a = 0$.

引理 10.5.2 记 $\mathsf{W}_{\mathbb{Z}}$ 在 $\mathsf{W}_{\mathbb{C}}$ 中的像为 $\mathsf{W}'_{\mathbb{Z}}$, 则 $\mathsf{W}'_{\mathbb{Z}}$ 是忠实 $\mathbb{T}_{\mathbb{Z}}$-模. 作为推论, $\mathbb{T}_{\mathbb{Z}}$ 是有限秩自由 $\mathbb{Z}$-模.

证明 首先 $\mathbb{T}_{\mathbb{Z}}$ 保持 $\mathsf{W}'_{\mathbb{Z}}$, 这是因为 $T_p \oplus \overline{T_p}$ 和 $\langle d \rangle \oplus \overline{\langle d \rangle}$ 已经实现为上同调对应, 作用在每个 W_A 上并与 $\mathsf{W}_{\mathbb{Z}} \to \mathsf{W}_{\mathbb{C}}$ 兼容. 至于忠实性, 若 $T \in \mathbb{T}_{\mathbb{Z}}$ 零化 $\mathsf{W}'_{\mathbb{Z}}$, 则它也零化

$\mathbb{C} \cdot \mathsf{W}'_{\mathbb{Z}} = \mathsf{W}_{\mathbb{C}}$, 故 $T = 0$.

已知 $W_{\mathbb{Z}}$ 是有限生成 $\mathbb{Z}$-模, 故其像 $\mathsf{W}'_{\mathbb{Z}}$ 亦然, 又因为 $W_{\mathbb{C}}$ 无挠, 由此知 $\mathsf{W}'_{\mathbb{Z}}$ 是有限秩自由 $\mathbb{Z}$-模, 秩记为 r. 于是 $\mathbb{T}_{\mathbb{Z}} \hookrightarrow \operatorname{End}_{\mathbb{Z}}(\mathsf{W}'_{\mathbb{Z}}) \simeq \mathbb{Z}^{r^2}$ 也是有限秩自由 $\mathbb{Z}$-模. $\qquad \square$

引理 10.5.3 让 $\mathbb{T}_{\mathbb{C}} = \mathbb{T}_{\mathbb{Z}} \otimes \mathbb{C}$ 通过 $f \xrightarrow{T \otimes z} zTf$ 作用在 $S_{k+2}(\Gamma_1(N))$ 上. 那么 $S_{k+2}(\Gamma_1(N))$ 是忠实 $\mathbb{T}_{\mathbb{C}}$-模.

证明 本书不给出完整论证, 详见 [20, §12.4] 等文献. 思路是以 §10.2 的理论, 特别是注记 10.2.11, 来获取 "有理结构", 亦即 $\mathbb{Q}$-向量子空间 $S_{k+2}(\Gamma_1(N); \mathbb{Q}) \subset S_{k+2}(\Gamma_1(N))$ 使得

$$S_{k+2}(\Gamma_1(N); \mathbb{Q}) \underset{\mathbb{Q}}{\otimes} \mathbb{C} \xrightarrow{\sim} S_{k+2}(\Gamma_1(N)).$$

重点是 $\mathbb{T}_{\mathbb{Z}}$ 的作用保持 $S_{k+2}(\Gamma_1(N); \mathbb{Q})$. 以 T_p 为例 (p: 任意素数), 对凝聚层的上同调同样有拉—搬—推的套路

$$\Gamma\left(\mathcal{M}_1(N)_{\mathbb{Q}}, \omega_{\Gamma_1(N)}^{\otimes(k+2)}\right) \xrightarrow{q_2^*} \Gamma\left(\mathcal{M}(\Gamma_1(N, p))_{\mathbb{Q}}, q_2^* \omega_{\Gamma_1(N, p)}^{\otimes(k+2)}\right)$$

$$\longrightarrow \Gamma\left(\overline{\mathcal{M}(\Gamma_1(N, p))}_{\mathbb{Q}}, q_1^* \omega_{\Gamma_1(N, p)}^{\otimes(k+2)}\right) \xrightarrow{(q_1)_*} \Gamma\left(\overline{\mathcal{M}_1(N)}_{\mathbb{Q}}, \omega_{\Gamma_1(N)}^{\otimes(k+2)}\right),$$

这样实现的算子是 pT_p, 参见 [13, §4.5] 的讨论. 至于 $\langle d \rangle$ 的模诠释, 在 §10.3 已有说明.

由此可见 $\mathbb{T}_{\mathbb{Z}} \to \operatorname{End}_{\mathbb{Q}}\left(S_{k+2}(\Gamma_1(N); \mathbb{Q})\right)$ 是单射. 既然右式是无挠可除 $\mathbb{Z}$-模, 立见 $\mathbb{T}_{\mathbb{Q}} \to \operatorname{End}_{\mathbb{Q}}\left(S_{k+2}(\Gamma_1(N); \mathbb{Q})\right)$ 也是单射. 基变换到 $\mathbb{C}$ 便给出所求的忠实性. $\qquad \square$

约定 10.5.4 设 R 为交换环 $\Bbbk$ 上的代数, 而 M 为 R-模. 今后记 $M^\vee := \operatorname{Hom}_{\Bbbk}(M, \Bbbk)$. 它透过 $(rf)(x) = f(rx)$ 成为 R-模 ($f \in M^\vee, r \in R$). 今后应用的主要是 $R = \mathbb{T}_{\Bbbk}$ 的场景.

命题 10.5.5 定义 $\mathbb{C}$-双线性型

$$\mathbb{T}_{\mathbb{C}} \times S_{k+2}(\Gamma_1(N)) \longrightarrow \mathbb{C}$$
$$(T, f) \longmapsto a_1(Tf) =: \psi_f(T).$$

(i) 此双线性型诱导 $\mathbb{T}_{\mathbb{C}}$-模的同构 $\mathbb{T}_{\mathbb{C}} \xrightarrow{\sim} S_{k+2}(\Gamma_1(N))^\vee$ 和 $S_{k+2}(\Gamma_1(N)) \xrightarrow{\sim} \mathbb{T}_{\mathbb{C}}^\vee$;

(ii) $f \in S_{k+2}(\Gamma_1(N))$ 是正规化 Hecke 特征形式当且仅当对应的 ψ_f 是环同态.

证明 双线性型非退化: 若 f 使得 $a_1(Tf) = 0$ 对所有 $T \in \mathbb{T}_{\mathbb{Z}}$ 成立, 则 $a_n(f) = a_1(T_nf)$ (定理 6.3.8) 将导致 $f = 0$. 若 $T \in \mathbb{T}_{\mathbb{C}}$ 使得 $a_1(Tf) = 0$ 对所有 f 成立, 则从 $a_n(Tf) = a_1(T_nTf) = a_1(TT_nf) = 0$ 知 $Tf = 0$, 配合引理 10.5.3 遂有 $T = 0$.

对于 (i), 考虑映射 $T \mapsto [f \mapsto a_1(Tf)]$ 和 $f \mapsto [T \mapsto a_1(Tf)]$. 以上讨论表明两者

皆是 $\mathbb{T}_{\mathbb{C}}$-模同构.

对于 (ii), 若 f 是正规化 Hecke 特征形式, 则 $\psi_f(T) = a_1(Tf)$ 无非是 f 对 T 的特征值, 故 ψ_f 是环同态. 反之, 若 ψ_f 是环同态则 $a_1(f) = 1$, 而且对所有 $T \in \mathbb{T}_{\mathbb{Z}}$ 和 $n \geqslant 1$ 皆有

$$a_n(Tf) = a_1(T_n Tf) = \psi_f(T)\psi_f(T_n) = \psi_f(T)a_n(f).$$

这蕴涵 $Tf = \psi_f(T)f$, 故 f 是正规化 Hecke 特征形式. $\square$

命题 10.5.5 给出双射

$$\{f \in S_{k+2}(\Gamma_1(N)) : \text{正规化 Hecke 特征形式}\} \xrightarrow{\ 1:1\ } \left\{ \mathbb{T}_{\mathbb{Z}} \xrightarrow{\text{环同态}} \mathbb{C} \right\}$$
$$\cup \qquad\qquad\qquad\qquad\qquad\qquad\qquad\qquad \cup$$
$$f \longmapsto \left(\phi_f : T_{\mathbb{Z}} \to T_{\mathbb{C}} \xrightarrow{\psi_f} \mathbb{C}\right).$$

这导致两个重要的算术结论.

推论 10.5.6 设 $f \in S_{k+2}(\Gamma_1(N))$ 是正规化 Hecke 特征形式. 令 K_f 为 $\{a_n(f) : n \geqslant 1\}$ 在 $\mathbb{C}$ 中生成的子域, 则每个 $a_n(f)$ 皆是代数整数, 并且

⋄ K_f 是 $\mathbb{Q}$ 的有限扩张;

⋄ $\text{im}(\phi_f) \subset K_f$;

⋄ K_f 包含 f 对每个 $\langle d \rangle$ 的特征值 ($d \in (\mathbb{Z}/N\mathbb{Z})^\times$).

证明 因为 $\mathbb{T}_{\mathbb{Z}}$ 是有限生成 $\mathbb{Z}$-模, $\text{im}(\phi_f)$ 亦然, 故 $\text{im}(\phi_f)$ 由代数整数组成, 并且生成 $\mathbb{Q}$ 的有限扩张. 根据 $\mathbb{T}_{\mathbb{Z}}$ 的定义, $\text{im}(\phi_f)$ 由 f 对所有算子 T_n 和 $\langle d \rangle$ 的特征值生成, 特别地, 它包含所有 $a_n(f)$.

若只看 $\mathbb{Q} \cdot \text{im}(\phi_f)$, 则由于 $p \nmid N$ 时 $\langle p \rangle = p^{1-k}(T_{p^2} - T_p^2)$, 生成元 $\langle d \rangle$ 便属多余. 综上, $\text{im}(\phi_f)$ 生成的有限扩张无非是 K_f. $\square$

推论 10.5.7 设 $f = \sum_{n \geqslant 1} a_n(f)q^n \in S_{k+2}(\Gamma_1(N))$ 是 Hecke 特征形式, σ 是域 $\mathbb{C}$ 的自同构, 那么 $f^\sigma := \sum_{n \geqslant 1} \sigma(a_n(f))q^n$ 仍是 $S_{k+2}(\Gamma_1(N))$ 中的 Hecke 特征形式.

证明 引理 6.3.11 说明 $a_1(f) \neq 0$. 适当伸缩后可以设 f 是正规化 Hecke 特征形式. 考虑从 $\mathbb{T}_{\mathbb{Z}}$ 到 $\overline{\mathbb{Q}}$ 的环同态 $T \mapsto \sigma(\phi_f(T))$, 对应的正规化 Hecke 特征形式记为 $g \in S_{k+2}(\Gamma_1(N))$. 从 $a_n(g) = \phi_g(T_n) = \sigma(\phi_f(T_n)) = \sigma(a_n(f))$ 立见 $g = f^\sigma$. $\square$

命题 10.5.5 的论证还给出以下结果.

引理 10.5.8 存在 $\mathbb{T}_{\mathbb{C}}$-模同构 $\overline{S_{k+2}(\Gamma_1(N))} \simeq S_{k+2}(\Gamma_1(N))^\vee$.

证明 按 $(f, \overline{g}) \mapsto \left(f \mid W_N g\right)_{\mathrm{Pet}}$ 定义非退化 $\mathbb{C}$-双线性型

$$S_{k+2}(\Gamma_1(N)) \times \overline{S_{k+2}(\Gamma_1(N))} \to \mathbb{C},$$

引理 6.4.5 说明 $\mathbb{T}_{\mathbb{Z}}$ 的元素对之皆自伴. $\hfill\square$

定理 10.5.9 存在 $\mathbb{T}_{\mathbb{C}}$-模同构 $S_{k+2}(\Gamma_1(N)) \simeq \overline{S_{k+2}(\Gamma_1(N))}$. 此外 $S_{k+2}(\Gamma_1(N))$, $S_{k+2}(\Gamma_1(N))^{\vee}$ 和 $\mathbb{T}_{\mathbb{C}}^{\vee}$ 都是秩 1 自由 $\mathbb{T}_{\mathbb{C}}$-模, 而 $\mathsf{W}_{\mathbb{C}}$ 秩 2 自由.

证明 和引理 10.5.3 的证明一样, 运用 $\mathbb{Q}$-结构导出 $\mathbb{T}_{\mathbb{C}} = \mathbb{T}_{\mathbb{Q}} \underset{\mathbb{Q}}{\otimes} \mathbb{C}$-模的同构

$$\overline{S_{k+2}(\Gamma_1(N))} \simeq \left(S_{k+2}(\Gamma_1(N); \mathbb{Q}) \underset{\mathbb{Q}}{\otimes} \mathbb{C}\right) \underset{\mathbb{C}, \mathrm{conj}}{\otimes} \mathbb{C} \simeq S_{k+2}(\Gamma_1(N); \mathbb{C}) \underset{\mathbb{Q}}{\otimes} \mathbb{C} \simeq S_{k+2}(\Gamma_1(N)),$$

这就给出第一部分. 其余是命题 10.5.5 和引理 10.5.8 的应用. $\hfill\square$

10.6 从特征形式构造 Galois 表示

符号照旧, 依然固定 $k \in \mathbb{Z}_{\geqslant 0}$ 和 $N \geqslant 5$. 取定素数 ℓ. 按 §10.5 的讨论,

$$\mathbb{T}_{\ell} := \mathbb{T}_{\mathbb{Q}_{\ell}}$$

映入以下每一个 $\mathbb{Q}_{\ell}$-向量空间的自同态代数

$$\mathsf{W}_{\mathbb{Q}_{\ell}} \simeq \mathscr{W}_{\ell, \mathbb{Q}} \simeq \mathscr{W}_{\ell, p}, \quad p: 素数, \quad p \nmid N\ell.$$

当定义 $\mathbb{T}_{\mathbb{Z}}$ 在 $\mathscr{W}_{\ell, \mathbb{Q}}$ 上的作用时, 涉及的上同调对应总是在 $\operatorname{Spec} \mathbb{Z}[1/N\ell]$ 上操作的, 由此推得 $\mathbb{T}_{\ell}$ 和 $G_{\mathbb{Q}}$ 的作用相互交换.

以下令 $\zeta := e^{-2\pi i/N} \in \overline{\mathbb{Q}}$. 设 p 为素数. 取 $\mathbb{Q}(\zeta)$ 的赋值 $\lambda \mid p$, 那么 λ 的剩余类域可以嵌入 $\overline{\mathbb{F}_p}$, 由此得到同态 $\langle \zeta \rangle \xrightarrow{\sim} \mu_N(\mathbb{Q}(\zeta)_\lambda) \xrightarrow{\text{商}} \mu_N(\overline{\mathbb{F}_p})$. 当 $p \nmid N$ 时, Teichmüller 代表元的理论说明这是同构 (见 [59, 例 10.8.6]). 作为推论, 此时 ζ 在 $\overline{\mathbb{F}_p}$ 中的像也是 N 次本原单位根, 仍记为 ζ.

定理 10.6.1 取定素数 $p \nmid N\ell$ 和 N 次本原单位根 $\zeta \in \overline{\mathbb{Q}}$, 后者也视同它在 $\overline{\mathbb{F}_p}$ 中的像.

(i) 考虑定义 10.4.1 中 $\mathscr{W}_{\ell, p}$ 上的非退化双线性型 $\langle \cdot, \cdot \rangle_{\ell}$. 所有 $T \in \mathbb{T}_{\ell}$ 相对于双线性型

$$[x, y]_{\ell} := \left\langle x, w_{\zeta}^* y \right\rangle_{\ell}, \quad x, y \in \mathscr{W}_{\ell, p}$$

都是自伴的.

(ii) 存在 $\mathbb{T}_\ell$-模的同构 $\mathscr{W}_{\ell,\mathbb{Q}} \simeq \mathbb{T}_\ell^{\oplus 2}$ 和 $\mathbb{T}_\ell^\vee \simeq \mathbb{T}_\ell$, 符号如约定 10.5.4.

证明　见 [20, §12.4]. 以下略述梗概.

断言 (i) 可以从模空间观点直接证明, 以下给出绕道复解析情形的论证. 回忆到 $\mathbb{T}_\mathbb{Z}$ 里的元素和 w_ζ^* 皆可实现为上同调对应. 上同调的比较定理和 (10.4.2) 给出同构

$$\mathscr{W}_{\ell,p} \simeq \mathscr{W}_{\ell,\mathbb{Q}} \simeq \mathsf{W}_{\mathbb{Q}_\ell},$$

它们保持 $\mathbb{T}_\mathbb{Z}$, 也保持各空间自带的双线性型 (即 Poincaré 对偶性). 另一方面, 上同调对应 w_ζ^* 是定义在 $\mathbb{Z}\left[\frac{1}{N}, \zeta\right]$ 上的, 它可以同时 "特殊化" 到 $\overline{\mathbb{Q}}$ 和 $\overline{\mathbb{F}}_p$ 上, 这确保 w_ζ^* 在 $\mathscr{W}_{\ell,p}$ 和 $\mathscr{W}_{\ell,\mathbb{Q}} \simeq \mathsf{W}_{\mathbb{Q}_\ell}$ 上的作用兼容.

断言 (i) 遂过渡到复解析世界的 $\mathsf{W}_{\mathbb{Q}_\ell}$ 上, 记如是重新表述的断言为 $\mathscr{P}(\mathbb{Q}_\ell)$. 现在变化上同调的系数: 对于任意特征 0 的域 $\Bbbk$, 相对于 $\mathsf{W}_\Bbbk$ 上的双线性型 (Poincaré 对偶性), $\mathbb{T}_\Bbbk$ 作用和 w_ζ^* 作用, 仍可如法炮制断言 $\mathscr{P}(\Bbbk)$. 简单的线性代数表明 $\mathscr{P}(\Bbbk) \iff \mathscr{P}(\mathbb{Q})$. 一来一往, 得出 $\mathscr{P}(\mathbb{Q}_\ell) \iff \mathscr{P}(\mathbb{C})$.

注记 9.4.13 说明 $\mathsf{W}_\mathbb{C}$ 上的双线性型透过 Eichler-志村同构转译为 Petersson 内积, 精确到一个常数. 命题 10.3.6 蕴涵 w_ζ^* 和 $W_N \oplus \overline{W_N}$ 或 $w_N \oplus \overline{w_N}$ 成比例, 断言 $\mathscr{P}(\mathbb{C})$ 遂化约到引理 6.4.5.

对于 (ii), 同样先过渡到 $\mathsf{W}_{\mathbb{Q}_\ell}$, 再将原断言从 $\mathbb{Q}_\ell$ 推广到任何特征 0 的域 $\Bbbk$ 上, 得到断言 $\mathscr{Q}(\Bbbk)$:

$\mathsf{W}_\Bbbk$ 是秩 2 自由 $\mathbb{T}_\Bbbk$-模,　$\mathrm{Hom}_\Bbbk(\mathbb{T}_\Bbbk, \Bbbk)$ 是秩 1 自由 $\mathbb{T}_\Bbbk$-模.

注意到 $\mathbb{T}_\Bbbk$ 是有限维 $\Bbbk$-代数, 因而是 Artin 环, 仅含有限多个极大理想, 因而在 $\mathscr{Q}(\Bbbk)$ 中可将 "自由" 等价地换作 "局部自由 + 常秩". 应用代数几何/交换代数中的平坦下降法, 同样可见 $\mathscr{Q}(\Bbbk) \iff \mathscr{Q}(\mathbb{Q})$, 问题再次从 $\mathbb{Q}_\ell$ 归结到 $\mathbb{C}$, 最后再以定理 10.5.9 处理. $\quad\square$

注记 10.6.2　因为 $\mathbb{T}_\ell$ 是有限维 $\mathbb{Q}_\ell$-向量空间 (见引理 10.5.2), 定理 10.6.1 (ii) 中的 $\mathbb{T}_\ell^\vee \simeq \mathbb{T}_\ell$ 等价于说 $\mathbb{T}_\ell$ 是所谓的 **Gorenstein 环**. 这一类环论性质对于 Hecke 代数的研究至关紧要, B. Mazur 首先用以研究模形式的同余.

定理 10.6.3　取定素数 $p \nmid N\ell$, 任取 $\mathscr{W}_{\ell,\mathbb{Q}}$ 的 $\mathbb{T}_\ell$-基, 以将相应的 Frobenius 对应 $F \in \mathrm{End}_{\mathbb{T}_\ell}(\mathscr{W}_{\ell,\mathbb{Q}})$ 视为交换环 $\mathbb{T}_\ell$ 上的 2×2 矩阵. 那么 F 的特征多项式等于

$$X^2 - T_p X + \langle p \rangle\, p^{k+1} \in \mathbb{T}_\ell[X].$$

证明　以下均在 $\mathscr{W}_{\ell,p}$ 上操作. 定理 10.4.2 给出等式

$$(X - F)(X - I_p^* V) = X^2 - T_p X + I_p^* p^{k+1},$$

两边看作取值在 $\mathbb{T}_\ell[X]$ 中的 2×2 矩阵, 右式是常值矩阵. 同取 $\det := \det_{\mathbb{T}_\ell[X]}$ 给出

$$\det\left(X - F\right) \det\left(X - I_p^* V\right) = \left(X^2 - T_p X + I_p^* p^{k+1}\right)^2.$$

基于初等的练习 10.6.5, 问题归结为证 $\det(X - F) = \det(X - I_p^* V)$. 现在应用定理 10.6.1, 从 $\langle Fx, y \rangle_\ell = \langle x, Vy \rangle_\ell$ 易见

$$[Fx, y]_\ell = \left[x, (w_\zeta^*)^{-1} V w_\zeta^*\right]_\ell.$$

而定理 10.4.2 给出 $(w_\zeta^*)^{-1} V w_\zeta^* = I_p^* V$. 综上, $I_p^* V$ 是 F 对 $[\cdot, \cdot]_\ell$ 的转置 $F^\vee \in \operatorname{End}_{\mathbb{T}_\ell}(\mathscr{W}_{\ell,p}^\vee)$ (见约定 10.5.4). 问题最终化为证 F 和 $F^\vee$ 作为秩 2 自由 $\mathbb{T}_\ell$-模的自同态有相同的特征多项式. 这是次一引理的内容 (取 $\Bbbk = \mathbb{Q}_\ell$, $R = \mathbb{T}_\ell$ 和 $M = \mathscr{W}_{\ell,p}$). $\qquad\square$

引理 10.6.4 在约定 10.5.4 的场景中假设 M 为秩 n 自由 R-模, 并且存在 R-模同构 $h : R \xrightarrow{\sim} R^\vee = \operatorname{Hom}_\Bbbk(R, \Bbbk)$. 那么 $M^\vee$ 是秩 n 自由 R-模, 而且对于任何 $\phi \in \operatorname{End}_R(M)$, 其转置 $\phi^\vee \in \operatorname{End}_R(M^\vee)$ 和 $\phi \in \operatorname{End}_R(M)$ 有相同的特征多项式.

证明 首先描述 $M^\vee$. 设 $M = Re_1 \oplus \cdots \oplus Re_n$. 对于 $i = 1, \cdots, n$, 定义 $\pi_i : M \twoheadrightarrow Re_i \simeq R$ 和 $M^\vee$ 的元素 $\check{e}_i := h(1) \circ \pi_i$. 那么对所有 $r, r' \in R$ 和 $1 \leqslant i, j \leqslant n$ 都有

$$(r' \check{e}_i)(r e_j) = \check{e}_i(r r' e_j) = \begin{cases} h(1)(r'r) = h(r)(r'), & i = j, \\ 0, & i \neq j. \end{cases}$$

由此可见 $\check{e}_1, \cdots, \check{e}_n$ 构成 R-模 $M^\vee$ 的一组基. 事实上, 这可以化到 $n = 1$ 情形验证.

设 $\phi(e_j) = \sum_{k=1}^n a_{jk} e_k$ 对所有 j 成立, 则 $\phi^\vee(\check{e}_i)$ 映 $r e_j$ 为 $\check{e}_i(r a_{ji} e_i) = h(a_{ji})(r)$. 比较上一步的结果, 遂有 $\phi^\vee(\check{e}_i) = \sum_{j=1}^n a_{ji} \check{e}_j$. 综之, ϕ 和 $\phi^\vee$ 相对于 $\{e_i\}_i$ 和 $\{\check{e}_i\}_i$ 的矩阵互为转置. $\qquad\square$

练习 10.6.5 设 A 为交换环, 2 在 A 中不是零除子. 证明对于任何首一多项式 $g \in A[X]$, 至多仅有一个首一多项式 $f \in A[X]$ 满足 $f^2 = g$.

记 $G_\mathbb{Q}$ 在 $\mathscr{W}_{\ell,\mathbb{Q}}$ 上作用诱导的群同态为 $\check{\rho}_\ell : G_\mathbb{Q} \to \operatorname{GL}_{\mathbb{T}_\ell}(\mathscr{W}_{\ell,\mathbb{Q}})$.

轮到模形式进场. 对任何正规化 Hecke 特征形式 $f \in S_{k+2}(\Gamma_1(N))$, 推论 10.5.6 断言环同态

$$\phi_f : \mathbb{T}_\mathbb{Z} \longrightarrow \mathbb{C},$$
$$\phi_f(T_p)f = T_p(f), \quad \phi_f(I_d^*)f = \langle d \rangle f$$

的像生成有限扩张 $K_f | \mathbb{Q}$. 赋值的基本理论 [59,定理 10.7.7] 表明

$$\mathbb{Q}_\ell \underset{\mathbb{Q}}{\otimes} K_f = \prod_{\lambda | \ell} K_{f,\lambda}.$$

现在 ϕ_f 诱导满同态 $\mathbb{T}_{\mathbb{Q}} \twoheadrightarrow K_f$. 给定赋值 λ 如上, 对满同态两端取 $- \underset{\mathbb{Q}}{\otimes} \mathbb{Q}_\ell$ 以得到 $\mathbb{T}_\ell \twoheadrightarrow \prod_{\lambda' | \ell} K_{f,\lambda'}$, 然后投影到 $\lambda' = \lambda$ 的部分, 遂有

$$\phi_{f,\lambda} : \mathbb{T}_\ell \longrightarrow K_{f,\lambda}. \tag{10.6.1}$$

透过 $\phi_{f,\lambda}$ 定义 2 维 $K_{f,\lambda}$-向量空间 $V_{f,\lambda}^\vee := \mathscr{W}_{\ell,\mathbb{Q}} \underset{\mathbb{T}_\ell, \phi_{f,\lambda}}{\otimes} K_{f,\lambda}$. 自然同态 $\mathscr{W}_{\ell,\mathbb{Q}} \to V_{f,\lambda}^\vee$ (映 $w \mapsto w \otimes 1$) 与 $\check{\rho}_\ell$ 相铆合, 给出群同态

$$\check{\rho}_{f,\lambda} : G_{\mathbb{Q}} \longrightarrow \mathrm{GL}_{K_{f,\lambda}} \left(V_{f,\lambda}^\vee \right) \overset{\text{取基}}{\simeq} \mathrm{GL}\left(2, K_{f,\lambda}\right).$$

按构造, 这番操作从 f 和 $\lambda | \ell$ 出发, 构作了 $G_{\mathbb{Q}}$ 在 $V_{f,\lambda}^\vee$ 上的 2 维 Galois 表示 $\check{\rho}_{f,\lambda}$, 系数在域 $K_{f,\lambda}$ 中. 这还不是最终目标. 记 $V_{f,\lambda} := \mathrm{Hom}_{K_{f,\lambda}}(V_{f,\lambda}^\vee, K_{f,\lambda})$.

定义 10.6.6　对于上述资料, 定义 2-维 ℓ-进 Galois 表示 $\rho_{f,\lambda}$ 为 $\check{\rho}_{f,\lambda}$ 的逆步表示. 换言之, $\rho_{f,\lambda} : G_{\mathbb{Q}} \to \mathrm{GL}_{K_{f,\lambda}}(V_{f,\lambda})$ 由下式刻画

$$\rho_{f,\lambda}(g)(\xi) : V_{f,\lambda}^\vee \longrightarrow K_{f,\lambda}$$
$$v^\vee \longmapsto \xi \left(\check{\rho}_{f,\lambda}(g^{-1}) \check{v} \right),$$

其中 $g \in G_{\mathbb{Q}}, \xi \in V_{f,\lambda}$.

正规化 Hecke 特征形式 $f \in S_{k+2}(\Gamma_1(N))$ 确定群同态 $\chi_f : (\mathbb{Z}/N\mathbb{Z})^\times \to \mathbb{C}^\times$ 使得 $\langle d \rangle f = \chi_f(d) f$, 它取值在 K_f, 故可视为同态 $(\mathbb{Z}/N\mathbb{Z})^\times \to K_{f,\lambda}^\times$. 类域论给出对应的同态 $G_{\mathbb{Q}} \twoheadrightarrow G_{\mathbb{Q},\mathrm{ab}} \to K_{f,\lambda}^\times$, 仍记为 χ_f, 相关讨论见例 C.3.4. 几条基本性质如下:

◇ 若素数 $p \nmid N\ell$, 则 $\chi_f(\mathrm{Fr}_p) = \chi_f(p)$;

◇ 记 $\mathrm{conj} \in G_{\mathbb{Q}}$ 为复共轭, 则 $\chi_f(\mathrm{conj}) = \chi_f(-1)$.

定理 10.6.7 (P. Deligne, 志村五郎)　设 $f = \sum_{n \geq 1} a_n(f) q^n \in S_{k+2}(\Gamma_1(N))$ 为正规化 Hecke 特征形式, 相应地有同态 $\chi_f : (\mathbb{Z}/N\mathbb{Z})^\times \to K_f^\times$. 那么 2 维 Galois 表示 $\rho_{f,\lambda}$ 具备下述性质.

(i) 它在 $N\ell$ 之外非分歧, 见 §C.3.

(ii) 对一切素数 $p \nmid N\ell$ 者, $\rho_{f,\lambda}(\mathrm{Fr}_p) \in \mathrm{GL}(2, K_{f,\lambda})$ 的特征多项式为

$$X^2 - a_p(f)X + \chi_f(p)p^{k+1} \in K_f[X].$$

(iii) 以 χ_ℓ 记 ℓ-进分圆特征标 (见 §C.3), 则 $\det \rho_{f,\lambda} = \chi_f \chi_\ell^{k+1}$.

(iv) 复共轭 $\mathrm{conj} \in G_{\mathbb{Q}}$ 满足 $\det \rho_{f,\lambda}(\mathrm{conj}) = -1$.

证明 (i) 既然 $\check{\rho}_{f,\lambda}$ 在 $N\ell$ 之外非分歧, $\rho_{f,\lambda}$ 亦然.

(ii) 取定 (C.2.1) 的资料. 定理 10.6.3 说明 Frobenius 对应 $F = \check{\rho}_\ell(\mathrm{Fr}_p^{-1}) \in \mathrm{End}_{\mathbb{T}_\ell}(\mathscr{W}_{\ell,\mathbb{Q}})$ 以 $X^2 - T_p X + \langle p \rangle p^{k+1}$ 为特征多项式. 作张量积 $- \underset{\mathbb{T}_\ell, \phi_{f,\lambda}}{\otimes} K_{f,\lambda}$ 可见 $\check{\rho}_{f,\lambda}(\mathrm{Fr}_p^{-1})$ 的特征多项式为 $X^2 - a_p(f)X + \chi_f(p)p^{k+1}$. 由逆步表示定义, 立见这也是 $\rho_{f,\lambda}(\mathrm{Fr}_p)$ 的特征多项式.

接着证明 (iii) 的 $\det \rho_{f,\lambda} = \chi_f \chi_\ell^{k+1}$. 因为两端都是连续同态, 根据定理 C.3.3, 对所有素数 $p \nmid N\ell$ 证 $\det \rho_{f,\lambda}(\mathrm{Fr}_p) = \chi_f(\mathrm{Fr}_p) \chi_\ell^{k+1}(\mathrm{Fr}_p)$ 即可. 但 (ii) 已说明

$$\det \rho_{f,\lambda}(\mathrm{Fr}_p) = \chi_f(\mathrm{Fr}_p)p^{k+1} = \chi_f(p)p^{k+1},$$

同时又有 $\chi_\ell(\mathrm{Fr}_p) = p$, 故等式得证.

最后, $f \mid_{k+2} \begin{pmatrix} -1 & \\ & -1 \end{pmatrix} = (-1)^{k+2} f$ 导致 $\chi_f(\mathrm{conj}) = \chi_f(-1) = (-1)^{k+2}$. 代入 $\det \rho_{f,\lambda} = \chi_f \chi_\ell^{k+1}$ 并利用 $\chi_\ell(\mathrm{conj}) = -1$, 立见 $\det \rho_{f,\lambda}(\mathrm{conj}) = -1$. $\square$

注记 10.6.8 对一切素数 $p \nmid N\ell$ 者, 定理 10.6.7 (ii) 蕴涵

$$\det \left(1 - \rho_{f,\lambda}(\mathrm{Fr}_p)p^{-s}\right)^{-1} = \left(1 - a_p(f)p^{-s} + \chi_f(p)p^{k+1-2s}\right)^{-1},$$

这正是 $L(s, f)$ 的 Euler 乘积中对应到 p 的项, 见定理 7.4.3.

注记 10.6.9 Galois 表示的构造对于权为 2 的情形有如下简化, 详见 [21, §9.5] 或 [46,§3]. 考虑模曲线的 Jacobi 簇 $J := \mathrm{Jac}(X_1(N))$, 因为 $X_1(N)$ 是定义在 $\mathbb{Z}[1/N]$ 上的光滑曲线, J 也是 $\mathbb{Z}[1/N]$ 上的交换光滑群概形. 取 J 的有理 Tate 模

$$V_\ell(J) := \left(\varprojlim_{m \geqslant 1} J(\overline{\mathbb{Q}})[\ell^m] \right) \underset{\mathbb{Z}_\ell}{\otimes} \mathbb{Q}_\ell,$$

其中按同态 $J(\overline{\mathbb{Q}})[\ell^m] \overset{\ell \text{ 倍}}{\longrightarrow} J(\overline{\mathbb{Q}})[\ell^{m-1}]$ 来取 $\varprojlim\limits_m$. 每个 $J(\overline{\mathbb{Q}})[\ell^m]$ 都是 $\mathbb{Z}/\ell^m\mathbb{Z}$-模, 故它们的 $\varprojlim\limits_m$ 为 $\mathbb{Z}_\ell$-模, 其上继承来自 $J(\overline{\mathbb{Q}})$ 的 $G_{\mathbb{Q}}$-作用. Hecke 代数仍透过几何方式作用在 $V_\ell(J)$ 上, 与 $G_{\mathbb{Q}}$-作用交换, 记此表示为 $\rho_{J,\ell}$. 取

$$V_{f,\lambda} := V_\ell(J) \underset{\mathbb{T}_\ell, \phi_{f,\lambda}}{\otimes} K_{f,\lambda},$$

可以证明其上携带的 $G_{\mathbb{Q}}$-表示 $\rho_{J,\ell} \underset{\mathbb{T}_\ell, \phi_{f,\lambda}}{\otimes} K_{f,\lambda}$ 同构于 $\rho_{f,\lambda}$. 这根本上是缘于 $\mathrm{H}^1(X_1(N), \mathbb{Q}_\ell)$ 作为 Galois 表示对偶于 $V_\ell(J)$, 这是关于曲线及其 Jacobi 簇的一般现象.

以下事实述而不证, 它涉及 1 维 ℓ-进 Galois 表示的知识和关于 L-函数的一些分析学技术.

定理 10.6.10 (Deligne–Serre [19,§8.7], K. Ribet [44,Theorem2.3])　定理 10.6.7 构造的 Galois 表示 $\rho_{f,\lambda}$ 是绝对不可约表示.

配合命题 C.3.2, 可知 $\rho_{f,\lambda}$ 的同构类完全由每个 $\rho_{f,\lambda}(g)$ 的特征多项式确定. 结合定理 C.3.3, 可知只要对一切素数 $p \nmid N\ell$ 确定 $\rho_{f,\lambda}(\mathrm{Fr}_p)$, 即可确定 $\rho_{f,\lambda}$ 的同构类.

今后主要考虑 f 为新形式的情形.

我们以关于定理 10.6.7 的几点注记收尾.

(1) 对于权 $\geqslant 2$ 的新形式 f, A. J. Scholl [47] 进一步将 $\rho_{f,\lambda}$ 升级为系数在 K_f 上的 Grothendieck **原相**① M_f. 在权为 2 的情形, 该原相简化为模曲线的 Jacobi 簇用 Hecke 对应和 ϕ_f 截下的某个商.

(2) 定理 10.6.7 仅处理权 $\geqslant 2$ 的尖点形式. 对于 $f \in S_1(\Gamma_1(N))$, Galois 表示的构造是 [19] 的成果, 其手法取道模形式的同余 (需要 §10.2 的理论) 以化约到 $\geqslant 2$ 的权, 但最终得到的 Galois 表示能写作 $\rho_f : G_{\mathbb{Q}} \to \mathrm{GL}(2, K_f)$, 其中 K_f 带来自 $\mathbb{C}$ 的拓扑, 不再涉及 ℓ 和完备化.

(3) 另一方面, 对 Eisenstein 级数也可以赋予 2 维 Galois 表示, 它们总是可约的, 详见 [21, Theorem 9.6.6].

---

① 法语: le motif.

10.7　模性一瞥

迄今关于 Galois 表示的结果可以图解为

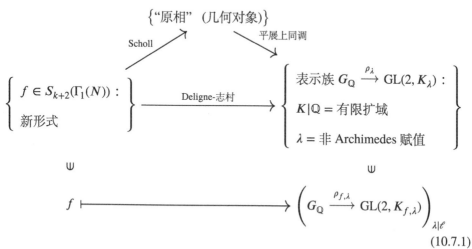

$$(10.7.1)$$

这套理论最著名的应用当属 Wiles-Taylor[52] 对 Fermat 大定理的证明. 其根本在于一个称为谷山丰-志村五郎-Weil 猜想的重大结果, 涉及权为 2 的情形. 为此有必要先说明何谓椭圆曲线的模性. 设 E 为 $\mathbb{Q}$ 上的椭圆曲线. 它有一个重要的算术几何不变量 $N_E \in \mathbb{Z}_{\geqslant 1}$, 称为导子. 按照注记 10.6.9 的套路, 构造 E 的有理 ℓ-进 Tate 模

$$V_\ell(E) := \left(\varprojlim_{m \geqslant 1} E(\overline{\mathbb{Q}})[\ell^m] \right) \underset{\mathbb{Z}_\ell}{\otimes} \mathbb{Q}_\ell.$$

这是 2 维 $\mathbb{Q}_\ell$-向量空间, 继承来自 $E(\overline{\mathbb{Q}})$ 的 $G_{\mathbb{Q}}$-作用, 相应的 Galois 表示记为 $\rho_{E,\ell}$: $G_{\mathbb{Q}} \to \mathrm{GL}(V_\ell(E))$. 它的算术意义可以从以下事实来理解. 首先 $\rho_{E,\ell}$ 在 $N_E \ell$ 之外非分歧. 再者, 对每个素数 p, 考虑 E 到 $\mathbb{Q}_p$ 的基变换 $E_{\mathbb{Q}_p}$, 取其 Weierstrass 方程使得系数全在 $\mathbb{Z}_p$ 中, 并要求方程判别式的 p-进赋值尽量小. 由此遂可定义 E 的 mod p 约化, 特别地, 可以谈论 E 的 $\mathbb{F}_p$-点个数 $|E(\mathbb{F}_p)|$. 命

$$a_p(E) := p + 1 - |E(\mathbb{F}_p)|,$$

来自代数几何的一则事实是 ① : 当 $p \nmid N_E \ell$ 时, $\rho_{E,\ell}(\mathrm{Fr}_p)$ 的特征多项式等于 $X^2 - a_p(E)X + p$.

---

① 这是 Grothendieck–Lefschetz 迹公式, 但椭圆曲线的情形肇自 Hasse 和 Deuring 在 20 世纪 30 年代的工作.

定义 10.7.1 设 E 是 $\mathbb{Q}$ 上的椭圆曲线. 若以下性质成立则称 E 具有**模性**: 存在新形式 $f \in S_2\left(\Gamma_1(N_E)\right)$ 以及 K_f 的赋值 $\lambda \mid \ell$, 任选代数闭包 $K_{f,\lambda} \hookrightarrow \overline{\mathbb{Q}_\ell}$, 要求

$$\rho_{E,\ell} \underset{\mathbb{Q}_\ell}{\otimes} \overline{\mathbb{Q}_\ell} \simeq \rho_{f,\lambda} \underset{K_{f,\lambda}}{\otimes} \overline{\mathbb{Q}_\ell}.$$

定理 10.7.2 (Taylor-Wiles[52], Breuil-Conrad-Diamond-Taylor[9]) 所有 $\mathbb{Q}$ 上的椭圆曲线都具有模性.

根据新形式的强重数一性质 (注记 6.5.7), $\rho_{f,\lambda}$ 唯一确定 f. 另一方面, $\rho_{E,\ell}$ 则唯一确定了 N_E 和 E 的同源等价类[①]. 综之, 模性所断言的是权 2 新形式和 $\mathbb{Q}$ 上椭圆曲线同源类的某种对应. 在此对应下, 椭圆曲线 mod p 数点给出的 $a_p(E)$ 反映在模形式的 Fourier 系数 $a_p(f)$ 上. 这是深具震撼力的数学发现. R. Taylor 和 A. Wiles 证明的是 E 半稳定, 亦即 N_E 无平方因子的情形, 这已经足以导出 Fermat 大定理.

练习 10.7.3 说明定义 10.7.1 中的 f 事实上属于 $S_2\left(\Gamma_0(N_E)\right)$.

提示 设 $f \in S_2(\Gamma_1(N_E), \chi_f)$. 对所有 $p \nmid N_E \ell$ 考虑 $\rho_{f,\lambda}(\mathrm{Fr}_p)$ 的特征多项式以说明 $\chi_f(p) = 1$, 从而导出 $\chi_f = 1$.

模性的反方向, 亦即由新形式 $f \in S_2(\Gamma_0(N))$ 构造 E 是相对容易的, 这是志村五郎的贡献: 从 f 定义环同态 $\phi_f: \mathbb{T}_{\mathbb{Z}} \to K_f$. 在 §10.6 末尾已经约略提到, Hecke 算子可通过 "Hecke 对应" 作用在 $J_0(N) := \mathrm{Jac}(X_0(N))$ 上, 商簇 $E := J_0(N)\big/\ker(\phi_f)J_0(N)$ 即是所求的 $\mathbb{Q}$ 上椭圆曲线, 满足 $N_E = N$, 相关构造详见 [21, Chapters 6—7].

模性有一系列等价陈述, 其中一个几何版本如下: 存在 $\mathbb{Q}$-代数曲线的非常值态射 $\xi: X_0(N) \to E$. 这里用上了 $X_0(N)$ 可定义在 $\mathbb{Q}$ 上这一事实. 最小可能的 N 是 N_E. 参照志村五郎的构造, 所求之 ξ 无非是 Abel–Jacobi 映射 $\phi: X_0(N) \to J_0(N)$ (选定基点) 和商 $\tilde{\xi}: J_0(N) \twoheadrightarrow E$ 的合成. 注意到 $S_2(X_0(N))$ 非零蕴涵 $g(X_0(N)) > 0$, 故 ϕ 是闭嵌入.

对于 E, f 和 ξ 的关联, 不妨再多说几句.

(1) 在志村五郎的构造中, 将 E 适当地代换为同源的椭圆曲线, 可以假设 $\ker(\tilde{\xi})$ 连通, 称这样的 $\tilde{\xi}$ 为最优商. 考虑 f, E 和最优商 $\tilde{\xi}$ 如上. Néron 模型给出典范的秩 1 自由 $\mathbb{Z}$-模 $\mathscr{L}$ 使得 $\omega_{E|\mathbb{Q}} = \mathscr{L} \otimes \mathbb{Q}$; 任意生成元 $\omega \in \mathscr{L}$ 拉回为 $X_0(N_E)$ 上的 1-形式 $\tilde{\xi}^*\omega$. 另一方面, f 也对应到 $X_0(N)$ 上的 1-形式, 在 $\mathscr{H}$ 上表为 $f\, \mathrm{d}\tau$ (定理 4.3.1 或定理 9.1.8). 注意到 ω 精确到 $\mathbb{Z}^\times = \{\pm 1\}$ 是唯一的.

(2) 在上述场景中, 基于 Hecke 算子和重数一性质的论证说明存在 $c_E \in \mathbb{Q}^\times$ 使得

$$\tilde{\xi}^*\omega = 2\pi i c_E f\, \mathrm{d}\tau.$$

如要求 $c_E > 0$ 即可同步确定 ω 和 c_E. 称此 c_E 为 E 的 **Manin 常数**. Y. Manin 猜想

[①] 容易说明同源的 E 有相同的 $\rho_{E,\ell}$, 其逆则是 Faltings 的同源定理.

$c_E = 1$. 迄今最广的结果是 E 半稳定的情形, 归功于 K. Česnavičius [12], 涉及关于整 p-进 Hodge 理论的一些思想.

焦点转回图表 (10.7.1). 它仅仅是 Langlands 纲领的冰山一角. 有必要细化兼推广这些对应:

◇ 运用自守表示的语言, 权 ≥ 2 的新形式可以代换为 GL(2) 的**上同调尖自守表示**, 不再指涉级结构. 进一步, GL(2) 可以代换为 GL(n), 乃至于更一般的约化群.

◇ 将 Galois 表示的系数变换到代数闭包上.

◇ 表示族 $(\rho_{f,\lambda})_\lambda$ 的诸般性质可以提炼为 $G_\mathbb{Q}$ 的 n 维 Galois 表示的**相容系**, 定义 10.7.4 将给出其一种版本.

局势遂变为

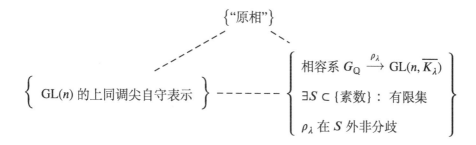

相容系中的 K 是 $\mathbb{Q}$ 的有限扩张, 而 λ 遍历 K 的非 Archimedes 赋值, 精确到等价. 之所以标上虚线, 是因为当 $n > 1$ 时, 不同对象间的关系仅是猜想, 需另加复杂的条件才能保证. 几何、算术与表示理论在此熔于一炉, 这是 Langlands 纲领的一个重要案例.

自然的问题是确定哪些相容系源自新形式, 或者源自更广泛的尖自守表示. 对于 $n = 2$ 的情形, 这相当于寻求定理 10.6.7 的另一方向. 这称为 Galois 表示的**模性**或**自守性**问题, 是 Langlands 纲领的核心之一, 迄今无完整答案. 为了陈述相关猜想, 最低限度也需对 $\rho_\lambda|_{G_{\mathbb{Q}_p}}$ 在 $\ell = p$ 的情形施加限制, 以确保它来自几何, 这里 p 是任意素数而 ℓ 是赋值 λ 的剩余特征. 另一个要求则是 ρ_λ 应当在某种意义下和 λ 无关, 这是因为 ℓ-进平展上同调有类似的性质. 一切汇归以下概念.

定义 10.7.4 (Barnet-Lamb-Gee-Geraghty-Taylor) 设 K 是 $\mathbb{Q}$ 的有限扩张, $S \subset \{p :$ 素数$\}$ 是有限集. 考虑一族半单 Galois 表示 $\rho_\lambda : G_\mathbb{Q} \to \mathrm{GL}(n, \overline{K_\lambda})$, 其中

◇ λ 遍历 K 的非 Archimedes 赋值, 精确到等价, 以下记其剩余类域的特征为 ℓ;

◇ $\overline{K_\lambda}$ 表 K_λ 的代数闭包.

若 $(\rho_\lambda)_\lambda$ 符合以下要求, 则称之为定义在 K 上并且在 S 外分歧的**相容系** (或称弱相容系): 对任意素数 p, 要求

(i) 当 $p \notin S \cup \{\ell\}$ 时, ρ_λ 在 p 处非分歧, 而 $\rho_\lambda(\mathrm{Fr}_p)$ 的特征多项式落在 $K[X]$ 中, 与 λ 无关;

(ii) 若 $p = \ell$, 则 $\rho_\lambda|_{G_{\mathbb{Q}_p}}$ 是 **de Rham 表示**, 若 $p = \ell \notin S$, 则 $\rho_\lambda|_{G_{\mathbb{Q}_p}}$ 还是**晶体表示**;

(iii) ρ_λ 的 Hodge-Tate 数与 λ 无关.

特别地, 根据命题 C.3.2 和定理 C.3.3, 对于任何一个选定的 λ, 相容系完全由

$$\left(\det(X - \rho_\lambda(\mathrm{Fr}_p)) \in K[X] \right)_{p \notin S \cup \{\ell\}}$$

来确定, 至多差一个同构.

例 10.7.5　定理 10.6.7 造出的 $\rho_{f,\lambda}$ 便是定义在 K_f 上, 并且在 N 的素因子之外非分歧的相容系, 本书仅验证了条件 (i).

定义 10.7.4 中关于 $p = \ell$ 和 Hodge-Tate 数的条件涉及 p-进表示的术语, 目的是确保 ρ_λ 能够来自几何, 想真正理解其意涵就必须了解代数簇的种种 p-进上同调理论. 如此一来, 我们便自然从模形式步入了 p-进 Hodge 理论的畛域. 纸短理长, 就此打住.

参考文献

[1] Adem A, Milgram R J. Cohomology of Finite Groups. 2nd ed. Grundlehren der Mathematischen Wissenschaften [Fundamental Principles of Mathematical Sciences], Vol. 309. Berlin: Springer-Verlag, 2004: viii+324.

[2] Alperin R C. An elementary account of Selberg's lemma. Enseign. Math., 1987, 33: 269-273. ISSN: 0013-8584.

[3] Atkin A O L, Lehner J. Hecke operators on $\Gamma_0(m)$. Math. Ann., 1970, 185: 134-160.

[4] Bass H, Milnor J, Serre J P. Solution of the congruence subgroup problem for $SL_n(n \geqslant 3)$ and $S_{P2n}(n \geqslant 2)$. Inst. Hautes Études Sci. Publ. Math., 1967, 33: 59-137.

[5] Báyer P, Neukirch J. On automorphic forms and Hodge theory. Math. Ann., 1981, 257(2): 137-155.

[6] A F Beardon. The Geometry of Discrete Groups. Graduate Texts in Mathematics. Vol. 91. Corrected reprint of the 1983 original. New York: Springer-Verlag, 1995: xii+337.

[7] Berline N, Getzler E, Vergne M. Heat Kernels, Dirac Operators. Grundlehren Text Editions. Corrected reprint of the 1992 original. Berlin: Springer-Verlag, 2004: x+363.

[8] Bourbaki N. Éléments de mathématique. Fasc. XXXIV. Groupes et algèbres de Lie. Chapitre IV: Groupes de Coxeter et systèmes de Tits. Chapitre V: Groupes engendrés par des réflexions. Chapitre VI: systèmes de racines. Actualités Scientifiques et Industrielles, No. 1337. Hermann, Paris, 1968: 288.

[9] Breuil C, Conrad B, Diamond F, Taylor R. On the modularity of elliptic curves over Q: wild 3-adic exercises. J. Amer. Math. Soc., 2001, 14(4): 843-939. ISSN: 0894-0347.

[10] Bump D. Automorphic Forms and Representations. English. Paperback edition. Cambridge: Cambridge University Press, 1997: xiv + 574.

[11] Carlton D. On a result of Atkin and Lehner. ArXiv Mathematics e-prints (Mar. 1999). https://arxiv.org/abs/math/9903131.

[12] Česnavičius K. The Manin constant in the semistable case. Compos. Math., 2018, 154(9): 1889-1920.

[13] Conrad B. Arithmetic moduli of generalized elliptic curves. J. Inst. Math. Jussieu, 2007, 6(2):

209-278.

[14] Conrad B. Impossibility theorems for elementary integration. 2005 Academy Colloquium Series. Clay Mathematics Institute. 2005. URL: http://www.claymath.org/ 2005-academy-colloquium-series.

[15] Conrad K. The Conductor Ideal. URL: http://www.math.uconn.edu/ kconrad/ blurbs/grad-numthy/conductor.pdf.

[16] Deligne P. Formes modulaires et représentations de GL(2). Modular functions of one variable, II (Proc. Internat. Summer School, Univ. Antwerp, Antwerp, 1972). Lecture Notes in Math., Vol. 349. Berlin: Springer, 1973: 55-105.

[17] Deligne P, Rapoport M. Les schémas de modules de courbes elliptiques. Modular functions of one variable, II (Proc. Internat. Summer School, Univ. Antwerp, Antwerp, 1972). Lecture Notes in Math., Vol. 349. Berlin: Springer, 1973: 143-316.

[18] Deligne P. Formes modulaires et représentations ℓ-adiques. French. Sémin. Bourbaki 1968/69, No.355. Berlin, Heidelberg: Springer, 1971: 139-172.

[19] Deligne P, Serre J P. Formes modulaires de poids 1. Ann. Sci. École Norm. Sup., 1974(4): 507-530.

[20] Diamond F, Im J. Modular forms and modular curves. Seminar on Fermat's Last Theorem (Toronto, ON, 1993-1994). Vol. 17. CMS Conf. Proc. Providence, RI: Amer. Math. Soc., 1995: 39-133.

[21] Diamond F, Shurman J. A First Course in Modular Forms. Graduate Texts in Mathematics, Vol. 228. New York: Springer-Verlag, 2005: xvi+436. ISBN: 0-387- 23229-X.

[22] Dimca A. Sheaves in Topology. Universitext. Berlin: Springer-Verlag, 2004: xvi+236.

[23] Elkies N D. The Klein quartic in number theory. English. The Eightfold Way. The Beauty of Klein's Quartic Curve. Cambridge: Cambridge University Press, 1999: 51-101.

[24] Fleig P, Gustafsson H P A, Kleinschmidt A, Persson D. Eisenstein Series and Automorphic Representations: With Applications in String Theory. Cambridge Studies in Advanced Mathematics, Vol. 176. Cambridge: Cambridge University Press, 2018: xviii+567.

[25] 特伦鲍姆 G. 解析与概率数论导引. 法兰西数学精品译丛. 陈华一, 译. 北京: 高等教育出版社, 2011.

[26] Grafakos L. Classical Fourier Analysis. 3rd ed. Graduate Texts in Mathematics, Vol. 249. New York: Springer, 2014: xviii+638.

[27] Iwaniec H, Sarnak P. Perspectives on the analytic theory of L-functions. Geom. Funct. Anal. Special Volume, Part II. GAFA 2000 (Tel Aviv, 1999),2000: 705-741.

[28] Jacquet H, Shalika J A. On Euler products and the classification of automorphic representations. I. Amer. J. Math. 1981, 103(3): 499-558.

[29] Katok S. Fuchsian groups, geodesic flows on surfaces of constant negative curvature and symbolic coding of geodesics. English. Homogeneous Flows, Moduli Spaces and Arithmetic. Proceedings of the Clay Mathematics Institute Summer School, Centro di Recerca Mathematica

Ennio De Giorgi, Pisa, Italy, June 11-July 6, 2007. Providence, RI: American Mathematical Society (AMS); Cambridge, MA: Clay Mathematics Institute, 2010: 243-320.

[30] Katz N M. p-adic properties of modular schemes and modular forms. Modular Functions of One Variable III. Lecture Notes in Mathematics, Vol. 350, 1973: 69-190.

[31] Katz N M, Mazur B. Arithmetic Moduli of Elliptic Curves, Vol. 108. Annals of Mathematics Studies. Princeton, NJ: Princeton University Press, 1985: xiv+514.

[32] Klein F, Fricke R. Lectures on the Theory of Elliptic Modular Forms. Vol.1. Dupre A, 译. 北京: 高等教育出版社, 2017.

[33] Kohel D R, Verrill H A. Fundamental domains for Shimura curves. J. Théor. Nombres Bordeaux. Les XXIIèmes Journées Arithmetiques (Lille, 2001), 2003, 15(1): 205-222.

[34] Lee J M. Introduction to Smooth Manifolds. 2nd ed. Graduate Texts in Mathematics, Vol. 218. New York: Springer, 2013: xvi+708.

[35] Li W C W. Newforms and functional equations. Math. Ann., 1975, 212: 285-315.

[36] 伊莱亚斯 M. 斯坦恩拉米·沙卡升. 复分析. 普林斯顿分析译丛. 刘真真, 夏爱生, 夏军剑, 索文莉, 译. 北京: 机械工业出版社, 2017.

[37] Macdonald I G. Symmetric Functions and Hall Polynomials. 2nd ed. Oxford Classic Texts in the Physical Sciences. With contribution by Zelevinsky A V and a foreword by Richard Stanley, Reprint of the 2008 paperback edition [MR1354144]. New York: The Clarendon Press, Oxford University Press, 2015: xii+475.

[38] McCleary J. A User's Guide to Spectral Sequences. 2nd ed. Cambridge Studies in Advanced Mathematics, Vol. 58. Cambridge: Cambridge University Press, 2001: xvi+561.

[39] Michel P. Analytic number theory and families of automorphic L-functions. Automorphic forms and applications. Vol. 12. IAS/Park City Math. Ser. Amer. Math. Soc., Providence, RI, 2007: 181-295.

[40] Michel P, Venkatesh A. The subconvexity problem for GL_2. Publ. Math. Inst. Hautes Études Sci., 2010, 111: 171-271.

[41] Miyake T. Modular Forms. English. Springer Monographs in Mathematics. Translated from the 1976 Japanese original by Maeda Y. Berlin: Springer-Verlag, 2006: x+335.

[42] Mumford D. Tata Lectures on Theta. III. Modern Birkhäuser Classics. With collaboration of Madhav Nori and Peter Norman, Reprint of the 1991 original. Boston, MA: Birkhäuser Boston, Inc., 2007: viii+202.

[43] Mumford D. The Red Book of Varieties and Schemes. expanded. Lecture Notes in Mathematics, Vol. 1358. Includes the Michigan lectures (1974) on curves and their Jacobians, With contributions by Arbarello E. Berlin: Springer-Verlag, 1999: x+306.

[44] Kenneth A. Ribet. Galois representations attached to eigenforms with Nebentypus. Modular Functions of One Variable V. Lecture Notes in Math., Vol. 601, 1977: 17-51.

[45] Roy R. Elliptic and Modular Functions from Gauss to Dedekind to Hecke. Cambridge: Cambridge University Press, 2017: xiii+475.

[46] Saito T. An introduction to Galois representations and modular forms. Autour des motifs-École d'été Franco-Asiatique de Géométrie Algébrique et de Théorie des Nombres/Asian-French Summer School on Algebraic Geometry and Number Theory. Vol. III. Vol. 49. Panor. Synthèses. Soc. Math. France, Paris, 2016: 1-27.

[47] Scholl A J. Motives for modular forms. Invent. Math., 1990, 100(2): 419-430.

[48] Serre J P. A Course in Arithmetic. Translated from the French, Graduate Texts in Mathematics, No. 7. New York, Heidelberg: Springer-Verlag, 1973: viii+115.

[49] Shimura G. Introduction to The Arithmetic Theory of Automorphic Functions. Publications of the Mathematical Society of Japan, Vol. 11. Reprint of the 1971 original, Kanô Memorial Lectures, 1. Princeton, NJ: Princeton University Press, 1994: xiv+271.

[50] Silverman J H. The Arithmetic of Elliptic Curves. 2nd ed. Graduate Texts in Mathematics, Vol. 106. Dordrecht: Springer, 2009: xx+513.

[51] Stein W. Modular Forms, a Computational Approach. Graduate Studies in Mathematics, Vol. 79. With an appendix by Gunnells P E. Providence, RI: American Mathematical Society, 2007: xvi+268.

[52] Taylor R, Wiles A. Ring-theoretic properties of certain Hecke algebras. Ann. of Math., 1995, 141(3): 553-572.

[53] Titchmarsh E C. Introduction to the Theory of Fourier Integrals. 3rd ed. New York: Chelsea Publishing Co., 1986: x+394.

[54] Verdier J L. Sur les intégrales attachées aux formes automorphes (d'après Goro Shimura). Séminaire Bourbaki, Vol. 6. Soc. Math. France, Paris, 1995, Exp. No. 216: 149-175.

[55] Vignéras M F. Arithmétique des algèbres de quaternions. Lecture Notes in Mathematics, Vol. 800. Berlin: Springer, 1980: vii+169.

[56] Voight J. Quaternion Algebras. Graduate Texts in Mathematics 288. Cham: Springer, 2021.

[57] 尤承业. 基础拓扑学讲义. 北京: 北京大学出版社, 1997.

[58] 席南华. 基础代数（第二卷）. 北京: 科学出版社, 2018.

[59] 李文威. 代数学方法 (第一卷). 现代数学基础丛书. Vol. 67.1. 北京: 高等教育出版社, 2019.

[60] 梅加强. 黎曼曲面导引. 北京: 北京大学出版社, 2013.

[61] 熊金城. 点集拓扑讲义. 4 版. 北京: 高等教育出版社, 2011.

[62] 王竹溪, 郭敦仁. 特殊函数概论. 中外物理学精品书系 · 经典系列, Vol. 5. 北京: 北京大学出版社, 2010.

[63] 谭小江, 伍胜健. 复变函数简明教程. 北京大学数学教学系列丛书. 北京: 北京大学出版社, 2006.

[64] 陈省身, 陈维桓. 微分几何讲义. 2 版. 北京: 北京大学出版社, 2001.

[65] 黎景辉, 冯绪宁. 拓扑群引论. 2 版. 北京: 科学出版社, 2014.

[66] 黎景辉, 赵春来. 模曲线导引. 2 版. 北京: 北京大学出版社, 2014.

附录 A 分析学背景

本附录大致分为两部分. §§A.1—A.2 围绕群作用、商空间和基本区域. §§A.3—A.6 则是来自调和分析和复变函数论的一些经典工具. 相关内容都是标准的, 但未必被纳入大学课程和标准教材.

A.1 拓扑群及其作用

本节需要点集拓扑的基本语汇, 标准的参考资料包括但不限于 [57, 61].

拓扑群是指一个具有 Hausdorff 拓扑空间结构的群 G, 使得乘法 $G \times G \to G$ 及取逆 $G \to G$ 都是连续映射. 如果进一步要求 G 是 C^∞ 流形, 而乘法与取逆都是流形之间的 C^∞ 映射, 那么 G 称作 Lie 群. 设 X 为局部紧 Hausdorff 拓扑空间, 若 G 左作用于 X 上, 而按 $a(g, x) = gx$ 定义的作用映射 $a : G \times X \to X$ 连续, 则此作用称为连续的. 如果 X 是 C^∞ 流形, G 是 Lie 群而 a 是 C^∞ 映射, 那么这个作用称为 C^∞ 或光滑的. 对任意 $x \in X$, 稳定化子群 $\mathrm{Stab}_G(x)$ 是 G 的闭子群. 若 X 在 G 作用下仅有一个轨道, 则称 G 的作用**可递**, 而 X 是 G 作用下的**齐性空间**. 若对每个 $x \in X$ 皆有 $\mathrm{Stab}_G(x) = \{1\}$, 则称 G 的作用**自由**. 如赋予 X 一个 Riemann 度量, 而且要求每个群元素的作用 $a(g, \cdot) : X \to X$ 都保持 Riemann 度量, 则称 G 的作用**保距**. 基于对称性, 保距作用下的齐性空间必为常曲率空间. 右作用的情形全然相同. 拓扑群的一般理论可见 [65].

练习 A.1.1 设 G 为离散群. 证明 G 在空间 (或流形) X 上的作用是连续 (或 C^∞) 的, 当且仅当每个 $g \in G$ 给出的 $X \to X$ 都是连续 (或 C^∞) 的.

空间若具有一族可数的拓扑基, 则称其满足**第二可数公理**, 见 [57, 第一章, §3.3 和第二章, §1.3]. 流形按定义 [34,Chapter1] 皆满足第二可数公理.

对于连续的群作用可定义商空间 $G\backslash X$, 由全体 G 的轨道构成, 带有使商映射

$\pi : X \to G\backslash X$ 连续的最细拓扑, 等价的说法是 $U \subset G\backslash X$ 为开当且仅当 $\pi^{-1}(U) \subset X$ 为开, 此即商拓扑.

引理 A.1.2　对于连续群作用如上, $X \xrightarrow{\pi} G\backslash X$ 是开映射. 若 X 满足第二可数公理, 则 $G\backslash X$ 亦然.

证明　给定开集 $U \subset X$, 我们有 $\pi^{-1}(\pi(U)) = \bigcup_{g \in G} gU$ 为开, 故 $\pi(U)$ 亦开, 第一条断言得证. 对于第二条, 设 $\mathscr{U}$ 是 X 的一族可数拓扑基, 证明 $\mathscr{V} := \{\pi(U) : U \in \mathscr{U}\}$ 为拓扑基即可. 诚然, 给定开子集 $V \subset G\backslash X$, 可将 $\pi^{-1}(V)$ 写成 $\mathscr{U}$ 中一族元素之并, 于是 $V = \pi(\pi^{-1}(V))$ 相应地成为 $\mathscr{V}$ 中元素之并. □

上述结果对右作用同样成立. 商空间的重要特例是拓扑群的陪集空间.

命题 A.1.3　设 H 是拓扑群 G 的子群, 赋予 G/H 商拓扑, 那么

(i) 商映射 $\pi : G \to G/H$ 是开的;

(ii) 若 G 局部紧, 则 G/H 亦然;

(iii) G/H 是 Hausdorff 空间当且仅当 H 闭.

证明　引理 A.1.2 已包含 (i). 对于 (ii), 基于 G 在 G/H 上作用的可递性, 仅需证明 $1 \cdot H \in G/H$ 有紧邻域. 取 $1 \in G$ 的紧邻域 K, 再以乘法连续性取 $1 \in G$ 的邻域 U 使得 $U^{-1}U \subset K$. 我们断言 $\overline{\pi(U)} \subset \pi(K)$. 诚然, 若陪集 $gH \in \overline{\pi(U)}$, 那么其邻域 UgH 必交 $\pi(U)$, 亦即存在 $u, u' \in U$ 使得 $ugH = u'H$, 这就导致

$$gH = u^{-1}u'H \in \pi(U^{-1}U) \subset \pi(K).$$

由于 $\pi(K)$ 为紧, 上述断言遂蕴涵 $\overline{\pi(U)}$ 是 $\pi(1) = 1 \cdot H$ 的紧邻域.

对于 (iii), 设若 G/H 是 Hausdorff 的, 那么 $H = \pi^{-1}(\pi(1))$ 为闭. 反之设 H 闭. 对给定的陪集 $xH \neq yH$, 存在 G 中的开邻域 $V \ni 1$ 使得 $Vx \cap yH = \varnothing$, 或等价地说 $VxH \cap yH = \varnothing$. 再取 G 中开邻域 $U \ni 1$ 使得 $U^{-1}U \subset V$. 这就使得 $UxH \cap UyH = \varnothing$, 如是给出 $\pi(x), \pi(y)$ 的无交开邻域. □

精确到同构, 陪集空间穷尽了所有的局部紧 G-齐性空间.

定理 A.1.4　设 G 是满足第二可数公理的局部紧群, 局部紧拓扑空间 X 带有可递的连续 G-作用, 而 $x \in X$, 那么轨道映射

$$\mathrm{orb}_x : G/\mathrm{Stab}_G(x) \longrightarrow X$$

$$g \longmapsto gx$$

是同胚.

进一步, 若 G 是 Lie 群而 H 是其闭 Lie 子群, 那么空间 G/H 上带有唯一的 C^∞ 结构, 使得 G 在 G/H 上的左平移作用是 C^∞ 的, 而且 $G \to G/H$ 是 C^∞ 浸没 (即切映射处处满秩). 设 C^∞ 流形 X 是 Lie 群 G 左作用下的齐性空间, $x \in X$ 并赋予 $G/\operatorname{Stab}_G(x)$ 上述之流形结构, 那么 orb_x 实际还是 C^∞ 流形之间的同构.

对于右作用和陪集空间 $H \backslash G$ 自然也有相应的结果, 这里不再赘述.

证明   对于 Lie 群情形, 这是微分流形理论中的基本事实, 见 [34, Theorem 21.17, Theorem 21.18]. 以下仅讨论第一部分. 已知 orb_x 是连续双射, 再证其为开映射即可. 但根据商拓扑的定义, 证明 $g \mapsto gx$ 是从 G 到 X 的开映射即可.

考虑 G 中的紧邻域 $K \ni 1$. 第二可数公理确保 G 有稠密可数子集 $\{g_i\}_{i=1}^\infty$, 故 $G = \bigcup_{i \geq 1} g_i K$, 故 $X = \bigcup_{i \geq 1} g_i K x$. 既然 $g_i K x$ 紧, 它们在 X 中是闭的. 故 Baire 定理蕴涵存在 i 使得 $(g_i K x)^\circ \neq \varnothing$. 左平移给出同胚 $g_i K x \xrightarrow{\sim} K x$, 故存在 $kx \in (Kx)^\circ$. 再作平移遂导出 $x \in (k^{-1} K x)^\circ \subset (K^{-1} K x)^\circ$.

接着考虑任意开子集 $V \subset G$ 和 $g \in V$. 取 G 中的紧邻域 $K \ni 1$ 使得 $gK^{-1}K \subset V$, 那么 $gx \in gK^{-1}Kx \subset Vx$. 既然已知 $x \in (K^{-1}Kx)^\circ$, 平移后 $gx \in (gK^{-1}Kx)^\circ \subset (Vx)^\circ$. 综上, Vx 的每一点都是内点, 故 Vx 为开子集. $\square$

拓扑群 G 的子群 Γ 若是 G 的离散子集, 则称其为**离散子群**. 子群 $\Gamma \subset G$ 离散当且仅当存在开集 $U \subset G$ 使 $U \cap \Gamma = \{1\}$, 或者说 $\{1\}$ 在 Γ 中离散, 因为如此一来对所有 $\gamma \in \Gamma$ 皆有 $\gamma U \cap \Gamma = \{\gamma\}$, 而 $\gamma U \ni \gamma$ 为开集.

引理 A.1.5   拓扑群 G 的离散子群 Γ 总是闭的.

证明   选定 $g \notin \Gamma$, 只需说明 g 有不交 Γ 的开邻域. 选择开邻域 $U \ni 1$ 使得 $U \cap \Gamma = \{1\}$. 因为乘法连续, 存在开邻域 $V \ni g$ 满足 $VV^{-1} \subset U$, 于是对 $x, y \in V$ 有 $xy^{-1} \in \Gamma \iff x = y$. 是故 $|V \cap \Gamma| \leq 1$. 若 $V \cap \Gamma = \varnothing$, 则可收工, 否则设 $V \cap \Gamma = \{x\}$. 因为 G 是 Hausdorff 空间, 存在开集 W 使得 $g \in W$ 而 $x \notin W$. 取开集 $W \cap V \ni g$ 即所求. $\square$

定义 A.1.6   设离散群 Γ 连续地作用在局部紧 Hausdorff 拓扑空间 X 上. 如果对任何紧子集 $K_1, K_2 \subset X$, 集合 $\{\gamma \in \Gamma : \gamma K_1 \cap K_2 \neq \varnothing\}$ 皆有限, 则称 Γ 的作用是**正常**的 [1].

练习 A.1.7   对于正常作用, 验证每个 $x \in X$ 皆满足

(a) $\operatorname{Stab}_\Gamma(x)$ 有限;

(b) 轨道 Γx 离散.

提示 对于 (a), 在定义中取 $K_1 = K_2 = \{x\}$. 对于 (b), 仅需证明 x 的任何紧邻域 K 交 Γx 于有限多个点 (取 $K_1 = \{x\}$, $K_2 = K$), 再将此邻域适当缩小.

---

[1] 这种作用旧称为 "不连续" 作用, 如 [10, p.18], 易滋误会, 在此采纳了 [34, §21] 的建议.

命题 A.1.8   设 Γ 在 X 上的作用正常, 而且 X 满足第二可数公理, 则每个 $x \in X$ 都有开邻域 U, 使得对任意 $y, y' \in U$,

$$\forall \gamma \in \Gamma, \quad \left[\gamma y = y' \implies \gamma \in \mathrm{Stab}_\Gamma(x) \right].$$

证明   设若不然, 则存在 X 中的收敛点列 $y_i \to x$, $y_i' \to x$ 以及 Γ 中的点列 $\gamma_i \in \Gamma \smallsetminus \mathrm{Stab}_\Gamma(x)$, 使得 $y_i' = \gamma_i y_i$. 可取 y_i, y_i' 全在 x 的一个紧邻域中, 正常作用遂蕴涵 γ_i 的选择有限. 萃取子序列后可进一步假设 γ_i 为常元 $\gamma \in \Gamma$. 对 $y_i' = \gamma y_i$ 取极限 $i \to \infty$ 导出 $\gamma \in \mathrm{Stab}_\Gamma(x)$, 矛盾. $\qquad\square$

命题 A.1.9   对于 Γ 在 X 上的正常作用, 商空间 $\Gamma \backslash X$ 也是局部紧 Hausdorff 的.

证明   已知 $X \to \Gamma \backslash X$ 是开映射, 而连续映射映紧集为紧集, 由此知 $\Gamma \backslash X$ 也是局部紧空间. 为了证明 Hausdorff 性质, 考虑 $x, y \in X$ 使得轨道 $\bar{x} \neq \bar{y} \in \Gamma \backslash X$. 因为 X 局部紧, 可取开邻域 $A \ni x$ 和 $B \ni y$ 使得闭包 $\bar{A}, \bar{B}$ 紧, 并且由假设知 $\{\gamma : \gamma \bar{A} \cap \bar{B} \neq \varnothing\}$ 有限, 其元素枚举为 $\gamma_1, \cdots, \gamma_n$. 既然 X 是 Hausdorff 的, 而且对所有 $1 \leqslant i \leqslant n$ 皆有 $\gamma_i x \neq y$, 对每个 i 可取开邻域 $U_i \ni \gamma_i x$ 和 $V_i \ni y$ 使得 $U_i \cap V_i = \varnothing$. 进一步取开集

$$x \in U := A \cap \bigcap_{i=1}^n \gamma_i^{-1} U_i,$$

$$y \in V := B \cap \bigcap_{i=1}^n V_i,$$

以确保 $\gamma U \cap V = \varnothing$ 对所有 γ 成立, 那么 U, V 在 $\Gamma \backslash X$ 中的像给出 $\bar{x}, \bar{y}$ 的无交开邻域. $\square$

若 $H \subset G$ 为局部紧拓扑群的闭子群, 则命题 A.1.3 说明 G/H 是局部紧 Hausdorff 空间, 由此可以谈论离散群对 G/H 的作用是否正常. 以下提供的判准需要一点准备工作. 回忆到一个连续映射 $f: A \to B$ 被称为**逆紧**的, 如果紧集的逆像仍为紧.

引理 A.1.10   设 G 为拓扑群而 $H \subset G$ 为闭子群, 则商映射 $\pi: G \to G/H$ 逆紧蕴涵 H 为紧群; 如果 G 是局部紧群, 则其逆亦真.

证明   设 π 逆紧, 则 H 作为 $\{1 \cdot H\} \subset G/H$ 的逆像也是紧的.

以下设 H 紧而 G 局部紧. 设 $E \subset G/H$ 为紧子集, 对每个 $x \in G$ 取开集 $U_x \ni x$ 使得 $\overline{U_x}$ 紧. 基于 π 为开映射这一事实, $\{\pi(U_x) : x \in G\}$ 给出 $E \subset G/H$ 的开覆盖, 从中选取有限子覆盖 $\pi(U_{x_1}), \cdots, \pi(U_{x_n})$. 于是

$$\pi^{-1}(E) \subset \pi^{-1}\left(\bigcup_{i=1}^n \pi\left(\overline{U_{x_i}}\right)\right) = \left(\bigcup_{i=1}^n \overline{U_{x_i}}\right) \cdot H,$$

而右式是紧的, $\pi^{-1}(E)$ 闭, 故 $\pi^{-1}(E)$ 紧. □

命题 A.1.11 设 G 为局部紧拓扑群, $H \subset G$ 为紧子群而 $\Gamma \subset G$ 为离散子群, 则 Γ 在 G/H 上的左乘作用为正常作用.

证明 引理 A.1.10 蕴涵商映射 $\pi : G \to G/H$ 逆紧. 今取定紧子集 $K_1, K_2 \subset G/H$, 对任意 $\gamma \in G$, 有

$$\gamma K_1 \cap K_2 \neq \varnothing \Longleftrightarrow \begin{bmatrix} \exists \kappa_1 \in \pi^{-1}(K_1), & \\ & \gamma \kappa_1 \in \kappa_2 H \\ \exists \kappa_2 \in \pi^{-1}(K_2), & \end{bmatrix}$$
$$\Longrightarrow \gamma \in \kappa_2 H \kappa_1^{-1} \subset \pi^{-1}(K_2) \cdot \pi^{-1}(K_1)^{-1}.$$

然而 $A := \pi^{-1}(K_2) \cdot \pi^{-1}(K_1)^{-1}$ 为紧, 作为紧集 A 的离散子集, 引理 A.1.5 蕴涵 $\Gamma \cap A$ 必有限. □

取特例 $H = \{1\}$ 可知任何离散子群 Γ 在局部紧群 G 上的平移作用皆正常.

A.2 基本区域

本节谈论的空间都是局部紧 Hausdorff 空间, 群都是离散群.

定义 A.2.1 设群 Γ 在空间 X 上正常地作用. 当子集 $\mathscr{F} \subset X$ 满足以下条件时, 称 $\mathscr{F}$ 是 X 的**基本区域**.

F.1 $\mathscr{F}$ 是 $\mathscr{F}^\circ$ 的闭包;

F.2 对任意相异的 $\gamma, \gamma' \in \Gamma$ 皆有 $(\gamma \mathscr{F})^\circ \cap (\gamma' \mathscr{F})^\circ = \varnothing$;

F.3 $X = \bigcup_{\gamma \in \Gamma} \gamma \mathscr{F}$, 而且此覆盖是局部有限的: 对任意 $x \in X$, 存在开邻域 $U \ni x$ 使得仅有有限多个 $\gamma \in \Gamma$ 使得 $U \cap \gamma \mathscr{F} \neq \varnothing$.

上述形如 $\gamma \mathscr{F}$ 的子集也称为 $\mathscr{F}$ 的一个 Γ-平移.

下面是一个简单的观察: 小群的基本区域能从大群得到.

命题 A.2.2 设 Γ' 在 X 上正常地作用, 并且有基本区域 $\mathscr{F}'$. 若子群 $\Gamma \subset \Gamma'$ 满足 $k = (\Gamma' : \Gamma)$ 有限, 任选陪集分解

$$\Gamma' = \bigsqcup_{i=1}^{k} \Gamma g_i, \quad g_1, \cdots, g_k \in \Gamma',$$

则 $\mathscr{F} := \bigcup_{i=1}^{k} g_i \mathscr{F}'$ 是 Γ 的基本区域.

证明   关于 F.1 的验证是初等的. 至于 F.3, 首先有

$$X = \bigcup_{i=1}^{k} \bigcup_{\gamma \in \Gamma} \gamma g_i \mathscr{F}' = \bigcup_{\gamma \in \Gamma} \gamma \cdot \bigcup_{i=1}^{k} g_i \mathscr{F}' = \bigcup_{\gamma \in \Gamma} \gamma \mathscr{F}.$$

接着验证 F.3 中的局部有限性: 对任意 x, 取开邻域 $U \ni x$ 使得

$$\Xi := \left\{ \gamma \in \Gamma : \gamma \mathscr{F}' \cap U \neq \varnothing \right\}$$

是有限集. 若 $\gamma \mathscr{F} \cap U = \bigcup_{i=1}^{k} \gamma \left(g_i \mathscr{F}' \cap U \right)$ 非空, 则 γ 属于有限集 $\bigcup_{i=1}^{k} \Xi g_i^{-1}$.

以下证明 F.2. 由于

$$\bigsqcup_{i=1}^{k} g_i (\mathscr{F}')^{\circ} \overset{\text{开}}{\subset} \mathscr{F}^{\circ} \subset \mathscr{F} = \bigcup_{i=1}^{k} g_i \mathscr{F}',$$

从 $(\mathscr{F}')^{\circ}$ 在 $\mathscr{F}'$ 中稠密导出 $\bigsqcup_i g_i (\mathscr{F}')^{\circ}$ 在 $\mathscr{F}$ 中稠密, 故 $\mathscr{F}^{\circ}$ 也在 $\mathscr{F}$ 中稠密. 若存在 $x \in \gamma \mathscr{F}^{\circ} \cap \mathscr{F}^{\circ}$, 其中 $\gamma \in \Gamma$, 那么由于 $\gamma \mathscr{F}^{\circ} \cap \mathscr{F}^{\circ}$ 为开, 稠密性蕴涵存在 i, j 使得 x 可以扰动到 $\gamma g_i (\mathscr{F}')^{\circ} \cap g_j (\mathscr{F}')^{\circ}$ 中, 故 $\gamma = g_j g_i^{-1}$. 若 $i = j$, 则 $\gamma = 1$. 若 $i \neq j$, 则 $\gamma = g_j g_i^{-1} \notin \Gamma$, 矛盾. $\square$

基本区域 $\mathscr{F}$ 是研究商空间 $\Gamma \backslash X$ 的有力工具. 在 $\mathscr{F}$ 上定义等价关系

$$\forall x, y \in \mathscr{F}, \quad x \sim y \iff \exists \gamma \in \Gamma, \ \gamma x = y.$$

根据 F.2, 此关系仅在 $\mathscr{F}$ 的边界 $\partial \mathscr{F}$ 上才是非平凡的. 存在自然的映射

$$\theta : (\mathscr{F}/\sim) \longrightarrow \Gamma \backslash X.$$

赋予 $\mathscr{F}$ 子空间拓扑, 再赋予 $\mathscr{F}/\sim$ 商拓扑. 下述结果说明将 $\mathscr{F}$ 沿边按 $\sim$ 粘合, 就能得出 $\Gamma \backslash X$.

命题 A.2.3   映射 θ 是同胚.

证明   根据基本区域的定义可知 θ 是双射. 从商拓扑定义和交换图表

$$
\begin{array}{ccc}
\mathscr{F} & \hookrightarrow & X \\
\pi \downarrow & & \downarrow \pi_X \\
\mathscr{F}/\sim & \xrightarrow{\ \theta\ } & \Gamma \backslash X
\end{array}
$$

可知 θ 连续, 问题归结为证明 θ 是开映射. 令 $U \subset \mathscr{F}/\sim$ 为开集, 存在开集 $\tilde{U} \subset X$ 使得 $\pi^{-1}(U) = \mathscr{F} \cap \tilde{U}$. 定义 X 的 Γ-不变子集

$$V := \bigcup_{\gamma \in \Gamma} \gamma(\mathscr{F} \cap \tilde{U}).$$

它满足

$$\pi_X(V) = \pi_X(\mathscr{F} \cap \tilde{U}) = \pi_X(\pi^{-1}(U)) = \theta(U).$$

既然 π_X 是开映射, 证 V 为 X 的开子集即可. 下面证明每个 $x \in V$ 都有包含于 V 的开邻域. 根据局部有限性, 存在 X 中的开邻域 $W \ni x$ 使得 $W \subset \bigcup_{i=1}^{k} \gamma_i \mathscr{F}$, 其中 $\forall \gamma_i \in \Gamma$. 因 $\mathscr{F}$ 为闭, 缩小 W 后还可以假设 $\forall i$, $x \in \gamma_i \mathscr{F}$.

　　由 $\pi(\gamma_i^{-1} x) = \pi(x) \in U$ 可知 $\gamma_i^{-1} x \in \pi^{-1}(U) = \mathscr{F} \cap \tilde{U} \subset \tilde{U}$. 于是每个开集 $\gamma_i \tilde{U}$ 皆包含 x, 进一步缩小 W 可确保 $W \subset \bigcap_{i=1}^{k} \gamma_i \tilde{U}$. 最后观察到 $W \subset V$: 若 $w \in W$, 取 $1 \leqslant i \leqslant k$ 使得 $w \in \gamma_i \mathscr{F}$, 于是 $w \in \gamma_i \mathscr{F} \cap \gamma_i \tilde{U} = \gamma_i(\mathscr{F} \cap \tilde{U}) \subset V$. ☐

例 A.2.4　　取 $X = \mathbb{R}$, 离散群 $\Gamma := \mathbb{Z}$ 以加法作用在 X 上. 极易看出区间 $[0,1]$ 满足定义 A.2.1 的所有条件, 因而是基本区域. 如果考虑 $\mathbb{Z}$ 的子群 $2\mathbb{Z}$, 那么 $[0,2] = [0,1] \cup (1 + [0,1])$ 是相对于 $2\mathbb{Z}$ 的基本区域, 正与命题 A.2.2 一致. 根据命题 A.2.3, 将 $[0,1]$ 两端粘合便可描述商空间 $\mathbb{R}/\mathbb{Z}$, 显然粘合后的空间同胚于圆环 $\mathbb{S}^1$. 更直接的同胚 $\mathbb{R}/\mathbb{Z} \xrightarrow{\sim} \mathbb{S}^1$ 可由 $x + \mathbb{Z} \mapsto e^{2\pi i x}$ 给出.

最后考察 X 为 Riemann 流形的情形. 假定 Γ 的作用保距, 则 Γ 也保持相应的测度.

命题 A.2.5　　设离散群 Γ 透过保距变换正常地作用在 Riemann 流形 X 上. 设 $\mathscr{F}_1$, $\mathscr{F}_2$ 是 Γ 作用下的两个基本区域, 并且 $\partial\mathscr{F}_1$ 和 $\partial\mathscr{F}_2$ 皆为零测集, 则 $\mathrm{vol}(\mathscr{F}_1) = \mathrm{vol}(\mathscr{F}_2)$.

证明　　基于对称性, 证 $\mathrm{vol}(\mathscr{F}_1) \geqslant \mathrm{vol}(\mathscr{F}_2)$ 即可. 基本区域的性质和题设给出

$$\mathrm{vol}(\mathscr{F}_1) \geqslant \sum_{\gamma \in \Gamma} \mathrm{vol}\left(\mathscr{F}_1 \cap \gamma \mathscr{F}_2^\circ\right) = \sum_{\gamma \in \Gamma} \mathrm{vol}\left(\gamma^{-1}\mathscr{F}_1 \cap \mathscr{F}_2^\circ\right)$$

$$\geqslant \mathrm{vol}\left(\left(\bigcup_{\gamma \in \Gamma} \gamma^{-1}\mathscr{F}_1\right) \cap \mathscr{F}_2^\circ\right)$$

$$= \mathrm{vol}\left(\mathscr{F}_2^\circ\right) = \mathrm{vol}\left(\mathscr{F}_2\right).$$

明所欲证. ☐

注记 A.2.6　　假设存在边界为零测集的基本区域 $\mathscr{F}$, 则命题 A.2.5 表明 $\mathrm{vol}(\mathscr{F})$ 实则是 X 在 Γ 作用下的不变量, 无关 $\mathscr{F}$ 的选择. 此量可理解为商空间 $\Gamma \backslash X$ 的体积, 然而这并不严谨, 因为当 Γ 作用非自由时, 要说清 $\Gamma \backslash X$ 的几何结构是颇费周折的.

A.3　正规收敛与全纯函数

请回忆: 从度量空间 (X, d) 到 (X', d') 的函数 f 被称为是**一致连续**的, 如果对任意 $\epsilon > 0$, 存在 δ 使得

$$d(x, y) < \delta \implies d'(f(x), f(y)) < \epsilon.$$

一族以集合 T 为下标的函数 $(f_t : X \to X')_{t \in T}$ 称为是**等度连续**的, 如果以上条件改为

$$d(x, y) < \delta \implies \forall t \in T, \ d'\big(f_t(x), f_t(y)\big) < \epsilon.$$

令 Ω 为 $\mathbb{C}$ 的非空开子集, T 为局部紧 Hausdorff 拓扑空间, μ 是其上的 Radon 测度. 本书实际用到的具体情形仅有

◇ $T = \mathbb{Z}_{\geqslant 1}$ 带离散拓扑, μ 是计数测度;

◇ T 是 $\mathbb{R}^n$ 的开子集, μ 是 Lebesgue 测度;

◇ T 是 $\mathbb{C}$ 或更一般的 Riemann 曲面上的一条曲线, μ 来自曲线的某个参数化, 这用于处理围道积分.

定义 A.3.1　设 $(f_t)_{t \in T}$ 是一族 Ω 上的函数, 并且假设 $t \mapsto f_t(s)$ 对每个 $s \in \Omega$ 都 μ-可测. 对于子集 $K \subset \Omega$, 若积分

$$\int_{t \in T} \sup_{s \in K} |f_t(s)| \ \mathrm{d}\mu(t)$$

有限, 则称积分 $f(s) := \displaystyle\int_T f_t(s) \, \mathrm{d}\mu(t)$ 在 K 上**正规收敛**; 若此性质对所有紧子集 $K \subset \Omega$ 都成立, 则称该积分在 (Ω 的) **紧子集上正规收敛**.

取 $T = \mathbb{Z}_{\geqslant 1}$ 和计数测度 μ, 则积分化为无穷级数, 按此可以讨论 $\sum_{n \geqslant 1} f_n(s)$ 的正规收敛性. 数学分析中, Weierstrass 判别法给出的就是级数的正规收敛性.

引理 A.3.2　设积分 $\displaystyle\int_T f_t(s) \, \mathrm{d}\mu(t)$ 在紧子集上正规收敛, 并且对 $T \times \Omega$ 的所有紧子集 $E \times K$, 函数族 $\big\{ f_t|_K : K \to \mathbb{C} \big\}_{t \in E}$ 等度连续, 那么 f 也连续.

关于等度连续的前提在以下两种情形自动成立:

(a) T 是度量空间而 $f_t(s)$ 是 (t, s) 的连续函数;

(b) T 离散 (例如 $T = \mathbb{Z}_{\geqslant 0}$) 而且每个 f_t 皆连续.

证明　先说明 f 的连续性. 给定 $\epsilon > 0$. 连续性对变量 s 是局部性质, 所以不妨设 s, s' 属于 Ω 的某个紧子集 K; 再取紧子集 $E \subset T$ 使得 $\displaystyle\int_{T \setminus E} \sup_{s \in \Omega} |f_t(s)| \ \mathrm{d}\mu(t) < \frac{\epsilon}{3}$; 留意

到 $\mu(E)$ 有限. 当 $|s-s'|$ 充分小时, 等度连续导致 $\sup_{t\in E}|f_t(s)-f_t(s')|<\mu(E)^{-1}\frac{\epsilon}{3}$. 所以

$$\begin{aligned}
|f(s)-f(s')| &\leqslant \left(\int_E + \int_{T\smallsetminus E}\right)|f_t(s)-f_t(s')|\,\mathrm{d}\mu(t)\\
&\leqslant \int_E |f_t(s)-f_t(s')|\,\mathrm{d}\mu(t) + 2\int_{T\smallsetminus E}\sup_{s\in\Omega}|f_t(s)|\,\mathrm{d}\mu(t) < \frac{\epsilon}{3}+\frac{2\epsilon}{3} = \epsilon.
\end{aligned}$$

接着说明等度连续性成立的情形. 在情形 (a), $T\times\Omega$ 的拓扑来自度量

$$d((t,s),(t',s')) := \max\left\{d_T(t,t'),\|s-s'\|\right\}.$$

按条件可知 $(t,s)\mapsto f_t(s)$ 在紧集 $E\times K$ 上一致连续. 因为

$$\forall t\in E,\quad d((t,s),(t,s')) = \|s-s'\|,$$

一致连续蕴涵 $\{f_t|_K\}_{t\in E}$ 等度连续. 因为离散空间是度量空间, 情形 (b) 是 (a) 的一个特例. $\qquad\square$

命题 A.3.3 设 $(f_t)_{t\in T}$ 是 Ω 上的一族全纯函数, 服从于引理 A.3.2 的前提, 则 $f := \int_T f_t\,\mathrm{d}\mu(t)$ 也是 Ω 上的全纯函数, 而且

$$f^{(m)} = \int_T f_t^{(m)}\,\mathrm{d}\mu(t),\quad m\in\mathbb{Z}_{\geqslant 0}.$$

证明 引理 A.3.2 确保 f 连续. 考虑 Ω 中任一个由逐段光滑曲线围出的单连通区域 Δ, 则 Fubini 定理给出

$$\oint_{\partial\Delta} f(s)\,\mathrm{d}s = \oint_{\partial\Delta}\int_T f_t(s)\,\mathrm{d}\mu(t)\,\mathrm{d}s = \int_T\oint_{\partial\Delta}f_t(s)\,\mathrm{d}s\,\mathrm{d}\mu(t),$$

因 f_t 全纯故积分为 0, 由 Morera 定理 [63,§3.3,定理3] 遂得 f 全纯.

设 $m\in\mathbb{Z}_{\geqslant 1}$ 而 $s\in\Omega$. 取 $\epsilon\in\mathbb{R}_{>0}$ 充分小, Cauchy 积分公式配合 Fubini 定理给出

$$\begin{aligned}
f^{(m)}(s) &= \frac{m!}{2\pi i}\oint_{|z-s|=\epsilon}\frac{f(z)}{(z-s)^{m+1}}\,\mathrm{d}z\\
&= \frac{m!}{2\pi i}\oint_{|z-s|=\epsilon}\int_T\frac{f_t(z)}{(z-s)^{m+1}}\,\mathrm{d}\mu(t)\,\mathrm{d}z\\
&= \int_T\frac{m!}{2\pi i}\oint_{|z-s|=\epsilon}\frac{f_t(z)}{(z-s)^{m+1}}\,\mathrm{d}z\,\mathrm{d}\mu(t)\\
&= \int_T f_t^{(m)}(s)\,\mathrm{d}\mu(t).
\end{aligned}$$

明所欲证.   □

命题 A.3.4   设 $f_1, f_2, \cdots$ 是 Ω 上的一族全纯函数, 并且 $\sum_{n \geq 1} f_n$ 在紧子集上正规收敛, 则 $f := \sum_{n \geq 1} f_n$ 也是 Ω 上的全纯函数, 而且

$$f^{(m)} = \sum_{n \geq 1} f_n^{(m)}, \quad m \in \mathbb{Z}_{\geq 0}.$$

证明   在命题 A.3.3 中取 $T = \mathbb{Z}_{\geq 1}$ 而 μ 为计数测度, 化积分为级数. 因为 $f_1, f_2, \cdots$ 皆连续, 所需的等度连续性根据引理 A.3.2 自动成立.   □

A.4　无穷乘积

定义 A.4.1   考虑复数列 $u_1, u_2, \cdots$. 若乘积 $\prod_N := u_1 \cdots u_N$ 在当 $N \to \infty$ 时有非零的极限, 则称无穷乘积 $\prod_{k=1}^{\infty} u_k$ **条件收敛**.

极限非零蕴涵各项 u_k 皆非零, 而 $\lim_{k \to \infty} u_k = 1$. 若 $\prod_k u_k$ 收敛, 则 $\prod_k u_k^a = \left(\prod_k u_k \right)^a$ 亦然 $(a \in \mathbb{Z})$.

注记 A.4.2   因为探讨 $\prod_k u_k$ 的收敛性时可以舍弃有限项, 有时不妨便宜行事, 容许 $u_1, u_2, \cdots$ 中至多有限项取零, 其余仍收敛如上, 这时也可说 $\prod_{k \geq 1} u_k$ "收敛到零". 譬如, 复变函数论经典的公式 (见 [62, §1.7(3)])

$$\frac{\sin(\pi s)}{\pi s} = \prod_{n=1}^{\infty} \left(1 - \frac{s^2}{n^2} \right)$$

即是一例: 当 $s \in \mathbb{Z} \smallsetminus \{0\}$ 时第 $n = |s|$ 项取零, 正对应 $\frac{\sin(\pi s)}{\pi s}$ 的所有零点. 本节关于收敛性和全纯性的结果都能延伸到这类情形.

以下将无穷乘积的通项写为

$$u_k = 1 + a_k, \quad a_k \in \mathbb{C} \smallsetminus \{-1\}, \quad \lim_{k \to \infty} a_k = 0.$$

这时对充分大的 k, 有 $|a_k| < 1$, 从而可取 $\log(1 + a_k)$ 使其幅角落在 $\left[\frac{-\pi}{2}, \frac{\pi}{2} \right]$, 对于其他有限多项, 取 $\log(1 + a_k)$ 的任意分支. 综之,

$$\prod_{k=1}^{N} (1 + a_k) = \exp \left(\sum_{k=1}^{N} \log(1 + a_k) \right). \tag{A.4.1}$$

兹断言

$$\prod_{k=1}^{\infty}(1+a_k) \text{ 条件收敛} \iff \sum_{k=1}^{\infty}\log(1+a_k) \text{ 条件收敛}.$$

诚然, 方向 $\Longleftarrow$ 由 (A.4.1) 一眼可见. 现在假设 $\prod_k(1+a_k)$ 条件收敛到 $\exp(L) \in \mathbb{C}\smallsetminus\{0\}$. 当 $N \to \infty$ 时 (A.4.1) 导致 $\sum_{k=1}^{N}\log(1+a_k)$ 在 $\mathrm{mod}\ 2\pi i\mathbb{Z}$ 意义下趋近 L. 然而 $\log(1+a_k) \to 0$ 而 $2\pi i\mathbb{Z}$ 是 $\mathbb{C}$ 的离散子群, 所以 $\sum_k\log(1+a_k)$ 必收敛到某个 $L+2\pi im$, 其中 $m \in \mathbb{Z}$, 故 $\Longrightarrow$ 得证.

定义 A.4.3 若 $\sum_{k=1}^{\infty}\left|\log(1+a_k)\right|$ 收敛, 则称无穷乘积 $(1+a_1)(1+a_2)\cdots$ **绝对收敛**于 $\prod_{k=1}^{\infty}(1+a_k)$, 或径称**收敛**. 当 $\forall a_k \geqslant 0$ 时, 这等价于条件收敛.

由于绝对收敛的无穷级数可以任意重排, 根据 (A.4.1), 绝对收敛的无穷乘积亦然.

命题 A.4.4 对任意复数列 $a_1, a_2, \cdots \in \mathbb{C}\smallsetminus\{-1\}$, 无穷乘积 $\prod_{k=1}^{\infty}(1+a_k)$ 绝对收敛当且仅当 $\sum_{k=1}^{\infty}a_k$ 绝对收敛.

证明 两边的条件都蕴涵 $a_k \to 0$. 不妨设 $|a_k| < 1$, 则有

$$\left|\frac{\log(1+a_k)}{a_k}-1\right| = \left|\sum_{m \geqslant 1}(-1)^m\frac{|a_k|^m}{m+1}\right| \leqslant \sum_{m \geqslant 1}|a_k|^m$$

$$= |a_k|(1-|a_k|)^{-1} \xrightarrow{k \to \infty} 0.$$

特别地, $k \to \infty$ 时 $|\log(1+a_k)| \sim |a_k|^{-1}$. 由此见得 $\sum_k\left|\log(1+a_k)\right|$ 和 $\sum_k|a_k|$ 的收敛性等价. $\qquad\square$

现给定 $\mathbb{C}$ 的非空开子集 Ω 和一族函数 $f_n : \Omega \to \mathbb{C}\smallsetminus\{0\}$. 考虑无穷乘积 $\prod_{n \geqslant 1}f_n(s)$, 其中 $s \in \Omega$. 按前述办法用 $\log$ 化乘积为级数, 就可代入 §A.3 的框架.

命题 A.4.5 设 $f_n : \Omega \to \mathbb{C}\smallsetminus\{0\}$ 是一族全纯函数 $(n \in \mathbb{Z}_{\geqslant 1})$, 并且假设在 Ω 的每个紧子集上 f_n 皆有以下性质

◇ 当 n 充分大时, 存在 g_n 使得 $f_n(s) = \exp(g_n(s))$;

◇ 承上, $\sum_n g_n(s)$ 在该紧子集上正规收敛,

则 $\prod_{n \geqslant 1}f_n$ 收敛到全纯函数 $f : \Omega \to \mathbb{C}\smallsetminus\{0\}$, 进一步, f 满足于

$$\frac{f'}{f} = \sum_{n \geqslant 1}\frac{f_n'}{f_n}.$$

证明 鉴于之前讨论和 (A.4.1), 这是命题 A.3.4 的直接结论. $\qquad\square$

定理 A.4.6 (Euler 乘积)   假设复数列 $(a_n)_{n \geq 1}$ 满足乘性, 亦即

$$n, m \text{ 互素} \implies a_{nm} = a_n a_m, \quad a_1 = 1,$$

则 $\sum_{n \geq 1} |a_n|$ 收敛当且仅当 $\prod_{p: \text{素数}} \sum_{k \geq 0} |a_{p^k}|$ 收敛, 而此时

$$\sum_{n=1}^{\infty} a_n = \prod_{p: \text{素数}} \left(\sum_{k \geq 0} a_{p^k} \right),$$

右式是按定义 A.4.3 绝对收敛的无穷乘积.

证明   先注意到若 $(a_n)_{n \geq 1}$ 满足乘性, 则 $(|a_n|)_{n \geq 1}$ 亦然. 对任意素数 $p_1 < \cdots < p_h$ 及非负整数 $e_1, \cdots, e_h$, 正整数的唯一分解性给出

$$\sum_{k=0}^{e_1} a_{p_1^k} \cdots \sum_{k=0}^{e_h} a_{p_h^k} = \sum_{\substack{n = p_1^{f_1} \cdots p_h^{f_h} \\ \forall i, \, 0 \leq f_i \leq e_i}} a_n. \tag{A.4.2}$$

现在设 $\sum_{n \geq 1} |a_n|$ 收敛. 对每个素数 p, 命

$$A_p := \sum_{k \geq 0} a_{p^k} = 1 + \sum_{k \geq 1} a_{p^k}.$$

命题 A.4.4 说明无穷乘积 $\prod_p A_p$ 绝对收敛: 仅需注意到 $\sum_p |\sum_{k \geq 1} a_{p^k}|$ 被 $\sum_{n \geq 1} |a_n|$ 控制即可. 以 $|a_n|$ 代 a_n, 立见此时 $\prod_{p: \text{素数}} \sum_{k \geq 0} |a_{p^k}|$ 也收敛.

依然设 $\sum_{n \geq 1} |a_n|$ 收敛. 对任意正整数 N, 绝对收敛级数的相乘理论给出

$$\left| \sum_{n \geq 1} a_n - \prod_{p < N} A_p \right| \leq \sum_{\substack{n \geq 1 \\ \text{有素因子} \geq N}} |a_n| \leq \sum_{n \geq N} |a_n|.$$

最右式在 $N \to \infty$ 时趋近于 0. 因之 $\sum_{n \geq 1} a_n = \prod_p A_p$.

反过来假设 $\prod_p \sum_{k \geq 0} |a_{p^k}|$ 收敛, 从 (A.4.2) 对 $|a_n|$ 的情形可见对所有正整数 N,

$$\sum_{n=1}^{N} |a_n| \leq \prod_{\substack{p: \text{素数} \\ p \leq N}} \left(1 + \sum_{k=1}^{\infty} |a_{p^k}| \right) \leq \prod_{p: \text{素数}} \left(1 + \sum_{k=1}^{\infty} |a_{p^k}| \right),$$

故 $\sum_{n \geq 1} |a_n|$ 也收敛. $\square$

关于 Euler 乘积, 最著名的例子是取乘性复数列 $a_n = n^{-s}$ 代入定理 A.4.6, 其中 $s \in \mathbb{C}$. 相应的无穷乘积是 $\prod_p (1 + p^{-s} + p^{-2s} + \cdots)$. 回忆到 $\sum_{n \geqslant 1} n^{-s}$ 绝对收敛的充要条件是 $\mathrm{Re}(s) > 1$, 对之得到无穷乘积

$$\prod_{p:\text{素数}} \left(1 - p^{-s}\right)^{-1} = \prod_{p:\text{素数}} \sum_{k \geqslant 0} p^{-ks}, \quad \mathrm{Re}(s) > 1.$$

相关的一则有趣应用是取 $a_n := \dfrac{1}{n} > 0$, 推导

$$\sum_{p:\text{素数}} \frac{1}{p} = +\infty.$$

设若不然, 应用命题 A.4.4 可知 $\prod_p (1 - p^{-1})$ 收敛, 故 $\prod_p (1 - p^{-1})^{-1} = \prod_p \sum_{k \geqslant 0} p^{-k}$ 亦收敛. 代入定理 A.4.6 可知 $\sum_{n \geqslant 1} \dfrac{1}{n}$ 亦收敛, 矛盾.

Euler 依此给出素数个数无限的解析证明. 此结果也是解析数论的开端之一.

A.5 调和分析

本节旨在摘录 $\mathbb{R}^n$ 或 $\mathbb{R}^n/\mathbb{Z}^n$ 上关于 Fourier 变换的基本结果, 继而导出 Poisson 求和公式, 这是探究模形式或自守形式理论的一件利器. 理论细节是分析学的任务, 这里就不掠美了.

定义 $\mathbb{S}^1 := \{z \in \mathbb{C}^\times : |z| = 1\}$, 它对乘法成为拓扑群. 以下将考虑一对交换群 A 和 $A^\vee$, 群运算记为加法, 它们都带有

⋄ 局部紧 Hausdorff 拓扑群的结构;

⋄ 平移不变测度;

⋄ 连续映射 $[\cdot, \cdot] : A \times A^\vee \to \{z \in \mathbb{C}^\times : |z| = 1\}$, 满足于

$$[a + b, \alpha] = [a, \alpha][b, \alpha], \quad [a, \alpha + \beta] = [a, \alpha][a, \beta],$$
$$[a, \cdot] = 1 \iff a = 0, \quad [\cdot, \alpha] = 1 \iff \alpha = 0.$$

固定 $n \in \mathbb{Z}_{\geqslant 1}$. 本节仅考虑三种具体情形:

(a) 向量空间 $A = A^\vee = \mathbb{R}^n$, 带有 Lebesgue 测度和标准的拓扑群结构.

(b) n 维环面 $A = \mathbb{R}^n/\mathbb{Z}^n \simeq (\mathbb{R}/\mathbb{Z})^n$, $A^\vee = \mathbb{Z}^n$. 赋 A 以 Lebesgue 测度的商测度, 它是 A 上满足 $\mathrm{vol}(A) = 1$ 的不变测度, 具下述性质: 如果 f 是 $\mathbb{R}^n$ 上的 $\mathbb{Z}^n$-不变连续函数, 则

$$\int_{\mathbb{R}^n/\mathbb{Z}^n} f(\bar{x}) \, \mathrm{d}\bar{x} = \int_{[0,1]^n} f(x) \, \mathrm{d}x. \tag{A.5.1}$$

实际上 $[0,1]^n$ 是 $\mathbb{R}^n$ 在 $\mathbb{Z}^n$ 平移作用下的基本区域, 见定义 A.2.1. 另一方面, 赋予 $A^\vee$ 离散拓扑和计数测度, 亦即 $\int_{\mathbb{Z}^n} g(\xi)\,\mathrm{d}\xi = \sum_{\xi \in \mathbb{Z}^n} g(\xi)$.

(c) 同上, 但取 $A = \mathbb{Z}^n$ 而 $A^\vee = \mathbb{R}^n/\mathbb{Z}^n$.

用 $(x,\xi) \mapsto x \cdot \xi$ 表示 $\mathbb{R}^n$ 空间上的标准内积. 对每一情况都取 $[\cdot,\cdot]$ 为

$$[x,\xi] := e^{2\pi i x \cdot \xi}, \quad x \in A,\ \xi \in A^\vee.$$

请读者验证此式在每个具体情形下都是良定的, 而且满足上述要求. 测度既然取定, 对于 A 或 $A^\vee$ 上的函数可以谈论可积性、L^p 范数等等. 可积函数也径称为 L^1 函数.

对于 A 上的 L^1 函数 f, 定义 $A^\vee$ 上函数

$$\check{f}(\xi) := \int_A f(x)[x,\xi]\,\mathrm{d}x.$$

有时 $\check{f}$ 也标作 $f^\vee$ 或 $\mathscr{F}f$. 积分的收敛性和连续性来自以下结果.

引理 A.5.1 设 $f \in L^1(A)$, 则定义 $\check{f}(\xi)$ 的积分收敛, 并给出 $A^\vee$ 上的一致连续函数.

证明 收敛性缘于 $|\check{f}(\xi)| \leqslant \int_A |f(x)|\,\mathrm{d}x = \|f\|_{L^1}$. 进一步,

$$|\check{f}(\xi+\eta) - \check{f}(\xi)| \leqslant \int_A |f(x)| \cdot \big|[x,\xi+\eta] - [x,\xi]\big|\,\mathrm{d}x$$
$$= \int_A |f(x)| \cdot \big|[x,\eta] - 1\big|\,\mathrm{d}x.$$

末项和 ξ 无关. 由于 $|f(x)| \cdot |[x,\eta]-1| \leqslant 2|f(x)|$, Lebesgue 控制收敛定理说明当 $\eta \to 0$ 时 $\int_A |f(x)| \cdot \big|[x,\eta]-1\big|\,\mathrm{d}x$ 趋近于 0. $\square$

基于定义的对称性, 如果 $f^\vee$ 在 $A^\vee$ 上也是 L^1, 那么还能考虑 A 上的函数 $f^{\vee\vee}$. 下面摘录关于 Fourier 反演的两条标准事实.

定理 A.5.2 (Fourier 反演) 如果 $f, \check{f}$ 都是 L^1 的, 那么 $f^{\vee\vee}(x) = f(-x)$ 在 A 上几乎处处成立.

在 $A = \mathbb{R}$ 或 $A = \mathbb{R}/\mathbb{Z}$ 的情形, 如果 $f \in L^1(A)$ 是局部有界变差函数, 那么

$$\frac{f(x-)+f(x+)}{2} = \begin{cases} \displaystyle\lim_{T\to+\infty} \int_{-T}^T f^\vee(\xi)[x,\xi]\,\mathrm{d}\xi, & A = \mathbb{R}, \\ \displaystyle\lim_{N\to+\infty} \sum_{\xi=-N}^N f^\vee(\xi)[x,\xi], & A = \mathbb{R}/\mathbb{Z} \end{cases}$$

也处处成立. 右式是所谓的 Cauchy 主值积分. 见 [53, §1.9, Theorem 3].

证明 第一部分是基础调和分析: 对于 $A = \mathbb{R}^n$ 情形, 可参考 [26, Exercise 2.2.6]; 环面情形可参考 [26, Theorem 3.1.14]. 关于 $\mathbb{R}$ 或 $\mathbb{R}/\mathbb{Z}$ 的第二部分则是 Jordan-Dirichlet 定理, 见 [53, §1.9, Theorem 3]. □

定理 A.5.3 (Parseval 公式) 定义在 $L^1(A) \cap L^2(A)$ 上的变换 $f \mapsto \check{f}$ 唯一地延拓为等距同构 $L^2(A) \xrightarrow{\sim} L^2(A^\vee)$.

证明 文献同上. □

尚有一则观察: 将 $\mathbb{R}^n$ 的元素等同于列向量, 设 $f \in L^1(\mathbb{R}^n)$, $a \in \mathrm{GL}(n, \mathbb{R})$ 而 $f_a(x) := f(ax)$, 那么在积分中换元可得

$$(f_a)^\vee(\xi) = |\det(a)^{-1}| \check{f}\left({}^t a^{-1}\xi\right), \quad \xi \in \mathbb{R}^n. \tag{A.5.2}$$

定理 A.5.4 (Poisson 求和公式) 假定 $f, \check{f} \in L^1(\mathbb{R}^n)$, 并且存在常数 $C, \delta > 0$ 使得

$$\sup\left\{|f(x)|, |\check{f}(x)|\right\} \leqslant C(1 + |x|)^{-n-\delta}, \quad x \in \mathbb{R}^n.$$

那么 $f, \check{f}$ 都是连续函数, 而且

$$\sum_{\xi \in \mathbb{Z}^n} \check{f}(\xi) e^{-2\pi i x \cdot \xi} = \sum_{\xi \in \mathbb{Z}^n} f(x + \xi), \quad x \in \mathbb{R}^n.$$

代入 $x = 0$ 给出 $\sum_{\xi \in \mathbb{Z}^n} \check{f}(\xi) = \sum_{\xi \in \mathbb{Z}^n} f(\xi)$.

证明 我们复述 [26, Theorem 3.1.17] 的标准论证. $\check{f}$ 的连续性缘于 A.5.1, 同理知 $f(x) = f^{\vee\vee}(-x)$ (定理 A.5.2) 连续. 今定义 $\phi(x) = \sum_{\xi \in \mathbb{Z}^n} f(x + \xi)$, 定理的条件确保其收敛, 并且 $\|\phi\|_{L^1(\mathbb{R}^n/\mathbb{Z}^n)} = \|f\|_{L^1(\mathbb{R}^n)} < +\infty$. 对任意 $\xi \in \mathbb{Z}^n$, 因为 $\eta \in \mathbb{Z}^n \implies e^{2\pi i(x+\eta)\cdot\xi} = e^{2\pi i x \cdot \xi}$, 商测度的性质 (A.5.1) 蕴涵

$$\check{\phi}(\xi) = \int_{\mathbb{R}^n/\mathbb{Z}^n} \phi(x) e^{2\pi i x \cdot \xi} = \sum_{\eta \in \mathbb{Z}^n} \int_{\eta + [0,1]^n} f(x) e^{2\pi i x \cdot \xi} \, dx$$
$$= \int_{\mathbb{R}^n} f(x) e^{2\pi i x \cdot \xi} \, dx = \check{f}(\xi).$$

又 $\sum_\xi \check{\phi}(\xi) = \sum_\xi \check{f}(\xi)$ 按定理的条件也收敛, 换言之 $\check{\phi} \in L^1(\mathbb{Z}^n)$. 现在对 ϕ 应用 $\mathbb{R}^n/\mathbb{Z}^n$

上的 Fourier 反演 (定理 A.5.2) 导出

$$\sum_{\xi \in \mathbb{Z}^n} \check{f}(\xi) e^{-2\pi i x \cdot \xi} = \sum_{\xi \in \mathbb{Z}^n} \check{\phi}(\xi)[\xi, -x]$$

$$= \phi(x) = \sum_{\xi \in \mathbb{Z}^n} f(x + \xi).$$

明所欲证.   □

证明中的 $\sum_{\eta \in \mathbb{Z}^n} \int_{\eta+[0,1]^n} = \int_{\mathbb{R}^n}$ 是自守形式理论常见 "开折" 技巧的原型, 值得留意.

调和分析的抽象理论可以拓展到一般的局部紧交换群 A 上, 这对自守形式的研究十分重要, 有兴趣的读者不妨移驾 [65, 第三章].

A.6   Phragmén-Lindelöf 原理

本节论及任意子集 $S \subset \mathbb{R}$ 的下确界 $\inf S$, 约定在 S 无下界时 $\inf S = -\infty$, 而 $\inf \emptyset = +\infty$. 凡是关于某函数 $g(y)$ 的阶的估计, 都是对 $|y| \to +\infty$ 而论.

定义 A.6.1   设 $a < b$ 为实数. 对定义在竖带 $\{z \in \mathbb{C} : a \leqslant \mathrm{Re}(z) \leqslant b\}$ 上的连续函数 F, 记

$$\mu = \mu_F : [a, b] \longrightarrow \mathbb{R} \sqcup \{\pm\infty\}$$

$$c \longmapsto \inf\left\{ M \in \mathbb{R} : f(c + iy) \ll (1 + |y|)^M \right\}.$$

推而广之, 选定 $T \geqslant 0$, 对于定义在 "单向" 竖带区域

$$\{z \in \mathbb{C} : \mathrm{Re}(z) \in [a, b], \ \mathrm{Im}(z) \geqslant T\} \quad \text{或} \quad \{z \in \mathbb{C} : \mathrm{Re}(z) \in [a, b], \ \mathrm{Im}(z) \leqslant -T\},$$

或两者之并上的 F, 按同样方法定义 μ_F.

无论是上述哪种形式的竖带区域, 本节均简称为竖带. 定义直接给出以下性质.

引理 A.6.2   设某竖带上的函数 G 皆满足 $G(c + iy) \sim (1 + |y|)^\alpha$, 其中 $\alpha \in \mathbb{R}$ 而 $c \in [a, b]$, 那么 $\mu_G(c) = \alpha$, 而且对该竖带上所有函数 F 都有 $\mu_{FG}(c) = \mu_F(c) + \alpha$.

引理 A.6.3   设全纯函数 F 定义在包含竖带 $\left\{ z \in \mathbb{C} : |\mathrm{Re}(z)| \leqslant \frac{\pi}{2}, \ \mathrm{Im}(z) \geqslant 0 \right\}$ 的某个开集上. 假设 $\mathrm{Re}(z) = \frac{\pm\pi}{2} \implies |F(z)| \leqslant 1$, 而且存在常数 $0 < \alpha < 1$ 和 $C > 0$ 使得

在竖带上有估计

$$|F(z)| \ll \exp\left(Ce^{\alpha|z|}\right),$$

则 $|F(z)| \leqslant 1$ 在竖带上成立.

证明 取 $\alpha < \beta < 1$ 和 $\epsilon > 0$. 定义竖带上的全纯函数

$$G_\epsilon(z) := F(z) \exp\left(-2\epsilon \cos(\beta z)\right).$$

观察到 $\mathrm{Re}(\cos \beta z) = \cosh(\beta \, \mathrm{Im}(z)) \cos(\beta \, \mathrm{Re}(z))$. 既然 $0 < \beta < 1$, 条件便导致 $|z| \to +\infty$ 时 $G_\epsilon(z) \to 0$. 此外, 易见 $\mathrm{Re}(z) = \frac{\pm\pi}{2}$ 或 $\mathrm{Im}(z) = 0$ 时 $|G_\epsilon(z)| \leqslant |F(z)| \leqslant 1$. 复变函数论的极大模原理遂对竖带中的任一点 z 给出 $|G_\epsilon(z)| \leqslant 1$, 亦即

$$|F(z)| \leqslant \exp\left(2\epsilon \, \mathrm{Re} \cos(\beta z)\right).$$

令 $\epsilon \to 0$ 以导出 $|F(z)| \leqslant 1$. □

定理 A.6.4 (Phragmén-Lindelöf) 选定实数 $T > 0$ 和 $a < b$. 设全纯函数 F 定义在 $\mathbb{C}$ 中包含竖带

$$D := \{z \in \mathbb{C} : \mathrm{Re}(z) \in [a, b], \ \mathrm{Im}(z) \geqslant T\}$$

的开集上, 并且存在 $C, \lambda \geqslant 0$ 使得在定义域内 $F(z) \ll \exp(C|z|^\lambda)$. 那么 μ 是 $[a, b]$ 上的凸向下函数. 换言之, μ 的函数图形落在连接 $(a, \mu(a))$ 和 $(b, \mu(b))$ 两点的线段下方.

同样性质对 $\{z : a \leqslant \mathrm{Re}(z) \leqslant b, \ \mathrm{Im}(z) \leqslant -T\}$ 或整条竖带 $\{z : \mathrm{Re}(z) \in [a, b]\}$ 亦成立.

证明 仅需处理 $\mathrm{Re}(z) \in [a, b]$ 且 $\mathrm{Im}(z) \geqslant T$ 的情形: 以 $\overline{F(\bar{z})}$ 代 $F(z)$ 即可导出 $\mathrm{Im}(z) \leqslant -T$ 版本. 而因为在 μ 的定义中可不论虚部 $\in [-T, T]$ 的部分, 两者并用就导出整条竖带 $\mathrm{Re}(z) \in [a, b]$ 的情形.

对参数 z 作适当的仿射变换以化约到 $[a, b] = \left[\frac{-\pi}{2}, \frac{\pi}{2}\right]$ 情形. 选取 $\mu'(a) > \mu(a)$ 和 $\mu'(b) > \mu(b)$, 命

$$k(z) := \mu'(a) \cdot \frac{z - c}{b - a} + \mu'(b) \cdot \frac{z - a}{b - a}, \quad \mathrm{Re}(z) \in [a, b].$$

因为 $T > 0$, 可在含 D 的适当开集上定义

$$G(z) := \exp\left(-k(z) \log(-iz)\right),$$

这里取 $\log$ 的主分支 (定义在 $\mathbb{C} \setminus \mathbb{R}_{\geqslant 0}$ 上). 易见对所有 $c \in [a, b]$ 都有 $\mu_G(c) = -k(c)$, 并且 FG 仍满足断言中的增长条件. 应用引理 A.6.3 从 $\mu_{FG}(a), \mu_{FG}(b) < 0$ 导出 FG 有界,

故 $\mu_{FG} \leqslant 0$. 根据引理 A.6.2, 这又回头给出 $\mu_F(c) \leqslant k(c)$. 让 $\mu'(a), \mu'(b)$ 分别趋近 $\mu(b)$, $\mu(a)$ 即得所求.   □

设 F 为 $\mathbb{C}$ 上的全纯函数, 其**阶**定义为

$$\inf\left\{\lambda \geqslant 0:\ F(z) \ll \exp(|z|^\lambda)\right\}.$$

于是定理 A.6.4 适用于 $\mathbb{C}$ 上的一切有限阶全纯函数.

附录 B　Riemann 曲面背景

Riemann 曲面是一维连通复流形的别名, 详阅专著如 [60] 或 [64, 第七章] 等. 本附录仅介绍最基本的性质和定义, 至于亚纯截面的存在性和 Riemann-Roch 定理的详细证明, 因为涉及较深工具, 我们只能割爱. 介绍 Riemann 曲面之前, §B.1 将先确定层、局部系统和层上同调的基本语汇. 局部系统的功能是充当上同调理论的系数, 将在第九章用上.

本章谈论复叠映射时皆假设空间为连通, 一如 [57, 第五章]. 各种流形皆要求满足第二可数公理.

B.1　层与局部系统

本节旨在确定关于层的术语和符号, 不求覆盖层论的所有基本操作. 读者宜配合其他文献如 [22, Chapter 2] 或 [66, 第 3 章].

定义 B.1.1　设 X 为拓扑空间, 其上取值在交换群范畴 **Ab** 里的**预层**是指以下资料:

◇ 函数 $\mathscr{F}$, 它为 X 的每个开子集 U 指定一个交换群 $\mathscr{F}(U)$;

◇ 对于 X 的所有开子集 $V \subset U$, 指定群同态 $\rho_V^U : \mathscr{F}(U) \to \mathscr{F}(V)$, 使得 $\rho_U^U = \mathrm{id}$, 而且对任何开子集 $W \subset V \subset U$ 皆有 $\rho_W^V \rho_V^U = \rho_W^U$.

若以下粘合条件成立则称 $\mathscr{F}$ 为**层**: 对于所有开集 V, 开覆盖 $V = \bigcup_{i \in I} W_i$ 和一族 $f_i \in \mathscr{F}(W_i)$, 若有相容条件

$$\forall i, j \in I, \quad \rho_{W_i \cap W_j}^{W_i}(f_i) = \rho_{W_i \cap W_j}^{W_j}(f_j),$$

则存在唯一的 $f \in \mathscr{F}(V)$ 使得 $\forall i \in I$, $f_i = \rho_{W_i}^V(f)$. 换言之, 下式使 $\mathscr{F}(V)$ 成为 [59, §2.7] 介绍的等化子

$$\mathscr{F}(V) \xrightarrow{\left(\rho^W_{V_i}\right)_{i\in I}} \prod_{i\in I}\mathscr{F}(W_i) \underset{\left(\rho^{W_j}_{W_i\cap W_j}\right)_{i,j}}{\overset{\left(\rho^{W_i}_{W_i\cap W_j}\right)_{i,j}}{\rightrightarrows}} \prod_{(i,j)\in I^2}\mathscr{F}(W_i\cap W_j).$$

定义中还可以将 Ab 换成其他范畴, 例如集合范畴 Set.

注记 B.1.2　按集合论惯例 (见 [59, §1.1]), "空族" $I = \varnothing$ 给出空集的开覆盖. 层的定义遂导致 $\mathscr{F}(\varnothing)$ 只能有一个元素, 即 $\mathscr{F}(\varnothing) = \{0\}$.

称 $\mathscr{F}(U)$ 的元素为 $\mathscr{F}$ 在 U 上的**截面**. 常用记法是 $\Gamma(U, \mathscr{F}) := \mathscr{F}(U)$. 映射 ρ^U_V 也称为从 U 到 V 的限制映射, 常记 $s|_V := \rho^U_V(s)$. 层的条件相当于说相容的局部截面族可以唯一地粘合.

设 $\mathscr{F}, \mathscr{G}$ 为 X 上的预层. 其间的态射 $\varphi : \mathscr{F} \to \mathscr{G}$ 按定义是一族同态 $\varphi_U : \mathscr{F}(U) \to \mathscr{G}(V)$, 其中 U 遍历开子集, 使得下图对所有 $V \subset U$ 交换:

$$\begin{array}{ccc} \mathscr{F}(U) & \xrightarrow{\varphi_U} & \mathscr{G}(U) \\ \downarrow & & \downarrow \\ \mathscr{F}(V) & \xrightarrow{\varphi_V} & \mathscr{G}(V) \end{array}$$

定义预层 $\mathscr{F}$ 在 $x \in X$ 的**茎**为滤过极限 $\varinjlim_{U \ni x} \mathscr{F}(U)$, 其中 U 遍历 x 的开邻域, 极限对 ρ^U_V 定义, 见 [59, §2.7]. 预层的态射自然诱导茎之间的态射.

今后主要关心的是层. 我们称 $\mathscr{F}$ 在层论意义下成为环, 如果每个 $\mathscr{F}(U)$ 都具有环结构, 使得所有 ρ^U_V 皆为环同态 (换言之 $\mathscr{F}$ 取值在环范畴 Ring); 如果所有 $\mathscr{F}(U)$ 皆交换, 则称 $\mathscr{F}$ 交换 (亦即取值在交换环范畴). 准此要领, 对于环层 $\mathscr{O}$ 如上, 还可以定义层论意义的 $\mathscr{O}$-模和 $\mathscr{O}$-代数, 前提是 $\mathscr{O}$ 交换.

例 B.1.3 (常值层)　设 A 为交换群, 相应的常值层是 $A_X : U \mapsto \left\{ U \xrightarrow{f} A : 局部常值 \right\}$, 经常也简写为 A. 特别地, 我们可以定义零层.

例 B.1.4　定义 $\mathscr{C}(U) := \left\{ U \xrightarrow{f} \mathbb{C} : 连续 \right\}$, 那么 $\mathscr{C}$ 成为 X 上的层, 这是因为连续函数可以粘合. 此层对连续函数的逐点代数运算成为环, 它还是常值层 $\mathbb{C}$ 上的代数.

设 $\varphi : \mathscr{F} \to \mathscr{G}$ 为层的态射. 其核 $\ker\varphi$ 定义为层 $U \mapsto \ker\varphi_U$. 另一方面, $U \mapsto \operatorname{im}(\varphi_U)$ 一般只是预层而非层. 我们定义 $\operatorname{im}\varphi$ 为其 "层化". 依此在层论意义下谈论单性和满性. 展开定义可见 φ 为满当且仅当对所有 $s \in \mathscr{G}(U)$, 存在开覆盖 $U = \bigcup_i U_i$ 使得对每个 i, 限制 $\rho^U_{U_i}(s)$ 来自 $\mathscr{F}(U_i)$. 交换代数和同调代数可在层上操作, 例如, 对 $\mathscr{O}$-模可以定义张量积 $\mathscr{F} \otimes_{\mathscr{O}} \mathscr{G}$, 依此类推.

设 $f : X \to Y$ 为连续映射. 对于 X 上的层 $\mathscr{F}$, 其**正像**定义为 $f_* \mathscr{F} : V \mapsto \mathscr{F}(f^{-1}V)$, 这是 Y 上的层. **逆像** $f^* \mathscr{F}$ 的定义则相对复杂: 它是预层

$$U \mapsto \varinjlim_{V \supset f(U)} \mathscr{F}(V)$$

层化.

一般而言 $(f^* \mathscr{F})_x = \mathscr{F}_{f(x)}$. 对于开子集的嵌入 $j : U \hookrightarrow X$, 逆像 $j^* \mathscr{F}$ 简化为 $U \mapsto \mathscr{F}(jU)$, 也记为 $\mathscr{F}|_U$.

定义 B.1.5 对于空间 X 上的层 $\mathscr{L}$, 若存在开覆盖 $X = \bigcup_i U_i$, 使得 $\mathscr{L}|_{U_i}$ 对每个 i 都是常值层, 则称 $\mathscr{L}$ 为 X 上的**局部常值层**.

如果 $\Bbbk$ 为交换环, 而上述 $\mathscr{L}$ 取值在 $\Bbbk$-模范畴 $\Bbbk$-Mod 中, 使得每个常值层 $\mathscr{L}|_{U_i}$ 都来自某个有限秩自由 $\Bbbk$-模 V_i, 则称 $\mathscr{L}$ 为**局部系统**. 若 $\mathscr{L}$ 在 X 上已来自某个有限秩自由 $\Bbbk$-模 V, 则称之为平凡局部系统. 对局部系统有直和、张量积和取对偶等标准操作.

当 X 连通时, 局部系统的秩可以等价地定义为上述任一个 V_i 的秩. 当 X 道路连通时, 选定 $x_0 \in X$, 则秩 r 局部系统作为范畴等价于基本群的 r 维表示 $\pi_1(X, x_0) \to \mathrm{GL}(r, \Bbbk)$ 范畴.

已知空间 X 上的层构成 Abel 范畴 $\mathrm{Shv}(X)$, 含有足够多的内射对象, 而截面函子 $\Gamma(X, \cdot) : \mathrm{Shv}(X) \to \mathrm{Ab}$ 左正合. 我们以层上同调的定义收尾.

定义 B.1.6 设 $\mathscr{F}$ 是 $\mathrm{Shv}(X)$ 的对象. 相应的层上同调定义为右导出函子 $\mathrm{H}^\bullet(X, \mathscr{F}) := \mathrm{R}^\bullet \Gamma(X, \mathscr{F})$. 推而广之, 设 $\mathscr{C}$ 是由 $\mathrm{Shv}(X)$ 中元素组成的左有界复形, 我们可以定义相应的超上同调 $\mathrm{H}^\bullet(X, \mathscr{C})$.

对于常值层 A 和合理[①]的拓扑空间 X, 层上同调 $\mathrm{H}^\bullet(X, A)$ 典范同构于代数拓扑学中以 A 为系数的奇异上同调. 若用局部系统替代常值层, 其产物可以设想为带扭曲系数的上同调理论, 这是定义局部系统的原初动机.

B.2 Riemann 曲面概貌

设 X 是 Hausdorff 拓扑空间, 其上的复坐标卡是指具备下述性质的资料 (U, z):

⋄ $U \subset X$ 是开子集;

⋄ $z : U \to \mathbb{C}$ 是连续映射使得 $z(U) \subset \mathbb{C}$ 为开, 而 $U \xrightarrow{z} z(U)$ 是同胚.

称两个复坐标卡 (U, z) 和 (V, w) 为相容的, 如果 $w \circ z^{-1}|_{z(U \cap V)} : z(U \cap V) \to w(U \cap V)$ 是 $\mathbb{C}$ 中开子集之间的全纯双射, 而且其逆也全纯. 可以设想 z 是 U 上的局部坐标.

---

①仿紧并且局部可缩.

定义 B.2.1   所谓 Riemann 曲面, 系指一个 Hausdorff 拓扑空间 X 配上一族 X 的复坐标卡 $\mathscr{A} = \{(U, z)\}$ (常称为 X 的图册), 满足以下条件

(i) X 满足第二可数公理, 见 §A.1 的回顾;

(ii) $X = \bigcup_{(U, z) \in \mathscr{A}} U$;

(iii) $\mathscr{A}$ 中任两个复坐标卡皆相容;

(iv) $\mathscr{A}$ 满足极大性: 若 X 的复坐标卡 (V, w) 与 $\mathscr{A}$ 中元素皆相容, 则 $(V, w) \in \mathscr{A}$.

另外, 本书在大部分场合还要求 X 连通.

引入条件 (iv) 是为了理论的整齐, 事实上从满足 (i) — (iii) 的图册 $\mathscr{A}_0$ 出发, 总能添加所有与之相容的复坐标卡以得到唯一的 $\mathscr{A}$, 使之满足 (i) — (iv). 这和微分流形的情形完全类似.

给定 Riemann 曲面 X, 任意开子集 $V \subset X$ 本身也是 Riemann 曲面 (未必连通). 称开集 $V \subset X$ 上的函数 $f: V \to \mathbb{C}$ 是**全纯函数**, 如果对 X 的每个复坐标卡 (U, z), 函数 $f \circ z^{-1}: z(U) \to \mathbb{C}$ 都是全纯函数. 同理, 若 $f: V \to \mathbb{C} \sqcup \{\infty\}$ 在每个复坐标卡下都给出亚纯函数, 则称 f 是 V 上的**亚纯函数**. 这些性质只需在任一族由复坐标卡构成的开覆盖上验证. 今定义

$$\mathscr{O}_X(V) := \{f: V \to \mathbb{C}, \ \text{全纯}\}.$$

若 $W \subset V$ 是开子集, 则函数的限制给出同态 $\rho_W^V: \mathscr{O}_X(V) \to \mathscr{O}_X(W)$. 显然 $\rho_U^U = \mathrm{id}$ 而 $U \supset V \supset W$ 蕴涵 $\rho_W^V \rho_V^U = \rho_W^U$. 函数的全纯性当然是局部性质, 于是 $\mathscr{O}_X: V \mapsto \mathscr{O}_X(V)$ 是 X 上的层, 对截面的逐点加法和乘法构成层论意义的 $\mathbb{C}$-代数.

定义 B.2.2   在 X 连通的前提下, X 上的所有亚纯函数构成域, 记为 $\mathscr{M}(X)$.

定义 B.2.3   对于 Riemann 曲面 X 的点 x, 以及定义在 x 的某个连通开邻域上, 不恒为零的亚纯函数 f, 记 $\mathrm{ord}_x(f) \in \mathbb{Z}$ 为 f 在 x 处的**消没次数**或**赋值**. 具体地说, 取 x 附近的复坐标卡, 将 f 在局部坐标 z 下展开为 Laurent 级数

$$f(z) = \sum_{k=m}^{\infty} a_k z^k, \quad m \in \mathbb{Z}, \quad a_m \neq 0,$$

那么 $m = \mathrm{ord}_x(f)$, 这与坐标选取无关. 若 f 在 x 附近恒为零, 定义 $\mathrm{ord}_x(f) = \infty$.

可以将 $\mathrm{ord}_x(f)$ 视为 f 在 x 处的零点阶数, $-\mathrm{ord}_x(f)$ 则是极点阶数.

注记 B.2.4   容易在局部坐标下验证

$$\mathrm{ord}_x(1) = 0, \quad \mathrm{ord}_x(f_1 f_2) = \mathrm{ord}_x(f_1) + \mathrm{ord}_x(f_2),$$

$$\mathrm{ord}_x(f_1 + f_2) \geq \min\left\{\mathrm{ord}_x(f_1), \mathrm{ord}_x(f_2)\right\}.$$

这正是代数学中离散赋值的条件, 这使得 $\left(\mathcal{M}(X), \mathrm{ord}_x\right)$ 成为 **赋值域** 的基本例子, 见 [59, §10.3]. 将 $\mathcal{M}(X)$ 对 ord_x 完备化, 见 [59, §10.2], 结果同构于 $\mathbb{C}((z))$, 同构依赖于局部坐标 z 的选取.

定义 B.2.5 设 X, Y 为 Riemann 曲面, 以下条件成立时称函数 $\varphi: X \to Y$ 为 (全纯) 态射:

◇ φ 是连续映射;

◇ 对任意开集 $V \subset Y$ 和 $f \in \mathcal{O}_Y(V)$, 函数的拉回 $f \mapsto f\varphi$ 给出同态 $\varphi^\sharp: \mathcal{O}_Y(V) \to \mathcal{O}_X(\varphi^{-1}V) = (\varphi_* \mathcal{O}_X)(V)$.

态射的合成仍是态射, 而 id_X 是态射. 称 Riemann 曲面之间的态射 $\varphi: X \to Y$ 为同构, 如果存在态射 $\psi: Y \to X$ 使得 $\psi\varphi = \mathrm{id}_X$ 而 $\varphi\psi = \mathrm{id}_Y$, 写作 $\varphi: X \xrightarrow{\sim} Y$. 相对于合成, X 的所有自同构成为群, 记为 $\mathrm{Hol}(X)$.

由于全纯函数可以从局部资料粘合, 要验证 $\varphi: X \to Y$ 为态射, 仅需选定开覆盖 $X = \bigcup_i U_i$ 和 $Y = \bigcup_j V_j$, 并对每个 i, j 验证 $U_i \cap \varphi^{-1}(V_j) \xrightarrow{\varphi} V_j$ 是态射即可. 一般常取 $\{U_i\}_i, \{V_j\}_j$ 为一族复坐标卡.

注记 B.2.6 因为全纯函数是 C^∞ 的, 一旦遗忘 Riemann 曲面的复结构, 就得到二维实流形. 注意到 $\mathbb{C}$ 中的开集视为二维实流形具有标准的定向, 使得 $\{1, i\}$ 是各点切空间 $\mathbb{C}$ 的有向基: 选择定向相当于选择 -1 的平方根 i. 全纯映射必保定向 (见 [63, §2.3 推论 2]). 因此 Riemann 曲面视为二维实流形也带有标准定向, 而且同构保持定向.

按代数学的视角, -1 的平方根彼此共轭, 并无标准选法, 因而上述的 "标准" 定向也不过是约定俗成. 在代数几何的进阶理论中, 这点反映为所谓的 **Tate 挠**.

现在视 X 为二维实流形, 考察点 p 的切空间 $T_p X$ 及其对偶, 即余切空间 $T_p^* X$. 问题是局部的, 故先取定复坐标卡 (U, z) 以化约到 $X = U$ 是 $\mathbb{C}$ 中开集, 而 $z = x + iy$ 是坐标函数的情形, 此时

$$T_p X = \mathbb{R}\frac{\partial}{\partial x} \oplus \mathbb{R}\frac{\partial}{\partial y}, \quad T_p^* X = \mathbb{R}\,\mathrm{d}x \oplus \mathbb{R}\,\mathrm{d}y \quad (对偶基).$$

在复几何中习惯取复化 $T_p X \otimes \mathbb{C}$ 和 $T_p^* X \otimes \mathbb{C}$, 前者有基

$$\frac{\partial}{\partial z} := \frac{1}{2}\left(\frac{\partial}{\partial x} - i\frac{\partial}{\partial y}\right), \quad \frac{\partial}{\partial \bar{z}} := \frac{1}{2}\left(\frac{\partial}{\partial x} + i\frac{\partial}{\partial y}\right),$$

可直接验证它在 $T_p^* X \otimes \mathbb{C}$ 中的对偶基为

$$\mathrm{d}z = \mathrm{d}x + i\,\mathrm{d}y, \quad \mathrm{d}\bar{z} = \mathrm{d}x - i\,\mathrm{d}y.$$

在 $T_p^* X \otimes \mathbb{C}$ 中有共轭运算 $\overline{a\,\mathrm{d}x + b\,\mathrm{d}y} := \bar{a}\,\mathrm{d}x + \bar{b}\,\mathrm{d}y$, 其中 $a, b \in \mathbb{C}$. 特别地, $\overline{\mathrm{d}z} = \mathrm{d}\bar{z}$. 对任意定义在 p 附近的 C^∞ 函数 f, 容易在 $T_p^* X \otimes \mathbb{C}$ 中用对偶基的性质验证

$$\mathrm{d}f(p) = \frac{\partial f}{\partial x}(p)\,\mathrm{d}x + \frac{\partial f}{\partial y}(p)\,\mathrm{d}y = \frac{\partial f}{\partial z}(p)\,\mathrm{d}z + \frac{\partial f}{\partial \bar{z}}(p)\,\mathrm{d}\bar{z}.$$

Cauchy-Riemann 方程 [63,§2.2] 表明 f 全纯当且仅当 $\dfrac{\partial f}{\partial \bar{z}} = 0$, 亦即

$$\mathrm{d}f = \frac{\partial f}{\partial z}\,\mathrm{d}z, \tag{B.2.1}$$

同时 $f'(z) = \dfrac{\partial f}{\partial x} = -i\dfrac{\partial f}{\partial y}$, 故 $\dfrac{\partial f}{\partial z}$ 无非是复导数.

定义 x 处的**全纯切空间** $T_{x,\mathrm{hol}}X$ 为 $\dfrac{\partial}{\partial z}$ 张成的复向量空间, 无关局部坐标 z 的选取. 事实上在 $T_x X$ 上有坐标无关的 "乘以 i" 映射 $J : T_x X \to T_x X$ 满足 $J^2 = -\mathrm{id}_{T_x X}$, 它在坐标下映 $\dfrac{\partial}{\partial x} \mapsto \dfrac{\partial}{\partial y}, \dfrac{\partial}{\partial y} \mapsto -\dfrac{\partial}{\partial x}$; 复化后得到 $J \otimes \mathrm{id}_\mathbb{C} : T_x X \otimes \mathbb{C} \to T_x X \otimes \mathbb{C}$. 在坐标 z 下, $J \otimes \mathrm{id}_\mathbb{C}$ 的 $\pm i$ 特征子空间分别由 $\dfrac{\partial}{\partial z}$ 和 $\dfrac{\partial}{\partial \bar{z}}$ 张成. 准此要领, 能够内蕴地定义全纯余切空间 $T_{x,\mathrm{hol}}^* X$ 和全纯张量等等.

和微分流形的情况类似, 给定态射 $f : X \to Y$, 在全纯框架下亦可将切向量 (或余切向量) 沿 f 作推出 $T_{x,\mathrm{hol}}X \to T_{f(x),\mathrm{hol}}Y$ (或拉回 $T_{f(x),\mathrm{hol}}^* Y \to T_{x,\mathrm{hol}}^* X$). 在 §B.5 最末还会回到这个操作.

例 B.2.7(复射影直线)　赋予复射影直线 $\mathbb{P}^1(\mathbb{C})$ 来自 $\mathbb{C}^2 \smallsetminus \{0\}$ 的商拓扑, 并且用齐次坐标 $(x : y)$ 描述其中的点. 我们有开覆盖

$$\mathbb{P}^1(\mathbb{C}) = U_1 \cup U_0, \quad U_1 = \{(x : 1) : x \in \mathbb{C}\}, \quad U_0 = \{(1 : x) : x \in \mathbb{C}\}.$$

按 $z_1(x : 1) = x = z_0(1 : x)$ 定义同胚 $z_i : U_i \xrightarrow{\sim} \mathbb{C}$ $(i = 1, 2)$. 如是遂有交换图表

$$
\begin{array}{ccc}
 & U_1 \cap U_0 & \\
{\scriptstyle z_1}\swarrow & & \searrow{\scriptstyle z_0} \\
\mathbb{C}^\times & \underset{z \mapsto z^{-1}}{\xleftarrow{\ \sim\ }} & \mathbb{C}^\times
\end{array}
$$

水平箭头及其逆皆全纯, 这就使得 $\mathbb{P}^1(\mathbb{C})$ 成为 Riemann 曲面.

若将 U_1 等同于 $\mathbb{C}$, 并记 $(1 : 0)$ 为射影直线之 "无穷远点" ∞, 那么

$$\mathbb{P}^1(\mathbb{C}) = \mathbb{C} \sqcup \{\infty\}.$$

计入拓扑结构, 则这无非是复变函数论中考量的 **Riemann 球面**, 同胚于 $\mathbb{S}^2$. 它包含 $\mathbb{C}$ 为开子集, 无穷远点的开邻域由形如 $\{z : |z| > M\} \sqcup \{\infty\}$ 的子集生成, 其中 M 跑遍足够大的正数. 下图以球极投影 $Q \mapsto P$ 说明 $\mathbb{C} \sqcup \{\infty\}$ 如何同胚于球面 $\mathbb{S}^2$.

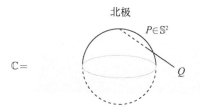

相关讨论见诸任一本复变教材, 如 [63, §1.4].

例 B.2.8 复平面 $\mathbb{C}$ 和单位开圆盘 $\mathscr{D}$ 都是 Riemann 曲面, 带有自明的复坐标卡. 著名的均一化定理断言: 精确到同构, 单连通 Riemann 曲面仅有以下三种:

$$\mathbb{P}^1(\mathbb{C}), \quad \mathbb{C}, \quad \mathscr{D}.$$

容易看出这三者互不同构: 首先 $\mathbb{P}^1(\mathbb{C})$ 紧而其余非紧, 其次 Liouville 定理断言 $\mathbb{C}$ 上的有界全纯函数必为常值, 在 $\mathscr{D}$ 上则不然, 因此 $\mathbb{C}$ 和 $\mathscr{D}$ 也不同构. 一般而言, 任何 Riemann 曲面 X 都可以表示成 $\Gamma \backslash \tilde{X}$ 之形, 其中 $\tilde{X}$ 是单连通的, 分类如上, 而 Γ 是自同构群 $\mathrm{Hol}(\tilde{X})$ 中合适的离散子群.

例 B.2.9 (复环面) 考虑 $\mathbb{C}$ 中形如 $\mathbb{Z}a \oplus \mathbb{Z}b$ 的离散加法子群, 也称为 $\mathbb{C}$ 中的格. 商空间 $\mathbb{C}/\Lambda$ 具有自然的 Riemann 曲面结构: 记 $\pi : \mathbb{C} \to \mathbb{C}/\Lambda$ 为商映射, 取 $V := \{z \in \mathbb{C} : |z| < \epsilon\}$ 使得 $2\epsilon < \min_{\lambda \in \Lambda \smallsetminus \{0\}} |\lambda|$, 那么 $U := \pi(V)$ 是 0 在 $\mathbb{C}/\Lambda$ 中的开邻域, 而且 $\pi^{-1}(U) = \bigsqcup_{\lambda \in \Lambda}(\lambda + V)$. 于是 $\pi : V \xrightarrow{\sim} U$ 就给出 0 附近的复坐标卡. 平移继而给出任意点 x 附近的坐标卡 $x + V \xrightarrow{\sim} V \xrightarrow{\sim} U$, 相容性是明显的. 作为拓扑空间, $\mathbb{C}/\Lambda$ 同胚于环面 $\mathbb{S}^1 \times \mathbb{S}^1$.

事实上, 易见 $\{ua + vb : a, b \in [0, 1]\}$ 是 $\mathbb{C}$ 在 Λ 作用下的一个基本区域, 可见定义 A.2.1. 根据命题 A.2.3, 其四边按平行方向粘接便给出环面, 如下图所示.

B.3　分歧复叠

分歧复叠是关于拓扑流形的概念, 它可以定义在广泛的框架下, 但本书只考虑一类特殊情形, 应用中以有限分歧复叠为主.

两个连续映射 $A \xrightarrow{f} B$ 和 $A' \xrightarrow{f'} B$ 之间的同胚定义为交换图表

$$
\begin{array}{ccc}
A & \xrightarrow[\sim]{\varphi} & A' \\
f \downarrow & & \downarrow f' \\
B & \xrightarrow[\psi]{\sim} & B'
\end{array}
$$

其中 φ, ψ 都是同胚. 赋予 $\mathscr{H} \sqcup \{\infty\}$ 来自 $\mathbb{C} \sqcup \{\infty\}$ 的诱导拓扑.

定义 B.3.1　设 $e \in \mathbb{Z}_{\geq 1} \sqcup \{\infty\}$.

◇ 若 e 有限, 则按 $z \mapsto z^e$ 定义单位开圆盘到自身的连续满射 $f_e : \mathscr{D} \to \mathscr{D}$;

◇ 若 $e = \infty$, 则按 $\tau \mapsto \exp(2\pi i \tau)$ 定义 $\mathscr{H} \sqcup \{\infty\}$ 到 $\mathscr{D}$ 的连续满射 f_e, 映 ∞ 为 0.
两种情形下都称 f_e 为 e 次**标准分歧复叠**.

注记 B.3.2　尽管上述定义使用了特定几何模型, 但就拓扑观点 (即精确到同胚), e 次标准分歧复叠无非是将 $\mathscr{D} \smallsetminus \{0\}$ 的 e 重复叠空间 "补上原点". 一则简单的推论: 设若 $V \subset \mathscr{D}$ 是包含 0 的开子集, 连通而且单连通, 那么 $f_e : f_e^{-1}(V) \to V$ 也同胚于 e 次标准分歧复叠.

当 e 有限时论证如下: 因为 V 同胚于 $\mathscr{D}$, 按拓扑观点, 证 $f_e^{-1}(V) \smallsetminus \{0\} \to V \smallsetminus \{0\}$ 是 e 次复叠即可. 据复叠空间定义 [57,第五章§1], 唯一待证的是连通性, 而这又等价于 $f_e^{-1}(V)$ 连通. 为此, 注意到对任何 $x \in f_e^{-1}(V)$, 存在连续映射 $\gamma : [0,1] \to V$ 使 $\gamma(0) = f(x)$ 而 $\gamma(1) = 0$. 以复叠性质将 $\gamma|_{[0,1)}$ 唯一地提升到 $[0,1) \to f^{-1}(V) \smallsetminus \{0\}$, 使得 $\tilde\gamma(0) = x$, 那么必有 $\lim_{t \to 1} \tilde\gamma(t) = 0$, 故 $\tilde\gamma$ 连接 x 与 $0 \in f_e^{-1}(V)$. 连通性得证.

当 $e = \infty$ 时, 论证完全类似.

以下诸定义中, 我们设 S, T 为可定向二维连通曲面, 只在拓扑流形的层面上考量, 不涉及 C^∞ 结构.

定义 B.3.3　连续满射 $f : S \to T$ 具备以下性质时称为**分歧复叠**: 对每个 $t \in T$, 存在开邻域 $V \ni t$ 和 S 的一族无交开子集 $\{U_i\}_{i \in I}$, 使得 $f^{-1}(V) = \bigsqcup_{i \in I} U_i$, 而且对每个 $i \in I$, 皆存在 $e \in \mathbb{Z} \sqcup \{\infty\}$ 和从 $U_i \xrightarrow{f} V$ 到标准分歧复叠 f_e 的同胚, 使 t 对应到 $0 \in \mathscr{D}$.

因为标准分歧复叠总是开映射, f 亦然. 定义中的次数 e 有内蕴的拓扑刻画如次.

定义-定理 B.3.4 设 $f : S \to T$ 是分歧复叠, 则对任意 $s \in S$ 及其邻域 U_1, 总存在开邻域 $U \ni s, U \subset U_1$, 使得 $f^{-1}(f(s)) \cap U = \{s\}$ 而 $U \smallsetminus \{s\} \xrightarrow{f} f(U \smallsetminus \{s\})$ 是复叠映射, 其次数 $e(s)$ 称为 f 在 s 处的**分歧指数**, 它只和 s 与 f 相关.

证明 先证明存在所需的开邻域 $U \ni s$. 置 $t := f(s)$ 并且取定义 B.3.3 所述的开邻域 $V \ni t$. 因为标准分歧复叠可以 "收缩", 见注记 B.3.2, 必要时缩小 V 可取任意小的开邻域 $U \ni s$ 及相应的 $e = e(s)$, 使得 $f : U \to V$ 同胚于 f_e, 而 s, t 对应到 0 (或者 s 对应 ∞, 若 $e = \infty$). 一切遂化约到标准情形, 扣除 0 或 ∞ 后显然是 e 次复叠.

现在来证明上述性质唯一确定 e. 设以上性质对 e' 也成立, 从而可取 $U' \subset U$, $U' \ni s$ 充分小使得 $U' \smallsetminus \{s\} \xrightarrow{f} f(U' \smallsetminus \{s\})$ 是 e' 次复叠映射, 那么考虑纤维的元素个数可知 $e' \leqslant e$. 基于对称性 $e \leqslant e'$, 故 $e = e'$. □

定义 B.3.5 设 $f : S \to T$ 为分歧复叠. 满足 $e(s) > 1$ 的点 $s \in S$ 称为**分歧点**. 全体分歧点构成 S 的子集 $\mathrm{Ram}(f)$.

从定义立见 $\mathrm{Ram}(f) = \varnothing$ 当且仅当 f 是寻常意义的复叠, 或称无分歧复叠.

定义 $T' := T \smallsetminus f(\mathrm{Ram}(f))$, 相应地, $S' := f^{-1}(T') = S \smallsetminus f^{-1}f(\mathrm{Ram}(f))$, 那么 f 限制为 $S' \twoheadrightarrow T'$.

命题 B.3.6 对于分歧复叠 $f : S \to T$, 集合 $\mathrm{Ram}(f)$, $f(\mathrm{Ram}(f))$ 和 $f^{-1}f(\mathrm{Ram})$ 在 S 和 T 中离散, 而且 $f : S' \to T'$ 是复叠映射.

证明 一切只需对标准分歧复叠 f_e 来验证, 它唯一的分歧点是 0 或 ∞, 总映为 0, 其他都是 e 次复叠映射. □

定义 B.3.7 由于从流形扣掉离散子集不影响连通性, 上述复叠映射 $f : S' \to T'$ 的纤维基数是常数, 记之为分歧复叠 f 的**次数** $\deg f$. 满足 $\deg f < \infty$ 的分歧复叠自然称为**有限分歧复叠**.

命题 B.3.8 对于分歧复叠 $f : S \to T$ 及 $t \in T$, 恒有 $\sum_{s \in f^{-1}(t)} e(s) = \deg f$, 当 $f^{-1}(t)$ 无穷时左式理解为 ∞. 特别地, 有限分歧复叠的分歧指数皆有限.

证明 取开邻域 $V \ni t$ 和分解 $f^{-1}(V) = \bigsqcup_{i \in I} U_i$, 使得每个 $f|_{U_i} : U_i \to V$ 都同胚于标准分歧复叠, 则当 $t' \in V$ 充分接近但不等于 t, 而且 $t' \in T'$ 时, 我们断言

$$\deg f = |f^{-1}(t')| = \sum_{s \in f^{-1}(t)} e(s).$$

第一个等号是已知的, 第二个等号则是因为标准分歧复叠 f_e 限制在 $f_e^{-1}(\mathscr{D} \smallsetminus \{0\})$ 上是 $e : 1$ 的. □

命题 B.3.9 设 $f : S \to T$ 为有限分歧复叠, 则 S 紧当且仅当 T 紧.

证明 当然 S 紧蕴涵 $T = f(S)$ 紧. 以下验证 T 紧蕴涵 S 列紧: 设 $(s_n)_{n=1}^{\infty}$ 为 S 中点列, 那么 $(f(s_n))_{n=1}^{\infty}$ 有收敛子列, 记其极限为 $t \in T$. 取 t 的开邻域 V 及分解 $f^{-1}(V) = \bigsqcup_{i \in I} U_i$ 如定义 B.3.3. 那么 $\deg f$ 有限蕴涵 $f^{-1}(t)$ 有限, 从而 I 有限. 因此存在 $i \in I$ 使得 $(s_n)_{n=1}^{\infty}$ 有全落在 U_i 里的子列. 不妨将 $f : U_i \to V$ 等同于标准分歧复叠 f_e, 问题归结为证明 s_n^e 在 $\mathscr{D}$ 中收敛蕴涵 s_n 在 $\mathscr{D}$ 中有收敛子列, 这是容易的. $\square$

B.4 态射与 Riemann-Hurwitz 公式

本节进一步探讨 Riemann 曲面之间的态射. 要求 Riemann 曲面连通.

命题 B.4.1 设 $f : X \to Y$ 是 Riemann 曲面之间的态射, 并假设 X 紧.

(i) 映射 f 必为逆紧;

(ii) 如果 f 不是常值映射, 则 f 为开映射并且 $f(X) = Y$, 特别地此时 Y 也紧.

证明 任意紧子集 $C \subset Y$ 自动是闭的, 故 $f^{-1}(C)$ 是紧空间 X 的闭子集, 从而也是紧集. 这说明 f 逆紧.

现在设 f 非常值并证明 (ii) 中的开性. 由于 f 全纯, 它限制在任何一个非空开子集 $U \subset X$ 上也非常值. 开性可以在坐标卡上局部地验证, 问题遂归结为复变函数论中熟知的定理, 见 [63, §3.4, 定理 3]. 另一方面, $f(X)$ 也是紧集, 因而为闭, 所以连通性确保 $f(X) = Y$, 一并导出 Y 的紧性. $\square$

命题 B.4.2 紧 Riemann 曲面 X 上的全纯函数必为常值.

证明 设 $f : X \to \mathbb{C}$ 全纯, 在命题 B.4.1 中代入 $Y = \mathbb{C}$. $\square$

练习 B.4.3 用复变函数论里的极大模原理重新证明 B.4.2.

现在将定义 B.3.3 介绍的分歧复叠应用于 Riemann 曲面, 符号照旧.

命题 B.4.4 紧 Riemann 曲面之间的非常值态射 $f : X \to Y$ 必为有限分歧复叠, $\mathrm{Ram}(f)$ 是 X 的有限子集.

由此, 非常值态射 $X \xrightarrow{f} Y$ 的**次数** $\deg f$ 定义为有限分歧复叠 f 的次数 (见定义 B.3.7).

证明 先研究 f 的局部性状. 对于任意 $x \in X$ 和 $y := f(x)$, 先取复坐标卡 $y \in V \hookrightarrow \mathbb{C}$, 再取复坐标卡 $x \in U \xrightarrow{\sim} \mathscr{D}$ 使得 $U \subset f^{-1}(V)$, 可设 $x, y \mapsto 0$. 在这些坐标

下, f 变为全纯映射 $\mathscr{D} \to \mathbb{C}$. 只要坐标邻域 U 取得够小, 则幂级数展开给出

$$f(z) = z^e \exp(h(z)), \quad h \text{ 全纯}, \quad e = e(x) \geqslant 1,$$

命 $w(z) := z \exp\left(\dfrac{1}{e} h(z)\right)$. 观察到 $w(0) = 0, w'(0) \neq 0$. 因此进一步收缩 U 可设 w 给出新的坐标函数, 对之得到 $f = w^e : \mathscr{D} \to \mathscr{D}$. 在 x, y 附近具备上述性质的坐标卡且称为标准坐标卡.

接着取定 $y \in Y$. 对每个 $x \in f^{-1}(y)$ 取标准坐标卡如上, 立见 $f^{-1}(y)$ 离散. 既然 X 紧, $f^{-1}(y)$ 必有限. 设 $f^{-1}(y) = \{x_1, \cdots, x_n\}$, 在每个 x_i 附近取标准坐标卡 $f : U_i \to V_i$, 要求 U_i 充分小以确保它们的闭包两两无交. 今断言存在充分小的邻域 $V \ni y$ 使得 $V \subset \bigcap_{i=1}^n V_i$ 而 $f^{-1}(V) \subset \bigcup_{i=1}^n U_i$. 设若不然, 则存在点列 $x_1', x_2', \cdots \in X \smallsetminus \bigcup_{i=1}^n U_i$ 使得 $f(x_k') \to y$. 因为 X 紧, 不妨设 $\{x_k'\}_{k=1}^\infty$ 有极限 x'. 显然 $x' \in f^{-1}(y)$, 这将与 $\forall k, x_k' \notin \bigcup_{i=1}^n U_i \supset f^{-1}(y)$ 矛盾.

可以进一步要求邻域 $V \ni y$ 连通而且单连通. 既然 $f : U_i \to V_i$ 同胚于 $e(x_i)$ 次标准分歧复叠 $f_{e(x_i)}$, 注记 B.3.2 说明 $U_i \cap f^{-1}(V) \xrightarrow{f} V$ 亦然. 这就验证了分歧复叠所需的性质. 既然 f 的纤维皆有限, f 的次数也有限.

由命题 B.3.6 可知 $\mathrm{Ram}(f)$ 离散, 又 X 紧故 $\mathrm{Ram}(f)$ 有限. $\qquad \square$

注记 B.4.5 对于非常值态射 $X \xrightarrow{f} Y$ 和 $x \in X$, 命题 B.4.4 的证明给出 $e(x)$ 的两种复变函数论刻画:

$\diamond$ 存在 x 和 $f(x)$ 附近的局部坐标, 使得 $x, f(x)$ 对应到 0, 而且 f 在该坐标下形如 $f(w) = w^{e(x)}$;

$\diamond$ 对定义在 $f(x)$ 附近的任意亚纯函数 φ, 我们有 $\mathrm{ord}_{f(x)}(\varphi) = e(x) \mathrm{ord}_x(f^*\varphi)$, 其中 $f^*\varphi = \varphi \circ f$ 是定义在 x 附近的亚纯函数.

第二条刻画基于赋值, 能够推广到代数几何中.

命题 B.4.6 紧 Riemann 曲面之间的非常值态射 $f : X \to Y$ 为同构当且仅当 $\deg f = 1$.

证明 显然同构的次数为 1. 反过来说, 若 $\deg f = 1$, 则命题 B.3.8 蕴涵 f 是拓扑空间的一次复叠, 即同胚. 注记 B.4.5 进一步说明在适当的局部坐标下 f 可以表示成恒等映射 $f(w) = w$, 故 f^{-1} 全纯. $\qquad \square$

运用分歧指数, 可以定义除子的拉回.

定义-命题 B.4.7   对于紧 Riemann 曲面之间的非常值态射 $X \xrightarrow{f} Y$, 定义群同态

$$f^* : \mathrm{Div}(Y) \to \mathrm{Div}(X), \quad y \mapsto \sum_{x \in f^{-1}(y)} e(x)x.$$

它诱导 $f^* : \mathrm{Pic}(Y) \to \mathrm{Pic}(X)$, 并满足 $\deg f^*(D) = \deg(f)\deg(D)$, 其中 $D \in \mathrm{Pic}(Y)$.

证明   第一个断言源于 $f^* \mathrm{div}(\varphi) = \mathrm{div}(\varphi f)$. 第二个断言源于命题 B.3.8.   □

以下的讨论只涉及拓扑. 取定 Y 的一个三角剖分, 加细后不妨假定 $f(\mathrm{Ram}(f))$ 的元素都是三角剖分的顶点. 这相当于在同胚意义下将 Y 实现为一个 2 维的**单纯复形**. 粗略地说, 单纯复形是用

点(0 维单纯形)   线(1 维单纯形)   面(2 维单纯形)

三种构件粘成的空间, 要求点粘点, 边粘边, 如下情况是不容许的:

不是单纯复形!

相关定义详见 [57, 第六章]. 高维情形的推广是自然的. 一般而言, 一个 i 维单纯形具有标准的实现

$$\Delta^i := \left\{ (x_0, \cdots, x_i) \in \mathbb{R}^{i+1}_{\geq 0} : x_0 + \cdots + x_i = 1 \right\},$$

其标准定向按法向量 $(1, \cdots, 1)$ 确定. 显见 Δ^i 的边界是一些 j 维单纯形的无交并 $(0 \leq j < i)$. 如是分解中 $i-j$ 维的构件共有 $\binom{i+1}{j}$ 个, 相当于设其中 j 个坐标为 0. 循此可以解释粘合的意义. 选定三角剖分相当于用组合办法确定一个空间的拓扑.

若单纯复形之间的连续映射 $\Phi : A \to B$ 映单纯形为单纯形 (容许降维), 并保持边界的粘合条件, 则我们说 Φ 是**单纯映射**, 详见 [57, 第七章, §1].

引理 B.4.8   设 $f : X \to Y$ 为紧 Riemann 曲面之间的非常值态射. 存在 X, Y 的三角剖分, 使得

◇ 剖分的每个单纯形都落在某个标准坐标卡中 (见命题 B.4.4 证明), 而 f 是单纯映射;

◇ $f(\mathrm{Ram}(f))$ 的每个元素都是 Y 的顶点;

◇ X 的剖分由 Y 的点、线、面的原像给出, 每个线或面的原像都是 $\deg f$ 个线或面.

证明　取 Y 的三角剖分, 充分加细使得离散集 $f(\mathrm{Ram}(f))$ 的元素皆为顶点, 而且每个单纯形都包含于某个标准坐标卡. 局部上化约到标准分歧复叠来观照 f, 概貌如下 (取 $e(x)=2$ 为例):

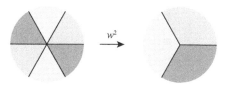

由此易见 Y 的点、线、面的原像给出 X 的三角剖分, 而 f 对之成为单纯映射. 线和面的原像个数在标准分歧复叠情形是清楚的, 运用命题 B.3.8 加总可得一般情形. □

接着回顾**亏格**的概念. 精确到同胚, 可定向连通紧曲面 S 由它们的亏格 $g=g(S)$ 完全分类, 直观上 g 是曲面的洞数. 详见 [57, 第三章 §3.3]. 如果取定了三角剖分, 则 $2-2g(S)=V(S)-E(S)+F(S)$, 其中 V,E,F 分别是三角剖分中的点、线、面个数, 这个拓扑不变量称为 S 的 **Euler 示性数**, 记作 $\chi(S):=2-2g(S)$.

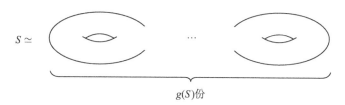

$g(S)$份

定理 B.4.9(Riemann-Hurwitz 公式)　设 $f:X\to Y$ 为紧 Riemann 曲面之间的非常值态射, 则
$$2g(X)-2=(2g(Y)-2)\deg f+\sum_{x\in\mathrm{Ram}(f)}(e(x)-1).$$

证明　对于任意三角剖分, 命题 B.3.8 指出 $V(Y)\deg f=\sum_y\sum_{x\in f^{-1}(y)}e(x)$, 其中 y 取遍 Y 的顶点. 如运用引理 B.4.8 中的剖分, 这可改写作
$$V(X)=\sum_{x:\text{顶点}}1=\sum_{y:\text{顶点}}\sum_{x\in f^{-1}(y)}1$$
$$=V(Y)\deg f-\sum_{x:\text{顶点}}(e(x)-1),$$

最后一项可以限制到 $x\in\mathrm{Ram}(f)$ 上求和. 另一方面, 在引理 B.4.8 中已经说明
$$E(X)=E(Y)\deg f,\quad F(X)=F(Y)\deg f.$$

用以上诸式计算 $\chi(X)$ 和 $\chi(Y)$ 即可. □

B.5　　全纯向量丛及其截面

在任意 Riemann 曲面乃至于复流形 X 上都有**全纯向量丛**的概念. 本书常略去全纯二字.

定义 B.5.1　在 X 上, 一个秩 $r \geqslant 1$ 的 (全纯) 向量丛是满足下述条件的连续映射 $\pi : E \to X$.

◇ π 是局部平凡的: X 有一族开覆盖 $\mathcal{U}$, 使得在每个开集 $U \in \mathcal{U}$ 上, 存在交换图表

$$
\begin{array}{ccc}
E|_U := \pi^{-1}(U) & \xrightarrow[\sim]{\varphi_U} & U \times \mathbb{C}^r \\
& \searrow{\scriptstyle\pi} \quad \swarrow{\scriptstyle\mathrm{pr}_1} & \\
& U &
\end{array}
$$

照例以 pr_1 表示向第一个坐标投影, 而 φ_U 是同胚. 称这样一族资料 (U, φ_U) 为 E 在开集 U 上的**平凡化**.

◇ 进一步, 对任意 $U, V \in \mathcal{U}$ 和 φ_U, φ_V 如上, 定义转移映射 $\varphi_{VU} : \varphi_V \circ \varphi_U^{-1} : (U \cap V) \times \mathbb{C}^r \to (U \cap V) \times \mathbb{C}^r$, 我们要求

$$
\varphi_{VU}(x, t) = (x, a_{VU}(x)t), \quad (x, t) \in (U \cap V) \times \mathbb{C}^r,
$$

其中 $a_{UV} : U \cap V \to \mathrm{GL}(r, \mathbb{C})$ 是全纯函数 (即每个矩阵元都全纯). 这时也称 (U, φ_U) 和 (V, φ_V) 是相容的平凡化.

对任意开子集 $V \subset X$, 定义 E 在 V 上的 (全纯) **截面**为满足以下条件的映射 $V \xrightarrow{s} E$:

◇ $\pi \circ s = \mathrm{id}_V$;

◇ s 全纯, 或者说一旦取定局部平凡化 $E|_U \xrightarrow{\varphi_U} U \times \mathbb{C}^r$, 则 $s|_U$ 表作 $(x, s_U(x))$, 其中 $s_U : U \to \mathbb{C}^r$ 的每个坐标都是全纯函数.

易验证条件无关局部平凡化的选取. 于是有 $\mathbb{C}$-向量空间

$$
\Gamma(V, E) := \big\{ s : V \to E, \text{截面} \big\},
$$

在局部平凡化 φ_U 之下, 其向量空间结构由 $(a_1 s_1 + a_2 s_2)_U = a_1 s_{1,U} + a_2 s_{2,U}$ 反映 $(a_1, a_2 \in \mathbb{C})$. 映射 $V \mapsto \Gamma(V, E)$ 给出对应到 E 的**截面层**.

秩 r 向量丛的截面层自然是 $\mathcal{O}_X$-模. 取局部平凡化可见截面层是秩 r 局部自由 $\mathcal{O}_X$-模, 这在几何中是所谓凝聚层的一个例子.

称 E 是丛的全空间, X 是底空间. 一如流形情形, 我们习惯添入所有与 $\{(U, \varphi_U) :$

$U \in \mathcal{U}$} 相容的局部平凡化, 以确保 {$(U, \varphi_U) : U \in \mathcal{U}$} 极大. 显见转移函数满足上链条件

$$\varphi_{UU} = \mathrm{id}, \quad \text{或等价地} \quad a_{UU} = \mathrm{id};$$

$$\varphi_{WV}\varphi_{VU} = \varphi_{WU}, \quad \text{或等价地} \quad a_{WV}a_{VU} = a_{WU}.$$

反过来说, 给定一族 X 的开覆盖 $\mathcal{U}$ 及 {$a_{VU} : U, V \in \mathcal{U}$} 满足如上条件, 由之可以粘合出向量丛 $\pi : E \to X$.

对每个 $x \in X$, 取 $U \ni x$ 上的局部平凡化, 从而 $\varphi_U : E_x := \pi^{-1}(x) \xrightarrow{\sim} \{x\} \times \mathbb{C}^r$ 使得纤维 E_x 成为 r 维复向量空间. 既然转移映射保持 $\mathbb{C}^r \simeq \{x\} \times \mathbb{C}^r$ 上的一切向量运算, E_x 的向量空间结构无关 (U, φ_U) 的选取. 所以 E 可视作一族竖在 X 上的 r 维向量空间. "丛" 字明矣.

向量丛之间的态射 $\varphi : L_1 \to L_2$ 定义为使图表

$$\begin{array}{ccc} L_1 & \xrightarrow{\varphi} & L_2 \\ & \searrow \quad \swarrow & \\ & X & \end{array}$$

交换, 并且局部形如 $(\mathrm{id}, T_U) : U \times \mathbb{C}^r \to U \times \mathbb{C}^s$ 的映射, 其中 $T_U : U \to \mathrm{Hom}_{\mathbb{C}}(\mathbb{C}^r, \mathbb{C}^s) \simeq \mathbb{C}^{rs}$ 的每个坐标都全纯; "局部" 自是相对于先前的平凡化 $\{\varphi_U\}_{U \in \mathcal{U}}$ 而言. 如此使得 X 上的全体秩 r 向量丛构成一范畴 $\mathsf{Vect}_r(X)$, 谈论向量丛的同构遂有意义.

形如 $X \times \mathbb{C}^r \xrightarrow{\mathrm{pr}_1} X$ 的向量丛称为秩 r 的**平凡丛**. 就底空间 X 来看, 向量丛局部上都同构于平凡丛, 相应的同构由平凡化 φ_U 给出.

线性代数的基本操作都可以搬到向量丛上. 以下 E, F 表示 X 上的向量丛, $x \in X$ 是任意点.

	对偶丛	直和丛	张量积丛	内 Hom 丛
符号	$E^{\vee}$	$E \oplus F$	$E \otimes F$	$\mathcal{H}om(E, F) \simeq E^{\vee} \otimes F$
x 上的纤维	$(E_x)^{\vee}$	$E_x \oplus F_x$	$E_x \otimes F_x$	$\mathrm{Hom}(E_x, F_x)$

举 $E^{\vee}$ 为例, 显然的办法是逐纤维地定义 $(E^{\vee})_x := E_x^{\vee}$, 然后用 E 的局部平凡化赋予 $E^{\vee}$ 向量丛结构. 其余构造类似, 无劳细说.

定义 B.5.2 给定 Riemann 曲面 (乃至于复流形, 不必假设连通) 的态射 $f : Y \to X$ 和秩 r 向量丛 $\pi : E \to X$, 其**拉回**定义为

$$f^*E := Y \times_X E = \{(y, e) \in Y \times E : f(y) = \pi(e)\} \xrightarrow{\eta : \text{投影}} Y.$$

考虑 X 的一族开覆盖 $\mathcal{U}$ 和局部平凡化 $\varphi_U : E|_U \xrightarrow{\sim} U \times \mathbb{C}^r$, 其中 $U \in \mathcal{U}$. 由之自然地诱导出

$$\psi_U : \eta^{-1}(f^{-1}U) \xrightarrow{\quad\sim\quad} f^{-1}U \times \mathbb{C}^r$$

$$(y, e) \longmapsto (y, \mathrm{pr}_2 \varphi_U(e))$$

$$\big(y, \varphi_U^{-1}(f(y), t)\big) \longleftarrow\!\shortmid (y, t),$$

此外 $Y = \bigcup_{U \in \mathcal{U}} f^{-1}U$. 由此可以验证 $f^*E \to Y$ 构成秩 r 向量丛, 以 $(\psi_U)_{U \in \mathcal{U}}$ 为一族局部平凡化.

例行的验证说明拉回和向量丛的种种操作相交换, 例如, $f^*(E_1 \oplus E_2) \simeq f^*E_1 \oplus f^*E_2$, $f^*(E_1 \otimes E_2) \simeq f^*E_1 \otimes f^*E_2$, 等等, 平凡丛拉回为平凡丛. 这些同构都具有函子性. 若 $f : U \hookrightarrow X$ 是开子集的包含映射, 则 f^*E 无非是 E 在 U 上的限制.

定义 B.5.3　秩 $r = 1$ 的向量丛称为**线丛**.

平凡线丛的截面无非是全纯函数.

例 B.5.4(重言式线丛)　考虑例 B.2.7 介绍的射影直线 $\mathbb{P}^1 := \mathbb{P}^1(\mathbb{C})$. 定义

$$\pi : \big\{(x, v) \in \mathbb{P}^1 \times \mathbb{C}^2 : v \in x\big\} \to \mathbb{P}^1, \quad \pi(x, v) = x.$$

这是秩 1 向量丛. 诚然, 考虑例 B.2.7 的开覆盖 $\mathbb{P}^1 = U_0 \cup U_1$, 那么可取

坐标卡 $U_0 := \{(1 : s) : s \in \mathbb{C}\} \xrightarrow{\sim} \mathbb{C}$	坐标卡 $U_1 := \{(s : 1) : s \in \mathbb{C}\}$
$\pi^{-1}(U_0) \xrightarrow[\sim]{\varphi_0} U_0 \times \mathbb{C}$	$\pi^{-1}(U_1) \xrightarrow[\sim]{\varphi_1} U_1 \times \mathbb{C}$
$\shortparallel \qquad\qquad\quad \shortparallel$	$\shortparallel \qquad\qquad\quad \shortparallel$
$((1 : s), (t, ts)) \longmapsto ((1 : s), t);$	$((s : 1), (ts, t)) \longmapsto ((s : 1), t).$

现在来验证相容性: 记 $U_{01} := U_0 \cap U_1$, 以下交换图表说明 $a_{U_1 U_0}((a : b)) = \dfrac{b}{a}$.

记此线丛为 $\mathcal{O}(-1)$. 任一点 $x \in \mathbb{P}^1$ 上的纤维无非 x 这条线本身. 对于高维度的射影空间 $\mathbb{P}^n$ 乃至于更广的 Grassmann 簇也有类似的 "重言式" 构造.

练习 B.5.5 说明 $\mathbb{C}^2 \smallsetminus \{0\}$ 可以自然地嵌入丛 $\mathcal{O}(-1)$ 的全空间作为开子集.

留意到 $\mathrm{GL}(1, \mathbb{C}) = \mathbb{C}^\times$. 线丛的张量运算格外简单: 线丛的对偶与张量积仍是线丛; 对任意线丛 $\pi : L \to X$, 易见 $L^\vee \otimes L \simeq \mathcal{H}om(L, L)$ 平凡, 而且对任意整数 r 可以定义张量幂 $L^{\otimes r}$ 使之满足典范同构

$$ L^{\otimes r} \otimes L^{\otimes s} \simeq L^{\otimes(r+s)}, \quad L^{\otimes 0} \simeq \text{平凡线丛}, \quad L^{\otimes -1} \simeq L^\vee. $$

一如既往, 这些性质都化到一维向量空间情形来检验. 以例 B.5.4 的 $\mathbb{P}^1$ 上线丛 $\mathcal{O}(-1)$ 为例, 一般记

$$ \mathcal{O}(r) := \mathcal{O}(-1)^{\otimes(-r)} = \mathcal{O}(1)^{\otimes r}, \quad r \in \mathbb{Z}. $$

可以证明 $\mathbb{P}^1$ 上的线丛都同构于某个 $\mathcal{O}(r)$, 其中 $r \in \mathbb{Z}$ 是唯一的, 我们不需要这个结果.

若在线丛截面的定义中容许 s_U 为亚纯函数, 便得到 L 的**亚纯截面**. 例如, 平凡线丛的亚纯截面无非是亚纯函数. 根据线丛定义中的相容性条件, 变动 L 的局部平凡化相当于代 $s_U(x)$ 为 $s_U(x)\alpha_U(x)$, 其中 $\alpha_U : U \to \mathbb{C}^\times$ 全纯, 这不改变任意点 $x \in U$ 处的 $\mathrm{ord}_x(s_U)$. 以下因之是良定的.

定义 B.5.6 对于 $x \in X$ 和线丛 L 在 x 附近的亚纯截面 s, 选取充分小的开邻域 $U \ni x$, 任选 L 的局部平凡化以定义 s 在 x 处的消没次数 $\mathrm{ord}_x(s) := \mathrm{ord}_x(s_U)$. 特别地, 我们可以谈论 s 的极点和零点及其重数.

运用线丛的局部平凡化, 容易化约到亚纯函数情形来验证下述性质

$$ \mathrm{ord}_x(s_1 + s_2) \geqslant \min\left\{ \mathrm{ord}_x(s_1), \mathrm{ord}_x(s_2) \right\}, \quad s_1, s_2 : L \text{ 在 } x \text{ 附近的亚纯截面.} \quad (\text{B.5.1}) $$

我们最关心的是一些源自 X 自身的几何结构, 并且携带丰富信息的线丛. 以下是一个至关紧要的情形.

定义 B.5.7(典范丛) 全纯余切丛 $\Omega_X := T^*_{\mathrm{hol}}(X)$ 是秩 1 的, 称为 X 的**典范丛**, 其全纯截面在局部坐标卡下总能表示为 $f\,\mathrm{d}z$ 之形, 其中 $f : U \to \mathbb{C}$ 全纯, $U \subset X$ 为带有局部坐标 z 的开集. 探讨亚纯截面相当于容许 f 为亚纯函数.

习惯称 Ω_X 的亚纯截面为 X 上的**亚纯微分**, 称其全纯截面为**全纯微分**.

进一步, 对任意 $r \in \mathbb{Z}$ 都有张量幂 $\Omega_X^r := \Omega_X^{\otimes r}$, 而 $\Omega_X^{-1} = \Omega_X^\vee$ 无非是 X 的全纯切丛 $T_{\mathrm{hol}}X$.

例 B.5.8   取 $X = \mathbb{P}^1$. 沿用例 B.2.7 的坐标卡 $(U_i, z_i)_{i=0,1}$, 在 $U_0 \cap U_1$ 上 $z_0 = z_1^{-1}$. 取微分得到 $\Omega_{\mathbb{P}^1}|_{U_0 \cap U_1}$ 中的等式

$$\mathrm{d}z_0 = -z_1^{-2}\,\mathrm{d}z_1 = -z_0^2\,\mathrm{d}z_1.$$

现在分别在 U_0, U_1 上用 $\mathrm{d}z_0$ 和 $-\mathrm{d}z_1$ 将 Ω_X 平凡化, 可见转移函数为 $a_{U_1 U_0}(a : b) = z_0(a : b)^2 = \left(\frac{b}{a}\right)^2$. 与例 B.5.4 比较, 立见

$$\Omega_{\mathbb{P}^1} \simeq \mathcal{O}(-1)^{\otimes 2} = \mathcal{O}(-2).$$

例 B.5.9   任意复环面 $A \simeq \mathbb{C}/\Lambda$ 的典范丛都具有自然的平凡化. 这点是群结构的直接应用: 在 $0 \in A$ 的全纯余切空间上任选一个非零元 ω. 对任意 $x \in A$, 平移映射 $t \mapsto x + t$ 给出自同构 $L_x : A \xrightarrow{\sim} A$. 连带地, $\omega(x) := (L_{-x})^* \omega$ 定义了 Ω_A 的一个处处非零的全纯截面 $x \mapsto \omega(x)$. 如是遂有同构

$$\Omega_A = T_{\mathrm{hol}}^* A \xleftarrow{\;\sim\;} A \times \mathbb{C}$$

$$\left[t\omega(x) \in T_{\mathrm{hol},x}^* A \right] \longleftarrow (x, t).$$

考虑 Riemann 曲面的态射 $f : Y \to X$. 相应地, 有向量丛的自然态射

$$f^* \Omega_X = Y \times_X \Omega_X \longrightarrow \Omega_Y$$

$$(y, \omega) \longmapsto f^* \omega,$$

这里 $\omega \in T_{f(y),\mathrm{hol}}^*$, 它自然地拉回到 $f^* \omega \in T_{y,\mathrm{hol}}^*$, 见 §B.2. 所以 $f^* \Omega_X \to \Omega_Y$ 确实良定. 进一步, 可以对任意 $k \in \mathbb{Z}$ 考虑相应的 $f^* \Omega_X^{\otimes k} \to \Omega_Y^{\otimes k}$.

B.6   亚纯微分的应用

留数定理对于一般的 Riemann 曲面 X 依然成立. 其中涉及围道积分和留数, 其正确表述都需要微分形式的语言. 首先, 对于 X 上的亚纯微分 ω 和分段光滑曲线 $C : [0,1] \to X$, 只要 ω 在 C 的像里无极点, 道路积分 $\int_C \omega = \int_0^1 C^* \omega$ 总是有定义的. 另一方面, ω 在任一点 x 的留数 $\mathrm{Res}_x(\omega)$ 也有定义. 两种定义都只依赖于 ω, 无关坐标, 关于 $\int_C \omega$ 的情形, 各位在学习流形上的微积分时应该有所心得, 至于 $\mathrm{Res}_x \omega$ 的良定性, 归根结底出自以下观察.

首先, 对不恒为 0 的亚纯函数 f 可定义亚纯微分 $\mathrm{d}\log f = \frac{\mathrm{d}f}{f}$, 它在任意局部坐

标 z 下表成 $f^{-1}\dfrac{\mathrm{d}f}{\mathrm{d}z}\,\mathrm{d}z$.

接着在 x 附近取坐标 z 使得 $z(x) = 0$. 考虑亚纯微分形式 ω 在 $z = 0$ 附近的 Laurent 展开 $\sum_{k>-\infty} a_k z^k\,\mathrm{d}z$. 在这类展开式组成的向量空间中, 我们 mod 掉

(a) 定义在 $z = 0$ 附近的全纯微分形式;

(b) 形如 $\mathrm{d}\eta$ 的微分形式, 其中 η 是定义在 $z = 0$ 附近的亚纯函数.

得到的商空间记为 $\mathscr{R}$, 无关坐标 z 的选取, 记 ω 在 $\mathscr{R}$ 中的像为 $[\omega]$. 取商相当于舍去 Laurent 展开中 $k \neq -1$ 的项, 因之 $\mathrm{d}\log z$ 的像是一维空间 $\mathscr{R}$ 的基, $[\omega]$ 对之的系数正是 $a_{-1} = \mathrm{Res}_x(\omega)$. 为了说明 $\mathrm{Res}_x(\omega)$ 独立于坐标, 只需说明 $\mathrm{d}\log z$ 在 $\mathscr{R}$ 中的像独立于 z. 诚然, 对于任两个满足 $z(x) = 0 = w(x)$ 的局部坐标 z, w, 形式操作给出 $\mathrm{d}\log z - \mathrm{d}\log w = \mathrm{d}\log \dfrac{z}{w}$, 而 $\dfrac{z}{w}$ 在 $x = 0$ 附近非零, 故 $\mathrm{d}\log z \equiv \mathrm{d}\log w \pmod{\text{全纯微分}}$.

引理 B.6.1 设 f 是亚纯函数, 不处处为零, 则对任意 $x \in X$ 皆有 $\mathrm{ord}_x(f) = \mathrm{Res}_x(\mathrm{d}\log f)$.

证明 取局部坐标 z 使得 $z(x) = 0$, 直接计算 $\mathrm{d}\log f = f^{-1}\dfrac{\mathrm{d}f}{\mathrm{d}z}$ 的留数. □

定理 B.6.2 设 D 是 X 中的紧区域, 边界 ∂D 是分段光滑曲线, 带诱导定向, 而亚纯微分 ω 在 ∂D 上无极点, 则

$$\frac{1}{2\pi i}\oint_{\partial D}\omega = \sum_{\substack{x\in D^\circ \\ \text{极点}}}\mathrm{Res}_x(\omega).$$

边界 ∂D 的诱导定向来自 D 本身由复结构确定的定向. 在局部坐标卡下, 这相当于说 ∂D 逆时针绕行, 如下图.

定理中容许 $\partial D = \varnothing$ (例如 $D = X$), 空曲线上的围道积分定义为 0.

证明 如果 D 能用 X 的一个局部坐标卡覆盖, 那这无非是经典的留数定理. 一般情形下, 取足够细的三角剖分 $D = D_1 \cup \cdots \cup D_m$ 以确保每个 D_i 都能用坐标卡覆盖, 适加扰动以确保 $\bigcup_i \partial D_i$ 不包含 ω 的极点. 剖分新添的边积分相消, 由此立刻化约到前一情形.

这些论证在边界为空时同样适用, 以复环面 $X = D = \mathbb{C}\big/(\mathbb{Z} \oplus \mathbb{Z}i)$ 为例, 图像如下.

各边的积分两两相消.   □

定理 B.6.3　设 X 为紧 Riemann 曲面.

(i) 对任意亚纯微分 ω 皆有 $\sum_x \operatorname{Res}_x(\omega) = 0$, 其中 x 取遍极点;

(ii) 对任意不恒为零的亚纯函数 f,

$$\sum_{x \in X} \operatorname{ord}_x(f) = 0 \quad \text{(有限和)},$$

或者说 f 的极点与零点的个数相同, 计入重数.

证明　定理 B.6.2 给出 (i), 代入亚纯微分 $\omega := \mathrm{d}\log f$ 并应用引理 B.6.1 就得到 (ii).   □

设 f 为 X 上的非常值亚纯函数. 对任意 $y \in \mathbb{C} \sqcup \{\infty\}$, 当 $y \neq \infty$ 时, 定义 f 取 y 值的次数为 $f - y$ 的零点个数, 若 $y = \infty$, 则定之为 f 的极点个数. 当然, 两种情形下都计入重数, 见定义 B.2.3.

推论 B.6.4　非常值亚纯函数取 $y \in \mathbb{C} \sqcup \{\infty\}$ 值的次数是一个无关 y 的常数 $n(f) \in \mathbb{Z}_{\geqslant 1}$. 如果视 f 为态射 $X \to \mathbb{P}^1$, 则 $n(f)$ 无非是此态射的次数.

证明　当 $y \in \mathbb{C}$ 时, 在定理 B.6.3 中代入 $f - y$ 可知 (以下皆计重数)

$$(f \text{ 取 } y \text{ 值的次数}) - (f \text{ 的极点个数})$$
$$= (f - y \text{ 的零点个数}) - (f - y \text{ 的极点个数}) = 0.$$

然而 f 的极点数又等于 f 取 ∞ 值的次数, 记为 $n(f) := \sum_{x \in f^{-1}(\infty)} -\operatorname{ord}_x(f)$. 这就说明取 f 取 $y \in \mathbb{C} \sqcup \{\infty\}$ 值的次数是常数 $n(f)$.

现将 f 视同态射 $X \to \mathbb{P}^1$. 兹断言 $\deg(f) = n(f)$. 以下用 f 的零点个数 (计重数) 来计算 $n(f)$. 在每个 $x \in f^{-1}(0)$ 附近存在局部坐标 w 使得 $f = w^{e(x)}$, 其中 $e(x) \geqslant 1$ 是 x 处的零点重数. 根据注记 B.4.5 可知 $e(x)$ 正是 $f : X \to \mathbb{P}^1$ 在 x 处的分歧指数. 如是遂有

$$n(f) = \text{零点个数} = \sum_{x \in f^{-1}(0)} e(x) = \deg\left(X \xrightarrow{f} \mathbb{P}^1\right),$$

最末等号基于命题 B.3.8. 明所欲证.   □

例 B.6.5 且看如何用定理 B.6.3 来刻画射影直线 $\mathbb{P}^1 \overset{t}{\dashrightarrow} \mathbb{C} \sqcup \{\infty\}$ 上的亚纯函数. 我们断言

$$\mathscr{M}(\mathbb{P}^1) = \mathbb{C}(t) \quad (\text{一元有理函数域}).$$

易见 $\mathbb{C}(t) \subset \mathscr{M}(\mathbb{P}^1)$. 若 $f, g \in \mathbb{C}[t]$, $g \neq 0$, 则基于极限的论证给出 $-\mathrm{ord}_\infty \left(\dfrac{f}{g} \right) =$ $\deg f - \deg g$, 这个次数差可以合理地记为 $\deg(f/g)$. 现在来证明任意 $h \in \mathscr{M}(\mathbb{P}^1)^\times$ 皆为有理函数. 命

$$k(t) := \prod_{x \in \mathbb{C}} (t - x)^{\mathrm{ord}_x(h)} \in \mathbb{C}(t) \quad (\text{有限积}).$$

由定理 B.6.3 导出

$$-\mathrm{ord}_\infty(k) = \deg(k) = \sum_{x \in \mathbb{C}} \mathrm{ord}_x(h) = -\mathrm{ord}_\infty(h),$$

是以命题 B.4.2 蕴涵 k/h 为常数. 综之, $h \in \mathbb{C}(t)$.

B.7 Riemann-Roch 定理的陈述

本节选定连通紧 Riemann 曲面 X, 其上的亚纯函数域仍记为 $\mathscr{M}(X)$.

定义 B.7.1 由 X 的点生成的自由交换群记为 $\mathrm{Div}(X)$, 其元素称为 X 上的**除子**, 形式地表作有限和

$$D = \sum_{x \in X} n_x x, \quad n_x \in \mathbb{Z}, \quad \text{至多有限个 } n_x \text{ 非零}.$$

相应的代数运算记为 $\sum_x n_x x \pm \sum_x m_x x = \sum_x (n_x \pm m_x)x$ 等等. 定义一个除子 $D = \sum_x n_x x$ 的**次数**为

$$\deg D := \sum_{x \in X} n_x \in \mathbb{Z}.$$

显然 $\deg : \mathrm{Div}(X) \to \mathbb{Z}$ 是群同态. 对于 $f \in \mathscr{M}(X)^\times$, 定义

$$\mathrm{div}(f) := \sum_{x \in X} \mathrm{ord}_x(f)x \in \mathrm{Div}(X),$$

形如 $\mathrm{div}(f)$ 的除子称为**主除子**.

全体主除子构成 $\mathrm{Div}(X)$ 的子群 $\mathscr{P}$. 事实上,

$$\mathrm{div}(fg) = \mathrm{div}(f) + \mathrm{div}(g), \quad \mathrm{div}(f^{-1}) = -\mathrm{div}(f), \quad \mathrm{div}(c) = 0, \quad c \in \mathbb{C}^\times.$$

定义 B.7.2   称商群 $\mathrm{Pic}(X) := \mathrm{Div}(X)/\mathscr{P}$ 为 X 的**除子类群**, 也称为 Picard 群.

引理 B.7.3   对任意 $D \in \mathscr{P}$ 皆有 $\deg D = 0$. 因之 $\deg$ 诱导出群同态 $\mathrm{Pic}(X) \to \mathbb{Z}$.

证明   应用定理 B.6.3.   □

例 B.7.4   我们断言 $\deg$ 诱导同构 $\mathrm{Pic}(\mathbb{P}^1) \xrightarrow{\sim} \mathbb{Z}$. 仅需证明所有 $x \in \mathbb{P}^1$ 皆满足 $x - \infty \in \mathscr{P}$ 即可, 如此一来所有除子 D 在 $\mathrm{Pic}(X)$ 中的类皆可化作 $n\infty$ 之形, 而 $\deg(n\infty) = n$. 诚然, 设 $x \neq \infty$, 考虑有理函数 $f = (t - x) \in \mathbb{C}(t)$; 回忆例 B.6.5 中的讨论可知 $\mathrm{div}(f) = t - \infty$, 证毕.

紧接着要考虑 X 上的全纯线丛, 简称线丛, 以及它们的截面, 详见 §B.5.

定理 B.7.5   在 X 上, 任何线丛 $\pi: L \to X$ 都有非零的亚纯截面.

这点是由 X 的紧性确保的. 其证明需要进一步的分析学工具, 且置不论.

定义–定理 B.7.6   设 s 是线丛 L 的亚纯截面, 不恒为 0. 定义相应的除子

$$\mathrm{div}(L,s) := \sum_{x \in X} \mathrm{ord}_x(s)x \in \mathrm{Div}(X).$$

它在 $\mathrm{Pic}(X)$ 中的除子类不依赖 s 的选取, 记为 $[L]$. 综之得到交换图表

$$
\begin{array}{ccc}
(L,s) & \longmapsto & \mathrm{div}(s) \\
\cap & & \cap \\
\{(L,s): L \to X \text{ 线丛}, s \neq 0: \text{亚纯截面}\}/\simeq & \longrightarrow & \mathrm{Div}(X) \\
\text{忘记 }s\downarrow & & \downarrow\text{商} \\
\{L \to X: \text{线丛}\}/\simeq & \longrightarrow & \mathrm{Pic}(X) \\
\cup & & \cup \\
L & \longmapsto & [L]
\end{array}
$$

此处定义 $\varphi: (L,s) \xrightarrow{\sim} (L',s')$ 为同构, 如果 $\varphi: L \xrightarrow{\sim} L'$ 是线丛的同构且 $\varphi s = s'$.

证明   首先, 在局部坐标下容易验证 s 的极点与零点都是 X 的离散子集, 从而 $\mathrm{div}(L,s)$ 确实定出 $\mathrm{Div}(X)$ 的元素. 今选定 L, 设亚纯截面 s, s' 俱非零, 则在每个局部坐

标邻域 U 里总存在 U 上不恒为 0 的亚纯函数 a_U,

$$s'|_U = a_U s|_U, \quad a_U|_{U \cap V} = a_V|_{U \cap V}.$$

从而 $(a_U)_U$ 粘合为 $a \in \mathscr{M}(X)$ 使得 $s' = as$. 按定义可知

$$\mathrm{div}(L, s') = \mathrm{div}(L, as) = \mathrm{div}(a) + \mathrm{div}(L, s) \in \mathscr{P} + \mathrm{div}(L, s),$$

故 $\mathrm{div}(L, s)$ 的除子类 $[L]$ 仅依赖于 L. 这些构造显然在同构下不变. $\qquad\square$

若 L 是平凡线丛, 则考虑常值截面 $s = 1$ 立见 $[L] = 0$.

如果 $s, s' \neq 0$ 分别是线丛 L, L' 的亚纯截面, 那么可以构造 $L \otimes L'$ 的亚纯截面 $ss' = s \otimes s'$, 下述结果是水到渠成的.

命题 B.7.7 我们有 $\mathrm{div}(L \otimes L', ss') = \mathrm{div}(L, s) + \mathrm{div}(L', s')$. 特别地, $[L \otimes L'] = [L] + [L']$, 且 $[L^{\otimes r}] = r[L]$, 其中 $r \in \mathbb{Z}$.

证明 第一个等式可直接检验. 一并注意到 L 及其对偶 $L^\vee$ 的张量积同构于平凡线丛, 于是 $[L] + [L^\vee] = 0$, 其余是明显的. $\qquad\square$

例 B.7.8 在 $\mathbb{P}^1$ 上有 $[\mathcal{O}(r)] = rP$, 其中 $P \in \mathbb{P}^1$ 是任意点, 不影响除子类 (参见例 B.7.4). 根据命题 B.7.7, 证 $r = 1$ 的情形即可. 以下将用全纯截面来计算 $[\mathcal{O}(1)]$.

既然 $\mathcal{O}(-1)$ 在任一点 x 上的纤维是 x 这条直线, 给定 $\mathcal{O}(1)$ 的全纯截面相当于为每个 $x \in \mathbb{P}^1$ 指派 x 上的一个线性泛函 λ_x, 并要求 λ_x 随 x "全纯地" 变化. 一个明显的取法是令 λ 为 $\mathbb{C}^2$ 上的线性泛函, 并令 $\lambda_x := \lambda|_x$, 这对 x 当然是全纯的, 它甚且是 "代数的".

显然, 当 $\lambda \neq 0$ 时 $x \mapsto \lambda|_x$ 唯一的零点是 $x = \ker(\lambda) \in \mathbb{P}^1$. 为了计算重数, 不妨就取 $\lambda(a, b) = a$, 于是 $\ker(\lambda) = (0 : 1)$. 在坐标开集 $U_1 = \{(z : 1) : z \in \mathbb{C}\}$ 上, $\mathcal{O}(1)$ 有平凡化

$$
\begin{array}{ccc}
U_1 \times \mathbb{C} & \xrightarrow{\;\sim\;} & \{((z : 1), \mu_z) : \mu_z \in \mathrm{Hom}_{\mathbb{C}}(\mathbb{C} \cdot (z, 1), \mathbb{C})\} \\
\cup\!\!| & & \cup\!\!| \\
((z : 1), t) & \longmapsto & ((z : 1), (uz, u) \mapsto ut).
\end{array}
$$

故 $\lambda|_{(z:1)} : (uz, u) \mapsto uz$ 对应到左侧平凡线丛的截面 $z \mapsto ((z : 1), z)$, 它在 $z = 0$ 处有一阶零点, 对应到 $(0 : 1) \in \mathbb{P}^1$. 综之, $\mathrm{div}(\mathcal{O}(1), x \mapsto \lambda|_x) = (0 : 1)$, 证毕.

我们研究亚纯截面的进路是约束其极点, 借以获取一个 "有限" 的对象. 引入符号

$$D = \sum_x n_x x, \quad D' = \sum_x n'_x x, \quad D \geqslant D' \iff \left[\forall x \in X, \; n_x \geqslant n'_x\right].$$

对任意除子 D, 置

$$\Gamma(X, L(D)) := \left\{ s : L \text{ 的亚纯截面, } \mathrm{div}(L, s) + D \geqslant 0 \right\}.$$

按约定, $s = 0$ 给出 $\sum_x \infty x$, 属于上述集合. 易见 $\Gamma(X, L(D))$ 构成复向量空间, 见 (B.5.1). 一般而言, $D \geqslant D'$ 蕴涵 $\Gamma(X, L(D')) \subset \Gamma(X, L(D))$, 而且易见 $\Gamma(X, L(0)) = \Gamma(X, L)$.

当 L 平凡时, $\Gamma(X, L(D))$ 化为

$$\Gamma(X, D) := \{ a \in \mathscr{M}(X) : \mathrm{div}(a) + D \geqslant 0 \}. \tag{B.7.1}$$

按先前关于 div(0) 的约定, $\Gamma(X, D)$ 是 $\mathscr{M}(X)$ 的复向量子空间. 精确到同构, $\Gamma(X, D)$ 仅依赖于 D 的除子类, 这基于以下事实

$$
\begin{array}{ccc}
\Gamma(X, D) & \xrightarrow{\;\sim\;} & \Gamma(X, D + \mathrm{div}(f)), \qquad f \in \mathscr{M}(X)^\times \\
\cup\!\!| & & \cup\!\!| \\
a & \longmapsto & af^{-1}.
\end{array}
\tag{B.7.2}
$$

引理 B.7.9   当 $D = 0$ 时 $\Gamma(X, D) = \mathbb{C}$. 当 $\deg D < 0$ 时 $\Gamma(X, D) = \{0\}$.

证明   若 $D = 0$, 则 $\Gamma(X, D)$ 是 X 上的全纯函数空间. 由命题 B.4.2 知全纯函数必取常值. 现在证明后半部分. 若 $a \in \mathscr{M}(X)^\times$, $\mathrm{div}(a) + D \geqslant 0$, 则 $\deg(\mathrm{div}(a) + D) = \deg D \geqslant 0$.   □

空间 $\Gamma(X, L(D))$ 与 $\Gamma(X, D)$ 有紧密的联系.

命题 B.7.10   设 s 是线丛 $L \to X$ 的亚纯截面, 不恒为零, 则对任意 $D \in \mathrm{Div}(X)$ 皆有同构

$$
\begin{array}{ccc}
\Gamma(X, L(D)) & \xrightarrow{\;\sim\;} & \Gamma(X, \mathrm{div}(L, s) + D) \\
\cup\!\!| & & \cup\!\!| \\
t = as & \longmapsto & a, \qquad\qquad a \in \mathscr{M}(X).
\end{array}
$$

根据 (B.7.2), 同构意义下 $\Gamma(X, \mathrm{div}(L, s) + D)$ 由 $\mathrm{div}(L, s)$ 的除子类亦即 $[L]$ 所确定, s 的选取无关宏旨.

证明   任何 L 的亚纯截面 t 总能唯一地表作 $t = as$, 其中 $a \in \mathscr{M}(X)$, 见定义-定理 B.7.6 的论证. 于是 $\mathrm{div}(L, t) + D \geqslant 0$ 等价于 $\mathrm{div}(a) + \mathrm{div}(L, s) + D \geqslant 0$.   □

定义 B.7.11   今对任意除子 $D \in \mathrm{Div}(X)$ 定义

$$\ell(D) := \dim_{\mathbb{C}} \Gamma(X, D),$$

根据 (B.7.2) 它只依赖于 D 在 $\mathrm{Pic}(X)$ 中的类. 此外, 以 X 的典范丛 (定义 B.5.7) 定义**典范除子类**

$$K_X := [\Omega_X] \in \mathrm{Pic}(X).$$

于命题 B.7.10 代入 $L = \Omega_X$ 和 $D = 0$ 可知 $\dim \Gamma(X, \Omega_X) = \ell(K_X)$.

举例明之, $K_{\mathbb{P}^1} = -2x \mod \mathscr{P}$, 其中 $x \in \mathbb{P}^1$ 任取 (例 B.7.8 配合例 B.5.8). 另一方面, 对任意复环面 T 都有 $K_T = 0$ (例 B.5.9).

因为 X 是紧定向曲面, 对之可定义亏格 $g = g(X)$ 和 Euler 示性数 $\chi(X) = 2-2g(X)$. 详见 §B.4.

定理 B.7.12 (Riemann-Roch) 对任意除子 D, 维数 $\ell(D)$ 总是有限. 进一步

$$\ell(D) - \ell(K_X - D) = \deg D - g + 1.$$

这些论断的证明一般需动用称为 Hodge 理论的分析学工具, 宜待专著讨论, 感兴趣的读者不妨参阅 [60, 第三章]. 对于一般的紧复流形上的全纯向量丛, 相应的推广称为 Hirzebruch-Riemann-Roch 定理. 现在知道这是 Atiyah-Singer 指标定理的一个应用. 指标定理可谓进路迭出, 异彩纷呈, 读者从 [7, Theorem 4.10] 切入兴许是个可行的方案.

注记 B.7.13 下面是定理 B.7.12 的几点立即推论.

(1) 取 $D = 0$, 由 $\ell(D) = \dim_{\mathbb{C}} \mathbb{C} = 1$ 和 $\deg D = 0$ 立得 $\ell(K_X) = g$.

(2) 复取 $D = K_X$, 配合上一步可知 $g - 1 = \deg K_X - g + 1$, 亦即 $\deg K_X = 2g - 2 = -\chi(X)$.

(3) 若 $\deg D > 2g - 2$, 则 $\deg(K_X - D) = \deg K_X - \deg D < 0$ 和引理 B.7.9 蕴涵 $\ell(K_X - D) = 0$, 从而

$$\ell(D) = \deg D - g + 1 > g - 1.$$

特别地, 假设 $\deg D > 2g - 2$, 则当 $g \geqslant 1$ 时 $\ell(D) > 0$. 当 $g = 0$ 而 $\deg D \geqslant 0$ 时也有 $\ell(D) > 0$.

推论 B.7.14 在 X 上存在非零全纯微分当且仅当 X 的亏格 $g \geqslant 1$.

证明 以上讨论表明 $\dim_{\mathbb{C}} \Gamma(X, \Omega_X) = \ell(K_X) = g$. $\qquad\square$

经常同 Riemann-Roch 定理合并运用的一个基本结果是 **Serre 对偶定理**, 涉及向量丛或凝聚层的上同调, 记录如下.

定理 B.7.15 (J. P. Serre) 存在 $\mathbb{C}$-向量空间的自然同构

$$\mathrm{H}^i(X, E) \xrightarrow{\sim} \mathrm{H}^{1-i}\left(X, E^{\vee} \otimes \Omega_X\right)^{\vee}, \quad i \in \mathbb{Z},$$

其中 E 是 X 上的向量丛, 注意到 $\mathrm{H}^i(X, \cdot)$ 仅对 $i = 0, 1$ 非零.

Serre 对偶定理可以对更一般的射影复流形陈述. 在代数几何中, Serre 对偶定理可以推广到相对情形 $X \to S$, 适用于相当广泛的一类概形, 称为 **Grothendieck-Serre 对偶定理**. 对于非光滑的情形, 关键在于需将典范丛 Ω_X 或相应的层替换为**对偶化复形**.

练习 B.7.16   从例 B.5.8 直接证明射影直线 $\mathbb{P}^1$ 上的全纯微分必为零.

最后, 留意到除子定义中的系数只用到加减两种运算, 所以系数也无妨取在任意加法群中. 本书只用到 $\mathbb{Q}$-系数的版本. 按代数学的手法, 从 $\mathbb{Z}$-系数过渡到 $\mathbb{Q}$-系数自然是倚靠张量积 $\otimes$, 见 [59, §6.6].

定义 B.7.17   简记 $\otimes_\mathbb{Z}$ 为 $\otimes$, 命

$$\mathrm{Div}(X)_\mathbb{Q} := \mathrm{Div}(X) \otimes \mathbb{Q} \hookleftarrow \mathrm{Div}(X),$$

$$\mathrm{Pic}(X)_\mathbb{Q} := \mathrm{Pic}(X) \otimes \mathbb{Q} \simeq \mathrm{Div}(X)_\mathbb{Q} / \mathrm{im} \left[\mathscr{P} \otimes \mathbb{Q} \to \mathrm{Div}(X)_\mathbb{Q} \right].$$

两者都是 $\mathbb{Q}$-向量空间. 称 $\mathrm{Div}(X)_\mathbb{Q}$ 的元素为 X 上的 $\mathbb{Q}$-**除子**, 它们仍可唯一地写成有限和 $\sum_{x \in X} n_x x$, 但容许 $n_x \in \mathbb{Q}$, 其余代数运算和 $\geq$ 的定义同于 $\mathrm{Div}(X)$. 过渡到 $\mathrm{Pic}(X)_\mathbb{Q}$ 相当于 mod 掉 $\mathscr{P}$ 中元素的 $\mathbb{Q}$-线性组合.

同态 $\deg : \mathrm{Div}(X) \to \mathbb{Z}$ 按 $\mathbb{Q}$-线性延拓为 $\mathrm{Div}(X)_\mathbb{Q} \to \mathbb{Q}$, 并且仍透过 $\mathrm{Pic}(X)_\mathbb{Q}$ 分解, 参照引理 B.7.3.

对于任意 $D = \sum_{x \in X} n_x x \in \mathrm{Div}(X)_\mathbb{Q}$, 我们有良定的取整运算

$$\lfloor D \rfloor := \sum_{x \in X} \lfloor n_x \rfloor x \in \mathrm{Div}(X).$$

这对第四章的维数公式实属必要.

附录 C 算术背景

本附录旨在简要勾勒和代数或数论有关的语言, 限于最浅显的部分. 这部分材料主要用于第九章和第十章.

C.1 群的上同调

本节选定群 G, 其运算写作乘法. 群上同调的完整理论可参阅 [1] 或代数数论的进阶教材.

定义 C.1.1 设 E 是加法群, 而 G 透过群自同态在 E 上左作用, 今后称此结构为 G-模. 全体 G-模对态射 (或称等变同态) 构成范畴, 这是一个 Abel 范畴.

对于任意 G-模 E, 记 $E^G := \{x \in E : \forall g \in G \; gx = x\}$.

定义 C.1.2(群的上同调) 对于任何 G-模 E, 命

$$C^n(G, E) := \left\{ \text{映射 } f : G^n \to E \right\}, \quad n \in \mathbb{Z}_{\geqslant 0},$$
$$\mathrm{d} : C^n(G, E) \longrightarrow C^{n+1}(G, E),$$

每一项都构成加法群, 其中

$$\mathrm{d}f(g_1, \cdots, g_{n+1}) = g_1 f(g_2, \cdots, g_{n+1})$$
$$+ \sum_{h=1}^{n} (-1)^h f(g_1, \cdots, g_h g_{h+1}, \cdots, g_{n+1}) + (-1)^{n+1} f(g_1, \cdots, g_n).$$

另对 $n < 0$ 定义 $C^n(G, E) = \{0\}$. 这给出复形 $(C^\bullet(G, E), \mathrm{d})$, 定义

$$\mathrm{H}^n(G, E) := \mathrm{H}^n\left(C^\bullet(G, E), \mathrm{d}\right) = \frac{\ker[\mathrm{d} : C^n(G, E) \to C^{n+1}(G, E)]}{\operatorname{im}[\mathrm{d} : C^{n-1}(G, E) \to C^n(G, E)]}.$$

上同调具有函子性: 对 G 的同态可以拉回, 对 E 的等变同态可以推出. 事实上 $\mathrm{H}^\bullet(G, \cdot)$ 是 $E \mapsto E^G$ 的右导出函子. 若 E 是交换环 R 上的模, 而 G 以 R-模自同态作用在 E 上, 则称 E 为 $R[G]$-模, 此时 $\mathrm{H}^n(G, E)$ 对每个 n 都成为 R-模. 取 $R = \mathbb{Z}$ 就回到初始定义.

如果 $N \lhd G$ 为正规子群, 则对任何 G-模 E, 各阶上同调 $\mathrm{H}^\bullet(N, E)$ 也带自然的 G/N-作用. 若进一步假设

$$\forall n > 0, \quad \mathrm{H}^n\left(G/N, E^N\right) = \{0\},$$

则群上同调理论中的 **Lyndon-Hochschild-Serre 谱序列**退化成自然同构

$$\mathrm{H}^\bullet(G, E) \simeq \mathrm{H}^\bullet(N, E)^{G/N},$$

同构具体是透过 $N \hookrightarrow G$ 的拉回诱导的. 作为推论, 此时拉回 $\mathrm{H}^n(G, E) \to \mathrm{H}^n(N, E)$ 对所有 n 都是单射.

注记 C.1.3　如果上述讨论中 G/N 是有限群, $\mathbb{C}$-向量空间 E 是 G 的有限维线性表示, 那么 $\mathrm{H}^{\geq 1}(G/N, E^N) = \{0\}$ 自动成立. 这是有限群表示论中 Maschke 定理的直接结果: 函子 $A \mapsto A^{G/N}$ 是正合的, 故其高阶导出函子为零.

C.2　Galois 群及 p-进数

约定 C.2.1　设 K 为域. 对于取定的可分闭包 $\overline{K}|K$, 记

$$G_K := \mathrm{Gal}(\overline{K}|K) = \varprojlim_{\substack{L|K \\ \text{有限 Galois 子扩张}}} \mathrm{Gal}(L|K),$$

它是 pro-有限群, 其拓扑以形如 $\mathrm{Gal}(\overline{K}|L)$ 的正规子群作为 1 的一族邻域基, 其中 $L|K$ 取遍 $\overline{K}|K$ 的有限 Galois 子扩张.

此拓扑称为 **Krull 拓扑**, 相关的一般理论可见 [59, 定义 4.10.5].

定义 C.2.2 (绝对值)　域 K 上的**绝对值**指的是一个函数 $|\cdot| : K \to \mathbb{R}_{\geq 0}$, 满足以下条件:

(i) $|x| = 0 \iff x = 0$;

(ii) $|xy| = |x||y|$;

(iii) $|x + y| \leqslant |x| + |y|$ (三角不等式).

绝对值 $|\cdot|$ 透过 $d(x, y) := |x - y|$ 使 K 成为度量空间. 如果存在 $t > 0$ 使得 $|\cdot|^t = |\cdot|'$, 则称绝对值 $|\cdot|, |\cdot|'$ 是**等价**的, 它们诱导相同的拓扑. 如果 $\{|n| : n \in \mathbb{Z}\}$ 无界, 则称 $|\cdot|$ 是 **Archimedes** 的. 如果 $x \neq 0 \implies |x| = 1$, 则称 $|\cdot|$ 是平凡绝对值.

两则事实:

⋄ 对于任何非 Archimedes 而且非离散的绝对值, 不等式 $|\cdot| \leqslant 1$ 截出 K 的子环 $\mathcal{O}$, 而 $|\cdot| < 1$ 截出 $\mathcal{O}$ 的极大理想 $\mathfrak{m}$. 称 $\mathcal{O}/\mathfrak{m}$ 为 $(K, |\cdot|)$ 的**剩余类域**.

⋄ 若 $L|K$ 是代数扩张, 则 K 的任何非 Archimedes 绝对值都能延拓到 L 上.

约定 C.2.3 设 $L|K$ 为代数扩张, w (或 v) 是 L (或 K) 上的绝对值的一个等价类. 那么符号 $w \mid v$ 意谓 $w|_K$ 和 v 等价.

绝对值有时也称为取值在 $\mathbb{R}_{\geqslant 0}$ 中的**赋值**, 但后者在一些场合专指非 Archimedes 情形. 域 K 对绝对值 $|\cdot|$ 的完备化仅依赖于 $|\cdot|$ 的等价类 v, 记为 K_v. 可以证明 K_v 仍是域, 包含 K 作为稠密子域 (见 [59, §10.4]). 以下专注于 $K = \mathbb{Q}$ 的情形.

例 C.2.4 在 $\mathbb{Q}$ 上取数学分析中标准的绝对值, 这是 Archimedes 绝对值, 相应的完备化无非是 $\mathbb{R}$. 记此绝对值为 $|\cdot|_\infty$.

例 C.2.5 (p-进绝对值) 设 p 为素数, 定义 $v_p : \mathbb{Z} \to \mathbb{Z}_{\geqslant 0} \sqcup \{\infty\}$ 如下

$$v_p(n) := \max\{a : p^a \mid n\}, \quad n \in \mathbb{Z},$$

再以 $v_p(r/s) := v_p(r) - v_p(s)$ 将其扩充为 $v_p : \mathbb{Q} \to \mathbb{Z} \sqcup \{\infty\}$. 对应的 p-进绝对值取为

$$|x|_p := p^{-v_p(x)}, \quad x \in \mathbb{Q},$$

这是非 Archimedes 的. 以 $|\cdot|_p$ 对 $\mathbb{Q}$ 作完备化得到 p-进数域 $\mathbb{Q}_p$, 对 $\mathbb{Z}$ 作完备化则得到 p-进整数环 $\mathbb{Z}_p \subset \mathbb{Q}_p$.

Ostrowski 定理 [59, 定理 10.4.6] 说明: 精确到等价, 这两类绝对值穷尽了 $\mathbb{Q}$ 的所有非平凡绝对值, 既不重复也不遗漏. 可以证明 $\mathbb{Q}_p = \mathbb{Z}_p\left[\dfrac{1}{p}\right]$, 而且存在拓扑环的同构

$$\mathbb{Z}_p \xrightarrow{\sim} \varprojlim_{n \geqslant 1} \mathbb{Z}/p^n\mathbb{Z},$$

由此还能导出 $\mathbb{Z}_p$ 的剩余类域是 $\mathbb{Z}_p/p\mathbb{Z}_p \simeq \mathbb{F}_p$. 详见 [59, 例 10.2.1 和 §10.3].

任取代数闭包 $\overline{\mathbb{Q}_p}|\mathbb{Q}_p$ 和 $\overline{\mathbb{F}_p}|\mathbb{F}_p$. 存在域嵌入 $\iota : \overline{\mathbb{Q}} \to \overline{\mathbb{Q}_p}$ 使下图交换

$$
\begin{array}{ccc}
\overline{\mathbb{Q}} & \overset{\iota}{\to} & \overline{\mathbb{Q}_p} \\
\uparrow & & \uparrow \\
\mathbb{Q} & \to & \mathbb{Q}_p
\end{array}
\tag{C.2.1}
$$

相应地, 有对 Krull 拓扑连续的群嵌入 $G_{\mathbb{Q}_p} \hookrightarrow G_{\mathbb{Q}}$, 映 $g \mapsto g\iota$. 注意到 ι 在下述意义唯一: 对任两个 ι, ι', 存在 $\tau \in G_{\mathbb{Q}}$ 和 $\sigma \in G_{\mathbb{Q}_p}$ 使得 $\iota' = \sigma\iota\tau$, 以上全是标准结果, 见 [59, 定理 10.7.5].

给定 $\overline{\mathbb{Q}}|\mathbb{Q}$ 的 Galois 子扩张 $K|\mathbb{Q}$ (容许无穷), 则资料 (C.2.1) 诱导 $\iota : K \hookrightarrow \overline{\mathbb{Q}_p}$, 从而根据前引定理确定了 K 的赋值 $v \mid p$. 进一步, 资料 (C.2.1) 也诱导连续嵌入 $\mathrm{Gal}(K_v|\mathbb{Q}_p) \hookrightarrow \mathrm{Gal}(K|\mathbb{Q})$.

对任意素数 p, 存在拓扑群的典范短正合列

$$
1 \to I_p \to G_{\mathbb{Q}_p} \to G_{\mathbb{F}_p} \to 1,
$$

其中 $I_p \lhd G_{\mathbb{Q}_p}$ 称为**惯性子群**. 群 $G_{\mathbb{F}_p}$ 有熟悉的拓扑生成元

$$
\mathrm{Fr}_p : x \mapsto x^p, \quad x \in \overline{\mathbb{F}_p},
$$

称为 **Frobenius 自同构**. 若 $\overline{\mathbb{Q}}|\mathbb{Q}$ 的 Galois 子扩张 $K|\mathbb{Q}$ 在 p 上非分歧, 按上一段的方式选定 K 的赋值 $v \mid p$, 则 Fr_p 可以视为 $\mathrm{Gal}(K_v|\mathbb{Q}_p)$ 的元素, 继而放入 $\mathrm{Gal}(K|\mathbb{Q})$. 尽管 Fr_p 在 $\mathrm{Gal}(K|\mathbb{Q})$ 中的像依赖于 (C.2.1) 的选取, 它的共轭类终归是良定义的.

在代数几何的脉络下, 常称 Fr_p 为**算术 Frobenius**, Fr_p^{-1} 为**几何 Frobenius**.

与这些概念相关的是代数数论中著名的 Chebotarev 密度定理. 本书只需要以下的弱形式.

定理 C.2.6 (N. Chebotarev) 设 $S \subset \{p : \text{素数}\}$ 为有限集, 而 $K|\mathbb{Q}$ 是在 S 之外非分歧的 Galois 扩张, 则所有 Fr_p 的共轭类 (取遍 $p \notin S$) 之并在 $\mathrm{Gal}(K|\mathbb{Q})$ 中稠密.

C.3 Galois 表示和平展上同调

称 $\mathbb{Q}$ 的有限扩张为**数域**. 代数数论的宗旨是对一切数域 K 探究紧拓扑群 G_K 的结构, 相关背景知识可见任何一本相关教材或 [59, 第十章]. 简单起见, 本节只论 $K = \mathbb{Q}$ 的情形. 标准的进路之一是研究 $G_{\mathbb{Q}}$ 的一切有限维连续表示, 亦即同态

$$
\rho : G_{\mathbb{Q}} \to \mathrm{GL}(V) \xrightarrow[\text{取基}]{\sim} \mathrm{GL}(n, E),
$$

其中

◇ E 是选定的拓扑域;

◇ V 是有限维 E-向量空间, 拓扑由 E 诱导, $n := \dim_E V$;

◇ 作用映射 $G_{\mathbb{Q}} \times V \to V : (g, v) \mapsto \rho(g)v$ 是连续的.

一旦选定域 E, 群 $G_{\mathbb{Q}}$ 的有限维连续表示便构成加性范畴, 对之可以探讨子表示、直和等概念. 今后径称这般表示 ρ 为 **Galois 表示**.

定义 C.3.1 若 Galois 表示 $\rho : G_{\mathbb{Q}} \to \mathrm{GL}(V)$ 除 $\{0\}$ 和 V 以外无其他子表示, 则称 ρ 不可约; 如果 ρ 可写作不可约子表示的直和, 则称 ρ 半单. 任何 Galois 表示 $\rho : G_{\mathbb{Q}} \to \mathrm{GL}(V)$ 都有合成列, 定义 ρ 的半单化 ρ^{ss} 为所有合成因子的直和. 特别地, ρ 不可约时 $\rho \simeq \rho^{\mathrm{ss}}$.

对于任意扩域 $E'|E$, 从 ρ 自然地导出 $\rho \otimes E' : G_{\mathbb{Q}} \to \mathrm{GL}(V \underset{E}{\otimes} E')$. 若对于代数闭包 $E^{\mathrm{alg}}|E$, 表示 $\rho \otimes E^{\mathrm{alg}}$ 仍不可约, 则称 ρ 为绝对不可约表示.

对每个 $g \in G_{\mathbb{Q}}$, 考虑 $\rho(g)$ 的特征多项式

$$\det(X - \rho(g)|V) = X^n - c_1(g)X^{n-1} + \cdots + (-1)^n c_n(g),$$

每个系数 $c_i : G_{\mathbb{Q}} \to E$ 都是共轭不变的连续函数, 仅依赖于 ρ^{ss}. 特别地, 对于特征标 $c_1 = \mathrm{Tr}(\rho)$ 和行列式 $c_n = \det \rho$ 也是如此. 以下的代数学基本事实述而不证.

命题 C.3.2 (Brauer-Nesbitt-Schur) 设 ρ, ρ' 为 $G_{\mathbb{Q}}$ 的 n 维 Galois 表示. 那么 $\rho^{\mathrm{ss}} \simeq (\rho')^{\mathrm{ss}}$ 当且仅当 ρ, ρ' 对所有 $g \in G_{\mathbb{Q}}$ 都有相同的特征多项式. 若要求 $\mathrm{char}(E) = 0$ 或 $\mathrm{char}(E) > n$, 则充要条件可以放宽为 $\mathrm{Tr}(\rho) = \mathrm{Tr}(\rho')$.

对 Galois 表示 (ρ, V) 和素数 p, 注意到 I_p-不变子空间 V^{I_p} 是 $G_{\mathbb{F}_p}$ 的表示. 考虑 Fr_p 在 V^{I_p} 上作用的特征多项式 $\det\left(X - \rho(\mathrm{Fr}_p)|V^{I_p}\right)$, 它无关资料 (C.2.1) 的选取. 若 $V^{I_p} = V$, 则称 (ρ, V) 在 p 处**非分歧**, 此概念也不依赖 (C.2.1).

◇ 设 $S \subset \{p : 素数\}$ 为有限集, 若对每个 $p \notin S$, 表示 (ρ, V) 皆在 p 处非分歧, 则称 (ρ, V) 在 S 之外非分歧;

◇ 设 $\mathfrak{m} \in \mathbb{Z}$, 若 (ρ, V) 在 $S := \{p : p \mid \mathfrak{m}\}$ 之外非分歧, 则称 (ρ, V) 在 $\mathfrak{m}$ 外非分歧.

定理 C.3.3 设 ρ, ρ' 为 $G_{\mathbb{Q}}$ 的 n 维 Galois 表示, 在有限集 $S \subset \{p : 素数\}$ 外非分歧. 假设对所有 $p \notin S$, 算子 $\rho(\mathrm{Fr}_p)$ 和 $\rho'(\mathrm{Fr}_p)$ 的特征多项式相同, 则 $\rho^{\mathrm{ss}} \simeq (\rho')^{\mathrm{ss}}$. 若要求 $\mathrm{char}(E) = 0$ 或 $\mathrm{char}(E) > n$, 则条件可以放宽为 $\mathrm{Tr}\,\rho(\mathrm{Fr}_p) = \mathrm{Tr}\,\rho'(\mathrm{Fr}_p)$ $(\forall p \notin S)$.

证明 取 $\mathbb{Q}_S|\mathbb{Q}$ 为极大 S 之外非分歧扩张, 则 ρ, ρ' 来自 $\mathrm{Gal}(\mathbb{Q}_S|\mathbb{Q})$ 的 n 维连续表示, 再结合定理 C.2.6 和命题 C.3.2 便是. $\square$

例 C.3.4   回到原始问题. 研究 G_Q 的第一步自然是考虑其 1 维表示, 这相当于研究 G_Q 的交换化 $G_{Q,ab} = \mathrm{Gal}(Q^{ab}|Q)$ 及所有连续同态

$$\chi : G_Q \twoheadrightarrow G_{Q,ab} \to E^\times,$$

此处 $Q^{ab} \subset \overline{Q}$ 是 Q 的极大交换扩张. 类域论中的 Kronecker-Weber 定理给出

$$Q^{ab} = \bigcup_{n \geqslant 1} Q(\zeta_n) = \varinjlim_{\substack{n \geqslant 1 \\ \text{按整除性赋序}}} Q(\zeta_n), \quad \zeta_n \in \overline{Q} : n \text{ 次本原单位根,}$$

$$G_{Q,ab} \xrightarrow{\sim} \varprojlim_{\substack{n \geqslant 1 \\ \text{按整除性赋序}}} \mathrm{Gal}\left(Q(\zeta_n)|Q\right) \xrightarrow{\sim} \varprojlim_{\substack{n \geqslant 1 \\ \text{按整除性赋序}}} (\mathbb{Z}/n\mathbb{Z})^\times$$

$$\simeq \prod_{p:\text{素数}} \varprojlim_{m=1,2,3,\cdots} (\mathbb{Z}/p^m\mathbb{Z})^\times \simeq \prod_p \mathbb{Z}_p^\times \quad (\text{作为拓扑群}).$$

这里用到了同构 $\mathrm{Gal}\left(Q(\zeta_n)|Q\right) \xrightarrow{\sim} (\mathbb{Z}/n\mathbb{Z})^\times$, 映 g 为 $a(g) \in \mathbb{Z}/n\mathbb{Z}$ 使得 $g\zeta_n = \zeta_n^{a(g)}$, 它不依赖 ζ_n 的选择.

表示理论的经典进路是取 $E = \mathbb{C}$. 因为 χ 连续, 存在紧开正规子群 $U \subset G_Q$ 使得 $\chi(U) \subset \{z \in \mathbb{C}^\times : |z| < 1\}$, 但右边除 $\{1\}$ 之外不含任何子群, 所以 χ 分解为 $G_Q/U \to E^\times$. 根据以上对 $G_{Q,ab}$ 的描述, 存在充分可除的 n 使得 χ 透过 $G_{Q,ab} \twoheadrightarrow (\mathbb{Z}/n\mathbb{Z})^\times$ 分解. 换言之, χ 是 Dirichlet 特征标, 这说明系数在 $\mathbb{C}$ 上的 1 维 Galois 表示并不多, 而且不涉及 $\mathbb{C}$ 的拓扑.

若改取 $E = \mathbb{Q}_\ell$, 其中 ℓ 是素数, 则能得到更多的特征标. 其中特别重要的一员是 **ℓ-进分圆特征标** $\chi_\ell : G_Q \to \mathbb{Z}_\ell^\times \subset \mathbb{Q}_\ell^\times$, 定义为 $G_{Q,ab} \xrightarrow{\sim} \prod_p \mathbb{Z}_p^\times \twoheadrightarrow \mathbb{Z}_\ell^\times$, 或者重新写为合成

$$G_Q \twoheadrightarrow \mathrm{Gal}\left(Q(\zeta_{\ell^\infty})|Q\right) \simeq \varprojlim_{m \geqslant 1} \mathrm{Gal}\left(Q(\zeta_{\ell^m})|Q\right) \simeq \varprojlim_{m \geqslant 1} (\mathbb{Z}/\ell^m\mathbb{Z})^\times = \mathbb{Z}_\ell^\times,$$

其中 ζ_{ℓ^m} 是任意 ℓ^m 次本原单位根, $Q(\zeta_{\ell^\infty}) := \bigcup_{m \geqslant 1} Q(\zeta_{\ell^m})$, 它映 g 为 $(a_m)_{m \geqslant 1}$ 使得 $g\zeta_{\ell^m} = \zeta_{\ell^m}^{a_m}$.

关于分圆域的一则事实是 $Q(\zeta_{\ell^m})|Q$ 在 ℓ 之外非分歧, $m = 1, 2, \cdots, \infty$. 从定义可以验证:

◇ 对于素数 $p \neq \ell$, 将 Fr_p 提升为 $\mathrm{Gal}\left(Q(\zeta_{\ell^\infty})|Q\right)$ 中的共轭类, 则 $\chi_\ell(\mathrm{Fr}_p) = p$.

◇ 记 $\mathrm{conj} \in G_Q$ 为复共轭, 则 $\chi_\ell(\mathrm{conj}) = -1$.

今后只论系数在 $\mathbb{Q}_\ell$ 或其代数扩张上的 Galois 表示. 我们已经看到 1 维 Galois 表示无非是类域论. 下一站自然是 2 维 Galois 表示, 基于模形式的相关构造是 §10.6 的主题, 其技术基于**平展上同调**, 以下略述一二.

任何概形 X 上都可以定义平展拓扑, 以及相应的层范畴 $\mathrm{Shv}_{\text{ét}}(X)$. 在一些合理的假设下[1], 可以对态射 $f: X \to Y$ 和层定义导出函子 $\mathrm{R}^\bullet f_*$ 和 $\mathrm{R}^\bullet f_!$ 等等. 若 C 是可分闭域, 则 $\mathrm{Ab} \xrightarrow[\text{取常值层}]{\sim} \mathrm{Shv}_{\text{ét}}(\operatorname{Spec} C)$. 是故可分闭域[2] 的 Spec 在平展拓扑下扮演的角色类似于独点集 $\{\mathrm{pt}\}$.

特别地, 设 $X \xrightarrow{a} \operatorname{Spec}(C)$ 是可分闭域 C 上的概型, 考虑素数 ℓ 和 X 上的常值层 $\mathbb{Z}/\ell^m\mathbb{Z}$, 可定义 ℓ-进平展上同调

$$\mathrm{H}^\bullet(X, \mathbb{Z}/\ell^m\mathbb{Z}) := \mathrm{R}^\bullet a_*(\mathbb{Z}/\ell^m\mathbb{Z}) \quad (m \geqslant 1),$$

$$\mathrm{H}^\bullet(X, \mathbb{Z}_\ell) := \varprojlim_{m \geqslant 1} \mathrm{H}^\bullet(X, \mathbb{Z}/\ell^m\mathbb{Z}),$$

$$\mathrm{H}^\bullet(X, \mathbb{Q}_\ell) := \mathrm{H}^\bullet(X, \mathbb{Z}_\ell) \underset{\mathbb{Z}_\ell}{\otimes} \mathbb{Q}_\ell.$$

它们分别是 $\mathbb{Z}/\ell^m\mathbb{Z}$, $\mathbb{Z}_\ell$ 和 $\mathbb{Q}_\ell$-模. 拓扑学中熟悉的操作如拉回、迹映射等都有 ℓ-进平展上同调的版本. 同理还可以定义 $\mathrm{H}^\bullet_c(X, \cdot) = \mathrm{R}^\bullet a_!$ 等等.

(1) 取 $C = \mathbb{C}$. **比较定理**说明只要 X 满足一定的有限性和分离性条件, 考虑相系的复解析空间 X^{an} 上的上同调函子 $\mathrm{H}^\bullet(X^{\mathrm{an}}, \cdot)$, 则有典范同构

$$\mathrm{H}^\bullet(X, R) \simeq \mathrm{H}^\bullet(X^{\mathrm{an}}; R), \quad R \in \{\mathbb{Z}/\ell^m\mathbb{Z}, \mathbb{Z}_\ell, \mathbb{Q}_\ell\}.$$

(2) 如果 X 定义在一般的域 K 上, $L|K$ 为任意扩域, 记 X_L 为 X 沿着 $L|K$ 的基变换. 取可分闭包 $\overline{K}|K$, 那么 $\mathrm{H}^\bullet(X_{\overline{K}}, \mathbb{Q}_\ell)$ 上带有自然的连续 G_K-表示.

(3) 在以上构造中取 $K \subset \mathbb{C}$ 为数域, 选定嵌入 $K \hookrightarrow \overline{K} := \overline{\mathbb{Q}} \subset \mathbb{C}$, 并假设 X 光滑, 则有典范同构

$$\mathrm{H}^\bullet(X_{\overline{\mathbb{Q}}}, R) \xrightarrow[\text{光滑基变换}]{\sim} \mathrm{H}^\bullet(X_\mathbb{C}, R) \xrightarrow[\text{比较定理}]{\sim} \mathrm{H}^\bullet(X_\mathbb{C}^{\mathrm{an}}; R). \tag{C.3.1}$$

一切对 $\mathrm{H}^\bullet_c$ 同样成立. 左项带有的 Galois 作用是复解析理论所未见的.

从定义可见常系数 $\mathbb{Q}_\ell$ 的平展上同调其实是从 $\mathbb{Z}/\ell^m\mathbb{Z}$ 逐步逼近的; 直接在定义中取常值层 $\mathbb{Z}$ 为系数并不会给出期望的结果. 是故 $\mathbb{Z}_\ell$ 系数实属必要. 透过适当的理论包装, 例如 pro-平展拓扑, 仍然可以在平展拓扑下定义 $\mathbb{Q}_\ell$-层以及 $\mathbb{Q}_\ell$-局部系统来充当平展上同调的系数. 上述所有性质都能推及一般的 $\mathbb{Q}_\ell$-局部系统. 这是 §10.3 所需的情形.

---

[1] 分离, 有限型态射; 拟紧拟分离概形.
[2] 确切地说应是严格 Hensel 环.

符号索引

名词索引暨英译

《现代数学基础丛书》已出版书目

（按出版时间排序）